I0058542

Copyright 1938 by R. Oldenbourg, München und Berlin

Druck von R. Oldenbourg, München

Printed in Germany

Die Zündfolge

der vielzylindrigen Verbrennungsmaschinen, insbesondere der Fahr- und Flugmotoren

Von

Dr.-Ing. Hans Schrön

a. o. Professor an der Technischen Hochschule
München

Mit 853 Abbildungen,
52 Zahlen- und Bildtafeln

München und Berlin 1938
Verlag von R. Oldenbourg

Vorwort.

Die stetig wachsenden Anforderungen an die leichte Verbrennungsmaschine für Kraftfahrzeug-, Flugzeug-, Triebwagen- und Schiffsantrieb
haben die rasche Entwicklung dieser Maschinengattung und damit die
Notwendigkeit immer gründlicherer Verfolgung der Einzelfragen bedingt.

Ein allgemeines Buch über Leichtmotoren kann nun mit Rücksicht
auf Umfang und Vielseitigkeit des Stoffes und auf die zur Durcharbei-
tung aufzuwendende Zeit und Mühe nicht alle Sondergebiete erschöpfend
behandeln und den vielfältigen Verästelungen in den Einzelerscheinun-
gen folgen. Daher zeigen alle bekannten Werke über raschlaufende
Motoren eine ziemliche Unvollständigkeit der Abschnitte.

Die weitere Verfeinerung der Motoreigenschaften beruht aber auf
dem Aufsuchen und Prüfen oft versteckter Unvollkommenheiten, auf
der Verwertung der gewonnenen Erkenntnisse und auf der Durchführung
von Verbesserungen. Es ist daher zu vertiefter Behandlung von Sonder-
aufgaben des Motors die Auflösung des Gesamtgebietes in selbständige
Gruppen nicht zu umgehen. Diese Erkenntnis bricht sich im In- und
Ausland Bahn, wie schon veröffentlichte Einzeldarstellungen zeigen.

Ein Gebiet, das der ausreichenden Beleuchtung bisher entbehrt hat,
ist der Zusammenhang der Fragen über die Festlegung der Zündfolge
und ihren Einfluß auf die Gestaltung einer Reihe von Motorteilen für
vielzylindrige Bauarten, also die Festsetzung brauchbarer Zündfolge
schon bei der Planung oder beim Entwurf des Motors.

Die Notwendigkeit, sich in zeitraubender Weise im einzelnen Fall
die Verhältnisse klar machen zu müssen, sei es bei der Konstruktion,
sei es bei der Aufsuchung störender Erscheinungen an ausgeführten
Anlagen, wird jeder unangenehm empfunden haben, der sich mit ein-
und mehrreihigen Maschinen zu befassen hatte. Dies trifft insbesondere
zu für Zylinderzahlen, die erst spät aufgekommen sind, wie ungerade
Zahlen 5, 7, 9, 11 in einer Reihe bei Großraum-Bauarten als ortsfeste
oder Schiffsmaschinen, oder für Anordnungen in zwei, drei und vier
Reihen mit einer Kurbelwelle und mit mehreren Wellen bei raschlaufenden Mittel- und Kleinraummotoren zum Antrieb von Fahr- und Flugzeugen. Es lag daher nahe, die Zündfolge in den Mittelpunkt einer
umfassenden Arbeit zu rücken.

1*

Mein Bestreben ging dahin, eine möglichst allseitige Darstellung der Zusammenhänge zwischen den verschiedenen Gesichtspunkten zu geben, die für die Festlegung der Zündfolge von Bedeutung sind; besonders wurde das Augenmerk auf die Auffindung von Gesetzmäßigkeiten gerichtet, die nicht allein den augenblicklichen Erfordernissen Rechnung tragen und dem im Motorenbau und -betrieb stehenden Ingenieur die Bewertung der verschiedenen Einflüsse und die Nutzanwendung der Ergebnisse erleichtern, sondern auch auf längere Sicht ihre Gültigkeit bewahren.

Es zeigt sich, daß die Zündfolge eine vielgestaltigere Angelegenheit ist, als man vielfach anzunehmen pflegt. Sie hat zahlreiche Begleiterscheinungen, die bis in fast alle im Betrieb sich abspielenden Vorgänge ausstrahlen, also nicht allein bis in die Vorgänge statischer und dynamischer Art im arbeitenden Motor, sondern auch bis in die von der Saugfolge beeinflußte Größe der Ladung der Zylinder, mithin bis in den Verbrennungsvorgang der einzelnen Zylinder und in den Wärmefluß des Motors.

Die Fahr- und Flugmotoren mit Vergaser oder mit Einspritzpumpe, im Viertakt und Zweitakt arbeitend, lassen sich hinsichtlich der Zündfolge gemeinsam behandeln; sie bieten weitaus die größte Mannigfaltigkeit der Formen unter allen Kraftmaschinen und sind als Schrittmacher des Kolbenmaschinenbaus anzusehen. Zu ihnen gesellen sich die Triebwagen-Dieselmotoren und die Schiffsdiesel-Schnelläufer. Die Folgerungen gelten größtenteils unverändert auch für ortsfeste Maschinen, so für die vielzylindrigen Dieselmaschinen; diese Schwerölmaschinen sind den Leichtöl- und zugleich Leichtmotoren in der Verwendung hoher Zylinderzahlen gefolgt, ja, haben Zahlen höher als acht in einer Reihe erstmalig erprobt.

Man wird schließlich manche der Erkenntnisse mit Nutzen auf Arbeitskolbenmaschinen, z. B. auf mehrzylindrige Kolbenkompressoren in V-Form, übertragen können, wenn man »Arbeitsfolge« an Stelle von »Zündfolge« setzt.

Über den Umfang der Abschnitte wäre zu sagen: Die Ergebnisse aus den Vorgängen, die nur mittelbar mit der Zündfolge zusammenhängen und an denen man nichts zu ändern vermag, sind kurz und übersichtlich zusammengefaßt, während Wirkungen, die sich durch Änderung der Zündfolge abschwächen oder verstärken lassen, ausführliche Behandlung finden. Auf eine die Lösung dieser Aufgabe erleichternde Vorarbeit kann man ohne weiteres Bezug nehmen, und zwar auf das Buch: »Kurbelwellen mit kleinsten Massenmomenten für Reihenmotoren« des Verfassers.

Ist die Zündfolge nach Abwägung der aufgezeigten Vorzüge und Nachteile ausgesucht, so steht zugleich die Grundgestalt des Motors und der Linienverlauf der Kurbelwelle fest; auf diesen aufbauend, kann nunmehr zur Festsetzung des Werkstoffes, zur Berechnung der Einzelteile, insbesondere der Welle, und zum Entwurf nach den Gesichtspunkten der Gestaltungslehre geschritten werden. Damit ist nicht allein das Rückgrat des Motors geschaffen, sondern es stellen sich zwangläufig eine Reihe von Abhängigkeiten ein, wie hinsichtlich der Nockenwelle und der Zünd- und Einspritzvorrichtung.

Die Drucklegung des Werkes konnte erst durch die tatkräftige Unterstützung des Reichsluftfahrtministeriums erfolgen. Es ist mir eine angenehme Pflicht, dem Herrn Reichsminister der Luftfahrt für Gewährung von Mitteln zur Deckung der Kosten meinen besten Dank auszusprechen.

München, den 10. Juni 1938.

H. Schrön.

Inhaltsverzeichnis.

Die Ziffern in den eckigen Klammern beziehen sich auf den Quellennachweis am Schluß des Buches.

I. Vorbetrachtungen.

Die raschlaufenden Verbrennungsmaschinen, die in Fahr- und Flugzeugen, in Triebwagen und Schiffen Verwendung finden, zeichnen sich durch die große Zahl der Zylinder aus. Sie verdanken im wesentlichen dieser Vielzahl von Arbeitsräumen das, im Vergleich zu ortsfesten Ausführungen, auffallend kleine Gesamtgewicht und der hinzutretenden hohen Drehzahl und Leistung das geringe Leistungsgewicht.

Diese Kolbenmaschinen haben den Beinamen »Leichtmotoren« erhalten, ein Merkmal mit etwas unscharfer Begrenzung, da ja das Gewicht für die Leistungseinheit durchaus nicht eine feste Zahl ist. So sind Kraftwagenmotoren schwerer als Flugmotoren, Triebwagenmotoren, die für längere Dauerleistung störungsfrei arbeiten sollen, durchschnittlich schwerer als Personenwagenmotoren. Allgemein geht das Streben dahin, das Gewicht herabzusetzen, und zwar durch Einhalten der Regeln des Leichtbaus und gewisser Schnellaufzahlen. Solche Richtlinien haben Kutzbach [1, 2], Baumann [3], Everling [4] und Madelung [5] begründet und zusammengestellt; über Schnellaufzahlen gibt ein vom Verfasser bearbeiteter Abschnitt in Heft 7 von Lists Buch [6] Auskunft.

Viele zu Aggregaten vereinigte Zylinder und Kurbeltriebe mit gemeinsamer Arbeitswelle erfordern, will man sie in ihrer Gesamtwirkung überblicken, das Überlegen in Vielheiten. Es ist deshalb nicht verwunderlich, daß man zur Erleichterung der Übersicht eine Scheidung der Verkehrsmotoren nach verschiedenen Gesichtspunkten unter Einführung von kennzeichnenden Benennungen vorgenommen hat.

Es sollen hier diese Bezeichnungen, die später immer wiederkehren, gebracht werden. Einen Schritt weitergehend, mögen gewisse Eigentümlichkeiten der Bewegungsverhältnisse, die für die Zündfolge von Bedeutung sind, Hervorhebung finden.

Was die Bezeichnung »Maschine« oder »Motor« anlangt, könnte man sich auf eines dieser beiden Wörter festlegen; doch sei hier je nach Bedarf das eine oder das andere verwendet, ohne Abgrenzung der Gebiete. Nach dem Vorschlag von Kutzbach [7] sollte man durchwegs »Motor« sagen, während im Schrifttum vielfach »Maschine«, vornehmlich für die Großraumbauarten, vorgezogen wird. Man könnte aber kaum »Flugmotor« durch »Flugmaschine« ersetzen, da letztere das Triebwerk nebst Flugwerk umfaßt; ähnlich besteht die Fahrmaschine aus Triebwerk und Fahrwerk. »Flugzeugmaschine« und »Fahrzeugmaschine« sind für »Motor« zu schwerfällig.

A. Bauarten der gebräuchlichen Motoren.

1. Übliche Einteilung.

Die vielzylindrigen Leichtmotoren pflegt man zu unterscheiden:

A. Nach dem Arbeitsverfahren: a) Otto-Motoren, Motoren mit Fremdzündung oder, nach Kutzbach [7, 2. Bd., S. 517], Zünder-motoren, α) Vergasermotoren, β) Gasmotoren, γ) Einspritz-Mitteldruck-motoren, b) Diesel-Motoren, Motoren mit Eigenzündung (Verdich-tungszündung) oder Brennermotoren [7], Einspritz-Hochdruckmotoren, früher mit Einblasung des Brennstoffs.

Die Bezeichnung »Gemischmotoren« für gemischverdichtende Bau-arten ist an sich nicht scharf umrissen; denn jede Motorgattung benötigt eine Gemischbildung in mehr oder weniger großem Abstand vor dem Eintritt der Zündung. Im engeren Sinn kann man darunter die Motoren mit »äußerer« Gemischbildung, also mit Vorbereitung des Gemisches außerhalb der Zylinder, verstehen, sei es in einem Vergaser für flüssige Brennstoffe, sei es in einer Mischkammer für gasförmige Brennstoffe (Treibgas als Flaschengas, Holzgas).

B. Nach der Art der Ladungszufuhr unterscheidet die Deut-sche Versuchsanstalt für Luftfahrt E. V. (DVL) nach der Zusammen-stellung von Oestrich [8]: α) selbstansaugende Motoren: sie sau-gen die Verbrennungsluft unmittelbar durch den Arbeitskolben an; β) Ladermotoren: ihre Zylinder werden durch einen von ihnen selbst angetriebenen Lader, durch ein Gebläse, mit frischer Füllung versorgt; γ) Fremdlader: ihr Lader wird von einer vom Motor unabhängigen Kraftmaschine angetrieben.

Anderseits erscheint für Dieselmotoren, deren Arbeitsverfahren von dem heute üblichen abweicht, eine ergänzende Einteilung nötig:

a) Für Motoren, deren Verdichtungshub im Motorzylinder zur Durchführung gelangt und die man Motoren mit Eigenverdichtung nennen kann, je nach der Größe der Ladung, ob natürliche oder künstlich erhöhte Ladung: α) Aufladeverfahren: Füllung des Zylinders mit schwach vorverdichteter Luft vor Beginn des Verdichtungshubes und Weiterverdichtung durch den Motor selbst, β) Zuladeverfahren: die normale Zylinderfüllung, z. B. durch Selbstansaugen, wird am Ende des Verdichtungshubes ergänzt durch Zufuhr von hochverdichteter Luft von außen her.

b) Motoren ohne Eigenverdichtung: der Verdichtungshub ent-fällt ganz; die gesamte Luft wird außerhalb des Motors verdichtet und bei Beginn der Expansion in den Zylinder gedrückt: Fremdverdich-tungsverfahren nach Grantz-Rieppel [9].

Den Dieselmotoren ist auch jene Gattung von Verbrennungs-maschinen zuzuzählen, in deren hochverdichtete Luft kein flüssiger

Brennstoff, sondern hochgespanntes Gas eingeblasen wird, z. B. Ölgas, das in den Gebieten der Ölquellen in natürlicher Weise zur Verfügung steht, oder auch Leuchtgas, Koksofengas; über Versuche mit solchen gasförmigen Stoffen hat Vieler [10] berichtet. Eine Umstellung von flüssigem auf gasförmigen Kraftstoff und umgekehrt gestatten die neuerdings entwickelten »Wechselmotoren«.

C. Nach der Art der Wärmeabführung zur Beherrschung des Wärmezustands im Dauerbetrieb, kurz nach der Art der Kühlung: flüssigkeits- und luftgekühlte Motoren. Als Kühlflüssigkeit kommt meist Wasser, in Sonderfällen das höher siedende Äthylenglykol in Betracht; die Luftkühlung hat bei Flugmotoren die Oberhand gewonnen.

D. Nach äußeren, besonders auffallenden Merkmalen, und zwar:

a) Nach dem Zustand der sichtbaren Hauptteile (Zylinder und Gehäuse), ob ruhend oder bewegt. Es ergeben sich die beiden großen Gruppen: Standmotoren und Umlaufmotoren.

Die Umlaufmotoren lassen sich wiederum unterteilen in solche mit umlaufendem Zylinderkranz samt Gehäuse und feststehender Kurbelwelle und in solche, bei denen beide Teile kreisen. Man hat die ersteren Umlaufmotoren schlechtweg, die letzteren Gegenumlaufmotoren oder kürzer Gegenlaufmotoren benannt. Diese Bezeichnung ist aber nicht umfassend genug; es wird dabei außer acht gelassen, daß gleichsinnige Drehung beider Teile, also Gleichlauf, ebensogut möglich ist, wenn auch in unvorteilhafter Weise. Sollen beide Bewegungsfälle in einem Wort inbegriffen sein, so erscheint das selten gebrauchte »Halbumlaufmotor« am Platze. Verfasser hält die Benennung für zweckmäßig: Umlaufmotor erster Art (U. 1. Art), wenn die Welle fest ist, und Umlaufmotor zweiter Art (U. 2. Art), sobald die Welle sich im einen oder andern Sinn dreht.

b) Nach dem Gesamtbild, das die Zylinderanordnung ergibt, wenn der Beschauer auf den Motor so blickt, daß sämtliche Zylinder oder der sie enthaltende Block voll sichtbar bleiben, also je nach der Gruppierung senkrecht zur Kurbelwellenachse oder in ihrer Richtung; ungezwungen erscheint als Längs- oder Stirnansicht eine der drei Formen:

1. Reihen-, 2. Stern-, 3. Fächerform.

Die Vermehrung der Reihen, Sterne und Fächer, ferner die Abtrennung der Motoren mit einfacher Reihe von denen mit mehrfacher Reihe und mit gegeneinander geneigten Zylinderachsen führt auf die Einteilung:

1. Ein- und mehrfacher Reihenmotor (Ein- und Mehrreihenmotor):

a) Eine Reihe, Zylinder lotrecht, stehend (Abb. 1 u. 2) oder hängend (Hängemotor), selten liegend; 1 Welle. Zylinder einzelstehend, in Teilblöcken oder zu einem Block vereinigt; letzteres an Fahrzeugmotoren seit langem die Regel; an Flugmotoren vielfach Blockkopf üblich.

b) Mehrere Reihen, Zylinder lotrecht oder nahezu lotrecht, Abb. 3; soviel Wellen als Reihen, sog. Batterieanordnung. Zwei Reihen, doppelt- reihiger Motor, Doppelmotor oder II-Bauart (Abb. 3); vier Reihen, wo- von zwei hängend, H-Bauart (Abb. 4) bis zu 24 Zylindern, wie beim Napier-Dagger; beide Wellen arbeiten mittelst Zahnräder auf einen gemeinsamen Achsstummel, auf die Arbeits- oder Kraftabgabewelle, z. B. mit Propellerzapfen *P*. Der Drehsinn der Wellen kann gleichläufig (Abb. 3 u. 4) oder gegenläufig (Abb. 5) sein. Zweireihige Zweiwellen- motoren finden in Großomnibussen und Triebwagen Verwendung. Vier Reihen, wovon zwei hängen, mit vier Wellen sind für Flugzwecke auch bekannt geworden, z. B. Bréguet nach dem Schema Abb. 6, s. Goßlau [11]. Man kann in diesen Fällen von einer Hintereinander- schaltung mehrerer Getriebe auf gleichmäßig versetzten Kurbeln der gleichen Welle und von einer Parallelschaltung mehrerer Wellen reden. Weitergehend erhält man Doppelmotoren als Vereinigung zweier Moto- ren zu einer Einheit, z. B. 2 × 12-V-Tandem.

c) Mehrere Reihen mit gegeneinander geneigten Zylinderachsen oder Gabelanordnung, die man je nach der Zahl der Reihen zwei-, drei-, vierreihig oder -strahlig oder auch V-, W-, X-Bauart heißen kann; die vorletzte wird auch als »Pfeilform«, die letzte als »Diagonalform« be- zeichnet. Ausgeführt sind bis zu 4 Reihen (Abb. 7, 8, 9 und 10) 1 Welle. Die gebräuchlichste Art zeigt zwei Zylinderachsen in einer zur Wellen- achse senkrechten Ebene; zwei Kolben und zwei Schub- oder Pleuel- stangen arbeiten auf einem gemeinsamen Kurbelzapfen und bilden mit den Zylindern ein Gabelelement.

Zu diesen abkürzenden Symbolen sei bemerkt: Das Merkzeichen »V« drückt einigermaßen das Wesen zweier geneigter Zylinderachsen aus. Das »W« ist nur ein Notbehelf; es besitzt, streng genommen, nicht drei Strahlen und gibt allein gleiche Winkel zwischen den Zylinderachsen wieder, was nicht immer zutrifft; denn außer der gleichwinkligen Form gibt es eine gemischtwinklige, z. B. ein »Y«. Drucktechnische Einfach- heit spricht für die Beibehaltung des »W«. Die X-Gestalt der Zylinder- achsen kommt tatsächlich vor, ist aber nicht die einzige Lösung des vier- strahligen Motors, wie schon Abb. 9 lehrt.

d) Zweireihige Bauarten mit beiderseits der Kurbelwelle gegenüber- liegenden waagrechten oder lotrechten Reihen pflegt man als eine selb- ständige Gruppe anzusehen und belegt sie mit den Namen: End-zu-End- oder gegenreihige oder flache Anordnung oder Horizontalmotor, kürzer ist: Gegenmotor. In der Kraftfahrtechnik hat sich für den Gegen- kurbler die Benennung »Boxermotor« eingebürgert. Es kann jedoch der Gegenmotor als Sonderfall der zweistrahligen Gabelform mit dem Winkel von 180° und mit 1 Welle angesprochen werden. Abb. 11 zeigt einen Vierzylinder, dessen Reihen in Richtung der Wellenachse nicht versetzt sind, wie z. B. in Abb. 12 mit nur 2 Zylindern. Die H-Bauart,

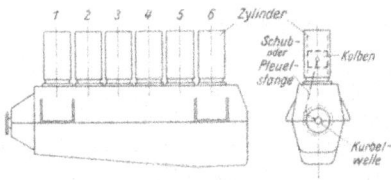

Abb. 1, 2. Einreihiger Motor, stehend.

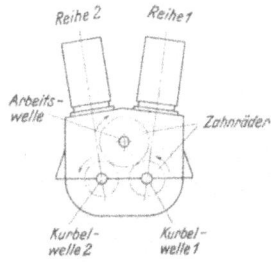

Abb. 3. Doppelmotor, Zweiweller.

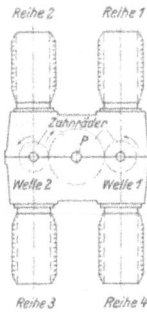

Abb. 4. H-Motor mit gleichläufigen Kurbelwellen, Zweiweller.

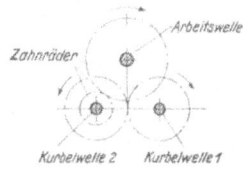

Abb. 5. Gegenläufige Kurbelwellen.

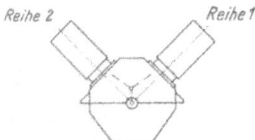

Abb. 7. Zweireihiger Gabelmotor, V-Motor.

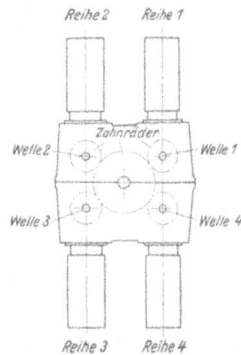

Abb. 6. Vierfacher Motor, Vierweller.

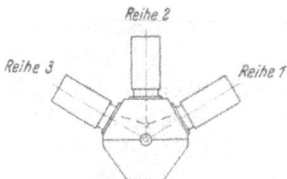

Abb. 8. Dreireihiger Gabelmotor, W-Motor.

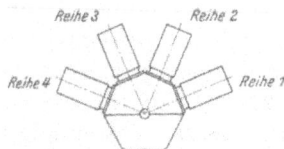

Abb. 9. Vierreihiger Gabelmotor, V-Motor.

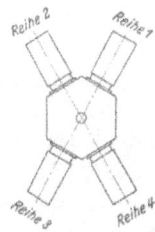

Abb. 10. Vierreihiger Gabelmotor, X-Motor.

Schrön, Zündfolge.

2

(Abb. 4) entsteht auch durch Verdopplung der Gegenreihe und erscheint als doppelter Boxermotor.

e) Während in den bisherigen Beispielen in jedem Zylinder nur ein Kolben hin und her geht, können ihrer zwei sich gegenläufig bewegen; es entsteht so die Gegenkolbenmaschine. Abb. 13 u. 14 bringen schematisch im Schnitt die Zweitaktausführung nach Junkers als Einwellenmotor und als Zweiwellenmotor, erstere stehend, letztere stehend

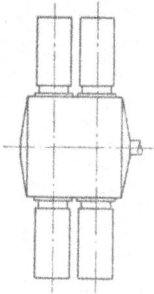

Abb. 11. Gegenmotor, nicht versetzte Zylinder.

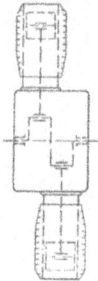

Abb. 12. Gegenmotor, versetzte Zylinder.

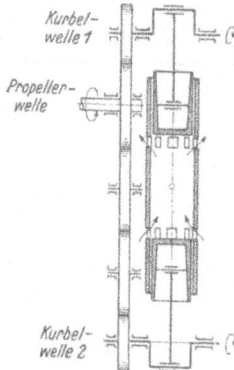

Abb. 13. Zweitaktmotor nach Junkers. Einweller, ortsfest oder für Fahrzeuge.

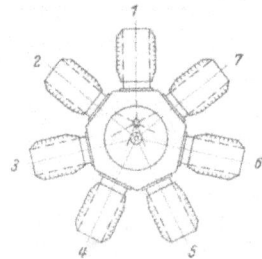

Abb. 14. Gegenkolbenmotor nach Junkers. Zweiweller für Flugzeuge.

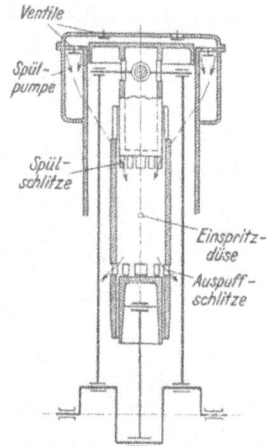

Abb. 15. Einsternmotor.

oder liegend. Beim Fahrzeugmotor liegen die Spülpumpenventile in seitlichen Kammern.

2. Ein- und mehrfacher Sternmotor (Ein- und Mehrsternmotor); 1 Welle. Abb. 15 zeigt einen siebenzylindrigen Stern. Schwierigkeiten konstruktiver und betriebstechnischer Natur gestatten bei umlaufenden Zylindern das Aneinanderfügen von nur zwei Zylinderkränzen, während bei festen Zylindern größerer Spielraum besteht. Decken sich die Strahlen sämtlicher Sterne in der Stirnansicht, so ist der Motor gleichzeitig ein Mehrreihenmotor mit im Kreis gleichmäßig verteilten Reihen. Meh-

rere Kolben und Stangen, die am gleichen Kurbelzapfen angreifen, arbeiten in Parallelschaltung [2] und erhöhen den Ausnutzungsgrad der Welle. Die Mehrsternmotoren (Sternreihenmotoren) und Gabelmotoren haben eine Reihenschaltung parallel geschalteter Getriebe.

3. Ein- und mehrfacher Fächermotor (Ein- und Mehrfächermotor); 1 Welle. In Abb. 16 u. 17 ist ein einfacher Fächer dargestellt. Fälschlich werden drei- und vierstrahlige Gabelmotoren bisweilen als Fächer- oder Fächerreihenmotoren bezeichnet. Beim einfachen Fächermotor liegen die Zylinderachsen in zwei Ebenen senkrecht zur Kurbelwelle; die Anzahl der Zylinder in einer Ebene ist um 1 größer oder kleiner als jene in der anderen, und die hinteren Zylinder schauen zwischen den Lücken der vorderen vor.

Die Entstehung aus dem Sternmotor (Abb. 15) durch Aufwärtsklappen oder richtiger, wegen der Bezifferung, durch Rückwärtsverlängern der Zylinderachsen der unterhalb der Waagrechten befindlichen Zylinder ist bekannt. Die Welle ist zweifach gekröpft.

Gehen von einem Zentralpunkt, dem Wellenmittel, die Zylinderachsen radial aus, wobei sie ungleich- oder gleichmäßig im Kreis verteilt sein können, so spricht man auch von Radialmaschinen, eine besonders im Ausland übliche Benennung. Hierunter fallen also die Gabel-, Stern- und Fächermotoren, s. Cormac [12].

4. Während, beim normalen Sternmotor die Zylinder sich um eine zentrale Kurbelwelle ordnen, hat der »umgekehrte« Sternmotor von einem Mittelpunkt ausgehende Zylinder mit gemeinsamem Brennraum und ebenso vielen Kurbelwellen, die durch einen Koppelrahmen, wie beim Michel-Motor (Abb. 18) oder durch Zahnräder miteinander verbunden sind.

5. Legt man vier Zylinder mit Gegenkolben im rechten Winkel zueinander, so daß je zwei Kolben auf eine Kurbelwelle arbeiten, Abb. 19, so entsteht ein Vierseitmotor, der in Fortsetzung der Junkers-Gedanken von Causan 1926 vorgeschlagen wurde; man kann auch von einem vierfachen V-Motor reden, dessen vier Wellen durch Zahnräder ein größeres Zentralrad und die Propellerwelle treiben.

E. Nach der Zahl der arbeitenden Kolbenflächen. Die heute verwendeten Fahrzeug- und Flugmotoren besitzen einseitig geschlossene Zylinder und Kolben, sind also einfachwirkend; der Übergang zum doppeltwirkenden Zylinder, der aus dem Großölmaschinenbau wohl bekannt ist, wurde ohne besonderen Erfolg versucht.

F. Nach der Art des verwendeten Getriebes zwischen Kolben und Arbeitswelle und nach der Lage der Zylinder zu dieser Welle:

a) Kurbeltriebmotoren, deren Zylinderachsen senkrecht zur Kurbelwellenachse stehen: α) die gemeinsame Kurbelwelle ist Sammelorgan aller Kolbenkräfte, wie in der normalen Ausführung; es können dabei die Zylinderachsen in der Stirnansicht gleiche Richtung haben oder strahlenförmig verlaufen (Abb. 2 u. 15); β) jeder Kolben hat eine eigene, mit den übrigen nicht starr verbundene Kurbel; die passend angeordneten Zylinder und Kurbeln arbeiten über die Einzelwellen mit Kegelrädern auf eine Zentralwelle, die parallel zu den Zylinderachsen ist (Abb. 20) mit feststehenden Zylindern. Man spricht von Axial- motoren oder wegen der äußeren Gestalt des Aggregats auch von

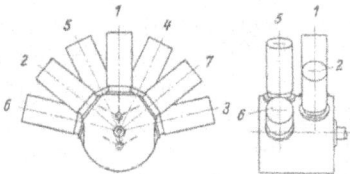

Abb. 16, 17. Einfacher Fächer- motor.

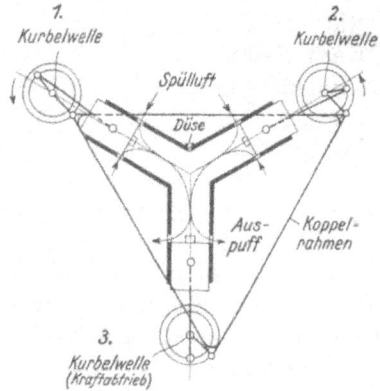

Abb. 18. Umgekehrter Sternmotor, Dreiweller nach Michel.

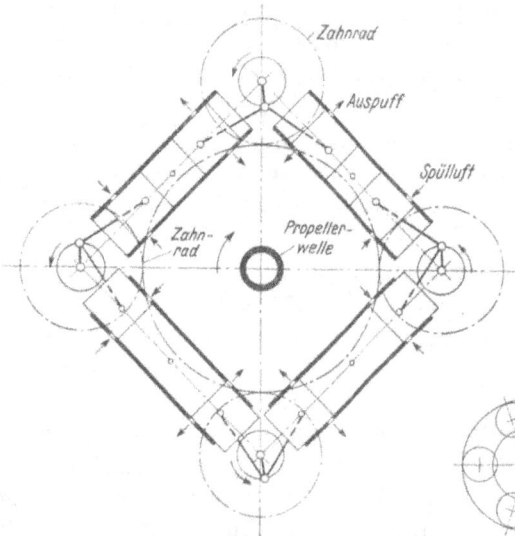

Abb. 19. Vierseitmotor, Vierweller nach Causan.

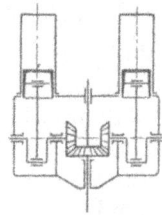

Abb. 20. Axialmotor von Macomber.

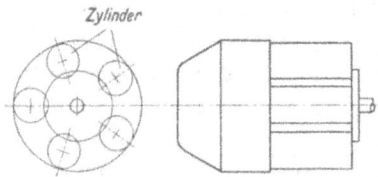

Abb. 21, 22. Trommel- motor.

Trommel- oder Tonnenmotoren. Ausführungen wie die von Helm, s. Hall [13], und Macomber, s. Angle [14], haben sich nicht bewährt; γ) Trommelmotoren (Abb. 21 u. 22) entstehen ferner durch Anwendung des räumlichen Kurbeltriebs zur Umwandlung der geradlinigen Kolben- bewegung in eine rotierende der Welle, meist mittels Taumelscheibe oder Schrägscheibe; erstere findet sich im Bristol-Neunzylindermotor von Nevatt [15], letztere im Michell-Motor. Diese Gattung hat bis heute keine nennenswerte Verbreitung gefunden.

b) Kurventriebmotoren mit Anwendung von Kurvenscheiben, z. B. Fairchild-Caminez, ausführlich behandelt von Kirsten [16].

G. Nach der Zahl der vorhandenen Kurbelwellen: ein-, zwei- und mehrwellige Motoren oder Ein-, Zwei-, Drei-, Vierweller. Am meisten verbreitet sind die einwelligen, seltener die zweiwelligen Bauarten; ein vierwelliger Versuchsmotor wurde unter D,1,b) erwähnt.

Die Einteilung nach C, D, G führt zu nachstehender Übersicht der Motoren mit normalem Kurbeltrieb und mit den heute üblichen oder erreichten Zylinderzahlen:

Tafel 1.

Einteilung der Motoren	Anordnung der Zylinder in			
	Reihenform		Stern- form	Fächer- form
I. Stand- motoren flüssigkeits- oder luftgekühlt Zylinder feststehend Kurbel umlaufend	a) einfache Reihe stehend oder hängend 1 Kurbelwelle 2 bis 11 Zylinder b) doppelte Reihe 2 Kurbelwellen 2×4 bis 2×8 Zylinder II-Form c) vierfache Reihe stehend und hängend 4 Kurbelwellen 2×4 bis 2×8 Zylinder z. Z. nicht ausgeführt d) Gabelanordnung 1 Kurbelwelle α) zweireihig oder V-Form 2×2 bis 2×8 Zylinder stehend oder hängend	β) dreireihig oder W-Form 3×2 bis 3×8 Zylinder γ) vierreihig oder X-Form 4×2 bis 4×8 Zylinder e) Gegenreihige Anordnung α) 1 Gegenreihe stehend oder liegend 1 Kurbelwelle 2×2 bis 2×8 Zylinder β) 2 Gegenreihen 2 Kurbelwellen H-Form 4×2 bis 4×8 Zylinder γ) Gegenkolben liegend 2 Kurbelwellen 2×4 bis 2×6 Zylinder	einfach 3 bis 11 Zylinder oder mehrfach selten gerade Zahlen 1 Kurbel- welle	einfach 3 bis 11 Zylinder oder mehrfach 1 Kurbel- welle heute nicht aus- geführt
II. Umlauf- motoren luftgekühlt 1. Art: Zylinder umlaufend, Kurbel fest 2. Art: Zylinder und Kurbel umlaufend, gleich- oder gegensinnig	Sternform, einfach, 3 bis 11 Zylinder oder zweifach 1 Kurbelwelle (heute nur vereinzelt anzutreffen)			

Von den vorstehenden Bauarten werden verwendet:

In Fahrzeugen die Formen I a), b), d α), e α); Sternform versuchsweise bei Heckantrieb; in Flugzeugen alle Formen bis auf den Vierweller, der sich gegenwärtig nicht vorfindet, den Fächermotor, der schon in der ersten Entwicklungszeit des Flugwesens aufgegeben wurde, den Umlaufmotor, der von der Bildfläche so gut wie verschwunden ist; in Triebwagen finden sich die Formen I a), b), d α), e α); auf Schiffen und Booten die Formen I a), d α) bis zu 11 Zylindern in einer Reihe. Die Eignung der verschiedenen Zylinderzahlen und Anordnungen für den Großflugmotor über 1000 PS$_e$ hat Kurtz [17] gewertet.

Die angeführten Zylinderzahlen stellen zum Teil Grenzwerte dar; sie besagen nicht, daß sie alle im Betrieb anzutreffen sind. Eine Begründung der ungeraden Zylinderzahlen bei Sternmotoren findet sich auf S. 102.

Um das zu behandelnde, weitläufige Gebiet einzuschränken, soll auf die Erörterung mancher getrieblich eigentümlicher Vorschläge verzichtet werden und hinfort allein von den Motoren mit normalem Kurbeltrieb (s. Abb. 2) die Rede sein.

2. Einteilung nach der regelmäßigen Gestalt des Kurbel- und Zylinderbildes.

Gleichmäßiges Motordrehmoment und mit ihm zeitlich unveränderliche Drehung der Kurbel oder der Zylinder oder auch beider zugleich bei unveränderlichem äußeren Widerstand findet vornehmlich Ausdruck in der gleichmäßigen Verteilung der treibenden Kräfte am Kurbel- bzw. Zylinderkreis, ist also bei gegebener Zahl der Kurbeln bestimmend für den Winkel zwischen je zwei in der Zündung einander ablösenden Kurbeln bei Reihenmotoren oder Zylindern bei Stern- und Fächermotoren. Ob Kurbelgetriebe und Zylindermittellinien in einer Ebene senkrecht zur Wellenachse oder in mehreren parallelen Ebenen liegen, hat auf die Ermittlung keinen Einfluß; es ist der Einfachheit halber zunächst die Annahme statthaft, die Bewegung spiele sich in einer Ebene ab. Um diesen Winkel zahlenmäßig festzulegen, braucht man sich nur daran zu erinnern, daß bei Durchführung der üblichen Arbeitsverfahren (s. S. 34) zum vollen Viertaktspiel zwei Drehungen, zum vollen Zweitaktspiel eine Drehung der Kurbel bei Standmotoren bzw. der Zylinder bei U. 1. Art gehören; innerhalb dieser Zeit müssen sämtliche Kolben gearbeitet haben. Teilt man also den Winkel 720⁰ mit dem Bogen 4 π und den Winkel 360⁰ mit dem Bogen 2 π durch die Zahl z der Zylinder, so wird der Winkel der Zündzeitfolge in Grad- und Bogenmaß:

$$\delta = \frac{720^0}{z} = \frac{4\,\pi}{z} \quad \text{für Viertakt}$$

$$\delta = \frac{360^0}{z} = \frac{2\,\pi}{z} \quad \text{für Zweitakt.}$$

Dieser Winkel bestimmt sich bei Einreihenmotoren auch mit der Anzahl
k der Kurbeln aus:

$$\delta = \frac{720^0}{k} = \frac{4\,\pi}{k} \quad \text{bzw.} \quad \delta = \frac{360^0}{k} = \frac{2\,\pi}{k}.$$

Die Regelmäßigkeit der Zündungen kommt zum Ausdruck in der gleichmäßigen, strahlenförmigen Verteilung der Kurbeln oder Zylinder im
Kreis; es erscheint in der Stirnansicht ein Kurbel- oder Zylinderstern, selbst wenn je zwei Strahlen gleichgerichtet sind und sich decken,
wie bei einer Reihe mit 4, 6, 8 Zylindern und Viertakt. Man kann sagen:
Die Zündfolge gibt dem Motor eine regelmäßige, meist zu mehreren
Achsen symmetrische Grundform. Hiernach verdienen Motoren mit
gleichgerichteten Zylinderachsen, d. h. Einreihenmotoren, sowie mit zwei
und mehr Reihen solcher, z. B. Gabelmotoren, die Bezeichnung: Motoren
mit Kurbelstern, kurz Kurbelstern-Motoren, als Gegenstück zu
jenen mit zusammenfallenden Kurbeln, also mit einer Kurbelkröpfung:
Motoren mit Zylinderstern, kurz Zylinderstern-Motoren, d. s. Sternmotoren im üblichen Sinn.

Diese Einteilung als Folge der Forderung brauchbaren Gleichgangs
lehrt, daß die Sterngestalt letzten Endes sich bei allen Motorgattungen
vorfindet; Ausnahmen, wie sie später erörtert werden, tun dieser Regel
keinen Abbruch.

3. Einteilung nach bewegungsgeometrischen Gesichtspunkten.

Diese Einteilung ist für die Festlegung des Zündzeitpunkts und der
Zündfolge, insbesondere bei Sternmotoren, von großem Nutzen. Auf die
nachfolgenden Beziehungen hat Verfasser [18] früher hingewiesen.

Als Einteilungskennzeichen dienen: Schubrichtung, Totlagenlinie,
Bezugslinie.

Da bei den einfachwirkenden Motoren der Kolben den Geradführungskörper und der Zylinderlauf die Führungsbahn des Kolbens und
des geradlinig bewegten Endpunktes der Schubstange darstellt (Abb. 23
bis 28), ferner für doppeltwirkende Bauarten die Schubrichtung des
Kreuzkopfs in der Verlängerung der Zylinderachse liegt, so ist für eine
bewegungsgeometrische Betrachtungsweise diese Eigenschaft in den Vordergrund zu rücken und die Zylinderachse vornehmlich als Schubrichtung
der Pleuelstange anzusehen. In selteneren Fällen, wenn der Kolbenbolzen
absichtlich oder unabsichtlich außerhalb der Kolbenachse sitzt, mithin seitlich versetzt ist, verläuft die Schubrichtung parallel zur Zylinderachse.
Hiernach würde man die Motoren nach dem Gesamtbild der Schubrichtungen und ihrem Bewegungszustand einteilen und unterscheiden können:

1. Motoren mit umlaufender Kurbelwelle und Reihen-,
Gabel-, Stern-, Fächeranordnung der festen Schubrichtungen (Abb. 23 bis 27);

2. Motoren mit feststehender oder umlaufender Kurbelwelle und Sternanordnung der umlaufenden Schubrichtungen (Abb. 28).

Der ruhende Teil ist in den Abbildungen mit Schraffur angedeutet.

Eine nähere Betrachtung verdienen die U. 2. Art, da sie in bewe-
gungsgeometrischer Hinsicht den allgemeinsten Fall darstellen.

Der Umstand, daß Umlaufmotoren trotz ihrer Pionierdienste auf
dem Gebiet des Flugwesens heute fast nicht mehr in Verwendung sind,
vermag nicht die Bedeutung ihrer besonders lehrreichen Bewegungsverhältnisse zu schmälern.

Durch zweckentsprechende Ausbildung eines zwischen Kurbelwelle
und Kurbelgehäuse mit Zylindern eingeschalteten Räderwerks hat man
es in der Hand, die Welle rascher laufen zu lassen als die Zylinder und
umgekehrt gleich- oder gegensinnig, oder bei Gegenlauf beiden Teilen
gleiche Winkelgeschwindigkeit zu erteilen. Ohne auf die bauliche Ausführung des Getriebes einzugehen, sei lediglich darauf hingewiesen, daß
eine große Zahl von Räderwerken mit festem und umlaufendem Steg
(im Sinne der Kinematik) verwendbar sind.

Es fragt sich zunächst, wie man jene Linien, die den geometrischen
Ort für die Kolbentotlagen bilden und bei strahlenförmiger Verteilung
der Zylinder den Winkelabstand der zündenden Zylinder bestimmen,
im allgemeinsten Fall ermittelt. Die Einführung des Begriffs »Totlagenlinie«, d. h. jener Linie, in der Kurbel und Schubrichtung eine
Gerade bilden, also sich in Streck- oder Durchschlagslage befinden, erleichtert diese Aufgabe und leistet gute Dienste. Die Totlagenlinie ist
mitunter nicht identisch mit der Schubrichtung, sondern eine vorüber-
gehende Lage dieser, jedoch eine für die Kolbentotlagen und die Zündlage von Zylinder und Kurbel maßgebende, unverrückbare Linie, wie
die anschließenden Überlegungen zeigen.

Bei einem Reihenmotor (Abb. 23) decken sich, vom Beschauer aus
in Richtung der Kurbelachse gesehen, die Schubrichtungen der einzelnen
Treibstangen; alle Kolben erreichen in ein- und derselben Linie ihre
Totlagen, Schubrichtung und Totlagenlinie sind gleichbedeutend. Bei
zwei- und mehrreihigen Gabelmotoren liegen die Schubrichtungen und
die Totlagenlinie jeder Reihe in einer Flucht, jede Reihe ist gegen die
andere unter einem bestimmten Winkel geneigt (Abb. 24 u. 25). Bei
Standsternmotoren und Fächermotoren sind so viel feste Schubrichtungen als Zylinder vorhanden, jeder Schubrichtung entspricht eine Totlagenlinie (Abb. 26 u. 27). Anders verhält es sich mit den Umlaufmotoren
1. und 2. Art. Es liegt ein Stern umlaufender Schubrichtungen vor, und
die Lage, die jeder Zylinder einnimmt, wenn der zugehörige Kolben die
Totpunkte erreicht, ist verschieden, je nachdem die Kurbel feststeht
oder kreist. Bei U. 1. Art findet sich die gemeinsame Totlagenlinie aller
Kolben in der Verlängerung des festen Kurbelarmes; ob dieser nach

oben oder unten, rechts oder links zeigt, ist an sich gleichgültig; der senkrechte Kurbelarm ist bei Ausführungen vorwiegend anzutreffen.

Mit dieser einzigen Linie fällt jede Schubrichtung zweimal während einer Drehung zusammen (Abb. 28). Hierbei kann man diese Linie durch Übereinanderlagerung von z Linien entstanden denken, da im Gegensatz zu den Reihenmotoren alle z Schubrichtungen in einer Ebene liegen. Bei U. 2. Art sind die Verhältnisse nicht so rasch zu überblicken.

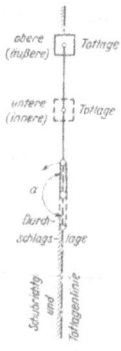

Abb. 23. Ein-
reihiger Motor.

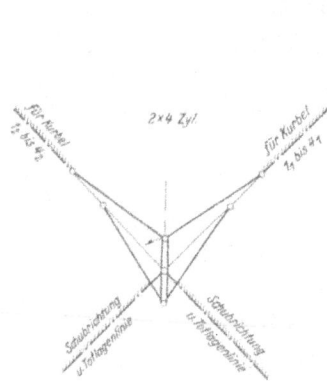

Abb. 24. V-Motor.

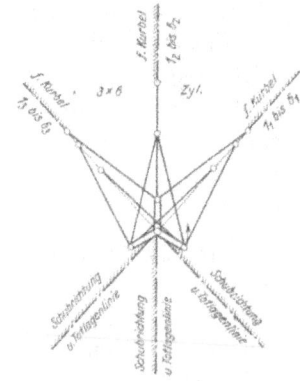

Abb. 25. W-Motor.

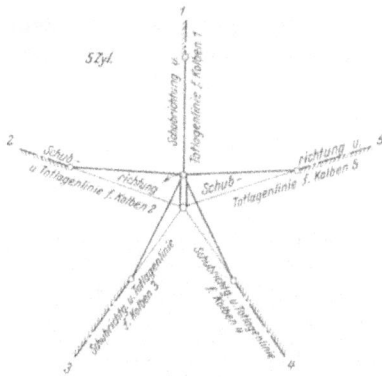

Abb. 26. Standsternmotor.

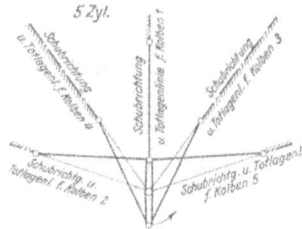

Abb. 27. Fächermotor.

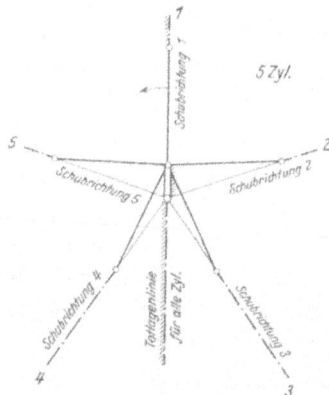

Abb. 28. Umlaufmotor 1. Art.

Abb. 23 bis 28. Lage der Schubrichtungen und Totlagenlinien bei den verschiedenen
Motorgattungen.

Man muß von der Übersetzung zwischen Kurbelwelle und Zylinderstern ausgehen.

Es bedeute:

n_{kg} die Drehzahl der Kurbel bezüglich des ruhenden Gestells (absolute Drehzahl),

ω_{kg} die Winkelgeschwindigkeit der Kurbel bezüglich des Gestells,

n_{zg} die Drehzahl der Zylinder bezüglich des Gestells,

ω_{zg} die Winkelgeschwindigkeit der Zylinder bezüglich des Gestells,

v die Übersetzung, d. h. das Verhältnis der absoluten Drehzahlen und Winkelgeschwindigkeiten des Zahnrads auf der Kurbelwelle und des Zahnrads am Zylinderkranz oder Gehäuse.

Alsdann gilt:

$$\pm v = \frac{\pm n_{kg}}{n_{zg}} = \frac{\pm \omega_{kg}}{\omega_{zg}}. \tag{1}$$

Wählt man den Drehsinn eines der Teile, z. B. der Zylinder, als positiv, dann wird n_{kg} bzw. ω_{kg} positiv oder negativ, je nachdem die Kurbel in der gleichen oder entgegengesetzten Richtung kreist; in Gl. (1) ist das +-Zeichen für den 1. Fall, das —-Zeichen für den 2. Fall zu nehmen. Da nur jene Ausführungen praktische Bedeutung besitzen, bei denen $n_{kg} > n_{zg}$, im Grenzfalle $n_{kg} = n_{zg}$ ist, so stellt v eine Zahl > 1 der absoluten Größe nach dar.

Die Drehzahl der Kurbel bezüglich der Zylinder oder umgekehrt die Drehzahl der Zylinder bezüglich der Kurbel, also die relative Drehzahl, wird:

$$n_{kz} = - n_{zk} = n_{kg} \mp n_{zg} \tag{2}$$

und mit Einsetzung von n_{kg} aus Gl. (1):

$$n_{kg} = n_{zg} \cdot v \tag{3}$$

folgt:

$$n_{kz} = - n_{zk} = n_{zg} (v \mp 1). \tag{4}$$

Hierin gilt das —-Zeichen für Gleichläufigkeit, das +-Zeichen für Gegenläufigkeit; für v ist in beiden Fällen die absolute Größe einzuführen. Desgleichen läßt sich für die Winkelgeschwindigkeiten anschreiben:

$$\omega_{kz} = - \omega_{zk} = \omega_{zg} (v \mp 1). \tag{4a}$$

Die weiteren Überlegungen sollen bezüglich des Viertakts allein angestellt werden; die entsprechenden Größenbeziehungen für Zweitakt leiten sich daraus in einfacher Weise ab.

Unter 2. wurde gesagt, dem normalen Viertakt z. B. bei Standmotoren entsprächen 2 (absolute) Kurbeldrehungen. Nunmehr kann man allgemeiner aussprechen:

Zu einem Viertaktspiel gehören 2 relative Drehungen, wenn Kurbel und Zylinder sich gleichzeitig drehen, oder: Die Summe oder der Unterschied der Drehzahlen von Kurbeln und Zylindern muß innerhalb 4 Kolbenhüben = 2 sein, d. h.:

$$n_{kg} \mp n_{zg} = 2 \qquad (5)$$

und mit Gl. (3):

$$n_{zg}\,(\nu \mp 1) = 2. \qquad (6)$$

Wieviel Zylinderdrehungen in bezug auf das Gestell auf ein Viertaktspiel entfallen, folgt aus Gl. (6):

$$n_{zg} = \frac{2}{\nu \mp 1}. \qquad (7)$$

Die Kurbeldrehzahl in gleicher Zeit ist:

$$n_{kg} = \frac{2}{\nu \mp 1}\,\nu. \qquad (8)$$

Ähnliches gilt für die Winkelgeschwindigkeiten: Die Summe oder der Unterschied der Drehwinkel während eines Viertaktspiels muß im Bogenmaß $4\,\pi$ betragen; daher:

$$\omega_{zg} = \frac{4\,\pi}{\nu \mp 1} \qquad (9)$$

$$\omega_{kg} = \frac{4\,\pi}{\nu \pm 1}\,\nu. \qquad (10)$$

Wichtige Sonderfälle ergeben sich aus Gl. (1) bis (8) durch Einsetzung bestimmter Zahlenwerte für n_{zg} und n_{kg}. $n_{zg} = 0$ (Standmot.) liefert, in Gl. (5) eingesetzt: $n_{kg} = 2$; mit diesen Werten wird aus (1): $\nu = \dfrac{2}{0}$ und aus (2): $n_{kz} = 2$, was auch aus Gl. (4) folgt.

$n_{kg} = 0$ (U. 1. Art) ergibt mit Gl. (5): $n_{zg} = \mp 2$, womit aus Gl. (1) oder (7): $\nu = 0$ und aus Gl. (2) oder (4): $- n_{zk} = 2$.

$n_{kg} = 1$ (U. 2. Art) entspricht gemäß Gl. (5): $n_{zg} = \mp 1$; damit geht aus Gl. (1) oder (7) hervor: $\nu = \mp 1$, und aus Gl. (2) oder (4): $n_{kz} = 0$ bzw. 2.

Letzteres besagt: Während bei Gleichläufigkeit eine Bewegung des Kolbens gegen die Zylinderwand nicht eintritt, wie auch reine Anschauung lehrt, und damit $n_{kg} = 1$ sich als unbrauchbar erweist, wird bei Gegenläufigkeit das Viertaktspiel durch eine Kurbel- und eine gleichzeitig stattfindende Zylinderdrehung vollendet. Dieser Sonderfall ist bei Gegenläufigkeit der einfachste und praktisch bewährte (SH- und Rhemag-Motor); er sei kurz mit »U. 2. Art, $\nu = -1$« gekennzeichnet. Man erreicht mit der halben Drehzahl des kraftabgebenden Teils hohe Kolbengeschwindigkeit und Leistung des Motors und geringere Beanspruchung des Zylinderkranzes.

Bei einer anderen Ausführung (Megola-Kraftradmotor) besaß die Kurbelwelle die fünffache Winkelgeschwindigkeit des Zylinderkranzes, so daß $\nu = -5$.

Für Gleichläufigkeit folgt aus Gl. (4), daß der Klammerausdruck $(v — 1)$ gleich 1 wird für $v = 2$, womit aus Gl. (6) $n_{zg} = 2$ und aus Gl. (1) $n_{kg} = v \cdot n_{zg} = 2 \cdot 2 = 4$ wird, d. h. das Viertaktspiel findet innerhalb zweier Zylinderumläufe und vier Kurbelumdrehungen statt.

Standmotoren und U. 1. Art erscheinen in dieser Betrachtungsweise als Sonderfälle der U. 2. Art.

Die Antwort auf die Frage, wieviel Viertaktspiele auf einen Zylinder innerhalb einer Zylinder- oder Kurbeldrehung entfallen, lautet: Es sind deren so viele, als der reziproke Wert der Gl. (7) und (8) angibt, also:

$$\text{einer Zylinderdrehung entsprechen } v_z = \frac{1}{\frac{2}{v \mp 1}} = \frac{v \mp 1}{2} \text{ Viertakte} \quad (11)$$

$$\text{einer Kurbeldrehung entsprechen } v_k = \frac{1}{\frac{2}{v \mp 1} v} = \frac{v \mp 1}{2 v} \text{ Viertakte.} \quad (12)$$

Die Anzahl der im Kreis verteilten Totlagenlinien findet man nun wie folgt:

Nach Gl. (11) und (12) spielen sich je Zylinder bei einer Zylinderdrehung $v_z = \frac{v \mp 1}{2}$ und bei einer Kurbeldrehung $v_k = \frac{v \mp 1}{2 v}$ Viertakte ab. Da jedem Viertakt vier Hübe entsprechen, so finden in derselben Zeit

$$(13) \qquad h_z = 4 v_z = 2 (v \mp 1) \text{ bzw. } h_k = 4 v_k = \frac{2 (v \mp 1)}{v} \qquad (14)$$

Hübe statt. h_z ist stets eine gerade Zahl, ob v eine gerade oder ungerade Zahl darstellt.

Jedem Hub entspricht ein absoluter Drehwinkel des Zylinders bzw. der Kurbel:

$$\alpha_{zg} = \frac{2 \pi}{2 (v \mp 1)} = \frac{\pi}{v \mp 1} \text{ in Bogenmaß oder } \frac{180^0}{v \mp 1} \text{ in Gradmaß} \quad (15)$$

bzw.

$$\alpha_{kg} = \frac{2 \pi}{\frac{2 (v \mp 1)}{v}} = \frac{\pi v}{v \mp 1} \text{ in Bogenmaß oder } \frac{180^0 \cdot v}{v \mp 1} \text{ in Gradmaß.} \quad (16)$$

Da jeder Winkel α einen Scheitelwinkel besitzt, bildet je eine Strecklage der Kurbel für irgendeinen Hub die Verlängerung der Durchschlagslage für einen anderen Hub; beide setzen sich zu einer Totlagenlinie zusammen, so daß die Anzahl t der letzteren je Zylinder gleich der halben Hubzahl ist, nämlich:

$$(17) \qquad\qquad t_z = v \mp 1 \quad \text{und} \quad t_k = \frac{v \mp 1}{v} \qquad\qquad (18)$$

und wenn z Zylinder vorhanden, insgesamt:

(19) $$z \cdot t_z = z \, (\nu \mp 1) \quad \text{und} \quad z \cdot t_k = z \, \frac{\nu \mp 1}{\nu}.$$ (20)

Es kommt ein allerdings unsichtbarer, unbeweglicher Stern von t_z Totlagenlinien zustande, die zum Unterschied von Abb. 26 alle einem Zylinder zugehören. Bei z Zylindern ist für ein Viertaktspiel $= 4 \, \alpha_{zg}$ dieser Stern z mal übereinander zu legen, derart, daß jeder folgende Stern gegenüber dem vorhergehenden um den Winkel

$$\beta = \frac{4 \, \alpha_{zg}}{z} = \frac{4 \, \pi}{z \, (\nu \pm 1)}$$ (21)

versetzt ist, und zwar gegen den Drehsinn der Zylinder. Dies folgt aus der Überlegung, daß jeder der z Zylinder innerhalb des im Zylinder 1 sich abspielenden Viertakts jene Stellung gegenüber der Kurbel einnehmen muß, welche Zylinder 1 beim Ausgang der Betrachtung eingenommen hat. Wenn also die lotrechte Strecklage der Kurbel als Ursprungslage von Zylinder 1 gilt, so teilen die Strecklagen der Kurbel in bezug auf die übrigen Zylinder den Viertaktdrehwinkel von Zylinder 1 in z gleiche Teile.

Abb. 29. Totlagenlinien für einen Umlaufmotor 2. Art, $\nu = -2$.

Beispiele. 1. Es sei die Zahl der Hübe und Totlagenlinien für einen Zylinder auf eine Zylinderdrehung bei einem Motor zu ermitteln, dessen Kurbel doppelt so rasch und entgegen den Zylindern läuft, d. h. $\nu = -2$ (Abb. 29). Nach Gl. (13) ist die Zahl der Hübe je Zylinderdrehung: $h_z = 2 \cdot (2 + 1) = 6$, ein Hub erstreckt sich nach Gl. (15) auf einen Drehwinkel der Schubrichtung von $\alpha_{zg} = \frac{180^0}{3} = 60^0$. Die Zahl der Totlagenlinien ist $t_z = 2 + 1 = 3$, wie auch die Abbildung lehrt; sie bilden einen unbeweglichen Stern. Für z Zylinder wäre er z mal gleichmittig zu zeichnen, so zwar, daß er jeweils um $\beta = \frac{4 \cdot 60^0}{z} = \frac{240^0}{z}$ gegen den vorangehenden gedreht wird. Die Eintragung aller z Sterne mit $3\,z$ Totlagenlinien ist zwar nach dieser Orientierung für eine bestimmte Zahl z einfach, unterblieb aber in Abb. 29, um die Deutlichkeit nicht zu beeinträchtigen.

2. $\omega_{kg} = -\,\omega_{zg}$, $\nu = -1$; $h_z = 2 \cdot (1 + 1) = 4$, d. h. auf eine Zylinderdrehung entfallen vier Hübe und das Viertaktspiel umfaßt eine volle Zylinderdrehung und eine gleichzeitige Kurbeldrehung,

$$h_k = \frac{2 \cdot (1+1)}{1} = 4, \quad \alpha_{zg} = \frac{180^0}{1+1} = 90^0, \quad \alpha_{kg} = \frac{180^0}{1+1} \cdot 1 = 90^0,$$

$$t_z = 1 + 1 = 2, \quad t_k = \frac{1+1}{1} = 2, \quad z \cdot t = 2z, \quad \beta = \frac{4 \cdot 90^0}{z} = \frac{360^0}{z}.$$

In Abb. 30 sind für drei Zylinder die drei Sterne (rechtwinklige Kreuze) in verschiedenen Stricharten mit $\beta = 120^0$ eingetragen. Der zweite Stern gehört Zylinder *3* an, da die Arbeitsfolge (Zündfolge) *1 3 2* ist; vgl. diesbezüglich auch die Erläuterung zu Abb. 32 weiter unten.

3. $\omega_{kg} = 2\,\omega_{zg}, \quad \nu = 2, \quad h_z = 2 \cdot (2-1) = 2, \quad h_k = \frac{2 \cdot 1}{2} = 1$, d. h. während einer Zylinderdrehung und zweier Kurbeldrehungen im gleichen

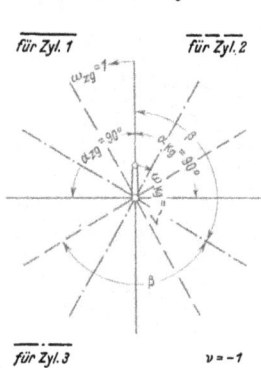

Abb. 30. Totlagenlinien für 3 Zylinder, $\nu = -1$.

Sinne spielt sich $\frac{1}{2}$ Viertakt ab;

$$\alpha_{zg} = \frac{180^0}{2-1} = 180^0, \quad \alpha_{kg} = \frac{180^0}{2-1} \cdot 2 = 360^0,$$

$$t_z = 2 - 1 = 1, \quad t_k = \frac{2-1}{2} = \frac{1}{2},$$

$$z \cdot t_z = z, \quad z \cdot t_k = \frac{1}{2}, \quad \beta = \frac{720^0}{z}.$$

Die Totlagenlinien fallen zu einer einzigen zusammen, wie für den U. 1. Art (Abb. 28), bei dem die Kurbel feststeht und die Zylinder volle Drehzahl besitzen. Dies Ergebnis überrascht nicht; denn der soeben betrachtete Fall entsteht aus dem U. 1. Art, sobald der Welle die doppelte Winkelgeschwindigkeit der Zylinder erteilt wird, wodurch an dem relativen Bewegungszustand keine Änderung erfolgt.

Es versteht sich von selbst, daß die Formeln (13) bis (21), sinngemäß angewendet, für Standmotoren und U. 1. Art richtige Werte liefern, da man diese als Sonderfälle der U. 2. Art auffassen kann.

Diese z Linien stehen bei Reihenmotoren lotrecht und befinden sich in einer Ebene durch die Kurbelachse bei einer Reihe, in zwei Ebenen bei zwei Reihen; für zwei- und dreireihige Gabelform liegen je $\frac{z}{2}$ bzw. $\frac{z}{3}$ Linien in einer Ebene, wobei die Ebenen gegeneinander geneigt sind und sich längs der Wellenachse schneiden. Bei Sternmotoren bilden sie einen Stern, bei Fächermotoren einen Fächer, wie bereits oben erwähnt wurde.

Für U. 1. Art mit $\nu = 0$ folgt:

$$h_z = 2\,(0 \mp 1) = \mp 2, \quad \alpha_{zg} = \frac{180^0}{0 \mp 1} = \mp 180^0, \quad \alpha_{kg} = 0^0, \quad t_z = 0 \mp 1 = 1,$$

$z \cdot t_z = z$ Totlagenlinien, die in einer Ebene liegen und gleiche Richtung haben.

Allgemein sei hervorgehoben, daß die Totlagenlinien ein unbewegliches System bilden, eine Eigenschaft, die nutzbringend verwertet werden kann.

Auf Grund dieser Sachlage ist eine Einteilung der Motoren in nachstehende sechs Gruppen angängig:

1. Motoren mit gleichgerichteten Totlagenlinien;
    a) in einer Ebene, einreihig,
    b) in zwei Ebenen, zweireihig.
2. Motoren mit zwei oder drei Reihen von Totlagenlinien in Gabelform.
3. Motoren mit einem Stern von Totlagenlinien.
4. Motoren mit einem Fächer von Totlagenlinien.
5. Motoren mit einer einzigen Totlagenlinie.
6. Motoren mit wechselnder Zahl der Linien, je nach Winkelgeschwindigkeit und Drehrichtung von Kurbelwelle und Schubrichtung.

Man kann noch einen Schritt weitergehen: Sind für je einen Zylinder mehrere Totlagenlinien vorhanden, wie bei U. 2. Art, so kommt je einer davon die Eigenschaft einer Bezugslinie zu. Wählt man nämlich für Zylinder *1* seine lotrechte Totlagenlinie *1* als feste Ausgangslage einer Phase des Viertaktspiels (z. B. Beginn Dehnung), so legt jede der um β entgegen dem Drehsinn voneinander abstehenden Totlagenlinien den Beginn der betreffenden Phase für den zugehörigen Zylinder fest (Abb. 31). Es sind z Bezugslinien bei z Zylindern vorhanden, und die übrigen Totlagenlinien können wir uns ausgeschaltet denken. Die Einführung dieser Bezugslinien ist nicht etwa überflüssig; denn bei U. 2. Art gelingt

Abb. 31. Verteilung der Bezugslinien für einen U-Motor 2. Art.

es im zusammengebauten Zustand nur mit Mühe oder gar nicht, die relativen Drehungen von Kurbel und Schubrichtungen zu verfolgen, da häufig die Welle vollständig im Motorgehäuse eingeschlossen und keinerlei mit ihr verbundene Teile für den Beschauer sichtbar sind. Die Phasen in den verschiedenen Zylindern können dann nur unter Zuhilfenahme der Bezugslinien angegeben werden. Sie leisten daher bei der Festlegung der Zündlage jedes Zylinders und damit der Gesamtzündfolge, ferner bei der Klarlegung der Steuerungsvorgänge gute Dienste.

Näher zu erläutern wäre noch, welchen Zylindern die z Linien zuzuordnen sind. Bekannt ist nach früherem, daß gleichmäßige Zündfolge einen relativen Winkelabstand von $\delta = \dfrac{4\pi}{z}$ zwischen gleichnamigen Vorgängen in den Zylindern erfordert. Bei fortlaufender Bezifferung *1* bis *z* entgegen dem Drehsinn zünden zuerst die ungeradzahligen, sodann die geradzahligen Zylinder, also *1 3 5 ... z, 2 4 ... (z—1)*. Mit Rücksicht hierauf gehört die zweite Bezugslinie dem Zylinder *3*, die dritte dem Zylinder *5* usf., was ebenfalls aus der Gleichung für β hervorgeht. Durch Einführung von $\dfrac{4\pi}{z} = \delta$ in $\beta = \dfrac{4\pi}{z\,(\nu \mp 1)}$ erhält man nämlich

$$\beta = \frac{\delta}{\nu \mp 1}\,, \tag{21a}$$

d. h. β ist der im Verhältnis $\dfrac{1}{\nu \mp 1}$ verkleinerte Winkel δ, und die aufeinanderfolgenden Bezugslinien sind gemäß der Zündfolge zu verteilen.

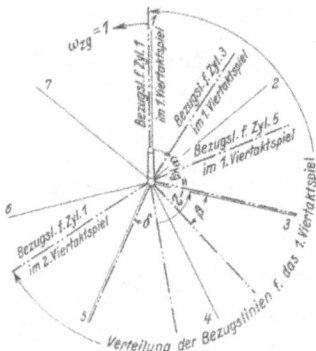

Abb. 32. Bezugslinien für 7 Zylinder, $\nu = -2$.

Abb. 33. Darstellung der Viertaktspiele auf zwei Zylinderdrehungen, $\nu = -2$.

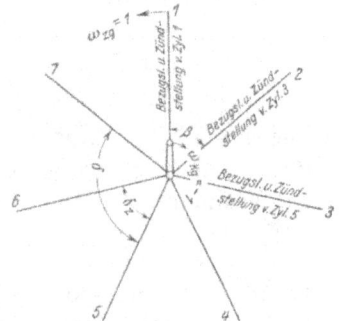

Abb. 34. Bezugslinien für 7 Zylinder, $\nu = -1$.

Des weiteren erkennt man bei eingehender Untersuchung, daß von den an sich festliegenden Bezugslinien nicht bei allen Übersetzungen ν jede einem bestimmten Zylinder dauernd zugeordnet bleibt, sondern periodisch wechseln kann. Zwei Beispiele mögen die Auffindung allgemeiner Regeln erleichtern.

1. $\nu = -2$, 7 Zylinder, $\beta = \dfrac{720^0}{7 \cdot 3} = 34^2/_7{}^0$, Dauer des Viertakts: $7\,\beta = 240^0$. In Abb. 32 sind die Grundstellung des Zylindersterns mit Bezifferung *1.* bis *7*, die Bezugslinien und damit die ungefähre Zündlage jeden Zylinders, die sich mit dem verhältnismäßigen Vorzündungswinkel von rd. 30° bestimmt, im ersten Viertaktspiel angedeutet; da nach Gl. (21a) $3\,\beta = \delta$, trifft in der gezeichneten Stellung jede vierte Bezugslinie mit einer Schubrichtung zusammen. Im zweiten Viertaktspiel gehören diese Bezugslinien anderen Zylindern an, desgl. im dritten; sie wechseln den »Besitzer«. Die lotrechte Bezugslinie *1* wird erst nach einer

gewissen Zeit wieder Zylinder *1* zugehören, und die Anschriften in Abb. 32 erlangen erneute Gültigkeit nach einer Anzahl von Viertaktspielen, die sich in mannigfacher Weise bestimmen lassen. Nach Gl. (11) entsprechen einer Zylindersterndrehung $v_z = \dfrac{\nu + 1}{2} = \dfrac{3}{2}$ Viertakte; nach drei vollen Viertakten = 2 Zylinderdrehungen (s. Abb. 33), ist der Ausgangszustand erreicht. Oder: Der Viertaktdrehwinkel von 240⁰ ist in 720⁰ (= 2 Drehungen) ohne Rest enthalten. Oder: Es sind so viel Winkel β aneinanderzufügen, bis der eine Schenkel die Lotrechte deckt; da die Anzahl der Bezugslinien, wie die Zylinderzahl, ungerade ist, trifft dies nach 2 Drehungen ein. Es haben hiernach die Zylinder nicht nur verschiedene Zündlage im Drehkreis, sondern zugleich eine wandernde und periodisch in die Ausgangslage zurückkehrende Zündlage.

2. $\nu = -1$ (Abb. 34). Der Stern der Bezugslinien deckt sich mit dem Zylinderstern, wenn dieser in der Grundstellung (d. h. Zylinder *1* lotrecht) steht; $\beta = \dfrac{\delta}{2}$. Die Zündung von Zylinder *1* erfolgt angenähert in besagter Stellung und von z. B. $z = 7$ Zylindern an sieben verschiedenen Stellen im Kreis, doch steht sie für jeden Zylinder unverrückbar fest, wie bei den Standsternmotoren.

Diese Überlegungen weiter ausbauend erhalten wir nachstehende, für Viertakt gültige Übersicht.

Tafel 2.

Übersetzung ν (abs.)	0 (U. 1. Art)	1	2	3	4	5	......	ν
Versetzungswinkel der Bezugslinien β (in Bogenmaß)	$\dfrac{4\pi}{z}$	$\dfrac{4\pi}{z\cdot 2} = \dfrac{2\pi}{z}$	$\dfrac{4\pi}{z\cdot 3}$	$\dfrac{4\pi}{z\cdot 4} = \dfrac{\pi}{z}$	$\dfrac{4\pi}{z\cdot 5}$	$\dfrac{4\pi}{z\cdot 6} = \dfrac{2\pi}{z\cdot 3}$	.....	$\dfrac{4\pi}{z(\nu+1)}$
Viertaktspiele v_z auf 1 Zylinderdrehung	$\dfrac{1}{2}$	$\dfrac{2}{2} = 1$	$\dfrac{3}{2}$	$\dfrac{4}{2} = 2$	$\dfrac{5}{2}$	$\dfrac{6}{2} = 3$	.....	$\dfrac{\nu+1}{2}$
Zur Vollendung von Viertaktspielen nötige Zylinderdrehungen	1	2	3	4	5	6	.....	$\nu+1$
	2	2	2	2	2	2	.....	2

Folgerungen: Ist ν eine ungerade Zahl > 1, dann vollziehen sich im einfachen Kreis mehrere, allgemein $\dfrac{\nu + 1}{2}$ Viertaktspiele, im Sonderfall $\nu = 1$ ein einziges Spiel. Ist ν eine gerade Zahl, werden im doppelten Kreis mehrere, allgemein $(\nu + 1)$, Viertaktspiele vollendet. Zylinder *1* beginnt ein neues Spiel in der Lotrechten allein für $\nu = 0$ (U. 1. Art) und $\nu = 1$ (absoluter Wert); es tritt demnach kein Wechsel der Bezugslinien für die einzelnen Zylinder ein. Überdies fallen für $v = 0$ sämtliche Linien zusammen. In allen übrigen Fällen ist periodischer Wechsel vorhanden.

Beachten wir schließlich, daß bei Standsternmotoren die z Totlagenlinien gleichzeitig Bezugslinien sind und bei Reihenmotoren, wie bei U. 1. Art, die gemeinschaftliche Totlagenlinie die Bezugslinie darstellt, so können wir als neue Einteilung aufstellen:

1. Motoren mit gemeinsamer Bezugslinie (einfache Reihenmotoren und U. 1. Art).
2. Motoren mit so viel Bezugslinien als Reihen vorhanden (zweireihige und Gabelmotoren).
3. Motoren mit einem Fächer von Bezugslinien (Fächermotoren).
4. Motoren mit so viel Bezugslinien im Kreis als Zylinder (Standsternmotoren und U. 2. Art, $v = -1$).
5. Motoren mit mehr Bezugslinien im Kreis als Zylinder (U. 2. Art, $v > [-1]$).

B. Arbeitsverfahren.

Als Arbeitsprozeß für Vergaser- und Einspritzmotoren wird das bekannte Viertakt- und Zweitaktverfahren mit untereinander gleich langen Kolbenhüben zugrunde gelegt. Weil es für die Festlegung der Zündfolge von untergeordneter Bedeutung ist, welche verhältnismäßige Zeitdauer die einzelnen Takte haben, erübrigt sich das Eingehen auf die mannigfaltigen Vorschläge und Ausführungen von Getrieben zur Änderung des Viertakts und Zweitakts, z. B. zur Erzwingung ungleicher Hübe für Einlaß und Auslaß oder zur Vollendung des Viertaktspiels innerhalb einer Wellendrehung. Diese Getriebe haben es nicht vermocht, das normale Kurbelgetriebe zu verdrängen. Es hat auch Getriebe gegeben, die eine ungleiche Zündfolge der Zylinder nach sich ziehen; sie besitzen nur historische Bedeutung.

II. Gesichtspunkte für die Festlegung der Zündfolge.

Die leichte ebenso wie die schwere Verbrennungsmaschine ist an die Ausgangsbedingung gleicher Abmessungen für alle Zylinder und für alle Getriebe gebunden, was einesteils bei der Verfolgung der Vorgänge gewisse Vereinfachungen mit sich bringt, andernteils in mancher Hinsicht eine Beengung bedeutet.

Um die Reihenfolge der Arbeitsvorgänge in den verschiedenen Zylindern einer solchen Verbrennungsmaschine zu kennzeichnen, besteht die

Gepflogenheit, den Zündzeitpunkt, d. h. den Augenblick der Auslösung der treibenden Kraft, aus den Hauptpunkten des Viertakt- oder Zweitaktspiels herauszugreifen und kurz von einer Zündfolge zu reden. Man könnte ebensogut andere Punkte nehmen, die in festem Abstand untereinander stehen und in gleicher Reihenfolge bleiben und z. B. von einer Einlaß- und Auslaßfolge sprechen.

Die auf die Zündung folgende Kraftabgabe durch die Spannkraft des Arbeitsstoffes in den Zylindern über Kolben und Pleuelstangen an die Kurbelwelle ist zeitlich nicht nach Belieben wählbar, sie hat vielmehr einen gleichförmigen, ruhigen und betriebssicheren Lauf anzustreben. Sie sollte daher so stattfinden, daß Gleichgang, Erschütterungsfreiheit und Langlebigkeit des Motors nebst Einfachheit der ganzen Anlage erreicht wird, also nicht gegen folgende Richtlinien verstößt:

1. Tunlichst geringe Schwankungen des Drehmoments der Kurbelwelle und ihrer Winkelgeschwindigkeit bei hohem Verhältnis des mittleren Drehmoments (Nutzdrehmoments) zum höchsten und niedrigsten Betrag.

2. Einschränkung störender Begleiterscheinungen dynamischer Art als Folge der Bewegung der Kurbeltriebe und der Fortleitung der Kraft auf dem Wege zwischen Kolbenboden und Wellenende mit Kupplung oder Luftschraube.

3. Brauchbare Verteilung des Brennstoff-Luftgemisches oder des Brennstoffs allein.

4. Meidung von Behinderungen und Verwicklungen konstruktiver Art.

5. Meidung umständlicher Werkarbeit.

Die Forderungen 1, 2, 3 sind dynamischer Art, 4 und 5 entwurfs- und herstellungstechnischer Natur. Überlegungen wärmetechnischer Art, z. B. über den Zusammenhang von Zündfolge und Wärmefluß im Motor und über die thermische Sicherheit im Betrieb, treten zurück; denn diese ist nur zum geringsten Teil von der Reihenfolge der Zündungen abhängig.

A. Allgemeine Richtlinien für guten Lauf des Motors.

Es seien nun vorstehende Forderungen hinsichtlich ihres Bereiches abgegrenzt.

Zu Forderung 1. Es kommen lediglich jene Schwankungen in Frage, die durch die Arbeitsvorgänge in den Zylindern im Verein mit der Energieumformung durch das Kurbelgetriebe bedingt sind; es scheidet die Änderung der Winkelgeschwindigkeit der Welle aus, soweit sie durch fehlerhafte Ausbildung von Teilen, die mit ihr umlaufen, verursacht wird, wie durch ein schlecht ausgewuchtetes Schwungrad am Fahrzeugmotor, durch eine Luftschraube mit ungleicher Steigung der Flügel am Flugmotor.

3*

Zu Forderung 2. Solche Begleiterscheinungen im Kräftefluß, welche die Ruhe und Betriebssicherheit des Motors benachteiligen, sind Erschütterungen, Schwingungen, Formänderungen, Verschleiß und Lockerung von Verbänden. Hier sind zu nennen:

a) Die Massenkräfte und -momente sämtlicher Getriebeteile, also dynamische Wirkungen der Kurbelgetriebe, soweit Kräfte und Momente sich nicht gegenseitig binden, also frei bleiben;

b) die Schwerpunktswanderungen der Massen der Kurbeltriebe, mit anderen Worten statische oder Gewichts-Wirkungen als Folge der Änderung der potentiellen Energie, soweit sie sich nicht wechselseitig aufheben;

c) die Massenwirkungen der Steuerungsteile oder etwaiger Hilfsapparate, wie die Pumpe für Druckförderung des Brennstoffs;

d) der Druckwechsel im Gestänge, wie er sich einstellt unter der Wirkung des Gasdrucks im Zylinderinnern im Verein mit den Massenkräften der bewegten Teile;

e) die übermäßige Beanspruchung, sei es aus statischer Belastung, sei es aus Schwingungen, verbunden mit Formänderung oder Bruch der Welle, starker Abnutzung an den Lagerstellen und Führungen;

f) die Rückwirkung des Drehmoments auf die Zylinder, also statische Wirkung der Arbeitsvorgänge nebst dynamischer Beeinflussung durch die Massen.

Zu Forderung 3. Erschwerungen in der Gemischerzeugung und -verteilung an Vergasermotoren können eher auftreten als Ungleichheiten an Motoren mit direkter Einspritzung des Brennstoffs in die Zylinder.

Einzelne dieser Forderungen sind gelegentlich der Erörterung der Gestaltung von Schiffsölmaschinen und ortsfesten Dieselmotoren aufgestellt worden, s. Shannon [19] und Körner [20], jedoch ohne daß die Auswirkung der Zündfolge eingehender geprüft worden wäre.

Es fragt sich nun, inwieweit die Zündfolge zur Erfüllung der aufgeführten Forderungen beitragen kann.

1. Zündfolge und Schwankungen des Drehmoments.

Mäßige Veränderung des Drehmoments und guter Gleichgang des Motors liegt vor, wenn die Über- und Unterschüsse gegenüber dem mittleren Wert gering sind, was wiederum eintritt, sobald die treibende Kraft in gleichmäßigen Zeitabständen ausgelöst wird und die Intervalle zwischen den Einzelzündungen möglichst klein sind, mithin, sobald die Zylinderzahl groß und die Zündfolge regelmäßig ist. Die Schwankungen der Drehkraft oder Tangentialkraft an der Kurbel, deren Grundverlauf das Indikatordiagramm und die Trägheitskräfte der hin und her gehenden Massen bestimmen, sind bei gerader und ungerader Zylinderzahl in

verschiedenem Grade von diesen Massendrehkräften abhängig. Wie
später nachgewiesen wird (vgl. Abschnitt VI, A), sind gerade Zahlen
2, 4, 6, 8 der Massenwirkung stark unterworfen, wogegen ungerade
Zahlen von 5 aufwärts allein von den Gaskräften abhängen, da die
Massendrehkraftmomente einander aufheben. Dies hat zur Folge, daß
für bestimmte Massen und für die meist verwendete Drehzahl, insbesondere bei Schnelläufern, die ungeraden Zahlen vielfach günstiger da-
stehen als die geraden.

Vorausgesetzt wird hierbei, daß an Mehrzylindermaschinen die
Kräfte für gegebene Kolbenstellungen in den einzelnen Zylindern einander gleich sind, was gleichen Verlauf der Gasdruckdiagramme verlangt. Diese stellen sich für gleiche Steuerzeiten bei gleichen Füllungen
der Zylinder und gleicher Güte der Verbrennung ein. Damit ist der
Übergang zu Forderung 3 hergestellt.

2. Zündfolge, Laufruhe und -sicherheit (Massenwirkungen, Schwingungen).

a) Die Massenkräfte hängen mittelbar von der Zündfolge ab,
da die für jede Zylinderzahl und -anordnung eigentümliche Verteilung
der Kurbeln am Kreisumfang einen bestimmten Versetzungswinkel festlegt, der mit einem kennzeichnenden Ausgleich der umlaufenden und
geradlinig bewegten Getriebemassen verknüpft ist. Die Güte des Ausgleichs der Kräfte, d. h. ihrer schiebenden Wirkung, ist für jede Zylinderzahl eine bestimmte und durch etwaige noch bestehende Freiheit in
der Zündfolge nicht beeinflußbar.

Ferner ist zu beachten: Erstrebt man bei Mehrkurbelmaschinen
einen möglichst gleichförmigen Gang, so genügt die Befolgung der Regeln
für gleichmäßige Arbeitsverteilung allein nicht, vielmehr ist die Beseitigung der Schwankungen der potentiellen Energie erforderlich. Da dies
bei unveränderlicher Lage des Gesamtschwerpunkts eintritt, was gleichzeitig die Erfüllung des Kräfteausgleichs anzeigt, so sind der statische
und der dynamische Ausgleich unzertrennlich verbunden. Die Prüfung
der Gewichtswirkung bleibt erspart.

b) Die Massenkraftmomente treten nur bei Vorhandensein mehrerer Bewegungsebenen der Kurbeln ein; der freie Gesamtbetrag läßt
sich durch passende Wahl der Lage der aufeinanderfolgenden Getriebe
längs der Kurbelwelle auf einen Kleinstwert vermindern, wenn nicht
ganz beseitigen. Diese Rücksicht ist maßgebend für die Verlegung der
Kurbeln, die bestimmte Richtung im Kreis besitzen, auf die verschiedenen Bewegungsebenen, was sich in der Zündfolge auswirkt.

c) Fühlbare Massenwirkungen der Steuerungsteile sind eher bei
Verwendung von Schiebern, wie Rohr- oder Kolbenschiebern, und
Kurbelantrieb als bei Ventilen mit Nockenbetätigung zu erwarten; bei

mehreren Schiebern stellt sich indessen gegenseitiger Ausgleich in der Schubrichtung teilweise oder vollständig ein, während die Schieberseitendrücke bestehen bleiben. Bedenkt man ferner, daß die Kräfte des Arbeitskurbeltriebes jene der Steuerungsteile um ein Vielfaches übertreffen, so erscheint die Festlegung der Zündfolge unter Außerachtlassung der davon abhängigen Steuerfolge berechtigt. Eine nachträgliche Prüfung der Kräfte und etwaiger Momente im Steuerungstriebwerk ist empfehlenswert.

d) Druckwechsel im Gestänge und Anlagewechsel in den Lagerteilen ist unabhängig von der Zündfolge und allein unterworfen den Arbeitsvorgängen im Zusammenspiel mit den Massenkräften jedes einzelnen Zylinders; eine Milderung der Stöße liegt demnach nicht im Bereich der Zündfolge.

e) Die Dreh- und Biegungsschwingungen der Kurbelwelle sind im Hauptdrehzahlbereich einzuschränken, da sie in gewissen Fällen zu Wellenbrüchen führen können. Zugleich ist der Kurbelkasten durch geeignete steife Form gegen gefährliche Biegungsschwingungen zu sichern.

f) Die Rückwirkung des Drehmoments ist bestrebt, den Motor sowohl um die Kurbelwellenachse zu verdrehen als auch das Motorgestell quer zur Motorlängsebene in Schwingungen zu versetzen. Im ersten Fall beeinflussen die Zeitabstände der Zündungen die Schwankungen und Erschütterungen um die mittlere Neigung der Zylinder gegen ihre Ruhelage entgegen dem Wellendrehsinn, wenn der Motor nicht auf einem unnachgiebigen Fundament befestigt ist. Je gleichförmiger das Drehmoment, desto unveränderlicher auch das Rückdrehmoment der Kolben- oder Kreuzkopfseitendrücke. Im zweiten Fall kann eine bestimmte Zündfolge mit den zugehörigen Normaldrücken Biegungsschwingungen des Gestells hervorrufen.

g) Weniger die statische Beanspruchung der Welle auf Biegung und Drehung als vielmehr die Lagerbelastung und die Abnutzung der Schalen oder auch der Wälzkörper kann bei Mehrkurbelmotoren durch Änderung der räumlichen Kurbelanordnung und damit der Zündfolge herabgesetzt werden. Diese Belastung setzt sich zusammen aus dem Gasdruck, den Massenkräften der drehenden und der oszillierenden Teile; zugleich wird das Gehäuse beansprucht.

3. Zündfolge und Gemischverteilung.

Bei Vergasermotoren spielt die Gemischverteilung über die Saugleitung mit ihren Verzweigungen eine wesentliche Rolle. Eine Prüfung des Einflusses der Zünd- und Saugfolge und der Formgebung des Verteilerrohres auf die Zylinderladung ist unerläßlich.

B. Richtlinien für Motorgestaltung und -herstellung.

Zu Forderung 4. Der Konstrukteur hat bei der Formgebung des Motors einerseits die Anpassung seiner Gestalt an den Verwendungszweck, anderseits die Unterbringung, Vereinfachung und Zugänglichkeit der Teile am Motor zu überdenken; sie sind zum Teil von der Zündfolge abhängig.

Zu Forderung 5. Einzelne Zündfolgen von Vielzylindermotoren können in gewissen Fällen ein Mehr oder Weniger an Werkarbeit gegenüber anderen verursachen.

1. Zündfolge und Raumbedarf des Motors.

Beim Entwurf ist die Einwirkung der Zündfolge auf den Raumbedarf des Motors zu prüfen. So ist die gegenseitige Versetzung der Reihen bei Flugmotoren in Gabelform von großer Bedeutung für die Stirnfläche und für die Einbaumöglichkeit in die Zelle. Anderseits erschwert die Verkleinerung des Gabelwinkels die Unterbringung mancher Teile am Motor.

2. Zündfolge und Steuerungsaufbau.

Eine Variation der Zündfolge und damit der Saug- und Auspufffolge wird keinen nennenswerten Gewinn an Vereinfachung des Steuersystems bringen können.

Bei V-Motoren kann der Antrieb von zwei gleichnamigen Ventilen der beiden Reihen von einem Nocken aus an eine bestimmte Zündfolge unter mehreren sonst verfügbaren gebunden sein. Hierüber gibt Abschnitt XII Aufschluß.

3. Zündfolge und Zünd- oder Einspritzanlage.

Verwicklungen in der Zündanlage bei Zündermotoren und der Pumpen bei Einspritzung stellen sich im allgemeinen nicht ein, wenn unter Belassung gleichmäßiger Zündabstände eine andere Zündfolge gewählt wird.

4. Zündfolge und Werkarbeit.

Das Glied, das den Zusammenhang zwischen Zündfolge und Fertigungskosten herstellt, ist das Rückgrat der Maschine, die Kurbelwelle; die aus der Zündfolge entspringende Kurbelversetzung kann ihre Herstellung etwas verteuern oder verbilligen. Doch wird man hier an Senkung der Kosten durch Änderung der Formgebung der Welle oder durch Minderung der Lagerzahl im Kurbelgehäuse erst dann denken, nachdem den wichtigeren, oben aufgezählten Forderungen Genüge geleistet ist.

Ferner wird an die oft recht verwickelten Verzweigungen der Gemischleitung an Vergasermotoren zu denken und Vereinfachung im Rahmen richtiger Gemischverteilung anzustreben sein.

C. Zu erfüllende Forderungen.

Nach dieser Klarlegung, wonach einerseits die Punkte 2 c) und 2 d) sich dem Wirkungsbereich der Zündfolge entziehen, anderseits die Zündfolge sich zeitlich und räumlich fühlbar macht, soll nunmehr begründet werden, wieso die Forderung wenig veränderlichen Drehmoments, also regelmäßiger Zündabstände, an die Spitze zu stellen ist.

Es ist bekannt und wird später im Abschnitt VI noch erhärtet, daß eine Abweichung von gleichen Zündzeitwinkeln das Drehmoment ungünstig beeinflußt. Allgemein gilt: Es ist bei raschlaufenden, einfach- und doppeltwirkenden Motoren in der Regel nicht ratsam, die Forderung möglichst gleichmäßigen Gesamtdrehmoments zugunsten anderer Rücksichten, wie eines besonders gearteten Massenausgleichs, der Milderung von Drehschwingungen der Welle, der Vereinfachung des Ventilantriebs an V-Bauarten, raumsparender Motorumrisse, aufzugeben; einzelne Ausnahmen sind in den letzten Jahren aufgekommen (s. Abschnitt IV), doch ist ihre Berechtigung nur im Sonderfall anzuerkennen. Es gelingt ohnehin bei Vorhandensein mehrerer Zylinder und gleichmäßig versetzten Zündungen, das eine oder andere Verlangen zu befriedigen. Bei Fahrzeug- und Flugmotoren ist geringe Schwankung der Wellendrehkräfte aus folgenden Gründen anzustreben:

1. Man erreicht geringe Änderung der Winkelgeschwindigkeit ohne Verwendung rotierender Hilfsmassen, die das Gewicht des Motors vermehren.

2. Die Veränderlichkeit der resultierenden Motordrehkräfte beeinträchtigt die Ruhe des Fahrzeuges auf der Fahrt und des Flugzeugs im Fluge. Schwankt die Umfangskraft an der Welle während einer Umdrehung stark, so treten fühlbare Schwebungen in der Schubkraft S beim Zusammenwirken von Reifen und Straßendecke (Abb. 35) oder im Luftschraubenzug S (Abb. 36) ein,

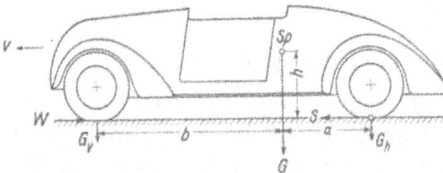

Abb. 35. Schubkraft am Kraftfahrzeug.

während das Fahr- oder Flugzeug dank seiner großen Masse sich nahezu gleichförmig mit der Geschwindigkeit v bewegt und damit der Widerstand W, den es erleidet, als fast konstant anzusehen ist. W und S halten sich also nicht das Gleichgewicht, einmal ist S größer, das andere Mal kleiner als W. Durch den Unterschied von S und W erfährt das Fahrzeug oder Flugzeug zunächst Kräfte in der Längsrichtung, es neigt zum »Stoßen«, sofern in der Kraftübertragung kein Schlupf und keine elastische Wirkung vorhanden ist, wie sie die Reibungskupplung oder eine lange Gelenkwelle in Fahrzeugen bedingen kann. Da außerdem der Schwerpunkt Sp ganz allgemein nicht in der Wirkungslinie von S liegt, treten veränderliche Momente auf, die das Fahrzeug oder Flugzeug um eine waagrechte Achse zu kippen suchen. Beim Fahrzeug wird dabei die Vorderachse belastet oder entlastet, die Hinterachse umgekehrt; denn die Gleichgewichtsbedingung der unbeschleunigten Fahrt:

$$G_h \cdot a + S \cdot h - G_v \cdot b - W \cdot h = 0$$

ist durch die Änderung von S gestört; hierbei bedeuten: G_h, G_v die Hinterachs- und Vorderachsbelastung, a, b die Hebelarme in bezug auf die Schwerpunktsachse, S die Schubkraft, W den Widerstand, h den Abstand des Schwerpunkts von der Fahrbahn.

Beim Flugzeug stellt sich eine Störung der Längsstabilität ein; es »stampft«, da für den vorausgesetzten waagrechten Flug die Gleichgewichtsbedingung um die waagrechte Schwerpunktsachse:

$$S \cdot h - P_h \cdot l + P \cdot p - W \cdot w = 0$$

wegen der Änderung von S nicht mehr zutrifft; hierin sind: S der Schraubenzug, P die resultierende Flügelkraft, P_h die Kraft am Höhenleitwerk, W der schädliche Widerstand, h, p, l und w die zugehörigen Hebelarme.

Diese wechselnden Kräfte und Momente machen sich bemerkbar, wenn einer leichtgebauten Zelle oder einer kleinen Fahrzeugmasse eine verhältnismäßig große Zylinderleistung gegenübersteht; die Wirkung verstärkt sich in Ausnahmefällen, so beim Versagen der Zündung in

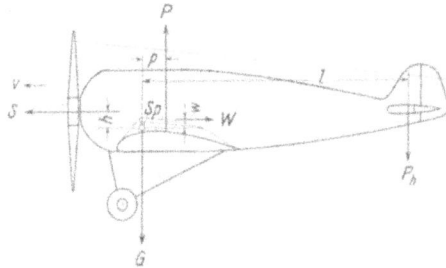

Abb. 36. Schraubenzug am Flugzeug.

einem oder mehreren Zylindern. Zudem entstehen mit dem sich ändernden Schub der Propellerblätter periodisch mit der Drehgeschwindigkeit zusätzliche dynamische Beanspruchungen der Blätter, worauf Bock [21] hinweist.

Ähnliche Verhältnisse liegen bei Schiffskörper und seiner Antriebskolbenmaschine vor.

3. Eine weitere Folge ungleichmäßiger Tangentialkräfte wäre die Verstärkung der Veränderlichkeit der Reaktion des Drehmoments, also der wechselnden Schwenkung der Zylinder um die Wellenachse und daher das Auftreten von Erschütterungen am Fahr- und Flugzeug (s. Abschnitt VIII).

Nicht nur für die Gleichförmigkeit, sondern auch für die Ruhe des Ganges des Motors und Fahrzeugs sind demnach möglichst gleichmäßig verlaufende Drehkraftkurven erwünscht. Es hätte offenbar keinen Zweck, die Stetigkeit der Drehkräfte dem Ausgleich der Massenmomente, die ähnliche Unruhe in der Fahrt oder im Fluge bringen wie stark veränderliche Drehkräfte, zu opfern.

4. Ungleichmäßige Zündfolge bietet keinen grundsätzlichen Vorteil gegenüber gleichmäßiger Folge hinsichtlich der Torsionsschwingungen der Kurbelwelle; nur in Einzelfällen lassen sich mit ihrer Hilfe resonanzfreie Gebiete schaffen (s. Abschnitt VII).

5. Große Gleichförmigkeit des Drehmoments ist erforderlich, um Druckwechsel bei Verzahnungen, Hin- und Herschleudern und Brüche der Zähne zu vermeiden. Es kommen hier weniger die Steuerwellenzahnräder in Betracht, als vielmehr das Übersetzungsgetriebe zwischen Kurbel- und Propellerwelle bei Schnelläufer-Flugmotoren, jenes Getriebe, das zur Verminderung der Schraubendrehzahl notwendig ist und im letzten Jahrzehnt nach Überwindung mancher Schwierigkeiten sich im In- und Ausland bei Reihen- und Sternmotoren eingebürgert hat. Ist eine sich drehende Masse im Verhältnis zu einer rädergelenkig mit ihr verbundenen Masse sehr groß, so läuft sie gleichförmig weiter, während die kleinere das Auf und Ab der hindurchgeleiteten Kräfte mitmacht, wodurch Stöße am Zahneingriff hervorgerufen werden; hierauf hat schon Kutzbach hingewiesen [1, S. 201]. Das gilt z. B. für die Luftschraubenwelle, deren Schwungmasse gegenüber der Kurbelwelle weit überwiegt. Die verwickelteren Verhältnisse bei völliger Trennung von Motor und Luftschraube und Zwischenschaltung von Übertragungswellen und Sammelgetrieben, die früher manche Schwierigkeiten bereitet haben, vgl. [1, S. 239], Offermann [22, S. 135], sind heute zwar leichter zu beherrschen, schreiben jedoch gleichförmiges Antriebsdrehmoment vor. Gleiche Zündabstände bilden die Bezugsgrößen für die Einschätzung der Zulässigkeit einer mehr oder weniger großen zeitlichen Abweichung der Zündungen in Sonderfällen.

6. Unregelmäßig versetzte Steuernocken zur Betätigung der Einlaß- und Auslaßventile sind nicht erwünschter als im Kreis symmetrisch verteilte bei regelmäßiger Saug- und Auspuffolge.

7. Gleichmäßige Zündfolge erspart schließlich jene Besonderheiten an Hochspannungszündern und Batteriestrom-Umformern, die von ungleichen Zündabständen bedingt werden.

Nachdem die Wichtigkeit richtig gewählter Zündfolge dargetan ist, kann man der zu behandelnden Aufgabe die Fassung geben:

Es sind für die verschiedenen Zylinderzahlen und -anordnungen die Zündfolgen ausfindig zu machen, die folgende Anforderungen als Richtlinien haben:

1. gleichmäßige Zündabstände,
2. kleinste Massenmomente,
3. gefahrlose Drehschwingungen,
4. geringe Einwirkungen der Gleitbahndrücke,
5. günstigste Lagerbeanspruchung,
6. möglichst gleiche Füllungen der Zylinder,

7. einfaches Steuerungstriebwerk,
8. einfache Zündanlage,
9. Verminderung der Werkarbeit.

Da sich wohl alle diese Forderungen, die teilweise verkettet sind, nicht gleichzeitig erfüllen lassen, ist zu untersuchen, in welcher Weise die größtmögliche Anzahl auf eine Zündfolge vereinigt werden kann.

Die Zündfolge wird durch eine Reihe von Ziffern, welche die Zylinder bezeichnen, symbolisch zum Ausdruck gebracht; sie ist gekennzeichnet durch den Wechsel unter den zündenden Zylindern und die Zahl der mitwirkenden Zylinder. Eine Untersuchung der Zündfolgen hat die Bedeutung der Zahl der Zündungen in einer abgemessenen Zeitspanne und des Wechsels unter den Zylindern mit ihren räumlichen Abständen zu würdigen.

Das Streben nach Erfüllung der Forderungen 1 und 2 und nach Steigerung der Leistung hat im Laufe der Entwicklung des Leichtmotors eine noch in Fluß befindliche Erhöhung der Zylinderzahl im Gefolge gehabt, die überdies die Herabsetzung des Leistungsgewichts mit sich bringt. Es hat Zwischenzeiten gegeben, in denen die Zylinderzahl für Fahr- und Flugmotoren eine feste Ausgangsgröße war, was zur Zeit allein für einen gewissen Hubraum zutrifft. In einer gewissen Zeitspanne waren für Wagenmotoren vier Zylinder die Norm und für Flugmotoren in Reihenform die Zahl sechs in einem ausgedehnten Leistungsbereich bei uns fast ausschließlich anzutreffen. Seit einer Reihe von Jahren befinden wir uns in einer Entfaltung mit aufsteigenden Zahlen, die durch gewisse untere und obere Grenzleistungen und gewisse kleinste und größte Zylinderbohrungen eine Beschränkung erfahren.

Im einschlägigen Schrifttum begnügt man sich vielfach damit, den Untersuchungen die für die betreffende Bauart und Zylinderzahl gebräuchliche »normale« Zündfolge oder auch eine selbstgewählte ohne ausreichende Stützung zugrunde zu legen; man schenkt sich die Prüfung der Zündfolge in manchen Fällen, in denen sie durchaus nicht etwas eindeutig Festliegendes ist, vielmehr das Ergebnis der Abwägung der vorstehend angeführten, zum Teil einander widerstreitenden Rücksichten darstellen sollte. Nun gibt es allerdings Bauarten, die eine gewisse Zündfolge als die »günstigste« von vornherein zu bezeichnen gestatten, und zwar die einfachen, übersichtlichen Anordnungen; andere dagegen bieten mehrere Wechselfolgen, unter denen es gilt, die beste oder die gleich guten herauszusuchen.

Es soll hier der Weg gewiesen werden, die ungünstigen Eigenschaften eines Motors, die eine Folgeerscheinung einer unzweckmäßigen Ablösung der zündenden Zylinder sind, mittels Durchprüfung der Zündfolgen zu meiden; man könnte diesen Vorgang als eine Anpassung der Zündfolge an den Motor bezeichnen. Dazu gehört auch die Aufsuchung der Eigenheiten von ungleichen Zündabständen in besonderen Fällen.

D. Drehsinn und Bezifferung des Kurbel- und Zylindersterns.

1. Drehsinn.

Um die Zündfolge zahlenmäßig festzulegen, ist zunächst der Kurbel- oder der Zylinderstern zu beziffern, was wiederum eine Entscheidung über den Drehsinn und seine Kennzeichnung voraussetzt. Die Drehrichtung der Kurbelwelle, also des umlaufenden, entweder das Schwungrad oder die Luftschraube tragenden Teils oder auch des eine kraftabgebende Welle (Arbeitswelle) antreibenden Teils, sei, wie schon früher angenommen wurde, entgegen dem Uhrzeigerdrehsinn festgelegt. Dies entspricht einer Blickrichtung:

α) bei Kraftwagen von der kraftabgebenden Seite auf den Motor,

β) bei Flugzeugen von der kraftabgebenden Seite auf den Motor, wenn die Schraube unmittelbar auf der Kurbelwelle sitzt, von der entgegengesetzten Seite bei Vorhandensein eines Übersetzungsgetriebes mit Umkehrung des Drehsinns der Kurbelwelle. In DIN V L 74 ist die Blickrichtung anders gewählt.

Für Umlaufmotoren sei der Drehsinn des Zylindersterns und der damit verbundenen Schraube ebenfalls entgegen dem Uhrzeiger, der Blick geht von der Schraube aus auf den Motor.

Die Abkürzungen für die Drehrichtungen seien wie folgt gewählt: m. d. U. = mit dem Uhrzeiger, e. d. U. = entgegen dem Uhrzeiger; sie gelten zugleich für den Umfahrungssinn bei Bezifferungen. Insbesondere sei für den Umlaufsinn der Flugmotoren die Kennzeichnung festgelegt:

mul = mit dem Uhrzeiger laufend,

edul = entgegen dem Uhrzeiger laufend.

2. Bezifferung.

Sternbezifferung. Die Bezifferung, welche die Angabe der Zündfolge, z. B. durch einfaches Ablesen aus einer zeichnerischen Darstellung, aus den Kurbelbildern, ermöglichen soll, ist an dem sternförmigen, die Zündabstände bestimmenden Teil des Motors anzubringen (s. Abschnitt I, S. 23), also dem Kurbel- oder Zylinderstern. Darin haben die Ziffern die Bedeutung von Zylinderziffern.

Die Zählung beginnt damit, daß man bei Reihenmotoren die zu Zylinder *1* gehörige Kurbel, bei Sternmotoren einen Zylinder in ausgezeichnete Lage stellt und mit »*1*« bezeichnet, wodurch die Grundstellung des Sterns, die Totlagenlinie und Bezugslinie festgelegt ist, sodann im Kreis herum beziffert, und zwar:

bei einem Kurbelstern entgegen dem Drehsinn der Kurbeln, also m. d. U., bei einem Zylinderstern mit festen Zylindern im Drehsinn der Kurbel, also e. d. U.,

bei einem Zylinderstern mit umlaufenden Zylindern und fester Kurbel entgegen dem Drehsinn der Zylinder, also m. d. U.,

bei einem Zylinderstern mit umlaufenden Zylindern e. d. U. und umlaufender Kurbel m. d. U. entgegen dem Drehsinn der Zylinder, also m. d. U.

Die Bezifferung erfolgt demnach bei allen Motoren, mit Ausnahme jener mit festem Zylinderstern, gegen den Drehsinn des umlaufenden Teils, sei es an Kurbelwelle oder Zylindern. Zu dieser Feststellung führt die Überlegung, daß bei festen Zylindern und einem Stern von Totlagenlinien (vgl. Abschnitt I, S. 31) die Kurbel sich auf diese zudreht und sie in räumlicher und zeitlicher Aufeinanderfolge überdeckt, während in den anderen Fällen die einzelnen Strahlen des Kurbel- oder Zylindersterns sich an einer einzigen oder mehreren festen Totlagenlinien vorbeidrehen und nacheinander durch sie hindurchgehen.

Zylinderbezifferung der Reihenmotoren. Den Zusammenhang zwischen der Kurbelanordnung an Reihenmotoren und der räumlichen Aneinanderfügung der Zylinder zu einer oder mehreren Reihen stellt die Zylinderbezifferung her; an ausgeführten Motoren sind die Ziffern mit 1 anfangend und fortlaufend aufsteigend bis z eingeschlagen oder sonstwie kenntlich gemacht.

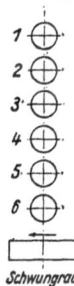

Abb. 37. Bezifferung der Zylinder beim Fahrzeugmotor.

Einreihige Motoren.

α) Kraftfahrzeugmotoren. Es wäre an sich ziemlich gleichwertig, ob die Bezifferung auf der Führerseite oder auf der entgegengesetzten Seite beginnt. Es soll, in Übereinstimmung mit DIN Kr 301, der Zylinder, der von der Kraftabnahme (im allgemeinen dem Schwungrad) am weitesten entfernt ist, die Ziffer 1 erhalten (Abb. 37).

β) Flugmotoren. In Übereinstimmung mit dem Vorschlag in Vorn. L 74 sei der Beginn der Zylinderbezifferung auf der Propellerseite.

Mehrreihige Motoren

finden sich hauptsächlich im Flugwesen vor. Neben der Bezifferung der Zylinder ist jene der Reihen vorzunehmen. Man muß, schon um der Verständlichkeit der späteren Darlegungen willen, beim Vorhandensein von zwei und mehr Reihen eine zweckmäßige Bezeichnung der z Zylinder und der i Reihen wählen, da bis heute eine einheitliche, alle Verhältnisse klar umreißende Kennzeichnungsart mangelt.

α) Gabelmotoren. Die Bezifferung beginne am Motorende, das für Fahrzeugmotoren und Flugmotoren verschieden ist, wie bei Ein-

reihenbauarten. Vielfach pflegt man für i Reihen fortlaufend zu nume-
rieren, und zwar mit $1, 2, 3 \ldots \dfrac{z}{i}$ bis zum Ende der ersten Reihe, von vorne
anfangend bei der zweiten Reihe mit $\left(\dfrac{z}{i}+1\right)$ bis $2\dfrac{z}{i}$, wieder von vorne
bei der dritten Reihe mit $\left(2\dfrac{z}{i}+1\right)$ usf. bis z (Abb. 38, 42). Diese auch

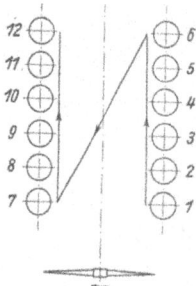

Abb. 38.

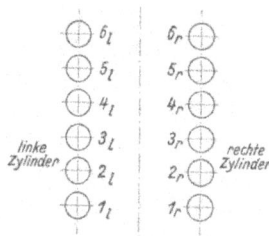

Abb. 39.

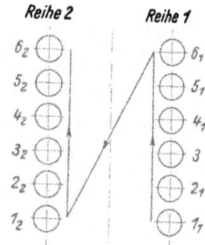

Abb. 40.

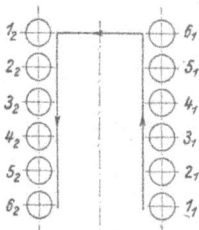

Abb. 41.

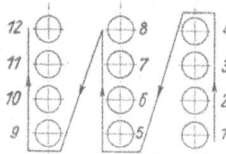

Abb. 42.

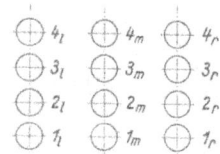

Abb. 43.

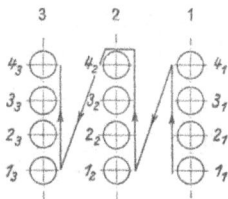

Abb. 44.

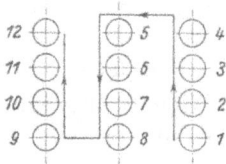

Abb. 45.

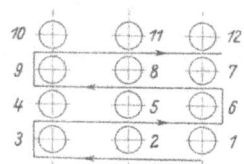

Abb. 46.

Abb. 38 bis 46. Verschiedenartige Bezifferung der Zylinder bei mehrreihigen Motoren.

in Vorn. L 74 vorgeschlagene Bezifferung erscheint aber nicht durch
sichtig genug, da sie den Wechsel der Reihe nicht unmittelbar aus den
Ziffern heraus anzeigt. Die Unterscheidung mit 1_r für rechts von der
Symmetrielinie, 1_l für links derselben (Abb. 39), 1_m für die mittlere
Reihe (Abb. 43) ist schon bei drei Reihen erschöpft; die Kennzeichnung

der ersten Reihe mit arabischen, der zweiten mit römischen Ziffern reicht nur·für zwei Reihen aus. Die Bezeichnung der Zylinder beginnend mit *1* an der ersten Reihe, mit *1′* an der zweiten Reihe, mit *1″* an der dritten Reihe usf. wird mit Rücksicht auf das Schreiben und Drucken zu umständlich von drei Reihen aufwärts. Dasselbe gilt für arabische Zylinderzahlen und römische Reihenzeiger, also Zylinder 1_I, 2_I . . ., 1_{II}, 2_{II} . . . Besser ist es, die Zylinder der Reihe rechts mit dem Zeiger *1*, der zweiten Reihe im Drehsinn der Welle mit Zeiger *2*, der dritten Reihe mit *3* usf. zu versehen, also zu schreiben: 1_1, 2_1, 3_1 . . ., 1_2, 2_2, 3_2 . . . 1_3, 2_3, 3_3 . . . (Abb. 40, 44). Diese Bezifferung mit Reihenzeiger ist auch deswegen nützlich, weil sie recht gute Dienste leistet bei der Zeichnung

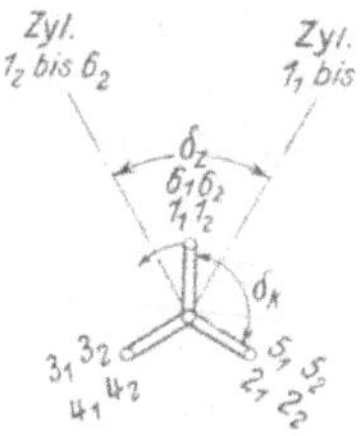

Abb. 47. Bezifferung des Kurbelsterns der Gabelmotoren.

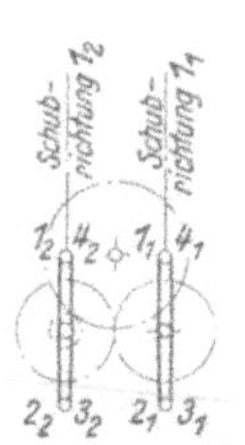

Abb. 48. Bezifferung der Kurbelsterne der Doppelreihenmotoren.

der Richtungssterne der Harmonischen und der Polygone der Schwin-gungsausschläge in der Untersuchung der Kurbelwellen auf Drehschwin-gungen. Es soll diese letzte Bezeichnungsweise weiterhin Anwendung finden.

Die Bezifferung von Abb. 41 und 45 ist nicht zu empfehlen, noch weniger die Querbezifferung von Abb. 46.

β) **Doppelreihige (zweiwellige) Motoren.** Da sie durch Auf-stellung zweier paralleler oder geneigter Zylinderreihen und zweier Wellen entstehen, arbeitet jede Reihe als selbständiger Teilmotor in gewohnter Weise; die Arbeitswelle zwischen den beiden Kurbelwellen (Abb. 3) wird mittels Zahnräder angetrieben. Man wird wie beim Gabel-motor die Reihen mit *1, 2* bezeichnen; die Zylinder erhalten den Zeiger der zugehörigen Reihe.

Endgültige Bezifferung des Kurbel- und Zylindersterns.

a) **Reihenmotoren.** Es fragt sich nun, wie die Zylinderziffern in das Kurbelbild einzutragen sind, ob im Kreis fortlaufend mit ununter-brochen aufsteigenden Ziffern, d. h. ohne eine Kurbel oder eine Ziffer zu überspringen oder nach anderem Verfahren. Jedwede Bezifferung des regelmäßigen Kurbelsterns liefert gleiche Zündabstände, da der Stern aus dieser Bedingung heraus entstanden ist.

Mit Rücksicht auf weitergehende Gesichtspunkte, wie kleinste Längskippmomente der Welle u. a. m., wird die Längsgestalt der Welle und die Gesetzmäßigkeit der Bezifferung eine andere werden; eine irgendwie angenommene Bezifferung müßte eine Abänderung erfahren. Dies bedeutet: Man hat den Kurbeln und Zylindern eine andere Lage in der Längsrichtung des Motors zu geben. Dieses Umschreiben am Kurbelstern läßt sich ersparen, wenn man, den Untersuchungen vorausgreifend, gleich zu Anfang eine entsprechende Zündfolge wählt; hiervon ist in diesem Werk Gebrauch gemacht, um nicht eine falsche Vorstellung der Bezifferung zu wecken.

α) Einreihenmotoren. Jede Kurbel versieht man mit einer Ziffer; bei sich deckenden Kurbelpaaren erscheinen an jeder Kurbel zwei Zahlen, vgl. Abb. 49 bis 61 des nachfolgenden Unterabschnitts E.

β) Gabelmotoren. Jede Kurbel erhält so viel Ziffern als Reihen vorhanden sind; nämlich i, da auf jeden Kurbelzapfen i Zylinder arbeiten. Man beginnt mit der Kurbel, die den Zylindern I_1, I_2, I_3 ... zugehört. Im übrigen unterliegt die Bezifferung der weiteren Kurbeln den oben erwähnten Zusatzbedingungen. (Abb. 47 für 2×6 Zylinder.)

γ) Doppelreihenmotoren. Die Kurbeln der beiden Wellen werden selbständig beziffert, mit Beifügung des Reihenzeigers an jeder Ziffer (Abb. 48).

b) Sternmotoren. Man beziffert die feststehenden Zylinder fortlaufend, d. h. ohne einen zu überspringen, und zwar z. B. mit 1 am lotrechten Zylinder beginnend und bis z im Wellendrehsinn fortfahrend (Abb. 26, S. 25), nach dem Vorschlag L 74 mit dem waagrechten Zylinder.

Umlaufmotoren erhalten die ununterbrochene Bezifferung 1 bis z entgegen dem Drehsinn der Zylinder (Abb. 28, 34, S. 25, 32).

E. Symmetrische und teilsymmetrische Kurbelwellen.

Einige Begriffe, die späterhin häufig wiederkehren, sollen hier festgelegt werden.

Die Gestalt der Welle eines Reihenmotors ist durch zwei Risse in Abb. 49, 50 gegeben: Stirnansicht und Längsansicht, Verteilung der Kurbelstrahlen und Längsordnung der Kröpfungen, radiale und axiale Folge der Kurbeln. Eine solche Welle kann in bezug auf eine oder mehrere Linien symmetrisch sein. Die Forderung gleichmäßigen Drehmoments bedingt im allgemeinen eine regelmäßige, strahlenförmige Verteilung der Kurbeln im Kreis, wie bereits im Abschnitt I gesagt wurde; es erscheint in der Stirnansicht der Welle ein Kurbelstern, der sich in zwei spiegelbildliche Hälften, z. B. durch eine Linie s—s, zerlegen läßt, wie in Abb. 49, 51, 53, 57, 59. Man spricht von einem symmetrischen Kurbelstern, während die Welle in Abb. 55 und 60 keine Wiederholung der Strahlenwinkel im Kreis, also unsymmetrisches Kurbelbild aufweist. Es sind aber nicht allein regelmäßige Sterne, sondern auch Kurbelverteilungen wie in Abb. 49 mit 2 Kurbelpaaren oder in Abb. 59 mit wiederkehrenden ungleichen Winkeln als symmetrisch anzusprechen; allgemein alle Sterne, in denen der Gesamtschwerpunkt der Kurbeln ins Wellenmittel fällt oder mindestens zwei Symmetrieachsen vorhanden sind. Die bei der Zerlegung entstandenen Teile sind Teilsterne oder Halbsterne, bei Vorhandensein von Kurbelpaaren gibt es einen Grundstern und einen Deckstern.

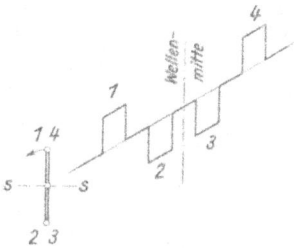

Abb. 49, 50. Vollsymmetrische Welle.

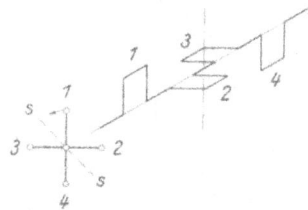

Abb. 51, 52.

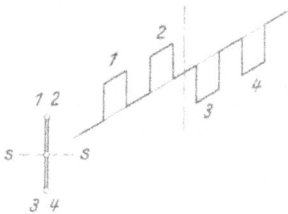

Abb. 53, 54.

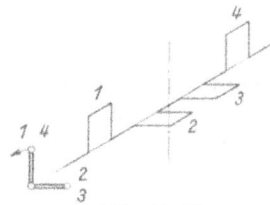

Abb. 55, 56.

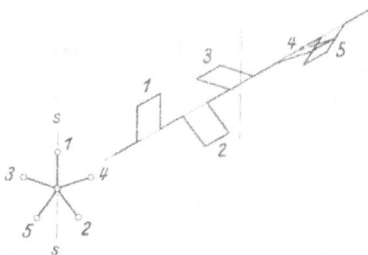

Abb. 57, 58.

Abb. 51 bis 58. Teilsymmetrische Wellen.
Abb. 51 bis 54 und 57, 58 mit Quersymmetrie.
Abb. 55, 56 mit Längssymmetrie.

Abb. 59. Quersymmetrische Welle, ohne gleichmäßige Kurbelverteilung.

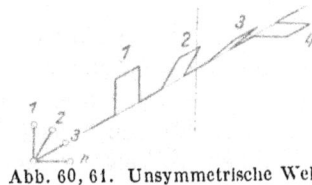

Abb. 60, 61. Unsymmetrische Welle.

Gleichmäßiger Stern für gleiche Zündabstände ist nur beim Einreihenmotor erforderlich; andere Bauarten, wie V-Motoren, liefern mit nicht im Kreis verteilten, wenn auch in gewissem Sinn gesetzmäßig angeordneten Kurbeln, regelmäßige Zündungen, z. B. mit der Welle Abb. 55, 56, wie später nachgewiesen wird.

Die zum Kurbelstern gehörigen Kröpfungen liegen infolge der Notwendigkeit verschiedener Bewegungsebenen der Getriebe längs der Welle nebeneinander, wie die vier Kröpfungen in Abb. 50, 52, 54, 56, 61 oder die fünf Kröpfungen in Abb. 58. Die gegenseitige Lage der Kröpfungen als Folge der geraden Kurbelzahl und weiterer Voraussetzungen kann derart ausfallen, daß die Welle durch eine Linie in der Mitte ihrer Längserstreckung die Zerlegung in zwei spiegelbildliche Hälften gestattet (Abb. 50, 56), wobei die von der Mitte gleich weit abstehenden Kurbeln gleichgerichtet sind; es ist Längssymmetrie vorhanden. Dagegen besitzen die Wellen nach Abb. 52, 54, 58, 61 diese Eigenschaft nicht. Die Welle Abb. 49, 50 ist symmetrisch in der Stirn- und Längsansicht, also vollsymmetrisch, sie heiße kurz symmetrisch. Die Wellen nach Abb. 51, 52, 53, 54, 57, 58 weisen nur eine Quersymmetrie, die Welle nach Abb. 55, 56 nur eine Längssymmetrie auf; sie sollen deshalb teilsymmetrisch heißen. Eine völlig unsymmetrische Welle erscheint in Abb. 60, 61 mit einem Kurbelbüschel in der Stirnansicht. Vollsymmetrische Wellen geben regelmäßige Einzelzündungen nur bei Viertakt, teilsymmetrische Wellen mit gleichen Zündabständen der Zylinder kommen bei Viertakt und Zweitakt vor.

Bei Sternmotoren mit in einer Ebene liegenden Zylinderachsen und einer Kröpfung je Stern erübrigen sich solche Überlegungen.

III. Regelmäßige Zündabstände. Verteilung der Kurbeln und Zylinder.

A. Bezugslinien für den Zündzeitpunkt.

Dem Zündzeitpunkt entspricht eine gewisse Lage des Kolbens im Zylinder, die für bestimmte Vorzündung eine unveränderliche ist; damit ist auch die zugehörige Kurbelstellung festgelegt. Ein Mehrzylindermotor hat für jeden Zylinder denselben Zündzeitpunkt. Man kann damit sagen: Die Zündlage des Kolbens auf seiner Schubrichtung läßt sich unmittelbar festhalten. Um die Überlegungen zu vereinfachen, ist es zulässig, den Zündzeitpunkt in die Kolbentotlage, also in die Strecklage des Kurbelgetriebes fallen zu lassen. Will man für die verschiedenen Bauarten, für die Standmotoren wie für die Umlaufmotoren 1. und 2. Art allgemeine Beziehungen hinsichtlich des Zündzeitpunktes und der Zündfolge aufstellen, so zeigt es sich gemäß Abschnitt I, daß die einfache

Betrachtung, wie sie an Standmotoren, insbesondere an Reihenmotoren, angestellt zu werden pflegt, nicht ausreicht, daß vielmehr ein allgemeinerer Gedankengang für den Fall gleichzeitig bewegter Kurbel und kreisender Zylinder Platz greifen muß, und zwar unter Zuhilfenahme der Begriffe: Totlagenlinie und Bezugslinie. Für gewöhnlich kommt man auch ohne sie aus.

B. Kurbelversetzung und Zylinderachswinkel.

1. Reihenmotoren.

Nach Abschnitt I und II sollten die Drehwinkel aller einander in der Zündung ablösenden Kurbeln unter sich gleich sein. Um den Winkelbetrag zahlenmäßig auszudrücken, braucht man sich nur daran zu erinnern, daß einem Hub der Drehwinkel π (in Bogenmaß) entspricht und daß bei einer a-Takt-Maschine mit b arbeitenden Zylinderseiten und wirksamen Kolbenflächen zwischen zwei gleichnamigen Vorgängen, mithin zwischen zwei Zündungen in einem Zylinder ein Kurbeldrehwinkel von α^0 oder in Bogenmaß $\alpha = \text{arc } \alpha^0$:

$$\alpha = \pi \cdot \frac{a}{b} \tag{22}$$

liegt. Bei einem einfachwirkenden, d. i. mit einer Kolbenseite arbeitenden Einzylinder-Motor entspricht der Winkel α der Dauer eines vollen Arbeitsspiels, also des Viertakts oder Zweitakts; denn mit $a = 4$ bzw. 2 und $b = 1$ wird:

$$\alpha = 4\,\pi = 2 \text{ Wellendrehungen} \tag{23}$$

$$\alpha = 2\,\pi = 1 \text{ Wellendrehung.} \tag{24}$$

Für einen zweifach- oder doppeltwirkenden Motor mit $b = 2$ gilt:

$$\alpha = 2\,\pi = 1 \text{ Wellendrehung für Viertakt} \tag{25}$$

$$\alpha = \pi = \frac{1}{2} \text{ Wellendrehung für Zweitakt.} \tag{26}$$

Sind z Zylinder vorhanden, so hat man die z Impulse gleichmäßig über die in Gl. (23) bis (26) gegebene Zeitdauer zu verteilen; denn innerhalb dieser Zeiten müssen sämtliche Zylinder gearbeitet haben. Im Sonderfall der Motoren mit einer Zylinderreihe ist jedem Zylinder eine Kurbel zugeordnet, d. h. Gesamtkurbelzahl $k =$ Zylinderzahl z; bei zwei, drei, vier Reihen ist $k = \frac{z}{2}$ oder $\frac{z}{3}$ oder $\frac{z}{4}$, sofern zwei, drei, vier Kolben auf einen Kurbelzapfen arbeiten; bei Sternmotoren ist gewöhnlich $k = 1$. Die Achsen der zu einer Reihe gehörigen Zylinder haben alle gleiche Richtung, und zwar sind sie bei den stehenden Bauarten lotrecht; da sie sich in der Stirnansicht decken, liegt kein Zylinderachswinkel vor.

Setzt man voraus, daß alle Zylinder einzeln zünden, dann hat der Winkel der Zündzeitfolge, d. i. der Winkel, um den sich die Welle zwischen zwei Zündungen dreht, für einfachwirkende Bauarten den Betrag:

$$\delta = \frac{720^0}{z} = \frac{4\pi}{z} \quad \text{für Viertakt} \tag{27}$$

$$\delta = \frac{360^0}{z} = \frac{2\pi}{z} \quad \text{für Zweitakt,} \tag{28}$$

welche Ausdrücke im Abschnitt I, S. 22, zur Verwendung gelangten; sie gelten allgemein, unabhängig von der gegenseitigen Lage und Anordnung der Zylinder und von der Anzahl der einem Zapfen zugeordneten Zylinder, während die Einsetzung von k statt z zulässig ist, sobald jedem Zylinder eine eigene Kurbel zugehört.

Für doppeltwirkende Bauarten hat δ denselben Betrag wie für den einfachwirkenden Motor mit doppelter Zylinderzahl, denn es folgt mit Gl. (25) und (26):

$$\delta = \frac{720^0}{2z} = \frac{2\pi}{z} \quad \text{für Viertakt} \tag{29}$$

$$\delta = \frac{360^0}{2z} = \frac{\pi}{z} \quad \text{für Zweitakt.} \tag{30}$$

Die Auswertung von (27), (28), (29), (30) ergibt folgende Zusammenstellungen:

Tafel 3.

Zylinderzahl und Winkel der Zündfolge. Einfachwirkende Viertaktmotoren.

z	2	3	4	5	6	7	8	9	10	11	12	14	15	16	18	20	24
δ	360^0	240^0	180^0	144^0	120^0	$102^6/_7{}^0$	90^0	80^0	72^0	$65^5/_{11}{}^0$	60^0	$51^3/_7{}^0$	48^0	45^0	40^0	36^0	30^0

Tafel 4.

Zylinderzahl und Winkel der Zündfolge. Zweifachwirkende Viertaktmotoren.

z	1	2	3	4	5	6	7	8	9	10	11	12
δ	360^0	180^0	120^0	90^0	72^0	60^0	$51^3/_7{}^0$	45^0	40^0	36^0	$32^8/_{11}{}^0$	30^0

Tafel 5.

Zylinderzahl und Winkel der Zündfolge. Einfachwirkende Zweitaktmotoren.

z	2	3	4	5	6	7	8	9	10	11	12	14	15	16	18	20	24
δ	180^0	120^0	90^0	72^0	60^0	$51^3/_7{}^0$	45^0	40^0	36^0	$32^8/_{11}{}^0$	30^0	$25^5/_7{}^0$	24^0	$22^1/_2{}^0$	20^0	18^0	15^0

Tafel 6.

Zylinderzahl und Winkel der Zündfolge. Zweifachwirkende Zweitaktmotoren.

z	1	2	3	4	5	6	7	8	9	10	11	12
δ	180^0	90^0	60^0	45^0	36^0	30^0	$25^5/_7{}^0$	$22^1/_2{}^0$	20^0	18^0	$16^4/_{11}{}^0$	15^0

Hervorzuheben ist, daß Zylinderzahlen über 8 in einer Reihe für Leichtmotoren nicht zur Ausführung gelangen, denn man zieht eine Erhöhung der Reihenzahl vor; wohl aber hat sich die neun-, zehn- und elfzylindrige Ausführung im Bau ortsfester und Schiffs-Dieselmotoren größerer Leistung eingebürgert.

Die hohen Zahlen über 10 hinaus in den Tafeln dienen dazu, die Ableitung der Gabelanordnung mit zwei, drei und vier Reihen vorzuführen. Mit aufgenommen sind die bisher im Leichtbau nicht üblichen ungeraden Zahlen 5, 7, 9, 11 sowie die Vielfachen davon, wie 2×3, 2×5, 2×7, 3×3, 3×5 usf. Als Einzelausführung mit 5 Zylindern sei der Dieselmotor von Büssrng, mit 2×5 Zylindern der Flugmotor in V-Form der MAN (s. Offermann [21, S. 74]) genannt. Über die Eigenheiten der ungeraden Zylinderzahlen gibt Abschnitt VI Aufschluß.

Unter den zweifachwirkenden Motoren sind solche anzutreffen, die Einzelzündungen mit gleichen Zündabständen nicht gewähren, da in gewissen Fällen zwei Zylinder gleichzeitig zünden; dies gibt bisweilen Veranlassung zu einer Änderung der Kurbelwinkel und zu ungleichmäßiger Zündfolge.

a) Einreihige Motoren.

Bei dieser Zylinderanordnung arbeitet jeder Zylinder und Kolben auf eine eigene Kurbel; insgesamt sind k Kurbeln vorhanden, so daß mit insgesamt z Zylindern

$$k = z \tag{31}$$

wird; in Gl. (27) bis (30) kann man jederzeit das eine für das andere setzen.

Die Zylindermittellinien, somit die Schubrichtungen aller Pleuelstangen, sind gleichgerichtet, liegen in der durch die Kurbelwellenachse gelegten Ebene, die für stehende Zylinder lotrecht ist, decken sich in der Stirnansicht des Motors und bilden die Bezugslinie für die Drehwinkel α der Welle (Abb. 23). Der Zylinderachswinkel beträgt 0^0.

α) *Einfachwirkende Bauarten.*

Die k Kurbeln sind über die Zeitdauer des Arbeitsspiels in gleichen Abständen verteilt; der Winkel zwischen je zwei in der Zündung einander ablösenden Kurbeln deckt sich mit dem Winkel δ der Zündzeitfolge aus Gl. (27) und (28), eine Übereinstimmung, die für Mehrreihenmotoren nicht zutrifft.

Wie im Abschnitt I gesagt wurde, entsteht in der Stirnansicht der Welle ein Kurbelstern; die Zündfolge verleiht der Welle eine regelmäßige, meist zu mehreren Achsen symmetrische Gestalt.

Von dem Winkel δ ist zu unterscheiden der Versetzungswinkel δ_k zweier im Stern aufeinander folgender Kurbeln. Die Tafeln 7 und 8 enthalten nebst den Winkeln δ und δ_k den für jede Zylinderzahl kennzeichnenden Kurbelstern bis zu 20 Zylindern; für höhere Zahlen, die ebenso wie jene von 9 aufwärts zur Herleitung anderer Bauformen dienen, ist die Angabe der Winkel unschwer.

Wie ein Vergleich der Kurbelbilder lehrt, sind bei Viertakt und bei gerader Kurbelzahl je zwei Kurbeln gleichgerichtet und decken ein-

Tafel 7.
Winkel der Zündfolge δ, Kurbelversetzungswinkel δ_k und Kurbelsterne. Einreihenanordnung. Viertakt, einfachwirkend.

Kurbel-zahl k	2	3	4	5	6	7	8	9
δ	360°	240°	180°	144°	120°	$102\frac{6}{7}$°	90°	80°
δ_k	360°	120°	180°	72°	120°	$51\frac{3}{7}$°	90°	40°
Kurbel-stern								
Kurbel-zahl k	10	11	12	14	15	16	18	20
δ	72°	$65\frac{5}{11}$°	60°	$51\frac{3}{7}$°	48°	45°	40°	36°
δ_k	72°	$32\frac{8}{11}$°	60°	$51\frac{3}{7}$°	24°	45°	40°	36°
Kurbel-stern								

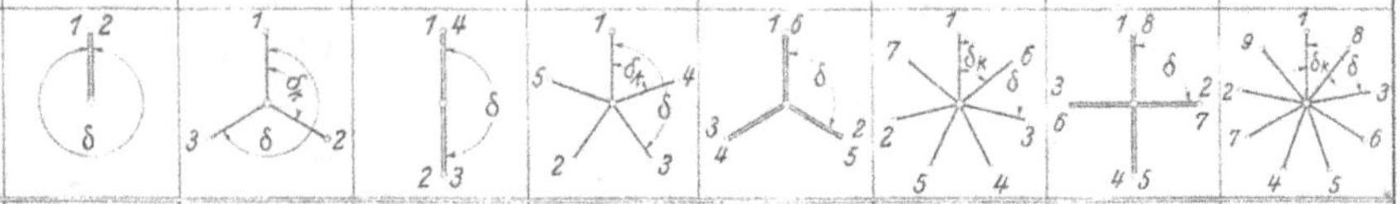

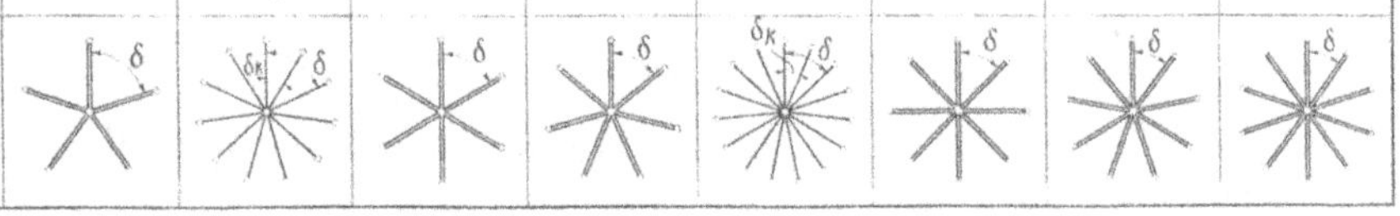

Tafel 8.
Winkel der Zündfolge δ (zugleich Kurbelversetzungswinkel δ_k) und Kurbelsterne. Einreihenanordnung. Zweitakt, einfachwirkend.

Kurbel-zahl k	2	3	4	5	6	7	8	9
δ	180°	120°	90°	72°	60°	$51\frac{3}{7}$°	45°	40°
Kurbel-stern								
Kurbel-zahl k	10	11	12	14	15	16	18	20
δ	36°	$32\frac{8}{11}$°	30°	$25\frac{5}{7}$°	24°	$22\frac{1}{2}$°	20°	18°
Kurbel-stern								

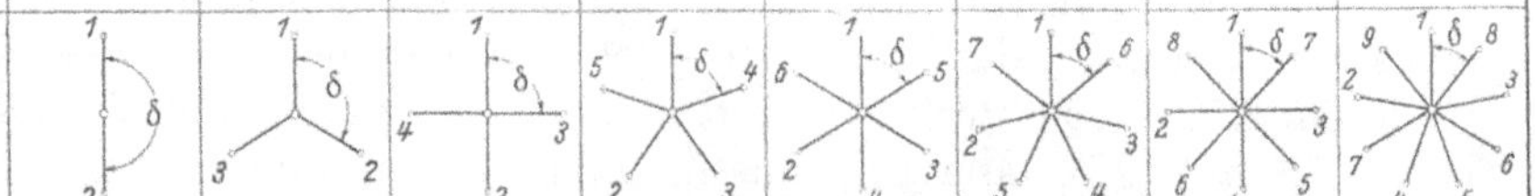

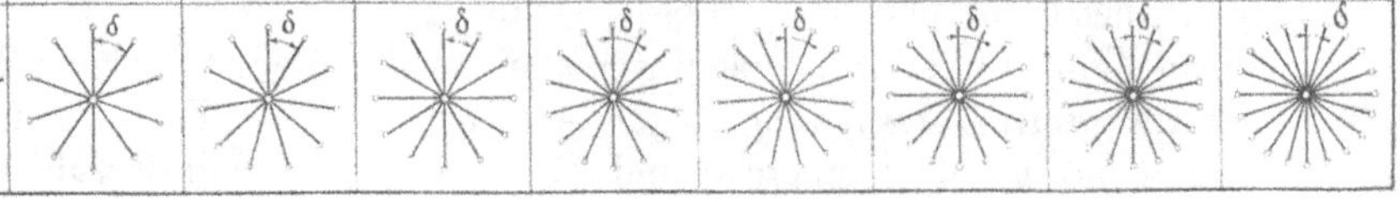

ander, was in den Skizzen mit doppelten Linien angedeutet ist, eine

natürliche Folge davon, daß $\dfrac{k}{2}$ eine ganze Zahl ist und jeder der beiden

Kreisumfänge in eine ganze Anzahl Teile geteilt wird. Es stimmt daher

Tafel 9.	Tafel 10.
Wellenformen der Viertakt-Einreihen-motoren mit gleichmäßiger Zündfolge.	**Wellenformen der Zweitakt-Einreihen-motoren mit gleichmäßiger Zündfolge.**

Zyl.-zahl	Einfache Reihe mit Welle	Zyl.-zahl	Einfache Reihe mit Welle
2	$\delta_K = 360°$	2	$\delta_K = 180°$
3	$\delta_K = 120°$	3	$\delta_K = 120°$
4	$\delta_K = 180°$	4	$\delta_K = 90°$
5	$\delta_K = 72°$	5	$\delta_K = 72°$
6	$\delta_K = 120°$	6	$\delta_K = 60°$
7	$\delta_K = 51\tfrac{3}{7}°$	7	$\delta_K = 51\tfrac{3}{7}°$
8	$\delta_K = 90°$	8	$\delta_K = 45°$

der Winkel δ mit dem Winkel δ_k der Kurbelversetzung überein, im Gegensatz zur ungeraden Kurbelzahl; bei Zweitakt ist für alle Kurbelzahlen $\delta = \delta_k$. Die Zahl der Kurbelstrahlrichtungen ist im ersten Falle gleich $\dfrac{k}{2}$ oder $\dfrac{z}{2}$; diese Eigenschaft beeinflußt die Zahl der Zündfolgen, ferner beim Gabelmotor die möglichen Größen des Gabelwinkels, wie noch gezeigt wird. In Tafel 9 und 10 sind für 2 bis 8 Zylinder die Wellenformen schematisch dargestellt.

β) Zweifachwirkende Bauarten.

Es ist nun die zweifachwirkende Maschine mit ihren Zündabständen zu erläutern. Eine doppeltwirkende Ausführung im üblichen Sinn ist jene, bei der nicht allein eine Kolbenseite, z. B. die äußere (obere), wie bei einfachwirkender Bauart, den Gaskräften ausgesetzt ist, sondern auch die innere (untere) Seite des geschlossenen Kolbens (Abb. 62). Doppeltwirkende, ortsfeste Gasmaschinen kamen bald auf; frühzeitig versuchte man solche Bauart im Verein mit passender Ausbildung des Zylinders im Flugwesen, wie beim Tandem-Vergasermotor von Dufaux (s. Taris-Berthier [23]). Der Gedanke bekam später neue Nahrung durch die günstigen Erfahrungen mit Großdieselmaschinen; man versuchte Brennstoffeinspritzung und Zweitakt am doppeltwirkenden Dieselflugmotor, ohne die mannigfachen Schwierigkeiten meistern zu können. Ein Lösungsvorschlag, der in bezug auf Beherrschung der Wärmeabführung ohne innere Kühlung ansprechender erscheint, ist jener des Biga-Motors [24], Schema Abb. 63 und 64. Zwei Kolben, die in getrennten, entgegenstehenden Zylindern gleiten, sind durch einen Kreuzkopf miteinander verbunden; dieser arbeitet mittels zweier Schubstangen auf die zweifach gekröpfte Welle. Die zwei Zylinder und Kolben sind als Einheit

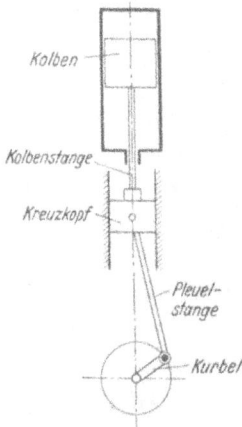

Abb. 62. Doppeltwirkende Maschine mit Kreuzkopf.

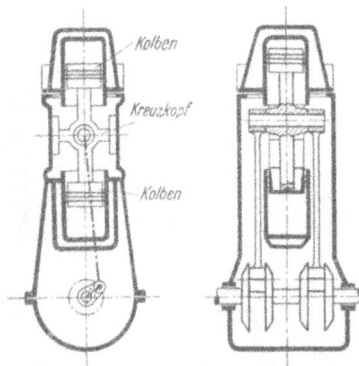

Abb. 63, 64. Kurbeltrieb des Biga-Motors in zwei Rissen.

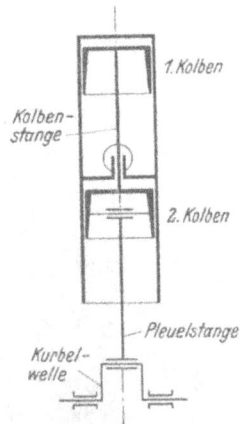

Abb. 65. Doppelkolben.

aufzufassen, so daß ein Kreuzkopfkolben mit getrennten Kolbenhälften und mit äußerer Anbringung der geteilten Stange vorliegt. Die geradlinig bewegten Massen sind groß, die Zugänglichkeit des unteren Zylinders ist unzureichend.

Mit der Doppelwirkung ist eine Kopplung der Vorgänge auf beiden Zylinderseiten verknüpft; denn die gleichnamigen Takte auf der unteren Kolbenseite treten gegenüber der oberen Kolbenseite um 180° Kurbeldrehwinkel später ein; überdies bei der gegensinnigen Bewegung des Kolbens, im Aufwärtshub. Das bedeutet von vorneherein eine Einschränkung der Freiheit in der Wahl der Zündfolge; es fragt sich, ob damit für Viertakt und Zweitakt regelmäßige Zündabstände möglich sind.

Es sei fürs erste ein einziger Zylinder ins Auge gefaßt. Für Viertakt erfordern gleiche Abstände der Zündungen oben und unten im Zylinder einen Winkelabstand von $\frac{720°}{2} = 360°$, nicht aber 180°; es folgen daraus ungleiche Abstände: 180° und 540°. Gleiche Zündabstände stellen sich ein, wenn die Krafthübe der beiden Kolbenseiten nicht gegensinnig, sondern gleichgerichtet sind und die Kurbel nach Drehung um 360° in die Stellung gleichnamigen Taktes gelangt.

Einen solchen Motor kann man sich entstanden denken aus einem Zweizylinder in Reihe mit Kurbeln unter 360°; die Kurbeln sind zusammenzurücken bis zu völliger Deckung, die Zylinder dagegen mit je einem einfachwirkenden Kolben mangels anderer konstruktiver Lösung übereinander zu stellen, so daß ihre Achsen ineinander übergehen (Abb. 65). Die Schwierigkeiten der Kühlung von Kolben, Kolbenstange und Stopfbüchse an solcher »Tandem«-Anordnung von kleinen Abmessungen legten schon früh die Verwendung des vom Zweitakt her bekannten Stufenkolbens (Abb. 66) nahe; die zweite Stufe ist Arbeitskolben, dient nicht zu Spülzwecken. Die Vereinigung oder

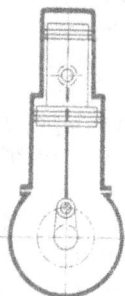

Abb. 66. Stufenkolben.

Kopplung zweier einfacher, gleichsinnig bewegter Kolben heiße Doppelkolben zum Unterschied von der gewöhnlichen doppeltwirkenden Form. Der Tandem-Doppelkolben gibt große Bauhöhe, die Stufenform große bewegte Massen.

Für Zweitakt ist der doppeltwirkende Kolben bezüglich der Zündabstände brauchbar; denn der benötigte zeitliche Abstand von $\frac{360°}{2}$ = 180° ist eingehalten. Dagegen liefern gekoppelte einfache Kolben (Abb. 65) eine Paarzündung, d. h. gleichzeitige Zündungen vor Beginn des Abwärtsgangs des Kolbenpaares.

Mehrere Zylinder. Sind z zweifachwirkende Zylinder vorhanden, somit $k = z$ Kurbeln, so haben $2 \cdot z$ Zündungen gleichmäßig zu erfolgen;

dabei sollten im günstigsten Fall die z Zündungen der gleichnamigen Kolbenseiten unter sich gleiche Abstände δ^0 besitzen und die Gruppe der z Zündungen der andern Kolbenseiten oder der zweiten Kolben mit demselben Zwischenabstand δ^0 gegen die erste Gruppe versetzt sein. Da die Verhältnisse aufbauend auf dem vorhergehenden Befund für einen Zylinder keine ausreichende Klärung finden, soll für Mehrzylinder-Bauarten eine allgemeinere Ableitung mit regelmäßigen Einzelzündungen entwickelt werden.

Man geht von der einfachwirkenden Reihe, die doppelte Zylinderzahl wie jene der abzuleitenden Reihe besitzt, aus und verwandelt sie unter Zuhilfenahme folgender Regeln:

1. für Doppelkolben: »Verschiebung von Kurbeln und Kolben in axialer Richtung der Kurbelwelle bis zur Zusammenlegung mit solchen von gleicher Richtung ändert an dem ursprünglichen Gleichmaß der Zündungen nichts«;

2. für doppeltwirkende Kolben: »Ist das Zylinder- und das zugehörige Kurbelbild auf Grund regelmäßiger Zündabstände ermittelt, so bleiben letztere bestehen, wenn irgendein Zylinder oder deren mehrere samt den zugeordneten Kurbeln um einen beliebigen Winkel gedreht werden«: »Prinzip der Teilschwenkung«. Meist wird es sich um eine Zerlegung der Längsansicht der Kurbelwelle oder des Kurbelsterns in zwei gleiche Hälften durch eine Symmetrielinie handeln (vgl. Abschnitt II, E); sodann: »Die Wirkung eines Kolbens bleibt unverändert, wenn er geklappt und seine äußere Arbeitsfläche zur inneren wird und wenn er mit einem Gegenkolben zu einem doppeltwirkenden verschmilzt«.

Viertakt und Doppelkolben. Die Ausgangswelle des einfachwirkenden Motors ist längssymmetrisch und läßt sich in zwei gleiche Hälften teilen. In Abb. 67 bis 84, von denen je drei zusammengehören, zeigt jeweils das obere Teilbild die Ausgangswelle, das untere links die abgeleitete Welle nebst Pleuelstange und Kolben, das untere rechts die Stirnansicht der Kurbeln. Es ist in Abb. 67, 70, 73, 76, 79, 82 der gestrichelte Teil der Welle samt Kolben nach links zu klappen bis zum Zusammenfallen der gleichgerichteten Kurbeln der Wellenhälften; die Kolben sind übereinander zu stellen, wodurch die Bilder 68, 71, 74, 77, 80, 83 mit 1 bis 6 Zylindern entstehen. Die Versetzung der Kurbeln in axialer Richtung der Welle und damit ihre Bezifferung wurde so gewählt, daß die teilsymmetrische Welle für Doppelkolben nicht zu ungünstiges Kippmoment ergibt; hierüber gibt Abschnitt VI, C Aufschluß. In gleicher Weise sind höhere Zylinderzahlen zu behandeln. Tafel 11 gibt neben dem Kurbelstern den Zündabstand δ und die Kurbelversetzung δ_k, die einander gleich sind, an.

Viertakt und doppeltwirkender Kolben. Um den Kurbelstern der doppeltwirkenden Maschine mit 1 bis 8 und mehr Zylindern

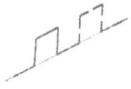

Abb. 67.

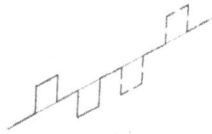

Abb. 70.

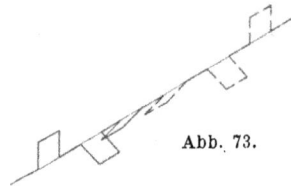

Abb. 73.

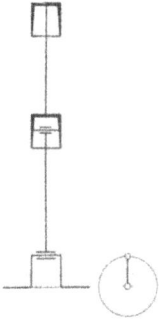

Abb. 68, 69.

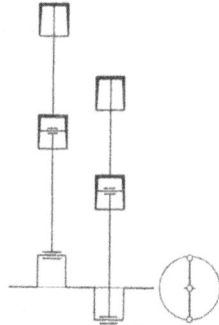

Abb. 71, 72.

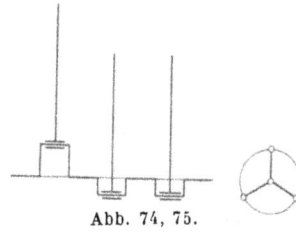

Abb. 74, 75.

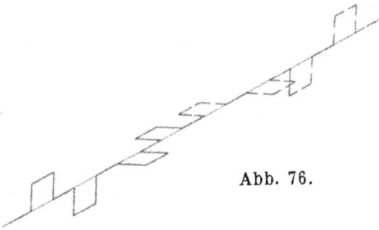

Abb. 76.

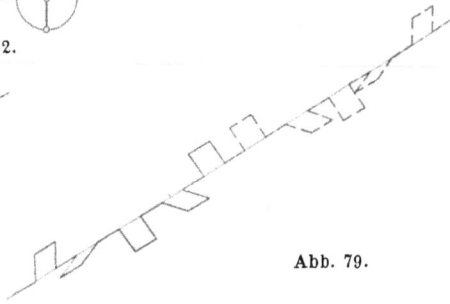

Abb. 79.

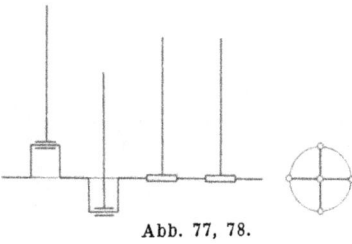

Abb. 77, 78.

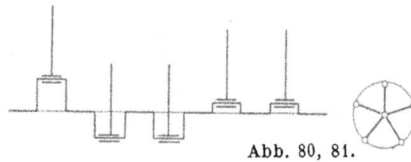

Abb. 80, 81.

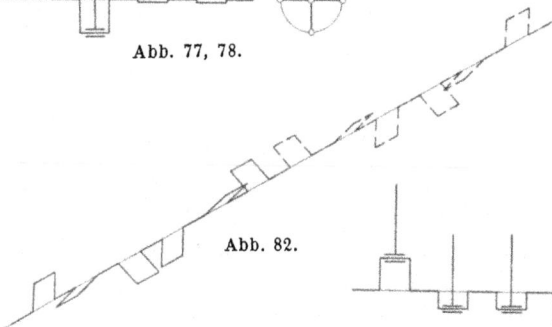

Abb. 82.

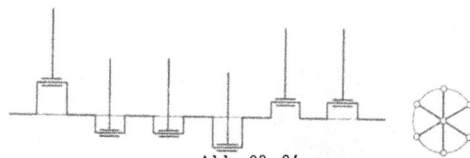

Abb. 83, 84.

Abb. 67 bis 84. Ableitung der Reihe mit Doppelkolben aus der einfachwirkenden Reihe. Viertakt.

Tafel 11.
Zündabstände δ, Kurbelversetzungswinkel δ_k und Kurbelsterne. Viertakt. Doppelkolben. Einzelzündungen.

Zyl. Zahl z	1	2	3	4	5	6	7	8	9	10
δ	$360°$	$180°$	$120°$	$90°$	$72°$	$60°$	$51\frac{3}{7}°$	$45°$	$40°$	$36°$
δ_k	—	$180°$	$120°$	$90°$	$72°$	$60°$	$51\frac{3}{7}°$	$45°$	$40°$	$36°$
Kurbelstern										

Abb. 85.

Abb. 86, 87.

Abb. 88, 89.

Abb. 90.

Abb. 91.

Abb. 92.

Abb. 93.

Abb. 94.

Abb. 95.

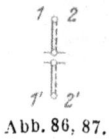

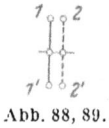

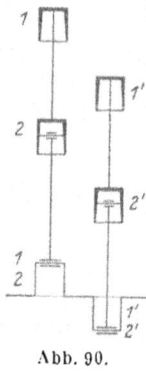

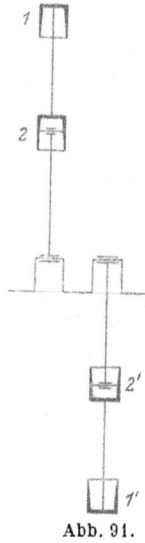

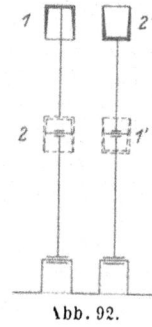

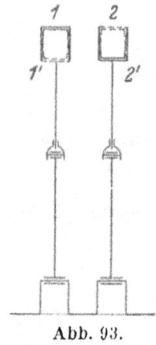

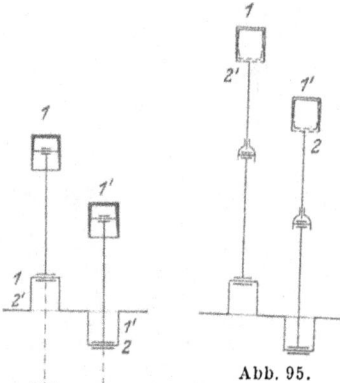

Abb. 85 bis 95.
Ableitung der Reihe mit doppeltwirkendem Kolben aus der einfachwirkenden Reihe. Viertakt.

herzuleiten, zeichnet man den Stern der einfachwirkenden Wellen für die doppelte Zylinderzahl, z. B. 4, 8, 12, 16 (Abb. 85, 96, 101, 108). Dank der Arbeitsweise im Viertakt erscheinen (s. Tafel 7) in der Stirnansicht lauter Paare sich deckender Kurbeln, was im Kurbelstern mit doppelten Linien angedeutet ist; überdies sind die Wellen in der Längsansicht symmetrisch gebaut. Das weitere Vorgehen sei an Hand der normalen Vierkurbelwelle eines einfachwirkenden Motors gezeigt. Man zerlegt den Stern in Abb. 85 in zwei Halbbilder, von denen das erste mindestens eine Kurbel lotrecht nach oben, das andere eine Kurbel nach unten aufweist. Dank den Kurbeldeckpaaren ist hierzu eine zweifache Möglichkeit vorhanden: entweder Teilsterne mit Paaren von Kurbeln (Abb. 86, 87) oder Decksterne und einzelstehende Kurbeln (Abb. 88, 89). In Abb. 90 sind durch Zusammenrücken zweier gleichgerichteter Kurbeln *1* und *2* bzw. *1'* und *2'* der Abb. 86, 87 aus dem ursprünglichen Motor ein solcher mit zwei Kröpfungen und zwei Doppelkolben entstanden. Durch Drehen der unteren Kurbel nebst Kolben um 180⁰ gelangt man zu Abb. 91. Die Wirkung der Kolben bleibt unverändert, wenn die Kolben des zweiten Getriebes auf der verlängerten Schubrichtung nach oben über die Waagrechte verschoben werden (Abb. 92). Weiter kann man je zwei einfachwirkende Kolben durch kreuzweise Verschiebung zwischen den Zylindern zu einem doppeltwirkenden zusammenlegen (Abb. 93). Geht man von den Decksternen (Abb. 88, 89) aus, so dreht man die gestrichelten Kurbeln *2* und *2'* um 180⁰; die mit ihnen geschwenkten Pleuelstangen und Kolben *2* und *2'* rückt man in die Bewegebene von *1* und *1'* (Abb. 94), sodann legt man unter Verschiebung von *2* und *2'* nach oben Kolben *1* und *2'* sowie *2* und *1'* zusammen (Abb. 95), womit doppeltwirkende Kolben erscheinen. Offenbar ließe sich die Doppelwirkung ebensogut aus der gegenreihigen Zylinderanordnung ableiten, die wiederum ein Sonderfall des V-Motors mit Zylinderachswinkel 180⁰ ist (vgl. Tafel 16, S. 92).

Um aus den Zylinderzahlen 8 bis 16 mit einfacher Wirkung die Verminderung auf halbe Zahl mit zweifacher Wirkung zu bekommen, sind die Kurbelsterne wie in den Abb. 96 bis 112 zu zerlegen, sei es in Decksterne (volle Teilsterne) oder in Halbsterne (durch die Linien *s—s*). Sowohl den Deckstern wie den Büschel bringt man durch Drehen um 180⁰ zur Deckung mit der anderen Hälfte; dabei vollführen die Schubrichtungen und Stangen diese Schwenkung. Weiterhin verfährt man wie im Beispiel des Vierkurbelmotors. Der Kurbelstern der endgültigen Welle hat das Aussehen des Teilsterns, der Winkel zwischen zwei sich in der Zündung ablösenden Kurbeln des abgeleiteten Motors ist $\delta = \dfrac{4\pi}{2z}$, also die Hälfte des Kurbelversetzungswinkels δ_k, wobei die Zündungen in den verschiedenen Zylindern oben oder unten erfolgen können.

Da nur Kurbelsterne mit gerader Anzahl von Doppelstrahlen im Ausgangsbild die geeignete Zerlegung in Halbbilder, die eine lotrechte Kurbel besitzen, gestatten, nicht aber jene mit 1, 3, 5 usf. Strahlen (Abb. 113, 114, 115) folgert man: Eine ungerade Anzahl von doppeltwirkenden Zylindern gewährt keine regelmäßigen Zündabstände. Beispiel: 1 Zy-

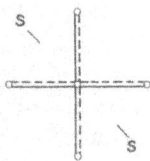 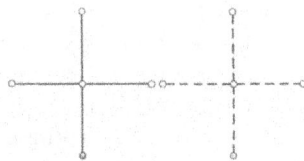 

Abb. 96.   Abb. 97, 98.   Abb. 99, 100.

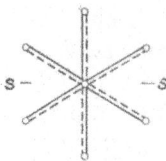 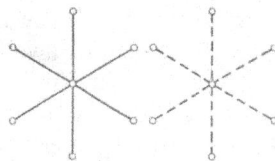 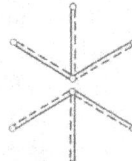 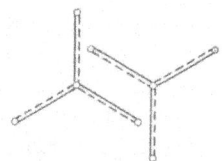

Abb. 101.   Abb. 102, 103.   Abb. 104, 105.   Abb. 106, 107.

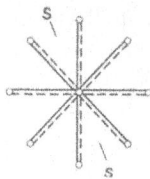 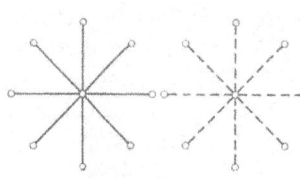 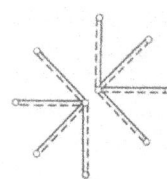

Abb. 108.   Abb. 109. 110.   Abb. 111, 112.

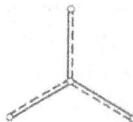 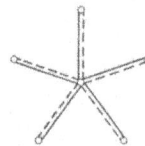

Abb. 113.   Abb. 114.   Abb. 115.

Abb. 113, 114, 115. Kurbeln zu doppeltwirkenden Kolben mit ungleichen Zündabständen.

Abb. 96 bis 115. Zerlegung der Kurbelsterne einfachwirkender Zylinder in Reihe zur Ableitung der doppeltwirkenden Reihe. Viertakt.

linder mit Abständen 180° und 540°; 3 Zylinder mit 120°, 120°, 60°, 120°, 120°, 180°.

In einzelnen Fällen entsteht ein symmetrischer Teilstern mit paarweise sich deckenden Kurbeln und damit zugleich die Möglichkeit längssymmetrischer Welle; nämlich, wenn die Ausgangszahl der Kurbeln durch 4 teilbar und der Quotient eine ungerade Zahl ist, also bei der Ausgangszahl 4, 12 (Abb. 85, 101) mit dem Teilstern von Abb. 86 und 106.

Die Ergebnisse sind in Tafel 12 zusammengestellt, unter Weglassung der Wellen mit Kurbelbüschel.

Für die weitergehende Geeignetheit dieser Wellen gelten die Überlegungen, die später bei einfachwirkenden Bauarten mit gleichen Kurbelversetzungen Platz greifen.

Tafel 12.
Zündabstände δ, Kurbelversetzungswinkel δ_k und Kurbelsterne. Viertakt.
Doppeltwirkender Kolben.

Zyl.-Zahl z	1	2	3	4	5	6
δ	unregelmäßig	180°	unregelmäßig	90°	unregelmäßig	60°
δ_k	—	360°, 180°	120°	90°	72°	120°
Kurbelstern	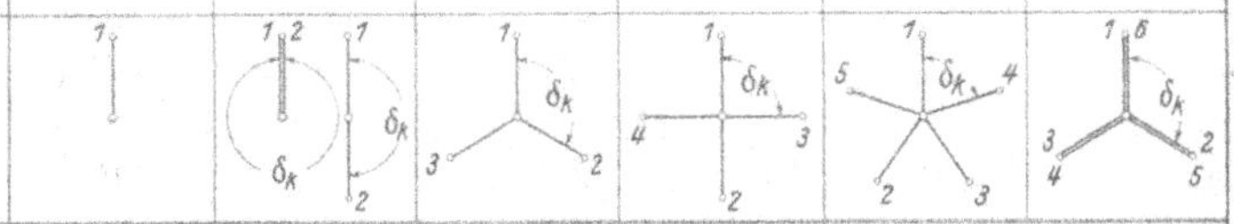					

Zyl.-Zahl z	6	7	8	9	10	
δ	60°	unregelmäßig	45°	unregelmäßig	36°	
δ_k	60°	$51\frac{3}{7}°$	45°	40°	72°	36°
Kurbelstern	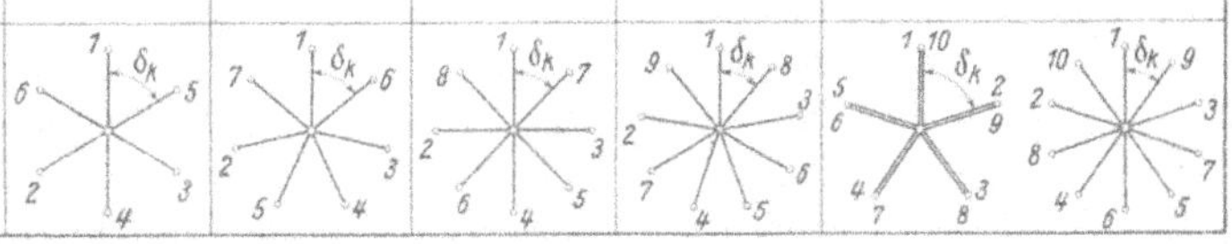					

Tafel 13.
Zündabstände δ, Kurbelversetzungswinkel δ_k und Kurbelsterne. Zweitakt.
Doppelkolben. Paarzündungen.

Zyl.-Zahl z	1	2	3	4	5	6	7	8	9	10
δ	360°	180°	120°	90°	72°	60°	$51\frac{3}{7}°$	45°	40°	36°
δ_k	—	180°	120°	90°	72°	60°	$51\frac{3}{7}°$	45°	40°	36°
Kurbelstern	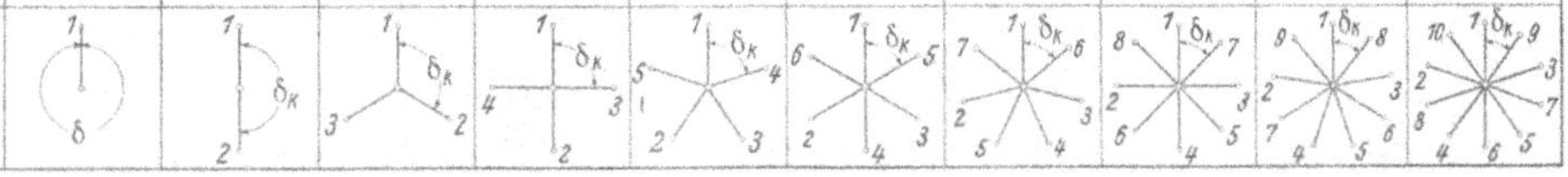									

Zweitakt und Doppelkolben. Da die Wellen der Zweitakter in der Längsrichtung unsymmetrisch sind und in der Stirnansicht keine Kurbelpaare aufweisen (vgl. Tafel 8), ist eine Teilung der Wellenlänge in zwei Hälften zwecks Zusammenlegung nicht, wie bei Viertakt, möglich. Wird der Kurbelstern so wie jener des einfachwirkenden Motors gleicher Kurbelzahl belassen, so entstehen Paarzündungen mit gleichen

Zwischenabständen; die übereinander stehenden Kolben erhalten gleichzeitig Kraftstöße. Dies gilt für gerade und ungerade Zylinderzahlen, so daß der Gleichförmigkeitsgrad solcher Ausführungen zu wünschen übrig läßt. Tafel 13 gibt eine Übersicht für die verschiedenen Zylinder- und Kurbelzahlen.

Zweitakt und doppeltwirkender Kolben. Man zeichnet den Kurbelstern für einfachwirkenden Kolben und für das Doppelte der Zylinderzahl z, zerlegt ihn in zwei Halbbilder, wie Abb. 116 und 120 bis 150 erkennen lassen, so daß eine Drehung der zweiten Strahlenhälfte gegen die erste um 180° möglich ist. Nun wird diese Drehung vollführt, wobei eine Deckung mit der ersten Hälfte zustande kommt und die zugehörigen Kolben und Stangen nach unten weisen, und die unter der Waagrechten liegenden Kolben bis zur Vereinigung mit den von Anfang an oben liegenden verschoben; es entstehen so geschlossene Kolbenkörper. An Hand der Abb. 116 bis 119 sei die Umwandlung eines einfachwirkenden Zweikurbelmotors in eine doppeltwirkende Einkurbelgestalt verdeutlicht. Abb. 116: Zerlegung des Sterns in zwei Hälften durch s—s; Drehung der unteren Kurbel 2 in Abb. 117 samt Pleuelstange und Kolben gibt Abb. 118; Hinaufschieben des Kolbens 2 führt zum geschlossenen Kolben (Abb. 119); das Arbeiten der beiden Zylinderseiten erfordert die Hinzufügung der Kolbenstange Ks. Gemäß dieser Ableitung ist die doppeltwirkende Einreihenbauart mit der einfachwirkenden Gegenreihe verwandt; daher die gemeinsame Gestalt der Kurbelwelle, vgl. in Tafel 17, S. 93, die Lösungen mit Zylinderachswinkel 180°.

Der Stern der endgültigen Welle hat das Aussehen des Halbbildes des Ausgangskurbelsterns, das für sich gezeichnet oder im Gesamtstern durch andere Strichart hervorgehoben ist (s. Abb. 141, 150). In einigen Fällen, wie bei der Umwandlung des zwei-, sechs- und zehnstrahligen Sterns, allgemein beim Zweifachen einer ungeraden Zahl, ist der Teilstern ein Stern mit im Kreis regelmäßig verteilten Kurbeln (Abb. 116, 124, 134, 143); hinzu kommt eine zweite Lösung mit Kurbelbüschel (Abb. 126, 131, 136, 145), die für den Sechs- und Achtzylinder nicht aufgenommen wurde. Der Massenausgleich solcher unsymmetrischer Kurbelsterne ist bei weitem nicht so günstig wie bei Verteilung der Kurbeln im Kreis.

Die so gefundenen Lösungen des Kurbelsterns gewährleisten Einzelzündungen in gleichen Abständen δ^0, abweichend vom Kurbelversetzungswinkel δ_k, und sind in Tafel 14 zusammengetragen, unter Ausschaltung der unvorteilhaften Kurbelbüschel und unter Aufnahme einer einzigen Lösung für den Sechs- und Achtzylinder. Was die Zündfolge anlangt, ist es nicht gesagt, daß eine Zündung an der oberen Kolbenseite mit einer solchen an der Unterseite regelmäßig wechselt; so können die oberen Kolbenseiten allein unregelmäßige Zündabstände ergeben (vgl. hierüber Abschnitt V, A).

Wählt man für die auszuführenden Kurbelzahlen 2, 4, 6, 8 regelmäßige Verteilung der Kurbeln im Stern, so stellen sich Paarzündungen ein, d. h. gleichzeitige Zündungen in 2 Zylindern, und zwar Oberseite

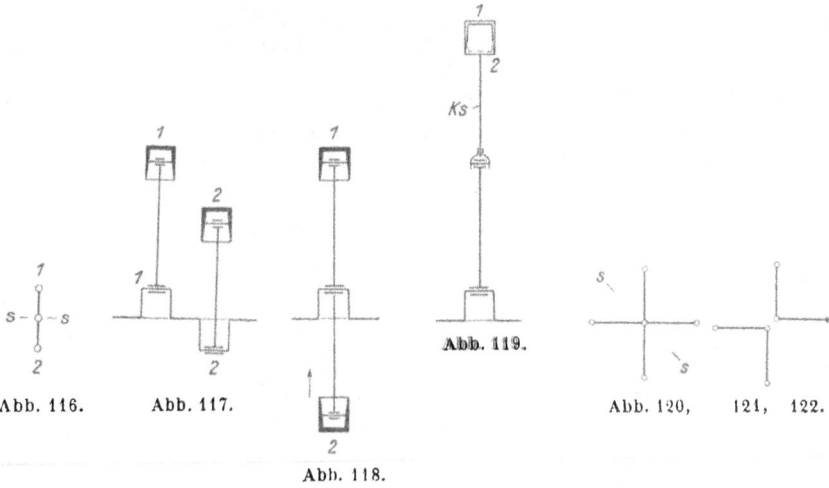

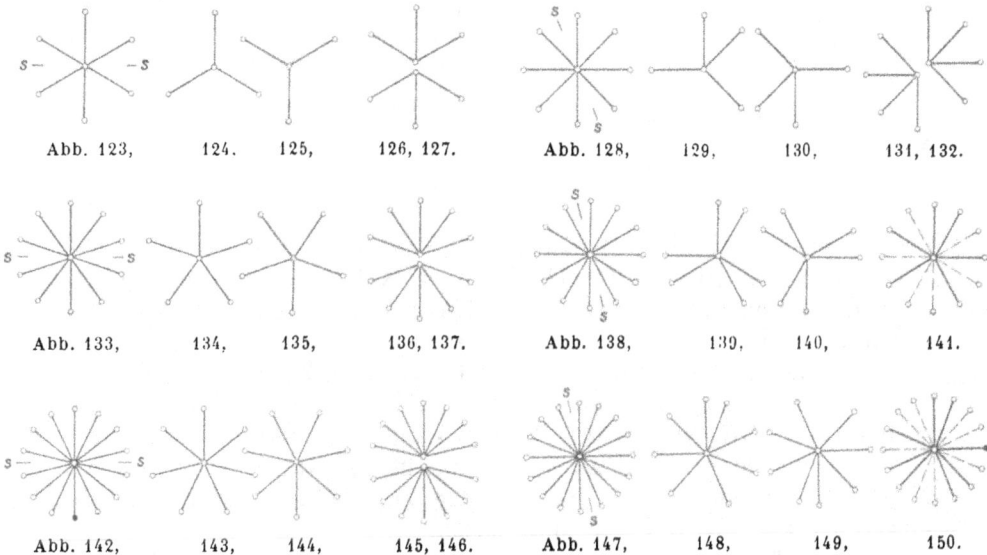

Abb. 116.　　　Abb. 117.　　　　　　　　　　　Abb. 119.　　　　　　Abb. 120,　　121,　　122.

Abb. 118.

Abb. 123,　　124.　　125,　　126, 127.　　　Abb. 128,　　129,　　130,　　131, 132.

Abb. 133,　　134,　　135,　　136, 137.　　　Abb. 138,　　139,　　140,　　141.

Abb. 142,　　143,　　144,　　145, 146.　　　Abb. 147,　　148,　　149,　　150.

Abb. 116 bis 150. Ableitung der Reihe mit doppeltwirkendem Kolben und mit 1 bis 8 Zylindern aus der einfachwirkenden Reihe. Zweitakt.

eines Kolbens und Unterseite eines andern Kolbens, weil je zwei Kurbeln 180° bilden und gleichzeitig in ihre Totlage kommen, wie man aus Tafel 14 entnehmen kann.

Die Kurbelzahlen 2, 6, 10 mit Paaren sich deckender Kurbeln liefern ebenfalls Paarzündungen, und zwar an 2 Oberseiten oder 2 Unterseiten zugleich im Abstand 180°, 60° und 36°; die Zahlen 4, 8, 12 mit Kurbelpaaren ergeben 4 Zündungen gleichzeitig und sind wegen der starken Belastung der Bauteile zwischen den mittleren Zylindern und wegen der großen Ungleichförmigkeit der Welle zu verwerfen.

Tafel 14.
Zündabstände δ, Kurbelversetzungswinkel δ_k und Kurbelsterne. Zweitakt.
Doppeltwirkender Kolben.

Einzelzündungen										
Zyl.-Zahl z	1	2	3	4	5	6	7	8	9	10
δ	180°	90°	60°	45°	36°	30°	$25\frac{5}{7}°$	$22\frac{1}{2}°$	20°	18°
δ_k	—	90°	120°	45°, 90°,135°	72°	30°, 90°	$51\frac{3}{7}°$	$22\frac{1}{2}°, 45°, 45° \\ 45°, 67\frac{1}{2}°$	40°	18°, 54°
Kurbelstern		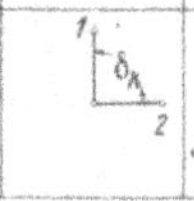	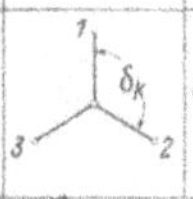	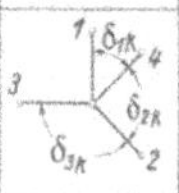	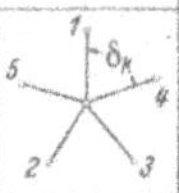	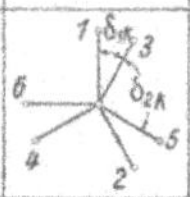	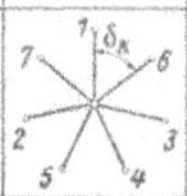		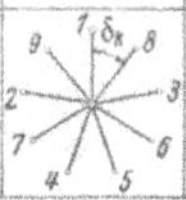	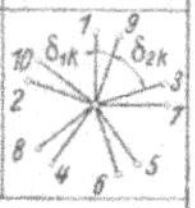

Paarzündungen					
δ	180°	90°	60°	45°	36°
δ_k	180°, 360°	90°	60°, 120°	45°	36°, 72°
Kurbelstern	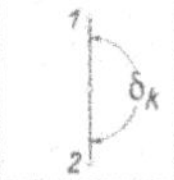	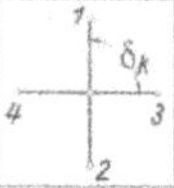	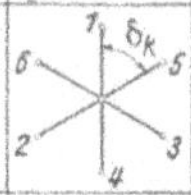	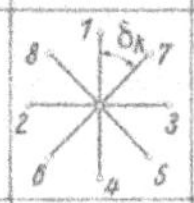	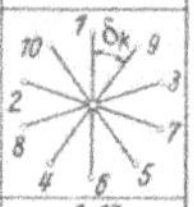
Kurbelstern 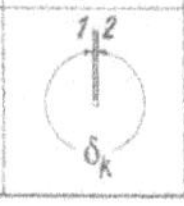 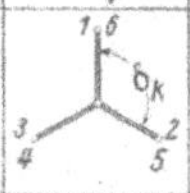 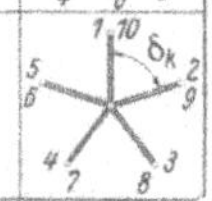					

Doppeltwirkende Kolben in Tandem-Anordnung. Die Hintereinanderschaltung doppeltwirkender Kolben gelangt häufig an liegenden Großgasmaschinen zur Ausführung und eignet sich an raschlaufenden, stehenden Leichtmotoren wegen der großen Bauhöhe nicht. Eine Viertaktmaschine mit zwei doppeltwirkenden Zylindern zündet in gleichmäßigen Abständen von 180°, wie sich durch Herleitung der zwei geschlossenen Kolben aus der einfachwirkenden Vierzylindermaschine oder sonstwie dartun läßt. Bezeichnet man in Abb. 151 die Kolbenseiten mit *1* und *1'* sowie *2* und *2'*, so wird der Zündabstand von den beiden Folgen *1 1' 2 2'* und *1 2' 2 1'* eingehalten.

Gegenläufige Kolben. Die Maschine mit gegenläufigen Kolben in einem Zylinder oder kürzer die Gegenkolbenmaschine arbeitet im Zweitakt mit zwei einfachwirkenden Kolben. Es können beide Kolben ein und dieselbe Welle treiben oder zwei getrennte Wellen, die in geeigneter Weise mit der Arbeitswelle gekuppelt sind (vgl. Abb. 13 und 14 als Beispiele der Junkers-Bauart und die Darlegungen von Mader [25] und Gasterstädt [26]). Eine früher versuchte, im Viertakt betriebene Anordnung mit Umkehr-Schwinghebeln und einer Welle zeigt Abb. 152.

An der ersten Abart sind die Nebenkröpfungen, welche die Kraft des oberen Kolbens über die Nebenschubstangen aufnehmen, gegen die mittlere Hauptkröpfung um rund 180° versetzt. Da die Zündung und Verbrennung der Zylinderladung sich gleichzeitig auf die beiden Kolbenböden auswirkt, ist Gleichwertigkeit mit der schon betrachteten Paarzündung in zwei selbständigen Zylindern mit gegenständigen Kurbeln vorhanden. Liegen mehrere Zylinder vor, so sind zum Zwecke gleichmäßiger Zündabstände die zugehörigen Hauptkurbeln sternförmig im einfachen Kreis zu verteilen; dies bedingt zugleich, daß die Nebenkurbeln,

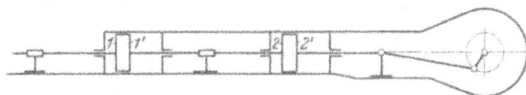

Abb. 151. Doppeltwirkende Gasmaschine in Tandem-Anordnung.

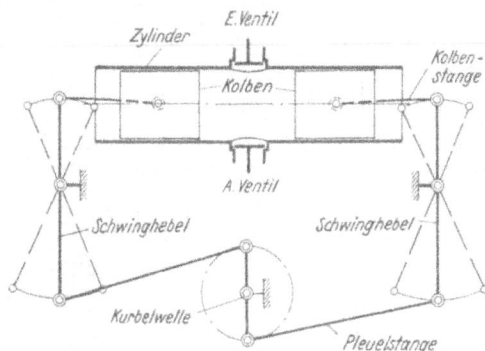

Abb. 152. Einwelliger Gegenkolbenmotor mit Schwinghebeln.

die paarweise als eine Einheit aufzufassen sind, gleichmäßig versetzt sind. Daran ändern eine gewisse Ungleichheit der Hübe der beiden Kolben zum besseren Ausgleich der ungleichen Massen und die Abweichung der Versetzung der Haupt- und Nebenkurbel gegen 180°, aus steuertechnischen Gründen, nur wenig (vgl. die Bemerkung im Abschnitt VI, C, S. 191).

Ähnliches gilt für den zweiwelligen Motor; es genügt, daß die Versetzung der Kurbeln einer Welle gleichmäßige Zündfolge erzielt; die andere gleichgebaute und synchron laufende Welle, die um rund 180° gegen die erste versetzt ist, hat ebenfalls gleiche Verteilung der treibenden Kräfte.

Die Ergänzung eines der Kolben zu einem doppeltwirkenden ist denkbar, so daß jeder Zylinder dreifachwirkend wird.

Erwähnt sei hier die zur Gegenkolben-Gattung gehörige Fullagar-Maschine [27] mit schräg laufenden Kuppelstangen zwischen den Kolben zweier eng benachbarter Zylinder. Die Überlegungen über die Zündfolge klingen an die vorangehenden an.

b) Gabelmotoren.

α) *Verfahren zur Ableitung des Gabelwinkels.*

Von Wichtigkeit sind die Winkel zwischen den Zylinderreihen und den Kurbeln, d. h. der Zylinderachs- oder Gabelwinkel und der Kurbelversetzungswinkel. Sie stehen in bestimmter Wechselbeziehung, welche durch die Forderung gleichmäßiger Zündabstände δ vorgeschrieben wird; Abweichungen von dieser Norm seien zunächst zurückgestellt.

Von der grundlegenden Größe des Drehwinkels δ ausgehend, lassen sich die Verhältnisse in zweierlei Weise klären:

1. durch Ableitung der Gabelanordnung aus der Einreihenanordnung, aus dem Reihenmotor einfachster Art;
2. durch Ableitung der Gabelanordnung aus der Sternanordnung, aus dem geradzahligen Sternmotor,
3. durch Ableitung aus dem zweiwelligen Doppelreihenmotor.

Im nachstehenden soll der erste Weg eingeschlagen werden, weil der einreihige Standmotor am geläufigsten sein dürfte. Dieses Verfahren brachte Verfasser [28] schon zur Anwendung. Die Überlegungen beschränken sich auf einfachwirkende Bauarten; sie ließen sich unschwer auf doppeltwirkende Motoren ausdehnen.

Bekannt sind aus Tafel 7 und 8 die Kurbelsterne der Einreihenmotoren; ob dabei die Welle in der Längsrichtung symmetrisch ist oder nicht, hat für die Zündabstände keine Bedeutung. Daher wird in den nachfolgenden Linienskizzen von einer Bezifferung abgesehen.

Zur Zeit Null befinden sich Kolben *1* und Kurbel *1* (Abb. 153, 154) in der Zündlage, die mit der Strecklage von Kurbel und Pleuelstange identisch sei. Der zweite Zylinder der Zündfolge, gleichgültig welchen Abstand in axialer Richtung er sonst von Zylinder *1* besitzt, zündet nach einem Drehwinkel $\delta = \delta_k = \dfrac{4\pi}{k}$ bzw. $\dfrac{2\,\pi}{k}$, gemessen entgegen dem Drehsinn der Welle von der Schubrichtung *2*, die sich mit *1* deckt; dieser Winkel ist bereits durch den Kurbelstern festgelegt. Sinngemäßes gilt von den übrigen Kurbeln, so daß die letzte, d. h. *k*-te Kurbel nach einem Drehwinkel $(k - 1) \cdot \delta$ in die Zündlage gelangt.

Wird nun, abweichend hiervon, die Lage der Schubrichtung *2* beliebig angenommen, z. B. um $\sphericalangle \delta_{\text{Zylinder}}$, abgekürzt δ_z, von Schubrichtung *1* abstehend, in Abb. 155 im Drehsinn der Kurbel, in Abb. 156 entgegen der Kurbeldrehung, so findet sich die Ursprungslage der Kurbel *2* durch Abtragen des Winkels δ von der Schubrichtung $\overline{02}$ aus, entgegen dem Kurbeldrehsinn. Der Winkel zwischen Kurbel *1* und *2* ist nicht mehr δ_k, sondern hat einen anderen Betrag, nämlich:

$$\delta_k' = \delta \mp \delta_z. \tag{32}$$

Kurbel *2* erscheint gegen die Lage in Abb. 153 um δ_z gedreht, so daß ihre Lageänderung mit jener des Zylinders übereinstimmt. Eine solche

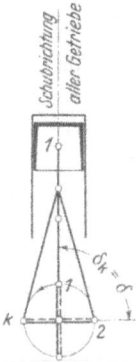

Abb. 153. Viertakt-Einreihenmotor, 8 Zylinder, als Ausgang für den Gabelmotor.

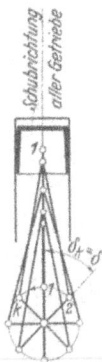

Abb. 154. Zweitakt-Einreihenmotor, 8 Zylinder, als Ausgang für den Gabelmotor.

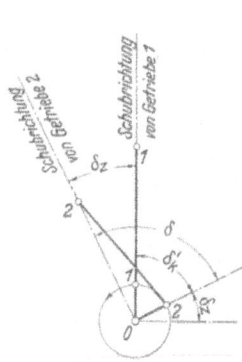

Abb. 155, 156. Beliebige Richtung von Kurbel 2 beim Viertaktmotor.

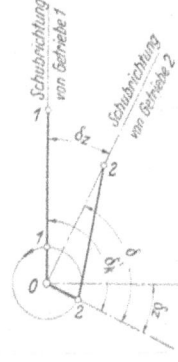

Verdrehung der Schubrichtung samt Kurbel läßt sich für jede Kurbel in beliebigem Betrag durchführen, so daß im allgemeinsten Fall jede Zylinderachse einen anderen Neigungswinkel gegen die Lotrechte besitzt, z. B. nach Abb. 157, 158 mit gestaffelten Zylindern in Fächerform. In der Gleichmäßigkeit der Zündabstände tritt dabei keine Änderung ein, in Übereinstimmung mit der Regel der Teilschwenkung, die auf S. 58 ausgesprochen wurde.

Derartige willkürliche Lage der Zylinderachsen hat wegen der damit verbundenen konstruktiven und bautechnischen Verwicklungen keinerlei Bedeutung für die Praxis. Nimmt man dagegen eine ausgewählte Lage der Kolbenschubrichtungen, so entstehen bekannte Anordnungen. Beispiel: aus dem Zweizylinder-Einreihenmotor erhält man durch

Abb. 157, 158. Allgemeine Anordnung v. 4 Zylindern.

Drehen von Zylinder und Kurbel *2* um 180° den Motor mit gegenläufigen Kolben, (Abb. 159), und mit in einer Entfernung *a* nebeneinanderliegenden Zylindern (Abb. 160); er hat daher freie Massenkippmomente. Will man die Zylinderachsen in eine Ebene bringen, so geht die bauliche Einfachheit verloren; denn es ist die zweite Kröpfung zu teilen

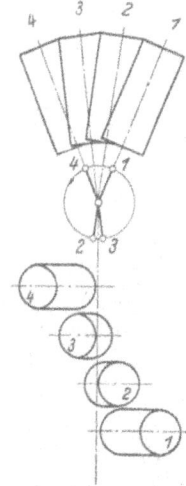

und die zweite Schubstange weit zu gabeln (Abb. 161) oder als Doppelstange an den Kolbenbolzen anzuhängen.

Eine brauchbare Anordnung kommt weiterhin zustande, sobald man für die eine Hälfte der Zylinderachsen und Kurbeln ein und denselben Schwenkwinkel vorschreibt, so daß jede Hälfte der Zylinder je gleichliegende Schubrichtungen besitzt und in der Stirnansicht nur ein Paar von ihnen übrig bleibt. Es erscheint alsdann eine zweireihige Anordnung mit $\frac{z}{2}$ Zylindern in einer Reihe, ein V-Motor allgemeinster Art, gekennzeichnet durch einfache Gabelung, aber axial versetzte Zylinder, einzelstehend oder in Blöcken (Abb. 162, 163) den man kurz den versetztreihigen Gabelmotor nennen kann. Jedes Getriebe besitzt eine eigene Bewegungsebene und meist eine selbständige Wellenkröpfung, so daß wie in (31):

$$k = z.$$

Der Betrag der gegenseitigen Versetzung a der beiden Reihen läßt sich stark vermindern, wenn man δ'_k passend wählt und je zwei Zapfen mit gewisser Winkelverschiebung zwischen zwei Kurbelwangen faßt, so zwar, daß der zweite Zapfen wie eine Art Gegenkurbel dem Zapfen der ersten Reihe angehängt erscheint (Abb. 164, 165 gemäß Abb. 155, Abb. 166 gemäß Abb. 156). Es gibt unendlich viel Lösungen, je nach Wahl von δ'_k oder δ_z. Dies kann so weit getrieben werden, daß die Zylinder in einem gemeinsamen Zylinderblock Platz finden, was äußerlich den Eindruck eines einfachen Reihenmotors erweckt.

Auf diese vielgestaltige Möglichkeit des Gabelwinkels ist man im Motorenbau verhältnismäßig spät gekommen; da Lancia sie zuerst in Anwendung brachte, spricht man vom »Lancia-Prinzip«. Beispiele: Achtzylinder mit $\delta'_k = 30^0$, $\delta_z = 60^0$, ferner $\delta_z = 14^0$; Zwölfzylinder mit $\delta'_k = 38^0$, $\delta_z = 22^0$ [29].

Als Vorzug dieser versetzten Reihen läßt sich anführen: die Baulänge der Welle und des Motors fällt kleiner aus als diejenige des Einreihenmotors gleicher Zylinderzahl, die Breite ist geringer als die des V-Motors, was für Fahrzeug- und Flugzeugantrieb willkommen ist; es entfallen die Schwierigkeiten der normalen Anordnung hinsichtlich der zwei an einem Zapfen angreifenden Pleuelstangen, dafür wächst die Zahl der Kurbelzapfen. Ein Vergleich des Abstandes a zweier Zylinder in Abb. 163 und 165 mit dem Abstand a_1 in Abb. 167 zweier Kröpfungen ohne Zwischenlager zeigt den Unterschied an Raumbedarf und weist zugleich auf ungünstigere Beanspruchung der Welle von Abb. 167 hin.

Ein breiter Kurbelzapfen, auf dem nebeneinander zwei gleiche Stangenköpfe sitzen (Abb. 168), beim Aggregat mit versetzten Zylinderblöcken kann man als Grenzfall von zwei nebeneinanderliegenden Kröpfungen versetzter Reihen ansehen (Abb. 169), die man bis zum Zusammenschluß der zwei Kurbelzapfen aneinander rückt.

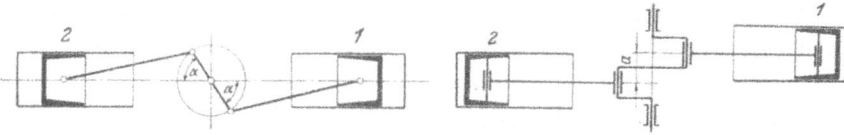

Abb. 159, 160. Gegenmotor als Sonderfall des Gabelmotors, versetzte Zylinder, 2 gleiche Pleuelstangen.

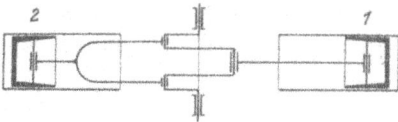

Abb. 161. Gegenmotor ohne Versetzung, 1 Pleuelstange gegabelt.

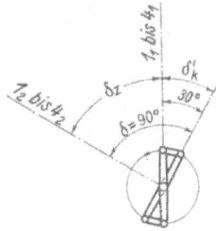

Abb. 164.

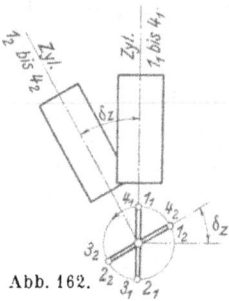

Abb. 162.

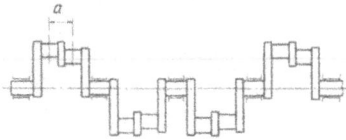

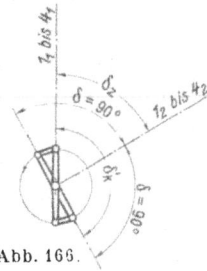

Abb. 166.

Abb. 164, 165, 166. Verringerung der Zylinderversetzung und Vereinfachung der Welle.

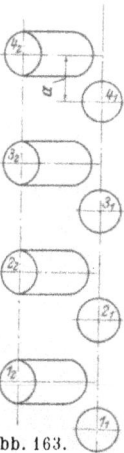

Abb. 163.

Abb. 162, 163. Versetzt-reihiger Gabelmotor. 2 × 4 Zylinder.

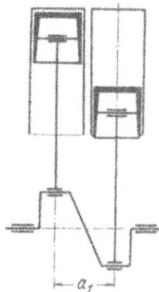

Abb. 167. Block-zylinder beim Einreihenmotor.

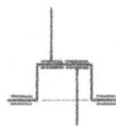

Abb. 168. Stangen-köpfe nebeneinander auf gleichem Kurbel-zapfen.

Abb. 169. Selbstän-dige gleichgerichtete Kröpfungen.

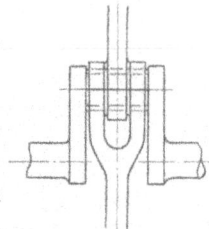

Abb. 170. Konzentrisch angreifende Pleuelstangen.

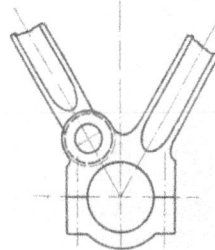

Abb. 171. Angelenkte Nebenstange.

Des leichteren Verständnisses wegen sollen weitere Eigenheiten der versetztreihigen Bauart nach der normalen zur Sprache kommen.

β) *Normale Bauart.*

Sie entsteht, wenn man zur äußersten Verkürzung des Motors und zur konstruktiven Vereinfachung der Welle fordert, daß je zwei Kurbel-zapfen zusammenfallen, also $\delta'_k = 0$; dann greifen zwei Stangen am gleichen Zapfen an und zwei Getriebe, wovon das eine der rechten, das andere der linken Reihe angehört, besitzen gemeinsame Bewegungs-ebene; die Endzylinder haben gemeinsame Stirnfläche. Da die Kurbel-zahl sich auf die Hälfte vermindert, gilt:

$$k = \frac{z}{2};\tag{33}$$

die Schubrichtungen jeder Zylindergruppe decken sich in der Stirn-ansicht. Diese Anordnung war viele Jahre allgemein üblich und zwar, mit symmetrischer Welle, während heute z. T. unsymmetrische Wellen vorkommen; sie heiße deshalb die »normale«.

Eine gewisse gestaltliche Verwicklung betrifft die Unterbringung zweier Pleuelstangenköpfe an einer Kröpfung; zwei gleichwertige, zen-trisch angreifende Stangen (Abb. 170), wovon die eine gegabelten Kopf besitzt, sind weniger beliebt als eine Hauptstange mit exzentrisch ange-lenkter Nebenstange (Abb. 171), die für nicht zu starke Beanspruchung zulässig ist; über weitere Folgen der Anlenkung vgl. S. 168. Der Aus-weg mit zwei gleichen Stangen nebeneinander (Abb. 168), macht eine kleine Versetzung der Reihen in axialer Richtung nötig mit geringer Zunahme der Motorgesamtlänge. Beispiel: Maybach-Zwölfzylinder-Wagenmotor.

Um jeweils alle möglichen Größen des Gabelwinkels für gleich-mäßige Zündfolge zu erlangen, hat man die Aufgabe zu lösen: Ge-geben ist der Kurbelstern des Einreihenmotors aus Tafel 7 und 8; die Kurbelzahl ist auf die Hälfte zu vermindern und der bei dieser Umwand-lung entstehende Gabelwinkel zu finden. Die Art des Vorgehens lehnt sich an das Verfahren zur Ableitung doppeltwirkender Zylinder mit gleichen Zündabständen (S. 58) an:

Man teilt den Kurbelstern mit z oder $\frac{z}{2}$ verschieden gerichteten Strahlen in zwei Halbbilder von gleicher Gestalt; die eine Hälfte bildet die unverdrehbare Grundfigur, die andere Hälfte wird durch Verdrehen um das Wellenmittel mit der ersteren zur Deckung gebracht, wobei die zugehörigen Schubrichtungen die Schwenkung mit ausführen und den Gabelwinkel anzeigen. Die Ausgangszahl $z = k$ muß eine durch 2 teil-bare Zahl sein; das Halbbild ist ein vollständiger Deckstern, ein regel-mäßiger Teilstern oder ein Halbstern mit einem Kurbelbüschel. Einzelheiten gehen aus den Beispielen mit bestimmten Zylinderzahlen hervor. Als Folge dieser Ableitung ist eine Zylinderachse lotrecht; es kann jederzeit ebensogut die Halbierende des Gabelwinkels senkrecht gestellt werden.

Es leuchtet ohne weiteres ein, daß die Kurbelminderung auf mannigfaltige Lösungen führen kann; deren Anzahl richtet sich nach den verschiedenen Beträgen des Drehwinkels, die ihrerseits von der Kurbelzahl abhängen. In welche Ebene die einzelnen Kurbeln dabei zu liegen kommen, ist ohne Belang, da es sich vorerst nicht um Festlegung der räumlichen Zündfolge handelt.

Eine der Größen des Gabelwinkels, und zwar die nächstliegende, errechnet sich aus:

$$\delta_z = \frac{720^0}{z} \text{ für Viertakt} \tag{34}$$

$$\delta_z = \frac{360^0}{z} \text{ für Zweitakt,} \tag{35}$$

so daß in diesem Sonderfall δ_z gleich dem Zündabstand δ ist. Der Kurbelversetzungswinkel ist:

$$\delta_k = \frac{720^0}{\frac{z}{2}} \text{ für Viertakt} \tag{36}$$

$$\delta_k = \frac{360^0}{\frac{z}{2}} \text{ für Zweitakt.} \tag{37}$$

1. Zweireihige Gabelmotoren (V-Motoren).

a) Viertakt.

a) $2 \times 1 = 2$ Zylinder. Ein Gabelmotor mit gleichen Zündabständen läßt sich aus dem Ausgangsbild 172 nebst Zerlegung Abb. 173, 174 nicht ableiten, da wegen der schon vorhandenen Deckung eine Drehung der zweiten Kurbel sich erübrigt. Die Wahl von $\delta_z = 180^0$ (Abb. 175), ergibt Zündabstände von 180^0 und 540^0 und leitet zu den gegenreihigen oder auch zu den Stern-Motoren über.

Abb. 172, 173, 174. Zweizylindermotor und Zerlegung des Kurbelsterns. Viertakt.

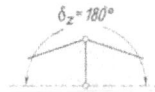

Abb. 175. Zweizylindermotor mit Gabelwinkel von 180°.

b) $2 \times 2 = 4$ Zylinder. Der doppelstrahlige Kurbelstern in Abb. 176 bietet zwei Möglichkeiten der Zerlegung: in ein oberes und ein unteres Kurbelpaar (Abb. 177, 178), in einen linken und rechten Deckstern (Abb. 179, 180): α) Das obere Kurbelpaar bleibt an Ort und Stelle, das untere Paar mit den zugehörigen, ursprünglich nach oben weisenden Zylinderachsen ist um 180° m. d. U. oder entgegengesetzt zu drehen; es entsteht in beiden Fällen die Abb. 181, in der eine eigentliche Gabel wegen der gestreckten Zylinderachsen fehlt und eine Gegenzylinder-Anordnung erscheint; $\delta_z = 180°$, zwei gleichgerichtete Kröpfungen. β) Die Drehung des zweistrahligen Decksterns in Abb. 180 um 180° bis zum Zusammenfallen mit dem Grundbild führt wiederum auf einen Winkel $\delta_z = 180°$, aber auf eine Welle mit zwei gegenstehenden Kurbeln (Abb. 182). Man erhält im ganzen $\dfrac{z}{2} = 2$ Lösungen.

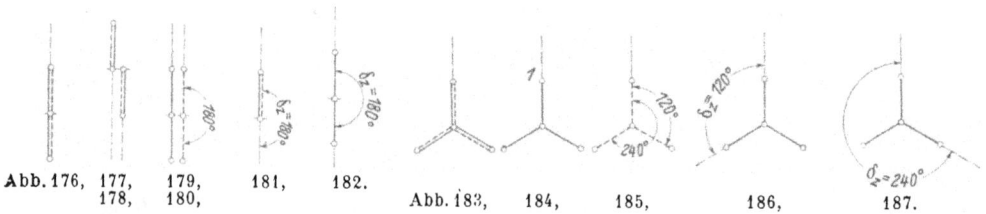

Abb. 176, 177,   179,   181,   182.
178,   180,

Abb. 176 bis 182. Ableitung des Vierzylinder-V-Motors. Viertakt.

Abb. 183,   184,   185,   186,   187.

Abb. 183 bis 186. Ableitung des Sechszylinder-V-Motors. Viertakt.

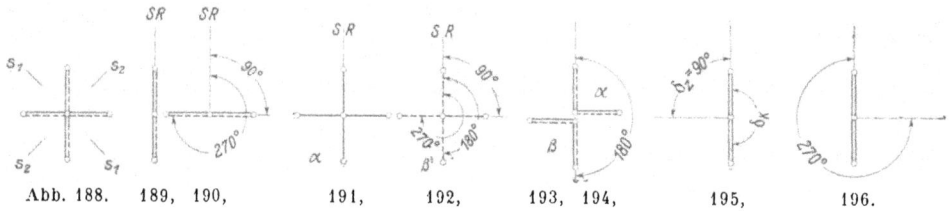

Abb. 188.   189, 190,   191,   192,   193, 194,   195,   196.

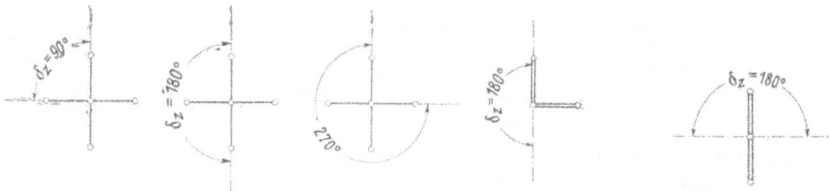

Abb. 197,   198,   199,   200.

Abb. 188 bis 200. Ableitung des Achtzylinder-V-Motors. Viertakt.

Abb. 201. Motor mit Paarzündungen.

c) $2 \times 3 = 6$ Zylinder. Der Stern in Abb. 183 zerfällt in zwei dreistrahlige Teilsterne (Abb. 184, 185). Der Grundstern mit der lotrechten Kurbel *1* bleibt stehen, der gestrichelte Stern wird auf den ausgezogenen nach Drehung um 120° oder 240° gelegt (Abb. 186, 187), gleichbedeutend mit 2, allgemein $\left(\dfrac{z}{2} - 1\right)$ Variationen, da der senkrechte Strahl im Deckstern ausscheidet. Die Schwenkung der zugehörigen Zylinderachsen führt auf dieselbe Größe des Gabelwinkels von 120°, wenn man im zweiten Falle auch den spitzen Winkel abliest. Die 2 Lösungen stellen nur eine selbständige Lösung, allgemein $\frac{1}{2}\left(\frac{z}{2}-1\right)$ verschiedene Gabelwinkel, dar; die Welle ist dreifach gekröpft.

d) $2 \times 4 = 8$ Zylinder. Zerlegung: Der Kurbelstern in Abb. 188 erlaubt eine Teilung in 2 Halbbilder in dreierlei Weise: a) die eine Hälfte bilden die lotrechten, die andere die waagrechten Kurbelpaare (Abb. 189, 190), b) das ausgezogene Kreuz α, das gestrichelte Kreuz β als Decksterne (Abb. 191, 192), c) die Symmetrielinie s_1—s_1 teilt Abb. 188 in das Halbkreuz aus zwei zueinander senkrechten Kurbelpaaren oben rechts und das Halbkreuz unten links (Abb. 193, 194); die Linie s_2—s_2 gibt nichts Neues. Drehung des Halbbildes samt Schubrichtung SR bis zur Deckung mit dem Grundbild, dessen Schubrichtung lotrecht ist: a) ob

Tafel 15.

Achtzylinder-V-Motor mit verschiedenartigen Kurbelwellen und Gabelwinkeln.

Kurbelwinkel δ_k	180°	90°	90°	90° 270°
Gabelwinkel δ_z	90°	90°	180°	180°
Schematische Darstellung	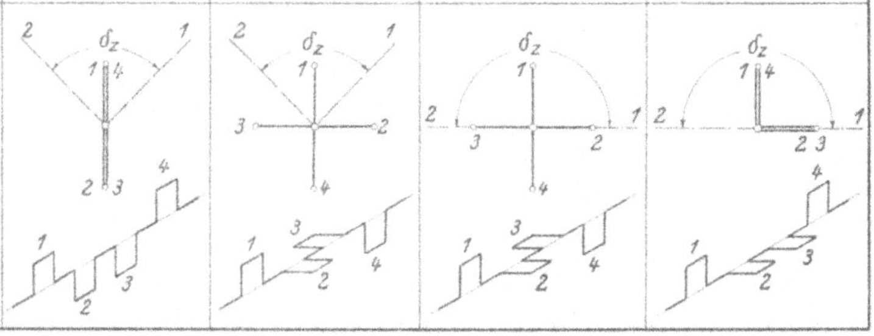			

man um $\delta_k = 90^0$ oder um $3\,\delta_k = 270^0$ dreht, (Abb. 195, 196), in beiden Fällen entsteht ein V-Motor mit Gabelwinkel $\delta_z = 90^0$, denn als kennzeichnender Winkel gilt der spitze und nicht der zu 360° ergänzende Winkel; die Welle hat alle Kurbeln in der Längsebene, wie beim Vierzylinder-Reihenmotor. Von den $\frac{z}{4} = 2$ Lösungen bleibt eine übrig; demnach hat man es mit einer Hauptlösung zu tun; b) das Kreuz β wird lagengleich mit dem Kreuz α durch Drehen um 90°, 180° und 270° (Abb. 197, 198, 199), was $\left(\frac{z}{2}-1\right)$ Lösungen entspricht; da die letzte identisch ist mit $\delta_z = 90^0$, liegen nur 2 Hauptlösungen vor; die Welle ist unsymmetrisch, auf solche Gestalt führt stets die Ableitung mit Deckstern, die sich auch bei anderen Zylinderzahlen bietet; c) Schwenken des Halbkreuzes β um 180° ergibt eine Lösung (Abb. 200). Ergebnis: 4 Hauptlösungen, die in Tafel 15 zu finden sind; auf sie hat Verfasser schon früher [30] hingewiesen.

Auf solche tabellarische Einzelzusammenstellung wird bei anderen Zylinderzahlen verzichtet, da eine Gesamtübersicht für alle Anordnungen in der Tafel 16 gegeben ist.

Im einzelnen wäre zu Tafel 15 zu bemerken: Die unsymmetrische Kreuzwelle des Achtzylinders findet man schon 1907 im Buch von Sharp [31], ohne daß sie seinerzeit besondere Beachtung gefunden hätte; 1912 wurde sie durch Klose [32] für Lokomotiv-Dieselmotoren mit bestimmter Anordnung der Gegengewichte vorgeschlagen, später kam sie in den Motoren der Cadillac-Wagen zur Anwendung. Was die weitere Auslese der Wellen betrifft, sei auf Abschnitt VI, C hingewiesen.

Wollte man in Abb. 198 oder im Tafelbild einen gegenreihigen Motor mit gestreckten Kurbelpaaren, wie in Abb. 201, ausführen, so zünden zwei Zylinder in einer Ebene gleichzeitig (Paarzündungen) und der Gleichgang kommt jenem eines Vierzylinder-Reihenmotors gleich.

e) $2 \times 5 = 10$ Zylinder. Gegeben ist der Stern in Abb. 202. Die gestrichelte Hälfte des fünfstrahligen Kurbelsterns (Abb. 204) kann in viererlei Weise mit der ganzlinigen Hälfte (Abb. 203) zur Deckung gebracht werden, nämlich durch Drehen um 72°, 144°, 216° und 288°. Es entstehen dadurch die Gabelwinkel nach Abb. 205, 206, 207, 208. Die 3. und 4. Lösung, die sich auch durch Klappen der Abb. 205, 206 ergeben, führen nicht zu neuen Winkeln. Von den 4, allgemein $\left(\frac{z}{2}-1\right)$ Möglichkeiten sondern sich 2, allgemein $\frac{1}{2}\left(\frac{z}{2}-1\right)$ Hauptfälle ab: $\delta_z = 72°$ und $\delta_z = 144°$ mit fünffach gekröpfter Welle.

Allgemein gilt für gerade und ungerade Anzahl der Kurbelstrahlen: Dank der Symmetrie der Sterne in bezug auf die Lotrechte bringen die mehr als 180° betragenden Drehwinkel der Halbsterne keine neuen Gabelwinkel.

f) $2 \times 6 = 12$ Zylinder. Wie unter d) sind hier verschiedene Symmetrielinien vorhanden. α) Zerlegung des Sterns (Abb. 209) in zwei dreistrahlige Teilsterne (Abb. 210, 211), von denen der gestrichelte in den ausgezogenen hineingedreht wird. Es bieten sich 3, allgemein $\frac{z}{4}$ Größen des Schwenkwinkels: 60°, 180°, 300°; die zugehörigen Gabelwinkel sind aus Abb. 212, 213, 214 ersichtlich. Von diesen ist der dritte das Spiegelbild des ersten, daher 2 Hauptlösungen. β) Da die Strahlen des Einreihenmotors doppelt sind, also durch Deckung zweier Sterne mit je 6 Strahlen entstanden sein können, trennt man die zwei sechsstrahligen Sterne voneinander (Abb. 215, 216); den zweiten bringt man wieder zur Deckung mit dem ersten nach Drehung um 60° oder 120° oder 180°, wodurch der Gabelwinkel zum Vorschein kommt (Abb. 217, 218, 219).

Die übrigen Winkel von 240⁰ und 300⁰ bringen keinen neuen Zylinder-achswinkel, womit $\frac{z}{4}$ Hauptlösungen verbleiben. γ) Da die Teilung in zwei symmetrische Bildhälften in anderer Weise, z. B. durch die Linie s—s in Abb. 209, geschehen kann, so folgen weitere Lösungen, die unter

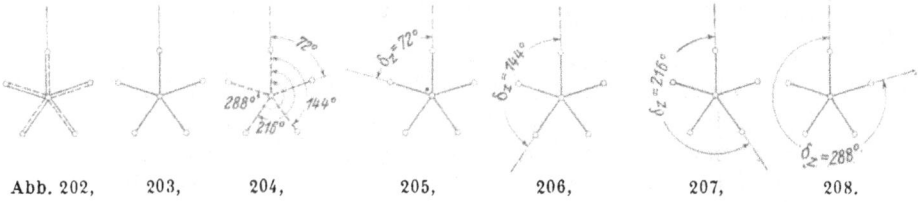

Abb. 202,   203,   204,   205,   206,   207,   208.

Abb. 202 bis 208. Ableitung des Zehnzylinder-V-Motors. Viertakt.

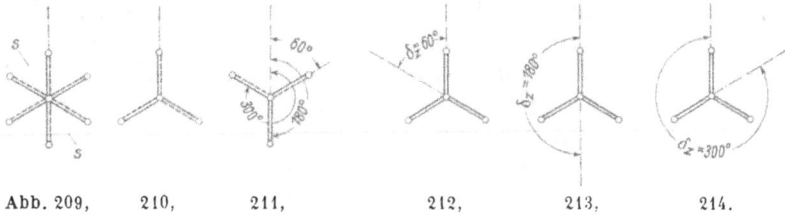

Abb. 209,   210,   211,   212,   213,   214.

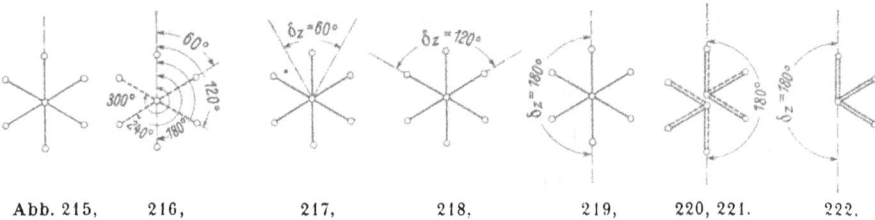

Abb. 215,   216,   217,   218,   219,   220, 221.   222.

Abb. 209 bis 222. Ableitung des Zwölfzylinder-V-Motors. Viertakt.

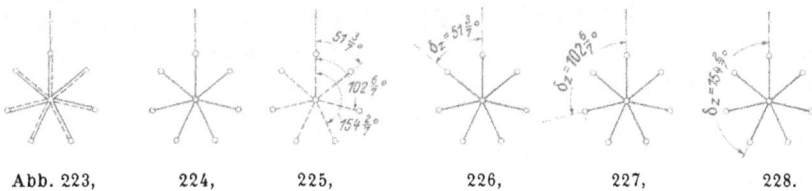

Abb. 223,   224,   225,   226,   227,   228.

Abb. 223 bis 228. Ableitung des Vierzehnzylinder-V-Motors. Viertakt.

sich identisch sind. Das Büschelpaar (Abb. 220, 221) gibt den Gabel-winkel von Abb. 222. Die Nachteile der Welle mit einem Büschel von Kurbelpaaren hinsichtlich des Massenausgleichs sind augenscheinlich. Zahl der selbständigen Lösungen mit Kurbelstern: $\frac{z}{2} = 6$.

g) $2 \times 7 = 14$ Zylinder. Gleiches Vorgehen wie bei 5 Zylindern mit Verwendung von Abb. 223, die Abb. 224 und 225 liefert, führt auf $\left(\dfrac{z}{2} - 1\right) = 6$ Lösungen, von welchen 3 sich als selbständig erweisen (Abb. 226, 227, 228). Die spiegelbildlichen Fälle sind hier und auch weiterhin in der zeichnerischen Darstellung weggelassen. Der siebenfach gekröpften Welle sind die 3 Fälle: $\delta_z = 51^3/_7{}^0$, $\delta_z = 102^6/_7{}^0$, $\delta_z = 154^2/_7{}^0$ zugeordnet.

h) $2 \times 8 = 16$ Zylinder. α) Den Kurbelstern des Einreihenmotors (Abb. 229) zerlegt man in die rechtwinkligen Sterne (Abb. 230, 231); sodann dreht man das rechte Kurbelkreuz bis zum Zusammenfallen mit dem linken Kreuz und erhält gemäß den 4 möglichen Drehwinkeln 4, allgemein $\dfrac{z}{4}$ Lösungen. Nach Ausschaltung der Spiegelbilder verbleiben 2 Hauptlösungen (Abb. 232, 233). β) Man kann an Stelle des rechten Winkels den halben Winkel von 45^0, also ein spitzwinkliges Kurbelkreuz als Grundkreuz wählen (Abb. 234); dann ist die andere Hälfte aus Abb. 235 durch Schwenken um 90^0 mit der ersten zur Deckung zu bringen, wodurch die Gabel mit $\delta_z = 90^0$ (Abb. 236) erzeugt wird. γ) Hat das Halbbild den spitzen Winkel 45^0 und den Scheitelwinkel 135^0 (Abb. 237, 238), so findet die Zusammenlegung in Abb. 239 Ausdruck, in der $\delta_z = 180^0$ ist. δ) Teilt man den Stern in Abb. 229 durch die Symmetrielinie s—s, so kann in Abb. 240, 241 der linksseitige Kurbelbüschel durch Drehen um 180^0 in die Lage des rechtsseitigen gebracht werden (Abb. 242). ε) Trennt man die zwei achtstrahligen Decksterne in Abb. 243, 244, so läßt sich der rechte Stern auf $\left(\dfrac{z}{2} - 1\right) = 7$ Arten wieder auf den linken Stern legen, so daß 7 Gabelwinkel zu erwarten sind, die sich nach Ausscheidung der Spiegelbilder auf $\dfrac{z}{4} = 4$ verringern, nämlich $\delta_z = 45^0$, 90^0, 135^0, 180^0, die in Abb. 245 bis 248 erscheinen. ζ) Jede Abweichung von den so gefundenen Zylinderachswinkeln zieht ungleiche Zündabstände oder auch Paarzündungen nach sich; so würden mit $\delta_z = 90^0$, $\delta_k = 90^0$ (Abb. 249) zwei Zylinder in einer Ebene gleichzeitig zünden, womit die Gleichförmigkeit jener eines Achtzylindermotors entspräche; mit $\delta_z = 180^0$, $\delta_k = 90^0$ (Abb. 250) haben vier Zylinder gleichen Takt und noch ungünstigeres Verhalten.

Es mag hie und da die Frage auftauchen, ob es nicht ein Mittel gibt, den für die verschiedenen Zylinderzahlen gefundenen Gabelwinkel δ_z etwas zu ändern, ohne die Zündabstände zu beeinflussen. Eine solche Möglichkeit besteht in der Verwendung eines geschränkten Kurbeltriebs, d. h. in der Desachsierung der einen Zylinderreihe. Faßt man z. B. einen Achtzylinder ins Auge (Abb. 251), so erfährt $\sphericalangle$ δ_z eine Verkleinerung, wenn die Schubrichtung AB an der Welle vorbeigeht und links, also im Drehsinn der Kurbel, von der zentrischen Richtung AO liegt. Ist b die Strecke, die auf der Schubrichtung der rechten Zylinderreihe abgeschnitten wird, so gilt für den Winkel $ABO = \delta_z'$:

$$\operatorname{tg} \delta_z' = \frac{l + r}{b},$$

da in der Strecklage von l und r der Winkel $AOB = 90^0$ ist. Die Winkel-

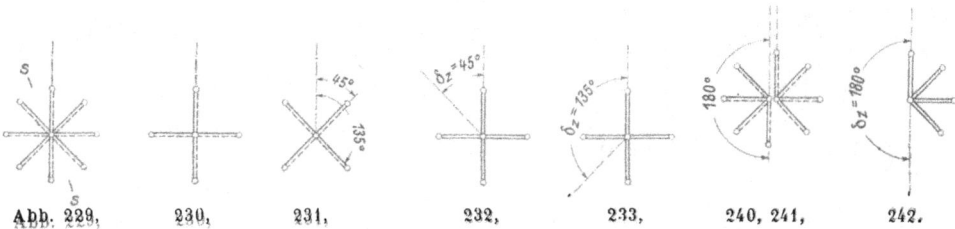

Abb. 229, 230, 231, 232, 233, 240, 241, 242.

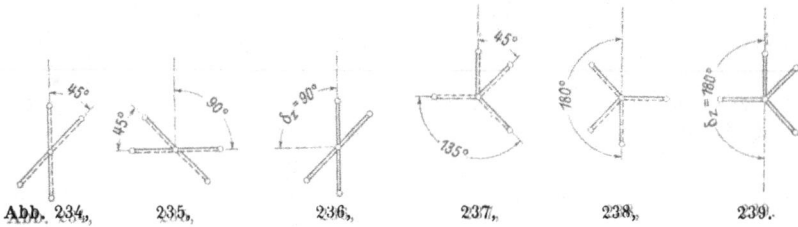

Abb. 234, 235, 236, 237, 238, 239.

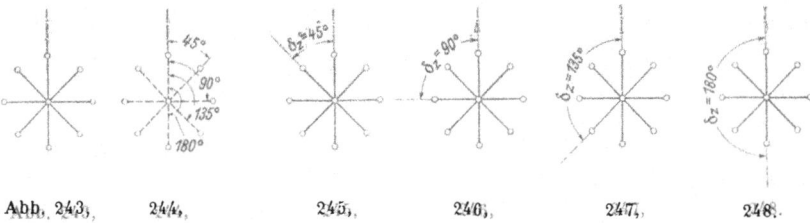

Abb. 243, 244, 245, 246, 247, 248.

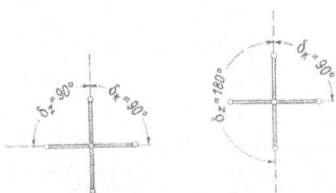

Abb. 249. Kurbelstern mit Paarzündung der Zylinder.

Abb. 250. Kurbelstern mit vier Simultanzündungen.

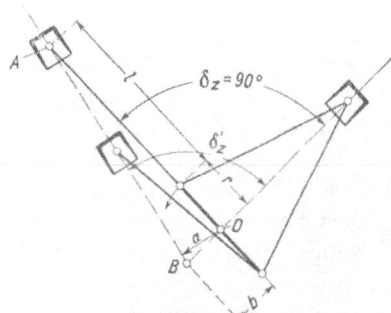

Abb. 229 bis 250. Ableitung des Sechzehnzylinder-V-Motors. Viertakt.

Abb. 251. Verkleinerung des Gabelwinkels für gleichmäßige Zündfolge.

halbierende von δ_z' ist dabei gegen die Lotrechte geneigt; δ_z' weicht von δ_z etwas ab, allerdings nur wenig bei der gebräuchlichen Größe von $b \cong \dfrac{r}{4}$. So wird für ein Verhältnis $\lambda = \dfrac{r}{l} = \dfrac{1}{4}$:

$$\operatorname{tg} \delta_z' = \frac{5\,r}{\dfrac{r}{4}} = 20$$

und $\qquad\qquad\qquad\qquad \delta_z' \cong 87^0.$

Einem $b = r$ entspräche $\operatorname{tg} \delta_z' = 5$ und $\delta_z' = 78^0\,40'$.

Die Desachsierung bietet für die eine Reihe den bekannten Vorteil, daß der Seitendruck des Kolbens auf die Zylinderwand im Arbeitshub und damit die Kolbenreibung geringer ausfällt; sie hat dagegen eine Vergrößerung der Hublänge s der linken Reihe im Gefolge; denn es ist für das geschränkte Getriebe:

$$s = \sqrt{(l + r)^2 - a^2} - \sqrt{(l - r)^2 - a^2},$$

wenn a die Länge des Lotes von O auf AB bedeutet.

Überblickt man die Ergebnisse für die Viertakt-V-Motoren, so fallen folgende Besonderheiten auf: Ist die halbe Kurbelzahl im Ausgangsstern, mithin die auszuführende Zahl in der Gabelanordnung, ungerade, so kann man bei der Ableitung des Gabelwinkels nur mit Decksternen arbeiten. Die Zahl der Lösungen ist verhältnismäßig kleiner als in den Fällen mit gerader, halber Zahl im Ausgangsbild, da hier noch die Teilung in Halbsterne möglich ist. Der Gabelwinkel δ_z schwankt in seiner Größe beträchtlich; zu 90⁰ und 180⁰ wird er allein, wenn die halbe Zylinderzahl gerade ist. Gewisse Gesetzmäßigkeiten in der Zahl der Lösungen für den Gabelwinkel kommen nach Behandlung der drei- und vierreihigen Bauarten zur Sprache; eine Übersicht über die Hauptlösungen gibt die Tafel 16 bei S. 92.

b) Zweitakt.

Da in der Stirnansicht der Welle jeweils die gleiche Grundgestalt des Kurbelsterns erscheint wie für doppelte Zylinderzahl beim Viertakt, so lassen sich die früheren Ergebnisse, soweit sie reichen, nämlich bis 2×4 Kurbeln für Zweitakt entsprechend den Lösungen bis 2×8 Kurbeln für Viertakt übertragen. Es handelt sich nur um jene Lösungen, die aus den Halbsternen, nicht aus den Decksternen, abgeleitet wurden; an Stelle jeden sich deckenden Kurbelpaares im Stern tritt hierbei die einfache Kurbel. Die sich ergebenden Linienskizzen für 2×1, 2×2, 2×3 und 2×4 Zweitaktzylinder sollen hier nicht einzeln aufgeführt, sondern in der anschließend erscheinenden Tafel 17 zusammengefaßt werden.

Für den Gabelwinkel gilt:

a) $2 \times 1 = 2$ Zylinder, $\delta_z = 180^0$.
b) $2 \times 2 = 4$ Zylinder, $\delta_z = 90^0$ und 180^0.
c) $2 \times 3 = 6$ Zylinder, $\delta_z = 60^0$ und 180^0.
d) $2 \times 4 = 8$ Zylinder, $\delta_z = 45^0$, 90^0, 135^0 und 180^0.

Besondere Ableitung ist von 2×5 Zylindern ab nötig; bei diesem Vorgehen liegt es nahe, etwas abzukürzen und auf das Auseinanderziehen der Teilsterne zu verzichten, da sie mit ihren Einzelstrahlen in ein und demselben Bild deutlich sichtbar sind.

e) $2 \times 5 = 10$ Zylinder. Der gestrichelte Teil des Kurbelsterns in Abb. 252 kommt in fünferlei Weise mit dem ausgezogenen Teil zur Deckung; daher $\frac{z}{2}$ Lösungen, von denen nach Wegfall der 2 Spiegelbilder $\frac{1}{2}\left(\frac{z}{2} + 1\right) = 3$ Hauptlösungen übrig bleiben (Abb. 253, 254, 255) mit $\delta_z = 36^0$, 108^0, 180^0; fünffach gekröpfte Welle. Die Zerlegung in Kurbelbüschel (Abb. 256, 257) liefert nach Durchführung der Deckung den Winkel $\delta_z = 180^0$, den Abb. 258 zeigt.

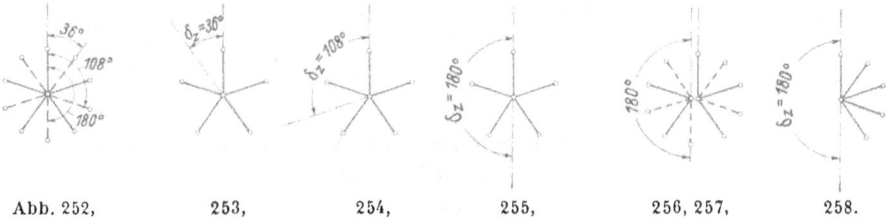

Abb. 252,   253,   254,   255,   256, 257,   258.

Abb. 252 bis 258. Ableitung des Zehnzylinder-V-Motors. Zweitakt.

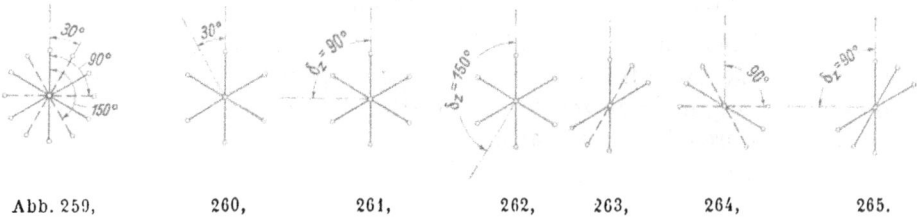

Abb. 259,   260,   261,   262,   263,   264,   265.

Abb. 259 bis 269.
Ableitung des Zwölfzylinder-
V-Motors. Zweitakt.

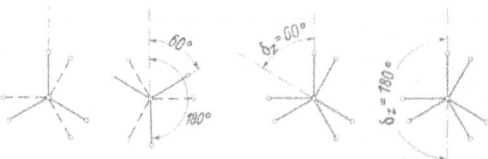

Abb. 266,   267,   268,   269.
Schrön, Zündfolge.

6

f) $2 \times 6 = 12$ Zylinder. Ähnliches Vorgehen wie bisher zeitigt mit Hilfe der Abb. 259 im ganzen $\frac{z}{2} = 6$ Lösungen, von denen 3 spiegelrecht sind. Die restlichen 3 Hauptlösungen finden sich in Abb. 260, 261, 262 mit $\delta_z = 30^0$, 90^0, 150^0; sechsfach gekröpfte Welle. Die Zerlegung gemäß Abb. 263, 264 gibt den Winkel $\delta_z = 90^0$ (Abb. 265); die weitere Teilung in Abb. 266, 267 hat als Ergebnis Abb. 268, 269 mit $\delta_z = 60^0$ und 180^0.

g) $2 \times 7 = 14$ Zylinder. Von den $\frac{z}{2} = 7$ Lösungen, die sich aus Abb. 270 herleiten, sind $\frac{1}{2} \left(\frac{z}{2} + 1 \right)$ Hauptlösungen (Abb. 271, 272, 273, 274) mit $\delta_z = 25^5/_7{}^0$, $77^1/_7{}^0$, $128^4/_7{}^0$, 180^0; siebenfach gekröpfte Welle. Die Teilung des Sterns (Abb. 270) in zwei Büschel (Abb. 275, 276) bringt den weiteren Winkel $\delta_z = 180^0$ (Abb. 277).

h) $2 \times 8 = 16$ Zylinder. Aus Abb. 278 entstehen $\frac{z}{2} = 8$ Lösungen mit regelmäßigem Kurbelstern, die auf $\frac{z}{4} = 4$ selbständige Lösungen zusammenschrumpfen (Abb. 279, 280, 281, 282) mit $\delta_z = 22^1/_2{}^0$, $67^1/_2{}^0$; $112^1/_2{}^0$, $157^1/_2{}^0$. Die Trennung in die Halbbilder 283, 284 mit nachfolgender Zusammenbringung führt auf den Gabelmotor Abb. 285. Die Zerlegung in die Malteserkreuze Abb. 286, 287 führt auf die Gabelwinkel in Abb. 288, 289.

Ein Vergleich mit den Ergebnissen bei Viertaktmotoren lehrt, daß für Zweitakt die Zahl der Lösungen größer ist und die Kurbelwellen teilsymmetrisch oder gar unsymmetrisch sind. Die Zylinderachswinkel sind teilweise spitzer; $\delta_z = 180^0$ tritt häufiger auf. Allgemeinere Gesichtspunkte über die Zahl der Gabelwinkel gelangen später zur Erörterung; die Hauptlösungen sind in Tafel 17 zusammengestellt.

Anschließend an die normale Bauart des V-Motors könnte man die versetztreihige Anordnung bringen; doch empfiehlt es sich, um den Zusammenhang nicht zu zerreißen, zuerst die »normalen« drei- und vierreihigen Motoren folgen zu lassen.

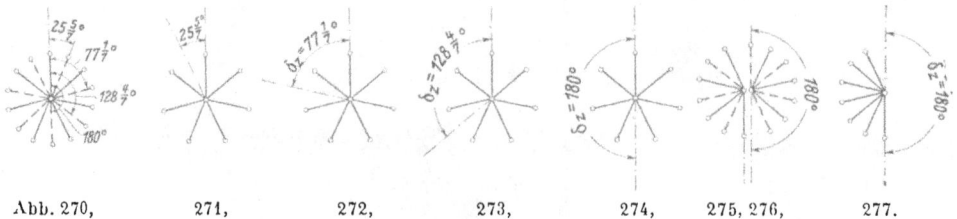

Abb. 270,   271,   272,   273,   274,   275, 276,   277.

Abb. 270 bis 277. Ableitung des Vierzehnzylinder-V-Motors. Zweitakt.

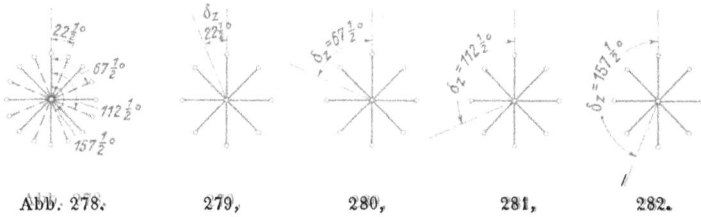

Abb. 278. 279, 280, 281, 282.

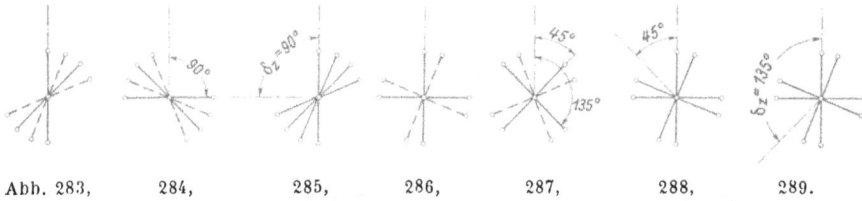

Abb. 283, 284, 285, 286, 287, 288, 289.

Abb. 278 bis 289. Ableitung des Sechzehnzylinder-V-Motors. Zweitakt.

2. Dreireihige Gabelmotoren (W-Motoren).

Wie bei den zweireihigen Motoren ließe sich eine Anordnung mit in der Längsrichtung der Kurbelwelle versetzten Zylindern ableiten. Unter Verzicht hierauf soll allein die normale Form mit drei Zylinderachsen und drei Getrieben in einer Ebene weiter verfolgt werden, deren Kennzeichen für die Kurbelzahl:

$$k = \frac{z}{3} \tag{38}$$

ist. Die Kraft der drei Kolben wird über eine Hauptpleuelstange und zwei Nebenstangen an die Welle abgegeben.

Die Ableitung aus dem Einreihenmotor mit z Zylindern, wobei z eine durch 3 teilbare Zahl sein muß, geschieht in der Weise, daß man $^1/_3$ der Kurbeln an Ort und Stelle festhält und das zweite und dritte Drittel so weit dreht, bis sie mit dem Grundstern zusammenfallen; dessen eine Kurbel sei lotrecht angenommen. Die Teilbilder sind wie bei der zweireihigen Anordnung entweder regelmäßige Sterne oder einseitig zusammengedrängte Kurbelbüschel. Diese sollen wegen ihres schlechten Massenausgleichs außer Betracht bleiben; sie geben jeweils nur eine Lösung für den Zylinderachswinkel.

Da jeder regelmäßige Stern $\frac{z}{6}$ Strahlrichtungen bei Vorhandensein von Kurbelpaaren und $\frac{z}{3}$ Strahlen bei einfachen Kurbeln besitzt, ergeben sich insgesamt $\frac{z}{6} \times \frac{z}{6} = \left(\frac{z}{6}\right)^2$ bzw. $\frac{z}{3} \times \frac{z}{3} = \left(\frac{z}{3}\right)^2$ Lösungen für den Gabelwinkel, von denen nur $\frac{z}{6}$ bzw. $\frac{z}{3}$ selbständig sind und in bezug auf die mittlere Reihe symmetrische Gabelwinkel haben. Ungleiche

6*

Winkel rechts und links der Mittelreihe sind zwar möglich, doch scheiden sie im allgemeinen aus, da sie keine Vereinfachung der Konstruktion bedeuten. Die Gabelwinkel der Hauptlösungen erscheinen auch im Ausgangsbild als die Winkel, welche die Strahlen der Teilsterne rechts und links der Lotrechten mit dieser einschließen.

Der Kurbelversetzungswinkel der auszuführenden Welle ist:

$$\delta_k = \frac{720^0}{\frac{z}{3}} \text{ für Viertakt} \tag{39}$$

$$\delta_k = \frac{360^0}{\frac{z}{3}} \text{ für Zweitakt.} \tag{40}$$

Eine der Größen des Gabelwinkels errechnet sich aus der einfachen Beziehung:

$$\delta_z = \frac{720^0}{z} \text{ für Viertakt} \tag{41}$$

$$\delta_z = \frac{360^0}{z} \text{ für Zweitakt.} \tag{42}$$

a) Viertakt.

a) $3 \times 1 = 3$ Zylinder geben einen regelrechten Sternmotor.

b) $3 \times 2 = 6$ Zylinder. Die Zerlegung der sechsfach gekröpften Welle (Abb. 290) in 3 gleiche Teile zeitigt keine Sterne, sondern 3 Kurbeldeckpaare (Abb. 291, 292, 293). Die Schwenkung der schräg nach unten weisenden Kurbeln um 120⁰ m. d. U. und e. d. U. führt zu Schubrichtungen, die um ebensoviel von der Lotrechten abweichen. Es erscheint ein Sternmotor mit zwei nebeneinanderliegenden, dreizylindrigen Elementen und zwei gleichgerichteten Kurbeln (Abb. 294), demnach eine einzige Lösung. Ein W-Motor ist mit 6 Zylindern und gleichmäßigen Zündungen nicht denkbar.

c) $3 \times 3 = 9$ Zylinder. Der Kurbelstern Abb. 295 zerfällt in die drei durch verschiedene Stricharten hervorgehobenen Teilsterne, die in Abb. 296, 297, 298 herausgezeichnet sind. Die Schwenkung des 2. und 3. Teilsterns bis zur Deckung mit dem ersten um die eingetragenen Winkelbeträge brächte $3^2 = 9$, allgemein $\left(\frac{z}{3}\right)^2$, Gabelwinkel; da aber 6 unter ihnen sich als Wiederholungen der andern erweisen, bleiben 3, d. h. $\frac{z}{3}$ Hauptlösungen mit $\delta_z = 40^0, 80^0, 160^0$, (Abb. 299, 300, 301) mit einer Kurbelwelle wie beim Dreizylindermotor.

d) $3 \times 4 = 12$ Zylinder. Nach Teilung des Gesamtkurbelsterns Abb. 302 in drei Strahlenpaare, die in Abb. 303, 304, 305 getrennt erscheinen, erfolgt die Verminderung auf 4, d. h. $\left(\dfrac{z}{6}\right)^2$ Arten; hiervon sind 2 unselbständig, so daß $2 = \dfrac{z}{6}$ Lösungen bestehen bleiben mit $\delta_z = 60^0$ und 120⁰ (Abb. 306, 307), mit der Welle wie beim Vierzylinder-Einreihenmotor. Die 2. Form läßt sich auch als ein Viersternmotor mit 4×3 Zylindern ansprechen.

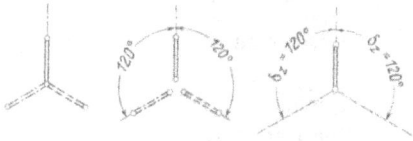

Abb. 290 bis 294. Ableitung des Sechs-zylinder-W-Motors. Viertakt.

Abb. 290,   291, 292, 293,   294.

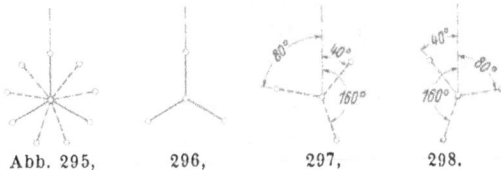

Abb. 295,   296,   297,   298.

Abb. 295 bis 301. Ableitung des Neunzylinder-W-Motors. Viertakt.

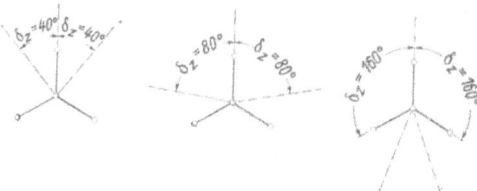

Abb. 299,   300,   301.

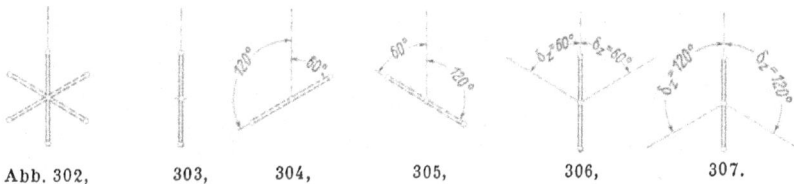

Abb. 302,   303,   304,   305,   306,   307.

Abb. 302 bis 307. Ableitung des Zwölfzylinder-W-Motors. Viertakt.

e) $3 \times 5 = 15$ Zylinder. Der Grundkurbelstern ist fünfstrahlig, wie die Zerlegung des Gesamtsterns Abb. 308 in die Teilsterne Abb. 309, 310, 311 vor Augen führt. Es bieten sich $\left(\dfrac{z}{3}\right)^2 = 25$ Variationen der Drehung des 2. und 3. Sterns bis zum Zusammenfallen mit dem ersten, ablesbar aus den eingetragenen Winkeln. Nach Abzug der spiegelrechten Bilder gehen $\dfrac{z}{3} = 5$ Hauptlösungen mit $\delta_z = 24^0,\ 48^0,\ 96^0,\ 120^0,\ 168^0$

hervor (Abb. 312, 313, 314, 315, 316). Abb. 315 stellt zugleich einen fünffachen, dreistrahligen Sternmotor dar.

f) $3 \times 6 = 18$ Zylinder. Die 9 Doppelkurbeln sind auf 3 zu vermindern. Ausgehend vom Gesamtstern Abb. 317 bildet man die Teilsterne Abb. 318, 319, 320; sodann bringt man die zwei letzten in Deckungslage mit dem ersten, wobei die Gabelwinkel entstehen. Von den $\left(\dfrac{z}{6}\right)^2 = 9$ Lösungen bleiben $\dfrac{z}{6} = 3$ als selbständig übrig (Abb. 321, 322, 323), mit $\delta_z = 40^0$, 80^0, 160^0; die zugehörige Welle ist sechsfach gekröpft.

Überblickt man die verschiedenen Formen der Gabelwinkel, so vermißt man für 3×3 und 3×6 Zylinder den Sonderfall der Sternverteilung der Schubrichtungen; dies besagt, daß gleichmäßige Zündfolge bei solchen dreistrahligen Anordnungen nicht erzielbar ist.

Die Hauptlösungen findet man in Tafel 16 vereinigt.

     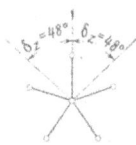

Abb. 308,   309.   310,   311,   312,   313.

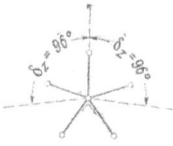 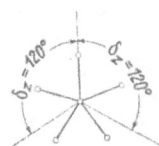 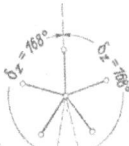

Abb. 308 bis 316.
Ableitung des Fünfzehnzylinder-
W-Motors. Viertakt.

Abb. 314,   315,   316.

    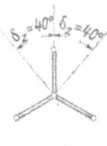 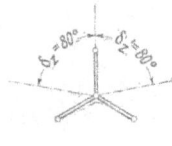 

Abb. 317,   318,   319,   320,   321,   322,   323.
Abb. 317 bis 323. Ableitung des Achtzehnzylinder-W-Motors. Viertakt.

b) Zweitakt.

Für eine bestimmte Zylinderzahl, die ein Vielfaches von 3 ist, tritt gemäß Tafel 8 dieselbe Grundgestalt des Ausgangskurbelsterns wie bei Viertakt auf, einesteils für die doppelte gerade Kurbelzahl, andernteils für die unveränderte ungerade Zahl; im 1. Fall sind an Stelle der Doppelstrahlen einfache zu setzen. Demnach lassen sich die Ergebnisse, die sich bei Viertakt für 3×4, 3×3 und 3×5 Zylinder einstellten, auf 3×2, 3×3 und 3×5 Zweitaktzylinder übertragen. Die Zylinderachswinkel dieser Anordnungen, die sich in Tafel 17 wiederfinden, haben folgende Größen:

a) $3 \times 2 = 6$ Zylinder, $\delta_z = 60^0$ und 120^0.

b) $3 \times 3 = 9$ Zylinder, $\delta_z = 40^0$, 80^0 und 160^0.

c) $3 \times 5 = 15$ Zylinder, $\delta_z = 24^0$, 48^0, 96^0, 120^0 und 168^0.

Die anderen Zylinderzahlen erheischen gesonderte Ableitung.

d) $3 \times 4 = 12$ Zylinder. Der Kurbelstern Abb. 324 zerfällt in die Teilsterne Abb. 325, 326, 327. Aus den angeschriebenen Winkeln folgt die Zahl der Lösungen zu $\left(\dfrac{z}{3}\right)^2 = 4^2 = 16$, von welchen $\dfrac{z}{3} = 4$ selbständig sind; $\delta_z = 30^0$, 60^0, 120^0, 150^0 in Abb. 328, 329, 330, 331. Die Kurbelwelle ist jene des einfachen Vierzylinders.

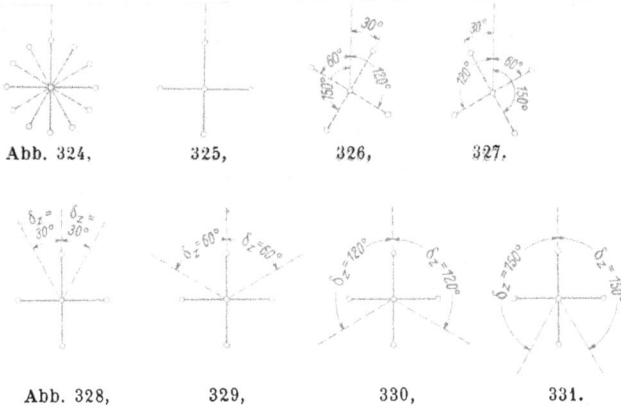

Abb. 324,   325,   326,   327,

Abb. 324 bis 331.
Ableitung des
Zwölfzylinder-W-
Motors. Zweitakt.

Abb. 328,   329,   330,   331.

e) $3 \times 6 = 18$ Zylinder. Ausgehend von Abb. 332 und über die Teilsterne Abb. 333, 334, 335 gelangt man zu $6^2 = 36$ Kombinationen der Zylinderachsen, von denen $^{18}/_3 = 6$ Hauptlösungen mit $\delta_z = 20^0$, 40^0, 80^0, 100^0, 140^0, 160^0 sind (Abb. 336 bis 341); die Welle hat 6 Kröpfungen.

Die Ergebnisse sind in Tafel 15 zusammengefaßt. Bei gerader Anzahl der Zylinder erhält man doppelt so viel, bei ungerader Anzahl gleichviel Hauptlösungen wie in Tafel 17. Es fällt des weiteren auf, daß, sobald der Kurbelstern durch die Lotrechte in zwei symmetrische Hälften geteilt wird, also bei gerader Kurbelzahl, die 2. Hälfte der Lösungen aus der 1. Hälfte durch Klappen der nicht senkrechten Zylinderachsen um die Waagrechte entsteht.

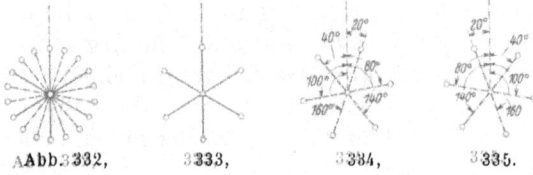

Abb. 332 bis 341.
Ableitung des Achtzehn-
zylinder-W-Motors.
Zweitakt.

AAbb. 332,   333,   334,   335.

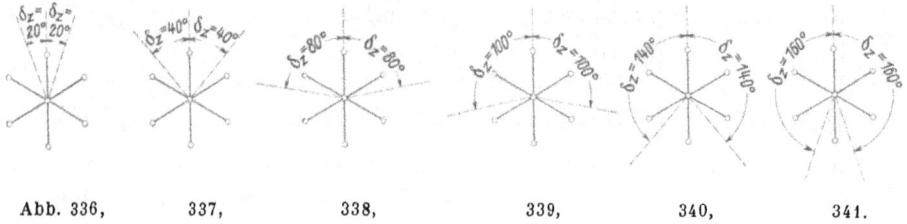

Abb. 336,   337,   338,   339,   340,   341.

3. Vierreihige Gabelmotoren (X-Motoren).

Die Gesamtkurbelzahl des Einreihenmotors ist in vier gleiche Sterne zu zerlegen, wovon der eine stehen bleibt, während die übrigen drei in eben diesen hinein zu drehen sind; dabei ist von vornherein auf die Verwendung von Kurbelbüscheln verzichtet.

Diese Teilung ist zweifach möglich: α) Ist bei i Reihen die Zahl der Zylinder je Reihe $\frac{z}{i}$ und mit ihr die Zahl der auszuführenden Kurbeln gerade, so hat der Teilstern $\frac{z}{2i}$ paarweise sich deckende Kurbeln und die Welle kann längssymmetrisch gestaltet werden, oder er hat $\frac{z}{i}$ einzelstehende Kurbeln, also doppelt so viel Richtungsstrahlen wie vorhin, und die Welle ist unsymmetrisch; β) Ist die Zahl der Zylinder je Reihe ungerade, so gibt es nur eine Teilung in Einzelsterne mit einfachen Strahlen.

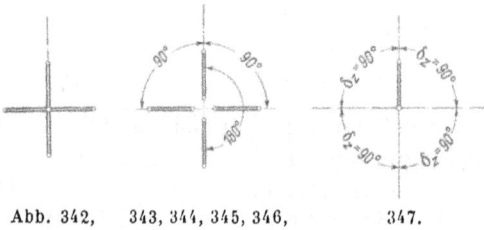

Abb. 342,   343, 344, 345, 346,   347.

Abb. 342 bis 352. Ableitung
des Achtzylinder-X-Motors.
Viertakt.

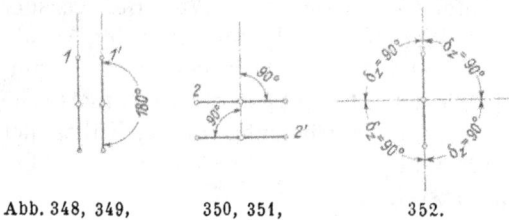

Abb. 348, 349,   350, 351,   352.

a) Viertakt.

Vier Zylinder in einer Ebene mit regelmäßiger Zündfolge sind nicht möglich.

a) $4 \times 2 = 8$ Zylinder. α) Das Auseinanderziehen des Kurbelsterns Abb. 342 in vier sich deckende Kurbelpaare Abb. 343 bis 346 führt nach Verminderung auf ein einziges Kurbelpaar zur Zylinderachsverteilung von Abb. 347, eigentlich als Übergang zum Zylindersternmotor. β) Die Zerlegung in einzelne Kurbelpaare in Strecklage Abb. 348, 349, 350, 351 und die Schwenkung der letzten drei bis zum Zusammenfallen mit dem ersten Teilbild liefert das rechtwinklige Zylinderachskreuz Abb. 352. Fall α) gibt $\left(\dfrac{z}{2\,i}\right)^{i-1} = \left(\dfrac{8}{8}\right)^3 = 1$ Lösung; Fall β) müßte allgemein $\left(\dfrac{z}{4}\right)^{i-1} = 2^3 = 8$ Lösungen gewähren. Da aber ein Strahl von Teilstern $1'$ lotrecht steht, entfallen $2^2 = 4$ Vereinigungen mit den Teilsternen 2 und $2'$; es resultieren 4 Lösungen, die nach Abzug der Spiegelbilder auf eine einzige zusammenschrumpfen. Die Gültigkeit der Ausdrücke für die Zahl der Lösungen wird noch an Hand weiterer Zylinderzahlen erhärtet.

b) $4 \times 3 = 12$ Zylinder. Zur Klarlegung des Umwandlungsverfahrens sei diese Zylinderzahl ausführlicher behandelt.

Man zerlegt den gegebenen Kurbelstern Abb. 353 in vier Teilsterne $1, 1', 2, 2'$ (Abb. 354 bis 357). Da zahlreiche Variationen der Drehung der Sterne $1', 2$ und $2'$ bis zur Deckung mit dem stillgehaltenen Stern 1 vorliegen, ist es zweckmäßig, zuerst die Kombination von 1 mit $1'$, sodann von 2 und $2'$ mit 1 vorzunehmen, wobei die Zylinderachsen die entsprechende Schwenkung vollführen und den Gabelwinkel erzeugen. Schließlich sind die abgeleiteten Bilder unter sich zusammenzusetzen.

Aus 1 und $1'$ entsteht zunächst Abb. 358 mit Zylinderachsen unter 120^0; von der spiegelbildlichen Lage von $1'$ und 1 sei abgesehen. Aus 2 und $2'$ folgen durch Drehung um 60^0 und 180^0 m. d. U. und e. d. U. bis zur Deckung mit 1 die Abb. 359 bis 367. Die drei Ableitungen mit zusammenfallenden Zylinderachsen rühren davon her, daß die Sterne 2 und $2'$ in Abb. 353 gleich liegen und sich decken; solche Lösungen fallen selbstredend weg. Es bleiben 6 Kombinationen übrig; legt man sie ohne zu drehen auf Abb. 358, so daß die Scheitelpunkte sich decken, so erscheinen die Gabeln in Abb. 368 bis 373. Davon sind 4 mit gleichem Winkel δ_z identisch und kommen einer selbständigen Lösung gleich; ebenso entsprechen 2 Gabeln mit $\delta_z = 60^0$ und 120^0 einer Lösung. Mithin gibt es nur 2 Hauptlösungen (Abb. 368, 369).

Die Zahl der verschiedenen Gabelwinkel könnte man auch wie folgt ableiten: Von den $3^3 = 27$ Kombinationen der Strahlen der 3 Sterne $1', 2, 2'$ bis zur Deckung mit dem Stern 1 entfallen zunächst $3^2 = 9$ Lösungen, da der eine Strahl von Stern $1'$ bereits lotrecht steht und damit die 3^2 Variationen von *2* und *2'* in Verbindung mit *1'* ausscheiden. Von den restlichen 18 Lösungen sind die 9 Spiegelbilder abzuziehen; es verbleiben somit 9 Lösungen mit den Teilgabeln aus Abb. 358 bis 367. Drei davon weisen zusammenfallende Zylinderachsen auf und scheiden wegen Unausführbarkeit aus; unter den übrigen 6 in Abb. 368 bis 373

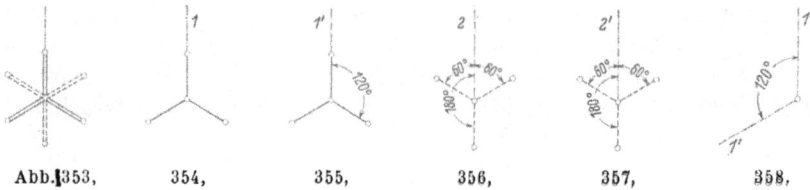

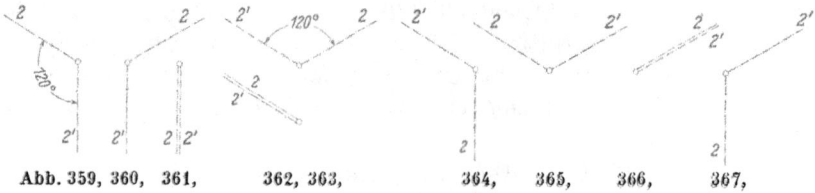

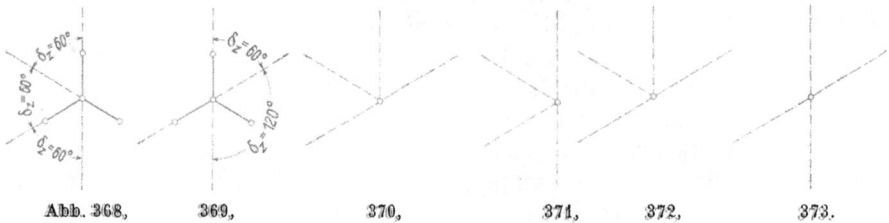

Abb. 353,   354,   355,   356,   357,   358,

Abb. 359, 360, 361,   362, 363,   364,   365,   366,   367,

Abb. 368,   369,   370,   371,   372,   373.

Abb. 353 bis 373. Ableitung des Zwölfzylinder-X-Motors. Viertakt.

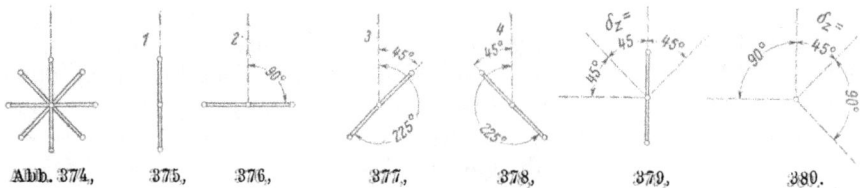

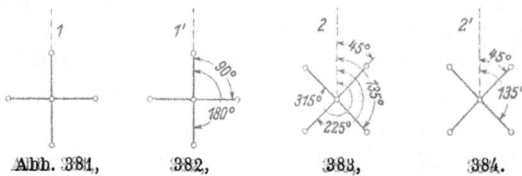

Abb. 374,   375,   376,   377,   378,   379,   380.

Abb. 374 bis 389. Ableitung des Sechzehnzylinder-X-Motors. Viertakt.

(Abb. 385 bis 389 auf S. 91).

Abb. 381,   382,   383,   384.

treten Wiederholungen des Achswinkels auf, so daß 2 selbständige Lösungen (Abb. 368, 369) resultieren.

c) $4 \times 4 = 16$ Zylinder. α) Zerlegung des Kurbelsterns Abb. 374 in 4 Teilsterne mit Kurbelpaaren (Abb. 375 bis 378); bei festgehaltenem Stern 1 und seiner Schubrichtung werden die 3 andern Sterne zur Deckung gebracht. Von den $2^3 = 8$ Lösungen fällt die Hälfte, als Spiegelbild der andern, weg; von den restlichen 4 besitzen 2 gleiche Zylinderachswinkel; mithin bleiben $\frac{z}{8} = 2$ Hauptlösungen (Abb. 379, 380). β) Zerlegung des Sterns Abb. 374 in 4 vierstrahlige Teilsterne (Abb. 381 bis 384); Drehung von $1'$, 2 und $2'$ bis zur Deckung mit 1 führt auf $4^3 = 64$ Kombinationen; von ihnen entfallen $4^2 = 16$, da der eine Strahl des Sterns 1 schon lotrecht steht, ferner 16 Spiegelbilder und 8 Lösungen mit zwei sich deckenden

  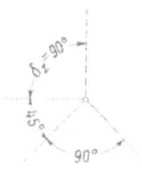  

Abb. 385,   386,   387,   388,   389.

Abb. 390,   391,   392,   393,   394.

Abb. 395,   396,   397,   398,   399,   400.

Abb. 390 bis 400. Ableitung des Zwanzigzylinder-X-Motors. Viertakt.

den Zylinderachsen; vom Rest ist nur ein Bruchteil, nämlich 5, selbständig (Abb. 385 bis 389). Sie zeigen symmetrische Reihenverteilung, d. h. die Reihen liegen symmetrisch zur Winkelhalbierenden des mittleren Winkels oder eine Reihe bildet selbst die Symmetrielinie. Der Flugmotor Napier-Cub mit 16 Zylindern hatte abweichend von Abb. 387

einen Mittelwinkel von $52\frac{1}{2}^0$ und daher etwas ungleiche Zündabstände.

d) $4 \times 5 = 20$ Zylinder. Abb. 390 zeigt den Ausgangsstern, Abb. 391 bis 394 geben seine Bestandteile wieder. Von den $5^3 = 125$ Variationen der Drehung und Gabelbildung scheiden $5^2 = 25$ aus; ab-

  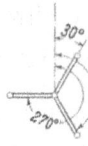  

Abb. 401, 402, 403, 404, 405.

 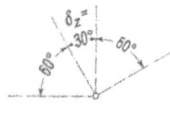    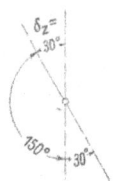

Abb. 406, 407, 408, 409, 410, 411.

  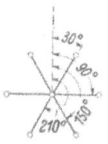 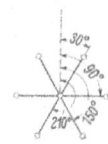

Abb. 412, 413, 414, 415.

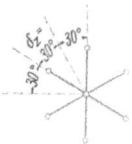    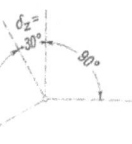 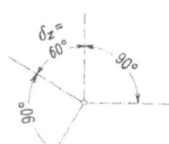

Abb. 416, 417, 418, 419, 420, 421.

 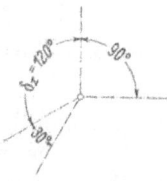 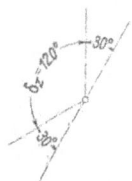 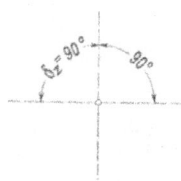  

Abb. 422, 423, 424, 425, 426, 427.

Abb. 401 bis 427. Ableitung des Vierundzwanzigzylinder-X-Motors. Viertakt.

Zyl.-zahl	Zweifache Reihe		Zyl.-zahl	
2×2 4	$\delta_z = 180°$ **1** δ_k $\delta_k = 360°$	**2** δ_k $\delta_k = 180°$	3×2 6	$\delta_z = 120°$
2×3 6	$120°$ δ_k $\delta_k = 120°$		3×3 9	$40°$ $40°$ **1** δ_k
2×4 8	$\delta_k = 180°$ **1** $90°$ δ_k **3** $\delta_k = 90°$ $180°$ δ_k	**2** $\delta_k = 90°$ $90°$ **4** $180°$ δ_k $\delta_k = 270°$	3×4 12	**1** $60°$ $60°$ δ_k
2×5 10	$72°$ δ_k **1** **2** $144°$ δ_k	$\delta_k = 72°$	3×5 15	$24°$ $24°$ **1** δ_k $96°$ $96°$ **4** δ_k
2×6	**1** $60°$ δ_k **2** $180°$ δ_k $\delta_k = 120°$ $180°$ δ_k **3** $\delta_k = 60°$ $60°$			$40°$ $40°$

Reihe	Zyl.-zahl	Vierfache Reihe

Reihe | **Zyl.-zahl** | **Vierfache Reihe**

4×2 / 8:
1 — $\delta_k = 90°$, $90°$, $90°$, $90°$, $\delta_k = 360°$
2 — $90°$, $90°$, $90°$, $90°$, $\delta_k = 180°$

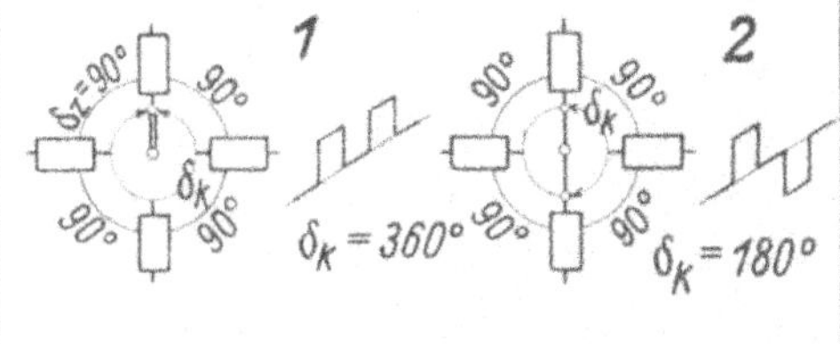

4×3 / 12:
1 — $60°$, $60°$, $60°$, $60°$, δ_k
2 — $120°$, $120°$, $120°$, $\delta_k = 120°$

4×4 / 16:
1 — $45°$, $45°$, $45°$, δ_k; $\delta_k = 180°$
2 — $90°$, $90°$, δ_k
3 — $45°$, $45°$, $45°$, δ_k
4 — $90°$, $45°$, $45°$, δ_k
5 — $45°$, $90°$, $90°$, δ_k
6 — $45°$, $135°$, $135°$, δ_k
7 — $45°$, $45°$, $135°$, $135°$, δ_k; $\delta_k = 90°$

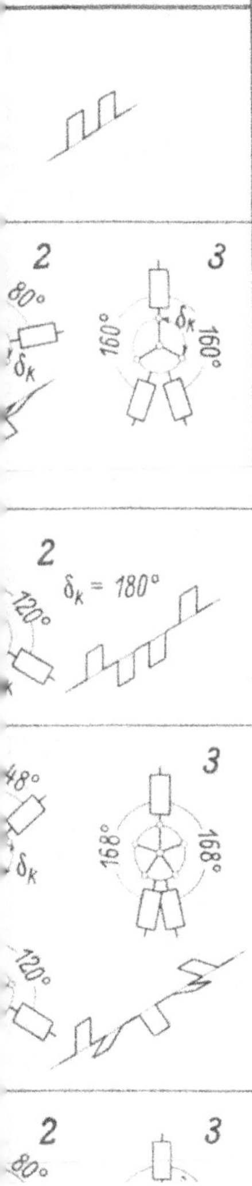

4×5 / 20:
1 — $36°$, $36°$, $36°$, $36°$, δ_k
2 — $72°$, $36°$, $36°$, δ_k
3 — $72°$, $72°$, δ_k
1 — $108°$, $36°$, $36°$, δ_k
2 — $36°$, δ_k; $\delta_k = 72°$; $72°$

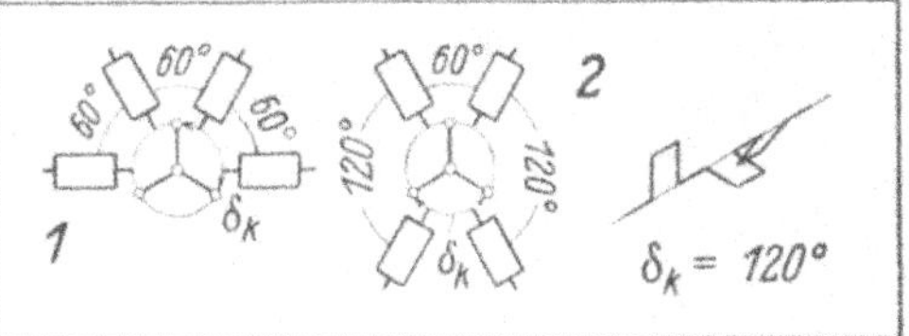

Left column "Reihe":
2 / 3 — $80°$, $160°$, $160°$, δ_k
2 — $\delta_k = 180°$, $120°$
3 — $48°$, $168°$, $168°$, δ_k; $120°$
2 / 3 — $80°$

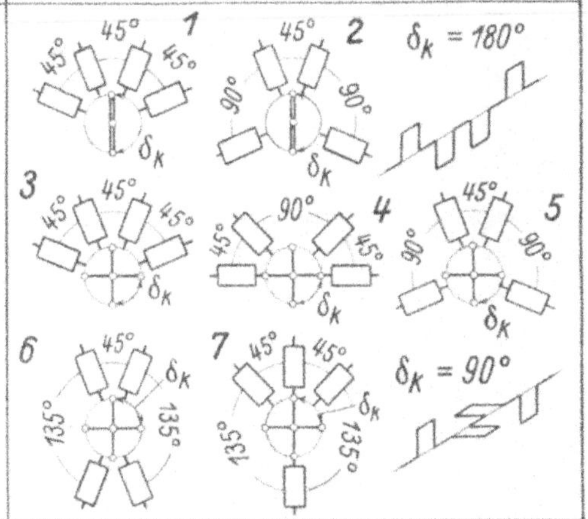

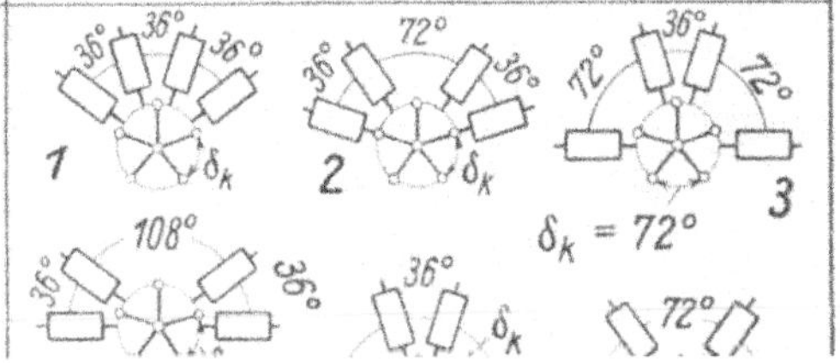

12	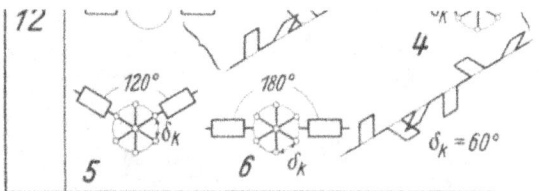	3×6	1 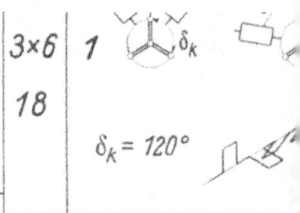
		18	

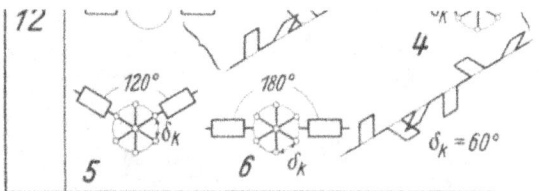

$120°$ $\quad$ $180°$ $\quad$ 4

δ_k $\quad$ δ_k $\quad$ $\delta_k = 60°$

5 $\quad$ 6

$3×6$ $\quad$ 1 $\quad$ δ_k

18

$\delta_k = 120°$

2×7	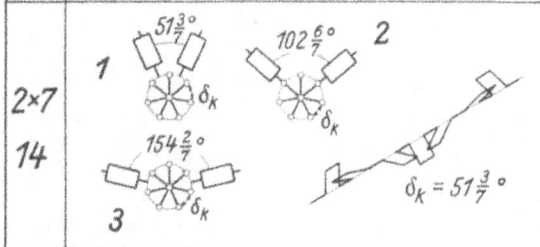
14	

$51\frac{3}{7}°$ $\quad$ $102\frac{6}{7}°$ $\quad$ 2

1 $\quad$ δ_k $\quad$ δ_k

$154\frac{2}{7}°$

3 $\quad$ δ_k $\quad$ $\delta_k = 51\frac{3}{7}°$

2×8	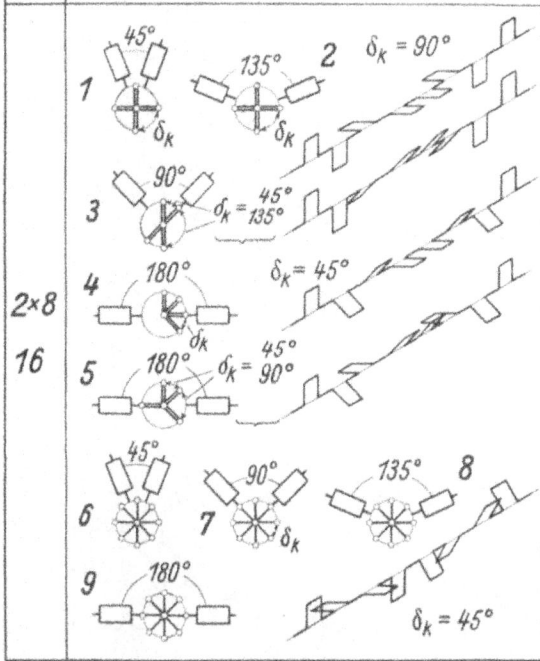
16	

$45°$ $\quad$ $135°$ $\quad$ 2 $\quad$ $\delta_k = 90°$

1 $\quad$ δ_k $\quad$ δ_k

$90°$

3 $\quad$ $\delta_k = \frac{45°}{135°}$

$180°$ $\quad$ $\delta_k = 45°$

4 $\quad$ δ_k

$180°$ $\quad$ $\delta_k = \frac{45°}{90°}$

5

$45°$ $\quad$ $90°$ $\quad$ $135°$ $\quad$ 8

6 $\quad$ 7 $\quad$ δ_k

$180°$

9 $\quad$ $\delta_k = 45°$

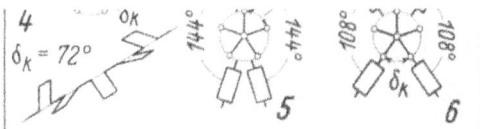
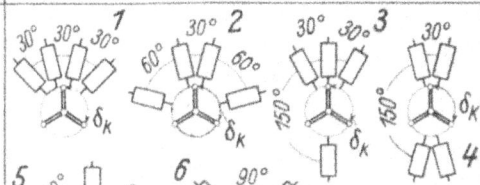
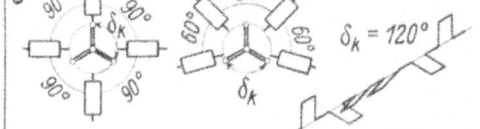
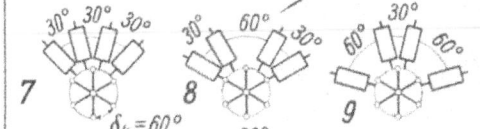
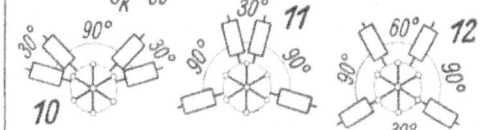
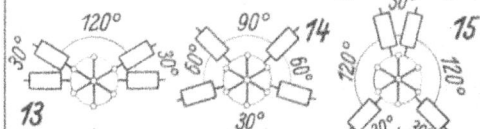
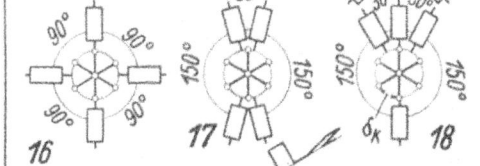

4×6

24

Zyl.-zahl	Zweifache Reihe		Zyl.-zahl	
2×1 2	$\delta_z = 180°$		3×2 6	$\delta_z = 60°$ 1
2×2 4	$90°$ $\delta_k = 180°$ $180°$ δ_k δ_k $\delta_k = 270°$			
2×3 6	$60°$ $180°$ 2 $\delta_k = 120°$ 1 δ_k δ_k 3 $180°$ δ_k $\delta_k = 60°$		3×3 9	$40°$ 1 δ_k $\delta_k = 120°$
2×4 8	$45°$ 2 $135°$ $\delta_k = 90°$ 1 δ_k δ_k $90°$ $\delta_k = 135°$ $180°$ 4 3 δ_k δ_k $180°$ 5 δ_k δ_k $\delta_k = 45°, 90°$ $\delta_k = 45°$		3×4 12	$30°$ 1 $120°$ 3
2×5 10	$36°$ 1 $108°$ 2 $180°$ 3 $\delta_k = 72°$ δ_k δ_k δ_k $180°$ 4 δ_k $\delta_k = 36°$		3×5 15	$24°$ 1 $96°$ 4 δ_k $20°$

e Reihe	Zyl.-zahl	Vierfache Reihe
2 $\delta_k = 180°$ 120°	**4×2** **8**	45° 45° 45° $\delta_z = 45°$ **2** $\delta_k = 180°$ 90° 90° **1** δ_k δ_k
80° 160° δ_k 160° **3**	**4×3** **12**	30° 30° 30° 30° 30° 30° 30° 60° 60° **1** δ_k **2** δ_k 150° 150° δ_k **3** δ_k 90° 90° 90° 90° 60° 60° **5** δ_k δ_k **6** $\delta_k = 120°$
2 60° δ_k δ_k 150° **4** $\delta_k = 90°$	**4×4** **16**	$22\frac{1}{2}°$ **2** 45° $22\frac{1}{2}°$ **3** $67\frac{1}{2}°$ $67\frac{1}{2}°$ $112\frac{1}{2}°$ $112\frac{1}{2}°$ **1** δ_k δ_k δ_k 45° $112\frac{1}{2}°$ $22\frac{1}{2}°$ $112\frac{1}{2}°$ $67\frac{1}{2}°$ $67\frac{1}{2}°$ $67\frac{1}{2}°$ **4** δ_k δ_k **5** δ_k **6** $112\frac{1}{2}°$ 45° 45° $\delta_k = 90°$ **7** δ_k
3 48° 168° 168° δ_k δ_k 120° δ_k $\delta_k = 72°$		18° 18° 72° 18° 90° **3** 36° 36° **1** δ_k δ_k δ_k
40° 3		

2×6 **12**	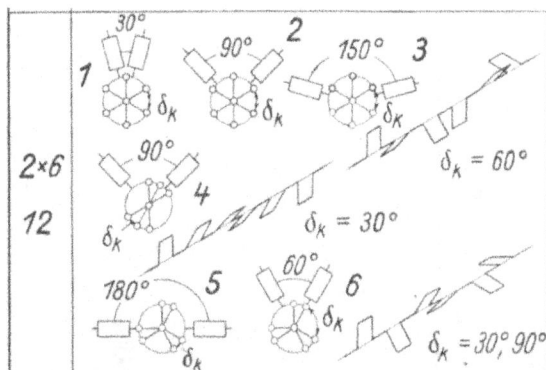
3×6 **18**	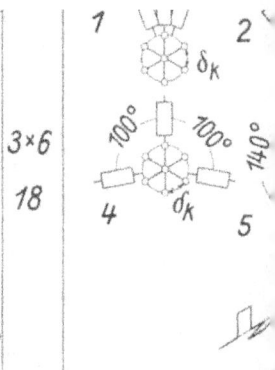

$\delta_k = 60°$

$\delta_k = 30°$

$\delta_k = 30°, 90°$

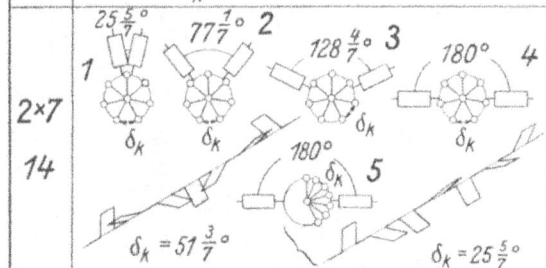

$\delta_k = 51\frac{3}{7}°$

$\delta_k = 25\frac{5}{7}°$

2×7 **14**

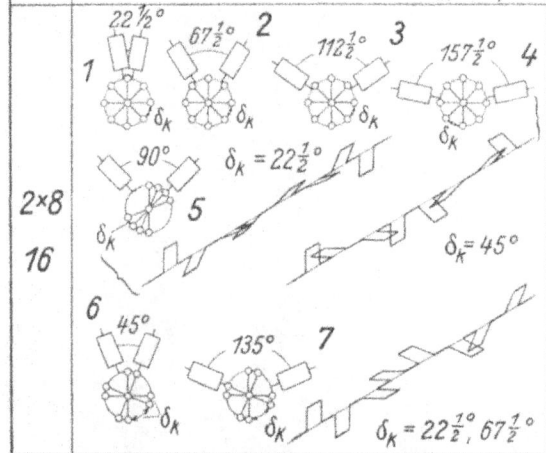

$\delta_k = 22\frac{1}{2}°$

$\delta_k = 45°$

$\delta_k = 22\frac{1}{2}°, 67\frac{1}{2}°$

2×8 **16**

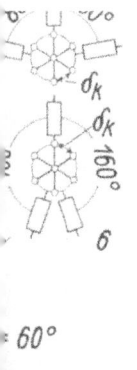

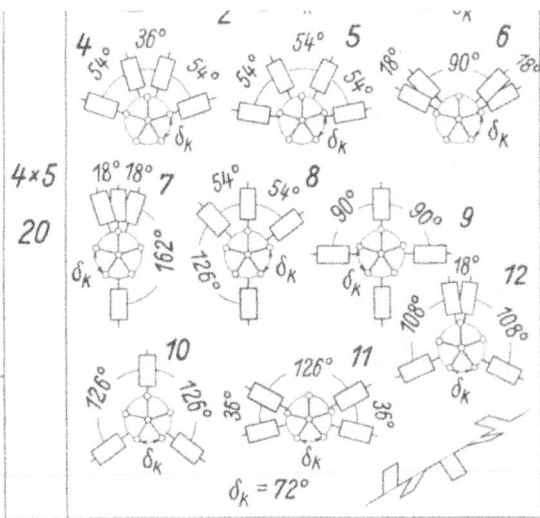

4×5

20

$\delta_k = 72°$

4×6

24

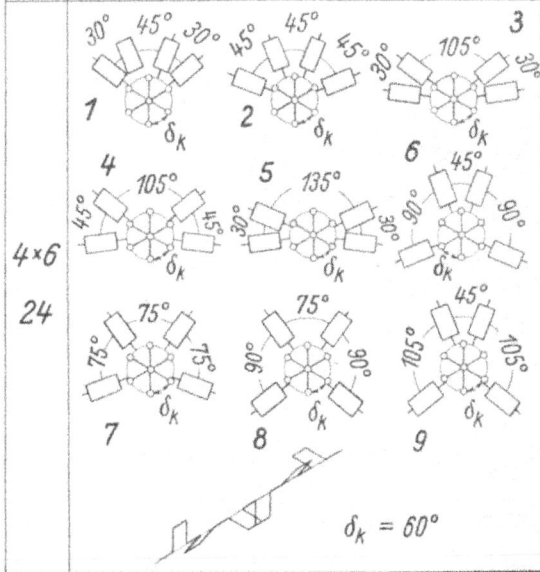

$\delta_k = 60°$

züglich der 50 Spiegelbilder bleiben 50 Gabeln, die sich um 5 Bilder mit doppelten Achsen vermindern, und da manche Anordnungen sich wiederholen, ist die Zahl der Restbilder 6, dargestellt in Abb. 395 bis 400.

e) $4 \times 6 = 24$ Zylinder. α) Aus dem Gesamtstern Abb. 401 bildet man dreistrahlige Sterne (Abb. 402 bis 405); diese führen auf insgesamt $3^3 = 27$ Kombinationen von Zylinderachswinkeln, aus welchen 6 Hauptlösungen mit symmetrischer Verteilung der Zylinderreihen ausgeschieden werden können (Abb. 406 bis 411). β) Der Gesamtstern setzt sich weiterhin aus 4 sechsstrahligen Sternen zusammen (Abb. 412 bis 415), die $6^3 - 6^2$ Gabelwinkel bieten, aus denen man 12 symmetrische Hauptlösungen durch Auslese erhält (Abb. 416 bis 427).

Die Ergebnisse sind in Tafel 16 zusammengestellt.

b) Zweitakt.

Man gelangt zu gleichen Lösungen wie für doppelte Zylinderzahl bei Viertakt, Fall α) mit symmetrischer Welle, wobei an Stelle der sich deckenden Kurbeln jeweils einfache Kurbeln treten. Es gelten also die Gabelwinkel von 4×2 Viertaktzylindern für 4×1 Zweitaktzylinder, von 4×4 Viertaktzylindern für 4×2 Zweitaktzylinder, von 4×6 Viertaktzylindern für 4×3 Zweitaktzylinder. Diese Gabelwinkel zusammen mit jenen für höhere Zylinderzahlen, die eigens hergeleitet wurden, finden sich übersichtlich geordnet in Tafel 17.

In ähnlicher Weise ließen sich die Gabelwinkel für fünf-, sechs-... i-reihige Motoren, im Viertakt und Zweitakt arbeitend, ausfindig machen.

4. Zusammenfassung.

Die Winkel der Zylindergabel und der Kurbelversetzung stehen in bestimmter Wechselbeziehung, die durch die Forderung gleichmäßiger Zündabstände vorgeschrieben wird. Von den Bauarten mit zwei und mehr Getrieben an einem Kurbelzapfen sind jene weniger gut, die eine in der Stirnansicht ungleiche Verteilung der Kurbeln haben, z. B. einen Kurbelbüschel; regelmäßige Gestalt, so zwar, daß der Kurbelstern mindestens zwei Symmetrieachsen besitzt, ist zwecks günstigen Massenausgleichs vonnöten. Die so beschaffene normale Bauart mit z Zylindern, i Reihen, $\frac{z}{i}$ Zylindern in einer Reihe und $k = \frac{z}{i}$ Kurbeln bietet mehrere Lösungen des Gabelwinkels, eine geringere Anzahl von Gestalten des Kurbelsterns.

Ein Überblick über das Zustandekommen des Zylinderachswinkels bei der Umwandlung des Einreihenmotors gibt Aufschluß darüber, welche Zylinderzahlen besonders viele Lösungen mit regelmäßigem Kurbelstern bei der Einteilung in Reihen geben. Es sind jene, deren Kurbelstern eine mehrfache Zerlegung in Teilsterne gestattet. Dies ist der Fall, wie man unschwer aus den Entwicklungen für zwei, drei und vier Reihen erkennt, wenn im Ausgangsbild die Zahl der Kurbelstrahlrichtungen, die bei Viertakt gleich $\frac{z}{2}$ für gerade Zylinderzahl und gleich z für ungerade Zahl ist, durch die Zahl i der verlangten Reihen teilbar ist, d. h. es muß $\frac{z}{2i}$ bzw. $\frac{z}{i}$ eine ganze Zahl darstellen.

Da nun $\frac{z}{i} = z_1$ die Zylinderzahl einer Reihe ist, kann man auch sagen: Bei ungerader Gesamtzahl, z. B. $3 \times 5 = 15$, ist $\frac{z}{i}$ sowieso eine ganze Zahl, was eine größere Auswahl an Gabelwinkeln erwarten läßt; bei gerader Gesamtzahl muß z_1 sich durch 2 teilen lassen, also gerade sein; andernfalls gibt es verhältnismäßig wenig Lösungen, vgl. 2×5, 2×7 Zylinder.

Bei Zweitakt hingegen mit z Kurbelstrahlen, gleichgültig, ob z gerade oder ungerade ist, erscheint ein Stern mit $\frac{z}{i}$ Strahlen und mit ihm eine größere Auswahl an Gabelwinkeln.

Mit den bisherigen Bezeichnungen gelten für die Zahl der möglichen Lösungen mit regelmäßigem Kurbelstern die nachstehend zusammengestellten Beziehungen, die aus der geometrischen Betrachtungsweise der Entstehung der Gabelmotoren folgen.

Tafel 18.

Viertakt.

Zahl der möglichen Anordnungen der Zylinderachsen einschließlich der Spiegelbilder.

Gestalt der Welle	2 Reihen $i = 2$ V-Form	3 Reihen $i = 3$ W-Form	4 Reihen $i = 4$ X-Form
Welle mit paarweise sich deckenden Kurbeln (symmetrische Welle)	$\left(\frac{z}{2i}\right)^{i-1} = \frac{z}{4}$	$\left(\frac{z}{2i}\right)^{i-1} = \left(\frac{z}{6}\right)^2$	$\left(\frac{z}{2i}\right)^{i-1} = \left(\frac{z}{8}\right)^3$
Welle mit einfachen Kurbelstrahlen (teilsymmetrische Welle)	$\left(\frac{z}{i}\right)^{i-1} - \left(\frac{z}{i}\right)^{i-2} = \frac{z}{2} - 1$	$\left(\frac{z}{i}\right)^{i-1} = \left(\frac{z}{3}\right)^2$	$\left(\frac{z}{i}\right)^{i-1} - \left(\frac{z}{i}\right)^{i-2} = \left(\frac{z}{4}\right)^2 \cdot \left(\frac{z}{4} - 1\right)$

Der Wert $\left(\frac{z}{3}\right)^2$ bei 3 Reihen kommt dadurch zustande, daß in den Decksternen keine Kurbel lotrecht ist, im Gegensatz zu 2 und 4 Reihen. Im einzelnen wird mit Zahlenwerten:

Tafel 19.

Zahl der möglichen Anordnungen.

	2 Reihen			3 Reihen			4 Reihen	
Zyl.-zahl	Anordnungen		Zyl.-zahl	Anordnungen		Zyl.-zahl	Anordnungen	
	symmetr. Welle	teilsymm. Welle		symmetr. Welle	teilsymm. Welle		symmetr. Welle	teilsymm. Welle
2×2	1	1	3×2	1	—	4×2	1	4
2×3	—	2	3×3	—	9	4×3	—	18
2×4	2	3	3×4	4	—	4×4	8	48
2×5	—	4	3×5	—	25	4×5	—	100
2×6	3	5	3×6	9	—	4×6	27	180
2×7	—	6						
2×8	4	7						

Tafel 20.

Zweitakt.

Zahl der möglichen Anordnungen der Zylinderachsen einschließlich der Spiegelbilder.

Gestalt der Welle	2 Reihen $i=2$ V-Form	3 Reihen $i=3$ W-Form	4 Reihen $i=4$ X-Form
Welle mit einfachen Kurbelstrahlen (teilsymmetrische Welle)	$\left(\dfrac{z}{i}\right)^{i-1}=\dfrac{z}{2}$	$\left(\dfrac{z}{i}\right)^{i-1}=\left(\dfrac{z}{3}\right)^2$	$\left(\dfrac{z}{i}\right)^{i-1}=\left(\dfrac{z}{4}\right)^3$

Mit bestimmten Zahlen wird:

Tafel 21.

Zahl der möglichen Anordnungen.

2 Reihen		3 Reihen		4 Reihen	
Zyl.-zahl	Anord-nungen	Zyl.-zahl	Anord-nungen	Zyl.-zahl	Anord-nungen
2×2	2	3×2	4	4×2	8
2×3	3	3×3	9	4×3	27
2×4	4	3×4	16	4×4	64
2×5	5	3×5	25	4×5	125
2×6	6	3×6	36	4×6	216
2×7	7				
2×8	8				

Die Zahl der vorstehend angegebenen Lösungen vermindert sich wesentlich nach Abzug der Spiegelbilder des Gabelwinkels, der identischen Lösungen, der unbrauchbaren Fälle mit zusammenfallenden Zylinderachsen. Es verlohnt sich nicht, für den Rest allgemeine Formeln aufzustellen.

Bei V-Motoren verbleibt nur ein Bruchteil der Anordnungen mit regelmäßigem Kurbelstern; sie sind in Tafel 16 und 17 eingetragen. Daneben fanden des Vergleichs halber einzelne Lösungen mit Kurbelbüschel Aufnahme. Wenn man schon bei zweireihigen Motoren keine Veranlassung hat, auf unsymmetrische Wellen zurückzugreifen, um so weniger bei 3 und 4 Reihen.

γ) Versetztreihige Bauart mit zwei Reihen.

Zur Auslese von Gabelwinkeln für verschiedene Zylinderzahlen genügt es, sich auf die zweireihige Ausführung zu beschränken. Was ihre Entstehung betrifft, sei auf die Darlegungen auf S. 70 verwiesen.

Man greift zur versetztreihigen Ausführung, wenn man die große Länge des Einreihenmotors gleichen Hubvolumens und die starke Belastung des Kurbelzapfenlagers beim Getriebe mit Nebenstangen meiden will. Eine verwickeltere Welle muß in Kauf genommen werden.

Sind auch schmälere Gabelwinkel als beim normalen V-Motor konstruktiv zulässig, so wird man unter Umständen dem etwas weiteren Winkel den Vorzug geben, da der Raum zwischen den Reihen zur Unterbringung der Vergaser oder der Magnete oder der Einspritzpumpen Verwendung finden kann. In andern Fällen wird man unter Verzicht auf Unterbringung von Zubehörteilen den Motor schmäler gestalten und ihm äußerlich das Aussehen eines Einreihenblocks geben. Jedenfalls müssen die Flansche und Läufe der versetzten Einzelzylinder der einen und der andern Reihe auf dem Kurbelgehäuse einander nicht behindern (vgl. Abb. 163), und bei dem Einblockmotor hat genügend Abstand zwischen den Zylinderläufen für Wasserdurchgang frei zu bleiben.

Vielfach sind ein gestreckter Gabelwinkel und liegende Zylinder möglich; dieser »flache« Motor findet heute zum Teil wieder Eingang, nachdem er vor Jahrzehnten schon in Gebrauch war und dann verlassen wurde.

Es handelt sich nun darum, die gangbarsten Gabelwinkel und die zugehörigen Kurbelsterne für gleichmäßige Zündabstände anzugeben.

1. Viertakt.

Da bei der Ableitung der Lösungen aus dem einfachen Reihenmotor zunächst das Prinzip der »Teilschwenkung«, d. h. der Schwenkung der Hälfte der Zylinder und Kurbeln genau wie bei der Ableitung des normalen Gabelmotors (s. S. 72) anwendbar ist, gelten die im Unterabschnitt »Normale Bauart« gefundenen Anordnungen mit der Ergänzung, daß nicht mehr zwei Getriebe in einer Ebene liegen, sondern dicht nebeneinander in der Längsrichtung des Motors. Strebt man einen Kurbelstern an mit gleichmäßiger Verteilung aller Kurbeln, und zwar einzelstehend im Kreis, so kommen eine Anzahl Lösungen, außerdem noch der eine oder andere, im voraus gewählte Gabelwinkel, hinzu. Man hat eben größere Freiheit im Vergleich zu der normalen Ausführungsform.

An Hand eines Beispieles läßt sich der Ableitungsvorgang verdeutlichen. Aus dem Viertakt-Achtzylinder-Einreihenmotor sei ein Gabelmotor mit zwei versetzten Zylinderreihen und regelmäßigen Zündungen abzuleiten.

Der Kurbelstern in Abb. 188, S. 74, läßt die dort beschriebenen Drehungen der halben Kurbelzahl nebst Zylinderachsen zu. Die kleinste Längenausdehnung des Motors erzielt man, wenn auf eine Kurbel der einen Reihe eine solche der zweiten Reihe mit tunlich kleinster Staffelung, also ohne Zwischenlager, folgt; zwei Kurbeln und Zylinder derselben Reihe nebeneinander zu setzen, bedeutet, weil dann die Zylinderdurchmesser sich voll auswirken, einen Längenzuwachs. Da man die Kurbeln der zweiten Reihe, die nach der Schwenkung in der Stirnansicht eine feste Richtung haben, wahlweise in verschiedene Ebenen zwischen die Kurbeln der ersten Reihe legen kann, wächst die Zahl der Lösungen nicht unbeträchtlich; man wird danach trachten, daß sowohl die erste als auch die zweite Reihe spiegelbildlich-symmetrische Anordnung ihrer Kurbeln, wegen des guten Ausgleichs der Massenmomente, erhalten und unsymmetrische Anordnungen, wie z. B. Abb. 428, meiden. Als Auslese ergeben sich folgende schematische Linienskizzen, in denen die Kurbeln der beiden Reihen verschiedene Stricharten zeigen (Abb. 429 bis 432). Anordnungen wie in Abb. 433 bis 436 mit unsymmetrischer Welle können, wie unter VI, C nachgewiesen wird, dank der besonderen Größe des Gabelwinkels brauchbar sein. Hervorzuheben ist, daß symmetrische Teilwellen nur für gerade Gesamt- und Teilzahl der Zylinder und Kurbeln möglich sind.

Für Sonderzwecke, z. B. für einen schmalgebauten Flugmotor, könnte man den Gabelwinkel und Kurbelstern wie in Abb. 437 oder 438 wählen, der durch Drehen der ursprünglich waagrechten zwei Kurbelpaare um 60° oder durch Schwenken des 2. Kurbelkreuzes um 45° entsteht.

Unter Ausdehnung des Verfahrens auf andere Zylinderzahlen wird man sich auf folgende, gesetzmäßig ableitbare Lösungen beschränken und so eine Auswahl von vorhinein treffen:

1. auf jene Lösungen, die für den Gabelwinkel der normalen, nicht versetzten Anordnung gelten, mit dem Unterschied, daß jetzt die Welle doppelt so viel Kurbeln wie dort besitzt, und die hinsichtlich der Massenmomente eine Anzahl günstiger Kurbelverteilungen längs der Wellenachse bieten; diese Wellen haben paarweise sich deckende Kurbeln in der Stirnansicht und liefern vielfach für jede Reihe eine symmetrische, momentenfreie Teilwelle, die zu bevorzugen ist;

2. auf jene Lösungen mit einzelstehenden Kurbeln in der Stirnansicht, die gleichmäßig im Kreis verteilt sind; diese Gestalt wird man in manchen Fällen wählen, weil sie besseren Ausgleich der Massenwirkungen als im 1. Falle gewährt, z. B. für 2×3, 2×5 Zylinder.

Die Zusammenfassung der Lösungen für verschiedene Zylinderzahlen findet man in Tafel 22. Darin ist neben der Stirnansicht das perspektivische Schema der Welle angegeben.

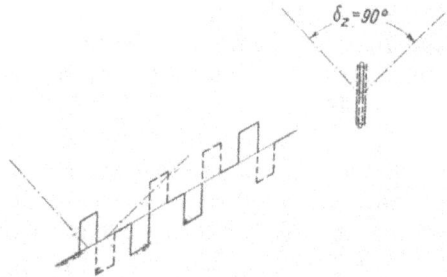

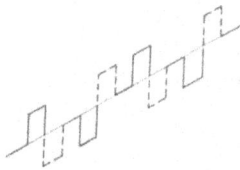

Abb. 428.

Abb. 429, 430.

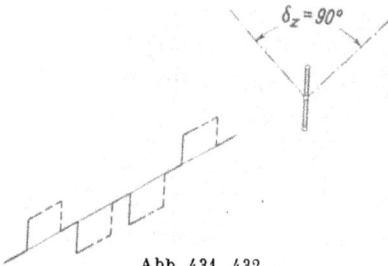

Abb. 431, 432.

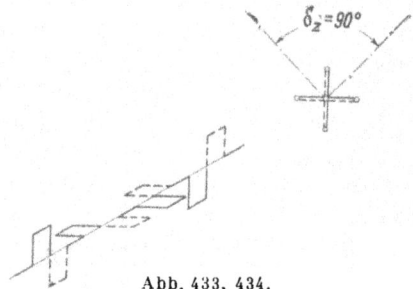

Abb. 433, 434.

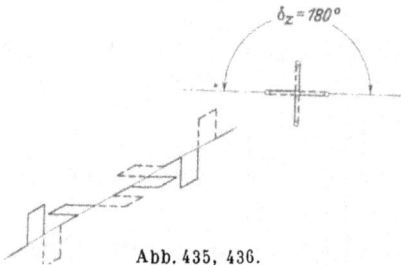

Abb. 435, 436.

Abb. 437.

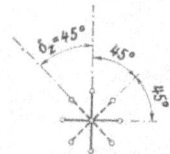

Abb. 438.

Abb. 428 bis 438. Ableitung des versetztreihigen Achtzylinder-V-Motors aus dem Einreihenmotor.

Bei manchen Zylinderzahlen ist eine größere Zahl von Lösungen aufgenommen, um in Zweifelsfällen später den Massenausgleich prüfen zu können. Aussichtslose Anordnungen wurden schon hier ausgeschieden, wie der Zweizylinder mit zueinander senkrechten Kurbeln (Abb.

Zyl.-zahl	Schema	Z Z
2×1 $$\delta_z=180°$$ 2	$$\delta_k=180°$$	
2×2 4	$$\delta_z=180°$$ 1 $$\delta_k$$ $$\delta_k=180°$$ 2 $$\delta_k$$	
	$$\delta_z=120°$$ $$\delta_k=120°$$ 1 $$\delta_k$$ $$\delta_k=120°$$	2

Schema	Zyl.-zahl

$z = 90°$ **1** $\delta_k = 180°$

δ_k

2 δ_k

60°   **3** $\delta_k = \dfrac{30°}{150°}$

$z = 180°$ **4** δ_k $\delta_k = 90°$

1 2 2.

otoren. Viertakt.

metrischer Kurbelstern.

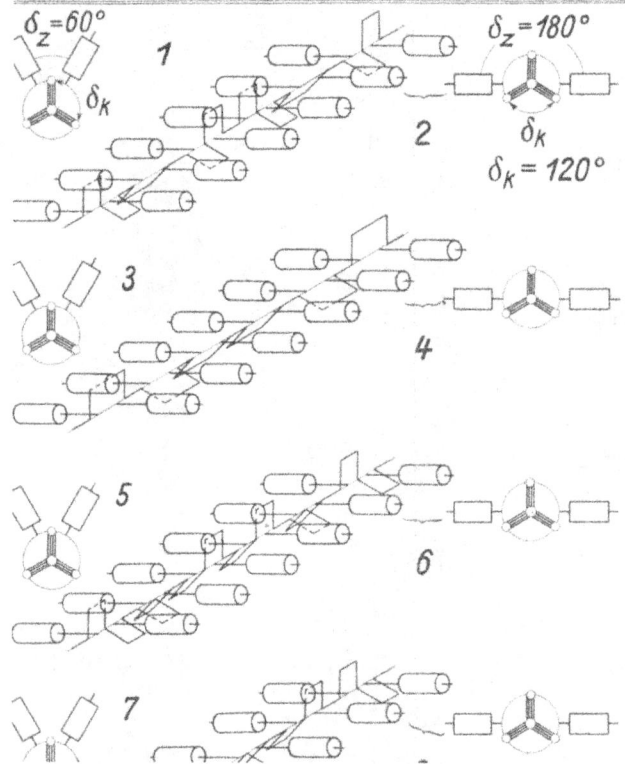

Schema

$\delta_z = 60°$ 1 δ_k

$\delta_z = 180°$

2   δ_k

$\delta_k = 120°$

3

4

5

6

7

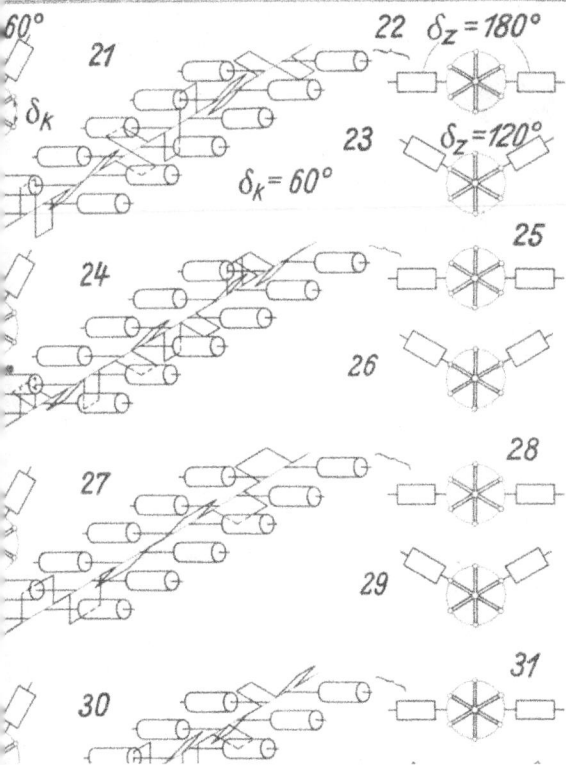

Schema

60°

21

δ_k

22 $\delta_z = 180°$

23 $\delta_z = 120°$

$\delta_k = 60°$

24

25

26

27

28

29

30

31

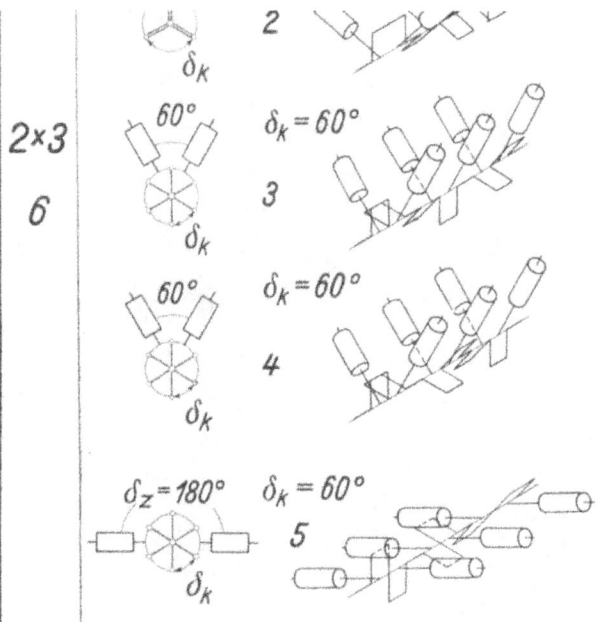

| 2×3 | $60°$ δ_k | $\delta_k = 60°$ | |
| 6 | | 3 | |

| | $60°$ δ_k | $\delta_k = 60°$ | |
| | | 4 | |

| | $\delta_z = 180°$ δ_k | $\delta_k = 60°$ | |
| | | 5 | |

| 2×5 |
| 10 |

Bemerkungen.

Die 3. und 4. Spalte enthalten zwei und drei Größen des Gabelwinkels, die zu einer Welle von ein und derselben Gestalt gehören. Diese Welle ist i winkel $\delta_z = 180°$ eingezeichnet. Der Betrag von Gabelwin

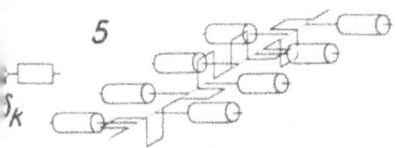

5

δ_k

6

δ_k

7

$2{\times}6$

12

4°

δ_k

$\delta_k = 36°$

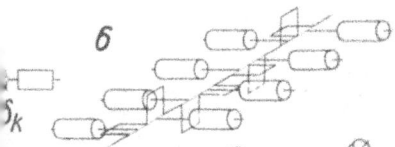

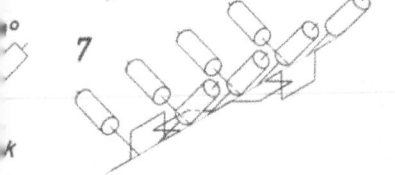

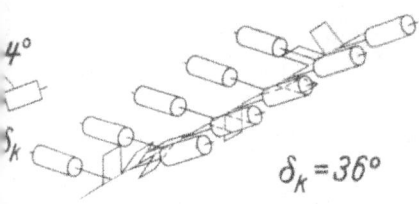

ansicht nur einmal für den Gabel-
Größe ist nur einmal eingetragen.

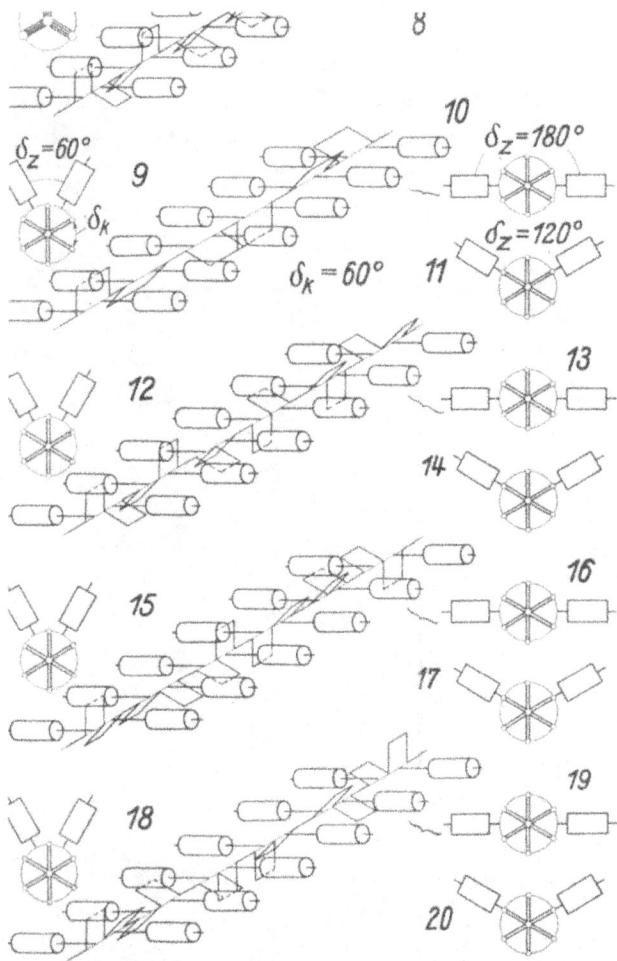

$\delta_z=60°$ 9 δ_k $\delta_k=60°$ 8 10 $\delta_z=180°$ 11 $\delta_z=120°$ 12 13 14 15 16 17 18 19 20

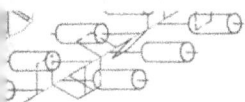
 32

33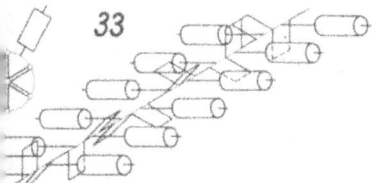
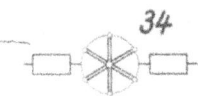 34

35

36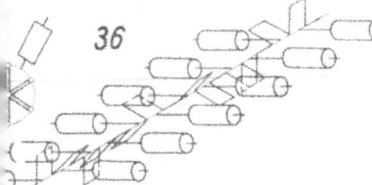
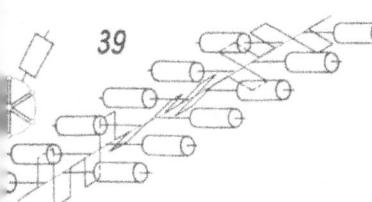 37

38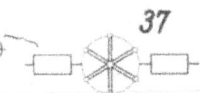

39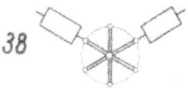
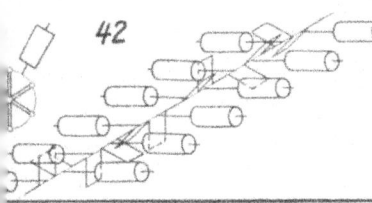 40

41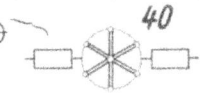

42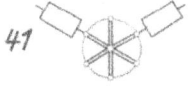
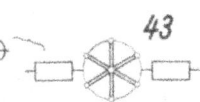 43

44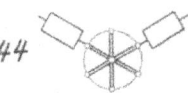

439), der flache Vierzylinder mit lauter gleichgerichteten Kurbeln (Abb. 440); ferner fielen aus Motoren mit Simultanzündungen, z. B. der flache Vierzylinder in Abb. 441, ebenso Lösungen mit ungleichen Zündabständen (Abb. 442, 443), die ja auch nicht bei der vorstehenden Ableitung erscheinen, aber schon vorgeschlagen wurden.

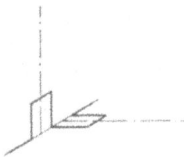

Abb. 439.
Zweizylinder.

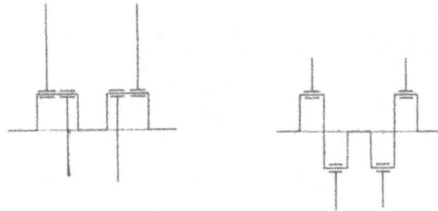

Abb. 440, 441. Vierzylinder.

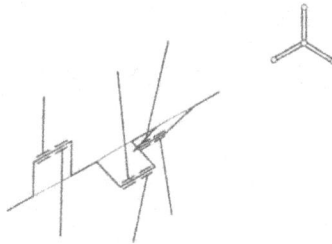

Abb. 442, 443. Sechszylinder.

Abb. 439 bis 443. Ungünstige Wellenformen versetztreihiger Motoren.

2. Zweitakt.

Die Ableitung für gleiche Zündabstände ist grundsätzlich dieselbe wie bei den normalen Gabelmotoren, nur hat man wie bei den Viertaktern größere Freiheit in der Form der auszuführenden Kurbelwelle und im Gabelwinkel.

Das Kurbelbild im Ausgangs-Einreihenmotor hat einfache Strahlen; daher zeigt der Teilstern ebenfalls Einzelkurbeln. Der abgeleitete Stern und die auszuführende Welle hat Kurbelpaare oder einfache Strahlen.

Der Gabelwinkel von 180⁰ mit symmetrischem Kurbelstern ist möglich: 1. mit Kurbelpaaren im abgeleiteten Kurbelstern, wenn im Ausgangsbild der 2. Teilstern einen Strahl nach unten aufweist, was zutrifft, wenn die Gesamtzylinderzahl ein Vielfaches einer ungeraden Zahl ist, also 2×1, 2×3, 2×5 usf.; 2. mit Einzelstrahlen im abgeleiteten Stern, wenn im Ausgangsbild der 2. Teilstern keine lotrechte Kurbel besitzt, also bei 2×2, 2×4, 2×6 usf., demnach in den Fällen, die für 1. ausscheiden.

7*

Tafel 23 bringt die wichtigsten Lösungen nach Zylinderzahlen geordnet. Inwieweit die Wellen in bezug auf den Massenausgleich verwendbar sind, wird später (S. 187ff.) entschieden. Einzelne ungünstige Kurbelanordnungen sind ausgelassen, so z. B. beim Vierzylinder die Welle mit Kurbelkreuz.

Tafel 23.

Versetztreihige Motoren. Zweitakt.

Zweifache Reihe. Symmetrischer Kurbelstern.

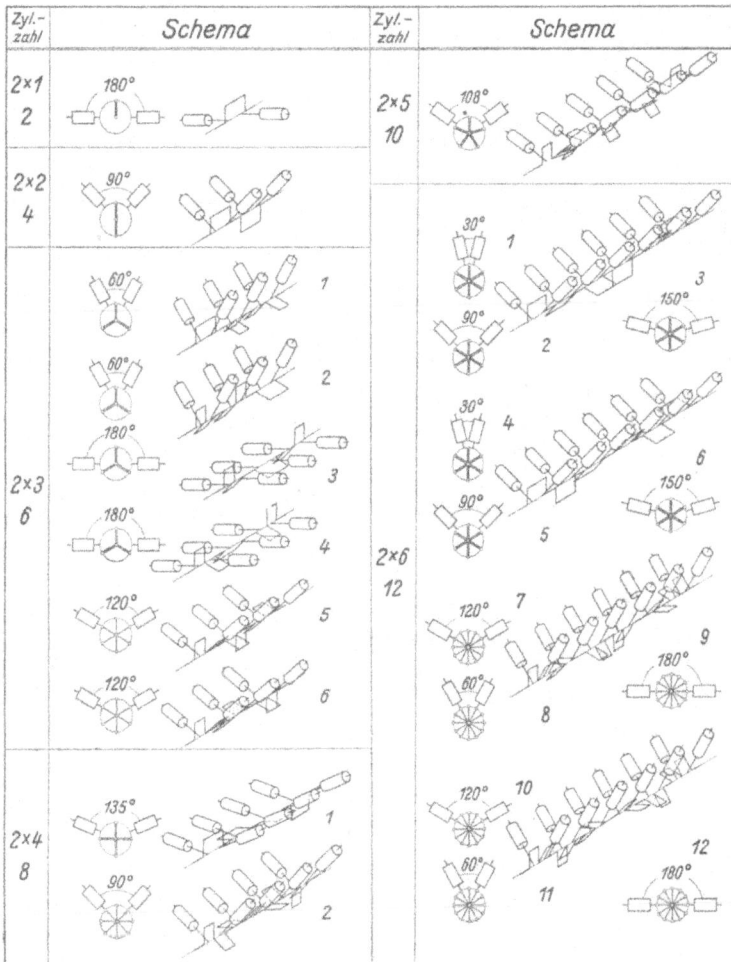

Zyl.-zahl	Schema	Zyl.-zahl	Schema
2×1 2	180°	2×5 10	108°
2×2 4	90°		30° 1
2×3 6	60° 1	2×6 12	90° 2 · 150° 3 · 30° 4 · 90° 5 · 150° 6 · 120° 7 · 60° 8 · 180° 9 · 120° 10 · 60° 11 · 180° 12
	60° 2		
	180° 3		
	180° 4		
	120° 5		
	120° 6		
2×4 8	135° 1		
	90° 2		

c) Gegenreihige Motoren

oder kurz Gegenmotoren sind Bauarten mit im einfachsten Fall 2 Zylinderreihen, deren Schubrichtungen beiderseits der Welle einander gegenüber liegen und damit in eine Längsebene fallen; sie können lotrechte, stehende und hängende oder waagrechte, liegende Zylinder besitzen, daher im letzten Fall die Bezeichnung »Flachmotor«. Sie lassen sich zwanglos als Sonderfälle der V-Motoren mit Gabelwinkel $\delta_z = 180^0$ ansehen, sofern sie regelmäßige Zündfolge besitzen und je 2 Zylinderachsen in einer Ebene senkrecht zur Wellenachse liegen. Die Hauptfälle für die verschiedenen Zylinderzahlen 2×2 bis 2×8 finden sich in den Tafeln 16 und 17; darunter verdienen die »ebenen« Kurbelwellen, will heißen mit allen Kröpfungen in einer Ebene, besondere Erwähnung. Eine eigene Zusammenstellung der Gegenmotoren ist demnach nicht nötig.

Werden die beiden Reihen gegeneinander verschoben, so entsteht der versetztreihige Gegenmotor; er ist ein Sonderfall des versetztreihigen Gabelmotors und findet sich bereits in den Tafeln 22 und 23 vor. Anordnungen mit ungleichmäßiger Zündfolge nach Abschnitt IV sind denkbar.

Wird zum ersten Gegenreihenpaar ein zweites gefügt, so erscheint, wie schon in den »Vorbetrachtungen« gesagt wurde, ein H-Motor; doch ist es natürlicher, daß man ihn zu den doppeltreihigen oder Zweiwellenmotoren zählt.

d) Doppeltreihige oder Zweiwellenmotoren.

Sie bilden den einfachsten Fall der Mehrwellen-Bauarten und entstehen durch Aufstellung zweier paralleler oder geneigter Zylinderreihen mit selbständigen Kurbelwellen im gemeinsamen Gehäuse. Die gesamte Kraft wird von einer Arbeitswelle über Zahnräder aufgenommen, Abb. 3 und 444 für Gleichläufigkeit der Kurbelwellen, Abb. 5 für Gegenläufigkeit.

Die Lotrechte durch das Arbeitswellenmittel bildet in der Stirnansicht des Motors die Symmetrieachse; in bezug auf sie unterscheidet man eine rechte und eine linke Kurbelwelle. Es fragt sich, wie die beiden Wellen gegenseitig zu versetzen sind, um zunächst gleiche Zündabstände und gute Gleichförmigkeit zu erreichen. Es sei einfachwirkender Viertakt vorausgesetzt.

Stellt man 2 geradzahlige Wellen derart ein, daß 2 Kurbeln der rechten und der linken Reihe zueinander parallel stehen und dank der Bindung durch die Zahnräder auch stets bleiben, so erfolgen die Zündungen in einem Zylinder der rechten und in einem der linken Reihe gleichzeitig; denn von den 2 Kurbeln geht jede in demselben Augenblick durch die zugehörige Totlagenlinie. Dabei ist zweierlei möglich: α) es zünden die beiden Zylinder zugleich, die in einer Ebene senkrecht zur Kurbelwellenachse liegen, in Abb. 444 1_1 und 1_2, β) oder Zylinder 1_1 und derjenige Zylinder, dessen Kurbel sich mit 1_2 deckt, aber in einer andern Ebene liegt, z. B. 4_2. In beiden Fällen entspricht der Gleichförmigkeitsgrad dem einer einfachen Reihe mit großen Zylindern.

Günstiger erscheint es, die Triebkräfte aller Zylinder gleichmäßig am Abtriebszahnrad zu verteilen. Hierzu überlegt man so, als ob alle Kurbeln zu einer einzigen Welle gehörten; dann gilt für den Winkel der Zündzeitfolge:

$$\delta' = \frac{4\,\pi}{2\,k}, \tag{43}$$

wenn k die Kurbelzahl der einfachen Reihe bedeutet. Der Kurbelstern, der sich durch wiederholtes Auftragen dieses Winkels ergibt und für alle Zylinderzahlen aus Tafel 7 bekannt ist, wird nachträglich zerlegt und umbenummert. Zu gleichem Ergebnis führt die Feststellung: Die Kurbelwelle der 2. Reihe ist gegen jene der 1. Reihe um den halben Winkel δ der einfachen Reihe, und zwar bei Gleichläufigkeit gegen den Wellendrehsinn zu verstellen. Steht in dem bestimmten Beispiel von Abb. 444 die Kurbel 1_1 lotrecht, so ist die Kurbel 1_2 waagrecht einzustellen, wie die Strichelung andeutet. Bei Zweitaktmotoren ist ähnlich vorzugehen unter Zuhilfenahme der Tafel 8.

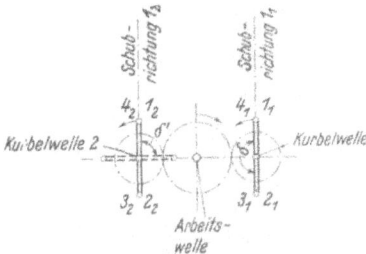

Abb. 444. Zur Wahl der gegenseitigen Stellung der Wellen von doppeltreihigen Motoren.

2. Sternmotoren.

Hierunter sind die Zylindersternmotoren zu verstehen, im Gegensatz zu den Kurbelsternmotoren; s. die Übersicht in Tafel 24.

a) Viertakt.

Beim Einsternmotor gehört sämtlichen Kolben und Pleuelstangen eine einzige Kurbel an. Der Winkel δ der Zündzeitfolge ist der gleiche wie bei Reihenmotoren und durch Gl. (27) gegeben; der Winkel δ_z zwischen zwei benachbarten Zylindern, d. i. der Zylinderachswinkel (Abb. 445), ist für ungerade Zylinderzahl die Hälfte von δ. Verlangt man, daß jeder Zylinder einzeln stehe und nicht von einem andern verdeckt werde, was für Luftkühlung von Wichtigkeit ist, so muß, damit alle Zylinderachsen in einer Ebene liegen, die Zylinderzahl z ungerade sein; denn gerade Zylinderzahl ergibt sich deckende Läufe (Abb. 446), die zur Hälfte eine vordere, zur Hälfte eine hintere Ebene gemeinsam haben. Dies macht besondere Maßnahmen der Kühlluftzuführung zum hinteren Stern erforderlich, wie sie z. B. der Curtiss-Chieftain-Flugmotor zeigte. Die Welle eines solchen Doppelsterns hat zweifache Kröpfung (Abb. 447); es können zuerst die Zylinder der einen Reihe fortlaufend, sodann jene der zweiten Reihe zünden. Die Regel der »Teilschwenkung« (s. S. 58) befolgend, läßt sich der zweite Stern mit der zugehörigen Kurbel um

Tafel 24.

Stern- und Fächermotoren. Viertakt.

Zyl.-zahl	Einstern 1 Kurbel	Fächer 2 Kurbeln	Zyl.-zahl	Zweistern 2 Kurbeln	
3			2×3 6		
5			2×5 10		
7			2×7 14		
9			2×9 18		

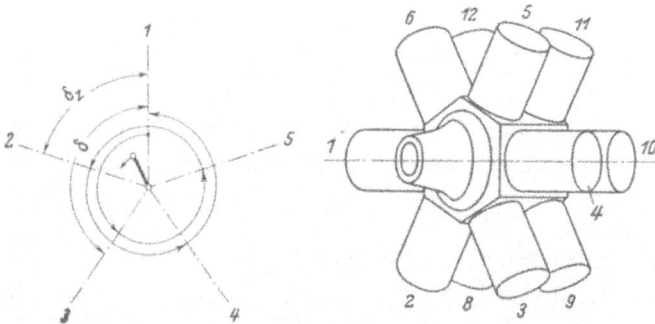

Abb. 445, 446. Ungerade und gerade Zylinderzahl bei Viertakt-Sternmotoren.

Abb. 447. Welle des geradzahligen Sternmotors.

einen beliebigen Winkel schwenken, am besten, bis die Zylinder in die Mitte der Lücken der vorderen gelangen. Im Gegensatz zu den ungeradzahligen Sternen vermag ein geradzahliger Einzelstern nicht selbständig zu bestehen. Die andere Lösung mit je zwei übereinander liegenden, einfachwirkenden Zylindern, also in Tandemanordnung, bringt die auf S. 57 erwähnten Schwierigkeiten mit sich.

Die übliche konstruktive Lösung der Unterbringung vieler Pleuelstangen in einer Ebene besteht in der Anordnung einer Hauptstange,
an der $(z-1)$ Nebenstangen angelenkt sind. Über das Bewegungsgesetz
der Nebenkolben gibt die Arbeit von
Bernharth [51] Auskunft. Es hat nicht
an Versuchen gefehlt, die Gleichwertigkeit der Stangen und Kolben zu erreichen, wie z. B. im Motor Le Rhône,
durch Canton-Unné, durch Ricardo
[33]; doch bringen diese Formen andere
Schwierigkeiten mit sich.

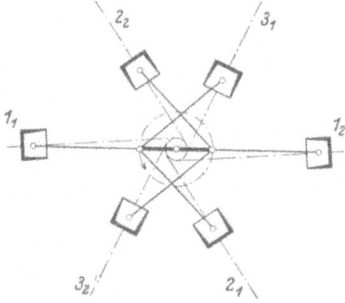

Das geschränkte Kurbelgetriebe ist
bei Sternmotoren anwendbar; so hat An-
zani schon um das Jahr 1910 davon an
Doppelsternen Gebrauch gemacht, s.
Abb. 448 mit $2 \times 3 = 6$ Zylindern; es
liegt hier trotz der geraden Gesamtzahl kein echter geradzahliger Viertaktmotor vor.

Abb. 448. Anzani-Motor
mit geschränktem Kurbelgetriebe.

Doppelsternmotoren. Sie bilden einen Satz aus zwei an sich
selbständigen, ungeradzahligen Sternen; man wird den zweiten Stern
um die halbe Zylinderkreisteilung drehen mit Rücksicht auf die Kühlung
durch Luft und auf einfache Betätigung der Ventile durch die vorne
liegenden Nockenscheiben über Stoßstangen und Kipphebel.

Die Vermehrung der Sternzahl führt zu den Mehrsternmotoren,
die im Sonderfall zugleich Mehrreihenmotoren in Sternform sind (s.
S. 19 und anschließend unter 3).

Umlaufmotoren erheischen eine durchaus gleichmäßige Verteilung der rotierenden Zylindermassen, auch bei Doppelsternen, zum Ausgleich der Fliehkräfte dieser Teile.

b) Zweitakt.

Es sind sowohl gerade als ungerade Zahlen statthaft; sie führen
auf einen Stern mit einzelstehenden Zylindern. Der Winkel der Zündzeitfolge ist durch Gl. (28) auf S. 52 gegeben.

3. Übergang vom Gabelmotor zum Sternmotor.

Drei-, vier- und mehrreihige Gabelmotoren können in Sonderfällen
Mehrstern-Motoren sein, wobei sich die Zylinder jeder Reihe in der
Stirnansicht decken. So ist der Motor in Abb. 446 ein sechsreihiger mit
6×2 Zylindern. Solche Reihen-Sternmotoren sind bei der Ableitung der
Gabelwinkel des öfteren aufgetreten; so enthält für Viertakt Tafel 16
in der Spalte der W-Bauarten: 3 Reihen zu 2 Zylindern = 2 Sterne zu
3 Zylindern, 3 Reihen zu 4 Zylindern Nr. 2 = 4 Sterne zu 3 Zylindern,

3 Reihen zu 5 Zylindern Nr. 5 = 5 Sterne zu 3 Zylindern; in der Spalte der X-Bauarten: 4 Reihen zu 2 Zylindern Nr. 1 und 2 = 2 Sterne zu 4 Zylindern, 4 Reihen zu 6 Zylindern Nr. 5 und 16 = 6 Sterne zu 4 Zylindern. Ähnliches gilt für Zweitakt in Tafel 17.

Diese Formen bestehen neben der z-strahligen Verteilung der Zylinder in einem Aggregat versetzter Sterne, in dem jede Achse eine andere Richtung hat, was an sich erwünscht ist. Ein solches Gebilde hat mit einem Mehrreihenmotor nichts mehr gemein.

IV. Unregelmäßige Zündabstände.

Es liegt keine Veranlassung vor, den Einreihenmotor mit ungleichen Zündabständen der Zylinder auszustatten, wohl aber pflegt man in Sonderfällen die Gabelanordnung zu diesem Zweck etwas abzuändern.

A. Normale V-Motoren.

Während im Abschnitt III der Kurbelstern und der zugehörige Zylinderachswinkel für regelmäßige Zündungen ermittelt wurde, sind nunmehr gewisse Abweichungen hiervon zu erwähnen, die in den letzten Jahren häufiger auftreten. Es wird der Achswinkel meist kleiner als der normal ausgeführte unter Belassung der gewöhnlichen Welle, vereinzelt unter Abänderung der Welle. Eine allgemeine Regel läßt sich nicht erkennen, sondern man begegnet verschiedenerlei Begründungen für diese Umgestaltung. So läßt die starke Verkleinerung des Winkels δ_z eine Verringerung der Motorbreite und eine gemeinsame, oben in der Gabel liegende Nockenwelle für die Ventile beider Reihen zu. In einer Anzahl von Fällen wird die Verminderung der Drehschwingungen der Kurbelwelle als Ziel angegeben. Über den Wert dieser Maßnahme zur Vermeidung gefährlicher Resonanz ist im Abschnitt VII einiges gesagt. Beispiele: American-La France-Einblock-Motor 2×6 Zylinder mit $\delta_z = 30^0$ statt 60^0 [34]; Auburn 2×6 Zylinder mit $\delta_z = 45^0$ [35]; Packard 2×6 Zylinder mit $\delta_z = 67^0$ [36]; Lincoln 2×4 Zylinder mit $\delta_z = 60^0$ statt 90^0 [37], 2×6 Zylinder mit $\delta_z = 65^0$ statt 60^0 [38].

B. Versetztreihige Motoren.

Schon der oben angeführte Auburn-Motor könnte als Grenzfall hierher gezählt werden, da die beiden Blöcke um ein geringes verschoben sind (vgl. S. 70).

Ein besonders schmaler Blockmotor mit 2×4 Zylindern kommt durch Versetzung der Zylinder zustande, und zwar derart, daß die eine Reihe etwas weitere Abstände der Zylinder, die andere Reihe gedrängtere

Läufe erhält, die in die Zwischenräume der ersteren sich einfügen (Abb. 449). Einen solchen Motor hat Heldt [39] nach der Anregung von Moorhouse mit $\delta_z = 20^0$ vorgeschlagen. Dieser Winkel gibt im Verein mit einer eigentümlich geformten Welle (Abb. 450, 451) die im Abschnitt VI, C, S. 178, näher betrachtet wird, die Zündabstände: 70^0, 90^0, 110^0, 90^0, 70^0, 90^0, 110^0, 90^0. Die Kurbeln 1_1, 2_1, 3_1, 4_1, der einen Reihe sind voll ausgezogen, die Kurbeln 1_2, 2_2, 3_2, 4_2 der andern Reihe gestrichelt.

Über die Herleitung der Momente versetzreihiger Motoren gibt Unterabschnitt VI, C, 2, c) Auskunft.

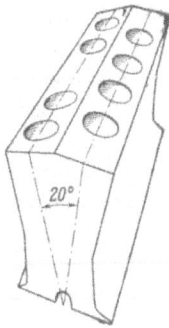 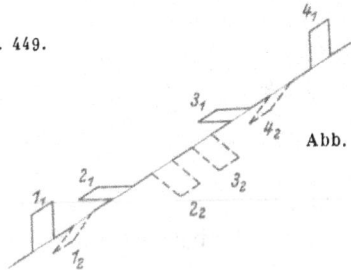

Abb. 449.

Abb. 450, 451.

Abb. 449 bis 451. Schmaler versetztreihiger Block-V-Motor nebst Welle.

V. Zahl der möglichen Zündfolgen.

Gegenstand der Ermittlung ist die Zahl der Zündfolgen für eine gegebene Wellengestalt; diese Arbeit geht bei der Planung des Motors der Festlegung einer bestimmten Zündfolge voraus, wenn die verschiedenen Zündfolgen nicht schon bekannt sind, und ist bedeutend umfangreicher als etwa die nachträgliche Angabe der Zündfolge an einem ausgeführten Motor.

Wie bisher sollen im wesentlichen Motoren mit Einzelzündungen der Betrachtung unterworfen werden.

A. Einreihenmotoren.

1. Symmetrische Welle mit Kurbelpaaren für Viertaktmotoren. Jeder Kurbelstern mit $\frac{k}{2}$ Kurbelpaaren und mit bestimmter Bezifferung ergibt als Folge der Ziffernpaarung

$$f = 2^{\frac{k}{2}-1} = 2^{\frac{z}{2}-1} \tag{44}$$

Zündfolgen; im einzelnen für z Zylinder:

Tafel 25.

z	2	4	6	8	10
f	$2^0 = 1$	$2^1 = 2$	$2^2 = 4$	$2^3 = 8$	$2^4 = 16$

Beispiel: Achtzylindermotor mit Kurbelstern von Abb. 452. Es ist hier eine beliebige symmetrische Bezifferung angenommen, die also 8 Zündfolgen bietet. Durch Vertauschung der Ziffernpaare untereinander bekäme man neue Zündfolgen. Welche Bezifferung besonders zu empfehlen ist, wird später entschieden.

2. Die teilsymmetrische Welle für Viertakt und Zweitakt bietet nur eine Zündfolge, da jede Kurbel einzeln steht und damit nur eine Ziffer aufweist. Zur Änderung der Zündfolge, etwa beim Entwurf des Motors, ist die Bewegungsebene der einzelnen Kurbeln und damit die Bezifferung im Stern zu tauschen.

Ziffernmäßige Angabe der Zündfolge. Die Ziffern an den einzelnen Kurbeln des Sterns lassen sich vorerst allein nach den Richtlinien im Abschnitt II, D eintragen. Ist dies geschehen, so werden die im Winkelabstand δ als dem Winkel der regelmäßigen Zündzeitfolge stehenden Ziffern mit 1 beginnend abgelesen oder angeschrieben.

a) Einfachwirkende Bauarten. Beispiele: Mit dem Drehsinn e. d. U. und mit der Welle aus Abb. 57, 58 hat der Fünfzylinder-Viertakter die Zündfolge: *1 2 3 4 5*.

Die Achtzylinder-Welle aus Abb. 452 gibt als eine der 8 Zündfolgen: *1 7 3 5 8 2 6 4*; vgl. hierzu S. 186. Abb. 453 zeigt eine zeichnerische Darstellung dieser Zündfolge und Abb. 454 der Zündfolge: *1 3 5 6 4 2* des Sechszylinders. Gehört die Welle in Abb. 57, 58 einem Zweitakter an, so gilt: *1 4 2 5 3*.

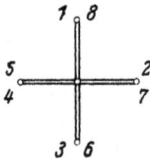

Abb. 452. Kurbelstern des einfachwirkenden Achtzylindermotors zum Ablesen der Zündfolgen.

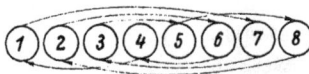

Abb. 453, 454. Zeichnerische Darstellung einer Zündfolge des Acht- und Sechszylinders.

b) Doppeltwirkende Bauarten. Es bieten sich zweierlei Arten der Ablesung der Ziffern im Kurbelstern, die paarweise stehen und den Zeiger »o« oder »u« tragen, weil jede Kurbel mit der oberen und unteren Kolbenseite zusammen arbeitet. Die Totlagenlinie für die beiden Kolbenseiten und für die Kurbel ist $\overline{T_o O T_u}$, die Bezugslinie für die zugehörigen Kurbelstellungen einmal $\overline{O T_o}$, sodann $\overline{O T_u}$.

1. Verfahren. Mit 1_o anfangend, liest man in Abb. 455 entgegen dem Drehsinn der Welle die Ziffern im Kurbelstern mit Zeiger $_o$, sodann fügt man zwischen je zwei dieser Ziffern eine Ziffer mit Zeiger $_u$ ein. Die Reihenfolge der Ziffern für die untere Kolbenseite erhält man anfangend mit der Kurbel, die $\overline{OT_u}$ am nächsten steht, und weiter gegen den Drehsinn ablesend. Ungleiche Kurbelversetzung bringt Abweichungen mit sich.

Beispiel. Fünfzylinder-Zweitaktmotor mit der Kurbelversetzung aus Tafel 14, S. 66, und Kurbelbezifferung aus Abb. 455; Zündabstand 36⁰. Für die Kolben-Oberseiten ist die Folge: 1_o 4_o 3_o 2_o 5_o, für die Unterseiten: 2_u 5_u 1_u 4_u 3_u; somit lautet die eindeutige Zündfolge: 1_o 2_u 4_o 5_u 3_o 1_u 2_o 4_u 5_o 3_u.

Sechszylinder-Zweitaktmotor. Kurbelstern aus Tafel 14, Bezifferung nach Abb. 456, Drehsinn m. d. U., Zündabstand 30⁰. Es ist eine einzige Zündfolge möglich:

$$1_o\ 4_u\ 2_u\ 5_o\ 3_o\ 6_u\ 1_u\ 4_o\ 2_o\ 5_u\ 3_u\ 6_o,$$

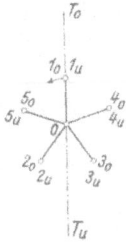

Abb. 455. Hilfsbild zum Ablesen der Zündfolge des doppeltwirkenden Fünfzylinder-Zweitakters.

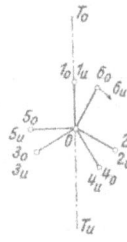

Abb. 456. Hilfsbild zum Ablesen der Zündfolge des doppeltwirkenden Sechszylinder-Zweitakters.

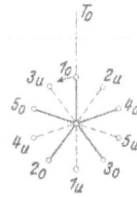

Abb. 459. Hilfsbild zum Ablesen der Zündfolgen des Fünfzylinder-Viertakters.

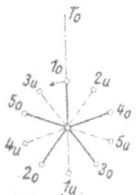

Abb. 457, 458. Andere Art des Hilfsbildes zum Ablesen der Zündfolgen des Fünf- und Sechszylinders.

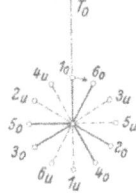

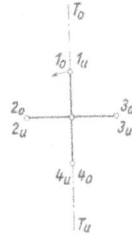

Abb. 460, 461. Kurbelstern und Hilfsbild zum Ablesen der Zündfolge des Vierzylinder-Viertakters.

wie sich leicht aus dem Kurbelstern für die Durchgänge der Kurbeln durch $\overline{OT_o}$ und $\overline{OT_u}$ entnehmen läßt. Die Regelmäßigkeit des Wechsels zwischen oberer und unterer Kolbenseite fehlt hier.

2. Verfahren. Da im Abschnitt III, B die doppeltwirkende Bauart aus der einfachwirkenden abgeleitet wurde, liegt es nahe, den umgekehrten Weg einzuschlagen, also aus dem gegebenen Motor einen ein-

fachwirkenden Reihenmotor abzuleiten und zu beziffern, wodurch das Angeben der Zündfolgen sehr erleichtert wird, da man nur gegen den Wellendrehsinn zu fahren und die im Winkelabstand δ stehenden Zahlen abzulesen braucht. Man geht folgendermaßen vor: Man teilt den Kolben in eine obere und eine untere Hälfte und dreht, unter Festhaltung der Kurbeln mit den oberen Kolbenhälften, die unteren Kolben mit den zugehörigen Kurbeln um 180^0 entgegen dem Wellendrehsinn. An diesem Kurbelstern liest man, mit 1_o anfangend, alle Ziffern fortlaufend ab.

Während die Zweitaktmotoren eine einzige Zündfolge bieten, lassen die Viertaktmotoren eine Reihe von Folgen zu.

Das oben behandelte Beispiel des Fünfzylinder-Zweitakters führt auf den abgeleiteten Kurbelstern Abb. 457, der die oben angeschriebene Zündfolge ablesen läßt, und der Sechszylinder-Zweitakter auf die Abb. 458, welche die vorstehende Zündfolge bestätigt.

Als weitere Beispiele mögen nun zwei Viertakter dienen.

Der Fünfzylinder-Viertaktmotor liefert aus dem abgeleiteten Stern in Abb. 459 eine unregelmäßige Zündfolge, was übrigens schon in Tafel 12, S. 63, gesagt ist. Da die Unregelmäßigkeit im Winkelabstand zwischen zwei beliebigen Kurbeln und Zylindern gelegt werden kann, gibt es eine Anzahl von Zündfolgen, z. B.:

$$1_o \quad 4_o \quad 3_o \quad 2_o \quad 5_o \quad 2_u \quad 5_u \quad 1_u \quad 4_u \quad 3_u \quad 1_o$$
$$\quad 72^0 \quad 72^0 \quad 72^0 \quad 72^0 \quad 108^0 \quad 72^0 \quad 72^0 \quad 72^0 \quad 72^0 \quad 36^0$$

$$1_o \quad 2_u \quad 5_u \quad 1_u \quad 4_u \quad 3_u \quad 4_o \quad 3_o \quad 2_o \quad 5_o \quad 1_o$$
$$\quad 36^0 \quad 72^0 \quad 72^0 \quad 72^0 \quad 72^0 \quad 108^0 \quad 72^0 \quad 72^0 \quad 72^0 \quad 72^0$$

Die Winkelabstände sind zwischen den Kurbelziffern angegeben.

Der Vierzylinder-Viertakter mit dem Kurbelstern Abb. 460 führt auf einen abgeleiteten Kurbelstern Abb. 461, der besagt, daß man im ganzen 8 Zündfolgen mit Hilfe von Gl. (44) anschreiben kann; eine davon lautet:

$$1_o \quad 3_o \quad 1_u \quad 2_o \quad 4_u \quad 2_u \quad 4_o \quad 3_u.$$

B. Mehrreihenmotoren (einwellig).

Die große Anzahl der Zylinder bei mehrreihigen Motoren mit zueinander geneigten Zylinderachsen in V-, W- und X-Form und die bestimmte Gestalt der Kurbelwelle, auf deren Zapfen je zwei, drei und mehr Schubstangen arbeiten, ergibt eine größere Reihe von Zündungen, die gleiche zeitliche Abstände aufweisen, sofern auf die Regelmäßigkeit der Auslösung der Gaskräfte und der Takte im Arbeitsspiel bei der Festlegung des Gabelwinkels und des Kurbelsterns geachtet wurde. Vor der entscheidenden Wahl einer Zündfolge, die grundlegend ist für die Kabelverbindungen an Maschinen mit Fremdzündung oder für das Versetzen der Einspritzungen an Maschinen mit Eigenzündung, muß man sich Rechenschaft über die Eigenheiten der möglichen Zündfolgen geben. Voraussetzung hiefür ist das Bekanntsein dieser Reihenfolgen.

Das Ablesen der nacheinander arbeitenden Kurbeln und Zylinder ist oft nicht sonderlich einfach, zumal, wenn die Zylinderreihen sich erhöhen; denn es ist gleichzeitig Gabel- und Kurbelwinkel zu beachten. Man kann zwar durch gedankliches Verfolgen der Kurbelstellungen bezüglich der Zylinderachsen zu einem Ergebnis gelangen; doch ist das Verfahren zeitraubend und das Unterlaufen von Irrtümern liegt nahe; es mag eine Unsicherheit in der Auswahl wegen der Vielheit der Möglichkeiten Platz greifen, wobei die eine oder andere Folge übersehen oder eine unzweckmäßige genommen wird. Liest man z. B. stets mit Kurbel 1_1 der Reihe *1* anfangend, wie bei Einreihenmotoren, die im Winkelabstand δ_k voneinander abstehenden Kurbelziffern, wovon die eine der ersten, die andern der zweiten Reihe angehören, so liefert dieses mechanische Verfahren richtige Folgen nur bei Vorhandensein von Kurbelpaaren; es versagt aber bei anders gestalteten Wellen, z. B. mit einfachen Kurbelstrahlen.

Es läßt sich nun ein Verfahren ableiten, das in einfacher und sicherer Weise alle sich bietenden Zündfolgen zu erfassen und ihre Gesamtzahl im voraus anzugeben erlaubt, wie Verfasser [40] dargetan hat.

Gegeben ist die Gestalt der Welle mit regelmäßiger Verteilung der Kurbeln im Kreis gemäß der Voraussetzung tunlichst gleichförmigen Drehmoments, außerdem bei gerader Anzahl der Kurbeln eine axialsymmetrische Anordnung; bekannt ist ferner die Bezifferung der Zylinder und Kurbeln gemäß der Festsetzung unter II, D, S. 47. Gesucht ist die Gesamtzahl der Zündfolgen.

Da früher der Zylinderachswinkel (s. III, B, b)) aus der Einreihenanordnung hergeleitet wurde, ist es folgerichtig, den umgekehrten Weg einzuschlagen, also den gegebenen Gabelmotor in eine einzige Reihe zu verwandeln und zu beziffern, wodurch das Ablesen aller vorkommenden Zündfolgen sehr erleichtert wird. Es gilt dabei die Regel: »Man dreht bei festgehaltener Reihe *1* die übrigen Reihen entgegen dem Wellendrehsinn bis zum Zusammenfallen mit Reihe *1*, wobei die zugehörigen Kurbeln mit ihren unveränderten Ziffern die Schwenkung mit vollführen.« Bei gewisser Verschiebung längs der Welle gelangen die einzelnen Zylinderachsen in verschiedene Ebenen; es wird jede vorhandene Kurbel des Gabelmotors in so viel einzelne Kurbeln zerlegt als Reihen vorhanden sind.

Der entstehende Kurbelstern zeigt alle Zündfolgen, die gleichzeitig für diesen Ersatzmotor und für den ursprünglichen Gabelmotor gelten, an. Die Gleichmäßigkeit der Zündabstände bleibt gewahrt, war sie vorher dank dem richtigen Gabelwinkel und Kurbelstern vorhanden; ebenso bleibt eine beabsichtigte Ungleichmäßigkeit der Zündabstände des Gabelmotors beim abgeleiteten Einreihenmotor bestehen. Aus diesen Zündfolgen wird man beim Entwurf des Motors eine geeignete herausgreifen, und zwar unter Berücksichtigung verschiedener noch zu erörternder Forderungen. Für einen ausgeführten Motor gibt es selbstredend nur eine Zündfolge, nach der sich die Saugfolge der Zylinder richtet und welche die Gestalt der Nockenwelle oder des Rohrdrehschiebers mit bestimmt.

1. Normale Gabelmotoren.

a) Viertakt.

α) *Zweireihige Motoren (V-Motoren).*

An Hand eines Beispiels sei die Art des Vorgehens ausführlich erläutert. Es liege ein $2 \times 4 =$ Achtzylinder-Motor mit einem Zylinderachswinkel $\delta_z = 90^0$ und eine vollsymmetrische Welle vor (Abb. 462). In Reihe *1* stehen die Zylinder 1_1, 2_1, 3_1, 4_1, in Reihe *2* die Zylinder 1_2, 2_2, 3_2, 4_2. Reihe *2* wird um 90^0 m. d. U. bis zur Deckung mit Reihe *1* geschwenkt, wobei die Kurbeln 1_2, 4_2 und 2_2, 3_2 sich um 90^0 drehen und mit den stehengebliebenen Kurbeln 1_1, 4_1 und 2_1, 3_1 ein Kurbelkreuz mit Kurbeldeckpaaren bilden (Abb. 463). Die Zylinderachsen der abgeleiteten Zylinderreihe, die sich in der Stirnansicht decken, werden am besten lotrecht gezeichnet. Dieses Kreuz oder dieser Stern mit seiner Bezifferung erlaubt das Anschreiben oder das Ablesen aller Zündfolgen in schematischer Weise. Man liest entgegen dem Kurbeldrehsinn ab, im Kreis herum, was im Ableitungsbild gestrichelt angedeutet ist, zuerst eine von den Ziffern jeden Kurbelpaares, sodann auf dem zweiten Kreisweg die noch übrigen Ziffern. Da man mit Zylinder 1_1 der Reihe *1* anzufangen pflegt, kommt 4_1 beim zweiten Umfahren des Sterns daran. Von den Zahlen 1_2 und 4_2 des waagrechten, 2_1 und 3_1 des unteren lotrechten Paares und 2_2 und 3_2 des waagrechten Paares links kann je eine von den beiden gewählt werden; es bietet sich also je eine Zündfolge mit 1_2 oder 4_2 an zweiter Stelle, mit 2_1 oder 3_1 an dritter Stelle, mit 2_2 oder 3_2 an vierter Stelle dar. Im ganzen gibt es $2 \cdot 2 \cdot 2 = 2^3 = 8$ Zündfolgen oder mit $k = 4$ als Kurbelzahl der zweireihigen Anordnung, d. h. der Hälfte der einreihigen mit gleicher Gesamtzylinderzahl $z = 8$, allgemein:

$$f = 2^{k-1} = 2^{\frac{z}{2}-1}, \tag{45}$$

gleich viel wie der Einreihenmotor von gleicher Zylinderzahl. Im einzelnen lauten die Zündfolgen für Drehsinn e. d. U.:

1.	1_1	1_2	2_1	2_2	4_1	4_2	3_1	3_2
2.	1_1	1_2	3_1	2_2	4_1	4_2	2_1	3_2
3.	1_1	1_2	3_1	3_2	4_1	4_2	2_1	2_2
4.	1_1	1_2	2_1	3_2	4_1	4_2	3_1	2_2
5.	1_1	4_2	2_1	2_2	4_1	1_2	3_1	3_2
6.	1_1	4_2	3_1	2_2	4_1	1_2	2_1	3_2
7.	1_1	4_2	3_1	3_2	4_1	1_2	2_1	2_2
8.	1_1	4_2	2_1	3_2	4_1	1_2	3_1	2_2.

Die 6. und 8. Folge sind häufig zu finden.

Eine andere Art des Anschreibens, wenn die Zylinder fortlaufend benummert und die Reihen nicht durch den Zeiger unterschieden sind, besteht im Ansetzen der Zylinderziffern nach Reihen getrennt und gestaffelt untereinander; so würde die Folge Nr. 1 lauten:

Reihe *1*:   *1*   *2*   *4*   *3*
Reihe *2*:   *5*   *6*   *8*   *7*

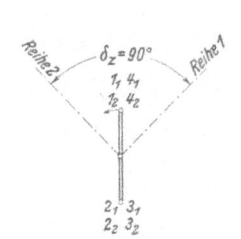

Abb. 462.
Vollsymmetrische Welle des Viertakt-Achtzylinder-V-Motors.

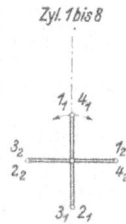

Abb. 463.
Abgeleiteter Einreihenmotor und Kurbelstern zum Ablesen der möglichen Zündfolgen.

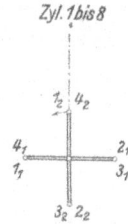

Abb. 464.
Andere Überführung des V-Motors in den Einreihenmotor.

Ist der Drehsinn der Kurbelwelle m. d. U., so werden in Abb. 463 die Ziffern e. d. U. abgelesen oder, was dasselbe, die vorstehenden Folgen 1 bis 8 von rückwärts herein und mit 1_1 anfangend angeschrieben; z. B. die 1. Folge: $1_1\ 3_2\ 3_1\ 4_2\ 4_1\ 2_2\ 2_1\ 1_2$.

Abb. 465, 466. Vierzylinder-V-Motor (zugleich End-zu-End-Motor) und abgeleiteter Kurbelstern.

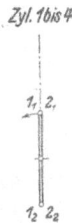

Hält man die Reihe *2* fest und dreht Reihe *1* e. d. U. in sie hinein, so entsteht Abb. 464; sie bringt keine neuen Zündfolgen.

Nach diesem Muster sind die zweireihigen Motoren mit 2×2 bis 2×8 Zylindern, die dreireihigen mit 3×2 bis 3×6, die vierreihigen mit 4×2 bis 4×6 Zylindern zu behandeln, die in Tafel 16 bei S. 92 insgesamt erscheinen. Jeder Größe des Gabelwinkels für eine bestimmte Zylinderzahl entspricht eine andere Bezifferung des abgeleiteten Einreihenmotors und daher eine Serie neuer Zündfolgen. Es genügt aber zur Ableitung der Gesamtzahl der Folgen und zur Klärung der Verhältnisse eine einzige Größe des Winkels δ_z herauszugreifen; außerdem wird man zur knappen Darstellung nicht die z. T. überraschend hohen Zahlen ausführlich anschreiben, sondern sich mit der Aufsuchung allgemeiner Formeln begnügen. Bietet der Kurbelstern eine spiegelbildliche Bezifferung der Kurbeln in bezug auf Kurbel 1, so sei nicht vergessen, daß diese zweite Bezifferungsart neue Zündfolgen liefert; vgl. die nachfolgenden Abbildungen zum Sechs- und Achtzylinder-Motor.

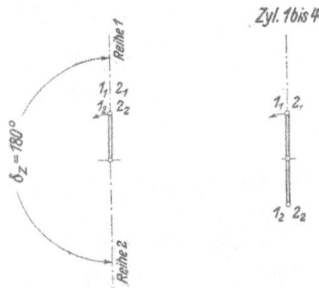

Beim Einreihenmotor gibt Umkehrung des Wellendrehsinns und spiegelbildliche Bezifferung des Sterns eine unveränderte Zündfolge; anders dagegen beim Gabelmotor.

a) $2 \times 2 = 4$ Zylinder, Gabelwinkel $\delta_z = 180^0$, d. h. End-zu-End-Anordnung (Abb. 465). Durch Drehen der Reihe 2 um 180^0 erzeugt man einen normalen Vierzylinder mit der Bezifferung der Kurbeln wie in Abb. 466. Die Zahl der Zündfolgen mit $k = 2 = \dfrac{z}{2}$ ist:

$$f = 2^{k-1} = 2^1 = 2.$$

b) $2 \times 3 = 6$ Zylinder, Gabelwinkel $\delta_z = 120^0$, $k = 3$ (Abb. 467). Der abgeleitete Einreihenmotor Abb. 468 hat die normale Welle des Sechszylinders mit abweichender Bezifferung der Kurbeln. Da man sowohl 3_1 oder 1_2 als auch 2_1 oder 3_2 arbeiten lassen kann, ist die Zahl der Folgen:
$$f = 2^{k-1} = 2^2 = 4.$$

Die spiegelbildliche Bezifferung in Abb. 469 gewährt ebenfalls 4 verschiedene Zündfolgen, die aus Abb. 470 hervorgehen.

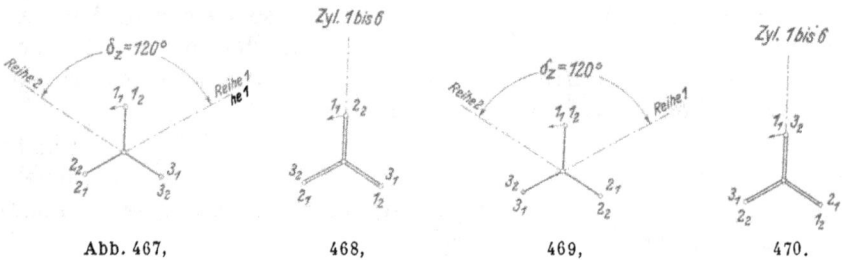

Abb. 467,   468,   469,   470.

Abb. 467 bis 470. Sechszylinder-V-Motor und abgeleiteter Kurbelstern.

c) $2 \times 4 = 8$ Zylinder, $\delta_z = 90^0$. Es sei an die zwei gebräuchlichen Fälle erinnert: α) symmetrische Welle; für sie ist die Zahl der Zündfolgen oben abgeleitet, im ganzen $2^{k-1} = 2^3 = 8$ Folgen; β) teilsymmetrische Welle (Abb. 471, 472) ohne Kurbelpaare. Je nachdem man die Kurbel mit Ziffer 2 nach rechts (Abb. 471) oder nach links (Abb. 473) von Kurbel 1 legt, wird die abgeleitete Welle wie in Abb. 472 oder 474.

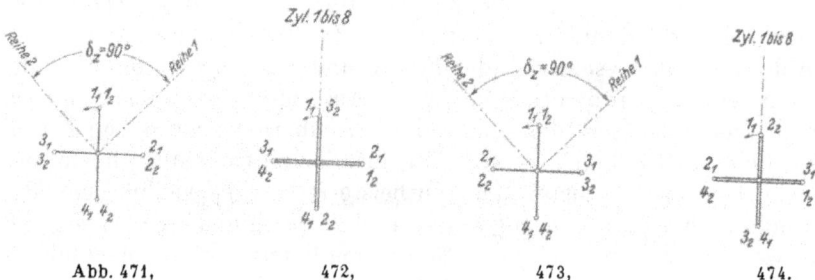

Abb. 471,   472,   473,   474.

Abb. 471 bis 474. Achtzylinder-V-Motor und abgeleiteter Kurbelstern.

Schrön, Zündfolge.   8

Die Zahl der Zündfolgen ist jeweils 8, also wiederum 2^{k-1}; sie sind aus Abb. 471 nach Entscheidung über die beste Form der Welle (s. S. 197) und nach Eintragung der Ziffern ablesbar.

d) $2 \times 5 = 10$ Zylinder, $k = 5$ Kurbeln. Eine der Lösungen des Gabelwinkels, nämlich $\delta_z = 72^0$, sei zugrunde gelegt. Ist die Verteilung der Kurbeln in axialer Richtung der Welle und damit die Bezifferung des Kurbelsterns (Abb. 475) festgelegt, dann gibt es

$$f = 2^{k-1} = 2^4 = 16$$

Folgen. Die aus Abb. 475 abgeleitete Abb. 476 durch Drehen der Reihe 2 um 72⁰ läßt alle Folgen leicht ablesen. Das Spiegelbild des Sterns von Abb. 476 (sowie auch die Änderung des Wellendrehsinns) bieten gleichfalls 16 Folgen.

Eine Eigentümlichkeit der ungeraden Zahlen und der geradzahligen Sterne mit Einzelstrahlen verdient Hervorhebung: Man kann zuerst alle Ziffern der Reihe 1 nacheinander, sodann alle Ziffern der Reihe 2 ab-·lesen; zuerst zündet die eine Zylinderreihe zu Ende, sodann folgt die andere. Beispiel:

$$1_1 \; 4_1 \; 3_1 \; 2_1 \; 5_1 \; 5_2 \; 1_2 \; 4_2 \; 3_2 \; 2_2 \; .$$

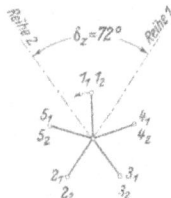 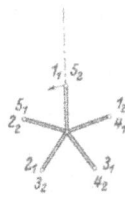

Abb. 475, 476.

Abb. 475, 476.
Zehnzylinder-V-Motor
und abgeleiteter Kurbel-
stern.

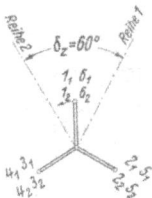 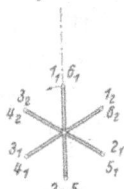 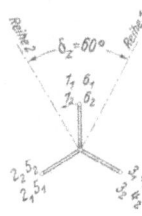 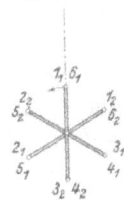

Abb. 477, 478, 479, 480.

Abb. 477 bis 480. Zwölfzylinder-V-Motor und abgeleiteter Kurbelstern.

e) $2 \times 6 = 12$ Zylinder, $k = 6$. Es sei die symmetrische Welle und $\delta_z = 60^0$ herausgegriffen. In der Grundform können die unter 120⁰ gegen die Lotrechte befindlichen Kurbelpaare vertauscht werden (Abb. 477 und 479). Für jede dieser Anordnungen gibt es

$$f = 2^{k-1} = 2^5 = 32$$

Folgen, die mühelos aus Abb. 478 und 480 zu entnehmen sind.

f) $2 \times 7 = 14$ Zylinder führen auf 64 Ziffernfolgen;

g) $2 \times 8 = 16$ Zylinder auf 128 Folgen, und zwar für eine Grundbezifferung der Kurbeln im Gabelmotor, z. B. wie in Abb. 481 für symmetrische Welle und in Abb. 482 für die abgeleitete Welle. Nun lassen sich in Abb. 481 unter Festhaltung des lotrechten Kurbelpaares die übrigen 3 Paare 6mal vertauschen; verallgemeinert man, so gilt: Der Zuwachs von einer Kurbel oder zwei Zhlindern im V-Motor bedeutet eine Verdopplung der Zahl der Zündfolgen.

Die sinnbildliche Darstellung der Zündfolge eines 2×6-Zylinders zeigt Abb. 483.

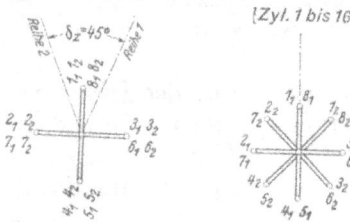

Abb. 481, 482. Sechzehnzylinder-V-Motor und abgeleiteter Kurbelstern.

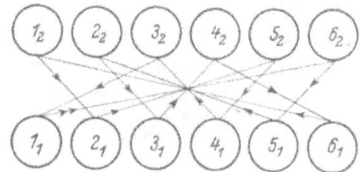

Abb. 483. Zündfolge des Zwölfzylinders.
$1_1\ 6_2\ 5_1\ 2_2\ 3_1\ 4_2\ 6_1\ 1_2\ 2_1\ 5_2\ 4_1\ 3_2 - 1_1$

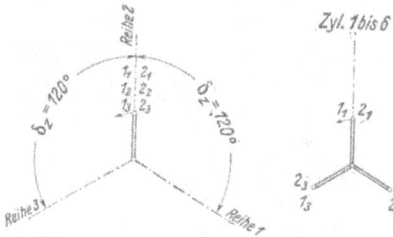

Abb. 484, 485. Sechszylinder-W-Motor und abgeleiteter Kurbelstern.

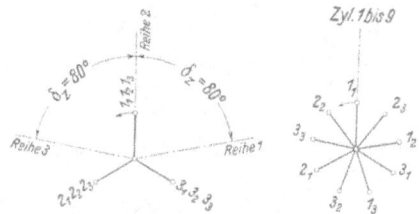

Abb. 486, 487. Neunzylinder-W-Motor und abgeleiteter Kurbelstern.

β) Dreireihige Motoren (W-Motoren).

a) $3 \times 2 = 6$ Zylinder, $k = 2$, $\delta_z = 120^0$ als einzige Lösung ist zugleich eine Aneinanderreihung von 2 Dreizylinder-Sternen mit der Bezifferung nach Abb. 484. Umwandlung: Reihe 2 um 120°, Reihe 3 um 240° m. d. U. geschwenkt, gibt Abb. 485 mit der Zahl der Folgen:

$$f = 2^{\frac{3k}{2}-1} = 2^{\frac{z}{2}-1} = 2^2 = 4.$$

b) $3 \times 3 = 9$ Zylinder, $k = 3$. Von den 3 Gabelwinkeln sei $\delta_z = 80^0$ genommen. Es sind ursprünglich und nach Umwandlung keine Kurbelpaare vorhanden, sondern eine ungerade Zahl von Einzelstrahlen, (Abb. 486 und 487); daher nur eine Zündfolge mit Abständen von 80°:

$$f = 1$$

und zwar für Drehsinn e. d. U.:

$$1_1\ 1_2\ 1_3\ 2_1\ 2_2\ 2_3\ 3_1\ 3_2\ 3_3\ .$$

Eine weitere Zündfolge gibt das Spiegelbild des Sterns Abb. 486 für unveränderten Wellendrehsinn.

c) $3 \times 4 = 12$ Zylinder, $k = 4$. Die Bauart mit $\delta_z = 60^0$ (Abb. 488), führt nach Drehung der Reihe 2 um 60^0 und der Reihe 3 um 120^0 auf Abb. 489. Wegen des Vorhandenseins von Kurbelpaaren ist die Lösungszahl groß, nämlich:

$$f = 2^{\frac{z}{2} - 1} = 2^{6-1} = 2^5 = 32.$$

d) $3 \times 5 = 15$ Zylinder, $k = 5$. Ausgehend vom Gabelwinkel $\delta_z = 48^0$ (Abb. 490) erscheint eine Ableitung mit einzelstehenden Kurbeln (Abb. 491) und eine Lösung

$$f = 1,$$

und zwar:

$$1_1 \; 1_2 \; 1_3 \; 3_1 \; 3_2 \; 3_3 \; 5_1 \; 5_2 \; 5_3 \; 4_1 \; 4_2 \; 4_3 \; 2_1 \; 2_2 \; 2_3.$$

Jede Vertauschung der Ziffern an den Kurbeln im Gabelmotor bringt eine weitere Zündfolge.

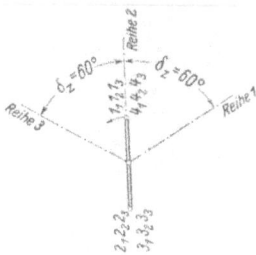

Abb. 488, 489. Zwölfzylinder-W-Motor und abgeleiteter Kurbelstern.

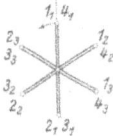

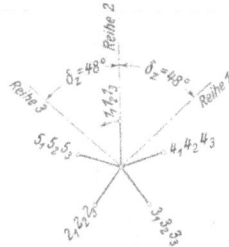

Abb. 490, 491. Fünfzehnzylinder-W-Motor und abgeleiteter Kurbelstern.

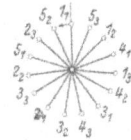

e) $3 \times 6 = 18$ Zylinder, $k = 6$. Ausgehend vom Gabelwinkel $\delta_z = 40^0$ (Abb. 492) und nach Drehung der Reihe 2 um 40^0, der Reihe 3 um 80^0 erhält man Abb. 493 und

$$f^{\frac{z}{2} - 1} = 2^{9-1} = 2^8 = 256$$

ablesbare Zündfolgen. Das Spiegelbild des Sterns führt auf Abb. 494.

γ) *Vierreihige Motoren (X-Motoren).*

a) $4 \times 2 = 8$ Zylinder, $k = 2$, $\delta_z = 90^0$ (Abb. 495). Reihe 2 um 90^0, Reihe 3 um 180^0, Reihe 4 um 270^0 gedreht, ergibt Abb. 496 und

$$f = 2^{\frac{4k}{2} - 1} = 2^{\frac{z}{2} - 1} = 2^3 = 8,$$

da man mit 1_1 anfangend jeweils 1_2 oder 2_2, 1_3 oder 2_3, 1_4 oder 2_4 setzen kann.

b) $4 \times 3 = 12$ Zylinder, $k = 3$. Mit dem einen Gabelwinkel 60^0 erscheint Abb. 497. Dreht man Reihe 2 um 60^0, Reihe 3 um 120^0, Reihe 4 um 180^0, so gelangt man zu Abb. 498 und zu

$$f = 2^{\frac{z}{2}-1} = 2^{6-1} = 2^5 = 32.$$

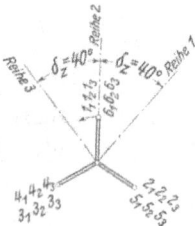

Abb. 492.

Zyl. 1 bis 18

Abb. 493.

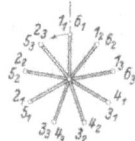

Zyl. 1 bis 18

Abb. 494.

Abb. 492 bis 494. Achtzehnzylinder-W-Motor und abgeleitete Kurbelsterne.

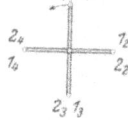

Zyl. 1 bis 8

Abb. 495, 496. Achtzylinder-X-Motor und abgeleiteter Kurbelstern.

Zyl. 1 bis 12

Abb. 497, 498. Zwölfzylinder-X-Motor und abgeleiteter Kurbelstern.

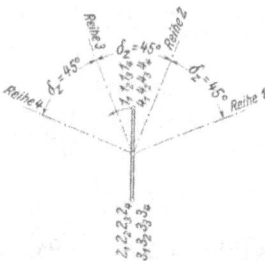

Zyl. 1 bis 16

Abb. 499, 500. Sechszehnzylinder-X-Motor und abgeleiteter Kurbelstern.

c) $4 \times 4 = 16$ Zylinder, $k = 4$. Mit $\delta_z = 45^0$ nach Abb. 499 und entsprechender Drehung der Reihen entsteht Abb. 500 mit

$$f = 2^7 = 128.$$

d) $4 \times 5 = 20$ Zylinder, $k = 5$. Mit $\delta_z = 36^0$ (Abb. 501), leitet sich die Hilfsabbildung 502 ab, die wegen der Kurbelpaare liefert:

$$f = 2^9 = 512.$$

e) $4 \times 6 = 24$ Zylinder, $k = 6$. Da der Zylinderachswinkel $\delta_z = 30^0$ aus konstruktiven Gründen schon zu klein ist, sei eine andere Lösung und zwar Nr. 6 in Tafel 16 genommen und gemäß Abb. 503 beziffert. Durch Schwenken der Reihe *2* um 60⁰, der Reihe *3* um 150⁰, der Reihe *4* um 210⁰ bis in die Reihe *1* erscheint der Einreihenmotor mit 24 Zylindern (Abb. 504); der Kurbelstern läßt

$$f = 2^{11} = 2048$$

Zündfolgen errechnen. Vom Spiegelbild des Kurbelsterns in Abb. 503 kann man ebenfalls ausgehen.

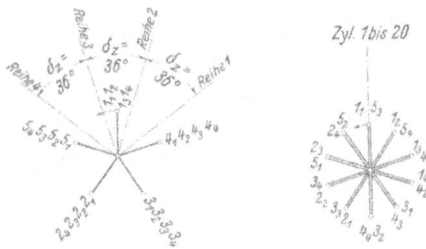

Abb. 501, 502. Zwanzigzylinder-X-Motor und abgeleiteter Kurbelstern.

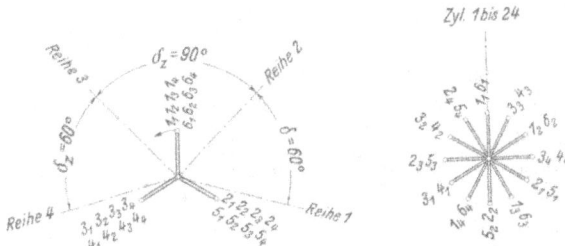

Abb. 503, 504. Vierundzwanzigzylinder-X-Motor und abgeleiteter Kurbelstern.

So fortfahrend könnte man jede beliebige Zylinderzahl und -anordnung unschwer behandeln und dazu die verschiedenen Gabelwinkel aus Tafel 16 nehmen. Die Vermehrung des Sterns um eine Kurbel oder des Aggregats um i Zylinder bei i Reihen bringt das i-fache der Zahl der Zündfolgen mit sich; für $i = 4$ also eine Vervierfachung.

δ) Zusammenfassung.

Das Zurückführen des mehrreihigen Viertaktmotors auf die einreihige Anordnung erlaubt in sicherer Weise das Ablesen der Ziffern der Zylinder, die in gleichen Abständen zünden. Jeder Gabelwinkel für gleiche Zylinderzahl gibt eine andere Bezifferung des Kurbelsterns des Einreihenmotors und damit verschieden lautende Zündfolgen. Es findet sich allgemein für den gegebenen Drehsinn der Kurbelwelle:

a) bei gerader Gesamtzahl z der Zylinder im Gabelmotor mit k Kurbeln die Zahl der Zündfolgen:

$$\text{für 2 Reihen} \quad f = 2^{\frac{2k}{2}-1}$$

$$\text{für 3 Reihen} \quad f = 2^{\frac{3k}{2}-1}$$

$$\text{für 4 Reihen} \quad f = 2^{\frac{4k}{2}-1}$$

$$\text{für } i \text{ Reihen} \quad f = 2^{\frac{ik}{2}-1},$$

da die Bezugsquelle des Einreihenmotors Paare gleichgerichteter Kurbeln und somit Doppelziffern aufweist, oder allgemein:

$$f = 2^{\frac{z}{2}-1};$$

b) bei ungerader Gesamtzylinderzahl, z. B. $3 \times 3 = 9$, $3 \times 5 = 15$ Zylinder und gegebener Versetzung der Kurbeln in axialer Richtung der Welle ist jeweils nur eine Folge möglich, da im abgeleiteten Bild lauter einfache Kurbeln und Ziffern vorkommen.

Man kann überdies sagen: Der Gabelmotor mit z Zylindern und bestimmter Wellengestalt hat dieselbe Zahl von Zündfolgen wie der Einreihenmotor gleicher Zylinderzahl.

b) Zweitakt.

Die Zweitakt-Motoren lassen sich in ähnlicher Weise durchprüfen. Es zeigt sich, daß bei Umwandlung des Gabelmotors in einen Einreihenmotor die abgeleitete Welle durchwegs einzelstehende Kurbeln aufweist; deshalb ist die Zündfolge für den gegebenen Drehsinn eindeutig. Zu einer bestimmten Kurbelzifferung im Gabelmotor ist nur eine Zündfolge möglich.

Abb. 505, 506. Zweitakt-Sechszylinder-V-Motor und abgeleiteter Kurbelstern.

Beispiel: $2 \times 3 = 6$ Zylinder, $k = 3$, $\delta_z = 60^0$ (Abb. 505); das Schwenken der Reihe *2* in die Reihe *1* hinein führt zum Stern in Abb. 506, der bloß eine Zündfolge gewährt, nämlich:

$$1_1 \; 1_2 \; 2_1 \; 2_2 \; 3_1 \; 3_2 \, .$$

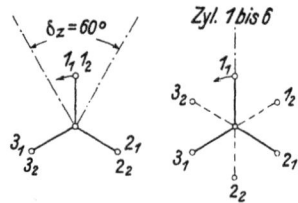

2. Versetztreihige Motoren.

Führt man bei einem Motor mit gestaffelten Zylinderreihen und mit so viel Kurbeln als Zylinder, d. h. $k = z$, die Untersuchung in der Weise wie beim normalen Gabelmotor durch, so gelangt man auf eine abgeleitete Welle mit symmetrischem Kurbelstern. Die Zahl der Zündfolgen deckt sich mit jener der Normalanordnung, mithin:

$$f = 2^{\frac{z}{2}-1},$$

jedoch im Gegensatz zur Normalbauart:

$$f = 2^{\frac{k}{2}-1}.$$

C. Doppeltreihige Motoren (zweiwellig).

Auf S. 102 wurde gesagt, es seien die beiden Kurbelwellen so zu versetzen, daß regelmäßige Zündungen sich einstellen. Geht man davon aus, Welle *1* befinde sich in Grundstellung, d. h. Kurbel 1_1 sei lotrecht, so kann von Welle *2* (Abb. 444), jede der Kurbeln 1_2 bis k_2 oder jedes der Kurbelpaare gegen die Kurbel 1_1 um $\delta' = \dfrac{\delta}{2}$ verdreht werden; die Zahnräder sorgen für Aufrechterhaltung dieser gegenseitigen Versetzung. Es leuchtet ein, daß die Zahl der Variationen in der Zündfolge mit zunehmender Kurbelzahl wächst und besonders groß ausfällt bei gerader Kurbelzahl mit paarweise sich deckenden Kurbeln.

Zwei Beispiele mögen zeigen, wie man in einfacher Weise auf die Gesamtzahl der möglichen Folgen gelangt. Abb. 507 zeigt das Schema der Kurbelsterne eines Motors mit 2 Reihen zu 3 Zylindern, Abb. 508

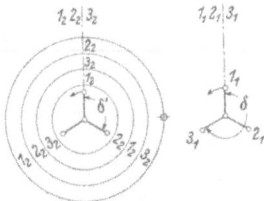

Abb. 507. Hilfsbild zum Ablesen der Zündfolgen beim doppeltreihigen Motor mit 2×3 Zylindern. Viertakt.

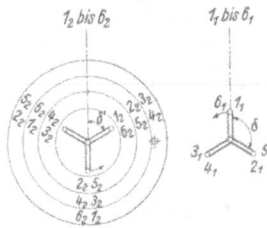

Abb. 508. Hilfsbild zum Ablesen der Zündfolgen beim doppeltreihigen Motor mit 2×6 Zylindern. Viertakt.

das Schema von 2 Reihen zu 6 Zylindern. Während die rechte Welle gleichartig mit jener eines einfachen Dreizylinders oder eines Sechszylinders beziffert ist, weist die linke Welle an jeder Kurbel mehrere Ziffern auf, und zwar bei ungerader Kurbelzahl so viel Einzelziffern als Kurbeln, bei gerader Anzahl so viel Ziffernpaare als Kurbelpaare, also in Abb. 507 je 3 Ziffern, in Abb. 508 je 3 Ziffernpaare. Um die Zusammengehörigkeit zu kennzeichnen, sind die Ziffern durch Kreislinien voneinander getrennt; die auf einer Kreisringfläche liegenden Ziffern gehören zu einer Zündfolge und dürfen beim Ablesen nicht mit den andern vermengt werden. Die Gesamtzündfolgen der 2 Reihen ergeben sich nun in der Weise, daß zwischen die Ziffern der rechten Welle, die in Abständen voneinander anzuschreiben sind, jene der linken Reihe eingefügt werden; dies ist so oft zu wiederholen als Verkettungen sich bieten. Das Spiegelbild der Bezifferung des rechten Kurbelsterns bietet wieder die gleiche Anzahl neuer Folgen. Auch ohne diese zeichnerische Darstellung erhält man die möglichen Zündfolgen wie nachstehend beschrieben ist.

2×3 Zylinder. Jede der Zündfolgen der rechts stehenden Welle in Abb. 507

$$1_1\ 2_1\ 3_1 \qquad\qquad 1_1\ 3_1\ 2_1$$

ist zu verketten mit den Folgegruppen der linken Welle

$$1_2\ 2_2\ 3_2 \qquad\qquad 1_2\ 3_2\ 2_2$$
$$2_2\ 3_2\ 1_2 \qquad\qquad 3_2\ 2_2\ 1_2$$
$$3_2\ 1_2\ 2_2 \qquad\qquad 2_2\ 1_2\ 3_2$$

Daraus entspringen 3 Zündfolgen für jede Kurbelbezifferung; würde man die Wellen wechselweise vertauschen, so erhielte man im ganzen 12 Folgen. Zwei davon lauten:

$$1_1\ 2_2\ 2_1\ 3_2\ 3_1\ 1_2\ldots \qquad\qquad 1_1\ 3_2\ 3_1\ 2_2\ 2_1\ 1_2\ldots$$

2×6 Zylinder (Abb. 508). Jede der Folgen der rechten Welle

$$1_1\ 2_1\ 3_1\ 6_1\ 5_1\ 4_1 \qquad\qquad 1_1\ 4_1\ 5_1\ 6_1\ 3_1\ 2_1$$
$$1_1\ 2_1\ 4_1\ 6_1\ 5_1\ 3_1 \qquad\qquad 1_1\ 3_1\ 5_1\ 6_1\ 4_1\ 2_1$$
$$1_1\ 5_1\ 3_1\ 6_1\ 2_1\ 4_1 \qquad\qquad 1_1\ 4_1\ 2_1\ 6_1\ 3_1\ 5_1$$
$$1_1\ 5_1\ 4_1\ 6_1\ 2_1\ 3_1 \qquad\qquad 1_1\ 3_1\ 2_1\ 6_1\ 4_1\ 5_1$$

ist zu verketten mit den 4 Gruppen, die sich aus diesen Folgen für die linke Welle durch Zifferumstellung ableiten lassen; je eine dieser Gruppen hat folgende Gestalt:

$$1_2\ 5_2\ 3_2\ 6_2\ 2_2\ 4_2 \qquad\qquad 1_2\ 4_2\ 2_2\ 6_2\ 3_2\ 5_2$$
$$5_2\ 3_2\ 6_2\ 2_2\ 4_2\ 1_2 \qquad\qquad 4_2\ 2_2\ 6_2\ 3_2\ 5_2\ 1_2$$
$$3_2\ 6_2\ 2_2\ 4_2\ 1_2\ 5_2 \qquad\qquad 2_2\ 6_2\ 3_2\ 5_2\ 1_2\ 4_2$$
$$6_2\ 2_2\ 4_2\ 1_2\ 5_2\ 3_2 \qquad\qquad 6_2\ 3_2\ 5_2\ 1_2\ 4_2\ 2_2$$
$$2_2\ 4_2\ 1_2\ 5_2\ 3_2\ 6_2 \qquad\qquad 3_2\ 5_2\ 1_2\ 4_2\ 2_2\ 6_2$$
$$4_2\ 1_2\ 5_2\ 3_2\ 6_2\ 2_2 \qquad\qquad 5_2\ 1_2\ 4_2\ 2_2\ 6_2\ 3_2.$$

Die links angeschriebenen Gruppen geben 96 Kombinationen, ebenso die rechts stehenden. Durch kreuzweise Verkettung käme man auf die vierfache Zahl.

Allgemein ist für eine bestimmte Gestalt und Bezifferung der Kurbelsterne die Zahl der Zündfolgen:

bei ungerader Zylinderzahl z einer Reihe

$$f = z \tag{46}$$

bei gerader Zylinderzahl z einer Reihe

$$f = 2^{\frac{z}{2}-1} \cdot z \cdot 2^{\frac{z}{2}-1} = 2^{z-2} \cdot z. \tag{47}$$

Für die einzelnen Zylinderzahlen gilt folgende Zusammenstellung:

Tafel 26.

Zylinderzahl	Zahl der Zündfolgen
2×2	2
2×3	3
2×4	16
2×5	5
2×6	96
2×7	7
2×8	512

Ebensowenig wie bei den einreihigen Bauarten ist hier ersichtlich, nach welchen Gesichtspunkten die Bezifferung der Kurbeln für beide Reihen zweckmäßig zu erfolgen hat; es wurde für die Sechszylinderreihe eine der Wellengestalten, und zwar die längssymmetrische, herausgegriffen. Die begründete Wahl einer Kurbelsternbezifferung kann erst erfolgen nach Durchprüfung weiterer Forderungen, denen die Wellenform genügen soll.

Sind die Schubrichtungen I_1 und I_2 der zwei Zylinderreihen nicht parallel, sondern bilden sie den Winkel 2φ miteinander (Abb. 509) und den Winkel φ mit der Lotrechten, dann ist bei Gleichläufigkeit die Kurbelwelle der linken Reihe um δ' gegen die Schubrichtung I_2 oder um $(\delta' - 2\varphi)$ gegen die Welle der rechten Reihe entgegen dem Drehsinn zu verstellen. Im übrigen bleibt die Ableitung der Zündfolgen unverändert bestehen. Bei Gegenläufigkeit ist die linke Welle um δ' entgegen ihrem Drehsinn gegen I_2 bei Totlage der Kurbel I_1 zu versetzen.

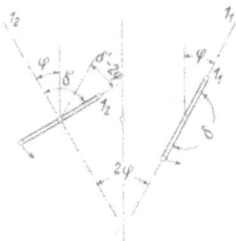

Abb. 509. Doppeltreihiger Motor mit nicht parallelen Zylinderreihen.

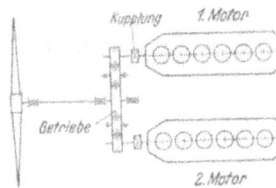

Abb. 510. Motorpaar und Doppelantrieb der Luftschraube.

Einen Schritt weitergehend, liegt es nahe zwei und mehr selbständige Motoren, die in Großflugzeugen ein- und dieselbe Luftschraube mittels Getriebe antreiben (Abb. 510), als ganzes aufzufassen und ihre Kurbeln gegeneinander zu verstellen, um gleiche Zündabstände insgesamt zu erhalten.

D. Sternmotoren.

Aus der gleichmäßigen Verteilung der Zylinder im Stern (vgl. Abschnitt II, 2, S. 102) und der Bezifferung nach Abschnitt II, D leitet sich die Zündfolge in einfacher Weise ab.

1. Standmotoren.

Viertakt. Man liest die Ziffern an den Zylindern im Drehsinn der Kurbelwelle, die im Abstand δ^0 stehen.

α) Ungeradzahlige Bauarten. Die Zündfolge ist eindeutig; mit *1* beginnend, kommen zuerst die ungeraden Zahlen *1* bis *z*, dann die geraden *2* bis $(z-1)$ je im Abstand $\delta = 2\,\delta_z$ daran, d. h.:

$$1\ 3\ 5\ 7\ \ldots z\quad 2\ 4\ 6 \ldots (z-1).$$

Der Ablesungssinn ist in Abb. 445 mit Pfeilen angedeutet.

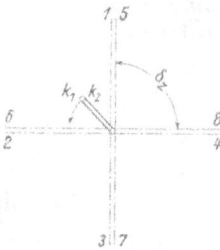

Abb. 511. Geradzahliger Viertakt-Sternmotor mit gleichgerichteten Kurbeln.

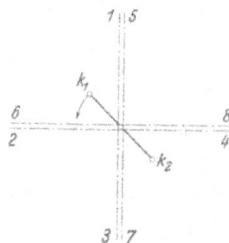

Abb. 512. Geradzahliger Viertakt-Sternmotor mit diametralen Kurbeln.

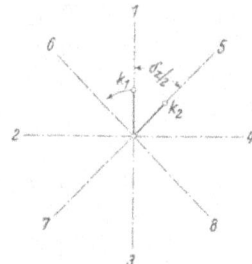

Abb. 513. Motor mit versetzten Teilsternen und Kurbeln. Viertakt.

β) Geradzahlige Bauarten besitzen eine zweifach gekröpfte Welle. Stehen die Zylinder paarweise hintereinander (Abb. 511 für 2×4 Zylinder) mit gleichgerichteten Kurbeln oder mit Kurbeln unter 180° zueinander (Abb. 512) oder ist der hintere Teilstern mit der Kurbel um den halben Zylinderachswinkel versetzt (Abb. 513), so ist die Zahl der möglichen Zündfolgen bei insgesamt *z* Zylindern allgemein:

$$f = 2^{\frac{z}{2}-1},$$

im Fall des Achtzylinders gleich *8*, wie beim Achtkurbel-Reihenmotor mit Kurbelkreuz. Man beginnt in Abb. 511, in der die Zylinder *1, 2, 3, 4* dem ersten Stern, *5, 6, 7, 8* dem zweiten Stern angehören, mit der Ziffer *1*, sodann kann von den beiden Paaren *2-6, 3-7, 4-8* je eine Ziffer genommen werden. Unter den Zündfolgen hat eine besondere Stellung jene, bei der zuerst die Zylinder eines Teilsterns in stetiger Ablösung, sodann jene des zweiten Teilsterns arbeiten; beim Achtzylinder also *1 2 3 4 5 6 7 8*.

Eine Zündfolge mit regelmäßigem Wechsel der Zylinder des vorderen und des hinteren Teilsterns gibt es bei gerader Zahl der Zylinder des

Teilsterns nicht; die Zündfolgen mit unregelmäßigem Wechsel bedingen bei Ventilantrieb über Königswellen keine weiteren Verwicklungen.

Ist der hintere Stern samt Kurbel k_2 um $\frac{\delta_z}{2}$ m. d. U. gedreht (Abb. 513), so bleibt die Zündfolge ebenso vieldeutig.

Zweitakt. Ob die Zylinderzahl gerade oder ungerade ist, stets hat der Stern einzelstehende Zylinder und gewährt eine einzige Zündfolge der nacheinander im Winkelabstand $\delta = \delta_z = \frac{360^0}{z}$, z. B. stehenden Zylinder, z. B. bei 6 Zylindern: *1 2 3 4 5 6*.

2. Umlaufmotoren.

Sie haben gleiche Zählung der Zylinder wie Standmotoren und gleiche Zündfolge, d. h. für Viertakt und ungerade Zahlen zuerst alle ungeraden Ziffern steigend, sodann alle geraden Ziffern ebenfalls steigend. Die Zündlage der U-Motoren 2. Art geht aus I, A, 3 hervor.

3. Doppelsternmotoren.

Mit Beschränkung auf die ungeradzahligen Sterne und auf Viertakt können die Zylinderachsen sich decken oder, wie auf S. 104 gesagt wurde, gegenseitig versetzt sein, so daß die Achsen des zweiten Sterns die Achswinkel des ersten Sterns halbieren. Die Bezifferung mit Zeiger *1* des vorderen Sterns steht fest; an den Strahlen des zweiten Sterns kann man sie irgendwo mit *1₂* beginnen lassen, z. B. in Abb. 514 des 2 × 5-Zylinders *1₁* in Deckung mit *1₂*, in Abb. 515 *1₂* nach unten weisend. Es sind z verschiedene Bezifferungen der Zylinder des 2. Sterns und z Versetzungen der Kurbeln k_1 und k_2 möglich.

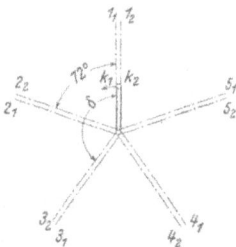

Abb. 514. Doppelstern-Motor mit gleichgerichteten Kurbeln. Viertakt.

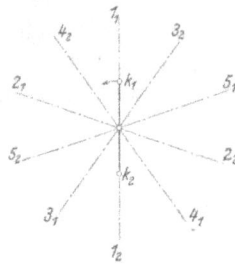

Abb. 515. Doppelstern-Motor mit diametralen Kurbeln. Viertakt.

Ist diese Bezifferung festgelegt, so lassen der Motor mit Decksternen und der Motor mit gleichmäßig versetzten Zylindern

$$f = 2^{\frac{z}{2} - 1}$$

Zündfolgen zu, wenn z die Gesamtzylinderzahl bedeutet. Darunter ist jene mit regelmäßigem Wechsel der Zündungen am vorderen und am hinteren Stern zweckmäßig, z. B. am 2×5-Zylinder mit Kurbel k_2 in Richtung von Zylinderachse l_2:

$$1_1 \; 2_2 \; 3_1 \; 4_2 \; 5_1 \; 1_2 \; 2_1 \; 3_2 \; 4_1 \; 5_2.$$

Die Versetzung der Kurbeln um 180^0 ist hinsichtlich des Massenausgleichs zulässig, da jeder Stern mit einem Gegengewicht an der Kröpfung frei von Kräften 1. Ordnung ist (s. S. 180), so daß keine Momente 1. Ordnung wachgerufen werden. Die aus den Nebenstangen entstehende Massenkraft 2. Ordnung (s. S. 180) eines Sterns kommt in Abb. 514 zu jener des 2. Sterns hinzu, wogegen die Momente 2. Ordnung sich ausgleichen.

E. Fächermotoren

bieten dieselbe Zündfolge wie die Sternmotoren von gleicher Zylinderzahl, sofern bei Ableitung der neuen Form die Bezifferung an den Zylindern unverändert blieb (s. I, A, 1, S. 19).

VI. Zündfolge und Kräftefluß.

Von wesentlicher Bedeutung für den Kräftefluß in der Maschine ist einmal das Verfahren zur Umwandlung von Wärme in Arbeit, sodann die Zündfolge. Zu entscheiden ist, welche Erscheinungen man bei Durchleitung der Kräfte in der Maschine über die Zündfolge günstig beeinflussen kann. Steht die Zahl der Zylinder und damit die Zahl der Zündungen je Zeiteinheit fest, so wird man über die Abstände der Zündungen zu entscheiden haben und, wie im Abschnitt II begründet ist, gleiche Zwischenräume fordern. Damit liegt die Kurbelversetzung fest; aus ihr erhalten gleich drei Größen ihr unabänderliches Gepräge: die Gesamtwirkung der Primärkräfte (Gaskräfte) an den Kolben, die Wirkung ihrer Umwandlungsgrößen (Drehkräfte) an der Welle und die Wirkung der bei Einleitung der Bewegung geweckten Sekundärkräfte (Massenkräfte), sei es unmittelbar am Kolben, sei es ihre Drehkräfte an der Welle.

Durch Festlegung der zeitlichen Aufeinanderfolge der Zündungen bei bestimmter Belastung und Drehzahl des Motors ist der zeitliche Verlauf dieser Kräfte für alle Zylinder zusammen gegeben. Würden alle Zylinderachsen in einer Ebene liegen, wie bei dem Einsternmotor, so wären damit die Gleichförmigkeit, die Ruhe des Ganges und die Drehschwingungen der Welle mittels der Zündfolge nicht weiter zu verbessernde dynamische Eigenschaften; denn es gibt hier nur eine Zündfolge. Anders ist es, sobald die Zylinder längs der Welle stehen und damit die Einzelkräfte räumlich nacheinander folgen, wie an Reihenmotoren. Es bleiben unter Wahrung der zeitlichen Ablösung der arbeitenden Zylinder und Kurbeln noch gewisse Freiheiten in der Wahl der Zündfolge übrig, welche Kippmomente und Drehschwingungen zu vermindern gestatten; sie finden in den Abschnitten VI, C, 2 und VII ihre Würdigung.

Zunächst erscheint es wertvoll, sich zu vergegenwärtigen, was schon durch die gleichmäßige Kurbelversetzung in der Stirnansicht der Welle in bezug auf Gleichförmigkeit der Drehung und Ruhe des Motors erreicht ist; dabei geht es um die Betrachtung der Tangentialkräfte an der Welle, des Ausgleichs der treibenden Kolbenkräfte, des Ausgleichs der Massenkräfte und ihrer Momente. Unter Verzicht auf ausführliche Ableitungen, die eine gründliche Untersuchung des Kräfteflusses beansprucht, seien nachstehend in großen Zügen die hervorstechenden Merkmale und wesentlichen Ergebnisse gebracht.

A. Gleichmäßige Zündfolge und Drehmoment.

1. Drehmoment aus Gaskraft und Massenkraft bei mehreren Zylindern.

Gleichmäßige Gemischverteilung und Verbrennung vorausgesetzt, sollen die nachstehenden Ausführungen den Einfluß der Zylinderzahl und der regelmäßigen Kurbelsterne, in Sonderfällen einzelner beabsichtigter Ungleichmäßigkeiten, auf die Abweichungen vom mittleren Drehmoment an der Kurbelwelle dartun. Da im Ausdruck $T \cdot r$ für das Drehmoment aus Tangentialdrehkraft T und Kurbelradius r dieser Hebelarm der Kräfte für alle Zylinder unveränderlich ist, soll hinfort von der Drehkraft allein die Rede sein. Statt die Kurbelkräfte, also die Aktionskräfte, zu betrachten, könnte man von den Reaktionskräften und ihren Momenten, die sich an Kolben und Geradführung auswirken, ausgehen und sie zeichnerisch auftragen; dieser Weg wurde schon von Winkler [41] beschritten.

Man geht aus von den Schwankungen der Umfangskräfte innerhalb des Arbeitsspiels eines Zylinders für unveränderten Betriebszustand bei unbeeinflußter Gemischzufuhr z. B. an einem Vergasermotor. Übergehend auf das Verhalten aller Zylinder, verlangt man ein geringes Auf und Ab der Gesamtdrehkräfte für die Hauptbelastung des Motors, also bei Vollgas und Normaldrehzahl, in Sonderfällen, z. B. bei Motoren im Flugverkehr für etwa Dreiviertel der Last im Sparflug. Willkommen ist daneben ein nicht zu kräftiges Schwanken der Tangentialkräfte für Teillasten. In einen andern Bereich der Motoreigenschaften fällt die Änderung des mittleren Drehmoments unter gleichzeitigem Wechsel der Drehzahl, hervorgerufen durch das Arbeiten mit der Gasdrossel, wobei die verschiedenen Stufen der Veränderlichkeit der Wellengeschwindigkeit durchschritten werden; diese erzwungene Anpassungsfähigkeit oder Elastizität des Motors scheidet für die weiteren Betrachtungen aus.

Die Kurbeldrehkräfte setzen sich aus den Drehkräften T_G der Gaskräfte und T_M der Massenkräfte zusammen. Die Gaskräfte P_G gehen aus dem Druck-Volumen-Diagramm und aus ihrer Zerlegung über die Schubstange hervor; sie lassen sich nicht wertmäßig in einer einfachen Form abhängig vom Kurbeldrehwinkel α darstellen (vgl. die Ausführungen im Abschnitt VII, B). Die Massenkräfte P_h sind aus den Kräften der geradlinig bewegten und schwingenden Massen zu bestimmen. Sie wirken teils die Kolbenbewegung hemmend, teils fördernd, insgesamt ist ihre Arbeit gleich Null, daher auch die Bezeichnung »Blindkräfte«; ihre Beträge sind rechnerisch erfaßbar.

Der Einfachheit zuliebe pflegt man die Masse der Stange auf Kolben und Kurbel zu verteilen und die Drehkraft der so gewonnenen hin und her gehenden Masse je Zylinder zu ermitteln. Sodann errechnet man die Beschleunigungskräfte am Kolben unter Annahme gleichbleibender Winkelgeschwindigkeit der Kurbel, und zwar aus der bekannten Gleichung:

$$P_h = m_h \cdot r \cdot \omega^2 \cdot (\cos \alpha + \lambda \cdot \cos 2\,\alpha) \quad \text{kg,} \tag{48}$$

worin m_h die hin- und hergehende Masse in $\dfrac{\text{kg} \cdot \text{sek}^2}{\text{m}}$, r den Kurbelhalbmesser in Metern, ω die Winkelgeschwindigkeit der Welle $\dfrac{1}{\text{sek}}$, λ das Schubstangenverhältnis r/l bedeutet. Aus den Massenkräften über dem Kolbenweg werden die Drehkräfte T_M zu den verschiedenen Kurbelstellungen zeichnerisch in der üblichen Weise ermittelt.

Man begnügt sich also mit den Kräften 1. und 2. Ordnung unter Vernachlässigung der Glieder vierter und höherer Ordnung, die später noch beigezogen werden. Die angegebene Art des Vorgehens ist, wie bekannt, nicht so genau wie jene mit Bestimmung der Wuchtanteile der Getriebeteile unter Zeichnung des Trägheits-, Energie- oder Massenwucht-Diagramms. Für den vorliegenden Zweck ist das erste Verfahren mit den Tangentialkräften ausreichend und rascher durchführbar als das zweite. Weiterhin ist zu den nachfolgenden Angaben zu bemerken: Es kommt nicht so sehr darauf an, für einen bestimmten Motor die absolute Größe der auftretenden Kräfte ausfindig zu machen, als vielmehr den Einfluß der verschiedenen Zylinderanordnungen der Art nach zu vergleichen.

a) Ausgleich der Massendrehkräfte bei Reihenmotoren.

Die Möglichkeit der rechnerischen Erfassung der Drehkräfte aus den Massenwirkungen legt es nahe zu untersuchen, zu welchem Ergebnis die verschiedenen Kurbelzahlen und -versetzungen führen. Man gelangt so zu allgemeiner Beantwortung der Frage, wie das gegenseitige Verhalten der Massendrehkräfte ist, ob sie für gleichmäßige Kurbelversetzung den Anteil der Tangentialkräfte aus den Gaskräften stark ver-

ändern oder ob sie sich selbsttätig aufheben, d. h. die Summe der Ordinaten der versetzten Drehkraftkurven der einzelnen Zylinder gleich
Null wird. In diesem Fall ergibt sich der Verlauf der resultierenden
Tangentialkraft aus den Gasdrücken allein, ist demnach rascher zeichnerisch abzuleiten als mit Einschluß der Massen; wann diese Vereinfachung zutrifft, zeigt sich im folgenden.

Die Drehkraft T_M aus der Massenkraft P_h eines Zylinders ist, wenn
$\alpha = \omega \cdot t$ den Drehwinkel der Kurbel, β den Ausschlagwinkel der Schubstange bedeutet:

$$T_M = P_h \cdot \frac{\sin(\alpha + \beta)}{\cos \beta} = P_h \cdot \left(\sin \alpha + \frac{\lambda \cdot \sin \alpha \cdot \cos \alpha}{\sqrt{1 - \lambda^2 \cdot \sin^2 \alpha}} \right). \qquad (49)$$

Die Auswertung dieses Ausdrucks mit Einführung der Glieder vierter
und höherer Ordnung in der Reihe für P_h führt zu:

$$T_M = m_h \cdot r \cdot \omega^2 \cdot (D_1 \cdot \sin \alpha + D_2 \cdot \sin 2\alpha + D_3 \cdot \sin 3\alpha + D_4 \cdot \sin 4\alpha$$
$$+ D_5 \cdot \sin 5\alpha + \ldots). \qquad (50)$$

Darin sind $D_1, D_2, D_3 \ldots$ wiederum Reihen, und zwar mit Vereinfachung:

$$D_1 = \frac{\lambda}{4}, \quad D_2 = -\frac{1}{2}, \quad D_3 = -\frac{3}{4}\lambda, \quad D_4 = -\frac{1}{4}\lambda^2, \quad D_5 = \frac{5}{32}\lambda^3,$$

$$D_6 = \frac{3}{32}\lambda^4 \text{ usf.}$$

Mit Einsetzung dieser Werte erhält man:

$$T_M = m_h \cdot r \cdot \omega^2 \cdot \left(\frac{\lambda}{4} \cdot \sin \alpha - \frac{1}{2} \cdot \sin 2\alpha - \frac{3}{4} \cdot \lambda \cdot \sin 3\alpha - \frac{\lambda^2}{4} \cdot \sin 4\alpha \right.$$

$$\left. + \frac{5}{32} \cdot \lambda^3 \cdot \sin 5\alpha + \frac{3}{32} \cdot \lambda^4 \cdot \sin 6\alpha + \ldots \right) \text{ kg.} \qquad (51)$$

Die Drehkraftkurve besteht also aus einer Summe von sinus-Kurven
mit der Frequenz ω, 2ω, 3ω, 4ω ..., d. h. aus Gliedern 1., 2., 3., 4. ... n.
Ordnung, im Gegensatz zu der Kraft der geradlinig bewegten Masse,
die außer α nur gerade Vielfache von α enthält, (vgl. S. 163). Man kann
auch sagen: Die Massendrehkraft erscheint als Summe von n einfachen
Schwingungen ohne Phasenverschiebung, deren Amplituden sämtlich
von m_h, r, ω und mit Ausnahme der 2. Harmonischen zugleich von λ
abhängig sind.

Für mehrere (z) Zylinder und Kurbeln in einer Reihe hat man in
Gl. (51) die Summenwerte der veränderlichen Glieder einzusetzen, wie
folgt:

$$T_{M\text{res}} = \sum_1^z T_M = m_h \cdot r \cdot \omega^2 \cdot \left(\frac{\lambda}{4} \cdot \sum_1^z \sin \alpha - \frac{1}{2} \cdot \sum_1^z \sin 2\alpha - \frac{3}{4} \cdot \lambda \cdot \sum_1^z \sin 3\alpha \right.$$

$$\left. - \frac{\lambda^2}{4} \cdot \sum_1^z \sin 4\alpha + \frac{5}{32} \cdot \lambda^3 \cdot \sum_1^z \sin 5\alpha + \frac{3}{32} \cdot \lambda^4 \cdot \sum_1^z \sin 6\alpha + \ldots \right) \text{ kg.} \qquad (52)$$

Soll T_{Mres} zu Null werden, so müßten die Summenwerte der Einzelglieder für mehrere Kurbeln gleich Null sein, demnach:

$$\Sigma \sin \alpha = 0, \quad \Sigma \sin 2\,\alpha = 0, \quad \Sigma \sin 3\,\alpha = 0, \quad \Sigma \sin 4\,\alpha = 0 \quad \text{usf.}$$

Mit dem regelmäßigen Kurbelversetzungswinkel δ_k der k Kurbeln, der bei gerader Zylinderzahl gleich dem halben Winkelabstand δ der Zündungen ist, bei ungerader Zahl mit δ übereinstimmt, ergibt sich nachstehende Übersicht.

Tafel 27.
Massendrehkräfte der Viertaktmotoren.

Zylinderzahl z	Kurbelversetzungswinkel δ_k	$\Sigma \sin \alpha$	$\Sigma \sin 2\,\alpha$	$\Sigma \sin 3\,\alpha$	$\Sigma \sin 4\,\alpha$	resultierende Drehkraft T_{Mres} aus den Massen m_h
2	360°	$2 \sin \alpha$	$2 \sin 2\,\alpha$	$2 \sin 3\,\alpha$	$2 \sin 4\,\alpha$	$m_h \cdot r \cdot \omega^2 \cdot \left(\dfrac{\lambda}{2} \cdot \sin \alpha - \sin 2\,\alpha - \dfrac{3}{2} \cdot \lambda \cdot \sin 3\,\alpha - \ldots \right)$
3	120°	0	0	$3 \sin 3\,\alpha$	0	$\dfrac{9}{4} \cdot m_h \cdot r \cdot \omega^2 \cdot \left(- \lambda \cdot \sin 3\,\alpha + \dfrac{1}{8} \cdot \lambda^4 \cdot \sin 6\,\alpha + \ldots \right)$
4	180°	0	$4 \sin 2\,\alpha$	0	$4 \sin 4\,\alpha$	$m_h \cdot r \cdot \omega^2 \cdot (- 2 \sin 2\,\alpha - \lambda^2 \cdot \sin 4\,\alpha + \ldots)$
5	72°	0	0	0	0	praktisch Null
6	120°	0	0	$6 \sin 3\,\alpha$	0	$\dfrac{9}{2} \cdot m_h \cdot r \cdot \omega^2 \cdot \left(- \lambda \cdot \sin 3\,\alpha + \dfrac{1}{8} \cdot \lambda^4 \cdot \sin 6\,\alpha + \ldots \right)$
7	$51^3/_7{}^0$	0	0	0	0	praktisch Null
8	90°	0	0	0	$8 \sin 4\,\alpha$	$- 2 \cdot m_h \cdot r \cdot \omega^2 \cdot \lambda^2 \cdot \sin 4\,\alpha$
9	40°	0	0	0	0	praktisch Null
10	72°	0	0	0	0	praktisch Null
11	$32^8/_{11}{}^0$	0	0	0	0	praktisch Null
12	60°	0	0	0	0	praktisch Null

Es verbleiben in der Tafel die Glieder jener Ordnung, die mit der Zahl der einfachen Kurbeln im Kreis und der halben Zylinderzahl $\dfrac{z}{2}$ übereinstimmt, und die Vielfachen davon, z. B. bei 4 Zylindern die 2., 4., 6. Harmonische, bei 6 Zylindern die 3., 6., 9. Harmonische. Manchmal sind die Beträge der restlichen Harmonischen so klein, daß sie zeichnerisch nicht mehr faßbar sind und die Drehkraft aus den Massen gleich Null gesetzt werden kann; in Wirklichkeit gibt es wegen der un-

Schrön, Zündfolge. 9

endlich vielen Glieder der Reihe Gl. (52) kein vollkommenes Verschwinden. Die Massen machen sich außer bei dem Zweizylinder noch bei 3, 4, 6 und 8 Zylindern geltend. Überdies fällt auf, daß beim Dreizylindermotor der Gesamteinfluß der Massen zahlenmäßig kleiner ist als beim Vierzylinder, der besonders hohen Wert liefert, weil im 1. Glied der Faktor λ fehlt; der Höchstwert bei 6 Zylindern ist rund das 0,6-fache des Wertes bei 4 Zylindern mit $\lambda = \dfrac{1}{4}$ und mit gleichen Einzelmassen.

Das Verhältnis zwischen geraden und ungeraden Zahlen führt Abb. 516 vor Augen; über der Zylinderzahl ist die Harmonische aufgetragen, die noch ausgeglichen ist. Auffallend ist der verhältnismäßig höhere Ausgleich der Massendrehkräfte bei ungeraden Zylinderzahlen.

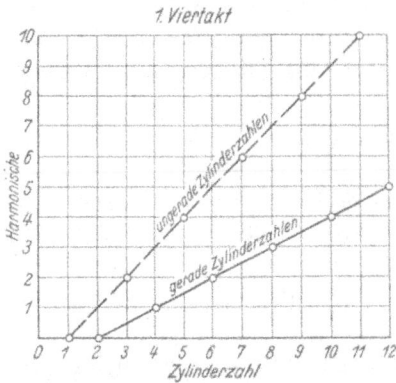

Abb. 516. Ausgeglichene harmonische Drehkräfte aus den Massenkräften bei verschiedenen Zylinderzahlen u. Viertakt-Kurbelversetzung. Einreihen-Motoren.

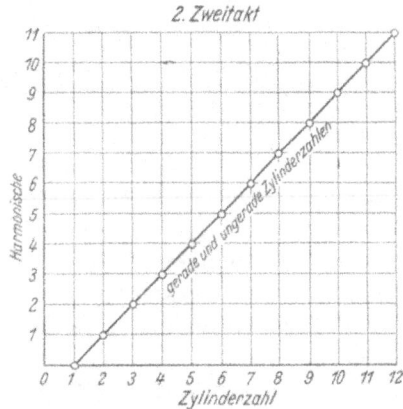

Abb. 517. Ausgeglichene harmonische Drehkräfte aus den Massenkräften bei verschiedenen Zylinderzahlen und Zweitakt-Kurbelversetzung.

Untersucht man den Ausgleich der Drehkräfte für Zweitakt, so decken sich die Ergebnisse für ungerade Kurbelzahlen mit jenen bei Viertakt; für gerade Zahlen mit dem halben Kurbelversetzungswinkel δ_k gegenüber Viertakt tritt eine Änderung ein: der Zweizylinder hat eine Restkraft von der Größe $m_h \cdot r \cdot \omega^2 \cdot \left(- \sin 2\,\alpha - \dfrac{\lambda^2}{2} \cdot \sin 4\,\alpha\right)$; der Vierzylinder: $m_h \cdot r \cdot \omega^2 \cdot (-\lambda^2 \cdot \sin 4\,\alpha)$; der Sechs- und der Achtzylinder liefern praktisch Null. Die geradzahligen Wellen für Zweitakt haben also verhältnismäßig besseren Ausgleich der Drehkräfte, wie Abb. 517 verdeutlicht. Allgemein verbleiben die Harmonischen z, $2\,z$, $3\,z$ usf.

Liegt an Stelle einer einreihigen Bauart ein Gabelmotor vor, so läßt sich aus der Höhe des Ausgleichs der Drehkraftharmonischen einer Reihe auf die Verhältnisse bei zwei und drei Reihen schließen. Einfacher ist es, den Gabelmotor in einen Einreihenmotor umzuwandeln, ähnlich wie es zum Ablesen der Zündfolgen auf S. 111 f. geschah, und Tafel 27 heranzuziehen.

b) Gesamtdrehkräfte bei Reihenmotoren.

Diese Ergebnisse finden ihre Bestätigung bei der zeichnerischen Darstellung der Drehkräfte abhängig vom Kurbeldrehwinkel, d. i. von der Zeit, die ohnehin für die Gasdrehkräfte P_G durchzuführen ist, weil der rechnerische Ansatz wegen der Verschiedenheit der Indikatordiagramme mit einer gewissen Unsicherheit behaftet ist; hierzu vgl. die Ausführungen im nächsten Unterabschnitt B. Der bildliche Verlauf der Tangentialkräfte für bestimmte Zahlenbeispiele, die nunmehr folgen, gibt einen raschen Überblick und wirkt in mancher Hinsicht anschaulicher als andere Art der Darstellung.

Der Vergleich soll für 3, 4, 5, 6, 7, 8, 9, 10, 11 und 12 Zylinder, die mit Vergaser im Viertakt oder Zweitakt arbeiten und für verschiedene Drehzahlen erfolgen. Die Zylinder können eine oder mehrere Reihen bilden.

Bei der Untersuchung der verschiedenen Zylinderzahlen sind einige grundsätzliche Fälle zu unterscheiden:

1. Fall. Gleicher Gesamthubraum V_h für alle Zylinderzahlen, somit bei gleichem mittleren effektiven Kolbendruck und gleicher Drehzahl gleiche Leistung. Dies bedingt für die einzelnen Zylinderzahlen: ungleiches Hubvolumen je Zylinder, verschiedene Kolbenfläche und ungleichen Hub.

2. Fall. Gleiche Zylinderabmessungen, d. i. Bohrung und Hub, für alle Zylinderzahlen, mithin gleiches Hubvolumen für jeden Zylinder; die Leistung steigt durch Aneinanderreihung von gleich großen Zylindern.

3. Fall. Gleich große mittlere Drehkraft T_m für alle Zylinderzahlen wird nicht eigens geprüft, da nichts wesentlich Neues zu erwarten ist.

α) *1. Fall. Gleicher Gesamthubraum für alle Zylinderzahlen.*

Aus dem Gesamthubvolumen V_h in Litern errechnet sich das Volumen je Zylinder zu:

$$v_h = \frac{V_h}{z} \quad 1, \tag{53}$$

die Zylinderbohrung für das Hubverhältnis $u = \frac{s}{d}$:

$$d = \sqrt[3]{\frac{4 \cdot v_h \cdot 1000}{\pi \cdot u}} = 10{,}82 \cdot \sqrt[3]{\frac{v_h}{u}} \quad \text{cm} \tag{54}$$

und der Hub:

$$s = u \cdot d \quad \text{cm}, \tag{55}$$

9*

wobei für normales Kurbelgetriebe:

$$r = \frac{s}{2} \quad \text{cm.} \tag{56}$$

Zylinderdurchmesser und Hub nehmen mit steigender Zylinderzahl z ab.

Die mittlere Drehkraft, die sich im Drehkraftbild über die planimetrisch erhaltene Fläche f_{pl} aus der Arbeit A auf dem Kurbelweg $4 \pi r$ bei Viertakt und $2 \pi r$ bei Zweitakt zu

$$T_m = \frac{A}{4 \pi r} \quad \text{bzw.} \quad = \frac{A}{2 \pi r} \quad \text{kg}$$

ergibt, ist auch in verschiedener Weise rechnerisch zu erlangen. Auf 1 cm² der Kolbenfläche F bezogen ist: $p_{mT} = \dfrac{T_m}{F}$.

Mit dem mittleren indizierten Druck p_{mi} kg/cm², dem Hubvolumen V_h in l, der minutlichen Drehzahl n kann man die Leistung in PS am Kolben und die Leistung an der Kurbelwelle gleichsetzen, also bei einfachwirkendem Viertakt:

$$\frac{10 \cdot p_{mi} \cdot V_h \cdot n}{60 \cdot 75 \cdot 2} = \frac{T_m \cdot 4 \pi \cdot r \cdot n}{60 \cdot 75 \cdot 2},$$

woraus:

$$T_m \cdot 2 r = \frac{5}{\pi} \cdot p_{mi} \cdot V_h \quad \text{mkg.} \tag{57}$$

Da die rechte Seite der Gleichung unveränderliche Größen enthält, gilt auch mit Hub $s = 2 r$ in Metern:

$$T_m \cdot s = \text{const,} \tag{58}$$

und:

$$T_m \cdot r = \text{const,} \tag{58a}$$

d. h. das Produkt aus mittlerer Drehkraft und Hub oder Kurbelhalbmesser ist unveränderlich für alle Zylinderzahlen, das Drehmoment ist ein Festwert. T_m über dem Hub s aufgetragen liefert eine gleichseitige Hyperbel. Da s mit zunehmender Zylinderzahl z abnimmt, steigt T_m mit z. Dies gilt ebenso für Zweitakt.

Man kann auch schreiben:

$$T_m = \frac{5 \cdot p_{mi} \cdot V_h}{\pi \cdot s} \quad \text{kg} \tag{59}$$

$$= \frac{0{,}795 \cdot p_{mi} \cdot V_h}{r}$$

und mit Einführung der Kolbenfläche $F = \dfrac{\pi d^2}{4}$ cm²:

$$T_m = \frac{z \cdot F \cdot p_{mi}}{2 \pi}. \tag{60}$$

Für Zweitakt sind vorstehende Werte zu verdoppeln.

Will man die Taktzahl a hereinbringen, so lautet die Gleichung:

$$T_m = 3{,}18 \cdot \frac{p_{mi} \cdot V_h}{r \cdot a}. \tag{61}$$

Als Beispiel mit bestimmten Zahlen sei für einen **Fahrzeugmotor**:

$$V_h = 3\,l, \quad u = 1{,}5, \quad s = 1{,}5 \cdot d, \quad \lambda = \frac{1}{4}.$$

Damit wird aus Gl. (54): $d = 9{,}45 \cdot \sqrt[3]{v_h}$ cm.

Das Gewicht der geradlinig bewegten Teile je cm² Kolbenfläche ist g_h kg, das Gesamtgewicht $G_h = g_h \cdot F$ kg, die Masse

$$m_h = \frac{G_h}{9{,}81} \ \frac{\text{kg} \cdot \text{sek}^2}{\text{m}}.$$

Das Gewicht g_h für den leichten Kolben mit Zuschlag von Kolbenbolzen und Anteil der Schubstange sei zu 0,020 kg angenommen; an Stelle eines unveränderlichen Einheitsgewichtes wird vielfach eine mit der Kolbenfläche wachsende Zahl angesetzt, doch ist die Zunahme von g_h innerhalb gewisser Grenzen von d vernachlässigbar.

1. Viertakt.

a) **Vollast.** α) $n = 3500$; $T_m \cdot s = 36{,}8$ mkg.

Es sei der Druckverlauf im Zylinder nach Abb. 518 mit $p_{mi} = 7{,}7$ at und die indizierte Motorleistung $N_i = 90$ PS gegeben. Die Beschleunigungskraft der geradlinig bewegten Masse wird nach Gl. (48) berechnet und über dem Hub aufgetragen (Abb. 518); sodann ermittelt man in bekannter zeichnerischer Weise den Verlauf der Drehkraft aus Gaskraft und Massenkraft getrennt oder die resultierende Drehkraft aus der Kolbenrestkraft, zunächst für 1 cm² Kolbenfläche. Diese Zwischenbilder sind hier weggelassen, um Weitschweifigkeit zu meiden. Aus dem Verlauf der spezifischen Tangentialkraft eines Zy-

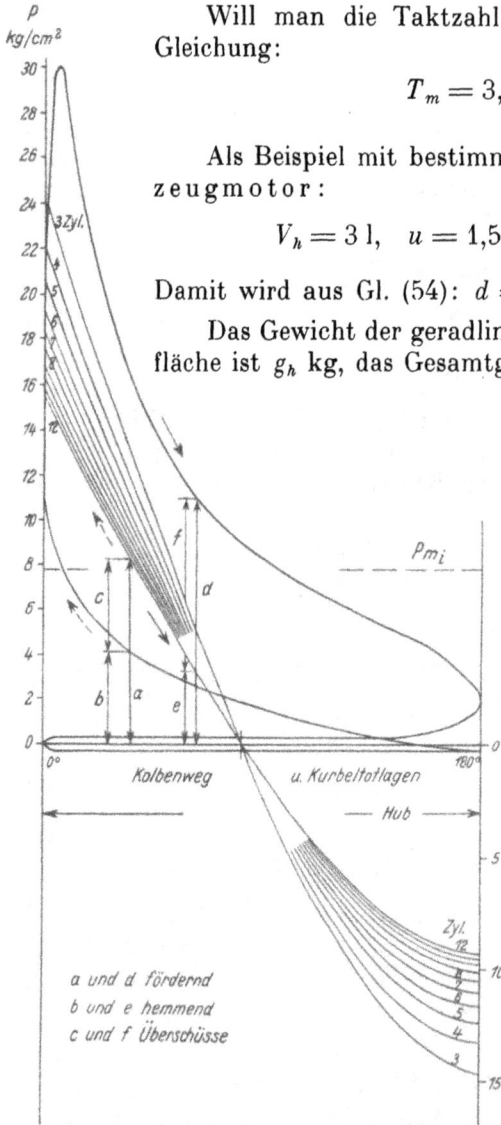

Abb. 518. Viertakt-Druck-Kolbenweg-Diagramm und Massenkraftkurven eines Kolbens für Zylinderzahlen 3 bis 12 und $n = 3500$ Umdr. in der Minute. Vollast.

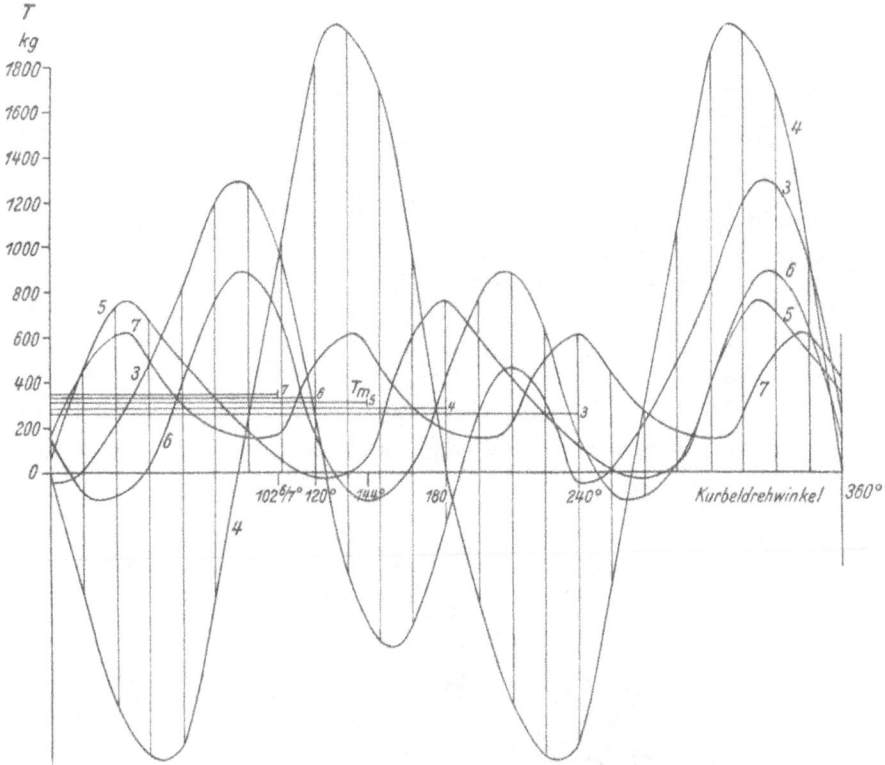

Abb. 519. Verlauf der Drehkräfte (Tangentialkräfte) für 3, 4, 5, 6 und 7 Zylinder in Reihe; n = 3500. Vollast. 1. Fall.

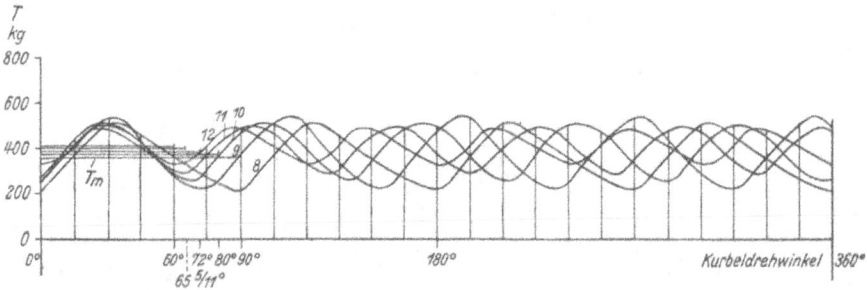

Abb. 520. Drehkraftverlauf für 8, 9, 10, 11 und 12 Zylinder in Reihe; n = 3500. Vollast.

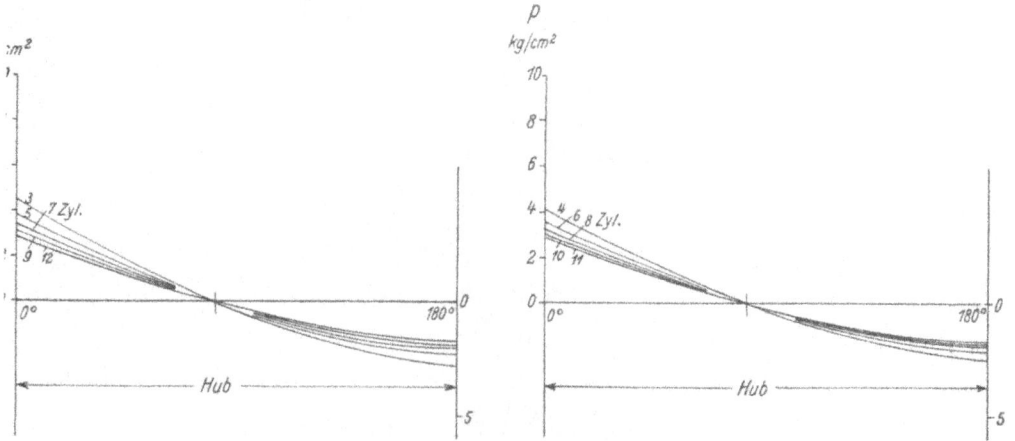

Abb. 521 a, 521 b. Massenkraftkurven eines Kolbens für Zylinderzahlen 3 bis 12 und $n = 1500$.

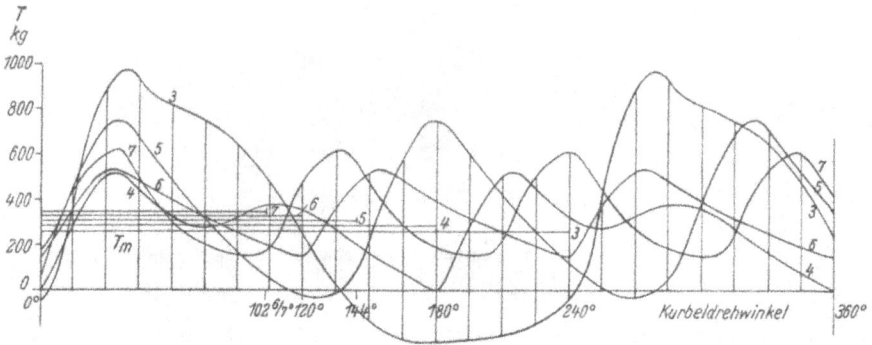

Abb. 522. Drehkraftverlauf für 3, 4, 5, 6 und 7 Zylinder; $n = 1500$. Vollast.

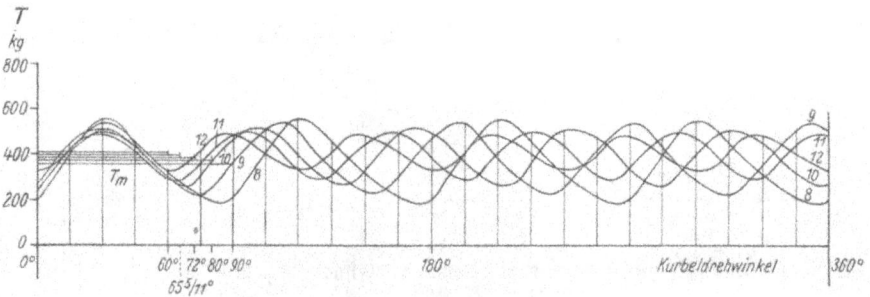

Abb. 523. Drehkraftverlauf für 8, 9, 10, 11 und 12 Zylinder; $n = 1500$. Vollast.

linders während der Dauer des Viertaktspiels wird unter Annahme
gleicher Indikator-Diagramme für alle Zylinder durch Zusammensetzung
der Drehkräfte der verschiedenen mit dem Zündabstand δ^0 arbeitenden
Zylinder und Kurbeln der Gesamtlinienzug erhalten. Da die Schwankungen sich über zwei Wellendrehungen z mal wiederholen, genügt es,
einen Bruchteil des Spiels, nämlich $\dfrac{720^0}{z}$, zu betrachten. Unter Ein-

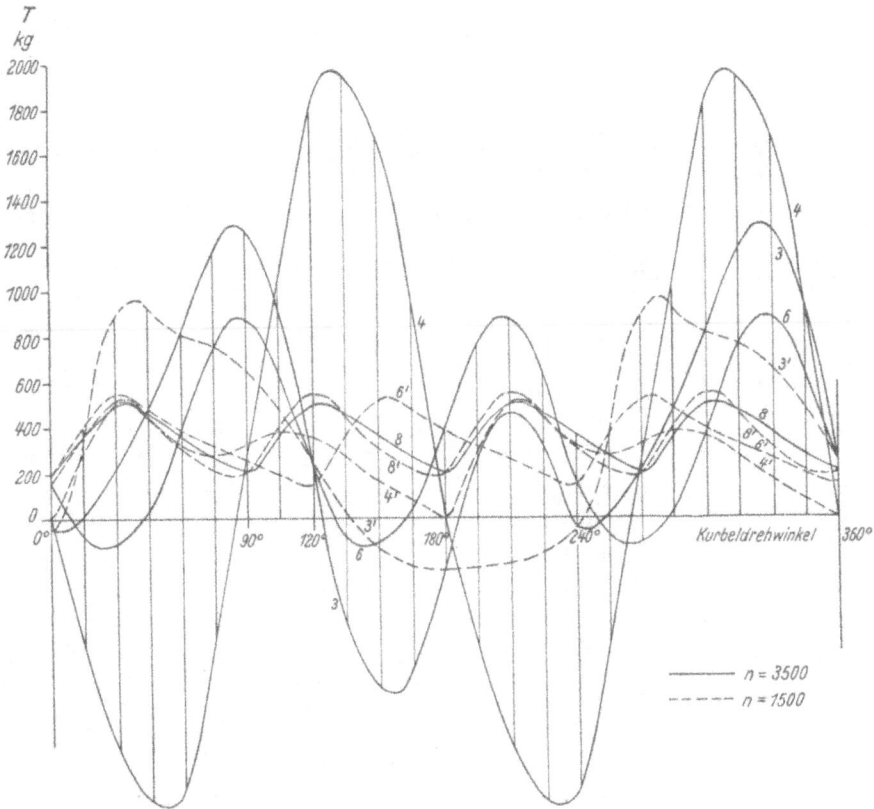

Abb. 524. Vergleich der Drehkräfte für die Zylinderzahlen 3, 4, 6 und 8 und für die Drehzahlen
$n = 1500$ und 3500. Vollast.

führung der jeweiligen Kolbenfläche ergibt sich die wirkliche Tangentialkraft T und daraus die mittlere Kraft T_m, Abb. 519 für 3, 4, 5, 6
und 7 Zylinder, Abb. 520 für 8, 9, 10, 11 und 12 Zylinder. Auffallend
sind die starken Schwankungen von T im Vergleich zu T_m beim Vierzylindermotor; der Kurvenzug unterscheidet sich wesentlich von dem
anderer Zylinderzahlen. Dies liegt darin, daß im 1. Teil des Hubes die

Kräfte bei der Beschleunigung der Massen für alle 4 Zylinder zugleich hemmend, im 2. Teil des Hubes bei der Verzögerung zugleich fördernd sind.

β) $n = 1500$; $T_m \cdot s = 36,8$ mkg.

Bei dieser Drehzahl decke sich das Druck-Kolbenweg-Diagramm mit jenem von höherer Drehzahl. Die zugehörigen Massendrücke gehen aus Abb. 521 und der Verlauf der resultierenden Drehkraft der verschiedenen Zylinderzahlen aus Abb. 522, 523 hervor. Zieht man einen Vergleich mit den Kurvenzügen für $n = 3500$, so findet man, daß die geänderte Drehzahl keinen Einfluß hat bei 5, 7, 9 und 11, ferner bei 10 und 12 Zylindern, dagegen von großer Bedeutung ist bei 3 und 4, in gewissem Maße auch bei 6, weniger bei 8 Zylindern. Den Vergleich von 4, 5 und 6 Zylindern hat Verfasser früher [42] durchgeführt.

Dieses eigentümliche Verhalten, das man im einen Fall als Unempfindlichkeit, im andern Fall als Empfindlichkeit des Drehmoments gegen Drehzahländerung bezeichnen kann und das gewisse Zylinderzahlen, z. B. 4, für Schnellauf recht ungeeignet macht, ist allein auf Rechnung der Massen zu setzen. Sie liefern für die Kurbelversetzung von 5, 7, 9, 10, 11 und 12 Zylindern keinen Anteil zur Gesamtdrehkraft, wohl aber die Kurbelversetzung von 3, 4 und 6 Zylindern, wie schon rechnerisch nachgewiesen wurde. Der Sechszylinder, der durch Aneinanderreihung zweier Dreizylinder entsteht, verrät in gewissem Sinn diese Verwandtschaft.

In Abb. 524 sind des besseren Vergleichs wegen die Gesamtdrehkräfte für die Zylinderzahlen 3, 4, 6, 8 und für die Drehzahlen 3500 und 1500 gezeichnet; die Züge sind 3 und 3', 4 und 4', 6 und 6', 8 und 8'.

b) Teillast. Für Teildrosselung des Vergasers und verminderte Füllung der Zylinder ist die Untersuchung nochmals durchgeführt. Wie im Falle a) lohnt es sich, zwei verschiedene Drehzahlen, nämlich 3500 und 1500, zugrunde zu legen. Obwohl bei verringerter Gemischzufuhr die obere Drehzahlgrenze im

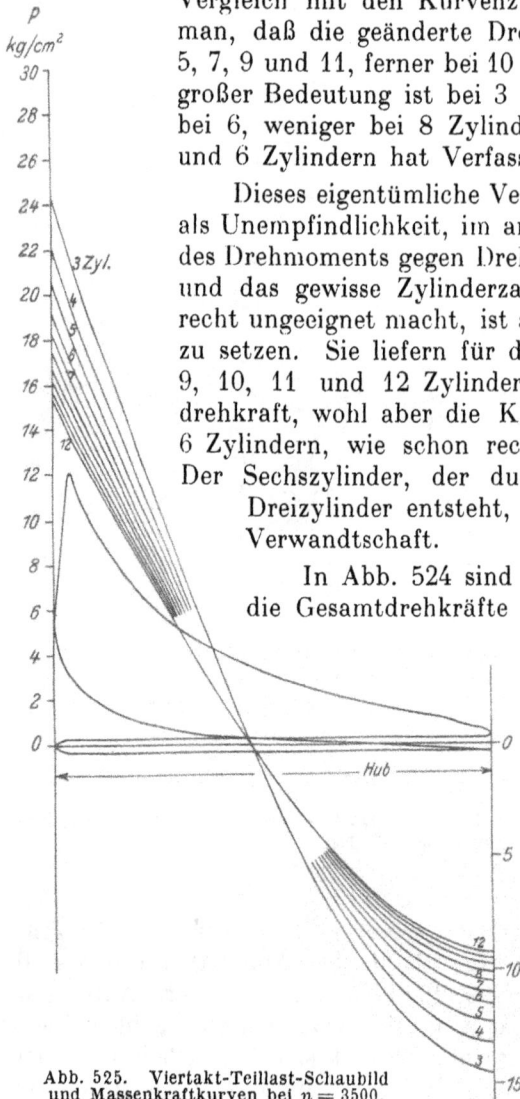

Abb. 525. Viertakt-Teillast-Schaubild und Massenkraftkurven bei $n = 3500$.

allgemeinen nach unten rückt, wurde diese gleichwohl beibehalten, um ihren Einfluß vor Augen zu führen. Von Abb. 525 ausgehend, leitet man die Tangentialkräfte wie bisher ab. Ihr Verlauf bei 3500 minutlichen Umdrehungen ist in Abb. 526 für 3 bis 7 Zylinder und in Abb. 527

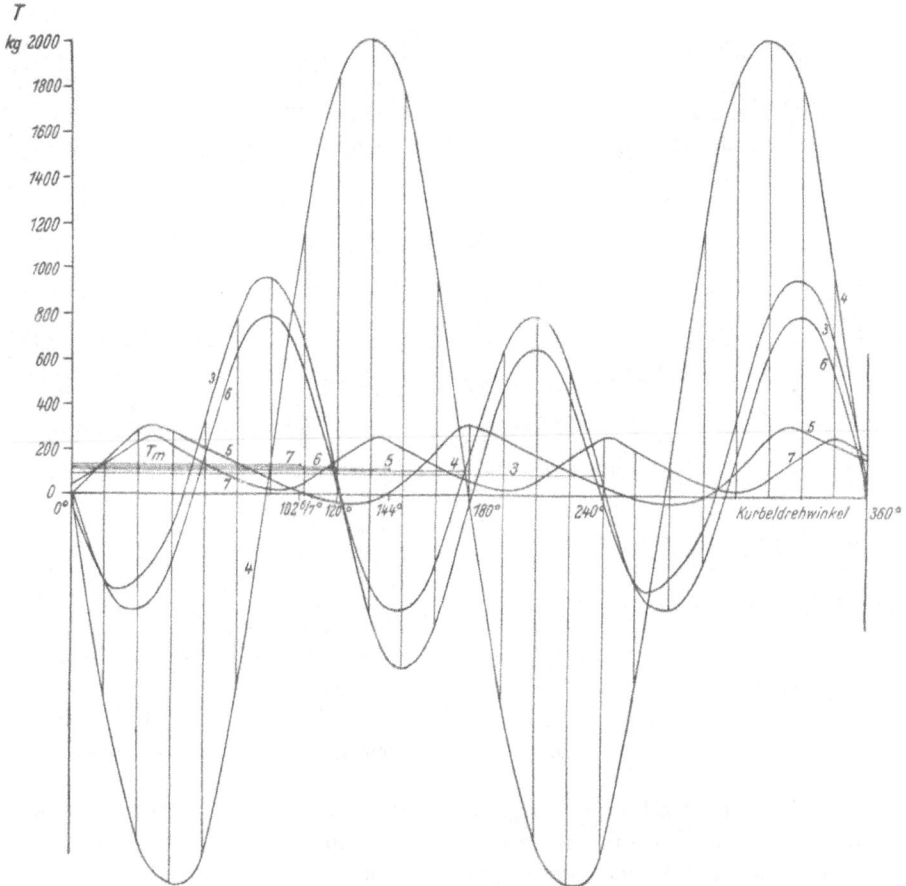

Abb. 526. Drehkraftverlauf für 3, 4, 5, 6 und 7 Zylinder $n = 3500$. Teillast.

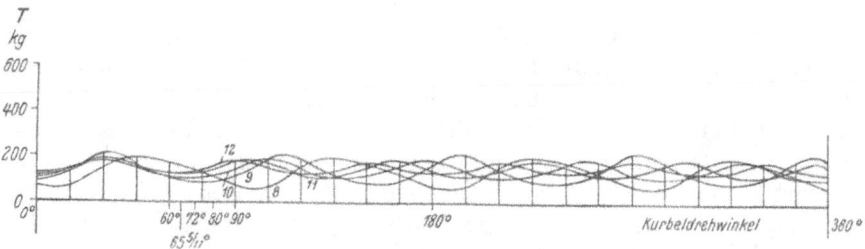

Abb. 527. Drehkraftverlauf für 8, 9, 10, 11 und 12 Zylinder $n = 3500$. Teillast.

für 8 bis 12 Zylinder, ferner bei 1500 Umdrehungen für die gleichen Zylinderzahlen in Abb. 528 und 529 dargestellt. Abb. 530 faßt die Ergebnisse zusammen, und zwar für $z = 3$ bis 8; durch das Zurücktreten der Gasdrehkräfte steigt die Einwirkung der Massenkräfte im Bereich höherer Drehzahlen. Für alle Zylinderzahlen gilt: $T_m \cdot s = 13,5$ mkg.

c) Vergleich von Vollast und Teillast. Eine Zusammenlegung der Kurven von Vollast und Teillast läßt erkennen, daß an Raschläufern selbst bei Vollfüllung die Massenkräfte das besondere Gepräge erteilen, wobei gegenüber niederer Winkelgeschwindigkeit der Welle der Charakter der Kurven völlig geändert wird (vgl. Abb. 531 für 3, Abb. 532 für 4, Abb. 533 für 6 Zylinder).

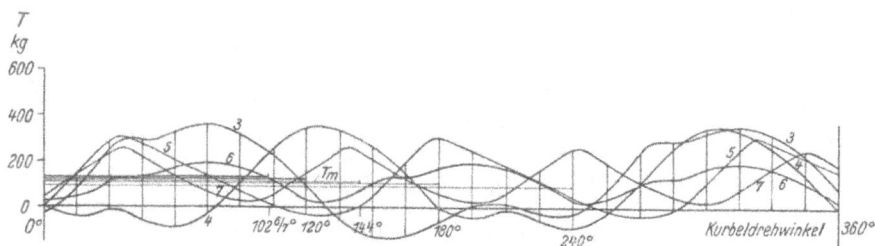

Abb. 528. Drehkraftverlauf für 3, 4, 5, 6 und 7 Zylinder $n = 1500$. Teillast.

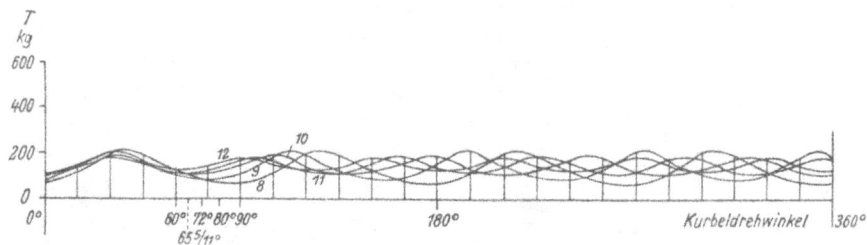

Abb. 529. Drehkraftverlauf für 8, 9, 10. 11 und 12 Zylinder $n = 1500$. Teillast.

Ein Grenzfall träte ein, wenn recht geringe Gaskräfte, dagegen beträchtliche Massenkräfte zusammenkommen, wie bei Wegnahme von Gas, wenn die Fahrzeugmasse von rückwärts die Kurbelwelle treibt, oder bei entlastetem Motor.

2. Zweitakt.

Es ist ein einfachwirkender Einspritzmotor zugrunde gelegt, dessen Druckvolumen-Schaubild für Vollast und dessen Beschleunigungskräfte für $n = 3500$ im gleichen Bild (Abb. 534) und für $n = 1500$ in Abb. 535 gegeben sind. Die obere Drehzahl ist zwar heute bei Dieselraschläufern noch nicht üblich; sie wurde wegen des Vergleichs mit der Vergaserbauart beibehalten. Ebenso bleiben die übrigen Größen unverändert.

Da die Zweitaktmotoren im Kurbelstern gleichmäßig verteilte Einzelstrahlen besitzen, ist der Ausgleich der Drehkräfte für gerade Zylinder-

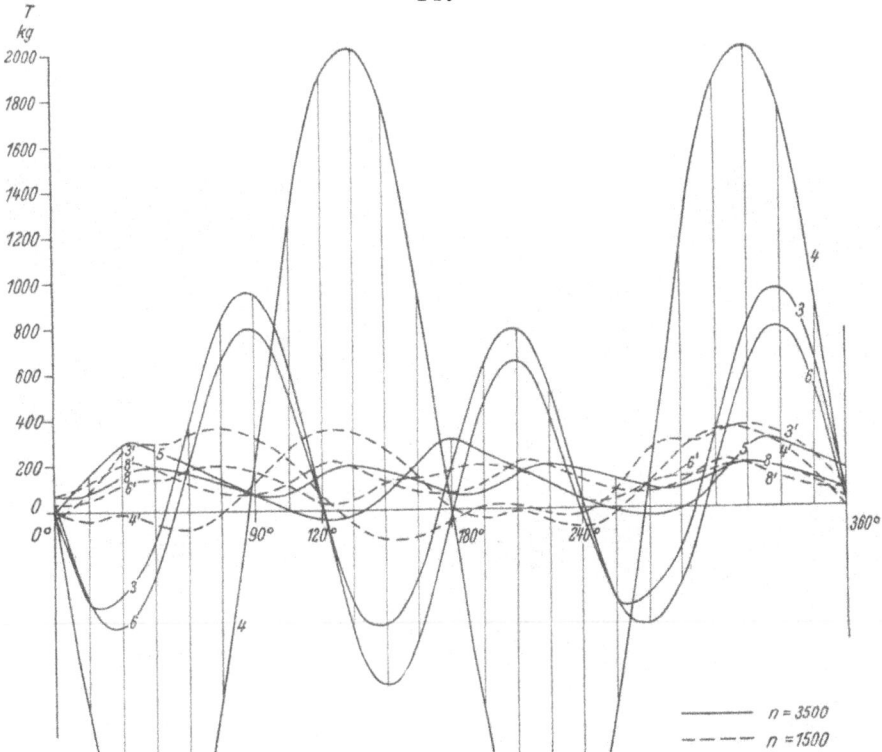

Abb. 530. Vergleich der
Drehkräfte für die Zylin-
derzahlen 3. 4, 5, 6 und 8
und für die Drehzahlen
$n = 1500$ und 3500.
Teillast.

$n = 3500$
$n = 1500$

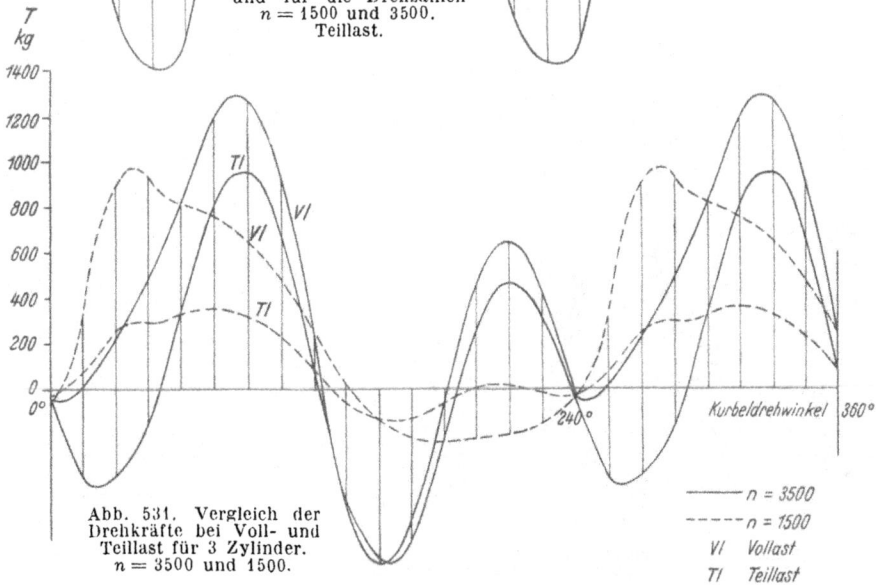

Abb. 531. Vergleich der
Drehkräfte bei Voll- und
Teillast für 3 Zylinder.
$n = 3500$ und 1500.

$n = 3500$
$n = 1500$
VI Vollast
TI Teillast

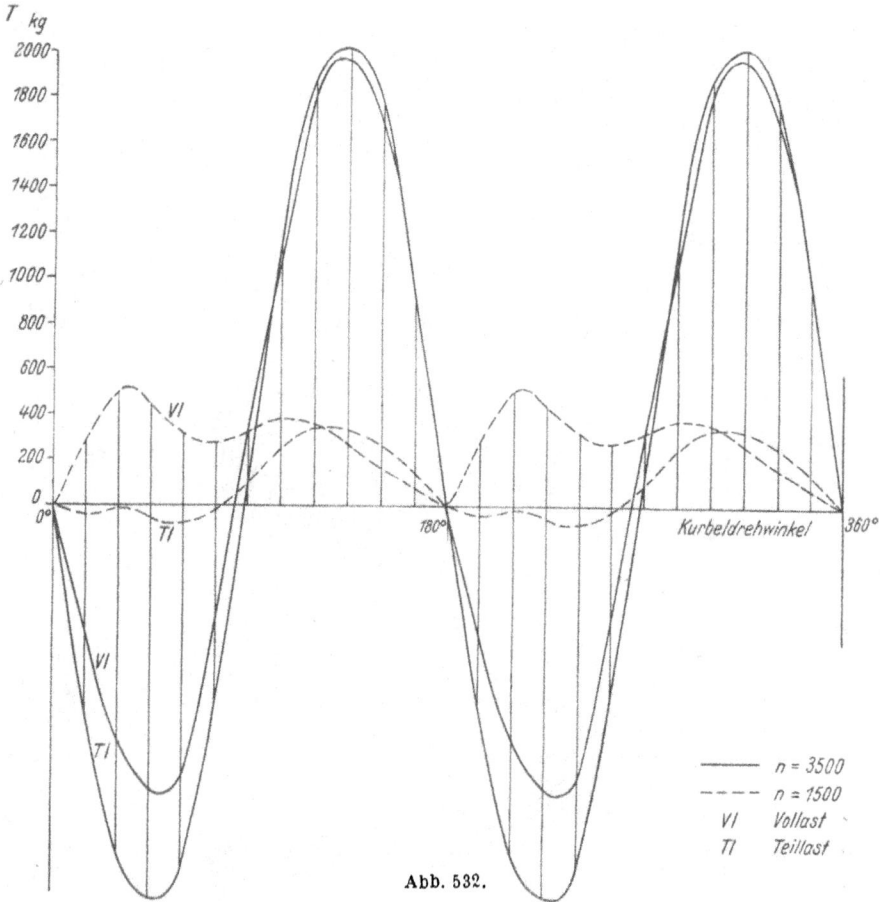

Abb. 532.

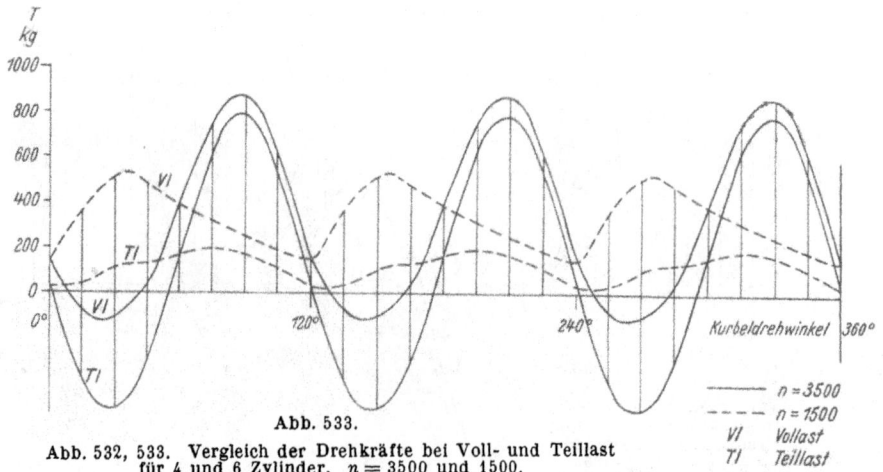

Abb. 533.

Abb. 532, 533. Vergleich der Drehkräfte bei Voll- und Teillast
für 4 und 6 Zylinder. $n = 3500$ und 1500.

zahlen besser als bei Viertaktmotoren, wie schon auf S. 130 gesagt wurde. Die zeichnerische Darstellung der Massendrehkräfte führt bloß beim Vierzylinder auf nennenswerte Restdrehkräfte. Mit Ausnahme dieses

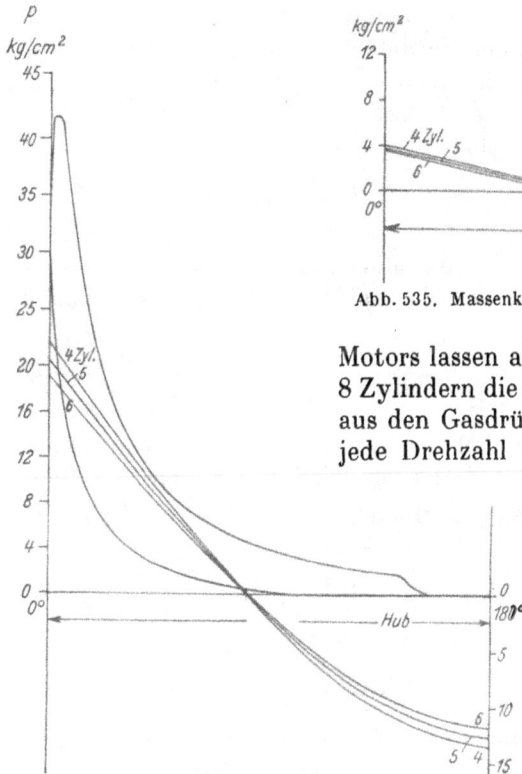

Abb. 535. Massenkraftkurven eines Kolbens bei $n = 1500$.

Motors lassen alle Ausführungen mit 5, 6, 7, 8 Zylindern die resultierende Tangentialkraft aus den Gasdrücken allein ableiten, d. h. für jede Drehzahl hat der Kurvenzug gleiches Aussehen. Deshalb enthält Abb. 536, die 4, 5 und 6 Zylinder vereinigt, zwei allerdings wenig voneinander abweichende Züge 4 und 4' für den Vierzylinder; im übrigen verschwinden die bedeutenden Gestaltsänderungen, die z. B. Abb. 519 aufweist. Die Untersuchung für Teillast bringt nichts Neues; sie mag deshalb hier unterbleiben.

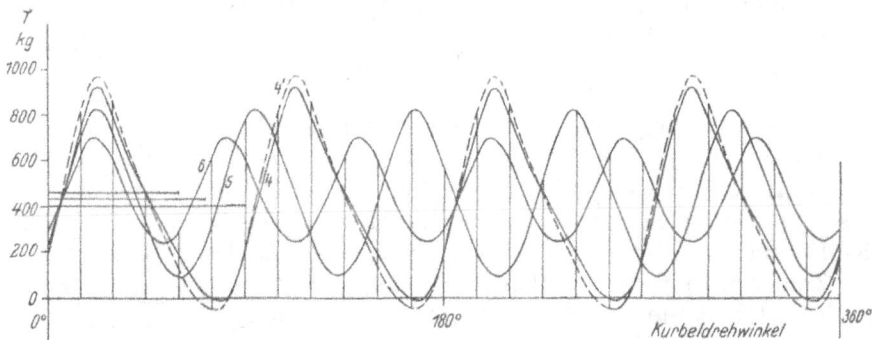

Abb. 534. Zweitakt-Druck-Kolbenweg-Diagramm und Massenkraftkurven eines Kolbens bei Zylinderzahlen 4, 5 und 6 bei $n = 3500$. Vollast.

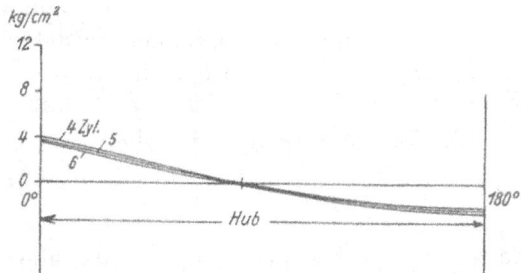

Abb. 536. Drehkraftverlauf für 4, 5 und 6 Zylinder und für die Drehzahlen $u = 1500$ und 3500. Vollast. 1. Fall.

——— $n = 3500$
- - - - $n = 1500$

Gewisse Besonderheiten der doppeltwirkenden Zweitakter finden sich unter »2. Gleichförmigkeit«.

β) 2. Fall. Gleiche Zylinderabmessungen für alle Zylinderzahlen.

Die Motoren mit verschiedenen Zylinderzahlen z entstehen durch Aneinanderreihung von Zylindern gleichen Hubraums v_h und gleicher Abmessungen d und s; wie verhalten sich die Drehkräfte der einzelnen Zylinderzahlen zu jenen des 1. Falls mit gleichem Gesamthubraum?

Gl. (59) lautete für Viertakt:

$$T_m = \frac{5 \cdot p_{m_i} \cdot V_h}{\pi \cdot s} \, ;$$

da nun der Hub s unveränderlich ist, aber $V_h = z \cdot v_h$ mit der Zylinderzahl wächst, so steigt auch T_m mit der Zahl z, und zwar rascher als im Fall 1; zugleich gilt:

$$\frac{T_m}{z} = \frac{5 \cdot p_{m_i}}{\pi \cdot s} \cdot v_h = \text{const,} \qquad (62)$$

als Gegenstück zu Gl. (58) des 1. Falls. Die Leistung nimmt mit V_h zu. T_m, über der Zylinderzahl z aufgetragen, gibt eine Gerade.

Dank den gleichen Massen je Zylinder ist in der Gleichung zur Errechnung der Beschleunigungskraft ein Festwert vorhanden:

$$m_h \cdot r \cdot \omega^2 = \text{const.} \qquad (63)$$

Als Zahlenbeispiel sei gewählt:

$$v_h = 0,5 \ \ 1, \quad s = 0,112 \ \ \text{m}, \quad m_h = \frac{0,020}{9,81} \cdot F \ \ \frac{\text{kg} \cdot \text{sek}^2}{\text{m}}.$$

Die Abmessungen des Einzelzylinders sind dieselben wie beim Sechszylinder des 1. Falls, demnach auch die mittlere Drehkraft T_m. Damit fallen die Abmessungen für die Zylinderzahlen unter 6 kleiner, über 6 größer als im 1. Fall aus. Das Arbeitsverfahren sei Viertakt, das Druckvolumen-Schaubild verlaufe wie früher und gelte jeweils für die Drehzahlen 3500 und 1500.

a) Vollast. α) $n = 3500$, $\dfrac{T_m}{z} = 54{,}5$ kg.

Abb. 537 bringt den Verlauf der Gesamtdrehkräfte für 3, 4, 5, 6, 7 Zylinder, ferner Abb. 538 für 8, 9, 10, 11, 12 Zylinder. Die Beträge von T_m fangen mit einem kleineren Wert als im 1. Fall an, steigen aber rascher. Verglichen mit Abb. 519 und 520 sind die Höchstbeträge der Kräfte und die Überschüsse über T_m kleiner für Zahlen unter 6, größer für Zahlen über 6. Die verhältnismäßige Güte der einzelnen Zylinderzahlen ist hier ähnlich wie im 1. Fall vorhanden.

β) $n = 1500$, $\dfrac{T_m}{z} = 54{,}5$ kg.

Abb. 539 und 540 ermöglichen den Vergleich mit Abb. 522 und 523; abgesehen von der absoluten Größe der Kräfte, bleibt der allgemeine Charakter des 1. Falls bestehen.

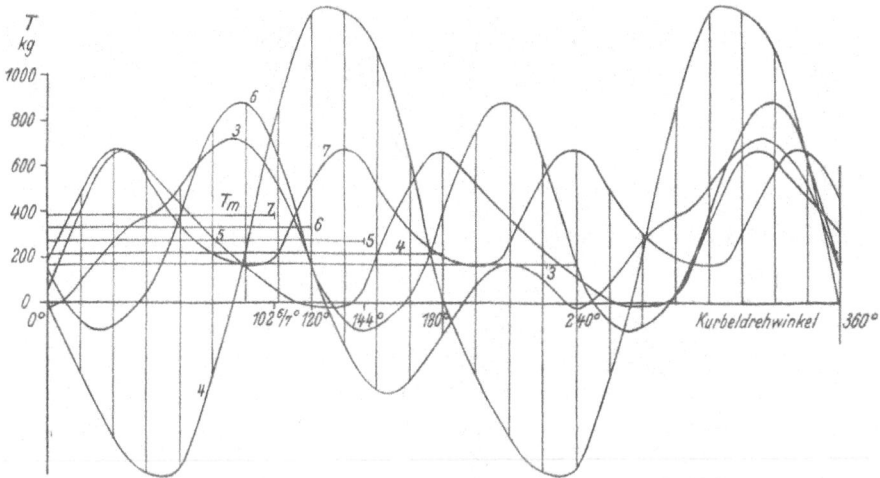

Abb. 537. Drehkraftverlauf für 3, 4, 5, 6 und 7 Zylinder. $n = 3500$. Vollast. 2. Fall.

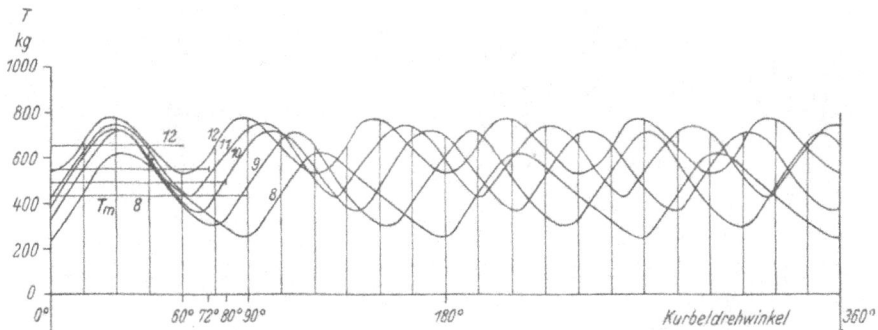

Abb. 538. Drehkraftverlauf für 8, 9, 10, 11 und 12 Zylinder. $n = 3500$. Vollast. 2. Fall.

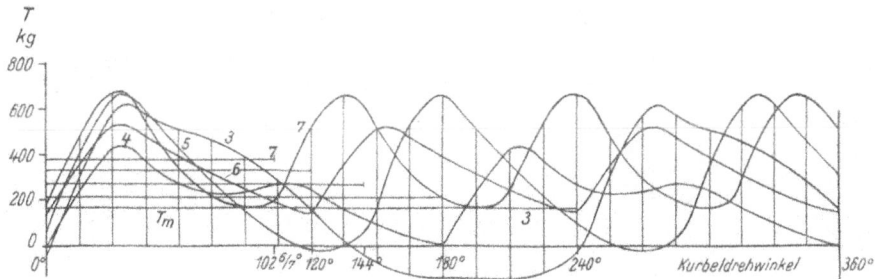

Abb. 539. Drehkraftverlauf für 3, 4, 5, 6 und 7 Zylinder. $n = 1500$. Vollast. 2. Fall.

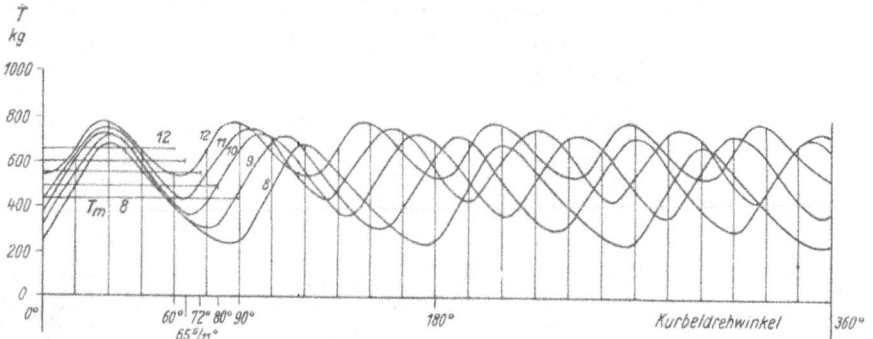

Abb. 540. Drehkraftverlauf für 8, 9, 10, 11 und 12 Zylinder. $n = 1500$. Vollast. 2. Fall.

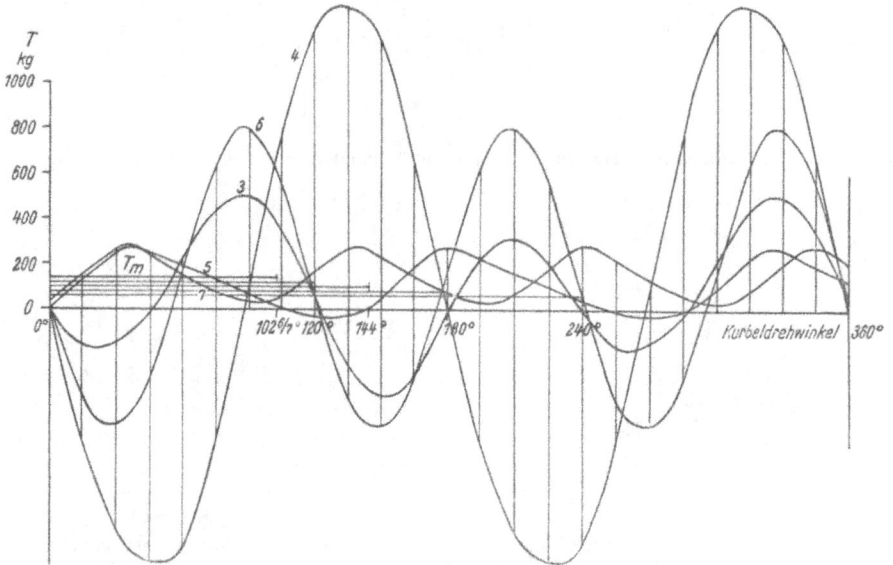

Abb. 541. Drehkraftverlauf für 3, 4, 5, 6 und 7 Zylinder. $n = 3500$. Teillast. 2. Fall.

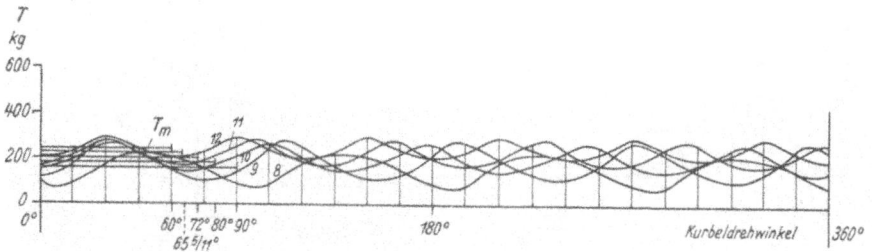

Abb. 542. Drehkraftverlauf für 8, 9, 10, 11 und 12 Zylinder. $n = 3500$. Teillast. 2. Fall.

Schrön, Zündfolge.

10

b) **Teillast.** $\frac{T_m}{z} = 19{,}93$ kg. Der Verlauf der Drehkräfte ist bei 3500 minutlichen Umdrehungen aus Abb. 541 für 3 bis 7 Zylinder und aus Abb. 542 für 8 bis 12 Zylinder, ferner bei 1500 Umdrehungen für die gleichen Zylinderzahlen aus Abb. 543 und 544 ersichtlich.

c) **Vergleich für Vollast und Teillast.** Wie im 1. Fall ist hier, um eine bessere Übersicht zu gewinnen, eine Zusammenlegung der Kurven von Vollast und Teillast bei den Drehzahlen 3500 und 1500 erfolgt. Abb. 545 zeigt das Verhalten des Dreizylinders, Abb. 546 des Vierzylinders, Abb. 547 des Achtzylinders; die Sechszylinderdrehkräfte decken sich, wie oben gesagt wurde, mit jenen des 1. Falls. Es handelt sich im allgemeinen um Abweichungen in den Beträgen der Kräfte.

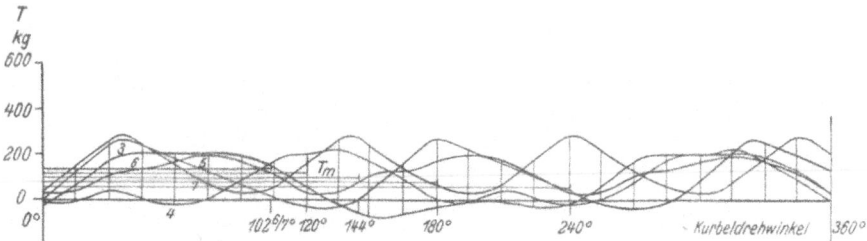

Abb. 543. Drehkraftverlauf für 3, 4, 5, 6 und 7 Zylinder. $n = 1500$. Teillast. 2. Fall.

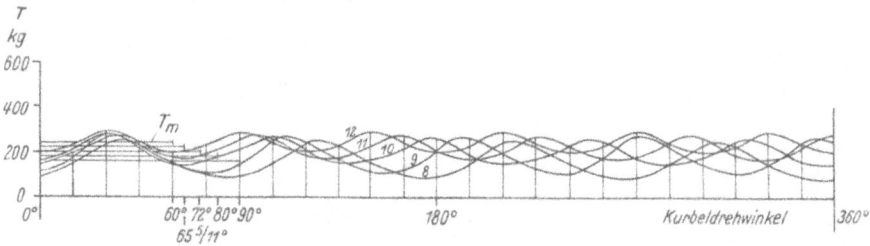

Abb. 544. Drehkraftverlauf für 8, 9, 10, 11 und 12 Zylinder. $n = 1500$. Teillast. 2. Fall.

γ) *Doppeltwirkende Motoren.*

Doppeltwirkende Motoren haben die grundsätzliche Eigenschaft der größeren Ausgeglichenheit des Drehmoments dank der doppelten Anzahl von Zündungen im Vergleich zum einfachwirkenden Motor. Dieser Vorzug kann jedoch zum Teil verschwinden, wenn die gewählte Gestalt der Welle, wie in Tafel 14 beim doppeltwirkenden Zweitakt, zu Paarzündungen, d. h. zu zwei gleichzeitigen Zündungen in zwei verschiedenen Zylindern, zwingt oder wenn bei Einzelzündungen die untere Zylinderseite mit ihren weniger günstigen räumlichen Verhältnissen einen Verlauf des Druck-Volumen-Schaubildes mit geringerem mittleren indizierten Druck als auf der Zylinderoberseite aufweist.

Abb. 545. 3 Zylinder.

VI Vollast
TI Teillast

—— n = 3500
----- n = 1500

Abb. 546. 4 Zylinder.

—— n = 3500
----- n = 1500
VI Vollast
TI Teillast

Abb. 547. 8 Zylinder.

—— n = 3500
----- n = 1500
VI Vollast
TI Teillast

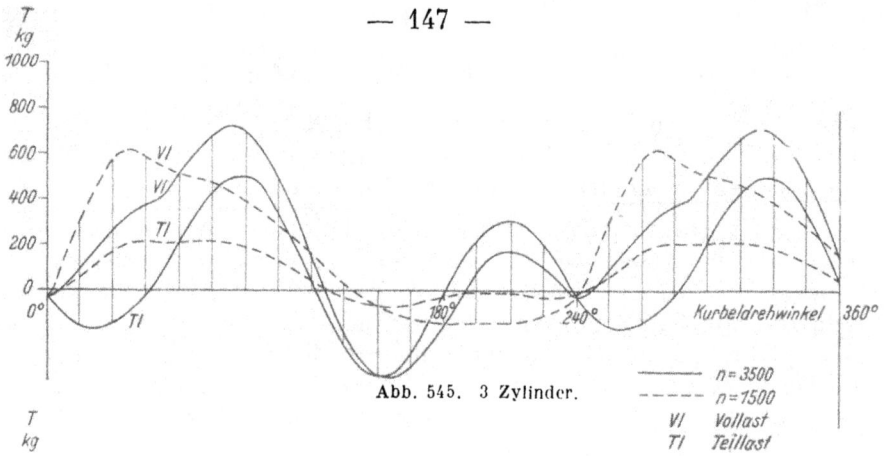

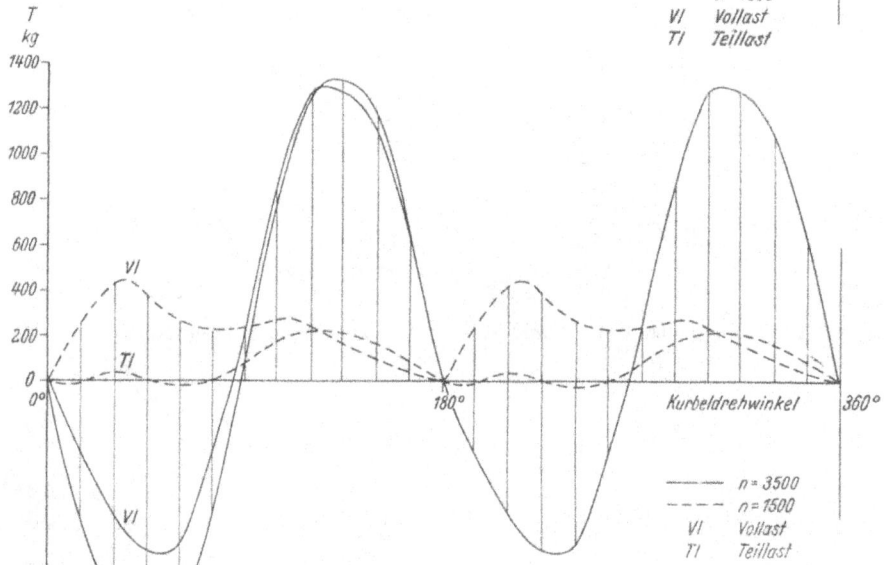

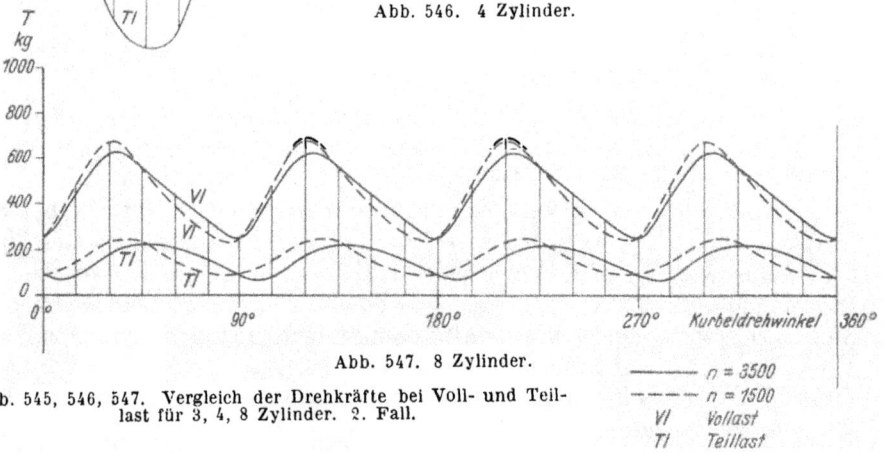

Abb. 545, 546, 547. Vergleich der Drehkräfte bei Voll- und Teillast für 3, 4, 8 Zylinder. 2. Fall.

Abb. 548 gibt den Verlauf der Drehkraft der Ober- und Unterseite eines Zylinders eines Diesel-Zweitakt-Sechszylinders; ferner den aus Paarzündungen auf ungleichnamigen Zylinderseiten entstehenden Dreh-

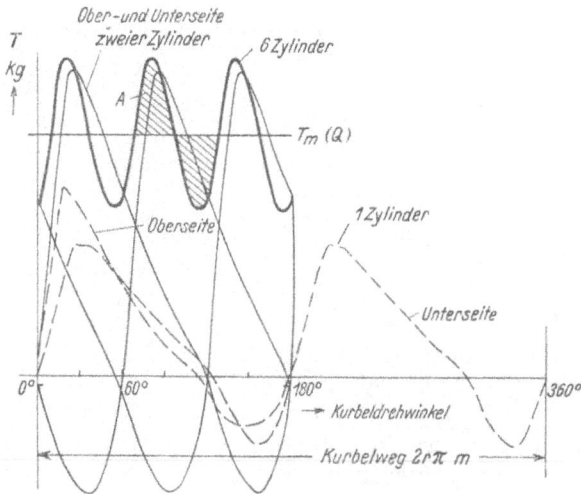

Abb. 548. Drehkraftverlauf beim doppeltwirkenden Zweitakt-Sechszylindermotor mit Paarzündungen. Kurbelversetzung $\delta_k = 60^0$. Ungleicher Gasdruckverlauf auf beiden Zylinderseiten.

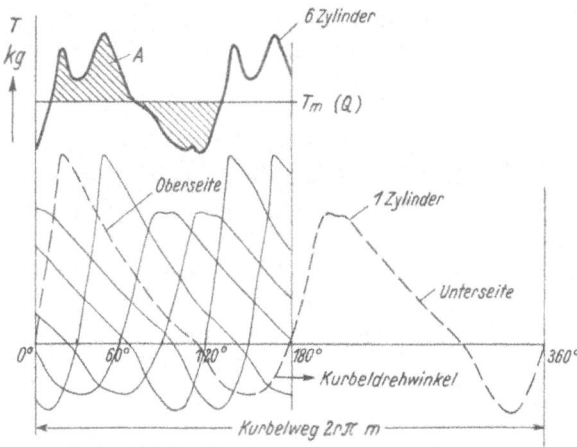

Abb. 549. Drehkraftverlauf beim doppeltwirkenden Zweitakt-Sechszylindermotor mit Einzelzündungen. Kurbelversetzung δ_k abwechselnd 30^0 und 90^0.

kraftverlauf und aus diesem mit Versetzung von je 60^0 Kurbeldrehwinkel und Summierung der Ordinaten den Gesamtverlauf der Tangentialkraft für 6 Zylinder.

Abb. 549 untersucht die Verhältnisse des Sechszylinders mit unveränderten Abmessungen und mit Kurbeln, die wechselweise 30⁰ und 90⁰ versetzt sind. Die Zündfolge ist gleichmäßig, so zwar, daß zwei Zylinderoberseiten und zwei Unterseiten einander ablösen, wie folgt:

$$1_o \ 2_o \ 5_u \ 6_u \ 3_o \ 4_o \ 1_u \ 2_u \ 5_o \ 6_o \ 3_u \ 4_u.$$

Die Summierung der Ordinaten der um 30⁰ versetzten Kurvenzüge liefert den Gesamtverlauf für 6 Zylinder; dieser besitzt wider Erwarten innerhalb einer Wellendrehung drei Haupterhebungen, die aus je zwei Einzelerhebungen bestehen.

Trägt man in Abb. 548 und 549 die mittlere Tangentialkraft T_m ein, so sind die Überschußflächen A, die ein Maß für die Ungleichförmigkeit abgeben (s. Ziffer 2 dieses Abschnittes), im Falle der gleichmäßigen Zündungen größer als im Falle der Doppelzündung. Das Zusammentreffen der niedrigeren Drehkraftbeträge der Unterseiten ist wesentlich daran schuld.

Hätte dagegen die Zylinderunterseite denselben Druckverlauf bei der Verdichtung und Verbrennung wie die Oberseite,

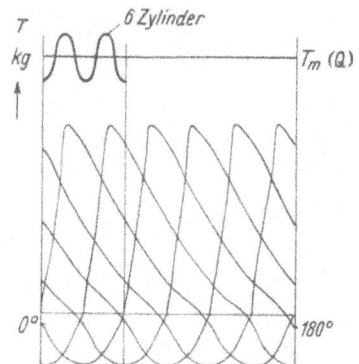

Abb. 550. Motor von Abb. 549 mit Einzelzündungen und gleichem Gasdruckverlauf auf Zylinderober- und -unterseite.

so ergäbe sich der viel weniger schwankende Verlauf mit 12 schwachen Schwingungen (Abb. 550) und einem besseren Gleichförmigkeitsgrad.

δ) Unregelmäßige Zündfolge.

Bisher waren regelmäßige Zündabstände vorausgesetzt. Wissenswert ist, in welchem Sinn sich das Drehkraftbild ändert, wenn absichtlich oder unabsichtlich die Zündungen ungleiche Verteilung haben.

1. Beispiel. Viertakt-Achtzylinder-V-Motor mit Gabelwinkel 60⁰ (statt 90⁰), $n = 3500$ und den Abmessungen wie unter 1. Fall. Die Zündungen erfolgen mit 60⁰ und 120⁰ Abstand. Hieraus folgt eine Unterteilung des Drehkraftzuges des Einzylinders über 720⁰, sowohl für die Gas- wie für die Massenkräfte, in ungleiche Abschnitte, was bei der Zusammenlegung der Teilzüge und Summierung der Ordinaten zu bemerkenswert ungünstigem Gesamtverlauf führt (vgl. Abb. 551). Es sind nicht nur aus den früheren 8 Schwingungen deren 4 geworden, vielmehr weichen die Höchst- und die Mindestbeträge der Kräfte beträchtlich mehr vom Mittelwert ab als bei regelmäßiger Zündfolge. Die Einwirkung der angelenkten Nebenstange auf die Drehkraft ist vernachlässigt.

2. Beispiel. Viertakt-Achtzylinder-Einreihenmotor mit Ausfall der Zündung in Zylinder 2 (Abb. 552), gestrichelter Linienzug.

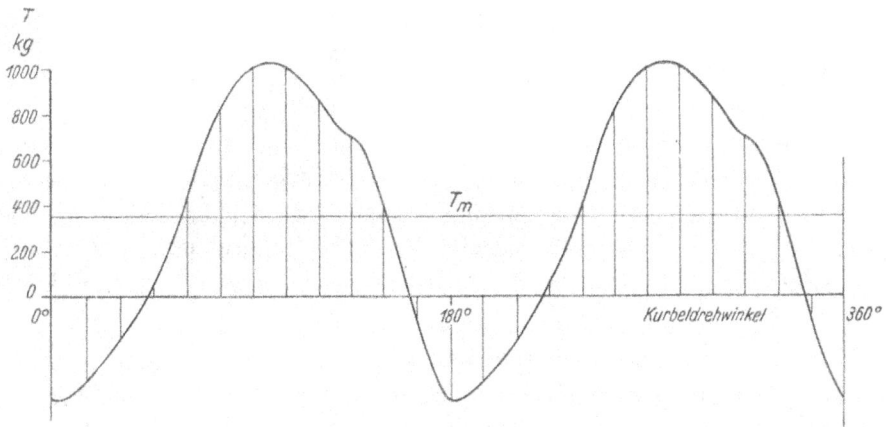

Abb. 551. Drehkraftverlauf des Viertakt-Achtzylinder-V-Motors mit ungleichen Zündabständen.

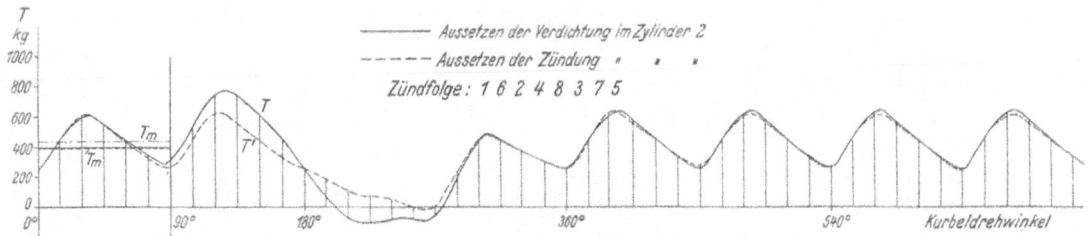

Aussetzen der Verdichtung im Zylinder 2
Aussetzen der Zündung » » »
Zündfolge: 1 6 2 4 8 3 7 5

Abb. 552. Drehkraftverlauf des Viertakt-Achtzylinder-Einreihenmotors mit Aussetzen der Zündung oder mit Ausfa der Verdichtung im Zylinder 2.

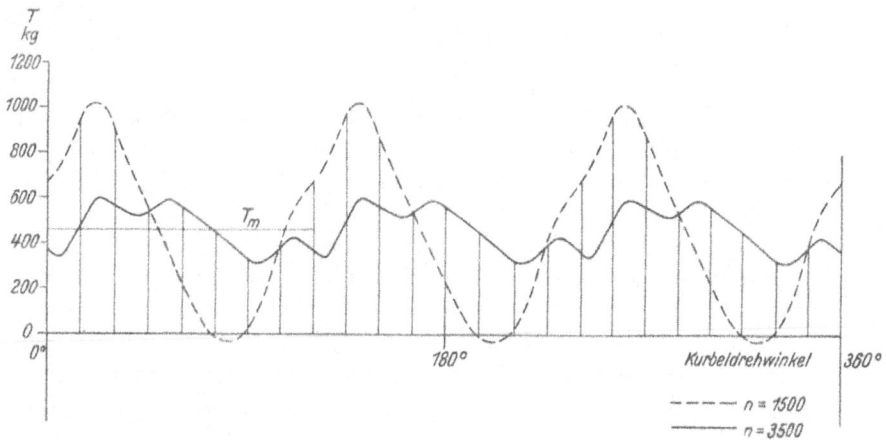

n = 1500
n = 3500

Abb. 553. Drehkraftverlauf des Zweitakt-Sechszylindermotors mit 30° und 90° Zündabstand.

Nimmt man noch mangelhafte oder gar ausfallende Verdichtung hinzu, so entsteht der im gleichen Bild ausgezogene Verlauf. Die mittleren Drehkräfte T_m sind ebenfalls mit verschiedener Strichart angegeben; die strichpunktierte Linie T_m entspricht der regelmäßigen Zündung aller Zylinder.

3. Beispiel. Der einfachwirkende Zweitakt-Sechszylindermotor mit dem Kurbelstern wie für den doppeltwirkenden Zweitakter (Tafel 14, S. 66) zündet alle 30° und 90° der Kurbelumdrehung. Wie man aus Abb. 553 entnimmt, ist die Verschlechterung bei $n = 1500$ auffallend gegenüber $n = 3500$.

c) Gesamtdrehkräfte bei Sternmotoren.

Das Drehmoment einer Maschine mit z sternförmig im Kreis verteilten Zylindern, kurz einer Sternmaschine, ist unter sonst gleichen Umständen gleich jenem einer z-Zylinder-Reihenmaschine. Dies ist begreiflich, da das Drehmoment jeden Zylinders allein von dem Winkel zwischen der Kurbel und der zugehörigen Schubrichtung abhängt, nicht aber von der Lage der Schublinie selbst im Raum.

Um sich davon zu überzeugen, dreht man jeden Zylinder samt Kurbel und Pleuelstange um einen beliebigen Winkel um die Wellenachse; dabei ändert sich an der Größe der augenblicklichen Drehkraft gar nichts. So kann man in Abb. 554 den Zylinder 2 und zugleich die übrigen Zylinder so weit schwenken, daß die ursprünglich sternförmig verteilten Schubrichtungen in eine einzige, z. B. lotrechte Richtung,

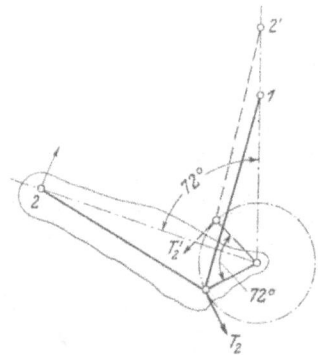

Abb. 554. Zum Vergleich der Drehkräfte des Sternmotors und des Reihenmotors.

fallen, also sich decken, und ein Reihenmotor entsteht. Kolben 2 eines Fünfzylinders gelangt nach Drehung um 72° in die Lage 2', Schubrichtung 2 zur Deckung mit Schubrichtung 1 und T_2 nach T_2'; die Beträge von T_2 bis T_5 erfahren dabei keine Änderung. Das gilt in gleicher Weise für die Teildrehkräfte aus Gas- und Massenkräften. Wegen der meist ungeraden Anzahl der Zylinder stellen sich hier die bei ungeradzahligen Reihenmotoren gefundenen Eigenheiten ein, wenn man vom geringfügigen Einfluß der Nebenstangen absieht.

Anders verhält es sich mit dem Ausgleich der Kolbenkräfte selbst, also der Gaskräfte und Massenkräfte unmittelbar am Kolben; ihre Wirkungsrichtung ist von Einfluß auf den Gesamtbetrag. Dies geht daraus hervor, daß bei Reihenanordnung die Beschleunigungskräfte der oszillierenden Teile alle gleiche Wirkungslinie besitzen und algebraisch zu addieren sind, dagegen bei dem Stern von Zylinderachsen eine vektorielle Summe liefern. Die nicht ausgeglichenen Kräfte an Sternmotoren sind von anderer Größenordnung als jene des Reihenmotors mit gleicher Zylinderzahl, wie unter B und C dieses Abschnitts näher begründet wird.

2. Gleichförmigkeit verschiedener Zylinderzahlen.

Bisher wurde der Verlauf der Drehkräfte und ihrer Momente, insbesondere unter dem Einfluß der bewegten Massen, dargestellt. Es ist nunmehr die Gleichförmigkeit oder auch die Ungleichförmigkeit des Ganges zu besprechen unter der Annahme, die Welle sei starr, unterliege also keinen Drehschwingungen, die den Gleichförmigkeitsgrad verändern (s. S. 211).

Infolge der wechselnden treibenden Umfangskräfte an der Welle schwankt die Geschwindigkeit v im Kurbelkreis. Der Ungleichförmigkeitsgrad, der hier mit $\varDelta$ anstatt wie üblich mit δ bezeichnet sei, da dieser Buchstabe für den Zündabstand der Zylinder gewählt wurde, kommt zum Ausdruck durch:

$$\varDelta = \frac{v_{\max} - v_{\min}}{v_m},$$

worin die Höchst- und Kleinstgeschwindigkeit neben der mittleren vorkommen; letztere läßt sich auch aus der Umlaufzahl des Motors berechnen. Der Gleichförmigkeitsgrad ist der reziproke Wert von $\varDelta$. An Stelle der Geschwindigkeiten können jederzeit die zugehörigen Wellendrehzahlen gesetzt werden.

Wären keine Massen, sondern nur Gaskräfte vorhanden, so wäre die Kurbelzapfengeschwindigkeit unabhängig von der Zylinderzahl, gleiches mittleres Drehmoment vorausgesetzt. Die Korrektur durch die Massen ist wesentlich bei 4 Zylindern, verschwindend bei 5, 7, 9 Zylindern, bemerklich bei 6, unbedeutend bei 8 Zylindern. Nur eine Schwungmasse von sehr hohem Betrag könnte den Vierzylinder auf gleiche Stufe mit dem Fünf- oder Siebenzylinder bringen.

Der Ungleichförmigkeitsgrad läßt sich ferner ausdrücken durch:

$$\varDelta = \frac{A}{m_r \cdot v_m^2}. \tag{64}$$

A ist im Drehkraftbild der Arbeitsüberschuß über dem als unveränderlich angenommenen Nutzwiderstand Q einschließlich der Reibungswiderstände innerhalb einer Periode, also bei z Zylindern und Viertakt innerhalb $\frac{4\pi}{z}$, bei Zweitakt $\frac{2\pi}{z}$, und erscheint als die Fläche zwischen dem Kurvenzug von T und der Waagrechten $T_m = Q$, s. z. B. Abb. 548, 549; m_r bedeutet die rotierende Masse und deckt sich beim schwungradlosen Motor mit dem umlaufenden Anteil aller Kurbelgetriebe; v_m ist, wie bisher, die mittlere Kurbelzapfengeschwindigkeit. Es fragt sich zunächst, wie $\varDelta$ ohne Zusatzdrehmassen wird.

Kleiner Ungleichförmigkeitsgrad stellt sich ein mit Erhöhung der Zylinderzahl z, einmal weil A mit wachsender Zylinderzahl sinkt, sodann weil die Masse m_r mit z wächst; besonders stark wirkt sich die Geschwindigkeit v_m und damit die Drehzahl n aus, da v_m in der zweiten Potenz vorkommt und somit besondere Einwirkung hat. Da im höheren Drehzahlbereich die Beträge von A wegen des Einflusses der hin und her gehenden Massen auf T wesentlich von der Drehzahl abhängen, im niederen Bereich dagegen überwiegend den Gaskräften unterworfen sind, so kann $\varDelta$ anders ausfallen als man überschlägig erwartet. So hat der Vierzylinder-Viertaktmotor für Drehzahlen zwischen 1000 und 1500 i. d. Min. ein kleines, für $n = 3000$ und höher aber ein sehr großes A. Der Ungleichförmigkeitsgrad des Vierzylinders, verglichen mit dem des Fünfzylinders, dessen A unabhängig von n ist, solange das Gasdiagramm unverändert bleibt, kann im niederen Drehzahlbereich etwas kleiner ausfallen, umgekehrt beim Schnellauf, bei dem der Vierzylinder in seinen dynamischen Eigenschaften als schlecht zu bezeichnen, wie schon Magg [43] betont hat, und sogar dem Dreizylinder unterlegen ist. Dies gilt nicht nur für Leichtausführungen, sondern auch für ortsfeste Dieselmaschinen, die zwar geringere Drehzahlen, dagegen größere Massen aufweisen.

Zu gleichen Ergebnissen gelangt man mit dem Massen-Wucht- oder Trägheits-Energie-Diagramm von Wittenbauer, das die Verhältnisse noch schärfer zu erfassen gestattet und ausgedehnte Verwendung in der Arbeit von Kosney [45] gefunden hat. Trägt man nach dem Vorgang Kosneys den Gleichförmigkeitsgrad $\varDelta' = \dfrac{1}{\varDelta}$ abhängig von der Drehzahl auf, so ergeben sich Kurven, die bis zu einem Höchstwert ansteigen, dem je nach Anzahl der Zylinder eine andere Drehzahl zugehört, und sodann fallen, um sich schließlich der Gleichförmigkeit der bewegten Massen allein zu nähern.

Bei vier Zylindern in Leichtbauart und Viertakt liegt dieser Bestwert je nach den Verhältnissen zwischen 1300 und 1700 Umläufen; bei fünf Zylindern hingegen in einem Bereich, bis zu dem die meisten Kolbenmotoren nicht hinauf kommen. Dieser starke Unterschied entfällt, wenn man zu Zweitakt übergeht.

Bei ungeraden Zylinderzahlen in Sternform fällt wegen des kleineren Trägheitsmoments der einfach gekröpften Welle die Gleichförmigkeit etwas geringer als bei Reihenanordnung aus.

Die Anwendung des Trägheits-Energie-Diagramms zeigt Verfasser im Abschnitt: »Drehmoment- und Wuchtausgleich. Schwungradberechnung« des Heftes 7 von Lists Werk [6].

Es sei nun kurz die Anwendung von Schwungmassen m_s gestreift. Man könnte meinen, ein hoher Gleichförmigkeitsgrad ließe sich trotz starker Drehkraftschwankungen mit einem passend gewählten Energiespeicher in Form eines Schwungrads erreichen. Dem steht entgegen, daß die Anbringung zusätzlicher Drehmassen eher an ortsfesten Ausführungen und dort auch nur als Notbehelf am Platze ist; an Leichtmotoren ist eine »natürliche«, gute Gleichförmigkeit besonders erwünscht, da Zusatzmassen, die das Gewicht des Wagenmotors wesentlich steigern und größeren Raums bedürfen, zu meiden sind, anderseits an Flugmotoren die Schwungmasse in der Luftschraube untergebracht und beschränkt ist.

Besondere Überlegung erfordert die Bestimmung der Schwungradgröße für Fahrzeugmotoren, da im Betrieb die Zylinderfüllung und die Drehzahl stark schwanken. Großer Wert wird auf einen gleichmäßigen Leerlauf bei niedriger Umlaufzahl unter 500 i. d. Min. gelegt. Für diesen Betriebsfall liefert Gl. (64) den ungünstigsten Ungleichförmigkeitsgrad, nachdem man aus dem Leergang-Druckverlauf unter Vernachlässigung der Massenkräfte das Drehkraftbild gezeichnet hat. Dieser Fall ist der Berechnung des Schwungrads zu unterlegen; dabei muß man sich mit einem $\varDelta$ von etwa $\frac{1}{20}$ begnügen, denn ein zu großes Schwungrad vermindert das Beschleunigungsvermögen der mit dem Motor gekuppelten Wagenteile, da sein Trägheitsmoment einen großen und mit der Untersetzung zur Treibachse stark wachsenden Einfluß hat. Diese Ermittlung hat Marquard [45] durchgeführt. Man braucht sich bloß daran zu erinnern: das Überschußdrehmoment der Tangentialkraft T über den Widerstand Q kommt dem Produkt aus polarem Trägheitsmoment J_s der Schwungmasse und ihrer Winkelbeschleunigung ε gleich, mit dem Drehsinn also:

$$(T - Q) \cdot r = - J_s \cdot \varepsilon.$$

Eine anders geartete Untersuchung hinsichtlich der Großdieselmaschinen verdankt man Fr. Schmidt [46]; hier ist die Schwungmasse mit Rücksicht auf die Regulierung der Maschine und auf die kleinste Drehzahl für langsame Fahrt zu bestimmen.

Zusammenfassend erscheinen folgende Punkte der Hervorhebung wert:

1. Der Verlauf der Drehkräfte über dem Kurbelweg und die Beträge der Arbeitsüberschüsse ändern sich nicht in stetiger Weise mit zunehmender Zylinderzahl; besonders auffallend ist hierbei das Verhalten des Vierzylinder-Viertaktmotors;

2. Drehkraftverlauf und Arbeitsüberschüsse sind für manche Zylinderzahlen von der Gaskraft, den Massen und der Drehzahl abhängig, für andere Zahlen dagegen allein den Gaskräften unterworfen;

3. die Güte der Gleichförmigkeit steigt nicht in stetiger Weise etwa verhältig der Zylinderzahl;

4. der hohe Wert des mittleren Druckes an sich und im Vergleich zum Höchstwert der Gesamtdrehkraft bei den Zylinderzahlen über vier bedingt, daß der Motor die für den Wagenantrieb sehr erwünschte Eigenschaft der Weichheit und Geschmeidigkeit aufweist;

5. daher wirken gleiche und möglichst kurze Zwischenräume zwischen den Zündungen nur günstig. Wollte man zur Erreichung anderer Verbesserungen die zeitlichen Zündabstände ungleich gestalten, so würde der Ungleichförmigkeitsgrad nur ungünstig beeinflußt;

6. der mit Hilfe der Drehkraftlinie ermittelte Ungleichförmigkeitsgrad deckt sich nicht mit dem wirklichen. Die auf der Elastizität der Welle beruhenden Drehschwingungen und die im Sonderfall des Drehstrom-Parallelbetriebs durch die synchronisierende Kraft verursachten Wellenpendelungen verschlechtern den berechneten Ungleichförmigkeitsgrad merklich; denn diese Schwingungen überlagern sich den von den Kurbeldrehkräften herrührenden ungleichen Umfangsgeschwindigkeiten.

B. Gleichmäßige Zündfolge und Ausgleich der Gaskräfte.

Unter Gas- oder Kolbenkräften sind die von den Arbeitsvorgängen im Zylinder des Verbrennungsmotors herrührenden, fördernden oder hemmenden Kräfte, also z. B. die bei der Gemischverbrennung treibenden Gaskräfte oder die bei der Verdichtung bremsenden Kräfte, zu verstehen.

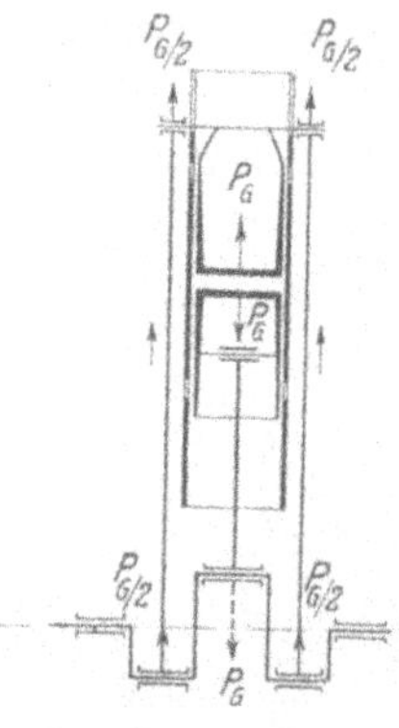

Abb. 555. Gaskräfte am Gegenkolbenmotor.

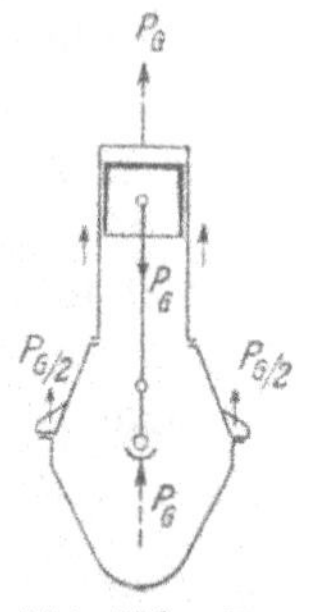

Abb. 556. Gaskräfte an Kolben und Zylinder nebst Kurbelkasten.

Als recht durchsichtigen Fall des Ausgleichs solcher Kräfte in einem Kurbeltrieb diene der Gegenkolbenmotor nach Abb. 13, S. 18, dessen Schema mit den Wirkungspfeilen der Kräfte in Abb. 555 erscheint. Die

Gaskräfte vom Betrag P_G drücken sowohl auf den unteren wie auf den oberen Kolben und halten sich in jedem Augenblick an der dreifach gekröpften Welle das Gleichgewicht, wenn man von der etwas verschiedenen Stangenlänge absieht. Wellenzapfen und Lager sind so gut wie entlastet.

An der normalen Ausführung mit einfachwirkendem Kolben (Abb. 556) pflanzt sich die Kraft P_G über Pleuelstange und Kurbel auf den Wellenzapfen fort, anderseits über Zylinderkopf, Zylinderlauf, Kurbelgehäuse auf den Lagerkörper und Hängedeckel, wo zwischen Welle und Lagerschale eine Pressung entsteht, die hohe Beträge erreichen kann. Es sind hierbei die Massenkräfte außer Betracht gelassen, die im Schnelllauf die starken Gaskräfte wesentlich mildern, wie im vorangehenden Unterabschnitt A deutlich zu erkennen war; ebenso die Seitendrücke aus den Gaskräften, die bei Schräglage der Stange auftreten und im Abschnitt VIII an die Reihe kommen.

Es fragt sich, inwieweit bei mehreren Zylindern die Gaskräfte P_G oder genauer die Schubstangenkräfte S, welche die Lagerbelastung bedingen, sich an Reihen- und Sternmotoren gegenseitig aufheben. Zu unterscheiden ist wiederum zwischen Viertakt und Zweitakt.

A. Einfachwirkender Viertakt. Die Grundfrequenz der Vorgänge in einem Zylinder ist die halbe derjenigen der Wellendrehung; denn es wiederholt sich z. B. die Zündung nach je 2 Wellenumläufen. Die Kraft P_G läßt sich durch eine Fouriersche Reihe ausdrücken von der Form:

$$\left.\begin{aligned} P_G = a_0 + a_1 \cdot \cos\frac{\alpha}{2} + a_2 \cdot \cos 2\,\frac{\alpha}{2} + a_3 \cdot \cos 3\,\frac{\alpha}{2} + \dots \\[2mm] + b_1 \cdot \sin\frac{\alpha}{2} + b_2 \cdot \sin 2\,\frac{\alpha}{2} + b_3 \cdot \sin 3\,\frac{\alpha}{2} + \dots, \end{aligned}\right\} \quad (65)$$

worin a_0 die mittlere Kraft innerhalb zweier Wellenumdrehungen, a_1, a_2 ..., b_1, b_2 ... Beiwerte, α den Kurbeldrehwinkel und die einzelnen Summenglieder die Harmonischen bedeuten. Es sind also einer unveränderlichen Kraft verschiedene Harmonische überlagert, in ähnlicher Weise wie bei der harmonischen Analyse der Gas-Drehkraftkurve (vgl. Abschnitt VII).

Bei Vorhandensein mehrerer Zylinder, deren Kurbeln oder auch Zylinderachsen um gewisse Winkel gegenseitig versetzt sind, erhält man die Gesamtkraft durch Summierung der gleichnamigen Harmonischen der einzelnen Kolbenkräfte; dabei verschwinden eine Anzahl solcher Glieder, und die verbleibenden bedingen eine wechselnde Pressung zwischen der Welle und ihren Lagern. Die wirkliche Reihenfolge der zündenden z Zylinder ist ohne Belang; dabei ist für den Reihenmotor eine ausreichend steife Welle und Lagerung vorausgesetzt.

a) **Reihenmotoren.** Die Summen der einzelnen Harmonischen lauten:

$$\begin{aligned}
\text{1. Harmonische} \quad & P_1 = \sum_1^z \left[a_1 \cdot \cos \frac{\alpha}{2} + b_1 \cdot \sin \frac{\alpha}{2} \right] \\[2mm]
\text{2. Harmonische} \quad & P_2 = \sum_1^z \left[a_2 \cdot \cos \alpha + b_2 \cdot \sin \alpha \right] \\[2mm]
\text{3. Harmonische} \quad & P_3 = \sum_1^z \left[a_3 \cdot \cos 3\frac{\alpha}{2} + b_3 \cdot \sin 3\frac{\alpha}{2} \right] \\
& \quad\quad\quad \vdots \qquad\qquad\qquad\qquad \vdots \\
\text{k. Harmonische} \quad & P_k = \sum_1^z \left[a_k \cdot \cos k\frac{\alpha}{2} + b_k \cdot \sin k\frac{\alpha}{2} \right].
\end{aligned} \right\} \quad (66)$$

Die Summen erstrecken sich von Zylinder *1* bis *z* oder mit den zugehörigen Kurbeln von *1* bis *k*; die Winkel α der Kurbeln, deren Zylinder nacheinander im Winkelabstand δ, d. h. mit der Phasenverschiebung δ, zünden, sind:

$$\alpha_1 = \alpha, \quad \alpha_2 = \alpha + \delta, \quad \alpha_3 = \alpha + 2\delta \ldots \alpha_k = [\alpha + (k-1) \cdot \delta].$$

Es bedeutet damit:

$$\Sigma \cos \frac{\alpha}{2} = \cos \frac{1}{2}\alpha + \cos \frac{1}{2}(\alpha + \delta) + \cos \frac{1}{2}(\alpha + 2\delta) + \ldots$$
$$+ \cos \frac{1}{2}[\alpha + (k-1) \cdot \delta]$$

$$\Sigma \cos \alpha = \cos \alpha + \cos (\alpha + \delta) + \cos (\alpha + 2\delta) + \ldots$$
$$+ \cos [\alpha + (k-1) \cdot \delta]$$

$$\Sigma \cos 3\frac{\alpha}{2} = \cos \frac{3}{2}\alpha + \cos \frac{3}{2}(\alpha + \delta) + \cos \frac{3}{2}(\alpha + 2\delta) + \ldots$$
$$+ \cos \frac{3}{2}[\alpha + (k-1) \cdot \delta]$$

usf. Die sin-Glieder sind gleich gebaut.

Ohne auf die Bestimmung der Beiwerte a und b weiter einzugehen, lassen sich allgemeine Schlüsse hinsichtlich der Höhe des Ausgleichs bei verschiedenen Zylinderzahlen durch Einsetzen bestimmter Werte von δ ziehen. Allgemein gilt: Die Summenwerte werden nicht gleich Null für alle Harmonischen, die gleich der Zylinderzahl oder ein ganzes Vielfaches von ihr sind. Tafel 28 gibt eine gedrängte Übersicht.

Tafel 28.

Gaskräfte der Einreihenmotoren. Viertakt.

Zylin-der-zahl z	Zünd-abstand δ	Summe der 1. Har-monischen	Summe der 2. Har-monischen	Summe der 3. Har-monischen	Summe der 4. Har-monischen	Summe der k. Harmonischen
2	360^0	0	$2\,(a_2\cos\alpha + b_2\sin\alpha)$	0	$2\,(a_4\cos 2\,\alpha + b_4\sin 2\,\alpha)$	
3	240^0	0	0	$3\left(a_3\cos 3\,\dfrac{\alpha}{2} + b_3\sin 3\,\dfrac{\alpha}{2}\right)$	0	
4	180^0	0	0	0	$4\,(a_4\cos 2\,\alpha + b_4\sin 2\,\alpha)$	
5	144^0	0	0	0	0	$5\left(a_5\cos 5\,\dfrac{\alpha}{2} + b_5\sin 5\,\dfrac{\alpha}{2}\right)$
6	120^0	0	0	0	0	$6\,(a_6\cos 3\,\alpha + b_6\sin 3\,\alpha)$
7	$102^6/_7{}^0$	0	0	0	0	$7\left(a_7\cos 7\,\dfrac{\alpha}{2} + b_7\sin 7\,\dfrac{\alpha}{2}\right)$
8	90^0	0	0	0	0	$8\,(a_8\cos 4\,\alpha + b_8\sin 4\,\alpha)$
9	80^0	0	0	0	0	$9\left(a_9\cos 9\,\dfrac{\alpha}{2} + b_9\sin 9\,\dfrac{\alpha}{2}\right)$
10	72^0	0	0	0	0	$10\,(a_{10}\cos 5\,\alpha + b_{10}\sin 5\,\alpha)$

Die Prüfung auf zeichnerischem Weg, in welchen Fällen die Harmonischen der einzelnen Zylinder sich zu Null ergänzen, beansprucht wenig Zeit. Man leitet den Richtungsstern der 1. Harmonischen durch Halbieren des Winkels δ der ausgeführten Kurbelwelle ab, deren Kurbelstern der 2. Harmonischen zugehört. Die Verdreifachung der Winkel des 1. Sterns liefert den Stern der 3. Harmonischen usf. Mit beliebiger Länge der Kraftvektoren, die untereinander gleich sind, werden die Polygone der verschiedenen Harmonischen gezeichnet. Für 3 Kurbeln stellt Abb. 557 den 1. Stern (Grundstern) dar, der, bis auf die Bezifferung, gleiche Gestalt wie

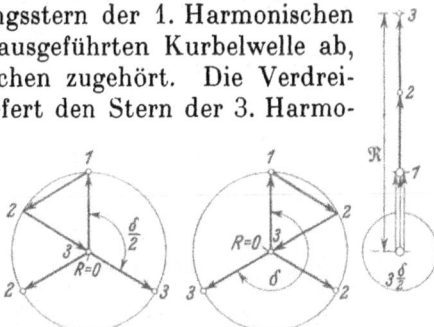

Abb. 557, 558, 559. Richtungssterne der 1., 2. und 3. Harmonischen des Dreizylinders.

der 2. Stern (Abb. 558) hat; das Vieleck mit beliebiger Seitenlänge führt in beiden Fällen zur Resultierenden Null. Erst die Verdreifachung der Winkel ergibt gleichgerichtete Strahlen und die Summe aller Strecken (Abb. 559). Gerade Anzahl der Zylinder und Kurbeln, z. B. 4, liefert für den Grundstern ein anderes Aussehen als für die höheren Sterne; Abb. 560 ist der Grundstern mit $R = 0$, Abb. 561 die 2. Harmonische mit $R = 0$, Abb. 562 die 3. Harmonische mit $R = 0$ und Abb. 563 mit Vervierfachung der Winkel eine Summe $\Re$ der Einzelkräfte vom Betrag $R = 4$ (vgl. auch Tafel 45 der Richtungssterne der Harmonischen auf S. 231).

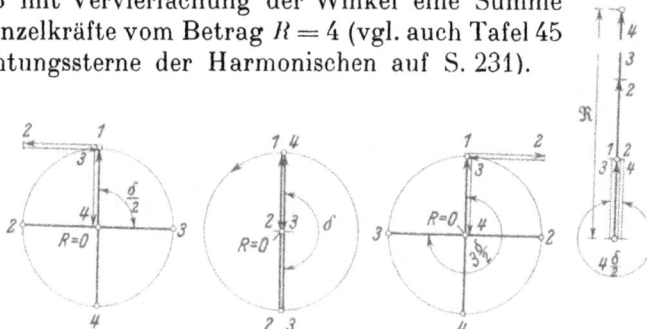

Abb. 560 bis 563. Richtungssterne der 1., 2., 3. und 4. Harmonischen des Vierzylinders.

Da die Welle der Reihenmotoren mehrfach gestützt ist, läßt sich über die Verteilung der periodischen Restkräfte unmittelbar wenig aussagen, im Gegensatz zu den Zylinderstern-Motoren, deren Kolben auf einen einzigen Kurbelzapfen und auf 2 benachbarte Lager arbeiten.

Was die Gabelmotoren anlangt, lassen sich aus den Überschuß-Harmonischen der Einzelreihen unschwierig Schlüsse auf das Gesamtverhalten ziehen.

Als weiteres Beispiel diene ein Gegenmotor mit 2 Zylindern (Abb. 159). Für die 1. Harmonische gilt wegen der Phasendifferenz 2π der Zündkräfte:

$$P_1 = a_1 \cdot \cos \frac{1}{2} \alpha - a_1 \cdot \cos \frac{1}{2} (\alpha + 2\pi)$$

$$+ b_1 \cdot \sin \frac{1}{2} \alpha - b_1 \cdot \sin \frac{1}{2} (\alpha + 2\pi)$$

$$= 2 \left(a_1 \cdot \cos \frac{1}{2} \alpha + b_1 \cdot \sin \frac{1}{2} \alpha \right);$$

die 2. Harmonische liefert:

$$P_2 = a_2 \cdot \cos \alpha - a_2 \cdot \cos (\alpha + 2\pi)$$
$$+ b_2 \cdot \sin \alpha - b_2 \cdot \sin (\alpha + 2\pi) = 0.$$

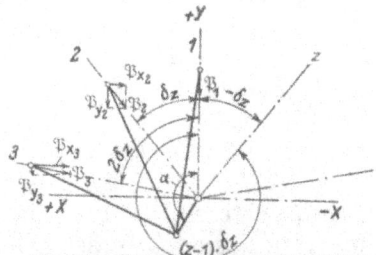

Abb. 564. Zur Ableitung der Resultierenden der Harmonischen der Gaskräfte beim Sternmotor.

Während also hier ein Ausgleich stattfindet, addieren sich die 1. Harmonischen. Weiter fortfahrend fände man, daß die ungeradzahligen Harmonischen bleiben, die geradzahligen aber verschwinden.

b) Sternmotoren. Man zerlegt die harmonischen Gaskräfte $\mathfrak{P}_1$, $\mathfrak{P}_2$, $\mathfrak{P}_3$ ... in eine x- und eine y-Komponente für jeden Zylinder (Abb. 564). Zylinder 1 wird lotrecht gestellt und bildet bei ungerader Zylinderzahl die Symmetrielinie; der Winkelabstand der Zylinderachsen ist δ_z, der Zündungen $\delta = 2\,\delta_z$. Die x-Komponenten der 1. Harmonischen lauten mit ihren Beträgen:

Zyl. 1 $\quad P_{x_1} \;\;= 0$

Zyl. 2 $\quad P_{x_2} \;\;= \left[a_1 \cos \frac{1}{2}\,(\alpha - \delta_z) + b_1 \sin \frac{1}{2}\,(\alpha - \delta_z) \right] \cdot \sin \delta_z$

Zyl. 3 $\quad P_{x_3} \;\;= \left[a_1 \cos \frac{1}{2}\,(\alpha - 2\,\delta_z) + b_1 \sin \frac{1}{2}\,(\alpha - 2\,\delta_z) \right] \cdot \sin 2\,\delta_z$

$\vdots \qquad\qquad \vdots \qquad\qquad\qquad\qquad \vdots$

Zyl. $(z-1)$ $\; P_{x_{z-1}} = \left[a_1 \cos \frac{1}{2}\,(\alpha - (z-2)\,\delta_z) \right.$

$\left. + b_1 \sin \frac{1}{2}\bigl(\alpha - (z-2)\,\delta_z\bigr) \right] \cdot \sin (z-2)\,\delta_z$

Zyl. z $\quad P_{x_z} \;\;= \left[a_1 \cos \frac{1}{2}\,\bigl(\alpha - (z-1)\,\delta_z\bigr) \right.$

$\left. + b_1 \sin \frac{1}{2}\bigl(\alpha - (z-1)\,\delta_z\bigr) \right] \cdot \sin (z-1)\,\delta_z \,.$

Mit Beachtung, daß $(z-1)\cdot \delta_z = -\,\delta_z$, $(z-2)\cdot \delta_z = -\,2\,\delta_z$ usf., wird:

$$\sum_1^z P_x = \left(a_1 \sin \frac{1}{2}\,\alpha - b_1 \cos \frac{1}{2}\,\alpha \right) \cdot \frac{1}{2} \cdot \left(\sum_1^z \cos \delta_z - \sum_1^z \cos 3\,\delta_z \right). \qquad (67)$$

Die y-Komponenten sind:

Zyl. 1 $\quad P_{y_1} \;\;= a_1 \cos \frac{1}{2}\,\alpha + b_1 \sin \frac{1}{2}\,\alpha$

Zyl. 2 $\quad P_{y_2} \;\;= \left[a_1 \cos \frac{1}{2}\,(\alpha - \delta_z) + b_1 \sin \frac{1}{2}\,(\alpha - \delta_z) \right] \cdot \cos \delta_z$

Zyl. 3 $\quad P_{y_3} \;\;= \left[a_1 \cos \frac{1}{2}\,(\alpha - 2\,\delta_z) + b_1 \sin \frac{1}{2}\,(\alpha - 2\,\delta_z) \right] \cdot \cos 2\,\delta_z$

$\vdots \qquad\qquad \vdots \qquad\qquad\qquad\qquad \vdots$

Zyl. $(z-1)$ $\; P_{y_{z-1}} = \left[a_1 \cos \frac{1}{2}\bigl(\alpha - (z-2)\,\delta_z\bigr) \right.$

$\left. + b_1 \sin \frac{1}{2}\bigl(\alpha - (z-2)\,\delta_z\bigr) \right] \cdot \cos (z-2)\,\delta_z$

Zyl. z $\quad P_{y_z} \;\;= \left[a_1 \cos \frac{1}{2}\bigl(\alpha - (z-1)\,\delta_z\bigr) \right.$

$\left. + b_1 \sin \frac{1}{2}\bigl(\alpha - (z-1)\,\delta_z\bigr) \right] \cdot \cos (z-1)\,\delta_z \,.$

Ähnlich wie oben folgt durch Addition:

$$\sum_1^z P_y = \left(a_1 \cos \frac{1}{2}\alpha + b_1 \sin \frac{1}{2}\alpha\right) \cdot \frac{1}{2} \cdot \left(\sum_1^z \cos \delta_z + \sum_1^z \cos 3\,\delta_z\right) \qquad (68)$$

In gleicher Weise wird für die 2. Harmonische:

$$\sum_1^z P_x = (a_2 \sin \alpha - b_2 \cos \alpha) \cdot \frac{1}{2} \cdot \left(z - \sum_1^z \cos 2\,\delta_z\right) \qquad (69)$$

$$\sum_1^z P_y = (a_2 \cos \alpha + b_2 \sin \alpha) \cdot \frac{1}{2} \cdot \left(z + \sum_1^z \cos 2\,\delta_z\right) \qquad (70)$$

und für die 3. Harmonische:

$$\sum_1^z P_x = \left(a_3 \sin \frac{3}{2}\alpha - b_3 \cos \frac{3}{2}\alpha\right) \cdot \frac{1}{2} \cdot \left(\sum_1^z \cos 3\,\delta_z - \sum_1^z \cos 5\,\delta_z\right) \qquad (71)$$

$$\sum_1^z P_y = \left(a_3 \cos \frac{3}{2}\alpha + b_3 \sin \frac{3}{2}\alpha\right) \cdot \frac{1}{2} \cdot \left(\sum_1^z \cos 3\,\delta_z + \sum_1^z \cos 5\,\delta_z\right) \cdot \qquad (72)$$

Für den Dreizylinder z. B. ist $\delta_{z_1} = 0^0$, $\delta_{z_2} = 120^0$, $\delta_{z_3} = -120^0$, $\sum_1^3 \cos \delta_z = 1 - \frac{1}{2} - \frac{1}{2} = 0$, $\sum \cos 2\,\delta_z = 1 - \frac{1}{2} - \frac{1}{2} = 0$, $\sum \cos 3\,\delta_z = 1 + 1 + 1 = 3$. Die Summe der 1. Harmonischen wird allein für den Dreizylinder nicht gleich Null, ihr Vektor dreht sich entgegengesetzt zur Kurbelwelle; die 2. Harmonischen bleiben für alle Zylinderzahlen bestehen. Zu diesem Ergebnis gelangt auch J. Morris [47].

Während bei den Reihenmotoren mit einem Kolben in jedem Zylinder sich keinerlei Mittel zur Aufhebung der Schwankungen aus der Gaskraft bieten, kann man an den Sternmotoren die resultierende Kraft der 2. Harmonischen, deren Vektor sich mit Wellengeschwindigkeit dreht, durch ein Gewicht in gleicher Richtung wie die Kurbelarme und auf der Seite des Kurbelzapfens ausgleichen und damit die Lager entlasten. Dieses Vorgehen bedeutet jedoch die Einführung einer freien Kraft, die sich zwischen Kurbelkasten und Fundament auswirkt, und in vielen Fällen nicht erwünscht sein wird.

B. Einfachwirkender Zweitakt. Die Grundfrequenz der Zündungskräfte ist gleich derjenigen der Wellendrehung. Der Ausdruck für die Kräfte lautet:

$$\left.\begin{array}{l} P_G = a_0 + a_1 \cdot \cos \alpha + a_2 \cdot \cos 2\,\alpha + a_3 \cdot \cos 3\,\alpha + \dots \\ \qquad + b_1 \cdot \sin \alpha + b_2 \cdot \sin 2\,\alpha + b_3 \cdot \sin 3\,\alpha + \dots \end{array}\right\} \qquad (73)$$

a_0 ist die mittlere Kolbenkraft für eine Wellendrehung.

a) Reihenmotoren. Für die Summe der einzelnen Harmonischen gilt:

Schrön, Zündfolge.   11

1. Harmonische $\quad P_1 = \overset{z}{\underset{1}{\Sigma}} [a_1 \cdot \cos \alpha + b_1 \cdot \sin \alpha]$

2. Harmonische $\quad P_2 = \overset{z}{\underset{1}{\Sigma}} [a_2 \cdot \cos 2\alpha + b_2 \cdot \sin 2\alpha]$

3. Harmonische $\quad P_3 = \overset{z}{\underset{1}{\Sigma}} [a_3 \cdot \cos 3\alpha + b_3 \cdot \sin 3\alpha]$
$$\vdots \qquad\qquad \vdots \qquad\qquad \vdots \qquad\qquad \vdots$$
$k.$ Harmonische $\quad P_k = \overset{z}{\underset{1}{\Sigma}} [a_k \cdot \cos k\alpha + b_k \cdot \sin k\alpha].$

$$(74)$$

Die Summenwerte werden nicht gleich Null für alle Größen k, die ein ganzes Vielfaches der Kurbel- oder Zylinderzahl sind. Da hier nur einfache Kurbeln im einfachen Kreis vorkommen, ändern sich die für Viertakt geltenden Folgerungen hinsichtlich der geraden Zylinderzahlen 2, 4, 6, 8; für die ungeraden Zahlen bleiben sie ungeändert; so trifft man bei 2 Zylindern auf die 2. Harmonische, bei 4 Zylindern auf die 4. Harmonische und bei 6 Zylindern auf die 6. Harmonische.

b) Sternmotoren. Ähnlich wie bei Viertakt zerlegt man die Harmonischen jeden Zylinders unter Beachtung seiner Neigung zur Y-Achse in die Teilkräfte P_x und P_y und bildet die Summen für alle z Zylinder. Ergebnis:

1. Harmonische
$$\overset{z}{\underset{1}{\Sigma}} P_x = (a_1 \sin \alpha - b_1 \cos \alpha) \frac{1}{2} \left(z - \overset{z}{\underset{1}{\Sigma}} \cos 2\delta_z\right) \qquad (75)$$

$$\overset{z}{\underset{1}{\Sigma}} P_y = (a_1 \cos \alpha + b_1 \sin \alpha) \frac{1}{2} \left(z + \overset{z}{\underset{1}{\Sigma}} \cos 2\delta_z\right), \qquad (76)$$

2. Harmonische
$$\overset{z}{\underset{1}{\Sigma}} P_x = (a_2 \sin 2\alpha - b_2 \cos 2\alpha) \frac{1}{2} \left(\overset{z}{\underset{1}{\Sigma}} \cos \delta_z - \overset{z}{\underset{1}{\Sigma}} \cos 3\delta_z\right) \qquad (77)$$

$$\overset{z}{\underset{1}{\Sigma}} P_y = (a_2 \cos 2\alpha + b_2 \sin 2\alpha) \frac{1}{2} \left(\overset{z}{\underset{1}{\Sigma}} \cos \delta_z + \overset{z}{\underset{1}{\Sigma}} \cos 3\delta_z\right) \qquad (78)$$

usf.

Der Ausgleich der 2. Harmonischen tritt von 5 Zylindern ab selbsttätig ein.

C. Gleichmäßige Zündfolge und Massenausgleich.
Massen-Kräfte und -Momente.

Vollkommener Massenausgleich ist vorhanden, wenn keine periodischen Kräfte und Momente, herrührend von den Massenbeschleunigungen, nach außen übertragen werden. Praktisch können sehr kleine Restkräfte vernachlässigt und deshalb der Ausgleich als »vollständig« bezeichnet werden.

1. Translatorische Wirkung der Massenkräfte. Gesamtrestkraft.

Es handelt sich hier nicht darum, eine ausführliche Ableitung für die verschiedenen Zylinderzahlen und -anordnungen zu geben, sondern eine gedrängte Übersicht über den Kräfteausgleich für gegebene Kurbelversetzung, die ihrerseits die Zeitabstände der Zündungen bemißt. Dies geschieht unter der Annahme, die Zylinderachsen und Kurbeltriebe lägen alle in einer Ebene (ebenes Kurbelsystem), was für Sternmotoren der Wirklichkeit entspricht, für Reihenmotoren dagegen nur als eine Abstraktion gelten kann, indem man vom axialen Abstand der Zylinder absieht und die Kippmomente einer späteren Behandlung im nächsten Unterabschnitt vorbehält.

Es geht um die Feststellung der schiebenden Endwirkung der freien Massenkräfte und der daraus entspringenden Schüttelbewegungen des Motors bei gleichmäßiger Kurbelversetzung; eine Abwandlung der Zündfolge kann naturgemäß nichts ändern, da nur die Winkelabstände der Kurbeln maßgebend sind.

Die Massenkraft der rotierenden Teile ist je Kurbel:

$$P_r = m_r \cdot r \cdot \omega^2 \quad \text{kg}; \tag{79}$$

die Beschleunigungskraft der geradlinig bewegten Masse in einem Zylinder beträgt:

$$P_h = m_h \cdot r \cdot \omega^2 \cdot (\cos\alpha + b_2 \cdot \cos 2\alpha + b_4 \cdot \cos 4\alpha + b_6 \cdot \cos 6\alpha + \ldots) \text{ kg} \tag{80}$$

oder kürzer:

$$P_h = m_h \cdot r \cdot \omega^2 \cdot \left(\cos\alpha + \sum_{n=1}^{n=\infty} b_{2n} \cdot \cos 2n\alpha\right). \tag{80a}$$

Es bedeutet:

m_r die auf den Kurbelzapfen bezogene umlaufende Masse $\dfrac{\text{kg}}{\text{m}}$ sek^2,

m_h die hin und her gehende Masse $\dfrac{\text{kg}}{\text{m}}$ sek^2,

r den Kurbelhalbmesser m,

α den Kurbeldrehwinkel in Grad,

ω die Winkelgeschwindigkeit $\dfrac{1}{\text{sek}}$,

$\lambda = \dfrac{r}{l}$ das Schubstangenverhältnis,

b einen Beiwert, und zwar:

$$b_2 = \lambda + \frac{1}{4}\lambda^3 + \frac{15}{128}\lambda^5 + \ldots$$

$$b_4 = \qquad -\frac{1}{4}\lambda^3 - \frac{3}{16}\lambda^5 - \ldots$$

$$b_6 = \qquad\qquad\qquad \frac{9}{128}\lambda^5 + \ldots$$

$$b_8 = \qquad\qquad\qquad\qquad -\frac{25}{256}\lambda^7 - \ldots \ .$$

11*

Man nimmt nun für b_2, b_4, b_6 allein den ersten Summanden und setzt angenähert:

$$P_h = m_h \cdot r \cdot \omega^2 \cdot \left(\cos \alpha + \lambda \cdot \cos 2\alpha - \frac{\lambda^3}{4} \cdot \cos 4\alpha + \frac{9}{128} \cdot \lambda^5 \cdot \cos 6\alpha - \dots \right)$$

(80b)

Es kommen nur gerade Vielfache des Winkels α und ungerade Potenzen von λ vor; außer der 1. Harmonischen erscheinen die 2., 4., 6., 8. usf. Harmonischen, also nur gerade Zahlen, was für den Massenausgleich mehrerer Zylinder von Bedeutung ist. Man spricht auch von Gliedern erster, zweiter, vierter, sechster ... Ordnung und dem zugehörigen Ausgleich, so daß:

$$P_h = P_{\mathrm{I}} \cdot \cos \alpha + P_{\mathrm{II}} \cdot \cos 2\alpha - P_{\mathrm{IV}} \cdot \cos 4\alpha + \dots$$

(80c)

1. **Einfachwirkende Einreihenmotoren.** Für z Zylinder mit gleichgerichteten Achsen, gleichen Massen, gleichen Hüben, wie dies allgemein bei Verbrennungsmaschinen üblich ist, ergibt sich die resultierende Kraft, die als freie Kraft den Motor oder richtiger die sonst unbeweglichen Teile in schwingende Bewegung versetzt, aus der vektoriellen Summe:

$$\Re_r = \sum_1^z \mathfrak{P}_r$$

(81)

für die rotierenden Massen und aus:

$$\Re_h = \sum_1^z \mathfrak{P}_h$$

(82)

vom Betrag:

$$R_h = \sum_1^z P_h = m_h \cdot r \cdot \omega^2 \cdot \left(\sum_1^z \cos \alpha + \lambda \cdot \sum_1^z \cos 2\alpha - \frac{\lambda^3}{4} \cdot \sum_1^z \cos 4\alpha + \dots \right)$$

(82a)

für die hin und her gehenden Massen.

Die verschieden gerichteten Kräfte $\mathfrak{P}_r$ sind im Gleichgewicht für zwei unter 180° stehenden Kurbeln und von drei gleichmäßig versetzten Kurbeln aufwärts allgemein, da die vektorielle Summe Null ergibt. Hierfür liefern auch die gleichliegenden Kräfte 1. Ordnung $\mathfrak{P}_{\mathrm{I}}$ der geradlinig bewegten Massen den Gesamtwert Null.

Die Übersichtstafel 29 gibt für regelmäßigen oder symmetrischen Kurbelstern den Höchstbetrag der restlichen, lotrechten Massenkraft P_h an; der Beiwert b ist für die Glieder höherer als 4. Ordnung nicht zahlenmäßig angegeben in Anbetracht seiner Kleinheit. In der letzten Spalte ist die Verwendung der Welle, ob für Viertakt oder Zweitakt, angeführt. Die Angaben gelten für einfach- und doppeltwirkende Bauarten, Sonderfälle sind vermerkt. Regelmäßiger Zündabstand, kurz Regelzündung, ist vorausgesetzt.

Tafel 29.
Ausgleich der Massenkräfte. Einreihen-Motoren mit Regelzündung.

Zy-linder-zahl	Kurbelstern	Ausgleich bis zur	Verbleiben Kräfte der	vom Höchstbetrag	Arbeits-verfahren
2		0. Ordnung	1., 2., 4. ... Ordnung	$2 \cdot m_h \cdot r \cdot \omega^2$ $\times \left(1 + \lambda - \dfrac{\lambda^3}{4} + b_6\right)$	Viertakt
2		1. Ordnung	2., 4., 6. ... Ordnung	$2 \cdot m_h \cdot r \cdot \omega^2$ $\times \left(\lambda - \dfrac{\lambda^3}{4} + b_6\right)$	Zweitakt
3	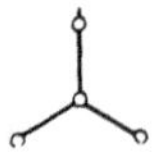	4. Ordnung	6., 12. ... Ordnung	$3 \cdot m_h \cdot r \cdot \omega^2$ $\times \left(\dfrac{9}{128} \cdot \lambda^5 + b_{12}\right)$	Viertakt Zweitakt
4		1. Ordnung	2., 4., 6. ... Ordnung	$4 \cdot m_h \cdot r \cdot \omega^2$ $\times \left(\lambda - \dfrac{\lambda^3}{4} + b_6\right)$	Viertakt
4		2. Ordnung	4., 8., 12. ... Ordnung	$4 \cdot m_h \cdot r \cdot \omega^2$ $\times \left(-\dfrac{\lambda^3}{4} + b_8\right)$	Zweitakt
4		0. Ordnung	1. Ordnung (höhere Ordnungen bis 8 ausgeglichen)	$1{,}082 \cdot m_h \cdot r \cdot \omega^2$	Zweitakt doppelt-wirkend
5	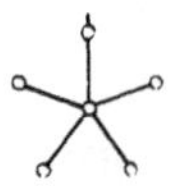	8. Ordnung	10., 20. ... Ordnung	$5 \cdot m_h \cdot r \cdot \omega^2 \cdot (b_{10} + b_{20})$	Viertakt Zweitakt
6	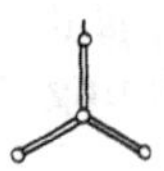	4. Ordnung	6., 12. ... Ordnung	$6 \cdot m_h \cdot r \cdot \omega^2$ $\times \left(\dfrac{9}{128} \cdot \lambda^5 + b_{12}\right)$	Viertakt
6	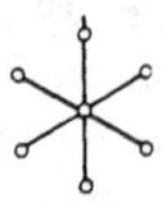	4. Ordnung	6., 12. ... Ordnung	$6 \cdot m_h \cdot r \cdot \omega^2$ $\times \left(\dfrac{9}{128} \cdot \lambda^5 + b_{12}\right)$	Zweitakt
6	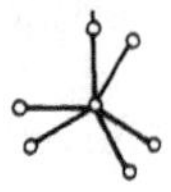	10. Ordnung	12., 24. ... Ordnung	$6 \cdot m_h \cdot r \cdot \omega^2 \cdot (b_{12} + b_{24})$	Zweitakt doppelt-wirkend

Tafel 29
(Fortsetzung).

Zylinderzahl	Kurbelstern	Ausgleich bis zur	Verbleiben Kräfte		Arbeitsverfahren
			der	vom Höchstbetrag	
7	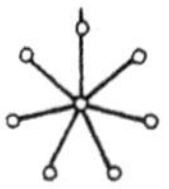	12. Ordnung	14., 28. ... Ordnung	$7 \cdot m_h \cdot r \cdot \omega^2 \cdot (b_{14} + b_{28})$	Viertakt Zweitakt
8	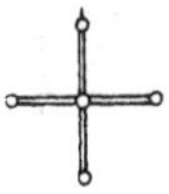	2. Ordnung	4., 8., 12. ... Ordnung	$8 \cdot m_h \cdot r \cdot \omega^2$ $\times \left(-\dfrac{\lambda^3}{4} + b_8\right)$	Viertakt
8	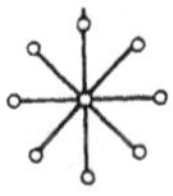	6. Ordnung	8., 16. ... Ordnung	$8 \cdot m_h \cdot r \cdot \omega^2 \cdot (b_8 + b_{16})$	Zweitakt
9	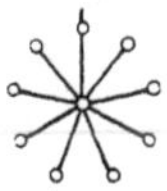	16. Ordnung	18., 36. ... Ordnung	$9 \cdot m_h \cdot r \cdot \omega^2 \cdot (b_{18} + b_{36})$	Viertakt Zweitakt
10		8. Ordnung	10., 20. ... Ordnung	$10 \cdot m_h \cdot r \cdot \omega^2 \cdot (b_{10} + b_{20})$	Viertakt
10	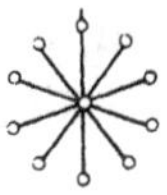	8. Ordnung	10., 20. ... Ordnung	$10 \cdot m_h \cdot r \cdot \omega^2 \cdot (b_{10} + b_{20})$	Zweitakt
11	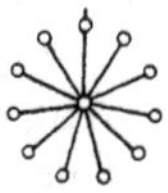	20. Ordnung	22., 44. ... Ordnung	$11 \cdot m_h \cdot r \cdot \omega^2 \cdot (b_{22} + b_{44})$	Viertakt Zweitakt
12	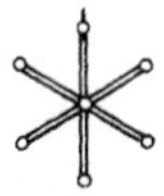	4. Ordnung	6., 12. ... Ordnung	$12 \cdot m_h \cdot r \cdot \omega^2$ $\times \left(\dfrac{9}{128} \cdot \lambda^5 + b_{12}\right)$	Viertakt
12		10. Ordnung	12., 24. ... Ordnung	$12 \cdot m_h \cdot r \cdot \omega^2 \cdot (b_{12} + b_{24})$	Zweitakt

Da für die Kräfte der Kurbelversetzungswinkel δ_k und nicht der Winkelabstand δ der Zündungen maßgebend ist, entfällt der Unterschied von Viertakt und Zweitakt für die Kurbelsterne von gleichem Aussehen, nämlich bei ungerader Kurbelzahl. Als praktisch ausgeglichen gelten die Motoren, die freie Kräfte 2. Ordnung nicht mehr besitzen, außergewöhnliche Schnelläufer sollten außerdem frei von Kräften 4. Ordnung sein; ein restloser Ausgleich ist bei Vorhandensein einer Zylinderreihe nicht möglich. Auffallend ist der ausgezeichnete Ausgleich der ungeraden Zylinderzahlen.

Auf den Sonderausgleich der Kräfte 1. Ordnung für 1 oder 2 Zylinder, etwa nach Lanchester mit 2 Pleuelstangen je Kolben und 2 Kurbelwellen (Abb. 565) oder der Kräfte 2. Ordnung beim normalen Viertakt-Vierzylinder mit Hilfswellen von doppelter Drehzahl und Gegenmassen sei nur hingewiesen.

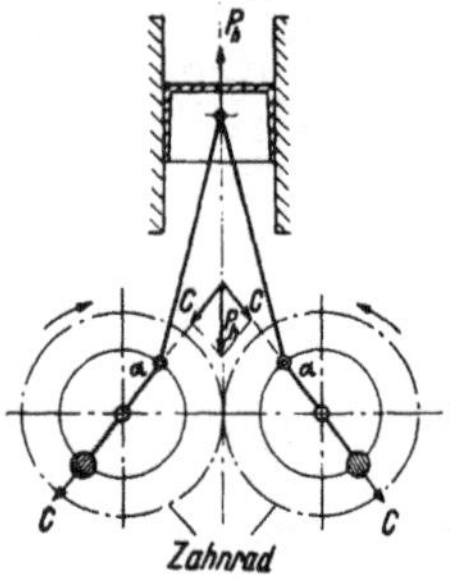

Vielfach hilft man sich mit einer Abschirmung der durch freie Kräfte geweckten Erschütterungen, z. B. durch Lagerung des Vierzylinder-Fahrzeugmotors auf Gummiklötzen als federnde Puffer.

Abb. 565. Ausgleich der Kräfte 1. Ordnung nach Lanchester.

Besondere Fälle der Massenverteilung und Kurbelversetzung bieten die kleinen Vergaser- oder Einspritz-Zweitaktmotoren mit angehängtem Spülpumpenkolben, der zur Verbesserung der Zylinderladung an Stelle der einfachen Kurbelkammerpumpe tritt. Eine Reihe schematischer Anordnungen hat Venediger [48] zusammengestellt.

Ausnahmefälle bilden ferner doppeltwirkende Zweitaktmaschinen mit unmittelbar gekuppelter Kolbenspülpumpe oder mit Einblasekompressor; man kann hier die Kurbelversetzung so wählen, daß ohne Verschlechterung des Gleichförmigkeitsgrades der Massenausgleich einschließlich der Nebenmassen ein praktisch guter wird.

Als Beispiel des vollkommenen Ausgleichs der Massenwirkungen diene der Junkers-Freikolben-Dieselverdichter mit gestängelosen, gegenläufigen Kolben [49], [50]. An Stelle der mechanischen Abgabe der Kräfte an eine Kurbelwelle erfolgt die Übertragung der Energie auf Luft, die dann weiter verwendet werden kann.

Wollte man eine Gegenüberstellung des Ausgleichs der Drehkräfte aus den Massenkräften (s. Abschnitt VI, A, 1) und des Ausgleichs der geradlinig bewegten Massen vornehmen, so fände man: die Restglieder der Drehkräfte für ungerade Kurbelzahlen sowie für Viertakt und für gerade Zahlen, die das Zweifache einer ungeraden Zahl sind, wie 2×1, 2×3 usf., besitzen die halbe Ordnung der freien Massenkräfte, dagegen die gleiche Ordnung bei den sonstigen geraden Zahlen.

2. Einfachwirkende Gabelmotoren. Diese haben im allgemeinen dieselbe Höhe des Ausgleichs wie jede Reihe und wie der einfache Reihenmotor mit $\frac{z}{i}$ Zylindern, wenn z die Gesamtzylinderzahl und i

die Reihenzahl bedeutet; es kann der Betrag der freien Kräfte vermindert und ihr Wirkungssinn abgeändert werden durch das Zusammenarbeiten mehrerer Reihen. Im Sonderfall des Gabelwinkels von 180⁰, d. h. beim Gegenreihenmotor, können je nach der Zylinderzahl die Gesamtkräfte 2. und höherer Ordnung oder überhaupt alle Kräfte im Gleichgewicht sein. Hierbei wird vorausgesetzt ein konzentrischer Angriff der Pleuelstangen am Kurbelzapfen; die zugehörigen Skizzen der Lösungen wurden schon in den Abb. 168 und 170 gebracht. Die Anlenkung der 2. oder auch 3. Stange an den Kopf der Hauptstange wie in Abb. 171, ruft im Nebengetriebe ein verändertes Bewegungsgesetz hervor, vgl. Riekert [51], Bernharth [52] und Schlaefke [53], Wilmans [54].

Tafel 30 gibt an, wie sich der Ausgleich des V-Motors gestaltet, gleiche Massen und gleiche Zündabstände (Regelzündung) für beide Reihen vorausgesetzt. Der Flachmotor mit $\delta_z = 180^0$ ist in der Tafel mit enthalten. Duldet man ungleiche Zündabstände, so lassen sich bisweilen Gabelwinkel ausfindig machen, die verbesserten Kräfteausgleich zulassen.

Tafel 31 sagt einiges über die Ausgleichsverhältnisse bei W-Motoren, Tafel 32 bei X-Motoren aus.

Tafel 30.

Ausgleich der Massenkräfte der einfachwirkenden V-Motoren mit Regelzündung.

Zy-linder-zahl	Kurbelstern	Ausgleich bis zur	Verbleiben Kräfte		Arbeits-verfahren
			der	vom Höchstbetrag	
2×1	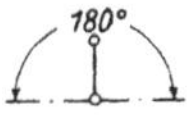 180°	0. Ordnung	1. Ordnung allein	$2 \cdot m_h \cdot r \cdot \omega^2$	Zweitakt
2×2	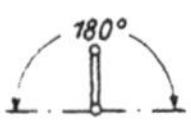 180°	0. Ordnung	1. Ordnung allein	$4 \cdot m_h \cdot r \cdot \omega^2$	Viertakt
	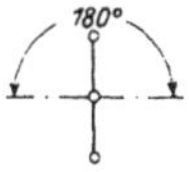 180°	höchsten Ordnung	—	Null	
2×2	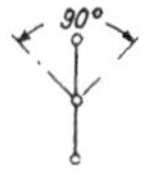 90°	1. Ordnung	2., 4. … Ordnung	$\sim 4 \cdot m_h \cdot r \cdot \omega^2 \cdot \frac{1}{2} \vert 2 \cdot b_2$ $= 2{,}828 \cdot \lambda \cdot m_h \cdot r \cdot \omega^2$	Zweitakt
2×3	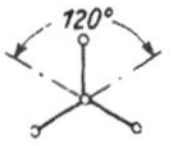 120°	4. Ordnung	6., 12. … Ordnung	$\sim 6 \cdot m_h \cdot r \cdot \omega^2 \cdot \frac{1}{2} \cdot b_6$ $= 3 \cdot b_6 \cdot m_h \cdot r \cdot \omega^2$	Viertakt

Tafel 30
(1. Fortsetzung).

Zylinderzahl	Kurbelstern	Ausgleich bis zur	Verbleiben Kräfte der	vom Höchstbetrag	Arbeitsverfahren
2×3	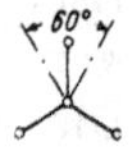 (60°)	4. Ordnung	6., 12. ... Ordnung	$\sim 6 \cdot m_h \cdot r \cdot \omega^2 \cdot \frac{1}{2}\sqrt{3} \cdot b_6$ $= 5{,}196 \cdot b_6 \cdot m_h \cdot r \cdot \omega^2$	Zweitakt
	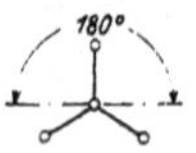 (180°)	höchsten Ordnung	—	Null	
2×4	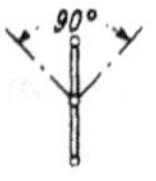 (90°)	1. Ordnung	2., 4. ... Ordnung	$\sim 8 \cdot m_h \cdot r \cdot \omega^2 \cdot \frac{1}{2}\sqrt{2} \cdot b_2$ $= 5{,}656 \cdot \lambda \cdot m_h \cdot r \cdot \omega^2$	Viertakt
	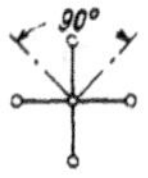 (90°)	2. Ordnung	4., 8. ... Ordnung	$\sim 8 \cdot m_h \cdot r \cdot \omega^2 \cdot \frac{1}{2}\sqrt{2} \cdot b_4$ $= 1{,}414 \cdot \lambda^3 \cdot m_h \cdot r \cdot \omega^2$	
	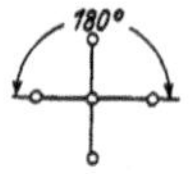 (180°)	höchsten Ordnung	—	Null	
2×4	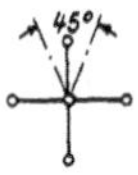 (45°)	2. Ordnung	4., 8. ... Ordnung	$\sim 8 \cdot m_h \cdot r \cdot \omega^2 \cdot 0{,}383 \cdot b_4$ $= 0{,}766 \cdot \lambda^3 \cdot m_h \cdot r \cdot \omega^2$	Zweitakt
	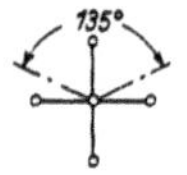 (135°)	2. Ordnung	4., 8. ... Ordnung	$\sim 8 \cdot m_h \cdot r \cdot \omega^2 \cdot 0{,}924 \cdot b_4$ $= 1{,}848 \cdot \lambda^3 \cdot m_h \cdot r \cdot \omega^2$	
	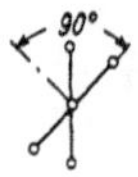 (90°)	1. Ordnung	2., 4. ... Ordnung	$\sim 4 \cdot m_h \cdot r \cdot \omega^2 \cdot \frac{1}{2}\sqrt{2} \cdot b_2$ $= 2{,}828 \cdot \lambda \cdot m_h \cdot r \cdot \omega^2$	
	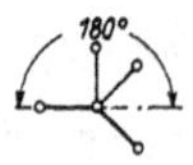 (180°)	0. Ordnung	1. Ordnung (höhere Ordnungen ausgeglichen)	$2{,}164 \cdot m_h \cdot r \cdot \omega^2$	
2×5	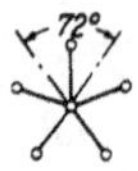 (72°)	8. Ordnung	10., 20. ... Ordnung	$\sim 10 \cdot m_h \cdot r \cdot \omega^2 \cdot 0{,}809 \cdot b_{10}$ $= 8{,}09 \cdot b_{10} \cdot m_h \cdot r \cdot \omega^2$	Viertakt

Tafel 30
(2. Fortsetzung).

Zy-linder-zahl	Kurbelstern	Ausgleich bis zur	Verbleiben Kräfte		Arbeits-verfahren
			der	vom Höchsbetrag	
2×5	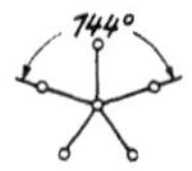 144°	8. Ordnung	10., 20. ... Ordnung	$\sim 10 \cdot m_h \cdot r \cdot \omega^2 \cdot 0,309 \cdot b_{10}$ $= 3,09 \cdot b_{10} \cdot m_h \cdot r \cdot \omega^2$	Viertakt
	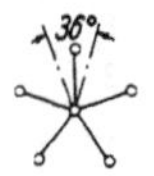 36°	8. Ordnung	10., 20. ... Ordnung	$\sim 10 \cdot m_h \cdot r \cdot \omega^2 \cdot 0,951 \cdot b_{10}$ $= 9,51 \cdot b_{10} \cdot m_h \cdot r \cdot \omega^2$	
2×5	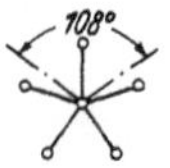 108°	8. Ordnung	10., 20. ... Ordnung	$\sim 10 \cdot m_h \cdot r \cdot \omega^2 \cdot 0,588 \cdot b_{10}$ $= 5,88 \cdot b_{10} \cdot m_h \cdot r \cdot \omega^2$	Zweitakt
	180°	höchsten Ordnung	—	Null	
	60°	4. Ordnung	6., 12. ... Ordnung	$\sim 12 \cdot m_h \cdot r \cdot \omega^2 \cdot \frac{1}{2} \sqrt{3} \cdot b_6$ $= 10,392 \cdot b_6 \cdot m_h \cdot r \cdot \omega^2$	
	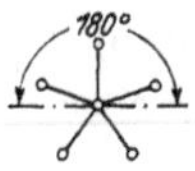 180°	höchsten Ordnung	—	Null	
2×6	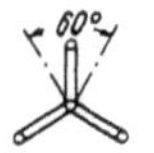 60°	4. Ordnung	6., 12. ... Ordnung	$\sim 12 \cdot m_h \cdot r \cdot \omega^2 \cdot \frac{1}{2} \sqrt{3} \cdot b_6$ $= 10,392 \cdot b_6 \cdot m_h \cdot r \cdot \omega^2$	Viertakt
	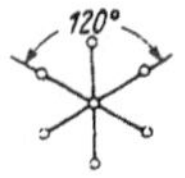 120°	4. Ordnung	6., 12. ... Ordnung	$\sim 12 \cdot m_h \cdot r \cdot \omega^2 \cdot \frac{1}{2} \cdot b_6$ $= 6 \cdot b_6 \cdot m_h \cdot r \cdot \omega^2$	
	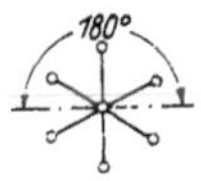 180°	höchsten Ordnung	—	Null	
2×6	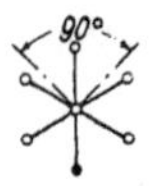 90°	4. Ordnung	6., 12. ... Ordnung	$\sim 12 \cdot m_h \cdot r \cdot \omega^2 \cdot \frac{1}{2} \sqrt{2} \cdot b_6$ $= 8,484 \cdot b_6 \cdot m_h \cdot r \cdot \omega^2$	Zweitakt

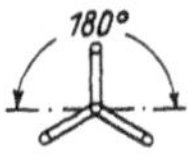

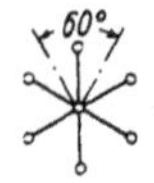

Tafel 30
(3. Fortsetzung).

Zylinderzahl	Kurbelstern	Ausgleich bis zur	Verbleiben Kräfte der	vom Höchsbetrag	Arbeitsverfahren
	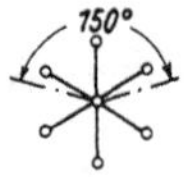 *(150°)*	4. Ordnung	6., 12. ... Ordnung	$\sim 12 \cdot m_h \cdot r \cdot \omega^2 \cdot 0{,}966 \cdot b_6$ $= 11{,}590 \cdot b_6 \cdot m_h \cdot r \cdot \omega^2$	
2×6	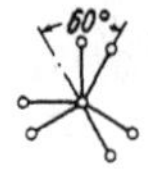 *(60°)*	8. Ordnung	12. Ordnung	$\sim 12 \cdot m_h \cdot r \cdot \omega^2 \cdot \frac{1}{2}\sqrt{3} \cdot b_{12}$ $= 10{,}392 \cdot b_{12} \cdot m_h \cdot r \cdot \omega_2$	Zweitakt
	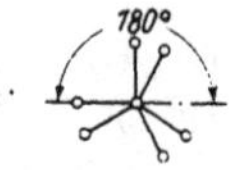 *(180°)*	höchsten Ordnung	—	Null	
	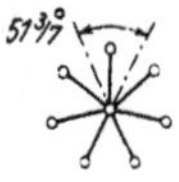 *(51 3/7°)*	12. Ordnung	14., 28. ... Ordnung	$\sim 14 \cdot m_h \cdot r \cdot \omega^2 \cdot 0{,}901 \cdot b_{14}$ $= 12{,}62 \cdot b_{14} \cdot m_h \cdot r \cdot \omega^2$	
2×7	 *(102 6/7°)*	12. Ordnung	14., 28. ... Ordnung	$\sim 14 \cdot m_h \cdot r \cdot \omega^2 \cdot 0{,}623 \cdot b_{14}$ $= 8{,}88 \cdot b_{14} \cdot m_h \cdot r \cdot \omega^2$	Viertakt
	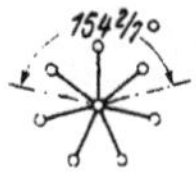 *(154 2/7°)*	12. Ordnung	14., 28. ... Ordnung	$\sim 14 \cdot m_h \cdot r \cdot \omega^2 \cdot 0{,}222 \cdot b_{14}$ $= 3{,}008 \cdot b_{14} \cdot m_h \cdot r \cdot \omega^2$	
	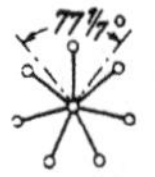 *(77 1/7°)*	12. Ordnung	14., 28. ... Ordnung	$\sim 14 \cdot m_h \cdot r \cdot \omega^2 \cdot 0{,}782 \cdot b_{14}$ $= 10{,}92 \cdot b_{14} \cdot m_h \cdot r \cdot \omega^2$	
2×7	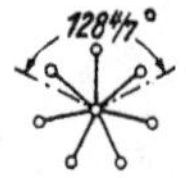 *(128 4/7°)*	12. Ordnung	14., 28. ... Ordnung	$\sim 14 \cdot m_h \cdot r \cdot \omega^2 \cdot 0{,}434 \cdot b_{14}$ $= 6{,}08 \cdot b_{14} \cdot m_h \cdot r \cdot \omega^2$	Zweitakt
	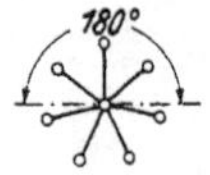 *(180°)*	höchsten Ordnung	—	Null	
2×8	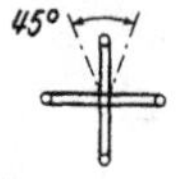 *(45°)*	2. Ordnung	4., 8. ... Ordnung	$\sim 16 \cdot m_h \cdot r \cdot \omega^2 \cdot 0{,}383 \cdot b_4$ $= 1{,}532 \cdot \lambda^3 \cdot m_h \cdot r \cdot \omega^2$	Viertakt

Tafel 30
(4. Fortsetzung).

Zylinderzahl	Kurbelstern	Ausgleich bis zur	Verbleiben Kräfte der	vom Höchsbetrag	Arbeitsverfahren
	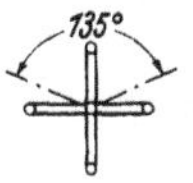 135°	2. Ordnung	4., 8. ... Ordnung	$\sim 16 \cdot m_h \cdot r \cdot \omega^2 \cdot 0{,}924 \cdot b_4$ $= 3{,}696 \cdot \lambda^3 \cdot m_h \cdot r \cdot \omega^2$	
	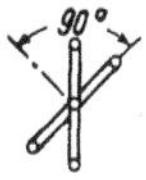 90°	1. Ordnung	2., 4. ... Ordnung	$\sim 8 \cdot m_h \cdot r \cdot \omega^2 \cdot \frac{1}{2}\sqrt{2} \cdot b_2$ $= 5{,}656 \cdot \lambda \cdot m_h \cdot r \cdot \omega^2$	
	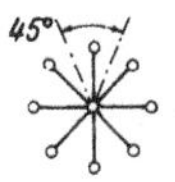 45°	6. Ordnung	8., 16. ... Ordnung	$\sim 16 \cdot m_h \cdot r \cdot \omega^2 \cdot 0{,}924 \cdot b_8$ $= 14{,}78 \cdot b_8 \cdot m_h \cdot r \cdot \omega^2$	
2×8	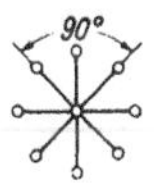 90°	6. Ordnung	8., 16. ... Ordnung	$\sim 16 \cdot m_h \cdot r \cdot \omega^2 \cdot \frac{1}{2}\sqrt{2} \cdot b_8$ $= 11{,}312 \cdot b_8 \cdot m_h \cdot r \cdot \omega^2$	Viertakt
	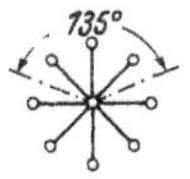 135°	6. Ordnung	8., 16. ... Ordnung	$\sim 16 \cdot m_h \cdot r \cdot \omega^2 \cdot 0{,}383 \cdot b_8$ $= 6{,}13 \cdot b_8 \cdot m_h \cdot r \cdot \omega^2$	
	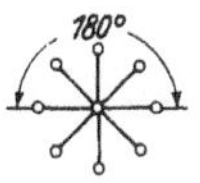 180°	höchsten Ordnung	—	Null	
	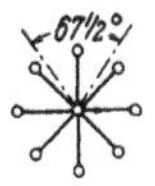 67½°	6. Ordnung	8., 16. ... Ordnung	$\sim 16 \cdot m_h \cdot r \cdot \omega^2 \cdot 0{,}832 \cdot b_8$ $= 13{,}3 \cdot b_8 \cdot m_h \cdot r \cdot \omega^2$	
2×8	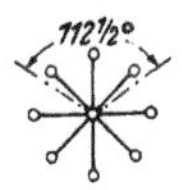 112½°	6. Ordnung	8., 16. ... Ordnung	$\sim 16 \cdot m_h \cdot r \cdot \omega^2 \cdot 0{,}555 \cdot b_5$ $= 8{,}89 \cdot b_8 \cdot m_h \cdot r \cdot \omega^2$	Zweitakt
	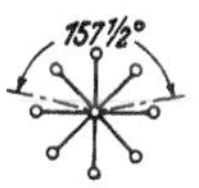 157½°	6. Ordnung	8., 16. ... Ordnung	$\sim 16 \cdot m_h \cdot r \cdot \omega^2 \cdot 0{,}195 \cdot b_8$ $= 3{,}125 \cdot b_8 \cdot m_h \cdot r \cdot \omega^2$	

Tafel 31.
Ausgleich der Massenkräfte der einfachwirkenden W-Motoren mit Regelzündung.

Zy-linder-zahl	Kurbelstern	Ausgleich bis zur	Verbleiben Kräfte		Arbeits-verfahren
			der	vom Höchstbetrag	
3×1	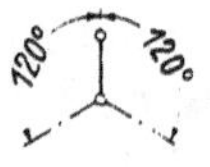 (120° 120°)	0. Ordnung	1., 2. .... Ordnung	$\sim \dfrac{3}{2} \cdot m_h \cdot r \cdot \omega^2 \cdot (1 + \lambda)$	Viertakt Zweitakt
3×2	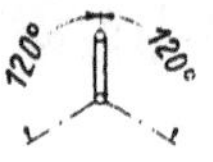 (120° 120°)	0. Ordnung	1., 2. .... Ordnung	$\sim 3 \cdot m_h \cdot r \cdot \omega^2 \cdot (1 + \lambda)$	Viertakt
3×2	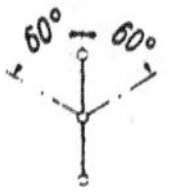 (60° 60°)	1. Ordnung	2., 4. .... Ordnung	$\sim 3 \cdot m_h \cdot r \cdot \omega^2 \cdot b_2$ $= 3\,\lambda \cdot m_h \cdot r \cdot \omega^2$	Zweitakt
	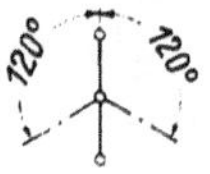 (120° 120°)	1. Ordnung	2., 4. .... Ordnung	$\sim 3 \cdot m_h \cdot r \cdot \omega^2 \cdot b_2$ $= 3\,\lambda \cdot m_h \cdot r \cdot \omega^2$	
3×3	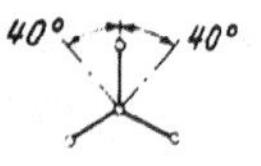 (40° 40°)	4. Ordnung	6., 12. .... Ordnung	$\sim 6 \cdot m_h \cdot r \cdot \omega^2$ $\times \dfrac{1}{2}\sqrt{3} \cdot 0{,}643 \cdot b_6$ $= 3{,}340 \cdot b_6 \cdot m_h \cdot r \cdot \omega^2$	
	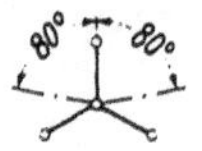 (80° 80°)	4. Ordnung	6., 12. .... Ordnung	$\sim 6 \cdot m_h \cdot r \cdot \omega^2$ $\times \dfrac{1}{2}\sqrt{3} \cdot 0{,}985 \cdot b_6$ $= 5{,}117 \cdot b_6 \cdot m_h \cdot r \cdot \omega^2$	Viertakt Zweitakt
	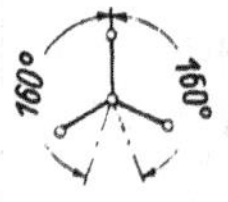 (160° 160°)	4. Ordnung	6., 12. .... Ordnung	$\sim 3 \cdot m_h \cdot r \cdot \omega^2$ $\times (1 + 0{,}940) \cdot b_6$ $= 5{,}819 \cdot b_6 \cdot m_h \cdot r \cdot \omega^2$	
3×4	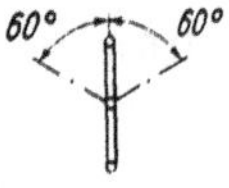 (60° 60°)	1. Ordnung	2., 4. .... Ordnung	$\sim 6 \cdot m_h \cdot r \cdot \omega^2 \cdot b_2$ $= 6 \cdot \lambda \cdot m_h \cdot r \cdot \omega^2$	
	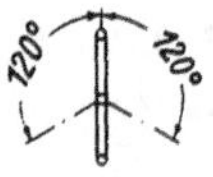 (120° 120°)	1. Ordnung	2., 4. .... Ordnung	$\sim 6 \cdot m_h \cdot r \cdot \omega^2 \cdot b_2$ $= 6 \cdot \lambda \cdot m_h \cdot r \cdot \omega^2$	Viertakt
3×4	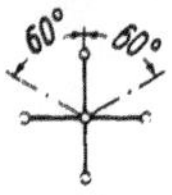 (60° 60°)	2. Ordnung	4., 8. .... Ordnung	$\sim 6 \cdot m_h \cdot r \cdot \omega^2 \cdot b_4$ $= \dfrac{3}{2} \cdot \lambda^3 \cdot m_h \cdot r \cdot \omega^2$	Zweitakt

Tafel 31
(1. Fortsetzung).

Zylinderzahl	Kurbelstern	Ausgleich bis zur	Verbleiben Kräfte		Arbeitsverfahren
			der	vom Höchstbetrag	
3×4	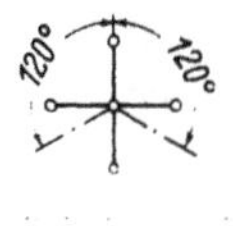 120° 120°	2. Ordnung	4., 8. ... Ordnung	$\sim 6 \cdot m_h \cdot r \cdot \omega^2 \cdot b_4$ $= \frac{3}{2} \cdot \lambda^3 \cdot m_h \cdot r \cdot \omega^2$	Zweitakt
	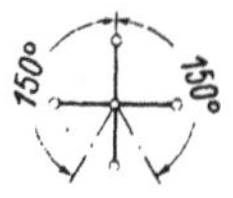 150° 150°	2. Ordnung	4., 8. ... Ordnung	$\sim 7{,}464 \cdot m_h \cdot r \cdot \omega^2 \cdot b_4$ $= 1{,}866 \cdot \lambda^3 \cdot m_h \cdot r \cdot \omega^2$	
3×5	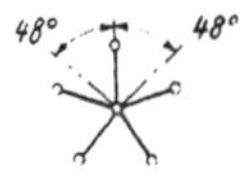 48° 48°	8. Ordnung	10., 20. ... Ordnung	$\sim 6{,}436 \cdot m_h \cdot r \cdot \omega^2 \cdot b_{10}$	Viertakt Zweitakt
	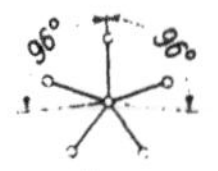 96° 96°	8. Ordnung	10., 20. ... Ordnung	$\sim 5{,}522 \cdot m_h \cdot r \cdot \omega^2 \cdot b_{10}$	
	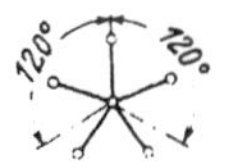 120° 120°	8. Ordnung	10., 20. ... Ordnung	$\sim 7{,}500 \cdot m_h \cdot r \cdot \omega^2 \cdot b_{10}$	
3×6	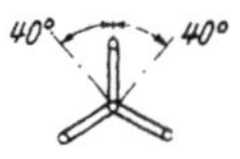 40° 40°	4. Ordnung	6., 12. ... Ordnung	$\sim 6{,}680 \cdot m_h \cdot r \cdot \omega^2 \cdot b_6$	Viertakt
	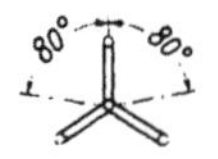 80° 80°	4. Ordnung	6., 12. ... Ordnung	$\sim 10{,}234 \cdot m_h \cdot r \cdot \omega^2 \cdot b_6$	
	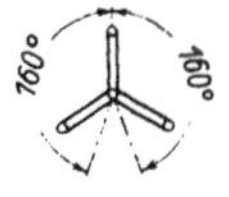 160° 160°	4. Ordnung	6., 12. ... Ordnung	$\sim 11{,}636 \cdot m_h \cdot r \cdot \omega^2 \cdot b_6$	
3×6	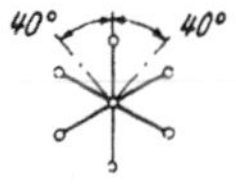 40° 40°	4. Ordnung	6., 12. ... Ordnung	$\sim 6{,}680 \cdot m_h \cdot r \cdot \omega^2 \cdot b_6$	Zweitakt
	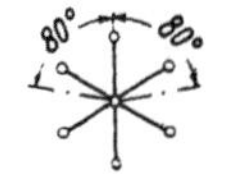 80° 80°	4. Ordnung	6., 12. ... Ordnung	$\sim 10{,}234 \cdot m_h \cdot r \cdot \omega^2 \cdot b_6$	

Tafel 31
(2. Fortsetzung).

Zylinderzahl	Kurbelstern	Ausgleich bis zur	Verbleiben Kräfte der	vom Höchstbetrag	Arbeitsverfahren
	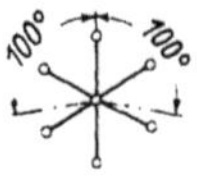 100° 100°	4. Ordnung	6., 12. ... Ordnung	$\sim 10{,}234 \cdot m_h \cdot r \cdot \omega^2 \cdot b_6$	
3×6	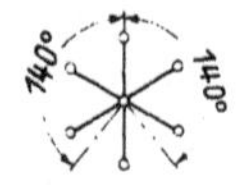 140° 140°	4. Ordnung	6., 12. ... Ordnung	$\sim 10{,}596 \cdot m_h \cdot r \cdot \omega^2 \cdot b_6$	Zweitakt
	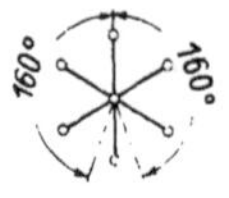 160° 160°	4. Ordnung	6., 12. ... Ordnung	$\sim 11{,}637 \cdot m_h \cdot r \cdot \omega^2 \cdot b_6$	

Tafel 32.

Ausgleich der Massenkräfte der einfachwirkenden X-Motoren mit Regelzündung.

Zylinderzahl	Kurbelstern	Ausgleich bis zur	Verbleiben Kräfte der	vom Höchstbetrag	Arbeitsverfahren
4×2	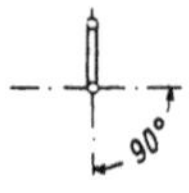 90°	0. Ordnung	1. Ordnung allein	$4 \cdot m_h \cdot r \cdot \omega^2$	Viertakt
	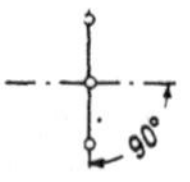 90°	höchsten Ordnung	—	Null	
4×2	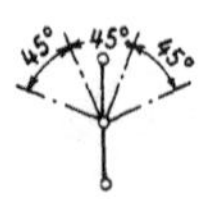 45° 45° 45°	1. Ordnung	2., 4. ... Ordnung	$\sim 3{,}695 \cdot m_h \cdot r \cdot \omega^2 \cdot b_2$ $= 3{,}695 \cdot \lambda \cdot m_h \cdot r \cdot \omega^2$	Zweitakt
	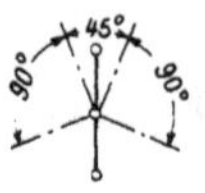 90° 45° 90°	1. Ordnung	2., 4. ... Ordnung	$\sim 3{,}695 \cdot m_h \cdot r \cdot \omega^2 \cdot b_2$ $= 3{,}695 \cdot \lambda \cdot m_h \cdot r \cdot \omega^2$	
4×3	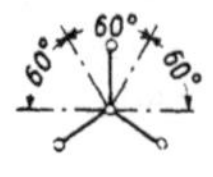 60° 60° 60°	4. Ordnung	6., 12. ... Ordnung	$\sim 3\sqrt{3} \cdot m_h \cdot r \cdot \omega^2 \cdot b_6$ $= 5{,}196 \cdot m_h \cdot r \cdot \omega^2 \cdot b_6$	Viertakt

Tafel 32
(1. Fortsetzung).

Zy-linder-zahl	Kurbelstern	Ausgleich bis zur	Verbleiben Kräfte		Arbeits-verfahren
			der	vom Höchstbetrag	
4×3	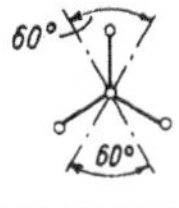 60° ... 60°	höchsten Ordnung	—	Null	Viertakt
4×3	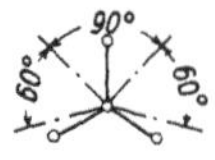 60° 90° 60°	4. Ordnung	6., 12. ... Ordnung	$\sim 10{,}638 \cdot m_h \cdot r \cdot \omega^2 \cdot b_6$	Zweitakt
	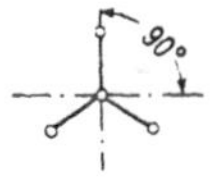 90°	höchsten Ordnung	—	Null	
4×4	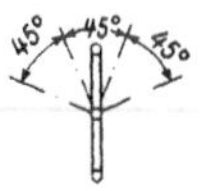 45° 45° 45°	1. Ordnung	2., 4. ... Ordnung	$\sim 7{,}390 \cdot m_h \cdot r \cdot \omega^2 \cdot b_2$ $= 7{,}390 \cdot \lambda \cdot m_h \cdot r \cdot \omega^2$	Viertakt
	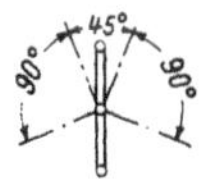 90° 45° 90°	1. Ordnung	2., 4. ... Ordnung	$\sim 7{,}390 \cdot \lambda \cdot m_h \cdot r \cdot \omega^2$	
	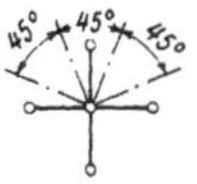 45° 45° 45°	2. Ordnung	4., 8. ... Ordnung	$\sim 4{,}329 \cdot m_h \cdot r \cdot \omega^2 \cdot b_4$ $= 1{,}082 \cdot \lambda^3 \cdot m_h \cdot r \cdot \omega^2$	
	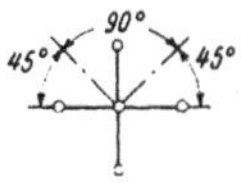 45° 90° 45°	2. Ordnung	4., 8. ... Ordnung	$\sim 5{,}656 \cdot m_h \cdot r \cdot \omega^2 \cdot b_4$	
	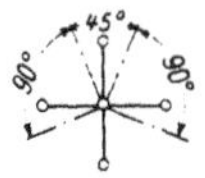 90° 45° 90°	2. Ordnung	4., 8. ... Ordnung	$\sim 10{,}453 \cdot m_h \cdot r \cdot \omega^2 \cdot b_4$	
	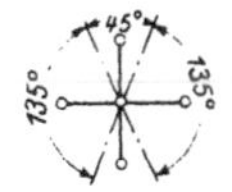 135° 45° 135°	höchsten Ordnung	—	Null	
	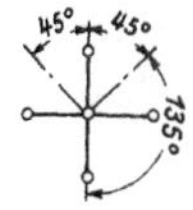 45° 45° 135°	2. Ordnung	4., 8. ... Ordnung	$\sim 5{,}656 \cdot m_h \cdot r \cdot \omega^2 \cdot b_4$	

Tafel 32
(2. Fortsetzung).

Zylinderzahl	Kurbelstern	Ausgleich bis zur	Verbleiben Kräfte der	vom Höchstbetrag	Arbeitsverfahren
	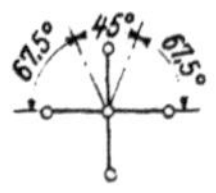 67,5° 45° 67,5°	2. Ordnung	4., 8. ... Ordnung	$\sim 3{,}062 \cdot m_h \cdot r \cdot \omega^2 \cdot b_4$	
	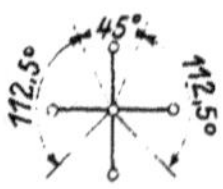 112,5° 45° 112,5°	2. Ordnung	4., 8. ... Ordnung	$\sim 5{,}656 \cdot m_h \cdot r \cdot \omega^2 \cdot b_4$	
4×4	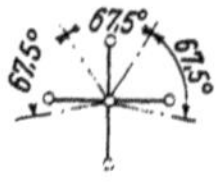 67,5° 67,5° 67,5°	2. Ordnung	4., 8. ... Ordnung	$\sim 8{,}691 \cdot m_h \cdot r \cdot \omega^2 \cdot b_4$	Zweitakt
	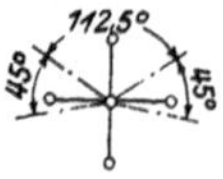 112,5° 45° 45°	2. Ordnung	4., 8. ... Ordnung	$\sim 4{,}246 \cdot m_h \cdot r \cdot \omega^2 \cdot b_4$	
	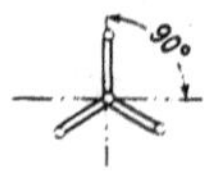 90°	höchsten Ordnung	—	Null	
	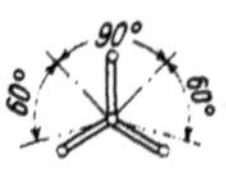 90° 60° 60°	4. Ordnung	6., 12. ... Ordnung	$\sim 13{,}384 \cdot m_h \cdot r \cdot \omega^2 \cdot b_6$	
4×6	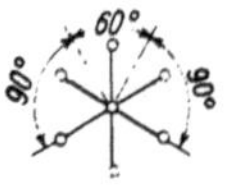 60° 90° 90°	4. Ordnung	6., 12. ... Ordnung	$\sim 10{,}928 \cdot m_h \cdot r \cdot \omega^2 \cdot b_6$	Viertakt
	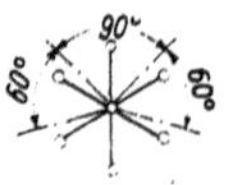 90° 60° 60°	4. Ordnung	6., 12. ... Ordnung	$\sim 13{,}384 \cdot m_h \cdot r \cdot \omega^2 \cdot b_6$	
	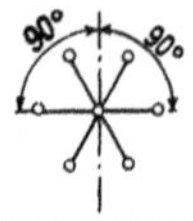 90° 90°	höchsten Ordnung	—	Null	
4×6	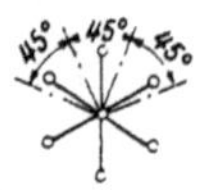 45° 45° 45°	4. Ordnung	8., 12. ... Ordnung	$\sim 7{,}391 \cdot m_h \cdot r \cdot \omega^2 \cdot b_6$	Zweitakt

Tafel 32
(3. Fortsetzung).

Zylinderzahl	Kurbelstern	Ausgleich bis zur	Verbleiben Kräfte der	vom Höchstbetrag	Arbeitsverfahren
	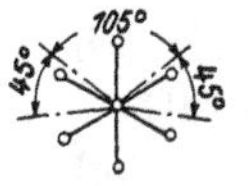 105° 45° 45°	4. Ordnung	6., 12. . . . Ordnung	$\sim 10{,}096 \cdot m_h \cdot r \cdot \omega^2 \cdot b_6$	
	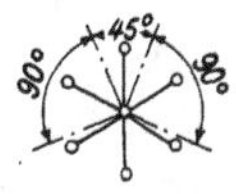 90° 45° 90°	4. Ordnung	6., 12. . . . Ordnung	$\sim 7{,}391 \cdot m_h \cdot r \cdot \omega^2 \cdot b_6$	
4×6	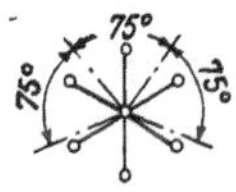 75° 75° 75°	4. Ordnung	6., 12. . . . Ordnung	$\sim 8{,}669 \cdot m_h \cdot r \cdot \omega^2 \cdot b_6$	Zweitakt
	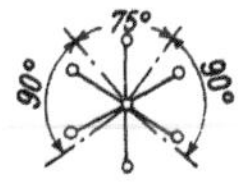 90° 75° 90°	4. Ordnung	6., 12. . . . Ordnung	$\sim 7{,}932 \cdot m_h \cdot r \cdot \omega^2 \cdot b_6$	
	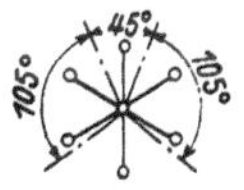 105° 45° 105°	4. Ordnung	6., 12. . . . Ordnung	$\sim 8{,}669 \cdot m_h \cdot r \cdot \omega^2 \cdot b_6$	

3. Versetztreihige Motoren. Der Ausgleich der Kräfte ist in der Regel von derselben Ordnung wie beim normalen V-Motor, sofern die Kurbelwelle ihre Gestalt beibehält.

Als Beispiel eines besonderen Ausgleichs diene der schon auf S. 106 erwähnte Vorschlag von Heldt [39] mit der Welle nach Abb. 450, 451, die aus der symmetrischen Achtkurbelwelle durch Teilung in 2 Wellen mit rechtwinkligen Kurbelpaaren und Verdrehung der 2. Hälfte um 40° m. d. U. entsteht. Jede Teilwelle ist mit freien Kräften 1. Ordnung behaftet, dagegen sind die Kräfte 2. Ordnung und die Momente 1. und 2. Ordnung gebunden, dank der Längssymmetrie der Welle. Es läßt sich zeichnerisch und rechnerisch nachweisen, daß die Gesamtmassenkraft 1. Ordnung der beiden Zylinderreihen die unveränderliche Größe $P_I = 0{,}968 \cdot m_h \cdot r \cdot \omega^2$ hat. Der Vektor steht um 115° von Kurbel 1_1 e. d. U. ab, so daß eine Gegenmasse rechts und links von der MittelQuerebene diese Kraft der hin und her gehenden Teile bindet. Die Kräfte der umlaufenden Teile können durch Gegengewichte an den einzelnen Kurbeln ausgeglichen werden.

4. Sternmotoren.

a) Standmotoren. Es sollen hier die Gleichungen, die über den Ausgleich der Massenkräfte Aufschluß geben, angegeben werden.

Statt an die Kräfte selbst kann man an die Wanderung des Schwerpunkts der bewegten Massen anknüpfen; dieser Weg sei hier beschritten. Durch zweimalige Differentiation des Weges nach der Zeit erhält man die Beschleunigung und mit den Massen die Trägheitskraft.

Legt man die z Zylinder des Sterns symmetrisch zur Y-Achse eines rechtwinkligen Koordinatensystems, wie es in Abb. 564 geschah, so fällt für ungerade Zylinderzahl der eine Zylinder in die Achse selbst und δ_{z_1} wird zu Null. Der Gesamtschwerpunkt der geradlinig bewegten Teile beschreibt eine Bahn, deren Koordinaten beim Drehwinkel α der Kurbelwelle nach der Ableitung durch Kölsch [56] mit gewisser Zeichenänderung und Ergänzung durch die Harmonischen höherer Ordnung gegeben sind durch:

$$X = \frac{r}{2z}\left[z - \sum_1^z \cos 2\,\delta_z\right] \cdot \sin \alpha + r\,\frac{B_2}{2z}\left[\sum_1^z \cos \delta_z - \sum_1^z \cos 3\,\delta_z\right] \cdot \sin 2\,\alpha$$

$$+ r\,\frac{B_4}{2z}\left[\sum_1^z \cos 3\,\delta_z - \sum_1^z \cos 5\,\delta_z\right] \cdot \sin 4\,\alpha + \dots \qquad (83)$$

$$Y = r\,\frac{B_0}{z}\sum_1^z \cos \delta_z + \frac{r}{2z}\left[z + \sum_1^z \cos 2\,\delta_z\right] \cdot \cos \alpha$$

$$+ r\,\frac{B_2}{2z}\left[\sum_1^z \cos \delta_z + \sum_1^z \cos 3\,\delta_z\right] \cdot \cos 2\,\alpha$$

$$+ r\,\frac{B_4}{2z}\left[\sum_1^z \cos 3\,\delta_z + \sum_1^z \cos 5\,\delta_z\right] \cdot \cos 4\,\alpha + \dots \qquad (84)$$

Die Beiwerte B_0, B_2, B_4 usf. stellen ganze Reihen des Stangenverhältnisses λ vor. Es genügt von ihnen die ersten Glieder zu nehmen und zu setzen:

$$B_0 = \frac{1}{\lambda} - \frac{\lambda}{4}, \quad B_2 = \frac{\lambda}{4}, \quad B_4 = -\frac{\lambda^3}{64}, \quad B_6 = \frac{\lambda^5}{512}\,.$$

Auf die Gleichheit der Klammergrößen und ihre andere Reihenfolge in Gl. (83), (84) und in Gl. (67) bis (72) der Gaskräfte (S. 160) sei hingewiesen. Die Reihenfolge deckt sich mit jener in Gl. (75) bis (78).

Die Ableitung der Gl. (83), (84) stützt sich auf die Voraussetzung konzentrischer Anlenkung aller Pleuelstangen am gemeinsamen Kurbelzapfen und ohne Schränkung der Zylinder, wie etwa in Abb. 445. Die konstruktive Lösung ist möglich, aber verwickelter als jene mit Nebenstangen.

Bildet man die Summen in den eckigen Klammern für verschiedene Zylinderzahlen z, so findet man, daß alle n-ten Harmonischen verbleiben, die sich bestimmen aus:

$$n = z \cdot k \pm 1.$$

Die Auswertung für ungerade Zylinderzahlen, wie sie Tafel 24 zeigt, ergibt:

Tafel 33.

Zylinderzahl z	3	5	7	9
$k = 0,$ n	1	1	1	1
$k = 1,$ n	2 4	4 6	6 8	8 10
$k = 3,$ n	8 10	14 16	20 22	26 28

Setzt man $k = 2$ ein, so erscheinen ungerade Ordnungen der Harmonischen, die aber in (83) und (84) nicht vorkommen, so daß gerade Werte von k ausscheiden.

Gerade Zylinderzahlen geben nur ungerade Werte für n; da jedoch ungerade Harmonische außer der ersten nicht vorhanden sind, besitzen gerade Zylinderzahlen keine freien Kräfte außer jenen 1. Ordnung.

Die Schwerpunktsbahn 1. Ordnung der z hin und her gehenden Massen ist ein Kreis mit Halbmesser $\frac{r}{2}$, die freie Kraft 1. Ordnung von unveränderlicher Größe $P_\mathrm{I} = z \cdot \frac{G_h}{g} \cdot \frac{r}{2} \cdot \omega^2$ läßt sich durch eine Gegenmasse $m_G = z \cdot \frac{G_h}{2}$ am Halbmesser r ausgleichen. Damit erreicht man beim Dreizylinder einen Ausgleich 1. Ordnung, beim Fünfzylinder einen Ausgleich 2. Ordnung, beim Siebenzylinder einen solchen 4. Ordnung usf.; die geraden Zahlen 4, 6, 8 sind voll ausgeglichen.

Von den bleibenden Ordnungen in Tafel 33 geben beim Auswerten der Gl. (83) und (84) die einen negativen Drehsinn, die andern positiven, d. h. gleichsinnig mit der Kurbelwelle, mit zweifacher, vierfacher usf. Winkelgeschwindigkeit.

Die Verwendung von Nebenstangen, die an die Hauptstange angelenkt werden, gewährt einen weniger guten Ausgleich bei 5, 7 usf. Zylindern; denn es verbleibt eine geringe Kraft 2. Ordnung, wie aus den angeführten Untersuchungen [51] und [52] hervorgeht.

b) Umlaufmotoren. Die Motoren 1. Art mit fester Kurbelwelle verhalten sich anders als die Standsternmotoren. Gleichwertige Stangen vorausgesetzt, sind die Koordinaten des Gesamtschwerpunkts der hin und her gehenden Massen:

$$X = \frac{r}{2z}(2B_0 - B_2) \sum_1^z \sin \alpha + \frac{r}{2z} \sum_1^z \sin 2\alpha + \frac{r}{2z}(B_2 + B_4) \sum_1^z \sin 3\alpha$$
$$+ \frac{r}{2z}(B_4 + B_6) \sum_1^z \sin 5\alpha + \dots \qquad (85)$$

$$Y = \frac{r}{2} + \frac{r}{2z}(2B_0 + B_2)\sum_1^z \cos \alpha + \frac{r}{2z}\sum_1^z \cos 2\alpha + \frac{r}{2z}(B_2 - B_4)\sum_1^z \cos 3\alpha$$

$$+ \frac{r}{2z}(B_4 - B_6)\sum_1^z \cos 5\alpha + \ldots \quad (86)$$

B_0, B_2, B_4 stellen wie bei den Standmotoren ganze Reihen dar. Mit Beschränkung auf die ersten Glieder:

$$B_0 = \frac{1}{\lambda} - \frac{\lambda}{4}, \quad B_2 = \frac{\lambda}{4}, \quad B_4 = -\frac{\lambda^3}{64} \text{ usf.,}$$

besagen Gl. (85) und (86), daß die veränderlichen Glieder mit Ausnahme des Gliedes 2. Ordnung sich aus zwei gegenläufigen Kreisbewegungen zusammensetzen. Mit Vernachlässigung des zweiten Summanden in der runden Klammer erscheinen die vereinfachten Gleichungen:

$$X = \frac{r}{2z}\left(\frac{2}{\lambda} - \frac{3\lambda}{4}\right)\sum_1^z \sin \alpha + \frac{r}{2z}\sum_1^z \sin 2\alpha + \frac{r\lambda}{8z}\sum_1^z \sin 3\alpha$$

$$- \frac{r\lambda^3}{128z}\sum_1^z \sin 5\alpha + \ldots \quad (85\,\mathrm{a})$$

$$Y = \frac{r}{2} + \frac{r}{2z}\left(\frac{2}{\lambda} - \frac{\lambda}{4}\right)\sum_1^z \cos \alpha + \frac{r}{2z}\sum_1^z \cos 2\alpha + \frac{r\lambda}{8z}\sum_1^z \cos 3\alpha$$

$$- \frac{r\lambda^3}{128z}\sum_1^z \cos 5\alpha + \ldots \quad (86\,\mathrm{a})$$

Sie besagen, daß der Schwerpunkt der hin und her gehenden Massen sich auf einer Bahn bewegt, die aus der Zusammensetzung von lauter Kreisbewegungen um einen Mittelpunkt auf der Lotrechten im Abstand $\frac{r}{2}$ vom Wellenmittel entsteht. Für 3 Zylinder bleiben bei der Summenbildung die Glieder 3., 6. Ordnung; die Hauptbahn ist ein Kreis mit Halbmesser $\frac{r\lambda}{8}$, der mit der Winkelgeschwindigkeit 3ω umfahren wird. Für 5 Zylinder ist die Bahn 5. Ordnung ein sehr kleiner Kreis mit Halbmesser $\frac{r \cdot \lambda^3}{128}$, die Winkelgeschwindigkeit 5ω.

5. **Fächermotoren.** Zur Bestimmung der Bahn des Schwerpunkts der hin und her gehenden z Massen sind die Gl. (83) und (84) der Sternmotoren verwendbar. Der Teil der Zylinder, der in der vorderen Ebene des Fächers liegt, sei mit z_v, der Rest in der hinteren Ebene mit z_h bezeichnet. Für z_v Zylinder bleibt der bisherige Kurbelwinkel α, während für z_h Zylinder dieser Winkel auf $(180^0 + \alpha)$ wächst. Nach Anschreibung der Werte für X und Y und Zusammenziehung gleichgestalter Glieder erhält man:

$$X = \frac{r}{2z} \cdot \sin \alpha \cdot \left[z_v - z_h - \left(\overset{z_v}{\underset{1}{\sum}} \cos 2\,\delta_z - \overset{z_h}{\underset{1}{\sum}} \cos 2\,\delta_z \right) \right]$$

$$+ r\frac{B_2}{2z} \cdot \sin 2\,\alpha \cdot \left[\overset{z}{\underset{1}{\sum}} \cos \delta_z - \overset{z}{\underset{1}{\sum}} \cos 3\,\delta_z \right]$$

$$+ r\frac{B_4}{2z} \cdot \sin 4\,\alpha \cdot \left[\overset{z}{\underset{1}{\sum}} \cos 3\,\delta_z - \overset{z}{\underset{1}{\sum}} \cos 5\,\delta_z \right] + \ldots \qquad (87)$$

$$Y = r\frac{B_0}{z} \cdot \overset{z}{\underset{1}{\sum}} \cos \delta_z$$

$$+ \frac{r}{2z} \cdot \cos \alpha \cdot \left[z_v - z_h + \left(\overset{z_v}{\underset{1}{\sum}} \cos 2\,\delta_z - \overset{z_h}{\underset{1}{\sum}} \cos 2\,\delta_z \right) \right]$$

$$+ r\frac{B_2}{2z} \cdot \cos 2\,\alpha \cdot \left[\overset{z}{\underset{1}{\sum}} \cos \delta_z + \overset{z}{\underset{1}{\sum}} \cos 3\,\delta_z \right]$$

$$+ r\frac{B_4}{2z} \cdot \cos 4\,\alpha \cdot \left[\overset{z}{\underset{1}{\sum}} \cos 3\,\delta_z + \overset{z}{\underset{1}{\sum}} \cos 5\,\delta_z \right] + \ldots \qquad (88)$$

Die Beiwerte B_0, B_2, B_4 sind dieselben wie auf S. 179. Der Verlauf der Schwerpunktsbahn und der freien Massenkräfte zeigt verwickelte Gestalt; ein befriedigender Ausgleich ist in keiner Weise möglich, wie seinerzeit Kölsch [55] nachgewiesen hat; denn schon die Bahn 1. Ordnung ist eine Ellipse.

2. Zündfolge mit kleinsten Massenmomenten.

Sowohl die bei der Bewegung der Getriebeteile entstehenden Massenkräfte in ihrer Gesamtheit als auch die gleichzeitig geweckten Momente erschüttern den Motor. Die ersteren sind im Unterabschnitt VI, C, 1 behandelt; die letzteren folgen nun. Von Wichtigkeit ist es für den Betrieb freie Momente einzuschränken, soweit die Zündfolge eine Handhabe dazu bietet. Es empfiehlt sich dabei, die von den Trägheitskräften P hervorgerufenen Momente den Momenten der Normalkräfte N, d. h. ihrer Seitenkräfte, voranzustellen, da im ersten Falle eher Abhilfe geschaffen werden kann als im zweiten; überdies sind die Gleitbahndrücke der Gas- und Massenkräfte, welche eine Pendelung des Motors um die Wellenachse und Querbiegungsschwingungen der Zylinder hervorrufen, zusammenzufassen.

Längsmomente und Zündfolge. Das Spiel der Massenkräfte, z. B. der geradlinig bewegten Teile in lotrechter Richtung ist eine Funktion der Kurbelversetzung in der Stirnansicht der Welle allein und somit von etwaigen Änderungen in der Zündfolge unbeeinflußt; sie beschränkt sich auf den Betrag, den die sich nicht vollständig bindenden Kräfte der Einzelmassen übriglassen. Bei sich drehenden Massen und regelmäßigem Kurbelstern ist die Restkraft gleich Null. Anders steht es mit dem Spiel der Massenkräfte in der Längsrichtung der Welle, mit ihren

Längsmomenten. Je nach Wahl der Bewegungsebene (Drehebene) einer Kurbel, die unter bestimmtem Winkel zu den übrigen steht, fallen die Momente um eine zur Kurbelwellenachse senkrechten Horizontalachse für geradlinig bewegte Massen (Abb. 566), die sog. Kippmomente im engeren Sinn, verschieden groß aus. Ähnlich ist es mit den rotierenden Massen, nur dreht sich hier die Wirkungsebene des Gesamtmoments mit der Welle herum. Ein Kleinstwert dieser Momente ist anzustreben; die zugehörige, mehrfach gekröpfte Welle gewährt eine bestimmte Zündfolge oder eine Anzahl solcher, die hinsichtlich der sie begleitenden Momente als günstig anzusprechen sind. Man kann deshalb auch sagen: solche Zündfolgen sind mit kleinsten Kippmomenten behaftet.

Um die Bedingungen für das Gleichgewicht der Momente bei verschiedenen Zylinderzahlen aufzustellen, ist eine umfangreiche Untersuchung erforderlich; sie bildet einen Teil des Fragekomplexes des Massenausgleichs im Motor. Während die Bedingungen für den Momentenausgleich bei geraden Zylinder- und Kurbelzahlen mit spiegelbildlichsymmetrischer Welle leicht herzuleiten und auch geläufig sind, benötigte vor etlicher Zeit die teilsymmetrische Welle, wie sie im Abschnitt II, C begrifflich bestimmt wurde, mit gerader oder ungerader Kurbelzahl eine besonders eingehende Prüfung. Da die diesbezüglichen Ergebnisse bereits vorliegen, und zwar in dem Buch des Verfassers [56], ist die Arbeit wesentlich erleichtert; denn man braucht nur die günstigsten Kurbelanordnungen und -bezifferungen zu übernehmen und daraus die Zündfolge anzugeben.

Der nachfolgenden gedrängten Betrachtung werden im wesentlichen Wellen mit Kurbelversetzungen, die gleichmäßige Zündfolgen bieten, unterzogen. Die Massen sind für alle Zylinder gleich groß, in Übereinstimmung mit der Regel-Ausführung. Es handelt sich zunächst um die Momente der ganzen Welle, im Gegensatz zu den »inneren« Momenten.

a) Symmetrische Kurbelwellen.

Einreihige Motoren. Die naheliegende Bezifferung im Stern fortlaufend, d. i. mit aufsteigenden Ziffern entgegen dem Drehsinn der Welle, die an sich gleiche Zündabstände ergäbe, liefert keine Längssymmetrie der Welle und ist nicht brauchbar; sie muß des Momentenausgleichs wegen eine Umstellung erfahren. Es sind die paarweise beiderseits der Wellenmitte gleich weit abstehenden Kurbeln gleichgerichtet und decken sich im Kurbelstern (Abb. 566, 567). Solche Wellen sind nur möglich bei Viertakt und gerader Kurbelzahl, wobei die halbe Anzahl gerade oder ungerade sein kann.

Wählt man die Ausgangslage der Kurbel 1 lotrecht, dann hat bei insgesamt k Kurbeln die letzte Kurbel k eben dieselbe Richtung; damit scheidet ein Kurbelpaar aus. Für die übrigen $\dfrac{k-2}{2}$ Paare findet man durch Überlegung: die Kurbeln mit den Ziffern $\frac{k}{2}$ und $\left(\frac{k}{2}+1\right)$, $\left(\frac{k}{2}-1\right)$ und $\left(\frac{k}{2}+2\right)$ usf. sind gleichgerichtet, also:

Tafel 34.

Kurbelzahl k	4	6	8	10
gleiche	1,4	1,6	1,8	1,10
Richtung	2,3	2,5	2,7	2,9
haben		3,4	3,6	3,8
die Kurbeln			4,5	4,7
				5,6

Sieht man die Welle als aus 2 Teilwellen links und rechts der Wellenmitte bestehend an, so läßt sich aussagen: Natürlicher Momentenausgleich ist vorhanden für zwei zur lotrechten Schwerpunktsebene des Motors symmetrisch angeordnete Kurbelgruppen; dabei ist es gleichgültig, ob jede Gruppe freie Kräfte besitzt oder nicht. Geläufige Beispiele: die Sechskurbelwelle in Abb. 566 mit 2 Gruppen zu 3 Kurbeln,

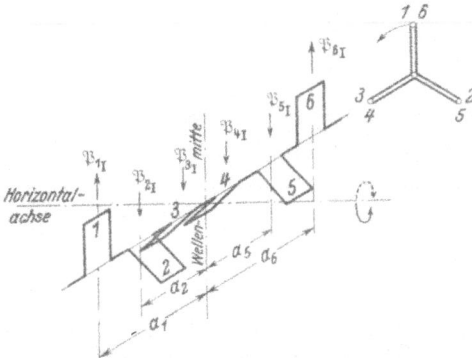

Abb. 566, 567. Symmetrische Sechskurbelwelle.
Kräfte 1. Ordnung und ihre Hebelarme.

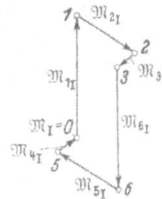

Abb. 568.
Momentenvieleck für
die symmetrische
Sechskurbelwelle.

deren Kräfte ausgeglichen sind; die Vierkurbelwelle Abb. 55 und 56, S. 49, mit großen freien Kräften an jeder Gruppe. Die Zwischenabstände der Kröpfungen in der Längsansicht können alle untereinander gleich oder paarweise gleich sein, ein Fall, der z. B. an Dieselmotoren mit zweiteiliger Kurbelwelle vorkommt; der vollständige Ausgleich erleidet keinen Abbruch, solange die Symmetrie der Abstände gewahrt bleibt, also $a_1 = a_z$, $a_2 = a_{z-1}$ usf.

An einer solchen Welle heben sich die Momente 1. Ordnung, 2. Ordnung usf., verursacht durch die gleichnamigen Kräfte $\mathfrak{P}_I$, $\mathfrak{P}_{II}$ usf., gegenseitig insgesamt auf, weil jedem Moment in bezug auf Wellenmitte ein gleich großes Gegenmoment entgegenwirkt. Für den Sechszylinder Abb. 566 mit den Momentenbeträgen 1. Ordnung $M_{1I} = P_{1I} \cdot a_1$, $M_{2I} = P_{2I} \cdot a_2$ usf. entsteht bei der zeichnerischen Auftragung der Momentenvektoren $\mathfrak{M}_{1\,\mathrm{I}} = -\mathfrak{M}_{6\,\mathrm{I}}$, $\mathfrak{M}_{2\,\mathrm{I}} = -\mathfrak{M}_{5\,\mathrm{I}}$, $\mathfrak{M}_{3\,\mathrm{I}} = -\mathfrak{M}_{4\,\mathrm{I}}$ ein geschlossenes Momentenvieleck oder -vielseit (Abb. 568); allgemein kehrt der Zug 1, 2, 3, $\ldots \frac{k}{2}$, $\left(\frac{k}{2}+1\right)$, $\left(\frac{k}{2}+2\right)$, $\ldots (k-1)$, k in sich selbst zurück; das resultierende Moment $\mathfrak{M}_{\mathrm{I}}$ hat den Betrag Null. Ebenso ist es mit den Momenten zweiter und höherer Ordnung.

Nun können die $\frac{k-2}{2}$ Kurbelpaare anscheinend, ohne den Momentenausgleich zu stören, gegenseitig vertauscht werden, z. B. in Abb. 567 das Paar *2, 5* gegen das Paar *3, 4*, so daß Abb. 569 entsteht; dadurch ändert sich aber die Zündfolge. Da die Lage von *1* und *k* festliegt, gilt offenbar soviel: Die Zahl der Möglichkeiten in der Umstellung der oben zusammengestellten Ziffernpaare ist so groß wie die Zahlenreihe 1, 2, $\ldots \frac{k-2}{2}$ oder die 1, 2, 3, $\ldots p$ Paare Versetzungen oder Variationen gewähren, nämlich $\frac{k-2}{2}! = p!$. Sonach sind für k Kurbeln ($p!$) Umstellungen möglich. Im einzelnen gilt:

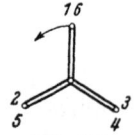

Abb. 569.
Zweite Kurbelbezifferung des Sterns beim Sechszylinder.

Tafel 35.

k	4	6	8	10
$p!$	$1! = 1$	$2! = 2$	$3! = 6$	$4! = 24$

Abb. 49, S. 49, Abb. 567 und 569, Abb. 570 bis 575 zeigen die Kurbelsterne mit Bezifferung von 4, 6 und 8 Zylindern. Die Hälfte dieser Sterne sind Spiegelbilder der andern; doch sind die Zündfolgen verschieden. Bemerkenswert ist die Form der Wellen in Abb. 574 und 575;

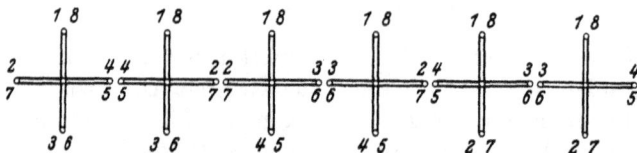

Abb. 570, 571, 572, 573, 574, 575.
Abb. 570 bis 575. Kurbelsterne der Achtkurbelwelle mit Bezifferung.

der mittlere Teil bildet eine normale, »flache« Vierkurbelwelle und an den Enden stehen senkrecht zur Ebene der 1. Teilwelle je 2 Kröpfungen der 2. Teilwelle. Man spricht deshalb auch von einer 2 — 4 — 2-Welle. Jeder Kurbelstern bietet nach S. 106

$$f = 2^{\frac{k}{2}-1}$$

Zündfolgen; mit Berücksichtigung der $p!$ Kurbelpaarumstellungen wird die Zahl der Variationen:

$$v = (p!) \cdot f \qquad (89)$$

und in Zahlen:

Tafel 36.

k	4	6	8	10
v	$1 \cdot 2 = 2$	$2 \cdot 4 = 8$	$6 \cdot 8 = 48$	$24 \cdot 16 = 384$

Die einzelnen Zündfolgen sind:

Vierzylinder.　*1 2 4 3*　　　*1 3 4 2*

Sechszylinder.　*1 2 3 6 5 4*　　*1 4 5 6 3 2*
1 2 4 6 5 3　　*1 3 5 6 4 2*
1 5 3 6 2 4　　*1 4 2 6 3 5*
1 5 4 6 2 3　　*1 3 2 6 4 . 5*

Achtzylinder.　aus Abb. 570　　　　aus Abb. 571

1	*4*	*3*	*2*	*8*	*5*	*6*	*7*	*1*	*7*	*6*	*5*	*8*	*2*	*3*	*4*
1	*4*	*3*	*7*	*8*	*5*	*6*	*2*	*1*	*2*	*6*	*5*	*8*	*7*	*3*	*4*
1	*4*	*6*	*2*	*8*	*5*	*3*	*7*	*1*	*7*	*3*	*5*	*8*	*2*	*6*	*4*
1	*4*	*6*	*7*	*8*	*5*	*3*	*2*	*1*	*2*	*3*	*5*	*8*	*7*	*6*	*4*
1	*5*	*3*	*2*	*8*	*4*	*6*	*7*	*1*	*7*	*6*	*4*	*8*	*2*	*3*	*5*
1	*5*	*3*	*7*	*8*	*4*	*6*	*2*	*1*	*2*	*6*	*4*	*8*	*7*	*3*	*5*
1	*5*	*6*	*2*	*8*	*4*	*3*	*7*	*1*	*7*	*3*	*4*	*8*	*2*	*6*	*5*
1	*5*	*6*	*7*	*8*	*4*	*3*	*2*	*1*	*2*	*3*	*4*	*8*	*7*	*6*	*5*

aus Abb. 572　　　　　　aus Abb. 573

1	*3*	*4*	*2*	*8*	*6*	*5*	*7*	*1*	*7*	*5*	*6*	*8*	*2*	*4*	*3*
1	*3*	*4*	*7*	*8*	*6*	*5*	*2*	*1*	*2*	*5*	*6*	*8*	*7*	*4*	*3*
1	*3*	*5*	*2*	*8*	*6*	*4*	*7*	*1*	*7*	*4*	*6*	*8*	*2*	*5*	*3*
1	*3*	*5*	*7*	*8*	*6*	*4*	*2*	*1*	*2*	*4*	*6*	*8*	*7*	*5*	*3*
1	*6*	*4*	*2*	*8*	*3*	*5*	*7*	*1*	*7*	*5*	*3*	*8*	*2*	*4*	*6*
1	*6*	*4*	*7*	*8*	*3*	*5*	*2*	*1*	*2*	*5*	*3*	*8*	*7*	*4*	*6*
1	*6*	*5*	*2*	*8*	*3*	*4*	*7*	*1*	*7*	*4*	*3*	*8*	*2*	*5*	*6*
1	*6*	*5*	*7*	*8*	*3*	*4*	*2*	*1*	*2*	*4*	*3*	*8*	*7*	*5*	*6*

aus Abb. 574　　　　　　aus Abb. 575

1	*3*	*2*	*4*	*8*	*6*	*7*	*5*	*1*	*5*	*7*	*6*	*8*	*4*	*2*	*3*
1	*3*	*2*	*5*	*8*	*6*	*7*	*4*	*1*	*4*	*7*	*6*	*8*	*5*	*2*	*3*
1	*3*	*7*	*4*	*8*	*6*	*2*	*5*	*1*	*5*	*2*	*6*	*8*	*4*	*7*	*3*
1	*3*	*7*	*5*	*8*	*6*	*2*	*4*	*1*	*4*	*2*	*6*	*8*	*5*	*7*	*3*
1	*6*	*2*	*4*	*8*	*3*	*7*	*5*	*1*	*5*	*7*	*3*	*8*	*4*	*2*	*6*
1	*6*	*2*	*5*	*8*	*3*	*7*	*4*	*1*	*4*	*7*	*3*	*8*	*5*	*2*	*6*
1	*6*	*7*	*4*	*8*	*3*	*2*	*5*	*1*	*5*	*2*	*3*	*8*	*4*	*7*	*6*
1	*6*	*7*	*5*	*8*	*3*	*2*	*4*	*1*	*4*	*2*	*3*	*8*	*5*	*7*	*6*

Die rechts stehenden Gruppen der Zündfolgen lassen sich mechanisch anschreiben, wenn man die links stehenden Folgen von rechts herein abliest. Eine Ausmusterung der vielen Zündfolgen hat auf Grund weiterer Forderungen zu erfolgen.

Mehrreihige Motoren. Es bedarf keiner Begründung, daß mehrreihige Bauarten mit symmetrischer Welle in gleicher Weise wie der einreihige Motor frei von Restkippmomenten sind.

Sternmotoren mit einfachem Stern haben eine einzige Wellenkröpfung, die man als Sonderfall einer symmetrischen Welle auffassen kann. Die einzige Kurbel im Verein mit ebenem Stern von Zylinderachsen läßt keinerlei Kippmomente aufkommen; anders indessen die Bauarten mit Doppelstern und zweifach gekröpfter Welle, deren Kurbeln im allgemeinen um 180⁰ gegenseitig versetzt sind (vgl. S. 124). So verbleiben beim Dreizylinder-Standmotor nach Bindung der Kräfte 1. Ordnung durch ein Gegengewicht noch Kräfte 2. Ordnung (vgl. S. 180); sie rufen ein Moment 2. Ordnung hervor. Gleichgerichtete Kurbeln sind in dieser Hinsicht günstiger, haben aber sich deckende Zylinder im Gefolge.

Ungünstiger liegen die Verhältnisse bei Fächermotoren. Die freien Kräfte 1. und höherer Ordnung der Zylinder in der vorderen und hinteren Ebene greifen an Kurbelzapfen an, die um 180⁰ versetzt sind; diese Versetzung liegt in der Natur des Fächermotors (vgl. I, A, 1, S. 19). Das Moment der umlaufenden Massen wird durch Gegenmassen gebunden.

b) Teilsymmetrische Kurbelwellen.

α) *Einreihige Motoren.*

Im Gegensatz zur geraden Kurbelzahl erzielt ungerade Kurbelzahl, wie sie bei Viertakt vorkommt, sowie gerade und ungerade Kurbelzahl mit der Versetzung, wie sie als Folge des Zweitaktes erscheint, keinen natürlichen Ausgleich der Kippmomente, weil in der Stirnansicht keine Kurbelpaare, vielmehr Einzelstrahlen, und in der Längsansicht keine Symmetrie der Welle vorhanden sind, s. S. 50. Die Bindung der Momente aus den umlaufenden Massen wäre durch ein Gegengewicht an jeder Kurbel zu bewerkstelligen; doch wird man versuchen, in natürlicher Weise, also ohne Zusatzmassen, einen brauchbaren Ausgleich zu finden, der ohnehin für die Momente der geradlinig bewegten Massen nötig ist. In gewissen Fällen von teilsymmetrischen Wellen ist die Beseitigung von beiderlei Momenten durch einfache Maßnahmen möglich, sei es an Einreihen-, sei es an Gabelmotoren, wie noch dargetan wird.

Vorausgesetzt seien regelmäßige Zündfolge und gleiche Versetzungswinkel der Kurbeln im Sternbild. Es ist zunächst unbekannt, in welchen Ebenen die einzelnen Kurbeln und Zylinderachsen liegen, mit Ausnahme der lotrecht gezeichneten Kurbel, die üblicherweise dem Zylinder 1 zugeteilt wird. Die Wahl der Bewegungsebene jeder der übrigen Kurbeln steht noch frei; durch ihre zweckmäßige gegenseitige Anordnung in axialer Richtung der Welle kann man die Massenmomente beeinflussen.

Es verlohnt sich, zu untersuchen, welcherlei Lösungen sich bieten, um das Gesamtmoment zu mildern oder zu Null zu machen. Man trachtet vor allem danach, die Momente 1. Ordnung ins Gleichgewicht zu bringen, so daß $M_I = 0$ wird, oder zum mindesten klein zu halten.

Die Bezifferung für Untersuchung der Momente ist dieselbe, wie sie unter Abschnitt I, E zur Ablesung der Zündfolge festgelegt wurde: Die Ziffern der in Wellenlängsrichtung fortlaufend benummerten Kurbeln überträgt man in den Kurbelstern, so daß man aus diesem die Bewegungsebene jeder Kurbel erkennt.

Man wird aus baulichen Gründen gleiche Abstände a zwischen den Zylindern in axialer Richtung der Welle anstreben, zum mindesten aber von Mitte der Welle nach beiden Seiten paarweise, gleiche, absolute Beträge, also beim Sechszylinder $a_1 = a_6$, $a_2 = a_5$, $a_3 = a_4$ (vgl. Abb. 566).

Die Art des Vorgehens zur zeichnerischen Ermittlung des Gesamtmoments der Welle aus den Einzelmomenten der Massen ist bekannt; es genügt hier ein kurzer Hinweis, denn Einzelheiten sind aus dem schon erwähnten Buch [56] zu entnehmen.

Momente 1. Ordnung, hervorgerufen durch Kräfte $P_{hI} = m_h \cdot r \times \omega^2 \cdot \cos \alpha = P_I \cdot \cos \alpha$ (s. S. 163). Für den gegebenen Kurbelstern mit Bezifferung zeichnet man den Momentenvektoren-Stern (Abb. 576 für den Siebenzylinder) mit den Größen $M_{1I} = P_I \cdot a_1$, $M_{2I} = P_I \cdot a_2$, $M_{3I} = P_I \cdot a_3$ usf. in mkg, sodann mit ihnen einen Polygonzug, das Momentenvieleck, in dem jede Seite parallel zum gleichnamigen Momentenvektor ist; die Schlußlinie gibt die Resultierende $\mathfrak{M}_I$ und zugleich den Größtwert M_I des Moments 1. Ordnung an. Der augenblicklich wirksame Betrag beim Drehwinkel α der Welle ist die Projektion auf die Lotrechte $= M_I \cdot \cos \alpha$. Für den Siebenzylinder ist $M_{4I} = 0$.

Momente 2. Ordnung, wachgerufen durch Kräfte $P_{hII} = \lambda \cdot m_h \times r \cdot \omega^2 \cdot \cos 2\alpha = P_{II} \cdot \cos 2\alpha$. Von Kurbel 1 des Sterns 1. Ordnung ausgehend, werden die Kurbelversetzungswinkel verdoppelt, und es erscheint der abgeleitete Kurbelstern 2. Ordnung (Abb. 577) mit beliebig gewähltem Maßstab. Im übrigen zeichnet man das Momentenvieleck 2. Ordnung in gleicher Weise wie vorhin das Polygon 1. Ordnung und erhält den Vektor $\mathfrak{M}_{II}$ des Gesamtmoments 2. Ordnung, zugleich den Höchstwert des wirksamen Moments.

Das Gesamtmoment der umlaufenden Massen m_r aus den Kräften $P_r = m_r \cdot r \cdot \omega^2$ wird wie das Moment 1. Ordnung ermittelt und hat, sofern es nicht zu Null wird, unveränderliche Wirkgröße.

Nun ist für alle denkbaren Umstellungen der Ziffern von $(k-1)$ Kurbeln das resultierende Kippmoment und darunter die Bezifferung für kleinstes M_I zu suchen; die Zahl der Umstellungen und zugleich die Zahl der Momentenvielecke ist $v = (k-1)!$, wächst also sehr rasch mit der Zylinderzahl. Die offensichtlich recht umfangreiche Untersuchung führt auf übersichtliche Richtlinien, wie Verfasser gezeigt hat [56].

Es erweist sich als mit kleinsten Momenten 1. Ordnung behaftet die Bezifferung, die man als »progressiv-symmetrisch« bezeichnen kann und die aus der paarweisen Gruppierung der Kurbeln *1* und *k*, *2* und *(k — 1)*, *3* und *(k — 2)* usf. in bezug auf eine Symmetrielinie $s-s$ hervorgeht (Abb. 576). Diese ist die Kurbel $\frac{k+1}{2}$ bei ungerader Kurbelzahl und die Winkelhalbierende zwischen Kurbel 1 und z

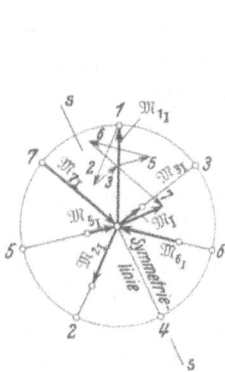

Abb. 576. Momentenvektoren-Stern und Momentenvieleck 1. Ordnung des Siebenzylinders.

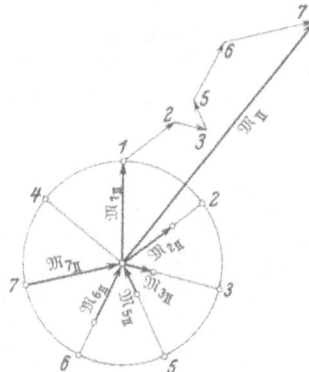

Abb. 577. Kurbelstern 2. Ordnung, Momentenvektoren und Momentenvieleck des Siebenzylinders.

bei gerader Kurbelzahl. Die an der Symmetrielinie einander gegenüberliegenden Kurbelziffern geben als Summe stets $(k+1)$. Bei höheren Zylinder- und Kurbelzahlen kann man ohne wesentliche Verschlechterung des Gesamtmoments die Ziffernpaare vertauschen unter Wahrung der Symmetrie, d. h. »parallel« verschieben. Nimmt man den Ausgleich der Kräfte hinzu, so erkennt man, daß Reihenmotoren mit ungerader Zylinderzahl ein Gegenstück bilden zu den geradzahligen Motoren mit symmetrischer Welle: vorzüglichen Ausgleich der Kräfte, unvollständigen der Momente. Durch entsprechende Wahl der Zylinderabstände untereinander werden von 5 Zylindern ab die Momente zum Verschwinden gebracht; der freie Betrag ist ohnehin bei 7, 9 und 11 Zylindern recht klein.

Die so gefundene Bezifferung der teilsymmetrischen Wellen gilt für einfachwirkenden und doppeltwirkenden Viertakt und Zweitakt; sie gibt für Viertakt eine Zündfolge mit den Ziffern: ungeradzahlig steigend, geradzahlig fallend, z. B. *1 3 5 7 4 2*.

Diese gesetzmäßige Bezifferung läßt sich auch durch andere Merk-regeln festhalten. Kraemer [57] schlägt vor, die Reihenfolge der Ziffern für den Kurbelstern aus der Zylinderreihe in der Längsansicht des Motors nach einem bestimmten Ablesungsschema zu entnehmen und in das Sternbild zu übertragen. Mit diesem Vorgehen ist aber die mehrfache Möglichkeit günstiger Bezifferung bei höheren Zylinderzahlen von acht aufwärts nicht so erfaßbar wie mit der vielseitigeren »progres-siven« Bezifferung unmittelbar im Stern.

Die Kurbelsterne in den Tafeln 7 bis 14 können nun mit Ziffern versehen werden. Das Ablesen der zündenden Zylinder erfolgt nach der Anweisung auf S. 107.

Zu den teilsymmetrischen Wellen gehören jene Achtkurbelwellen der Viertakter, die bei den ersten Achtzylinder-Fahrzeugmotoren anzu-treffen waren und an die heute aus besonderen Gründen, z. B. der Ge-mischverteilung wegen, zurückerinnert wird. Die Welle in Abb. 578, 579 sowie die Welle, die durch Vertauschung der Paare *3, 4* und *5, 6*

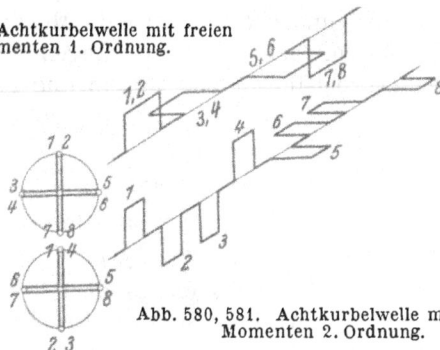

Abb. 578, 579. Achtkurbelwelle mit freien Massenmomenten 1. Ordnung.

Abb. 580, 581. Achtkurbelwelle mit freien Momenten 2. Ordnung.

entsteht, haben keine freien Kräfte 1. und 2. Ordnung und keine Mo-mente 2. Ordnung, dagegen starke Momente 1. Ordnung. Die Welle in Abb. 580, 581 und jene mit Vertauschung der Paare *5, 8* und *6, 7* besitzen Ausgleich der Kräfte 1. und 2. Ordnung und der Momente 1. Ordnung, nicht aber der Momente 2. Ordnung.

Es gibt teilsymmetrische Wellen, die vollständigen Ausgleich der Momente ihr eigen nennen, z. B. die Welle für 8 Zylinder nach Abb. 582, 583, bestehend aus 2 Vierkurbelwellen, von denen jede in sich ausge-glichen ist, die zweite gegen die erste um 180° verdreht ist, doch sind gleichmäßig versetzte Zündungen nicht möglich, was ihrer Verwendung im Wege steht.

Erachtet man eine gewisse Ungleichheit der Zündabstände als zulässig, so gelingt es in manchen Fällen, eine teilsymmetrische Welle mit Ausgleich der Kräfte und Momente 1. und 2. Ordnung zu erhalten. Diese Eigenschaften hat z. B. die Achtkurbelwelle des Zweitakters (s. Tafel 10 auf S. 55), wenn der eine Teil der Welle ein rechtwinkliges

Kreuz mit den Kurbeln *1 3 7 5* e. d. U. bildet, während das 2. Kreuz mit den Kurbeln *8 4 2 6* e. d. U. gegen das 1. so gedreht wird, daß die Kurbeln *1* und *8* den Winkel 36⁰ 52′ einschließen. Die Momentenvektoren 1. Ordnung der Teilwellen stehen unter 180⁰ zueinander und heben sich auf; zugleich sind die Momente 2. Ordnung der Teilwellen im Gleichgewicht. Diese Welle für 8 Zylinder in einer Linie, auf die Mayr [58] aufmerksam gemacht hat, kann man als Sonderfall der Wellen der versetztreihigen Gabelmotoren ansehen (s. S. 199).

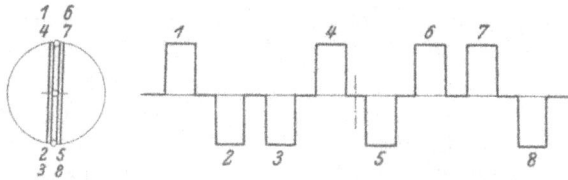

Abb. 582, 583. Teilsymmetrische Achtkurbelwelle mit ungleichmäßigen Zündungen.

Die Ergebnisse, die zunächst für normale Motorbauart mit einem Kolben je Zylinder gelten, lassen sich auf Gegenkolbenmotoren übertragen, wenn »Ersatzkurbelsterne« zur Einführung gelangen, vgl. [56].

β) *Mehrreihige Motoren.*

1. Doppeltreihige Motoren.

Zur Bestimmung der Massenmomente dieser Motoren mit zwei selbständigen Kurbelwellen stehen zwei Wege offen:

1. Man sieht den Motor an als entstanden durch Nebeneinanderstellung zweier Zylinderreihen; dann sind die Ergebnisse, die früher für die Momentengrößen e i n e r Reihe gefunden wurden, übertragbar und Schlußfolgerungen hinsichtlich des Verhaltens der beiden Reihen nicht schwierig. Die Wellen mit kleinen Überschußmomenten sind anderen vorzuziehen.

2. Man faßt den Motor auf als eine Aneinanderreihung von Einheiten (Elementen), die je aus zwei geneigten oder parallelen Zylindern in einer Ebene bestehen. Die Massenkräfte der Elemente bedingen Momente, deren Resultierende mit der unter 1. gefundenen Größe übereinstimmt und eine Kontrolle liefert.

Ähnliches gilt für Bauarten mit 4 Wellen, wie sie schon einmal für Flugzwecke in Benutzung waren.

2. Normale Gabelmotoren.

Folgende Verfahren ergeben die freien Kippmomente:

1. a) Man betrachtet den Motor als entstanden durch gewisse Neigung zweier, dreier oder mehrerer Zylinderreihen gegeneinander auf gemeinsamer Welle; dann ergeben die für die einfache Reihe gefundenen

Kurbelanordnungen und Bezifferungen mit günstigen Restmomenten-größen, darunter die teilsymmetrischen Wellen, ebenfalls brauchbare Gesamtmomente. Unter diesem Gesichtspunkt sind in Tafel 16 für die Viertakter und in Tafel 17 für die Zweitakter die Wellen in Längs-ansicht gezeichnet, aus der die Bezifferung des Kurbelsterns hervorgeht.

b) Die nach demselben Vorgang ermittelten Momente bei Doppel-reihenmotoren führen unter Einsetzung der Sonderwerte der Neigungs-winkel gegen die Lotrechte und der Kurbelversetzungswinkel gleichfalls zum Ziele.

2. a) Man sieht den Motor an als eine Aneinanderreihung von Ein-heiten, die aus in V- oder W-Form gestellten Zylindern bestehen, er-mittelt die Massenkräfte des Elements und sodann die Momente der $\frac{z}{2}$ oder $\frac{z}{3}$ Elemente.

b) Man verwendet die auf diesem Wege erhaltenen Werte bei Dop-pelreihenmotoren unter Einführung bestimmter, dem Gabelmotor eige-nen Winkel.

c) Zwei, drei und mehr in einer Ebene mit gemeinsamer Wellen-achse liegende Zylinder sind nur ein Sonderfall von z gleichmäßig ver-teilten Schubrichtungen; der allgemeine Ausdruck der Schwerpunkts-koordinaten bei Sternmotoren muß ebenfalls richtige Werte für ein zwei-, drei- oder mehrzylindriges Element liefern, was aus der nahen Verwandtschaft der Gabelmotoren mit den Vollsternmotoren hervorgeht.

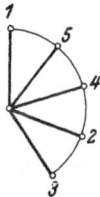

Abb. 584. Zweitakt-Fünf-kurbel-Büschelwelle

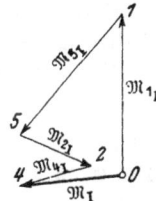

Abb. 585. Momentenvieleck der Welle in Abb. 584

Für unsymmetrische Wellen mit ihrer unregelmäßigen Kurbelver-teilung, die nur in außergewöhnlichen Fällen in Betracht kommen und über die das genannte Buch keine Auskunft gibt, die aber im Verein mit dem Gabelwinkel gleiche Zündabstände gewähren, muß eine selb-ständige Untersuchung auf kleinstes Gesamtkippmoment durchgeführt werden. Als Beispiel diene die Zweitakt-Fünfkurbel-Büschelwelle (Abb. 584), die auf S. 81 abgeleitet wurde. Teilt man der lotrechten Kurbel die Ziffer 1 zu, so fragt es sich, wie die übrigen 4 Kurbeln zu benummern sind, damit das freie Moment 1. Ordnung jeder Reihe klein ausfällt. Aus Abb. 585 erkennt man, daß es zweckmäßig ist, den Pfeil des Mo-mentenvektors $\mathfrak{M}_{5\mathrm{I}}$ mit spitzem Winkel nach unten weisen zu lassen, um dem Punkt *O* nahe zu kommen, d. h. Kurbel *5* in Abb. 584 ist der Kurbel *1* benachbart; das Moment der Kurbel *3* in der Schwerpunktsebene ist Null. Unter den 3! = 6 Variationen der Ziffern der übrigen 3 Kurbeln erweist sich die Bezifferung wie in Abb. 584 als günstig, denn das Moment 1. Ordnung ist erträglich.

Eine besondere Maßnahme zur Verbesserung des Momentenausgleichs kommt nunmehr zur Sprache.

Verbesserung des Momentenausgleichs mit speziellem Gabelwinkel und mit Gegengewichten an der teilsymmetrischen Kurbelwelle. Es sind verschiedene Fälle der Verbesserung denkbar. Die symmetrische Welle, die vollständigen Momentenausgleich gewährt, hat unter Umständen, z. B. bei 4 Kurbeln, freie Massenkräfte 2. Ordnung; deshalb greift man zur teilsymmetrischen Welle, deren Kräfte besser ausgeglichen sind, und macht ihre Momente unwirksam, wozu der Gabelwinkel eine günstige Gelegenheit bietet. Wellenform und Gabelwinkel wiederum drücken der Zündfolge ein bestimmtes Gepräge auf. Anderseits kann die Aufgabe darin bestehen, eine teilsymmetrische Welle ohne freie Momente ausfindig zu machen.

Vorhanden sind *z* Zylinder und *i* Reihen. Die *i* Zylinder, deren Achsen bei zwei-, drei- und vierreihigen Motoren in einer Ebene liegen, bilden ein Element. Die Stangen sollen alle gleichmittig am Kurbelzapfen angreifen. Gleiche Zündabstände sind gemäß Herleitung von Kurbelstern und Gabelwinkel (vgl. III, B, b) gewährleistet.

Zwei Bedingungen müssen erfüllt sein, wenn ein verbesserter Momentenausgleich sich einstellen soll: 1. unveränderliche resultierende Massenkraft 1. Ordnung der oszillierenden Teile in jedem Element, 2. die abgeleitete Welle 2. Ordnung darf keine freien Kräfte und Momente 2. Ordnung besitzen.

1. **Bedingung.** Soll diese erfüllt sein, so muß die Schwerpunktsbahn der geradlinig bewegten Teile eines Elements für die Glieder 1. Ordnung kreisförmige Gestalt haben (Abb. 586), gleichbedeutend mit einer kreisenden Kraft von unveränderlicher Größe. Dies trifft zu in folgenden Fällen, die sich schon in den Tafeln 16 und 17 mit den beigegebenen Zylinderzahlen und Nummern vorfinden:

a) V-Motor mit Gabelwinkel $\delta_z = 90^0$, Viertakt 2×4 Nr. 2 und 2×8 Nr. 3 und 7, Zweitakt 2×2, 2×4 Nr. 3, 2×6 Nr. 2 und 4, 2×8 Nr. 5;

b) W-Motor mit Gabelwinkel $\delta_z = 60^0$, Viertakt 3×4 Nr. 1; Gabelwinkel 120^0, Viertakt 3×5 Nr. 5, Zweitakt 3×2 Nr. 2, 3×4 Nr. 3 und 3×5 Nr. 5, zugleich Mehrsternmotor mit 2×3, 4×3 und 5×3 Zylindern;

c) X-Motor mit Gabelwinkel $\delta_z = 45^0$, Viertakt 4×4 Nr. 3, Zweitakt 4×2 Nr. 1 und 4×6 Nr. 2; Gabelwinkel 90^0, Viertakt 4×2

Nr. 2 und 4×6 Nr. 16, Zweitakt 4×3 Nr. 5 und 4×5 Nr. 9, gleichzeitig Sternform.

Es sind in diesen Fällen die Kräfte 1. Ordnung, zudem die Kräfte der rotierenden Teile, durch Gegengewichte und damit die Momente 1. Ordnung ausgleichbar.

Der Nachweis der kreisförmigen Schwerpunktsbahn folgt nun.

Legt man die i Zylinder des zwei-, drei- und vierzylindrigen Elements symmetrisch zur Y-Achse eines Koordinatensystems, so lassen sich die früher angeführten Gl. (83) und (84) des Sternmotors umschreiben durch Einsetzen von φ statt δ_z; zu einem Winkel φ diesseits der Y-Achse gehört ein $(-\varphi)$ jenseits von ihr. Beim Drehwinkel α der Kurbelwelle sind die Koordinaten des Schwerpunkts:

$$X = \frac{r}{2\,i}\left[i - \sum_1^i \cos 2\,\varphi\right]\cdot \sin\alpha + r\,\frac{B_2}{2\,i}\left[\sum_1^i \cos\varphi - \sum_1^i \cos 3\,\varphi\right]\cdot \sin 2\,\alpha$$

$$+ r\,\frac{B_4}{2\,i}\left[\sum_1^i \cos 3\,\varphi - \sum_1^i \cos 5\,\varphi\right]\cdot \sin 4\,\alpha + \ldots$$

$$\tag{90}$$

$$Y = r\,\frac{B_0}{i}\sum_1^i \cos\varphi + \frac{r}{2\,i}\left[i + \sum_1^i \cos 2\,\varphi\right]\cdot \cos\alpha$$

$$+ r\,\frac{B_2}{2\,i}\left[\sum_1^i \cos\varphi + \sum_1^i \cos 3\,\varphi\right]\cdot \cos 2\,\alpha$$

$$+ r\,\frac{B_4}{2\,i}\left[\sum_1^i \cos 3\,\varphi + \sum_1^i \cos 5\,\varphi\right]\cdot \cos 4\,\alpha + \ldots$$

$$\tag{91}$$

Die Beiwerte B sind dieselben wie früher, S. 179.

Wird nun bei den Gliedern 1. Ordnung in Gl. (90) und (91) der Wert in der eckigen Klammer gleich, was der Fall ist mit $\sum_1^i \cos 2\,\varphi = 0$, so geben die mit dem Winkel α veränderlichen Koordinaten

$$X = \frac{r}{2}\cdot \sin\alpha$$

$$Y = \frac{l - \frac{r\,\lambda}{4}}{i}\cdot \sum_1^i \cos\varphi + \frac{r}{2}\cdot \cos\alpha$$

eine Kreisbahn an mit Mittelpunkt in einem bestimmten Abstand von der X-Achse und mit Halbmesser $\frac{r}{2}$. Versieht man nun die Kurbel des Zylinderelements mit einem Gegengewicht vom statischen Moment $i \cdot G_h \cdot \frac{r}{2}$, so ruht der Gesamtschwerpunkt S von Gegengewicht und i Massen auf der Y-Achse. Im Falle des sternförmigen Elements fällt S mit dem Wellenmittel zusammen.

Man hätte ebensogut von den Beschleunigungskräften ausgehen können, die sich aus Gl. (90), (91) durch zweimalige Ableitung des Weges nach der Zeit ergeben; dann hätte sich eine unveränderliche, umlaufende Kraft für das Zylinderelement ergeben.

Wann ist nun

$$\sum_{1}^{i} \cos 2\,\varphi = 0 \quad ?$$

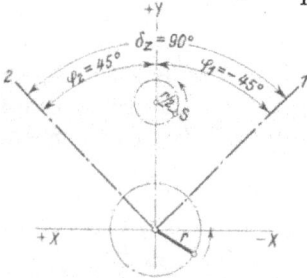

Abb. 586. Kreisbahn des Schwerpunkts S der hin und her gehenden Teile eines V-Elements mit Gabelwinkel $\delta_z = 90^0$.

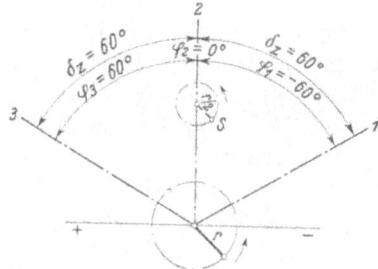

Abb. 587. W-Element mit Gabelwinkel $\delta_z = 60^0$ und Kreisbahn des Schwerpunkts der hin und her gehenden Teile.

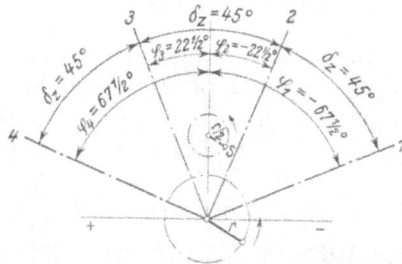

Abb. 588. Vierzylinder-Element mit Gabelwinkel $\delta_z = 45^0$ und Kreisbahn des Schwerpunkts der hin und her gehenden Teile.

Augenscheinlich für die unter a), b) und c) genannten Fälle; denn im einzelnen gilt:

Abb. 586, $i = 2$, $\delta_z = 90^0$, $\varphi_2 = 45^0$, $\varphi_1 = -45^0$, $2\,\varphi_1 = -2\,\varphi_2 = 90^0$, $\sum \cos 2\,\varphi = 0$;

Abb. 587, $i = 3$, $\delta_z = 60^0$, $\varphi_2 = 0^0$, $\varphi_3 = 60^0$, $\varphi_1 = -60^0$, $2\,\varphi_2 = 0$ $2\,\varphi_3 = 120^0$, $2\,\varphi_1 = -120^0$, $\sum \cos 2\,\varphi = 0$;

Abb. 588, $i = 4$, $\delta_z = 45^0$, $\varphi_3 = 22^1/_2{}^0$, $\varphi_2 = -22^1/_2{}^0$, $\varphi_4 = 67^1/_2{}^0$, $\varphi_1 = -67^1/_2{}^0$, $2\,\varphi_3 = 45^0 = -2\,\varphi_2$, $2\,\varphi_4 = -2\,\varphi_1 = 135^0$, $\sum \cos 2\,\varphi = 0$.

Auf die Sternreihenmotoren mit $\delta_z = 120^0$ und 90^0 braucht man hier nicht einzugehen, da die Kräfte am Dreizylinder- und Vierzylinderstern schon vorbehandelt sind.

13*

2. Bedingung. Unveränderliche resultierende Kraft der i Massen ist noch nicht ausreichend zum Ausgleich der Kippmomente 2. Ordnung. Es muß vielmehr die Gestalt des Kurbelsterns und die Kurbelbezifferung derart sein, daß bei Verdoppelung der Kurbelwinkel der Stern 2. Ordnung eine vollsymmetrische Welle, also mit ausgeglichenen Kräften und Momenten 2. Ordnung, ja sogar beliebig hoher Ordnung, ergibt.

Diese Forderung ist an verschiedenen Wellen unter a), b) und c) nicht erfüllt; es scheiden in Tafel 16 und 17 aus:

V-Motor, $\delta_z = 90^0$, Viertakt 2×8 Nr. 3, Zweitakt 2×2, 2×4 Nr. 3, 2×6 Nr. 4, 2×8 Nr. 5;

W-Motor, $\delta_z = 120^0$, zugleich Sternmotor: Viertakt 3×5 Nr. 5; Zweitakt 3×2 Nr. 2, 3×5 Nr. 5;

X-Motor, $\delta_z = 45^0$, Zweitakt 4×2 Nr. 1; $\delta_z = 90^0$, Viertakt 4×2 Nr. 2, Zweitakt 4×3 Nr. 5, 4×5 Nr. 9, zugleich Sternmotor.

Die übrigen Motoren besitzen teilsymmetrische Wellen, deren Kurbelstern ausgehend vom symmetrischen Stern 2. Ordnung mit Kurbeldeckpaaren abzuleiten ist; zu jedem solchen Stern gibt es $2^{\frac{k}{2}-1}$ Sterne 1. Ordnung.

Beispiele. Vierkurbelwelle, passend zum 2×4-, 3×4- und 4×4-Motor (Abb. 589, 590), mit dem Kurbelstern 2. Ordnung (Abb. 49, S. 49).

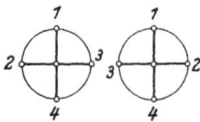

Abb. 589, 590. Vierkurbel-
Kreuzwellen für Viertakt-
Gabelmotoren.

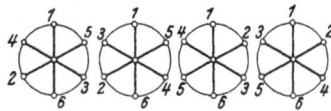

Abb. 591, 592, 593, 594.
Abb. 591 bis 594. Sechskurbelwellen
für Viertakt-Gabelmotoren.

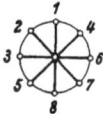

Abb. 597. Achtkurbelwelle
ohne freie Momente 2. Ordnung.

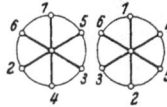

Abb. 595, 596. Sechskurbelwellen
mit freien Momenten 2. Ordnung.

Sechskurbelwelle, passend zum 2×6- und 4×6-Motor (Abb. 591, 592, 593, 594) mit dem Stern 2. Ordnung (Abb. 567). Nimmt man die Bezifferung der Kurbeln wie in Abb. 595, 596, so ist zwar die Summe der Momente 1. Ordnung gleich Null, jedoch nicht die Summe der Momente 2. Ordnung. Man wird also diese für Einreihenanordnung gute Bezifferung nicht in den vorliegenden Fällen des Gabelmotors nehmen.

Achtkurbelwelle, passend zum 2×8-Motor. Aus jedem der Kurbelsterne in Abb. 570 bis 575 folgen 8 Kurbelsterne 1. Ordnung; Abb. 597 ist einer der aus Abb. 570 abgeleiteten Sterne.

Bieten sich eine Anzahl von Lösungen des Kurbelsterns, so kann man vor Festlegung der Bezifferung noch eine Prüfung auf nicht zu große innere Momente vornehmen; hierüber vgl. Unterabschnitt C, d.

Eine etwas ausführlichere Schilderung für die **einfache Kreuzwelle** des V-Achtzylinders dürfte nicht unerwünscht sein.

Kurbel *1* befindet sich in Grundstellung; aus sämtlichen Umstellungen der Bewegungsebenen der übrigen 3 Kurbeln, nämlich $v = 3! = 6$, ist die Welle ohne resultierendes Kippmoment 2. Ordnung zu suchen. Tafel 37

Tafel 37

Verschiedene Formen von Kreuzwellen für den Achtzylinder - V - Motor und abgeleitete Wellen 2. Ordnung zur Prüfung der Momente 2. Ordnung.

	Kurbelwelle	δ_1'	δ_2'	δ_3'	δ_4'	abgeleitete Welle 2. Ordnung
a	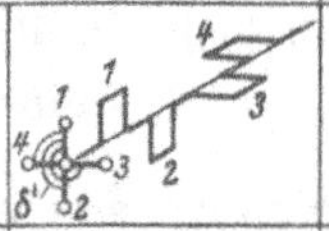	0°	180°	270°	90°	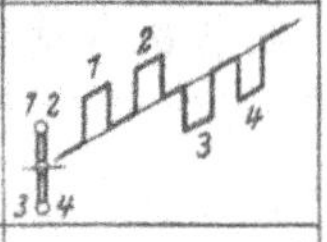
b	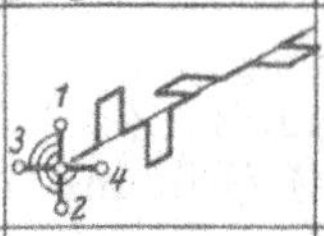	0°	180°	90°	270°	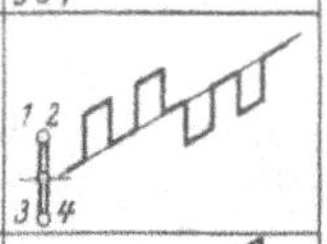
c		0°	270°	90°	180°	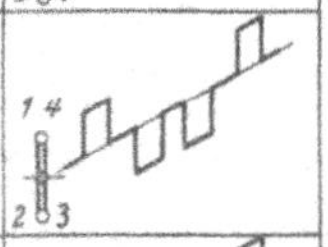
d	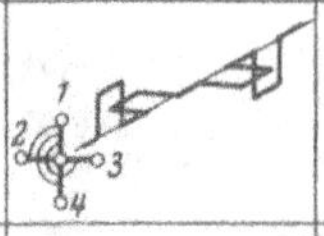	0°	90°	270°	180°	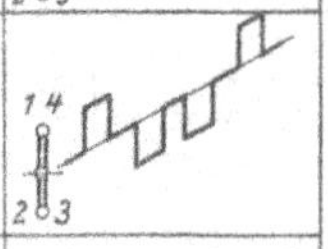
e	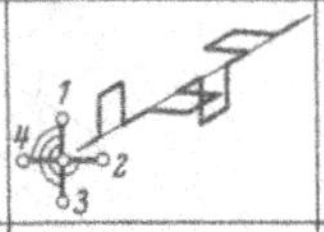	0°	270°	180°	90°	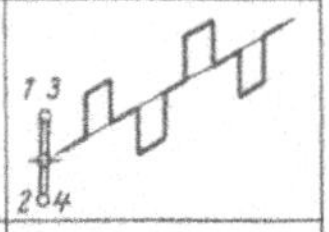
f		0°	90°	180°	270°	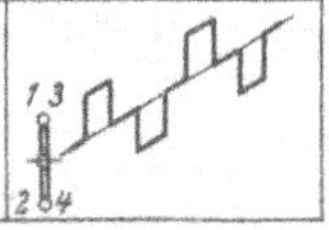

zeigt schematisch die verschiedenen Lösungen nebst den im Drehsinn gemessenen Winkeln δ'. Da die Verdopplung der Versetzungswinkel der Kurbeln in den Fällen *a, b, e, f* auf eine Wellenform 2. Ordnung mit unsymmetrischer Längsverteilung der Kurbeln führt, bleiben nur die Anordnungen *c* und *d* übrig, in denen die äußeren und inneren Kurbeln in der Stirnansicht paarweise gegenüberstehen.

Andere Art des Vorgehens: Gesucht ist eine Welle, deren Momente
2. Ordnung einander binden, da die Beseitigung freier Momente auf
Schwierigkeiten stößt. Man geht von der Tatsache aus, daß jede Welle
mit paarweise gleichgerichteten Kurbeln, die symmetrische Abstände
von Wellenmitte besitzen, nicht unter Momentenwirkungen zu leiden
hat. Faßt man diese Welle auf als entstanden durch Verdopplung eines

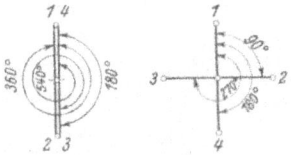

vorerst unbekannten Winkels α, so hat man
die Frage zu beantworten: Welche Gestalt
hat die wirkliche Welle? Die Antwort ist
leicht zu geben: Man halbiert in Abb. 598 die
Winkel der Kurbeln 4, 2 und 3 und zeichnet
diese drei Kurbeln mit den neuen Winkeln,

Abb. 598, 599. Ableitung der
Vierkurbel-Kreuzwelle aus der
symmetrischen Vierkurbelwelle.

von der Grundlage von 1 ausgehend. Durch
Auftragen der Winkel im Uhrzeigersinn ent-
steht Abb. 599, durch Auftragen im Wellendrehsinn die Welle d in
Tafel 37.

Während die Momente der schiebenden Teile des Motors bei einer
Reihe stets in seiner Längsebene wirken, ändert bei Gabelmotoren die
Momentenebene fortwährend ihre Lage; sie dreht sich für die Momente
1. Ordnung mit der Winkelgeschwindigkeit der Kurbelwelle, außerdem
ändert im allgemeinsten Fall das Gesamtmoment seine Größe. Man kann
sich nun fragen, welchen Verlauf das Moment M_I der 2 Vierzylinder-
reihen mit Kreuzwelle nimmt. Bekannt ist Lage und Größe des Momen-

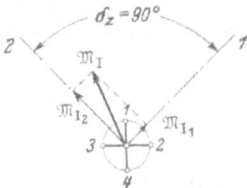

tenvektors $\mathfrak{M}_I$ der Vierkurbelwelle; in der augenblicklichen Stellung der Kurbel 1 (Abb. 600) ist
die wirksame Komponente des Vektors für Reihe 1
und 2 durch die Projektionen $\mathfrak{M}_{I1}$ und $\mathfrak{M}_{I2}$ von
$\mathfrak{M}_I$ auf die beiden Zylinderachsen gegeben. Der
Gesamtvektor ist die geometrische Summe der
unter dem Gabelwinkel zueinander stehenden

Abb. 600. Ableitung des Gesamtmoments des V-Motors
aus den Momenten der
Einzelreihen.

Teilvektoren; da nun im vorliegenden Fall δ_z
$= 90^0$ ist, gibt die Vektorsumme wieder den
Vektor $\mathfrak{M}_I$. Dessen Größe bleibt innerhalb der
Wellendrehung unverändert, was die Möglichkeit der Bindung der
Einzelkräfte und damit ihrer Momente mit Gegengewichten an den
Kurbeln gewährt. Man kann allgemein aussprechen: Beim Gabelwinkel
90^0 ist das Gesamtmoment der beiden Reihen konstant und deckt sich
mit dem Moment der Einzelreihe.

In ähnlicher Weise gelingt es, bei Wellen mit ungerader Kurbelzahl eine verbesserte Kurbelanordnung und -bezifferung ausfindig zu
machen. Man kann hier nicht wie bei gerader Kurbelzahl von einer
symmetrischen Wellengestalt ausgehen, da eine solche nicht möglich
ist, auch nicht von einem rechten Gabelwinkel. Man geht von einer
Kurbelanordnung aus, die besonders kleine Restmomente aufweist, be-

trachtet sie als eine abgeleitete Welle 2. Ordnung und erhält aus ihr durch Winkelhalbierung den auszuführenden Kurbelstern. Näheres über solche Lösungen bringt eine Abhandlung des Verfassers [59].

Die Ermittlung passender Gegengewichte an jeder Kröpfung zum Ausgleich der geradlinig bewegten und rotierenden Teile oder auch eine Vereinfachung der Anordnung durch Zusammenfassung der Gewichte soll hier, weil für die Zündfolge ohne Belang, unterbleiben; es sei auf [31] und [59] verwiesen.

Verbesserung des Ausgleichs bei H-Motoren mit Gegengewichten an den teilsymmetrischen oder unsymmetrischen Wellen. Einen brauchbaren Massenausgleich erreicht man durch Vereinigung zweier Motoren mit teil- oder unsymmetrischen Wellen zu einem Aggregat mit gemeinsamer Arbeitswelle. Beispiel: Unter den 2 × 4-Zylinder-Motoren für Zweitakt ergaben sich im Abschnitt III, B, b) zwei Gegenmotoren Nr. 4 und 5 der Tafel 17 mit unregelmäßig verteilten Kurbelstrahlen, jedoch mit regelmäßigen Zündabständen. Faßt man zwei solcher Motoren z. B. mit Welle Nr. 4 zu einem zweiwelligen zusammen (Abb. 601), mit Kopplung der Wellen durch Zahnräder, versetzt die zweite Welle um 180° gegen die erste und versieht die Kurbelarme mit Gegengewichten, so erhält man ein System ohne freie Massenkräfte und ohne Längs- und Quermomente. Diese Anordnung

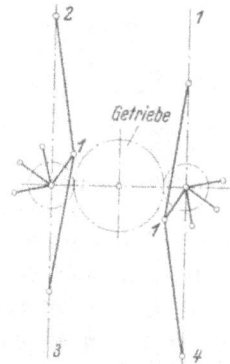

Abb. 601. Teilsymmetrische Wellen für Zweitakt-H-Motor mit Verbesserung des Massenausgleichs. Gegengewichte nicht eingezeichnet.

bildet den Gegenstand eines Patentes von Steigenberger [60].

c) Versetztreihige Motoren.

Der Begriff des versetztreihigen Motors wurde auf S. 70 erläutert. Im allgemeinen wird man sich auf 2 Reihen beschränken und auf die Anordnung mit regelmäßigem Wechsel der Zylinder der einen und der andern Reihe und mit gleichen Zündabständen der Zylinder.

Zu prüfen ist, wie sich an dieser Bauart der Momentenausgleich 1. und 2. Ordnung gestaltet, insbesondere der hin und her gehenden Massen. Aus den verschiedenen Verfahren, die zur Ermittlung des Gesamtmoments zur Verfügung stehen, sei das Verfahren der Ableitung des resultierenden Moments aus den Momenten der Einzelreihen gewählt. Die Gestalt der Welle und der Gabelwinkel sind aus Tafel 22 und 23, S. 99/100, bekannt.

α) Momente 1. Ordnung.

Die Kurbelwelle besteht aus zwei Teilen, von denen jeder einer Reihe zugeordnet ist; die Kröpfungen der einen und der andern Reihe

wechseln in der Längsrichtung der Welle ab. Bekannt ist von den einreihigen Motoren her, ob jede Reihe mit der zugehörigen Teilwelle ein
überschüssiges Moment 1. Ordnung aufweist. Der Betrag sei M_I je
Reihe; die zugehörigen Vektoren $\mathfrak{M}_{I_1}$ und $\mathfrak{M}_{I_2}$ schließen mit der Kurbel 1_1
der Reihe 1 bzw. Kurbel 1_2 der Reihe 2 die in Abb. 602 für die Sechs-
kurbelwelle angedeuteten Winkel
δ_{I_1} und δ_{I_2} ein und laufen mit der
Welle um. Der augenblicklich wirk-
same Betrag für jede Reihe ist gegeben durch die rechtwinklige Pro-
jektion $\mathfrak{M}'_{I_1}$ und $\mathfrak{M}'_{I_2}$ von $\mathfrak{M}_{I_1}$ und
$\mathfrak{M}_{I_2}$ auf die zugehörige Schubrich-
tung, also durch die cos-Kompo-
nente auf der Zylinderachse. $\mathfrak{M}'_{I_1}$
und $\mathfrak{M}'_{I_2}$ liefern durch Summierung
den Gesamtvektor 1. Ordnung $\mathfrak{M}_{I_R}$

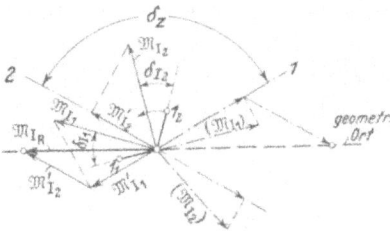

Abb. 602. Ermittlung des Gesamtmoments
beim versetztreihigen V-Motor aus den Momenten der Einzelreihen.

für den Gabelmotor, dessen Endpunkt einen geometrischen Ort festlegt. Es ist offensichtlich dasselbe Vorgehen, wie es schon beim normalen V-Motor in einfacherer Gestalt, s. S. 198, benutzt wurde.

Wenn ein Ausgleich der Momente durch Gegengewichte erreicht
werden soll, muß $\mathfrak{M}_{I_R}$ von unveränderlicher Größe sein, mithin sein Endpunkt eine Kreisbahn beschreiben. Es erzeugen dann die oszillierenden
Teile ein konstantes Moment, ebenso wie die umlaufenden Massen. Es
scheiden alle Fälle aus, in denen die Bahn eine Ellipse, eine Gerade oder
selbst ein Kreis mit Umlaufsinn entgegen der Kurbelwelle ist. Eine
gegenlaufende Kreisbahn des Gesamtvektors ergeben die Vektoren $\mathfrak{M}_{I_1}$
und $\mathfrak{M}_{I_2}$, die unter 180^0 zueinander stehen, für alle Gabelwinkel $0^0 < \delta_z$
$< 180^0$. Dies wiederum tritt ein, sobald die 2. Teilwelle das Spiegelbild
der 1. Teilwelle ist und jede Teilwelle freie Momente aufweist, also unsymmetrische Gestalt hat. Hat der Gabelwinkel 90 Grad und zugleich
$\mathfrak{M}_{I_1}$ gleiche Richtung mit $\mathfrak{M}_{I_2}$, so führen die Komponenten auf ein $\mathfrak{M}_{I_R}$
von derselben Größe wie die genannten Vektoren; der Radiusvektor hat
unveränderliche Größe und beschreibt eine Kreisbahn, wie zuvor beim
normalen V-Motor. — Symmetrische Teilwellen haben ein $M_{I_R} = 0$.

Die Entstehung der Vektoren $\mathfrak{M}_{I_1}$ und $\mathfrak{M}_{I_2}$ sei noch kurz gestreift.
An der Welle Abb. 603 gehören die Kurbeln 1_1, 2_1 und 3_1 zur Teilwelle 1;
die Kurbeln 1_2, 2_2 und 3_2 zur gestrichelten Teilwelle 2. $\mathfrak{M}_{I_1}$ geht aus den
Einzelmomenten mit den Hebelarmen $a_{1_1} = 7 \cdot a_{2_1}$, $a_{3_1} = 5 \cdot a_{2_1}$ und a_{2_1}
hervor oder ist aus der Dreikurbelwelle ohnehin bekannt; er liegt im
Winkelabstand $\delta_{I_1} = 30^0$ von Kurbel 1 e. d. U. zwischen Kurbel 1_1 und 2_1.
Ferner hat der Vektor $\mathfrak{M}_{I_2}$ den Abstand $\delta_{I_2} = 30^0$ von Kurbel 1_2 zwischen 1_2 und 2_2 m. d. U. (Abb. 604); der Momentenpunkt liegt, wie für
die Teilwelle 1, in Wellenmitte.

β) Momente 2. Ordnung.

Was diese Momente anlangt, läßt sich allgemein aussprechen: Sie sind im Gleichgewicht in natürlicher Weise dann, wenn

1. die Ursprungs-Teilwellen vollsymmetrisch sind, 2. die abgeleiteten Wellen 2. Ordnung Längssymmetrie aufweisen, 3. die resultierenden Momentenvektoren der beiden Reihen gleich groß und entgegengesetzt gerichtet sind und gleichzeitig der Gabelwinkel 180^0 beträgt.

Ein Gesamtvektor von unveränderlicher Größe ist nicht ohne weiteres ausgleichbar, da er sich doppelt so rasch wie die Kurbelwelle dreht, wohl aber mit Gegenmassen an einer Hilfswelle, die mit doppelter Drehzahl der Kurbelwelle umläuft.

Will man die Vektoren 2. Ordnung ermitteln, so kann man so vorgehen, wie an Hand des bestimmten Beispiels eines Sechszylinders mit $\delta_z = 120^0$ gezeigt sei. Es ist zunächst der Kurbelstern 2. Ordnung zu zeichnen, was beim versetztreihigen Motor einige Überlegung erfordert.

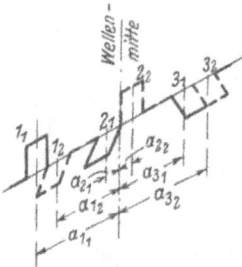

Abb. 603. Hebelarme der Momente 1. Ordnung der Teilwellen beim versetztreihigen V-Motor.

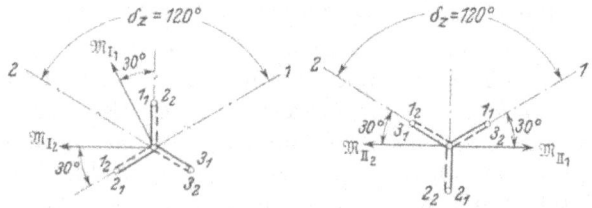

Abb. 604, 605. Kurbelstern 1. Ordnung und Kurbelstern 2. Ordnung der Teilwellen zu den versetzten Reihen.

Gegeben ist der Kurbelstern 1. Ordnung (Abb. 604). Man bringt die Kurbel 1_1 der zu Reihe 1 gehörigen Kurbeln in die Zylinderachse 1 und verdoppelt von dieser aus die Kurbelversetzungswinkel, wodurch die Ziffern an den Kurbeln eine Umstellung erleiden (Abb. 605). Ähnlich verfährt man mit den Kurbeln der 2. Reihe bei unveränderter Anfangsstellung des Sterns: von der Schubrichtung 2 aus werden die Winkel verzweifacht und es erscheint der Stern 2. Ordnung (Abb. 605). Der weitere Gang ist wie für die Momente 1. Ordnung: Zeichnung des Momentenvektors $\mathfrak{M}_{\mathrm{II}}$ für jede Reihe unter Beachtung, daß die Massenkraft 2. Ordnung nur das λ-fache jener 1. Ordnung beträgt; Bildung der wirksamen Komponenten durch rechtwinklige Projektion auf die zugehörige Schubrichtung; Zusammensetzung dieser Teilmomente nach dem Gabelwinkel; Wiederholung für verschiedene Drehwinkel der Welle. Entsteht als Bahn des Gesamtvektors 2. Ordnung $\mathfrak{M}_{\mathrm{II}_R}$ ein Kreis im Wellendrehsinn, so wäre ein Ausgleich mit Gegenmassen an einer Hilfswelle möglich, die mit doppelter Winkelgeschwindigkeit der Kurbelwelle läuft, eine Verwicklung, die jedoch recht unerwünscht ist. Liefert jede Wellenhälfte 2. Ordnung einen Vektor vom Betrag Null, so gibt es keine freien Momente 2. Ordnung.

Ein anderer Weg der Ableitung des Sterns 2. Ordnung zweier Teilwellen mit zueinander geneigten Schubrichtungen besteht in der Zurückführung des V-Motors, z. B. mit 2×2 Zylindern (Abb. 606), auf einen einfachen Reihenmotor (Abb. 607), in der Verdopplung der Kurbelversetzungswinkel zum Stern 2. Ordnung (Abb. 608), sodann in der Trennung der Motorhälften durch Drehen der einen Hälfte der Kurbeln samt Zylindern um den Gabelwinkel δ_z (Abb. 609), wobei jede Hälfte der Kurbeln stets der zugehörigen Reihe zugeordnet bleibt. Sodann folgt Eintragung des Momentenvektors 2. Ordnung für jede Reihe und Ermittlung des resultierenden Vektors. Im Beispiel ist Reihe *1* die linke.

γ) Durchführung der Untersuchung.

Es ist der rascheren Sichtung wegen angezeigt, aus den zahlreichen Kombinationen von Kurbelstern und Gabelwinkel gewisse Gruppen zu bilden, welche die Untersuchung auf ungebundene Kippmomente nach bestimmten Richtlinien erleichtern, und zwar unter jenen Lösungen, die unter Wahrung gleichmäßiger Zündfolge in Tafel 22 und 23 bei S. 99 und auf S. 100 zusammengefaßt wurden.

1. Viertakt.

1. **Alle Kurbeln in einer Ebene**, und zwar in der Motorlängsebene. Dies trifft zu bei 2×1, 2×2 und 2×4 Zylindern; ob genannte Ebene lotrecht oder waagrecht liegt, ist ohne Belang.

a) Die Kurbeln jeder Reihe haben in der Längsrichtung der Welle keine Symmetrie.

$2 \times 1 = 2$ Zylinder, $\delta_z = 180^0$, Tafel 22. Die Welle ist mit Momenten 1. Ordnung behaftet; der Betrag von $\mathfrak{M}_\mathrm{I}$ ist, wie der Augenschein von Abb. 610 lehrt: $M_\mathrm{I} = 2 \cdot P_\mathrm{I} \cdot \dfrac{a}{2} = P_\mathrm{I} \cdot a$. Die abgeleitete Welle 2. Ordnung (Abb. 611) sieht genau so wie die Welle 1. Ordnung aus, daher: $M_\mathrm{II} = 2 \cdot P_\mathrm{II} \cdot \dfrac{a}{2}$. Die Bedeutung von P_I und P_II geht aus Gl. (80b) und (80c), S. 164 hervor.

$2 \times 2 = 4$ Zylinder, $\delta_z = 180^0$. Abb. 612 und Nr. 1 der Tafel 22; jede Wellenhälfte 1_1, 1_2 und 2_1, 2_2 ist unsymmetrisch. Aus den Kräften 1. Ordnung und den Hebelarmen folgt, ohne Zeichnung der Momentenvektoren, daß die Momente einander binden. Unter Verzicht auf das mittlere Lager der Welle entsteht die gedrängtere Form Abb. 613, die bei Motoren mit kleinem Hubvolumen anzutreffen ist. Die Verdopplung der Kurbelversetzungswinkel der Teilwellen liefert die Welle

2. Ordnung (Abb. 614). Die Momente in bezug auf Wellenmitte sind:

$$M_{II_1} = P_{II} \cdot \left(5\,\frac{a}{2} - 3\,\frac{a}{2}\right) = P_{II} \cdot a \text{ für Reihe } 1 \text{ und } M_{II_2} = P_{II} \cdot \left(5\,\frac{a}{2} - 3\,\frac{a}{2}\right)$$

$= P_{II} \cdot a$ für Reihe 2 im Sinne von M_{II_1} wirkend; daher $M_{II_R} = P_{II} \cdot 2a$ als Höchstbetrag innerhalb einer Wellendrehung.

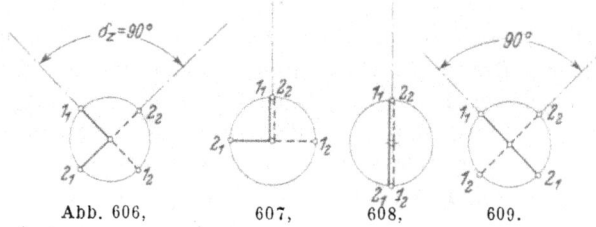

Abb. 606,　　　607,　　　608,　　　609.

Abb. 606 bis 609. Ableitung des Sterns 2. Ordnung zweier Teilwellen durch Umwandlung des V-Motors in einen einfachen Reihenmotor und Trennung der Motorhälften.

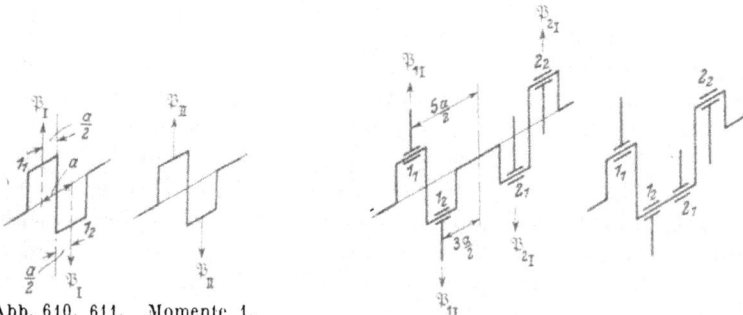

Abb. 610. 611. Momente 1. und 2. Ordnung beim versetzt-reihigen Zweizylinder-Motor.

Abb. 612, 613. Versetztreihiger Vierzylinder-motor.

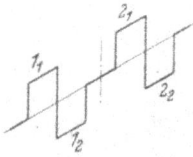

Abb. 614. Zum Ablesen der Momente 2. Ordnung beim Vierzylinder.

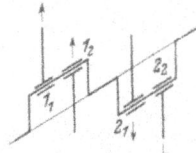

Abb. 615. Welle mit freien Momenten 1. und 2. Ordnung.

Die Welle Abb. 615 und Nr. 2 der Tafel hat erhebliche Momente 1. Ordnung und 2. Ordnung, wiewohl ihre einfache Gestalt zur Ausführung reizt.

Die Welle Abb. 441, S. 99, hat keinerlei Restmomente, dafür aber Simultanzündungen $1_1 + 2_1$ und $1_2 + 2_2$, außerdem sind Zylinder 1_1 und 2_1 weit auseinander, so daß sie nicht zu einem Block von geringem Gewicht zusammengefaßt werden können.

b) Die Kurbeln jeder Reihe sind spiegelbildlich-symmetrisch angeordnet. Da jede Teilwelle voll ausgeglichen ist, muß es auch die ganze Welle sein. Hierher gehören die 2 Kurbelwellen Abb. 429 und 431 sowie die Wellen des Achtzylinders Nr. 1 und 2 in Tafel 22. Die Teilwellen bei Nr. 1 sind um 180° versetzt, doch würde jeder andere Winkel zulässig sein, da durch ihn der Ausgleich an der Gesamtwelle nicht beeinflußt wird. So zeigt die Skizze Nr. 3 eine Versetzung der Kurbeln 1_1 und 1_2 um 150°, ein $\delta_z = 60°$ (vgl. hierzu Abb. 429).

2. Mehrstrahlige Kurbelsterne. Es sind die Teilwellen meist in der Längsrichtung unsymmetrisch, wie beim 2 × 3-Zylinder, dem 2 × 2- und 2 × 4-Zylinder mit Kurbelkreuz, dem 2 × 5-Zylinder und dem 2 × 6-Zylinder. Der 2 × 2-Zylinder mit $\delta_z = 90°$ scheidet wegen der nicht ausgleichbaren Momente aus.

2 × 3 = 6 Zylinder. Unter den 6 Lösungen mit sich deckenden Kurbelpaaren haben die in Tafel 22 gezeichneten Wellen Nr. 1 und 2 im Verein mit $\delta_z = 120°$ ein konstantes Gesamtmoment 1. Ordnung, wobei der Vektor im Sinne der Welle umläuft; mit Gegengewichten an der Welle werden die Kräfte und damit die Momente gebunden. Von den Kurbelsternen mit Einzelstrahlen sind die in der Tafel erscheinenden Wellen Nr. 3, 4 und 5 mit $\delta_z = 60°$ und 180° brauchbar. Was die Momente 2. Ordnung anlangt, zeigt nur die Anordnung mit gegenständigen Zylindern ($\delta_z = 180°$) keine freien Momente.

2 × 4 = 8 Zylinder mit Kurbelkreuz-Teilwellen. Die Kreuze decken sich. Von den Lösungen kommen zunächst jene mit Gabelwinkel $\delta_z = 180°$ in Betracht; es scheidet von diesen die Anordnung Nr. 6 aus, da sie recht große Momente 2. Ordnung aufweist, im Gegensatz zu den beiden andern Wellen. Die Lösung mit $\delta_z = 90°$ ist ebenfalls brauchbar; ihre Momente 2. Ordnung sind im Gleichgewicht. Diese Welle ist identisch mit jener des normalen Gabelmotors mit zwei nebeneinander, auf gleichem Kurbelzapfen liegenden Pleuelköpfen (vgl. S. 70, 98, Abb. 431).

2 × 5 = 10 Zylinder. Die in Tafel 22 angegebene Wellengestalt läßt einen Ausgleich der Momente 1. Ordnung durch Gegengewichte zu, nicht aber der Momente 2. Ordnung unmittelbar, denn der Vektorendpunkt bewegt sich auf einer Kreisbahn mit Winkelgeschwindigkeit 2 ω.

2 × 6 = 12 Zylinder. a) Kurbeldeckpaare je Teilwelle, Gabelwinkel $\delta_z = 60°$ oder 180°. Welle Nr. 1 der Tafel 22 hat im Verein mit $\delta_z = 180°$ zwar keine freien Momente 1. Ordnung, wohl aber solche 2. Ordnung und scheidet vielfach aus. Dieselbe Welle mit $\delta_z = 60°$ ist nicht verwendbar. Die Teilwellen der Anordnungen Nr. 3 bis 8 sind vollsymmetrisch und ausgeglichen, ebenso sind es die abgeleiteten Wellen 2. Ordnung. b) Einzelstrahlen je Teilwelle. 1. Fall: jede Teilwelle ist progressiv-symmetrisch beziffert, vgl. Abb. 595; $M_{I_1} = 0$ und $M_{I_2} = 0$, damit für die ganze Welle $M_{I_R} = 0$. Jede der Kurbelwellen in Nr. 9

mit 26 in Tafel 22 gibt im Verein mit $\delta_z = 60^0$, 120^0 und 180^0 gleiche Zündabstände, doch mit den beiden erstgenannten Gabelwinkeln freie Momente 2. Ordnung. Mit $\delta_z = 180^0$ eignen sich zur Erzielung von $M_{IIR} = 0$ nur jene Längsordnungen und Bezifferungen, die für die abgeleiteten Teilwellen 2. Ordnung gegenständige $\mathfrak{M}_{II_1}$ und $\mathfrak{M}_{II_2}$ liefern; zwei solche Wellen sind Nr. 10 und 22. 2. Fall mit $M_{IR} = 0$ ist gemäß Abb. 596 beziffert. Die Wellen in Nr. 28 und 40 zusammen mit dem Gabelwinkel $\delta_z = 180^0$ sind brauchbar, weil $\mathfrak{M}_{II_1}$ und $\mathfrak{M}_{II_2}$ entgegen wirken und ihre Projektionen auf die Zylinderachsen sich in jedem Augenblick zu Null ergänzen.

2. Zweitakt.

1. **Alle Kurbeln liegen in einer Ebene durch die Wellenachse.** Die Kurbeln jeder Reihe haben in der Längsrichtung der Welle keine Symmetrie, denn eine solche gibt es im Gegensatz zu Viertakt nicht. Geprüft werden die in Tafel 23, S. 100, vereinigten Anordnungen.

$2 \times 1 = 2$ **Zylinder.** Die Welle weist keine freien Momente 1. Ordnung, dagegen solche 2. Ordnung auf; denn die abgeleitete Welle 2. Ordnung hat ein Moment vom Höchstbetrag $M_{IIR} = P_{II} \cdot a$.

$2 \times 2 = 4$ **Zylinder,** $\delta_z = 90^0$. Die Momentenvektoren 1. Ordnung $\mathfrak{M}_{I_1}$ und $\mathfrak{M}_{I_2}$ fallen zusammen; der Gesamtvektor $\mathfrak{M}_{I_R}$ kreist im Sinn der Welle und läßt den Ausgleich durch Gegengewichte zu. Das vorhandene Gesamtmoment 2. Ordnung von unveränderlicher Größe ist nicht unbeträchtlich. Die zweite mögliche Kurbelanordnung scheidet wegen unausgleichbarer Momente aus, sie wurde deshalb nicht in Tafel 23 aufgenommen.

2. **Mehrstrahlige Kurbelsterne.** Die Teilwellen sind in der Längsrichtung unsymmetrisch.

$2 \times 2 = 4$ **Zylinder** mit Kurbelkreuz scheiden aus, da die Momente keinen Ausgleich gestatten; daher ist diese Form in Tafel 23 ausgelassen.

$2 \times 3 = 6$ **Zylinder.** Unter den Lösungen mit Paaren sich deckender Kurbeln haben die in der Tafel aufgeführten Wellen Nr. 1 und 2 mit $\delta_z = 60^0$ einen resultierenden Momentenvektor 1. Ordnung von unveränderlicher Größe, gleichsinnig mit der Welle umlaufend; Gegengewichte führen eine Bindung der Momente herbei. Der Gabelwinkel $\delta_z = 180^0$ verlangt spiegelbildliche Teilwellen mit gegenständigen Momentenvektoren, wie sie Nr. 3 und 4 zeigen. Von den Kurbelsternen mit Einzelstrahlen sind Nr. 5 und 6 mit $\delta_z = 120^0$ brauchbar, während $\delta_z = 60^0$ und 180^0 ausscheiden. Momente 2. Ordnung treten bei all diesen Wellen auf, mit Ausnahme der Wellen Nr. 3 und 4.

$2 \times 4 = 8$ **Zylinder.** Es findet sich keine Lösung, in welcher der Momentenvektor konstant und im Sinn der Welle umläuft. Die in Tafel 23 skizzierten Motoren gewähren also keinen Momentenausgleich 1. Ordnung.

$2 \times 5 = 10$ Zylinder. Es gilt die gleiche Wahrnehmung wie für den Achtzylinder. Die Skizze in Tafel 23 gibt kein Gleichgewicht der Kippmomente 1. Ordnung. Den Teilwellen-Grundstern wird man für kleinstes resultierendes Moment beziffern, also *1 4 3 2 5*.

$2 \times 6 = 12$ Zylinder. Der Kurbelstern jeder Teilwelle bietet zwei Bezifferungen mit dem Moment 1. Ordnung M_I gleich Null.

1. Lösungen mit Kurbelpaaren Nr. 1 bis 6. Der Deckstern kann um 30^0, 90^0, 150^0 bis zur Deckung mit dem Grundstern gedreht werden; daher 3 Gabelwinkel δ_z. Die Bezifferung des Decksterns kann man 6mal umstellen; damit sind für jedes δ_z sechs verschiedene Bezifferungen möglich. Da alle zugehörigen Kurbelwellen freie Momente 2. Ordnung besitzen, ist in Tafel 23 nur je eine Lösung der Längs-Kurbelanordnung aufgenommen.

2. Lösungen mit Einzelstrahlen Nr. 7 bis 12. Grundstern wie bei Viertakt mit $M_I = 0$; Drehung des 2. Teilsterns um 60^0, 120^0, 180^0, daher 3 verschiedene Gabelwinkel. Die Bezifferung des Decksterns kann man 6mal ändern; doch sind alle entstehenden Wellen mit Momenten 2. Ordnung behaftet. In Tafel 23 ist für jede Grundbezifferung nur eine Möglichkeit im Längsbild für $\delta_z = 60^0$ angegeben; die perspektivisch gezeichnete Welle eignet sich zugleich für $\delta_z = 120^0$ und 180^0.

Die Zweitakt-Fahrzeugmotoren mit Kolbenladepumpe werden sich in Zylinder- und Kurbelanordnung an jene Formen anlehnen, die bei Vorhandensein von lauter Arbeitszylindern guten Massenausgleich besitzen. Beispiel: 2 Arbeitszylinder und 2 Pumpenkolben versetztreihig nach Schauer [61]. Wegen der Ungleichheit der bewegten Massen und der notwendigen Abweichung der Kurbelversetzungswinkel wird der Ausgleich nur angenähert erreicht.

Versetztreihige Motoren mit ungleichen Zündabständen und gutem Momentenausgleich. Die Zeitabstände der Zündungen werden ungleich, wenn man einen bestimmten Gabelwinkel einhalten will, der von dem normalen abweicht, mit der Absicht, dem System andere Eigenschaften, z. B. hinsichtlich der Drehschwingungen in einem bestimmten Drehzahlbereich, zu erteilen. Die Welle wird in der Regel die Gestalt beibehalten, die sie vor der Änderung des Zylinderachswinkels besaß; der Momentenausgleich besteht nach wie vor bei den längssymmetrischen Wellen, kann aber bei anders gestalteten Wellen eine gewisse Änderung erfahren.

d) Innere Momente symmetrischer und teilsymmetrischer Wellen.

Neben der Erreichung kleinster »äußerer« oder freier Gesamtkippmomente ist noch die Forderung kleiner »innerer« Momente zu prüfen, d. h. des Teilausgleichs innerhalb der Welle, und die Wellenformen einer Sonderauslese zu unterziehen.

Als innere Momente sind jene eines Wellenteils zu verstehen, die selbst bei ausgeglichenem Gesamtmoment vorhanden sind, dank der Elastizität des Werkstoffs, die Welle verformen und Wellenlager nebst Gestell nicht unbeträchtlich belasten.

Die wirksamen Massenkräfte P_I und P_II der einzelnen Kurbeln sind durch Gl. (80b) und (80c) gegeben. Teilt man die Welle Abb. 616 in zwei gleiche Hälften diesseits und jenseits der Wellenmitte, so erzeugen die Kurbeln *1, 2, 3, 4* und *8, 7, 6 ,5* mit gleichen Zwischenabständen a je ein Moment 1. Ordnung vom Höchstwert $M_{\mathrm{I}_i} = 3{,}16 \cdot P_\mathrm{I} \cdot a$; ein Moment 2. Ordnung ist nicht vorhanden. Die Beträge entnimmt man dem öfters angeführten Buch [55]. Ähnlich wirken die Kräfte P_r der rotierenden Massen.

Es ist nun die Frage, wie die einzelnen Zylinder- und Kurbelzahlen sich hinsichtlich der inneren Momente verhalten. Nur die Einreihenmotoren sollen der Betrachtung unterworfen werden.

Die Aufgabe besteht darin, die Größe der Momentenvektoren für die Wellenhälften all jener Variationen der Kurbelanordnun-

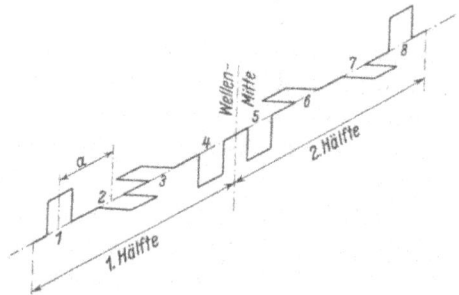

Abb. 616. Zur Bestimmung der inneren Momente einer Welle.

gen und -bezifferungen, die sonst als nicht ungünstig befunden wurden, zu ermitteln und Anordnungen mit hohen Beträgen auszuscheiden. Dies ist um so eher möglich, je mehr die Zylinderzahl anwächst.

Es wird das Bestreben sein, die Momente der geradlinig bewegten Massen klein zu halten; die Kräfte und damit die Momente der rotierenden Massen lassen sich jederzeit völlig durch Gegenmassen aufheben. Der Ausgleich der Momente 1. Ordnung geht der Bindung der Momente 2. Ordnung vor. Als Momentenpunkt sei der Halbierungspunkt der Welle festgelegt. Die Ergebnisse sind hier ohne weitere Ableitung angeführt.

Beim Viertakt-Vierzylinder, Tafel 9, S. 55, bleibt es beim Moment 1. Ordnung vom Höchstbetrag $M_{\mathrm{I}_i} = P_\mathrm{I} \cdot a$ und 2. Ordnung vom Betrag $M_{\mathrm{II}_i} = 0$; eindeutig ist ebenfalls der Zweitakt-Vierzylinder, Tafel 10, S. 55, mit dem Moment 1. Ordnung $M_{\mathrm{I}_i} = P_\mathrm{I} \cdot \dfrac{a}{2} \cdot \sqrt{10}$, 2. Ordnung $M_{\mathrm{II}_i} = P_\mathrm{II} \cdot a$.

Der Fünfkurbelwelle, Tafel 9 und 10, wird man die Sternbezifferung m. d. U. *1 4 3 2 5* belassen mit einem $M_{\mathrm{I}_i} = P_\mathrm{I} \cdot a \cdot 1{,}328$.

Die Sechskurbelwelle für Viertakt, Tafel 9, und jene für Zweitakt mit Gesamtmoment $M_\mathrm{I} = 0$, Tafel 10 und Abb. 595, beschränkt sich auf den einen Wert: $M_{\mathrm{I}_i} = P_\mathrm{I} \cdot a \cdot \sqrt{3}$ und $M_{\mathrm{II}_i} = P_\mathrm{II} \cdot a \cdot \sqrt{3}$.

Zu dem Siebenzylinder übergehend, liefert die Bezifferung m. d. U. *1 4 7 2 3 6 5* mit kleinstem Gesamtmoment der Welle zugleich ein recht kleines $M_{I_i} = P_I \cdot a \cdot 0{,}526$, die zweitnächste Bezifferung in Tafel 9 und 10 ein größeres M_{I_i} vom Betrag $P_I \cdot a \cdot 2{,}528$.

Die Kreuz-Halbwelle des Viertakt-Achtzylinders bietet 6 Umstellungen der Ziffern, unter Abzug der Spiegelbilder deren 3. Die Momentenvektoren sind von der teilsymmetrischen Vierkurbelwelle her bekannt. Der Deckkurbelstern in Abb. 575 führt auf: $M_{I_i} = P_I \cdot a \cdot \sqrt{2}$, $M_{II_i} = P_{II} \cdot a \cdot 4$; in Abb. 571: $M_{I_i} = P_I \cdot a \cdot 2\sqrt{2}$, $M_{II_i} = P_{II} \cdot a \cdot 2$; in Abb. 573 und 616: $M_{I_i} = P_I \cdot a \cdot \sqrt{10}$, $M_{II_i} = 0$.

Die Halbwelle des Zweitakt-Achtzylinders hat verschiedene Gestalt je nach der Bezifferung des Kurbelsterns für kleinstes Gesamtmoment der Welle. Die Halbwelle (Abb. 617) ist dieselbe wie beim Viertaktmotor (Abb. 616) mit $M_{I_i} = P_I \cdot a \cdot \sqrt{10}$, $M_{II} = 0$; die Halbwelle mit schiefem Kurbelkreuz (Abb. 618) ergibt: $M_{I_i} = P_I \cdot a \cdot 2{,}40$; die Halbwelle (Abb. 619) besitzt recht großes M_{I_i}.

Die Neunkurbelwelle hat für die inneren Momente folgende Beträge: Abb. 620 $M_{I_i} = P_I \cdot a \cdot 3{,}980$, verhältnismäßig groß; Abb. 621 $M_{I_i} = P_I \cdot a \cdot 2{,}353$, etwas kleiner; Abb. 622 $M_{I_i} = P_I \cdot a \cdot 1{,}223$, am geringsten.

Die Welle für den Viertakt-Zehnzylinder, also mit Paaren sich deckender Kurbeln, bietet ohne Spiegelbilder 24 Bezifferungen des Kurbelsterns der Halbwelle. Unter ihnen hat Abb. 623 das kleinste $M_{I_i} = P_I \cdot a \cdot 0{,}449$, dagegen ein $M_{II_i} = P_{II} \cdot 4{,}98$; dann folgt die Bezifferung Abb. 624 mit $M_{I_i} = P_I \cdot a \cdot 1{,}56$, $M_{II_i} = P_{II} \cdot a \cdot 4{,}74$, ferner Abb. 625 mit $P_I \cdot a \cdot 2{,}629$.

Die teilsymmetrische Zehnkurbelwelle, für Zweitakt bestimmt, weist 4 Bezifferungen mit dem Gesamtmoment $M_I = 0$ und eine Anzahl von Kurbelsternen mit kleinem M_I auf. Unter diesen hat die Halbwelle im Kurbelstern (Abb. 626) das kleinste innere Moment $M_{I_i} = P_I \cdot a \cdot 0{,}449$, während die Halbwelle aus Stern Abb. 627 ein Moment $M_{I_i} = P_I \cdot a \cdot 2{,}629$ und die übrigen Wellen ein noch größeres Moment besitzen; so führt Abb. 628 auf ein $M_{I_i} = P_I \cdot a \cdot 1{,}236$.

Die vollsymmetrische Zwölfkurbelwelle gewährt mit den in Abb. 629, 630 bezifferten Teilwellen mit 6 Kurbeln zwei Lösungen mit $M_{I_i} = 0$; die zugehörigen Momente 2. Ordnung sind: $M_{II_i} = P_{II} \cdot a \cdot 3{,}464$ bzw. $M_{II_i} = P_{II} \cdot a \cdot 6{,}92$; es folgt sodann die Bezifferung in Abb. 631 mit $M_{I_i} = P_I \cdot a$ und $M_{II_i} = P_{II} \cdot a \cdot 5{,}196$.

Die teilsymmetrische Zwölfkurbelwelle für Zweitakt gibt mit der *1, 5, 3, 4, 2, 6* bezifferten Halbwelle (Abb. 632) ein $M_{I_i} = 0$ und ein $M_{II_i} = P_{II} \cdot a \cdot 6$.

Die vorangehenden Ergebnisse sind auf spiegelbildlich bezifferte Kurbelsterne übertragbar. In den Übersichtstafeln der Einreihen- und Mehrreihenmotoren wurden bei Wahl der Wellenform die inneren Momente berücksichtigt.

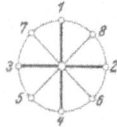

Abb. 617. Halbwelle im Kurbelstern des Zweitakt-Achtzylinders.

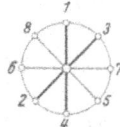

Abb. 618. Halbwelle mit schiefem Kurbelkreuz.

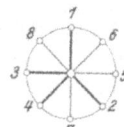

Abb. 619. Halbwelle mit großem inneren Moment 1. Ordnung.

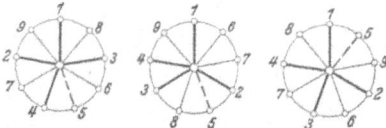

Abb. 620, 621, 622. Neunkurbelwellen mit verschiedenen inneren Momenten.

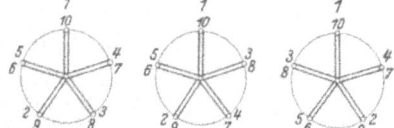

Abb. 623. 624, 625. Zehnkurbelwellen für Viertakt mit verschiedenen inneren Momenten.

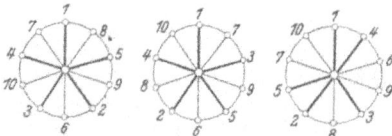

Abb. 626, 627, 628. Zehnkurbelwellen für Zweitakt mit verschiedenen inneren Momenten.

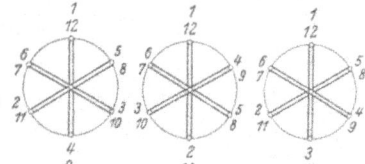

Abb. 629, 630, 631. Zwölfkurbelwellen für Viertakt mit verschiedenen inneren Momenten.

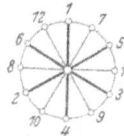

Abb. 632. Zwölfkurbelwelle für Zweitakt.

VII. Zündfolge und Kurbelwellenschwingungen.

A. Schwingungs-Ursachen und -Arten.

Für die Betrachtung mancher Vorgänge an den Kurbelwellen der Mehrzylindermaschinen, wie die Ermittlung der Gesamtdrehkraft oder des Ungleichförmigkeitsgrades, genügt es, was schon im Abschnitt VI geschah, von der Annahme auszugehen, die Welle sei starr; damit wird der Einfluß der Elastizität des Werkstoffs mit seinen Folgeerscheinungen vernachlässigt. Diese Voraussetzung ist aber hinsichtlich anderer Vorgänge unstatthaft.

Eine größere Zahl von Kurbelwellenbrüchen in Kolbenmaschinen-anlagen, insbesondere in Fahr- und Flugmotoren, hat gezeigt, daß die normale Belastung durch Gas- und Massenkräfte auf gleichzeitige Bie-gung und Drehung unterhalb der Wechselfestigkeit des Werkstoffes lag, selbst unter Beachtung der Minderung der Festigkeit durch die gekröpfte Form gegenüber der glatten Welle, der Querschnittsübergänge und et-waiger Kerbwirkung. Der Bruch ist auf starke Zusatzkräfte zurück-zuführen, die sich innerhalb der Wellenleitung geltend machen. Es ent-steht die Frage, woher diese zerstörenden Kräfte oder Momente stam-men.

Man kann bei Verkehrsmotoren an Stoßvorgänge beim Anlassen, an Klopferscheinungen bei der Verbrennung, an frühe Eigenzündung, ferner an Kreiselkräfte der Luftschraube bei Drehbewegungen des Flug-zeugs denken. Am gefährlichsten sind die periodischen Schwingungen der Wellenanlage; ihre Bedeutung rückt bei den vielfach gekröpften Wellen in den Vordergrund.

Die Wellenschwingung aus Mangel an Steifheit besteht aus einer Schwingung quer zur Wellenachse und einer Schwingung um die Wellen-achse. Die erste ist eine Biegungs- oder Biegeschwingung, ein Durch-federn der Welle in einer Längsebene, die zweite eine Verdrehungs- oder Drillungsschwingung, gleichbedeutend mit einer Oszillation der Welle um ihre Längsachse, die ihrer normalen Verdrehung überlagert ist. Unter Längsschwingungen versteht man geradlinige Schwingungen in der Wellenachse, die sich durch die Änderung der Wellenlänge, z. B. bei den Drehschwingungen, ausbilden.

Da die Biegeschwingungen an Reihenmotoren durch eine ausrei-chend steife Welle, kleine ungestützte Zwischenräume, also durch Fassen jeder Kröpfung zwischen zwei Lager, und durch einen kräftigen Kurbel-kasten vermieden werden, so ist die Eigenschwingungszahl hoch; es beträgt z. B. die Biegeschwingung 1. Grades mit je einem Schwingungs-bauch zwischen zwei Lagern bei einem Vierzylinder-Flugmotor mit Luft-schraube etwa 25000 i. d. Min. Allerdings kann die Stützweite wach-sen, wenn ein Zwischenlager übermäßig abgenützt ist, die Welle also nicht mehr gleichmäßig in allen Lagern aufliegt.

Am ehesten sind Biegeschwingungen zu erwarten an Zweikurbel-wellen oder an vierfach gekröpften Wellen von Fahrzeugmotoren mit einseitigem Schwungrad, die unter Weglassung aller Zwischenlager nur an den Enden gestützt sind; Kreiselwirkung kann beträchtlichen Ein-fluß haben. Die Eigenschwingungszahl solcher Wellen für die Biegungs-schwingung 1. Grades ist durchschnittlich 10000 i. d. Min. Es genügt, auf die Darlegungen von Klüsener [62], Benz [63], Wedemeyer [64], Kamm [65, S. 79], Holba [66, S. 36, 45] und auf die Messungen solcher Schwingungen durch Riede [67] hinzuweisen. Riekert und Ernst [68] haben bei Versuchen mit einer dreifach gelagerten Welle in einem Vierzylinder-Dieselmotor keine Biegeschwingungen feststellen können. Gewisse Durchbiegungen waren in der Hauptsache durch die Gaskräfte bedingt. Diese Biegeschwingungen machen sich bemerklich einmal bei Motordrosselung, wenn die Massenkräfte überwiegen, wobei ein dröhnendes Geräusch durch Mitschwingen des Kurbelgehäuses hörbar wird, anderseits bei manchen Motoren im Vollgasbetrieb mit hoher Drehzahl, kenntlich durch rauhen Gang und »Bullern« des Motors. Die Dämpfung bei diesen biegekritischen Drehzahlen ist schwierig. Bei Gleitlagern leiden die Lagerschalen durch Ankanten der sich schräg stellenden Zapfen.

Da nun im allgemeinen die Reihenfolge der Kräftewirkungen auf die einzelnen Wellenstücke für das Endergebnis der Biegeschwingungen, mithin die Zündfolge, ohne Bedeutung ist, scheidet hier das Durchprüfen der Zündfolgen aus.

Es überwiegt die Bedeutung der Verdrehungs- oder Torsionsschwingungen der Wellenanlage, die durch periodisch wechselnde Drehmomente verschiedener Art entstehen und oft Brüche im Gefolge haben.

In den meisten Fällen geschieht die Erregung durch den Motor, und zwar durch die Zünddrücke und die Massenkräfte der einzelnen Zylinder; daher ist eine gewisse Abhängigkeit von der Zündfolge zu erwarten.

In Sonderfällen können auch andere Erregungen durch äußere Kräfte und Momente in Frage kommen. So vermag die Schraube einer Schiffsanlage Drehschwingungen auszulösen, die mit der Flügelzahl in Zusammenhang stehen, z. B. 4. Ordnung bei einer vierflügeligen Schraube. An Flugmotoren können Schwankungen des Propellerwiderstands solche Drehschwingungen verursachen, z. B. beim Arbeiten der Luftschraube in einem Gebiet ungleichmäßiger Geschwindigkeitsverteilung, wie es durch die Strömung um die Tragfläche oder durch Überschneidung der Schraubenkreise zustande kommt; hierauf hat Bock [21] hingewiesen. Die Periode dieser Impulse ist wiederum von der Blattzahl abhängig. Torsionsschwingungen können ferner durch einen Drehstromgenerator erregt werden.

Weitaus wichtiger als diese Sonderkräfte sind die periodisch wirkenden Kolbenkräfte im Motor; die durch sie hervorgerufenen Schwingungen um die Wellenachse lassen sich in drei Bestandteile zerlegen, die im Torsiogramm, d. h. im aufgenommenen Drehschwingungsbild mit den Ausschlägen über den Drehzahlen, zusammengesetzt erscheinen, wie schon Stieglitz [69] klar dargelegt hat. Die Bestandteile sind:

1. die durch die Ungleichförmigkeit der Drehbewegung infolge der veränderlichen Arbeitskräfte bedingten Schwankungen der Welle als Ganzes, s. Abschnitt VI, A. Sie erzeugen überhaupt keine Beanspruchungen der Welle und wären auch vorhanden, wenn die Welle durchaus starr wäre;

14*

2. die durch die wechselnden Drehkräfte bedingte statische Verdrehung der Welle; ihr Formänderungszustand entspricht in jedem Augenblick dem angreifenden Kräftesystem. Die entstehenden Arbeitsschwingungen würden allein auftreten, wenn die Welle mindestens so steif wäre, daß ihre Eigenschwingungszahl höher als die Frequenz der höchsten Harmonischen der Drehkräfte läge, oder auch in außerkritischen Betriebszuständen. Die zugehörigen Beanspruchungen des Werkstoffs entsprechen genau der äußeren Belastung;

3. die eigentlichen Verdrehungsschwingungen, die über den andern Pendelungen der Wellenteile aufgelagert sind, insbesondere die starken Resonanzschwingungen. Sie stellen vielfach die kritischen, weil gefährlichen Schwingungen dar und treten bei der kritischen Umlaufzahl der Kurbelwelle auf. Die zusätzlichen dynamischen Beanspruchungen hängen außer von den erregenden Harmonischen der Drehkräfte in hohem Maße von den Dämpfungskräften und damit von manchen Zufälligkeiten ab.

Als Folge der Biege- und Drehschwingungen ist die Welle Längsschwingungen oder Ziehharmonikaschwingungen unterworfen; denn eine Biegung oder Verdrehung der Welle bringt eine Längenänderung mit sich, worauf Heidebroek und Lürenbaum [70, 71, 72] hingewiesen haben. Hinzu kommt ein gewisses taktmäßiges Spreizen der Kröpfung durch die radialen Kräfte auf dem Kurbelzapfen.

Der Zusammenhang der Frequenz der Kolbenkräfte und damit der Zündfolge mit den Drehschwingungen soll hier eingehend erörtert werden. Von den Grundlagen zur Erfassung solcher Schwingungen sei nur so viel vorausgeschickt, wie zum Verständnis der eigentlichen Untersuchungen über die Zündfolge notwendig erscheint.

B. Drehschwingungen.

1. Eigenschwingungszahl. Schwingungsform. Erregende Kräfte. Resonanz.

Jede Welle stellt eine Verbindung von elastischen Gliedern mit mehr oder weniger schweren rotierenden Teilen, von Federn und Massen, ein System von gekoppelten Schwingern dar und kann deshalb Drehschwingungen ausführen. Die Kurbelwelle der Motoren bildet mit Kolben, Pleuelstangen und Drehmassen, darunter das Schwungrad an Fahrzeugen und die Luftschraube an Flugzeugen, ein vielgliedriges, drehelastisches System, sie besitzt somit mehrere Eigenschwingungszahlen n_e. Bei der niedrigsten Schwingungszahl bildet sich nur ein Bewegungsknoten oder kurz ein Knoten aus; man spricht von einer Schwingung 1. Grades, von einer Einknotenschwingung oder von der Grundschwingung. Die nächst höhere Schwingungszahl besitzt zwei Knoten: Schwingung 2. Grades, Zweiknotenschwingung, 1. Oberschwingung. Sodann folgt die Schwingung 3. Grades, Dreiknotenschwingung, 2. Oberschwingung usf. Bei n Massen längs der Welle mit $(n-1)$ Zwischenabständen sind $(n-1)$ Eigenschwingungszahlen mit 1 bis $(n-1)$ Knoten möglich. Der Knotenpunkt ist im allgemeinen eine Stelle hoher Werkstoffbeanspruchung; das größte Drehmoment und die größte Anstrengung können beim Durchleiten der Gesamtdrehkräfte im Motor manchmal an anderer Stelle auftreten, worauf Neugebauer [73] beim Mehrfedersystem aufmerksam gemacht hat.

Bei dämpfungsfreier Schwingung entspricht jeder Eigenschwingungszahl eine freie Schwingungsform oder Eigenschwingungsform mit einer schwingungselastischen Linie, die sich außer durch die Zahl der Knoten noch durch den Verlauf und den Betrag der Wellenverdrehung, also der Schwingungsausschläge oder Schwingungsweiten a (Abb. 633), auszeichnet, die um so größer sind, je weiter die Massen m vom Knotenpunkt abliegen.

Dieses schwingungstechnische Sinnbild gilt für eine Welle mit den auf den Bezugshalbmesser, in der Regel auf den Kurbelradius, bezogenen Massen, welche die wirkliche Welle drehelastisch ersetzt. Es wird

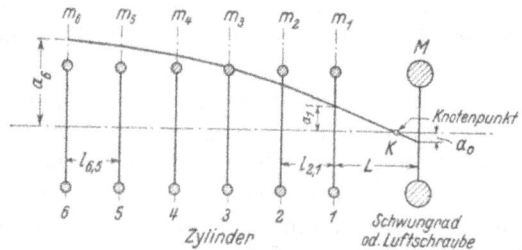

Abb. 633. Massensystem für die Eigenschwingung und Schwingungsform 1. Grades von Fahrzeug- und Flugmotoren in Reihe.

beim Kurbeltrieb ein unveränderlicher Betrag der geradlinig bewegten Massen zu den umlaufenden geschlagen; in Wirklichkeit ist die Einwirkung jener Massen veränderlich, vgl. z. B. die Ableitungen von Trefftz [74], Kluge [75], Scheuermeyer [76] und Grammel [77]. Die Vereinfachung ist im allgemeinen statthaft; eine Überprüfung der Zulässigkeit in Sonderfällen kann später erfolgen (s. S. 240). Damit erscheint ein Ersatzsystem mit einer glatten Welle von einheitlichem polaren Trägheitsmoment und mit einer Anzahl Massen, die man als Scheiben, Schwungringe oder sonstwie als Massen von gleichbleibendem Trägheitsmoment darzustellen pflegt.

Je nach Zahl, Größe und Zwischenabstand l der Einzelmassen m, insbesondere nach der Lage der Hauptmasse M des Schwungrads oder Propellers, wird das Schwingungsbild 1., 2., 3. Grades verschieden aussehen; doch lassen sich für die am meisten üblichen Grundgestalten der Motoranlage kennzeichnende Schwingungslinienzüge angeben, die man bei den Untersuchungen für die betreffende Maschinengattung zugrunde legen wird. Dies ist schon deshalb möglich, weil man eine »Einheitsschwingungsform« verwenden kann, wie Biber [78] nachgewiesen hat.

Auf die mannigfachen, mehr oder weniger Zeit beanspruchenden Verfahren zur Ableitung der Ersatzwelle sowie zur Aufzeichnung der

Schwingungsform braucht man hier nicht einzugehen; ihre Kenntnis ist für die nachfolgenden Ableitungen nicht wesentlich, denn das Schema genügt vollauf hierzu. Zur Ergänzung diene der Hinweis, daß man an Hand der elektrischen Nachbildung eines mechanischen Gebildes auf experimentellem Wege die Eigenschwingungszahlen der mechanischen Anordnung sowie die Schwingungsausschläge an den verschiedenen Stellen des Gebildes bei periodischer Erregung bestimmen kann, vgl. Kettenacker [79].

Vorausgesetzt seien gleiche Zylinderabstände mit gleichen Massen, in Übereinstimmung mit der Mehrzahl der Ausführungen. Die Bezifferung der Zylinder beginne am unfreien Wellenende, bei der Schwungmasse.

1. Das Schema Abb. 633 gilt für die Eigenschwingung 1. Grades von Fahrzeug- und Flugmotoren in Reihe mit ihrer eigentümlichen Gruppierung der kleinen Massen und der größeren Einzelmasse (Schwungrad, Propeller mit starrer Nabe); es gilt auch für ortsfeste Dieselmotoren mit einer Einzelmasse an einem Wellenende, sei es in Verbindung mit einem Schwungradgenerator, sei es mit einem Riemenschwungrad. Der Knoten liegt dicht bei der Schwungmasse, wobei geringe Unterschiede in der Entfernung des Knotenpunkts von der großen Masse unwesentlich sind; die größten Ausschläge treten am »freien« Wellenende, die kleinsten an der Schwungradseite auf.

Die Eigenschwingungen 2. und höheren Grades beim System in Abb. 633 liegen so hoch, daß man sie außer Betracht lassen kann.

In manchen Fällen, so bei Fahrzeugmotoren, sind nicht allein die Massen der Kurbeltriebe, sondern auch die meist am freien Wellenende untergebrachten Massen des Steuerungstriebwerks (s. z. B. die spätere Abb. 639), der Wasserpumpe, der Lüfterflügel und der Lichtmaschine zu berücksichtigen. Die entsprechende Zusatzmasse verringert die ohne sie errechnete Eigenschwingungszahl 1. Grades um einige Prozent und bringt sie in Übereinstimmung mit der wirklichen Schwingungszahl der Welle.

Während das Schwungrad an Fahrzeugmotoren als starre Masse anzusehen ist, trifft dies für die Luftschraube nur annähernd zu; denn in vielen Fällen führen die Schraubenblätter Biegeschwingungen aus, die vom Motor erregt werden [72]. Eine etwaige Resonanz der Schraubenschwingung mit irgendeiner Ordnung der Drehkraftharmonischen wirkt sich auf die Kurbelwelle aus; die Zündfolge ist aber ohne Belang (s. a. S. 211). Bei Schiffsschrauben wird das mitkreisende Wasser durch einen Zuschlag von 10 bis 20% zum Trägheitsmoment des Propellers berücksichtigt.

Sodann ist bei den Motoren für Flugzeug- und Luftschiffantrieb zu beachten: Enthält das Schwingungssystem nichtharmonische Glieder, wie Hardy-Scheiben, Kupplungen mit Spiel oder aus Gummi, so wird das Schwingungsbild etwas unsicher; man pflegt eine mittlere Federung und eine mittlere Kennlinie als ausreichend anzusehen. Unbestimmter ist die Federung bei Getriebeflugmotoren, denn hier werden Getriebelagerung und Gehäuse bei der Umformung des Drehmoments mit in das elastische System einbezogen, wie Lürenbaum [80] hervorhebt.

Es ist noch zu begründen, weshalb diese Schwingungsform für den Fahrzeugmotor im allgemeinen maßgebend ist, obwohl im Fahrgestell die Verbindung mit den Massen der Triebwerksteile jenseits des Motors besteht, solange die Kupplung eingerückt ist und die Kraft über das Wechselgetriebe und das Ausgleichgetriebe an die Treibräder abgegeben wird. Die genannten kleinen Ausschläge an der Schwungrad- und Kupplungsseite werden durch das Spiel zwischen den Zähnen oder Klauen des Wechselgetriebes großenteils unschädlich gemacht; was noch in die Längswelle z. B. bei Hinterachsantrieb gelangt, unterliegt der Dämpfung dieser Welle und der etwaigen Gummigewebegelenke. Eine Reibungsdämpfung durch ein Gleiten der Hauptkupplung kommt nicht in Betracht, da nur große Momente, die das Kupplungsmoment überschreiten, einen Ausschlag erzeugen könnten. Eher wäre an eine gewisse Dämpfung bei einer Flüssigkeitskupplung zu denken.

Wenn auch diese erste Art von Drehschwingungen, die von der Welle ausgehen, für die angeschlossenen Teile unbedenklich ist, kann das bis zu den Treibrädern erweiterte Schwingungssystem zusätzliche, fühlbare Torsionskritische aufweisen. Diese zweite Art von Drehschwingungen zeigt sich beim Fahren im unmittelbaren Gang mit niederen Drehzahlen und verdankt ihre Entstehung den Harmonischen der Gesamtdrehkräfte des Motors im Verein mit niedriger Eigenfrequenz der elastischen Längswelle mit Gelenken; das gesamte Triebwerk schwingt um den Einspannpunkt am Ende der Längswelle oder um das benachbarte Gelenk, wodurch das Schwingungsbild demjenigen eines Systems mit Wellenleitung, wie unter 3., ähnlich wird. Beim Viertaktmotor zeigt das Drehkraftbild (s. die Abb. 519 und 520) innerhalb zweier Wellendrehungen so viel Höchstwerte als Zylinder vorhanden sind, und da der Verlauf bei höheren Zylinderzahlen sich der reinen harmonischen Schwingung nähert, kann man sagen, daß die Zündfrequenz der $\frac{z}{2}$-fachen Motordrehzahl entspricht. Stimmt diese Frequenz mit der Eigenschwingungszahl des Systems überein, so tritt ein großer Schwingungsausschlag des Systems und das häufig beobachtete Rütteln des Motors ein. Gefährdet sind hierbei die Gelenke und die Längswelle. Als Folge der Drehschwingungen treten Vor- und Rückwärtsbewegungen des Fahrzeugs auf, vgl. Süß [81].

Sind die Zylinderabstände ungleichmäßig, aber so, daß sie paarweise unter sich gleiche Größen haben, z. B. mit Blöcken von Zylinderpaaren wie in Abb. 634 für den Sechszylinder und mit Paaren von Getrieben ohne Zwischenlager, so erweist sich die Wirkung dieser Unregelmäßigkeit auf die Kennlinie als gering; die Ergebnisse der regelmäßigen Verteilung beim »homogenen« Motor lassen sich mit Einführung bestimmter Beiwerte übertragen. Es gibt jedoch eine Eigenfrequenz, bei der die ungleichen Abstände sich stark bemerklich machen können, vgl. G r a m m e l [82].

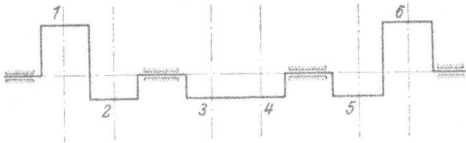

Abb. 634. Kurbelwelle mit Paaren von Kurbeltrieben und Zylindern.

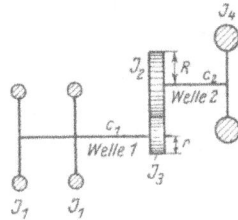

Abb. 635. Massensystem mit Zahnraduntersetzung.

Das Massensystem eines Motors, der mit Zahnradübersetzung ins Rasche oder Langsame mit einer größeren Masse zusammenarbeitet, z. B. mit Untersetzung eine Luftschraube treibt (Abb. 635), ist auf ein Ersatzsystem zurückzuführen. Die Reduktion der Massen und ihrer Trägheitsmomente ist verschieden, je nachdem sie auf Welle *1* oder auf die langsamer laufende Welle *2* bezogen werden.

Bezeichnet c die Drehfederzahl cmkg/Bogeneinheit, J das Massenträgheitsmoment kg cm sek², $i > 1$ das Übersetzungsverhältnis $\dfrac{R}{r}$, so erhält man ein gleichwertiges, nicht untersetztes System

bezogen auf Welle *2*:
$$J_4, \quad c_2, \quad J_2' = J_2 + J_3 \cdot i^2, \quad c_1' = c_1 \cdot i^2, \quad J_1' = J_1 \cdot i^2$$
bezogen auf Welle *1*:
$$J_1, \quad c_1, \quad J_3' = J_3 + \frac{J_2}{i^2}, \quad c_2' = \frac{c_2}{i^2}, \quad J_4' = \frac{J_4}{i^2}.$$

Das Spiel der Zähne wird dabei außer acht gelassen.

2. Ein D i e s e l m o t o r , der mit S c h w u n g r a d versehen ist und auf gleicher Seite einen Dynamorotor antreibt, hat die beiden typischen Schwingungsformen in Abb. 636. Große Ähnlichkeit damit hat die folgende Anordnung in Abb. 637: der Flugmotor treibt auf dem Prüfstand über eine Kupplung und verlängerte Welle einen Bremsflügel an, vgl. M a n s a [83]. Dieselbe Schwingungsform zeigt der Luftschiff- oder Flugmotor, der über eine unnachgiebige Kupplung die Luftschraube antreibt. Ähnlich ist auch das Verhalten der Kurbelwelle mit elastischer Federkupplung und einrückbarer Klauenkupplung, s. Abb. 638 nach einer Untersuchung von K a m m - S t i e g l i t z [84].

3. Abb. 639 gibt das Schema einer Schiffsanlage mit D i e s e l maschine und langer Propellerwelle, also eines Ferntriebs der

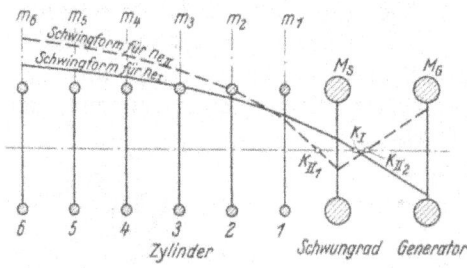

Abb. 636. Dieselmotor mit
Schwungrad und Dynamorotor.

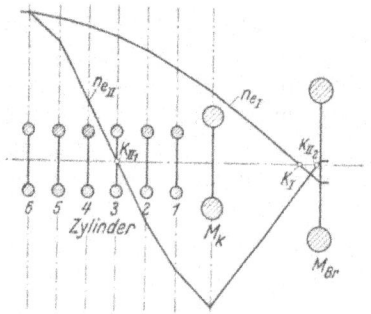

Abb. 637. Flugmotor mit Kupplung
und Bremsflügel.

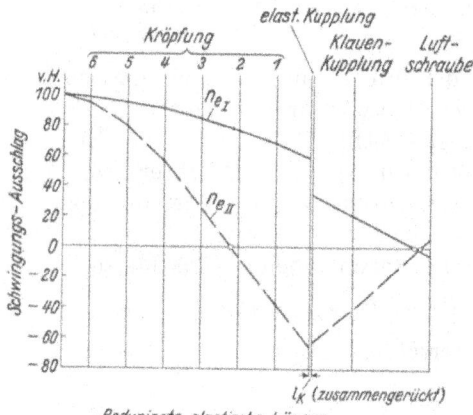

Abb. 638. Kurbelwelle mit elastischer
Federkupplung.

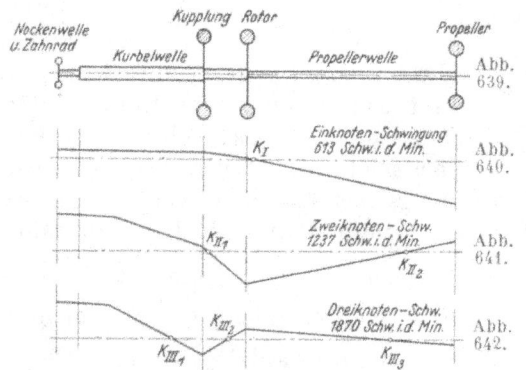

Abb. 639 bis 642. Schiffs-(U-Boots-)Anlage mit
Dieselmaschine und langer Schraubenwelle.
Schwingungsform 1., 2. und 3. Grades.

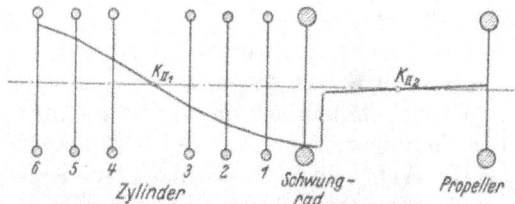

Abb. 643. Schwingungsform 2. Grades einer
Schiffsölmaschine mit Gruppenanordnung der Zylinder.

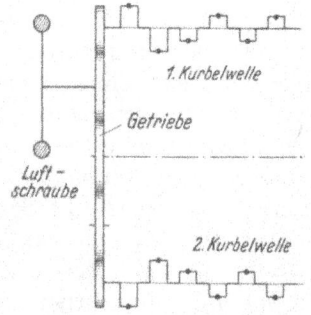

Abb. 644. Massensystem des
Zweiwellenmotors.

Schraube; Abb. 640 die zugehörige Eigenschwingungsform 1. Grades; innerhalb der Maschine sind die Ausschläge an den einzelnen Kröpfungen fast unveränderlich. Abb. 641 ist die Schwingungsform 2. Grades derselben Anlage, Abb. 642 die zugehörige Form 3. Grades. Auffallend ist die Ähnlichkeit der schwingungselastischen Linie 2. Grades in Abb. 638 mit jener 3. Grades in Abb. 642, soweit die Kurbelwelle in Frage kommt.

4. Handelt es sich um eine Schiffsmaschine mit kurzer Schraubenwelle, also bei Heckmotor, so sieht die Eigenschwingungsform 1. Grades wie in Abb. 636 aus. Abb. 633 und 638 sind sinngemäß übertragbar auf Bootsmotoren mit unmittelbarem und mit weiter abstehendem Propellerantrieb.

5. Schiffsölmaschinen mit Gruppenanordnung der Zylinder, Gegengewichten an den Kurbelarmen und langer Schraubenwelle besitzen eine Schwingungsform 2. Grades, wie in Abb. 643 angedeutet ist; der Knoten fällt in die Mitte der Maschine und die Ausschläge der Welle beiderseits der Mitte sind fast antisymmetrisch. Ähnlich verliefe die Schwingungsform 1. Grades bei Unterbringung des Schwungrads in der Mitte des Motors, wie dies schon bei Fahrzeugmotoren versucht wurde, oder auch bei Verteilung der Schwungmasse auf beide Wellenenden. Die vorletzte Anordnung besitzt hohe Schwingungszahl 1. Grades, im Gegensatz zu der letzten; die Eigenfrequenz 2. Grades kann für den Betrieb von Belang werden.

6. Formgleich ist die Schwingung 2. Grades der Flugmotor-Kurbelwelle mit federnder Luftschraubennabe.

7. Massensystem des Zweiwellenmotors mit Getriebe zur Propellerwelle (Abb. 644). Bei der einfachen Schwingungsform schwingen die beiden Massensysteme beider Wellen gemeinsam gegen die große Masse der Luftschraube; die Zurückführung auf das Einwellensystem zur Untersuchung der Einknoten- und Zweiknotenschwingung ist unschwer. Des weiteren ist die Schwingung beider Wellen gegeneinander möglich. Sie wird erregt durch Unterschiede in den Drehkräften der oberen und unteren Welle, wie sie durch die für den Vorauslaß nötige Winkelversetzung der beiden Kurbelgruppen eintreten.

8. Schwingungsform bei Kraftfernleitung und Wellenverzweigung. Sind mehrere Motoren, z. B. in einem Großflugzeug, zu einer Kraftzentrale vereinigt und geben sie die Kraft erst über eine längere Welle meist mit Untersetzungsgetriebe an die Luftschraube ab, so fragt es sich, wie die Schwingungskennlinien gestaltet sind. Als Beispiel diene die Triebwerksanlage Abb. 510 mit 2 Motoren, also ein gegabeltes System, das wegen der Abschaltungsmöglichkeit der Motoren mit Kupplungen versehen ist; das Zähnespiel sei dabei vernachlässigt. Da die Massenanordnung des Systems zur Kraftableitung symmetrisch ist und die Erregung der Drehschwingungen von den Motordrehkräften herrührt, genügt für die Ermittlung der verhältnismäßigen Ausschläge die Kennt-

nis der Schwingungsformen innerhalb eines Motors. Für einen Zweig der Gabelung sind diese Formen in Abb. 645 gezeichnet, und zwar für die Eigenschwingung 1., 2. und 3. Grades für mittlere Konstruktionsdaten eines Zwölfzylinder-V-Motor, s. Brandt [85]. Ein Vergleich mit Abb. 641, 642 einer Schiffsanlage läßt erkennen, daß in Abb. 645 die Schwingungsformen 2 und 3 nahezu vertauscht sind. Bei der 1. Schwingungsform sind die Ausschläge in den einzelnen Kröpfungen gleich groß. Die Schwingungsform 2 ist für beide Motoren spiegelbildlich in bezug auf die Verzweigungsstelle; in der Schwingungsform 3 haben die beiderseits der Verzweigung als Symmetriepunkt gleich weit abstehenden Kurbeln gleiche, aber entgegengesetzte Ausschläge. Den Zweiwellenmotor kann man als Sonderfall einer Wellenverzweigung ansehen.

Für das Verhalten der Kurbelwelle bei Drehschwingungen kommt allein der Verlauf der Kennlinie im Bereich der reduzierten Kurbelwellenlänge in Betracht. So zeigt Abb. 640 mit ziemlich

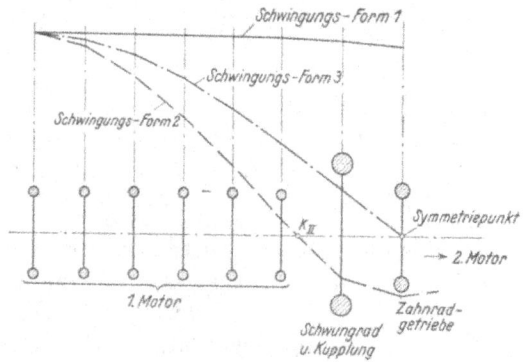

Abb. 645. Zwei Motoren mit Kupplung, Untersetzungsgetriebe und Luftschraube. Schwingungsformen 1., 2. und 3. Grades innerhalb eines Motors.

weit außerhalb der Maschine liegendem Knotenpunkt fast einheitlich große Ausschläge für die Einzelmassen an den Kurbeln im Gegensatz zu Abb. 633 mit stark abnehmenden Ausschlägen. Die Schwingungsform 1. Grades in Abb. 637 hat innerhalb der Kurbelwelle den Charakter jener 2. Grades in Abb. 641; ebenso entsprechen die Formen 2. Grades in Abb. 638 und 3. Grades in Abb. 642 einander. Diese Feststellungen sind für die Ermittlung der Gesamtausschläge im Resonanzfall von Bedeutung, weil sie eine Vereinfachung von vergleichenden Untersuchungen zulassen.

Die vorangehenden kennzeichnenden Beispiele setzen Reihenanordnung der Zylinder voraus. Was die zur Zeit vornehmlich im Flugwesen anzutreffenden Sternmotoren mit Einzel- oder Doppel-Stern betrifft, so lassen sie sich auf ein Zweimassen- bzw. ein Dreimassensystem zurückführen. Weil der Einstern keine Auswahl in der Zündfolge, der Zweistern nur geringe Auswahl bietet, liegen sie außerhalb des Rahmens der Untersuchung.

Aus der Eigenschwingungsform bestimmt sich die Kreisfrequenz ω_e für n_e minutliche Vollschwingungen, d. h. die konstante, sekundliche Winkelgeschwindigkeit der zu n_e Schwingungen gehörenden Kreisbewegung, auch Winkelschnelle oder Drehschnelle genannt.

Die Schwingungszahl folgt aus: $n_e = 9{,}55 \cdot \omega_e$ Schw./Minute,

entsprechend: $0{,}159 \cdot \omega_e$ Hertz.

Die am Kurbelhalbmesser periodisch wirkenden Drehkräfte aus Gas- und Massenkräften der einzelnen Zylinder und ihre Drehmomente bedingen an den Kurbeln wechselnde Winkelbeschleunigungen; sie haben gesetzmäßige Relativdrehungen oder Drehschwingungen zwischen den einzelnen Drehmassen zur Folge, die man als erzwungene Schwingungen bezeichnet. Der Verlauf der erregenden Drehkräfte des Einzelzylinders ist durch harmonische Analyse in seine verschiedenen, rein harmonischen, nach einer Sinuslinie schwingenden Bestandteile aufzulösen, bezogen auf die spezifische Drehkraft p_{mT} als das schwingungsfreie Glied (s. S. 132). Die Kreisfrequenzen dieser Kräfte sind Vielfache der Grundfrequenz, d. i. der 1. Harmonischen. Man spricht auch von harmonischen Komponenten, deren höhere Glieder mehrere Wechsel innerhalb einer Wellenumdrehung ausführen. Die Winkelgeschwindigkeit der Drehstrecken, welche die einzelnen Schwingungen darstellen, ist

für Viertakt $\omega = \dfrac{k \cdot \pi \cdot n}{60}$; hierin ist $k = 1, 2, 3 \ldots$ zu setzen.

Das Ergebnis der Analyse von Drehkraftdiagrammen liegt schon vor; es seien genannt: für den Viertakt-Vergasermotor: Plünzke [86] und Stieglitz [69]; für den Einspritzmotor im Viertakt arbeitend: Ormondroyd [87], im Viertakt und Zweitakt: Scheuermeyer [76]; für den Einblasemotor im Viertakt arbeitend: Wydler [88], im Zweitakt: Schröder [89]. Taylor [90] hat versucht, die Beiwerte der einzelnen Harmonischen in der Fourierschen Reihe der Gasdrehkraft gesetzmäßig zu fassen und durch eine Kurve auszudrücken, was nur mit gewisser Annäherung für mittlere Verhältnisse gelingt. Den Hartog [91, S. 194] bringt für einen Viertakt-Dieselmotor den Verlauf der Harmonischen in vH des Vollastmoments über dem mittleren Moment in vH des Vollastmoments. Süß [92] zeigt, wie man die harmonischen Drehkräfte unmittelbar aus dem Indikatorschaubild ermittelt ohne die Aufzeichnung des Drehkraftverlaufs; die Ergebnisse sind zeichnerisch dargestellt.

Die Analysen beschränken sich in der Regel auf ein bestimmtes Druck-Volumen-Schaubild, tragen also nicht den oft wechselnden Betriebsverhältnissen der verschiedenen Motorgattungen ausreichend Rechnung. Nun gehören, wie später gezeigt wird, zu bestimmten Resonanzdrehzahlen andere Arbeitszustände des Motors, mithin Druck-Volumen-Diagramme mit abweichenden Beträgen der Erregenden. Bei Fahrzeugmotoren wechselt der vom Motor zu überwindende Widerstand, daher auch die Drehzahl, bei völlig offener Drossel (Vollgas) in weiten Grenzen; durch Auftragung der gemessenen effektiven Leistungen und Drehmomente über den Drehzahlen entstehen die geläufigen Leistungs- und Drehmomentenkennlinien.

Diese Vollgascharakteristik tritt bei Flugmotoren zurück; denn bei diesen überwiegt dank der Leistungsaufnahme durch den Propeller die Bedeutung der den einzelnen Schraubendrehzahlen entsprechenden Motorleistungen bei verschiedenen Drosselstellungen, die in ihrer Gesamtheit die bekannte Drosselkurve festlegen.

Drosselkurven kommen bei Fahrzeugmotoren in verschiedener Weise je nach Art der Betätigung des Gashebels durch Fuß oder Hand zustande; doch sind die zugehörigen harmonischen Drehkräfte gegenüber den höheren Beträgen bei Vollgas von untergeordneter Bedeutung.

Es ist deshalb die Verschiedenheit der Werte der Harmonischen bei Fahrzeug- und Flugmotoren zu berücksichtigen. Man kann bei ersteren der Einfachheit halber von der Änderung der Gestalt des Druckvolumen-Diagramms für Vollgas bei niederen und hohen Drehzahlen absehen. Für Flugmotoren hat Stieglitz aus der Analyse eines Diagramms für etwa 60 vH Belastung die Drosselwerte auf rechnerischem Weg abgeleitet.

Ebenso ist die Analyse der Massendrehkräfte der hin und her gehenden Teile bekannt; sie lassen sich unmittelbar durch eine Fouriersche Reihe ausdrücken, vgl. Gl. (51), S. 128. Massenkräfte der umlaufenden Teile, soweit sie Fliehkräfte sind, haben keinen Einfluß auf Drehschwingungen; soweit sie von Tangentialbeschleunigungen herrühren, gehören sie zu den Schwingungserscheinungen selbst und treten nicht als Erregende auf.

Die Grundperiode eines Viertaktmotors erstreckt sich über 2 Kurbelwellenumdrehungen, jene eines Zweitakters über 1 Wellenumdrehung. Die tiefste oder 1. Harmonische hat deshalb für Viertakt bei n Umdrehungen die Periodenzahl $\frac{n}{2}$, wenn man eine Umdrehung als Grundperiode festlegt. Die 1. Harmonische sei, wie es meist im Schrifttum üblich ist, definiert durch die Bezeichnung »$^1/_2$ter Ordnung« mit der Ordnungsziffer $\frac{1}{2}$ bei Viertakt und durch »1. Ordnung« oder Ordnungsziffer 1 bei Zweitakt. Es erscheinen demnach bei Viertakt, im Gegensatz zu Zweitakt, neben ganzzahligen Ordnungen auch Ordnungen mit gebrochener Ziffer.

Dieser Umstand ist bei der Zusammensetzung der Gas- und Massendrehkräfte zu beachten. Werden bei Viertakt die Harmonischen der Massenkräfte auf die Periode der Gaskräfte von 2 Umdrehungen bezogen, so zeigt der Ausdruck für die Drehkraft T_M, nämlich die etwas umgeschriebene Gl. (51), S. 128:

$$T_M = m_h \cdot r \cdot \omega^2 \cdot \left(\frac{\lambda}{4} \cdot \sin 2\frac{\alpha}{2} - \frac{1}{2} \cdot \sin 4\frac{\alpha}{2} - \frac{3}{4} \cdot \lambda \cdot \sin 6\frac{\alpha}{2} \right.$$
$$\left. - \frac{\lambda^2}{4} \cdot \sin 8\frac{\alpha}{2} + \ldots \right) \quad \frac{\text{kg}}{\text{cm}^2}$$

nur geradzahlige Harmonische, 2., 4., 6. usf.; der Einfluß der Massen ist allein bis zur 8. Harmonischen merklich. Bei Zweitakt bleibt Gl. (51) unverändert; die Drehkräfte bis zur 4. Harmonischen sind von Bedeutung. Bei Schnelläufern können die Drehkräfte aus den Massen jene aus den Gasen übersteigen. Je nach Motorbauart und Drehzahlbereich hat die ausschlaggebende Kraft $m_h \cdot r \cdot \omega^2$ einen anderen Betrag; es genügt, mit einem Mittelwert der Einzelgrößen zu rechnen.

Für die Amplituden D_k, d. h. für die Höchstwerte der einzelnen Harmonischen k als die Resultierenden aus Gas- und Massendrehkräften eines Zylinders, bezogen auf 1 cm² Kolbenfläche, ergeben sich die folgenden Zusammenstellungen, und zwar in dem den tatsächlichen Verhältnissen entsprechenden Bereich von der 6. oder 8. Harmonischen aufwärts bei Viertakt, von der 2. bei Zweitakt.

1. **Fall: Vergaser-Fahrzeugmotor.** α) Niedrige Verdichtung, Zündungsdruck $p_z = 28$ ata, mittlerer indizierter Druck $p_{mi} = 5{,}46$ kg/cm² Drehzahl bis 3300 i. d. Min., Eigenschwingungszahl der Kurbelwelle $n_e = 10000$ i. d. Min.

Tafel 38.

Viertakt, einfachwirkend Vollgas			
Harmonische k	Drehkraft D_k kg/cm²	Harmonische k	Drehkraft D_k kg/cm²
6	0,934	14	0,130
7	0,620	15	0,106
8	0,398	16	0,090
9	0,370	17	0,070
10	0,290	18	0,050
11	0,230	19	0,047
12	0,190	20	0,045
13	0,160	24	0,040

β) Höhere Verdichtung, Zündungsdruck $p_z = 35$ ata, mittlerer Druck $p_{mi} = 8$ kg/cm², Drehzahl und Eigenschwingungszahl wie oben. Bei der 6. Harmonischen ist ein Überschuß der Massendrehkraft über die Gasdrehkraft vorhanden.

Tafel 39.

Viertakt, einfachwirkend Vollgas			
Harmonische k	Drehkraft D_k kg/cm²	Harmonische k	Drehkraft D_k kg/cm²
6	0,553	14	0,190
7	0,904	15	0,158
8	0,608	16	0,132
9	0,541	17	0,103
10	0,424	18	0,074
11	0,337	19	0,069
12	0,280	20	0,066
13	0,234	24	0,058

γ) Unter α) und β) war ein unveränderlicher mittlerer Druck zugrunde gelegt. Es sei nun die Änderung von p_{m_i} mit der Drehzahl berücksichtigt. Ein Lastwagen-Vergasermotor hat die in Tafel 40 zusammengestellten Werte ergeben. Mit der Eigenschwingungszahl $n_e = 9700$ i. d. Min. und der Höchstdrehzahl der Welle $n = 2200$ i. d. Min. kommen die Harmonischen über 8 in Betracht, die Massenkräfte spielen also nicht mehr herein. Die Abweichung der Werte D_k von jenen in Tafel 39 ist leicht zu verfolgen.

Tafel 40.

Drehzahl i. d. Min. n	Mittl. ind. Druck p_{m_i}	Harmonische k	Drehkraft D_k kg/cm²
	Viertakt, einfachwirkend Vollgas		
2423	5,30	8	0,439
2150	6,50	9	0,434
1939	7,42	10	0,394
1762	8,18	11	0,352
1616	8,70	12	0,303
1491	9,14	13	0,261
1386	9,49	14	0,226
1292	9,75	15	0,195
1212	10,00	16	0,170
1140	10,16	17	0,148
1078	10,32	18	0,133

2. Fall: Vergaser-Flugmotor. Die Drosselkurve eines Flugmotors mit mittlerem Verdichtungsverhältnis, der Normaldrehzahl von rd. 1500, der Eigenschwingungszahl der Kurbelwelle von 6000 i. d. Min. liefert als Harmonische der Drehkraft die Werte von Tafel 41. Die 6. Harmonische liegt schon außerhalb des Drehzahlbereichs.

Tafel 41.

Harmonische k	Drehkraft D_k kg/cm²	Harmonische k	Drehkraft D_k kg/cm²
	Viertakt, einfachwirkend Drosselung		
6	0,653	12	0,133
7	1,269	13	0,095
8	0,683	14	0,066
9	0,457	15	0,047
10	0,290	16	0,035
11	0,190	17	0,024
		18	0,015

3. Fall: Lastwagen-Dieselmotor. Als Beispiel eines Fahrzeug-Dieselmotors diene Tafel 42. Eigenschwingungszahl $n_e = 9700$ i. d. Min., Wellengrenzdrehzahl 2200 i. d. Min. Die Änderung des Mitteldrucks mit der Drehzahl ist berücksichtigt.

Tafel 42.

Drehzahl i. d. Min. n	Mittl. ind. Druck p_{mi}	Harmonische k	Drehkraft D_k kg/cm²
Viertakt, einfachwirkend Vollast			
2423	4,73	8	0,719
2150	5,37	9	0,584
1939	5,91	10	0,470
1762	6,36	11	0,382
1616	6,62	12	0,299
1491	6,86	13	0,255
1386	7,02	14	0,205
1292	7,17	15	0,164
1212	7,23	16	0,127
1140	7,31	17	0,101
1078	7,36	18	0,082

4. Fall: Einspritzmotor, ortsfest oder für Bootsantrieb, im Viertakt arbeitend; $p_z = 46$ atü, $p_{mi} = 6,54$ kg/cm².

Tafel 43.

Harmonische k	Drehkraft D_k kg/cm²	Harmonische k	Drehkraft D_k kg/cm²
Viertakt, einfachwirkend Vollast			
6	0,54	14	0,27
7	1,31	15	0,22
8	0,96	16	0,17
9	0,81	17	0,14
10	0,66	18	0,12
11	0,54	19	0,11
12	0,43	20	0,10
13	0,34	24	0,06

5. Fall: Einspritzmotor, ortsfest oder für Schiffsantrieb, im Zweitakt arbeitend, doppeltwirkend; $p_z = 47$ atü, $p_{mi} = 5,86 \dfrac{\text{kg}}{\text{cm}^2}$.

Tafel 44.

Harmonische k	Drehkraft D_k kg/cm²	Harmonische k	Drehkraft D_k kg/cm²
Zweitakt, doppeltwirkend Vollast			
2	4,248	11	0,197
3	3,534	12	0,206
4	2,963	13	0,095
5	0,920	14	0,130
6	1,117	15	0,060
7	0,391	16	0,111
8	0,590	17	0,060
9	0,223	18	0,062
10	0,353	19	0,040

Auffallend ist von der 5. Harmonischen aufwärts der Wechsel eines niedrigen und eines hohen Betrages, wie die zeichnerische Auftragung noch besser vor Augen führt [76], abweichend vom Verlauf bei Viertakt.

Die erzwungene Schwingung setzt sich im allgemeinen aus Eigenschwingung und einer Zwangsschwingung zusammen. Geraten die Impulse der erregenden Teilkräfte mit einer Eigenschwingungszahl des Systems in Resonanz im Falle der Übereinstimmung der beiderseitigen Frequenzen, so werden die Schwingungen besonders heftig; es kann sich die Werkstoffbeanspruchung bis zur Bruchgrenze steigern, denn in solchen kritischen Betriebszuständen kommt zu der durch das Nutzdrehmoment bedingten statischen Belastung, die an sich ja auch wechselnd ist, noch die durch die Resonanzschwingungen erzeugte dynamische Beanspruchung hinzu.

Vielfach wirken sich die Drehschwingungen aus, ohne nach außen hin aufzufallen; denn sie geben, solange man ein idealisiertes System ins Auge faßt, keine freien Kräftewirkungen nach außen ab. Doch macht sich häufig im Betrieb die Resonanz nicht allein durch das Schlagen der Zahnräder, sondern auch durch Stampfen und Zittern der Maschine mit gut wahrnehmbaren Gehäuseschwingungen kenntlich. Diese Erschütterungen sind zum Teil auf gleichzeitig auftretende Querschwingungen (vgl. Abschnitt VIII), zum guten Teil darauf zurückzuführen, daß eine Maschine, die unter Annahme vollkommen starrer Welle einen guten Massenausgleich besitzt, diesen im Bereich der kritischen Drehzahl der Kurbelwelle teilweise einbüßt, wird doch durch die überlagerten Drehausschläge die Kurbelversetzung, die Voraussetzung für eine bestimmte Ordnung des Ausgleichs ist, fortwährend geändert. Zusätzlich wird durch die Pendelungen der Zünd- und Steuerzeiten der Gleichgang beeinflußt. Um die Maschine nicht zu gefährden, ist es wichtig, mit der normalen Drehzahl, ja mit einem beschränkten Drehzahlbereich, innerhalb der Hauptkritischen zu bleiben und Zwischenharmonische zu meiden, wozu in vielen Fällen die Wahl der Zündfolge eine Möglichkeit bietet.

Für die wirkliche Größe der Schwingungsausschläge und der zuzüglichen Wellenanstrengung ist die Dämpfung der Schwingung maßgebend, die bei der Bewegung der Teile des Kurbelgetriebes in den Lagern und Führungsbahnen entsteht und die dafür sorgt, daß die Ausschläge, die ohne Dämpfung bei Resonanz ins Unendliche wachsen würden, endlich bleiben, wiewohl sie bei Dauereinwirkung die Welle ermüden können.

Bei Viertaktmotoren werden Schwingungen von solcher Ordnung am stärksten angefacht, welche die Hälfte eines ganzzahligen Vielfachen der Zylinderzahl darstellt, oder anders ausgedrückt: die erregenden Harmonischen sind ganze Vielfache der Zylinderzahl oder der Zahl der Zündungen in der Periode, z. B. beim Fünfzylindermotor die $2\frac{1}{2}$., 5., $7\frac{1}{2}$., 10. Ordnung oder die 5., 10., 15., 20. Harmonische.

Bei Zweitaktmotoren treten am stärksten die Vielfachen der Zylinderzahl oder der Zündungen in der Periode auf, z. B. beim Sechszylinder die 6., 12., 18., 24. Ordnung.

Beim Zusammenwirken mehrerer Zylinder werden sich einzelne Harmonische der Drehkraft überlagern und sich zum Teil aufheben, zum Teil addieren. Die sich ergebende Summe ist die resultierende Drehkraft der ganzen Welle, die schon früher im Abschnitt VI als Ganzes, d. h. ohne Zerlegung in Harmonische, zeichnerisch erhalten wurde. Was den Aufbau der Tangentialkraft- oder Drehkraftkurve anlangt, so heben sich für einen Motor mit z Zylindern und gleichmäßiger Verteilung der Zündungen alle Harmonischen bis auf die z., $2z$., $3z$., . . . nz-te auf. Dies gilt für die Gasdrehkräfte ohne Einschränkung, für die Massendrehkräfte zunächst bei Zweitakt. Bei Viertakt besteht hinsichtlich der Massendrehkräfte eine Besonderheit: Da die Gleichung für T_M auf S. 221 nur geradzahlige Harmonische enthält, heben sich für ungerade Zylinderzahlen z alle Harmonischen z, $3z$ auf; es verbleiben die Harmonischen $2z$, $4z$ usf., wie schon aus Tafel 27, S. 129, hervorgeht, in der allerdings eine Umdrehung die Grundperiode bildet.

Die Gesamt-Drehkraftkurve ist bei Reihenmotoren für die elastische Verdrehung der Welle nicht maßgebend; denn es kommt hierfür auf die einzelnen Kurbeldrehkräfte, auf ihre gegenseitigen, durch die Zündfolge festgelegten Phasen und auf die elastischen Wellenlängen an. Demnach ist zu beachten, daß die in der Gesamtdrehkraft verschwindenden Harmonischen nicht in ihrer Wirkung als Schwingungserreger ausscheiden, da diese Kräfte an verschiedenen Stellen längs der Welle angreifen, an denen verschieden große Ausschläge zustande kommen.

Man trägt offenbar den wirklichen Umständen nicht ausreichend Rechnung, wenn man meint, es biete ein abgeändertes Tangentialkraftdiagramm bei Gabelmotoren, erzwungen durch unregelmäßige Zündabstände, durchwegs den Vorteil geringer Drehschwingungen der Welle; hierüber vgl. die Ausführungen auf S. 264.

Nur bei Sternmotoren mit einfach gekröpfter Welle und mit ebenem Massensystem der Kurbeltriebe kann man die einzelnen Harmonischen auch als Erreger durch ihre Resultierende ganz ersetzen, da sie alle an derselben Stelle der Welle angreifen.

2. Schwingungsarbeit. Dämpfung. Resonanzausschlag.

Im Resonanzfall der gedämpften Schwingung eilt die erregende Einzelkraft D_k um den Winkel β als Phasenwinkel dem augenblicklichen Ausschlag a voraus, und zwar um 90^0; sie hält die schwingende Bewegung im Zeitmaß der Eigenschwingungszahl des Systems unter dauernder Überwindung von Reibungswiderstand aufrecht. Dann wird die Arbeit innerhalb einer vollen Schwingung:

$$A = \pi \cdot D_k \cdot a \quad \text{cm kg.}$$

Beim Reihenmotor sind die Erregungskräfte unter sich durch die Kröpfungs- und Zündfolge gebunden, haben also allgemein die Phase β gegen den Ausschlag; die Arbeit über eine volle Schwingung der Kraft der k^{ten} Harmonischen für die i^{te} Kröpfung ist:

$$A_i = \pi \cdot D_k \cdot a_i \cdot \sin \beta_i .$$

Die resultierende Erregungsarbeit für z Zylinder und Kurbeln ist:

$$A = \pi \cdot \sum_{i=1}^{i=z} D_k \cdot a_i \cdot \sin \beta_i .$$

Es sei der Geschwindigkeit proportionale Dämpfung vorausgesetzt, und die reibende Kraft für je 1 cm/sek sei mit k' bezeichnet; sie hat die Dimension: $\dfrac{\text{kg} \cdot \text{sek}}{\text{cm}}$. Dann ist für die Vollschwingung mit $\eta \dfrac{1}{\text{sek}}$ als Kreisfrequenz der erregenden Kraft D_k die Arbeit des dämpfenden Widerstands für eine Kröpfung:

$$A_{k'} = - \pi \cdot k' \cdot \eta \cdot a_i^2 \quad \text{cm kg.}$$

Die Dämpfungskraft eilt dem Ausschlag um 90° nach. Die Summe der Dämpfungsarbeiten in sämtlichen Kröpfungen ist:

$$A_{k'} = - \pi \cdot k' \cdot \eta \cdot \sum_{i=1}^{i=z} a_i^2 .$$

Die Arbeiten der erregenden Kräfte D_k und der widerstehenden Kräfte ergänzen sich zu Null, d. h. im Resonanzfall besteht die Beziehung:

$$\sum_{i=1}^{i=z} D_k \cdot a_i \cdot \sin \beta_i - k' \cdot \eta \cdot \sum_{i=1}^{i=z} a_i^2 = 0 .$$

Die erregenden Kräfte D_k sind durch die verschiedenen Harmonischen in Tafel 38 bis 44 gegeben, und zwar die auf 1 cm² Kolbenfläche bezogenen Amplituden. Unter Voraussetzung gleicher Indikatordiagramme und Triebwerksmassen für alle Zylinder sind diese Erregenden an allen Kröpfungen gleich groß. Deshalb kann in obiger Gleichung D_k vor das Summenzeichen gesetzt werden.

Der Dämpfungsbeiwert k' ist angenommen, wie es vielfach üblich ist, als Kraft für 1 cm² Kolbenfläche, angreifend am Kurbelradius r und für $1 \dfrac{\text{cm}}{\text{sek}}$ Schwingungsgeschwindigkeit, also in $\dfrac{\text{kg} \cdot \text{sek}}{\text{cm}^3}$; er sei für die verschiedenen Kurbeltriebe konstant. Der Beiwert für die Dämpfung innerhalb des Motors beträgt:

beim Einreihen-Flugmotor $\quad k' = 0{,}00035 \div 0{,}00055$ nach Mansa [83]
$\qquad\qquad\qquad\qquad\qquad\quad = 0{,}0008 \div 0{,}001 \qquad$ nach Brandt [85]
beim Zweireihen-Flugmotor $k' = 0{,}0016 \div 0{,}002 \qquad$ nach Brandt [85];

er schwankt in ähnlichen Grenzen bei Fahrzeugmotoren. Wydler [88, S. 55] hat für Dieselmaschinen höhere Werte angegeben. Verschiedentlich gibt man den Dämpfungsbeiwert als Moment für 1 Zylinder (mit Kolbenfläche F cm²) und für 1 Einheit der Schwingungswinkelgeschwindigkeit an, also cm kg sek für 1 Zylinder.

Meist wird, wie auch hier geschah, angenommen, die natürliche Dämpfung sei verhältig der Schwingungsgeschwindigkeit, was nicht durchwegs zutrifft, wie ihre Zusammensetzung schon erkennen läßt. Sie besteht aus Reibungswirkungen verschiedener Art, wie am Kolben, in den Wellenlagern, unter Mitwirkung von Schmieröl, und aus Werkstoffdämpfung; letztere ist unabhängig von der Geschwindigkeit. Deshalb ist die Gesamtdämpfung keine für alle Motorgattungen feste Größe; eine Übersicht über die Gründe dieser Veränderlichkeit bringt Geiger [93]. Hinzu kommen zusätzliche Dämpfungen außerhalb des Motors, wie Wasserdämpfung bei Schiffsschrauben, Luftkraftdämpfung bei Flugmotoren.

Unter der Bedingung, daß im Resonanzfall die reibungsfreie Eigenschwingungsform nahezu unverändert erhalten bleibt, d. h. die erzwungene Schwingungsform sich mit der Eigenschwingungsform deckt, was im allgemeinen zutrifft, kann man für jede Stelle an der Welle den kritischen Höchstausschlag berechnen, sobald die Schwingungsform und die Dämpfung bekannt sind, sowie die Größe der Ausschläge bei verschiedenen Kritischen angeben. Die Winkelgeschwindigkeit η der Schwingung hat dann den Wert ω_e.

Nun werden bei der Ermittlung der Eigenschwingungsform der Welle nicht die tatsächlichen Ausschläge a_i in cm bestimmt, sondern die verhältnismäßigen, auf den Ausschlag a_z der z^{ten} Kröpfung bezogenen Ausschläge. Bezeichnet man den verhältnismäßigen Schwingungsausschlag der i^{ten} Kröpfung mit α_i, dann ist:

$$\alpha_i = \frac{a_i}{a_z} \qquad \alpha_z = \frac{a_z}{a_z} = 1 .$$

Damit liefert die obige Arbeitsgleichung:

$$D_k \cdot \sum_{i=1}^{i=z} \alpha_i \cdot \sin \beta_i \cdot a_z = k' \cdot \omega_e \cdot \sum_{i=1}^{i=z} (\alpha_i \cdot a_z)^2$$

und hieraus:

$$D_k \cdot a_z \cdot \sum_{i=1}^{i=z} \alpha_i \cdot \sin \beta_i = k' \cdot \omega_e \cdot a_z^2 \cdot \sum_{i=1}^{i=z} \alpha_i^2 .$$

Diese Gleichung nach a_z aufgelöst, gibt:

$$a_z = \frac{D_k \cdot \sum_{i=1}^{i=z} \alpha_i \cdot \sin \beta_i}{k' \cdot \omega_e \cdot \sum_{i=1}^{i=z} \alpha_i^2} \quad \text{cm} . \tag{92}$$

Eine besondere Bedeutung kommt in diesem Ausdruck der Größe

$$R = \sum_{i=1}^{i=z} \alpha_i \cdot \sin \beta_i , \tag{93}$$

einer spezifischen Erregungsarbeit für die z Zylinder, und zwar für $D_k = 1$, zu. Der größte Resonanzausschlag stellt sich ein, wenn dieser Ausdruck den Größtwert erreicht.

Die Winkel β_i sind, wie bereits gesagt, die Phasen der Erregenden D_k gegenüber den Schwingungsausschlägen. Die von Zylinder zu Zylinder verschiedenen Ausschläge haben zwar dieselbe Phasenstellung, da die Massen zu gleicher Zeit ihre größte Schwingungsweite erreichen, doch besitzen die Harmonischen D_k bei den einzelnen Zylindern verschiedene Phase, weil die Zylinder nacheinander arbeiten. Es ist aber noch unbekannt, welche Stellung diese Kräfte zur Eigenschwingungsform einnehmen. Man muß hier, um die Resonanz zu erhalten, diejenige Phasenstellung wählen, bei der die Ausschläge möglichst aufgeschaukelt werden und einen Höchstwert annehmen, d. h. die Arbeitsabgabe der erregenden Kräfte am größten ist. Nun sind die Winkelunterschiede der β_i bekannt. So ist beim Viertaktmotor für die k^{te} Harmonische und die den Kurbeln m, n im Richtungsstern der Harmonischen entsprechenden Strahlen:

$$\beta_m - \beta_n = \frac{k}{2} \cdot \delta,$$

worin δ der Winkel der Zündzeitfolge ist, wie er auf S. 52 definiert wurde. Man kann auch sagen: Die Phasenabstände der einzelnen Harmonischen sind beim Viertaktmotor gleich dem k-fachen von $\frac{\delta}{2}$, d. h. dem k-fachen der 1. Harmonischen; beim Zweitaktmotor dagegen gleich dem k-fachen von δ. Die sämtlichen Winkelunterschiede liefern mit

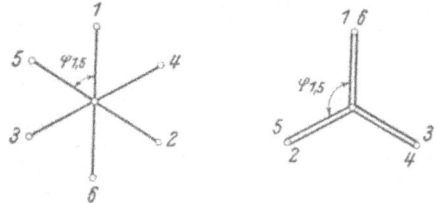

Abb. 646, 647. Zur Bestimmung der Phasenwinkel der Erregenden. Richtungsstern der 1. und 2. Harmonischen.

ihren Strahlen bei der Auftragung den jeweiligen Richtungsstern der Harmonischen selbst. So ist z. B. im Stern der 1. Harmonischen (Abb. 646): $\varphi_{1,5} = \frac{1}{2} \cdot 120^0 = 60^0$ und im Stern der 2. Harmonischen (Abb. 647): $\varphi_{1,5} = \frac{2}{2} \cdot 120^0 = 120^0$.

Der Größtwert R läßt sich nun leicht auf zeichnerischem Weg bestimmen, und zwar als geometrische Summe durch die Polygonzüge der verhältnismäßigen Ausschläge α_i. Die Vektorsumme gibt den Gesamtvektor $\mathfrak{R}$, dessen Betrag R ist. Das Verfahren, das sich in der praktischen Durchführung sehr übersichtlich gestaltet (s. den nachfolgenden Unterabschnitt 3) hat vor dem analytischen Weg, den z. B. Morris [94] einschlägt, den Vorzug der Zeitersparnis und der Anschaulichkeit.

3. Zeichnerische Ermittlung der Größtwerte der spezifischen Erregungsarbeit.

a) Phasendiagramme der harmonischen Komponenten für Einreihenmotoren.

Viertakt. Man zeichnet zunächst den aus dem wirklichen Kurbelstern abgeleiteten Richtungsstern der 1. Harmonischen durch Halbieren der Versetzungswinkel der in der Zündung einander ablösenden Kurbeln; da der Ausgangsstern paarweise sich deckende Kurbeln und an jeder Kurbel ein Paar von Ziffern hat, sind im abgeleiteten Stern die Einzelstrahlen mit solchen Ziffern zu versehen, die bei fortlaufendem Ablesen entgegen dem Wellendrehsinn die richtige Zündfolge ergeben. Sodann erhält man den Richtungsstern der 2. Harmonischen durch Verdoppeln der Winkel im Stern der 1. Harmonischen, d. h. der erhaltene Stern ist identisch mit dem Stern der ausgeführten Welle; ferner den Kurbelstern der 3. Harmonischen durch Verdreifachen der Winkel im Stern der 1. Harmonischen usf.

Ordnet man die Ergebnisse für die Zylinder- und Kurbelzahlen 2 bis 12, so entsteht Tafel 45. Nebst den abgeleiteten Richtungssternen enthält die Übersicht die Ziffern der Harmonischen sowie die Ordnungszahlen, die bei Viertakt die Hälfte der Ziffern der Harmonischen betragen. Man erkennt gewisse Gesetzmäßigkeiten: Eine Anzahl Sterne wiederholen sich, und zwar in unveränderter oder auch in spiegelbildlicher Bezifferung. Dies ist so zum Ausdruck gebracht, daß in jeder Doppelzeile die oben angeschriebenen Zahlen für ein und dasselbe Schema der Kurbelbezifferung gelten, die unten stehenden Zahlen für eine zur Lotrechten spiegelbildliche Bezifferung. Diese Wiederholungen vereinfachen die spätere Zeichenarbeit wesentlich. Allgemeiner ausgedrückt findet man, daß bei z Zylindern die Harmonischen, die gleiche Bezifferung des Richtungssterns liefern, sind:

$$1 \text{ und } (m \cdot z + 1)$$
$$2 \quad » \quad (m \cdot z + 2)$$
$$3 \quad » \quad (m \cdot z + 3)$$
$$\vdots \quad \quad \vdots$$
$$i \quad » \quad (m \cdot z + i);$$

darin sind auch die Harmonischen enthalten, die das Spiegelbild der Sternbezifferung ergeben.

Für die Hauptharmonischen mit der Nummer z, $2z$, $3z$ usf. fallen die Strahlen im Sternbild alle zusammen. Zwischen den Hauptharmonischen, zu denen noch die nullte hinzukommt, ist ein Symmetrie- oder Umkehrpunkt vorhanden; die Sternbilder sind verschieden bis zur Harmonischen mit der Nummer $k = \frac{z}{2}$ bei gerader Zylinderzahl, von dort ab gelten die Spiegelbilder. Bei ungerader Zylinderzahl findet die Umkehr nach der Harmonischen $\frac{z-1}{2}$ bei $\frac{z+1}{2}$ statt.

Tafel 45.
Richtungssterne der Harmonischen.
Viertakt.

Zyl. Zahl	Ausgeführter Kurbelstern	Richtungsstern für die Harmonischen		Richtungsstern für die Harmonischen		Richtungsstern für die Harmonischen	
		Nr.	Ordnung	Nr.	Ordnung	Nr.	Ordnung
2	1 2	  1 3 5	$\frac{1}{2}\ 1\frac{1}{2}\ 2\frac{1}{2}$	 2 4 6	1 2 3		
3 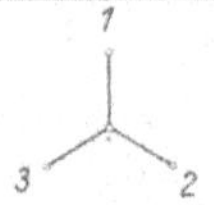 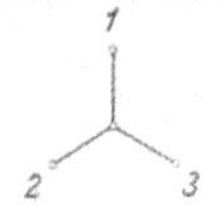	1 4 7	1 4 7	$\frac{1}{2}\ 2\ 3\frac{1}{2}$	 3 6 9	$1\frac{1}{2}\ 3\ 4\frac{1}{2}$		
		2 5 8	$1\ 2\frac{1}{2}\ 4$				
4	1 4  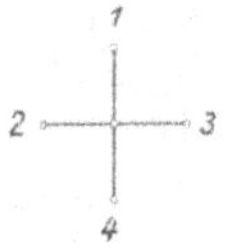	1 5 9	$\frac{1}{2}\ 2\frac{1}{2}\ 4\frac{1}{2}$	 2 6 10	1 3 5	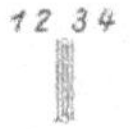 4 8 12	2 4 6
	2 3	3 7 11	$1\frac{1}{2}\ 3\frac{1}{2}\ 5\frac{1}{2}$	3 2		1 2 3 4	
5 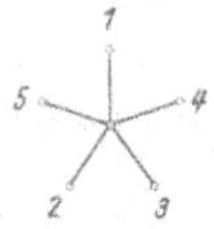 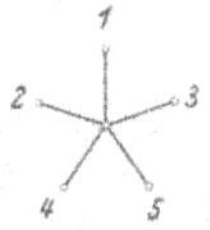		1 6 11	$\frac{1}{2}\ 3\ 5\frac{1}{2}$	2 7 12	$1\ 3\frac{1}{2}\ 6$	 5 10 15	$2\frac{1}{2}\ 5\ 7\frac{1}{2}$
		4 9 14	$2\ 4\frac{1}{2}\ 7$	3 8 13	$1\frac{1}{2}\ 4\ 6\frac{1}{2}$	1 2 3 4 5	
6	1 6 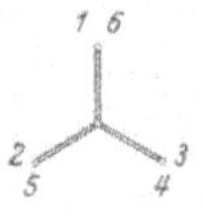 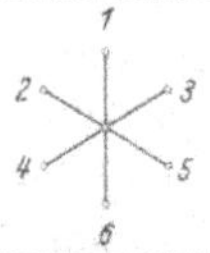	1 7 13	$\frac{1}{2}\ 3\frac{1}{2}\ 6\frac{1}{2}$	2 8 14	1 4 7	 3 9 15	$1\frac{1}{2}\ 4\frac{1}{2}\ 7\frac{1}{2}$
	2 5 4 3	5 11 17	$2\frac{1}{2}\ 5\frac{1}{2}\ 8\frac{1}{2}$	4 10 16	2 5 8	1 4 5 2 3 6	
	1÷6	 6 12 18	3 6 9				
7		1 8 15	$\frac{1}{2}\ 4\ 7\frac{1}{2}$	2 9 16	$1\ 4\frac{1}{2}\ 8$	3 10 17	$1\frac{1}{2}\ 5\ 8\frac{1}{2}$
		6 13 20	$3\ 6\frac{1}{2}\ 10$	5 12 19	$2\frac{1}{2}\ 6\ 9\frac{1}{2}$	4 11 18	$2\ 5\frac{1}{2}\ 9$
	1÷7	 7 14 21	$3\frac{1}{2}\ 7\ 10\frac{1}{2}$				
8	1 8	1 9 17	$\frac{1}{2}\ 4\frac{1}{2}\ 8\frac{1}{2}$	2 10 18	1 5 9	3 11 19	$1\frac{1}{2}\ 5\frac{1}{2}\ 9\frac{1}{2}$
	3 2 6 7 4 5	7 15 23	$3\frac{1}{2}\ 7\frac{1}{2}\ 11\frac{1}{2}$	6 14 22	3 7 11	5 13 21	$2\frac{1}{2}\ 6\frac{1}{2}\ 10\frac{1}{2}$

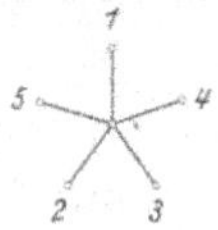

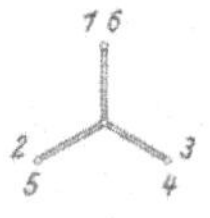

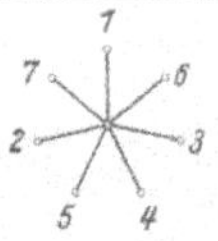

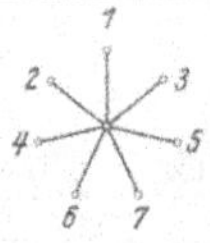

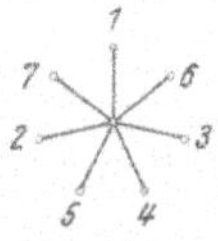

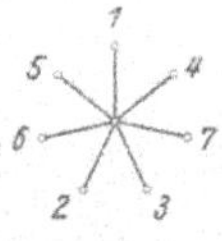

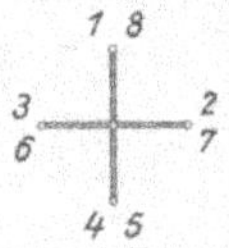

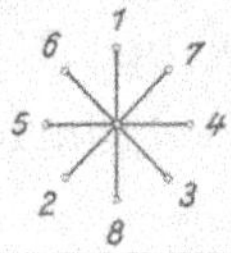

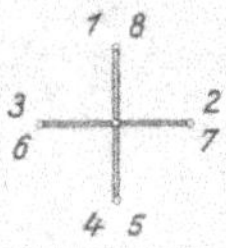

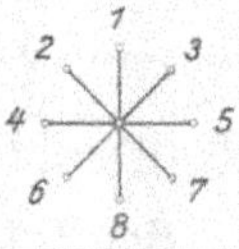

Tafel 45
(Fortsetzung).

Zyl.-Zahl	Ausgeführter Kurbelstern	Richtungsstern für die Harmonischen Nr.	Ordnung	Richtungsstern für die Harmonischen Nr.	Ordnung	Richtungsstern für die Harmonischen Nr.	Ordnung
8	 18 4 5 / 2 7 3 6	4 12 20	2 6 10	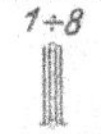 1÷8 / 8 16 24	4 8 12		
9	(Kurbelstern)	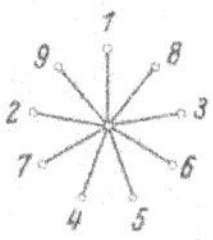 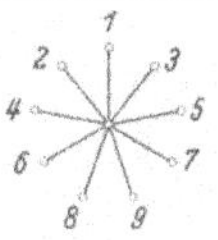 1 10 19 / 8 17 26	1½ 5 9½ / 4 8½ 13	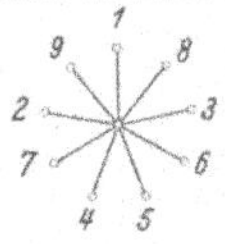 (Richtungsstern) 2 11 20 / 7 16 25	1 5½ 10 / 3½ 8 12½	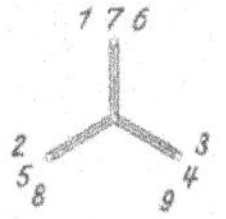 1 7 6 / 3 12 21 / 6 15 24	1½ 6 10½ / 3 7½ 12
9	(Kurbelstern)	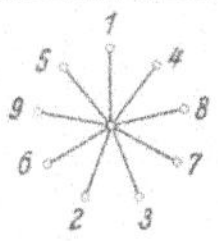 4 13 22 / 5 14 23	2 6½ 11 / 2½ 7 11½	 1÷9 / 9 18 27	4½ 9 13½		
10	1 10 (Kurbelstern)	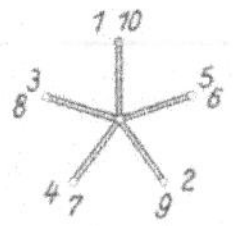 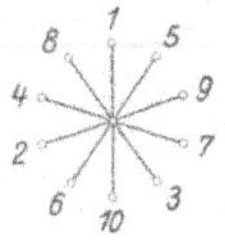 1 11 21 / 9 19 29	½ 5½ 10½ / 4½ 9½ 14½	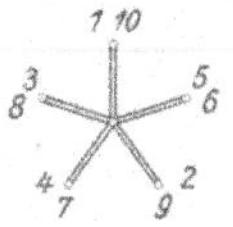 1 10 / 2 12 22 / 8 18 28	1 6 11 / 4 9 14	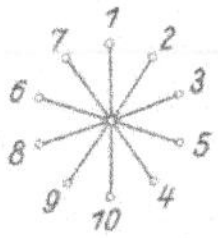 3 13 23 / 7 17 27	1½ 6½ 11½ / 3½ 8½ 13½
10	1 10 (Kurbelstern)	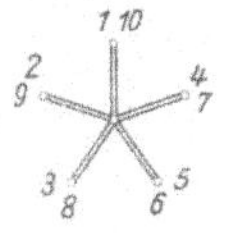 4 14 24 / 6 16 26	2 7 12 / 3 8 13	 1 3 9 4 6 / 2 8 10 5 7 / 5 15 25	2½ 7½ 12½	 1÷10 / 10 20 30	
11	(Kurbelstern)	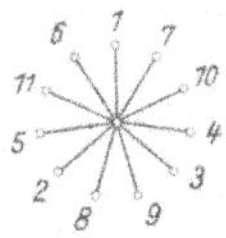 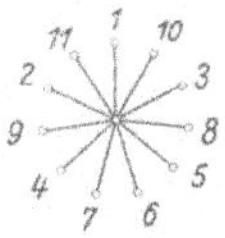 1 12 23 / 10 21 32	½ 6 11½ / 5 10½ 16	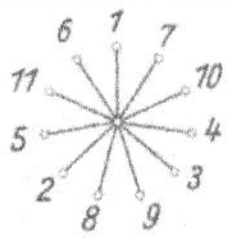 2 13 24 / 9 20 31	1 6½ 12 / 4½ 10 15½	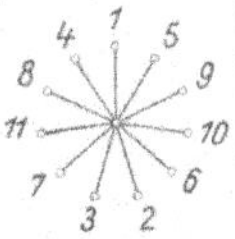 3 14 25 / 8 19 30	1½ 7 12½ / 4 9½ 15
11	(Kurbelstern)	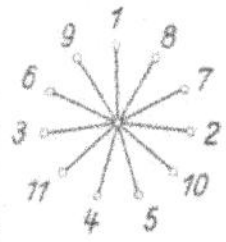 4 15 26 / 7 18 29	2 7½ 13 / 3½ 9 14½	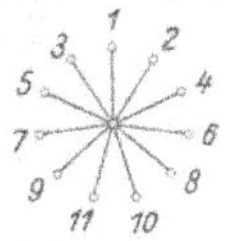 5 16 27 / 6 17 28	2½ 8 13½ / 3 8½ 14	 1÷11 / 11 22 33	5½ 11 16½
12	1 12 (Kurbelstern)	  1 13 25 / 11 23 35	½ 6½ 12½ / 5½ 11½ 17½	 1 12 / 2 14 26 / 10 22 34	1 7 13 / 5 11 17	 1 9 8 / 5 12 4 / 3 15 27 / 9 21 33	1½ 7½ 13½ / 4½ 10½ 16½
12	1 7 6 12 (Kurbelstern) / 2 5 3 4 / 8 11 10 9	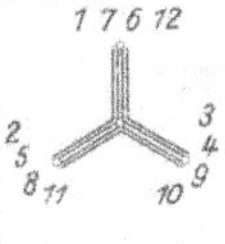 4 16 28 / 8 20 32	2 8 14 / 4 10 16	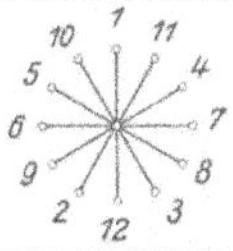 5 17 29 / 7 19 31	2½ 8½ 14½ / 3½ 9½ 15½	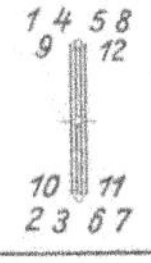 1 4 5 8 / 9 12 / 10 11 / 2 3 6 7 / 6 18 30	3 9 15

Tafel 45
(Fortsetzung).

Zyl.Zahl	Ausgeführter Kurbelstern	Richtungsstern für die Harmonischen Nr.	Ordnung	Richtungsstern für die Harmonischen Nr.	Ordnung	Richtungsstern für die Harmonischen Nr.	Ordnung
12		1÷12 — 12 24 36	6 12 18				
14		1 15 29	½ 7½ 14½ — 13 27 41	6½ 13½ 20½	2 16 30	1 8 15 — 12 26 40	6 13 20	3 17 31	1⅛ 8⅛ 15⅛ — 11 25 39	5½ 12½ 19½
		4 18 32	2 9 16 — 10 24 38	5 12 19	5 19 33	2⅖ 9⅖ 16⅖ — 9 23 37	4½ 11½ 18½	6 20 34	3 10 17 — 8 22 36	4 11 18
		7 21 35	3½ 10½ 17½	1÷14 — 14 28 42	7 14 21		
16		1 17 33	½ 8½ 16½ — 15 31 47	7½ 15½ 23½	2 18 34	1 9 17 — 14 30 46	7 15 23	3 19 35	1½ 9½ 17½ — 13 29 45	6½ 14½ 22½
		4 20 36	2 10 18 — 12 28 44	6 14 22	5 21 37	2½ 10½ 18½ — 11 27 43	5½ 13½ 21½	6 22 38	3 11 19 — 10 26 42	5 13 21
		7 23 39	3½ 11½ 19½ — 9 25 41	4½ 12½ 20½	8 24 40	4 12 20	1÷16 — 16 32 48	8 16 24
18		1 19 37	½ 9½ 18½ — 17 35 53	8½ 17½ 26½	2 20 38	1 10 19 — 16 34 52	8 17 26	3 21 39	1½ 10½ 19½ — 15 33 51	7½ 16½ 25½
		4 22 40	2 11 20 — 14 32 50	7 16 25	5 23 41	2½ 11½ 20½ — 13 31 49	6½ 15½ 24½	6 24 42	3 12 21 — 12 30 48	6 15 24

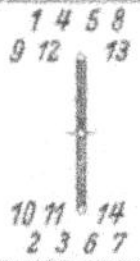

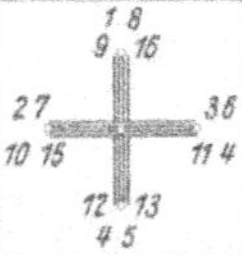

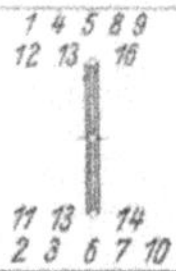

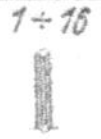

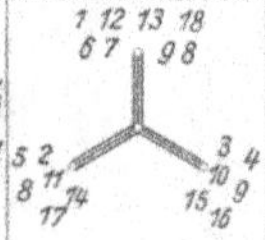

Tafel 45

(Fortsetzung).

Zyl.Zahl	Ausgeführter Kurbelstern	Richtungsstern für die Harmonischen			Richtungsstern für die Harmonischen			Richtungsstern für die Harmonischen		
			Nr.	Ordnung		Nr.	Ordnung		Nr.	Ordnung
18			7 25 43	$3\frac{1}{2}$ $12\frac{1}{2}$ $21\frac{1}{2}$		8 26 44	4 13 22	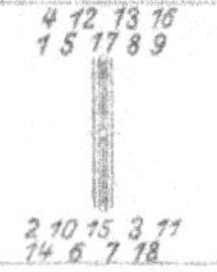	9 27 45	$4\frac{1}{2}$ $13\frac{1}{2}$ $22\frac{1}{2}$
			11 29 47	$5\frac{1}{2}$ $14\frac{1}{2}$ $23\frac{1}{2}$		10 28 46	5 14 23			
	$1 \div 18$ 		18 36 54	9 18 27						
24			1 25 49	$\frac{1}{2}$ $12\frac{1}{2}$ $24\frac{1}{2}$		2 26	1 13		3 27	$1\frac{1}{2}$ $13\frac{1}{2}$
			23 47 71	$11\frac{1}{2}$ $23\frac{1}{2}$ $35\frac{1}{2}$		22 46	11 23		21 45	$10\frac{1}{2}$ $22\frac{1}{2}$
			4 28	2 14		5 29	$2\frac{1}{2}$ $14\frac{1}{2}$		6 30	3 15
			20 44	10 22		19 43	$9\frac{1}{2}$ $21\frac{1}{2}$		18 42	9 21
			7 31	$3\frac{1}{2}$ $15\frac{1}{2}$		8 32	4 16		9 33	$4\frac{1}{2}$ $16\frac{1}{2}$
			17 41	$8\frac{1}{2}$ $20\frac{1}{2}$		16 40	8 20		15 39	$7\frac{1}{2}$ $19\frac{1}{2}$
		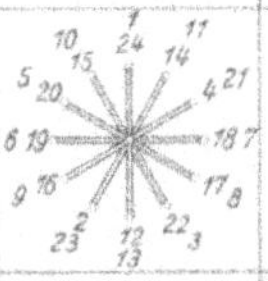	10 34	5 17		11 35	$5\frac{1}{2}$ $17\frac{1}{2}$	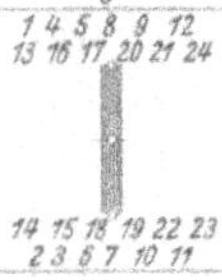	12 36	6 18
			14 38	7 19		13 37	$6\frac{1}{2}$ $18\frac{1}{2}$			
	$1 \div 24$		24 48	12 24						

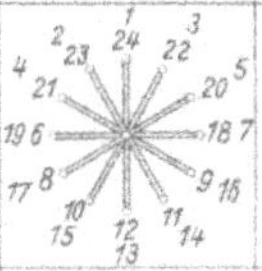

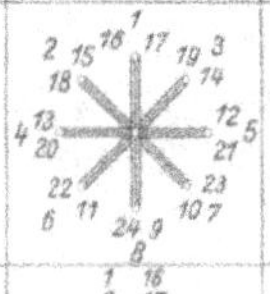

Bei Motoren mit wenig Zylindern folgen die Hauptharmonischen rasch aufeinander, was bei der späteren zeichnerischen Darstellung der Ausschläge in Abhängigkeit von den Harmonischen deutlicher wird.

Die jeweils in der oberen Zeile stehenden Ziffern der Harmonischen schreiten mit der Höhe z der Zylinderzahl fort; ebenso die in der zweiten Zeile befindlichen Ziffern für die Spiegelbilder.

Die Summe zweier untereinander stehender Ziffern ist konstant, und zwar gleich der Zylinderzahl z oder einem ungeradzahligen Vielfachen davon.

Die Ordnungen der geraden Zylinderzahlen gruppieren sich in solche mit ganzen Zahlen und solche mit gebrochenen Zahlen; die Ordnungen der ungeraden Zylinderzahlen sind gemischt aus ganzen und gebrochenen Zahlen. Das Auftreten von Komponenten halbter Ordnung ist kennzeichnend für den Viertakt.

Die Bezifferung der Sterne in der Tafel soll nur als Beispiel dienen, dagegen gilt die Sternform der verschiedenen Harmonischen und Ordnungen allgemein. Der Richtungsstern der 2. Harmonischen hat, wie schon erwähnt wurde, die Gestalt und Bezifferung des wirklichen Kurbelsterns. Im Gegensatz hierzu pflegt man vielfach den Stern der 2. Harmonischen mit spiegelbildlicher Ziffernfolge zu versehen, was selbstredend auch in den andern Sternen höherer Ordnung zum Ausdruck kommt. Dies hat auf die Ermittlung der Größe des resultierenden Vektors $\Re$ keinen Einfluß.

Die Zylinderzahlen über 11 finden allein Verwendung bei mehrreihigen Motoren, z. B. mit 2×6 und 3×6 Zylindern; 11 Zylinder in einer Reihe sind im Großdieselmotorenbau zur Ausführung gelangt.

Zweitakt. Für die Richtungssterne der Zweitaktmotoren ist die Viertakt-Tafel 45 einigen Abänderungen zu unterwerfen; der Stern der ausgeführten Welle ist zugleich der Stern der 1. Harmonischen; die Ziffer der Harmonischen stimmt mit der Ordnungszahl überein und es gibt nur ganze Zahlen für die Ordnungen. Eine Umzeichnung der Tafel 45 erübrigt sich.

Gabelmotoren. Die Richtungssterne in der Tafel 45 sind zugleich für Gabelmotoren verwertbar, nachdem man sie in einreihige Motoren verwandelt hat, vgl. die Ausführungen auf S. 253.

b) Vektorpolygone der spezifischen Erregungsarbeiten.

Mit Hilfe der Phasendiagramme der Harmonischen, also der Sternbilder in Tafel 45, kann man in einfacher und rascher Weise die im Zähler der Gl. (92) erscheinende geometrische Summe der Erregungsarbeiten bilden. Die Kräfte $\mathfrak{D}_k$ vom Betrage D_k haben verschiedene Richtung, jede von ihnen steht senkrecht auf dem zugehörigen Strahl im Stern; insgesamt geben sie je ein dem Stern der Harmonischen ähnliches Bild, das auch für die zugehörigen Arbeitsbeträge bestehen bleibt. Da in Gl. (92) die Kraft D_k vor das Summenzeichen gesetzt wurde, kommt zunächst die veränderliche vektorielle Summe in Gl. (93) an die Reihe. Bei dieser geometrischen Addition der verhältnismäßigen Schwingungsausschläge α_i oder der spezifischen Erregungsarbeiten für $D_k = 1$ kann man so vorgehen, daß man unter dem Kurbelbild der Harmonischen jeweils in passendem Maßstab ein Vieleck zeichnet, dessen Seiten parallel zu den Sternstrahlen sind und von solcher Länge wie der Ausschlag α der betreffenden Kurbel. Der resultierende Vektor $\Re$ mit

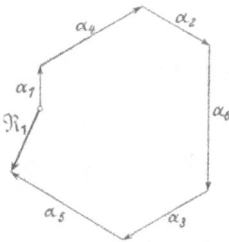

dem Index 1, 2, 3 ... der zugehörigen Harmonischen gibt die Summe der verhältnismäßigen Resonanzausschläge α oder richtiger der verhältnismäßigen Erregungsarbeiten A. Abb. 648 ist für den Kurbelstern Abb. 646 gezeichnet.

Abb. 648. Vektorpolygon der Erregungsarbeiten und verhältnismäßigen Resonanzausschläge für die 1. Harmonische.

Man kann aber auch unmittelbar in den Kurbelstern den Ausschlag jeder Kurbel eintragen und erhält so den Vektorenstern der verhältnismäßigen Ausschläge mit ungleich langen Strahlen. Die Vielecke der einzelnen Ordnungen werden dann mit diesen Vektoren gezeichnet. Es sei hier an die Art der Zeichnung der Momentensterne und Momentenvielecke bei Untersuchung des Massenausgleichs erinnert.

Sind in Sonderfällen alle harmonischen Kräfte $\mathfrak{D}_k$ in gleicher Phase, damit auch im Vektorenstern die Vektoren, so erhält man die Summe $\mathfrak{D}_k \cdot \Sigma\,\alpha_i$ und damit auch $\Re$ algebraisch. Dies trifft für die Hauptharmonischen zu, die deshalb von vornherein als »Kritische« zu bezeichnen sind.

Wird bei verschieden- oder gegenphasig wirkenden Kräften der Betrag R recht klein oder das Produkt $D_k \cdot R$ annähernd Null, so ist

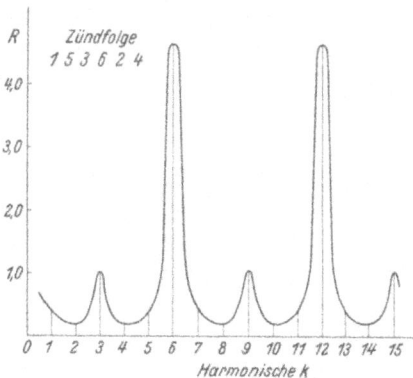

Abb. 649. Verlauf der verhältnismäßigen Resonanzausschläge über den Harmonischen für 6 Zylinder.

nach Holzer [95] »Teilresonanz« erreicht. Wegen des Zusammenhangs mit den Teilschwingungen des Systems hat Holzer für diesen Schwingungszustand die Sonderbezeichnung geprägt. Stellt sich für den Betriebsbereich des Motors die Teilresonanz gleichzeitig für die Eigenschwingungsform 1. und 2. Grades ein, so ist gefahrlose Resonanz erreicht. Es sei darauf hingewiesen, daß im Fall der Teilresonanz oder angenäherter Teilresonanz die Errechnung des Ausschlags a_z aus

Gl. (92) nicht mehr richtig ist, weil die tatsächliche Schwingungsform sich wesentlich von der Eigenschwingungsform unterscheidet, wie Schmidt [96] nachgewiesen und Söchting [97] weiter untersucht hat.

Die Größe der erhaltenen Vektoren $\Re_i$ hängt von der Zündfolge ab, da die Phasen der Vektoren der erregenden Kräfte gegenseitig durch die Zündfolge gebunden sind.

Trägt man für die einzelnen Harmonischen 1, 2, 3 ... als Abszissen die Beträge R der Vektoren $\mathfrak{R}$ als Ordinanten auf (Abb. 649), so entsteht nach Verbindung der Einzelpunkte durch einen Kurvenzug ein Bild der Größtwerte der verhältnismäßigen Resonanzausschläge, wie aus den späteren Beispielen zu ersehen ist.

4. Resonanz. Kritische Drehzahlen. Resonanzkurven.

Resonanz mit den Drehkräften eines Zylinders ist stets dann vorhanden, wenn die Grundperiode dieser Kräfte, das sind beim Viertaktverfahren 2 Wellenumdrehungen, beim Zweitaktverfahren 1 Umdrehung, in einem ganzzahligen Verhältnis zur Eigenschwingungszahl n_e steht, also bei allen Drehzahlen der Kurbelwelle:

$$n = \frac{n_e}{1/_2 \cdot k} \text{ für Viertakt,} \qquad n = \frac{n_e}{k} \text{ für Zweitakt,} \qquad (94)$$

darin ist k allgemein die Ziffer der Harmonischen, zugleich die Ordnungszahl für Zweitakt (vgl. Tafel 45).

Für ortsfeste Dieselmotoren mit steigender Anzahl von Zylindern derselben Größe sind nach Ermittlungen Scheuermeyers [76] etwa folgende Eigenschwingungszahlen 1. Grades zu erwarten:

Tafel 46.

Eigenschwingungszahlen 1. Grades von Dieselmotorwellen.

Zylinderzahl z	Viertakt einfachwirkend n_{eI} 1/min	Zweitakt doppeltwirkend n_{eI} 1/min
3	2700	
4	2200	1450
5	1900	1250
6	1650	1050
7	1450	950
8	1300	850
9	1200	750
10	1100	700
11	1000	

Für Fahrzeugmotoren liegt n_{eI} zwischen 10000 und 16000; so hat der Sechszylinder im Mittel $n_{eI} = 13000$ i. d. Min.

Die im Schrifttum enthaltenen Angaben über die Schwingungszahlen 1. Grades der Kurbelwellen von Flugmotoren zeigen gewisse Abweichungen, die nicht nur in der Bauweise des Motors, sondern auch in dem Baujahr ihre Begründung finden. Die Betriebserfahrungen haben im Lauf der Jahre einesteils zu steiferen Wellen mit hoher Eigenschwingungszahl 1. Grades, andernteils auf die Verbindung der Kurbelwelle mit einer federnden Luftschraubennabe zur starken Herabsetzung der

Schwingungszahl 1. Grades geführt. Folgende Zahlen, die sich hauptsächlich auf die Angaben Lürenbaums [72, 80] stützen, mögen einen Anhalt geben.

Eigenschwingungszahlen 1. Grades von Flugmotorwellen mit starrer Luftschraubennabe.

Zylinderzahl	n_{e_I} 1/min	Bemerkung
4	10000—11000	einreihig, ohne Untersetzungsgetriebe
6	6000— 7000	» ohne Getriebe
6	4000-- 4500	» mit Getriebe
8	9000—10000	V-Form, ohne Getriebe
12	5000— 6000	V-Form, ohne Getriebe
12	4000— 5000	» mit Getriebe
5	9000—10000	Sternform, ohne Getriebe
7	8000— 9000	» » »
9	4000— 5000	» » »
9	3500— 4000	» mit »

Besonders drehsteife Wellen der Reihenmotoren haben $n_{e_I} = 12000$ bis 18000 i. d. Min. Die federnde Luftschraubennabe erniedrigt die Grundschwingung eines Vierzylinders auf $n_{e_I} = 1290$ und die 1. Oberschwingung auf 24000 i. d. Min.

Lundquist [98] bringt für Sternmotoren höhere Zahlen, beiläufig: 5 Zylinder: $n_{e_I} = 13000$, 7 Zylinder: $n_{e_I} = 12000$, 9 Zylinder: $n_{e_I} = 10000$ bis 11000, was wohl auf kräftigere Wellenform zurückzuführen ist.

Als Beispiel für das gegenseitige Verhältnis der Eigenschwingungszahlen 1., 2. und 3. Grades seien folgende Zahlen zu einer Unterseeboots-Kurbelwelle angeführt: $n_{e_I} : n_{e_{II}} : n_{e_{III}} = 613 : 1237 : 1870 \frac{1}{\min}$. Es kann hierbei die 1. Oberschwingung eine Resonanz bei der Marschdrehzahl bedingen und die Welle weit stärker gefährden als die Grundschwingung.

Ähnlich verdient die 1. Oberschwingung bei einer Luftschiffanlage mit unnachgiebiger Kupplung nach Abb. 637 oder mit federnder Kupplung nach Abb. 638 besondere Beachtung, vgl. Kamm-Stieglitz [84]. Es ist z. B. $n_{e_I} = 1760$, $n_{e_{II}} = 4850$.

Es ist nun zu prüfen, welche von den Resonanzdrehzahlen als gefährlich für die Welle zu bezeichnen sind, weil nicht alle aus Gl. (94) berechneten Drehzahlen als »Kritische« angesehen werden können. Vielmehr bedeuten viele von ihnen wegen der teilweise geringen Schwingungsamplituden und der stets vorhandenen Dämpfung unbedenkliche Resonanzen.

Sieht man vom Einfluß der Dämpfung und von den übrigen in Gl. (92) enthaltenen Größen ab, so muß man die im vorigen Abschnitt erhaltenen Werte von R mit dem D_k der jeweiligen Harmonischen der Drehkraft vervielfachen, um auf die Werte der Erregungsarbeit in

Resonanz zu gelangen. Die Zahlengrößen von D_k sind aus Tafel 38 bis 44 zu entnehmen. Trägt man die Drehzahlen n als Abszissen und die Werte $D_k \cdot R$ als Ordinanten auf, so erscheint die sog. Resonanzkurve (Abb. 650) als Verbindungslinie der einzelnen Punkte. Sie unterscheidet sich, wie der Vergleich mit der späteren Abb. 681 zeigt, von dem Kurvenzug der verhältnismäßigen Ausschläge dadurch, daß das Verhältnis der Ordinanten zueinander ein anderes wird; manche Drehzahlen verdienen, entgegen der Erwartung, nicht die Bezeichnung von Kritischen, dafür treten andere Drehzahlen mehr hervor.

Zur richtigen Deutung von abgeleiteten Resonanzkurven sei folgendes hervorgehoben, was Brandt [85] ausführlicher dargelegt hat:

Die zeichnerische Untersuchung der Zündfolgen auf Resonanz stützt sich auf die üblichen Verfahren, die bewußt einige Vernachlässigungen in Kauf nehmen. Die größte Ungenauigkeit liegt darin, daß man nur Resonanzausschläge ermittelt, während in Wirklichkeit der Ausschlag bei einer Resonanzdrehzahl gleich der Summe aus dem Resonanzausschlag und den erzwungenen Ausschlägen aller nicht in Resonanz befindlichen harmonischen Drehkräfte ist. Der Unterschied zwischen den abgeleiteten und den gemessenen Resonanzkurven ist deshalb am deutlichsten bei den Drehzahlen, bei denen eine schwache Resonanz einer sehr stark ausgeprägten benachbart ist (s. Abb. 650 und 651). Zudem

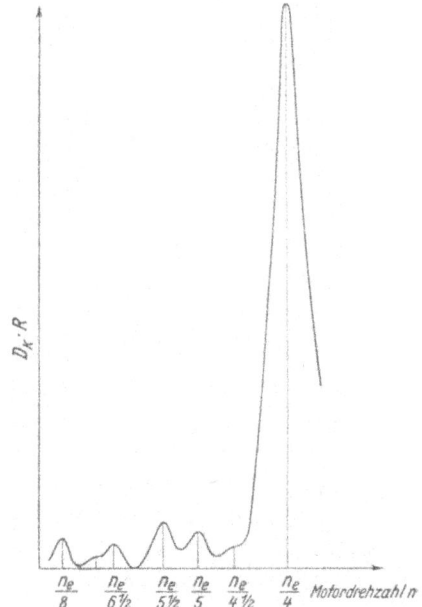

Abb. 650. Resonanzkurve der Grundschwingung für 2×4 Zylinder mit Kreuzwelle.

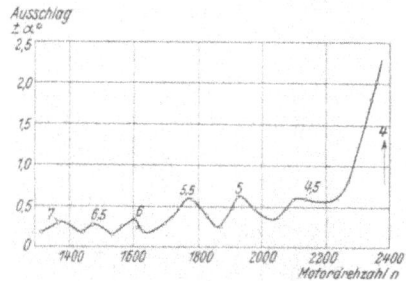

Abb. 651. Aufgenommenes Drehschwingungsbild des Motors von Abb. 650.

ergibt die Rechnung viel zu geringe Ausschläge bei Ordnungszahlen mit kleinen Werten R; denn die tatsächliche Schwingungsform unterscheidet sich, wie schon gesagt wurde, wesentlich von der zugrunde gelegten Form. In Abb. 651 erscheint ein Ausschlag für $n_e/6$, der auf ungleiche Werte D_k der Zylinder infolge fehlerhafter Gemischverteilung zurückzuführen ist. Hinzu kommt folgender Umstand:

Die errechneten Resonanzdrehzahlen gelten zunächst nur für Motoren mit normalem Stangenverhältnis. Auf S. 213 wurde gesagt, daß die hin und her gehenden Massen je nach der Stellung der Kurbel von verschiedenem Einfluß auf die umlaufenden Massen sind; die Eigenschwingungszahl der Welle spaltet sich auf, was bei Motoren mit kurzer Pleuelstange und größeren Massen kräftig hervortritt. Daher bilden sich die Resonanzen nicht scharf aus, s. S c h e u e r m e y e r [76], aus den einzelnen berechneten, kritischen Drehzahlen werden Schüttelbereiche, die man durch Resonanzbänder, z. B. für die Grundschwingung (Abb. 652), darstellen kann und die praktisch nicht stark in Erscheinung treten.

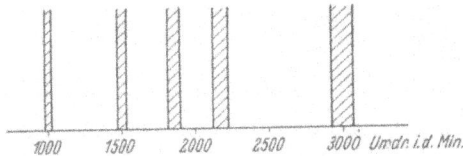

Abb. 652.   Resonanzbänder der Grundschwingung eines Achtzylindermotors, bedingt durch veränderlichen Einfluß der hin und her gehenden Massen.

Die Theorie »zweiter Ordnung« mit veränderlichen Drehmassen ist neben der Theorie »erster Ordnung« mit unveränderlichen Drehmassen besonders ausführlich von G r a m m e l [77] behandelt worden.

Trotz dieser Unschärfen genügen die zeichnerisch-rechnerisch ermittelten Resonanzkurven für die Wahl der Zündfolge und der meist gebrauchten Drehzahl bei dem Entwurf der Motoren.

5. Verfügbare Mittel zur Bekämpfung der Drehschwingungen.

Diese Maßnahmen werden besprochen, weil sie in irgendeinem Zusammenhang mit der Zündfolge stehen, sei es, daß sie die Beibehaltung einer bestimmten Zündfolge ermöglichen, sei es, daß sie die Wahl einer besonderen Zündfolge nahelegen.

Faßt man irgendein Vieleck der spezifischen Erregungsarbeiten und die Resultierende $\Re$ ins Auge (Abb. 648) und überlegt, wie man den Zug ändern könnte, um ein recht kleines $\Re$ zu erhalten oder gar zu Null zu machen, so ergibt sich schon eine Anzahl von anwendbaren Maßnahmen in zwangloser Weise.

1. Die Vektoren $\mathfrak{A} = D_k \cdot \alpha_i \cdot \sin \beta_i$ sind insgesamt um gewisse Beträge zu kürzen, damit $\Re$ schrumpft, d. h. es müssen a) entweder die verhältnismäßigen Ausschläge α_i, b) oder die Phasenwinkel β_i, c) oder die Kräfte D_k, d) oder zugleich 2 oder 3 dieser Größen geändert werden.

Der Verlauf der Resonanzkurve im Verein mit Gl. (94), S. 237, führt auf eine weitere Maßnahme:

2. Wahl einer andern Normaldrehzahl des Motors in einem Gebiet, in dem $D_k \cdot R$ ungefährlich ist, unter Wahrung des drehelastischen Systems als Gegenstück zur Verlegung der Eigenfrequenz der Welle unter Beibehaltung der Normaldrehzahl, so daß eine Harmonische, die vorher bedenklich war, durch eine andere mit geringem Betrag $D_k \cdot R$ ersetzt wird.

Der Aufbau der Gl. (92) auf S. 228 besagt überdies:

3. Die Erhöhung von k', z. B. durch Anwendung künstlicher Dämpfung, wie sie durch Dämpfer verschiedener Art erreichbar ist, verkleinert den Ausschlag a_z.

Wie diese Maßnahmen sich auf die Wellengestaltung auswirken, soll nun kurz besprochen werden.

1. Ein bestimmter Drehzahlbereich kann von gefährlichen Kritischen durch Umformung der elastischen Eigenschaften des Wellensystems und damit durch Änderung der natürlichen Frequenz befreit werden. Dies erreicht man durch Änderung des Wellendurchmessers oder der Größen und der Verteilung der Drehmassen. Meist wird die Welle zu verstärken sein, wodurch die Grundeigenschwingungszahl oberhalb und die Betriebsdrehzahl unterhalb der kritischen Drehzahl zu liegen kommt; manchmal hilft ein federndes Zwischenglied zwischen Kurbelwelle und großer Masse (Luftschraube); dadurch wird n_{eI} erniedrigt (s. S. 238). In Sonderfällen vermindert man die zusätzliche Schwingungsbeanspruchung bei einer kritischen Drehzahl durch starke Bemessung der Welle an der Stelle größter Anstrengung, d. h. im Abschnitt zwischen den zwei Massen, die sich rechts und links vom Knotenpunkt befinden. Bei Schiffsanlagen wirkt eine Veränderung der Steifheit des Wellenteils zwischen Dieselmaschine und Propeller oder eine Änderung der Propellermasse wesentlich auf die Einknotenfrequenz, weit weniger auf die Zweiknotenfrequenz; dagegen beeinflussen Steigerungen oder Verminderungen der Massen im Motor oder am Schwungrad den Wert der zweiten Eigenfrequenz, unwesentlich die Lage der ersten Eigenfrequenz. Ähnlich ist das Verhalten der Generatoranlagen mit Schwungrad und Anker. Die erste Eigenfrequenz spricht verhältnismäßig leicht auf Änderungen der elastischen Länge zwischen den Schwungmassen und der beiden Massen selbst an. Eine Verlegung der zweiten Eigenfrequenz macht größere Schwierigkeiten und erfordert oft eine neue Massenverteilung innerhalb der Maschine. Zahlenbeispiele der Umformung bringt O. Föppl [99].

Die elastischen, drehfedernden Kupplungen haben nebst anderen die Aufgabe, die Wellenanlage vor schädlichen Resonanzschwingungen zu sichern, einmal durch Vergrößerung der Federung der Welle, Verlagerung der Eigenschwingungszahl des Systems nach unten und Verlegung der kritischen Drehschwingungszahlen aus dem Bereich der Betriebsdrehzahlen, sodann durch Federkennlinien, die einem Aufschaukeln bei Resonanz entgegenwirken. Sieht man eine krumme Federkennlinie vor, so kommt sie einer Änderung der Steifheit der Kupplung mit wachsendem Drehmoment und einer Änderung der Eigenfrequenz bei wachsenden Ausschlägen gleich, weil die Ersatzwellenlänge kleiner wird. Es sei hier die Hülsenfederkupplung der MAN erwähnt, die Pielstick [100] beschrieben hat.

Es kann weiter eine Dämpfung durch Reibung in der Kupplung hinzukommen, sei es Eigendämpfung als innere Reibung des Werkstoffs, sei es durch Bremsdämpfung der gegeneinander schwingenden Kupplungshälften als trockene, flüssige und gemischte Reibung.

Federnde Kupplungen kommen in Frage beim Antrieb von Ladern (Gebläsen) bei Flugmotoren, wobei die Masse des Gebläses die Eigenschwingungszahl des Systems verschiebt; sie waren auch schon bei Triebwerksgruppen und Kraftfernleitung zur Luftschraube in Verwendung.

Bei Motoren mit Getriebe und federnder Kupplung zum Antrieb eines Turboladers kann es in Sonderfällen nötig sein, um die bei der gekuppelten Anlage vorhandenen, niederen, kritischen Drehzahlen nicht zu durchfahren, den Motor als den Schwingungserreger beim Anfahren oder im Auslauf vom Lader zu trennen. Dazu dient eine zusätzliche Reibkupplung, die eine Verbindung mit der übrigen Anlage herstellt, wenn der Motor höhere Drehzahl und Gleichförmigkeit erreicht hat.

Eine Rutschkupplung zwischen Motor und Schwungmasse, z. B. Schraube, bedingt zeitweise eine Umwandlung des gefährlichen Schwingungssystems in zwei andere mit geänderter Schwingungsform.

Ähnlich ist der Vorschlag von Blaeß mit Zukupplung eines Zusatzschwungrades während des Hindurchschreitens durch ein kritisches Gebiet; ferner die elastisch gekuppelte Zusatzmasse von Holzer.

Eine Übersicht der Federkupplungen bringt Altmann [101].

2. Es erscheint aussichtslos, eine ausreichende Abschwächung der harmonischen Kräfte und Verkleinerung der Amplituden durch gewisse Umgestaltung des Druck-Volumen-Diagramms zu erreichen; überdies wird man kaum dem Schwingungsausgleich zuliebe die Drehkraft des einen oder andern Zylinders bei einer kritischen Drehzahl beträchtlich herabsetzen mögen. Allerdings kommt es ungewollt vor, sei es bei nicht einwandfreier Verbrennung in den einzelnen Zylindern, sei es wegen ungleichmäßiger Gemischverteilung oder schlechter Einregulierung mehrerer Vergaser, daß eine Harmonische in ungewöhnlich starker Weise hervortritt, eine andere dafür abgeschwächt wird, als Folge der Füllungsungleichheiten, vgl. Kamm-Stieglitz [84].

3. Die Wirkung der erregenden Kräfte kann bei Reihenmotoren für gewisse kritische Geschwindigkeiten verringert werden durch Änderung

der Kurbelanordnung und der Zündfolge. Liegt im Polygon die Richtung der Vektoren fest, wie bei regelmäßigem Kurbelstern und gleichmäßigen Zündabständen, so können die verschieden langen Vektoren untereinander vertauscht werden, was in manchen Fällen zu einem Kleinstwert von $\Re$ führt; eine Änderung der Kurbelanordnung längs der Welle, damit der Ziffern im Kurbelstern und in den Sternen der Harmonischen, gleichbedeutend mit einem Wechsel der Zündfolge, vermag von Erfolg zu sein. In diesem Zusammenhang sei daran erinnert, daß die Viertaktmaschine mit symmetrischer Welle eine Änderung der Zündfolge ohne Beeinflussung der Kurbelanordnung gestattet; daraus folgt: es läßt sich die Wirkung der Erregenden auf die Drehschwingungen mildern, ohne den bei höheren Zylinderzahlen guten Massenausgleich zu opfern. Wenn durch willkürliche Zündfolge- änderung die Gefahr einer bestimmten Kritischen verringert wird, kann sich die Gefahr einer andern Kritischen erhöhen. Arbeitet der Motor über einen sehr großen Drehzahlbereich, so ist es unvermeidlich, daß eine der bedenklichen Harmonischen auf eine der Betriebsdrehzahlen fällt; der Einbau eines Dämpfers ist dann notwendig.

Ein weiteres Mittel ist die Änderung der Zündabstände unter Beibehaltung der Zündfolge, also durch unregelmäßige Zündfolge mittelst Vergrößerung oder Verkleinerung der Kurbelversetzungswinkel im Stern. Dieser Weg, den schon Holzer im DRP. 391178 und Wydler [88] vorgeschlagen haben, ist bei einreihigen Motoren wegen der ungewöhnlichen Wellenform mit schlechtem Massenausgleich nicht beliebt, führt aber bei V-Motoren auf eine einfache Änderung des normalen Gabelwinkels unter Belassung der symmetrischen Wellengestalt.

4. Die Eigendämpfung der bewegten Teile des Wellensystems fand bereits Erwähnung. Die Innendämpfung der Kurbelwelle als Folge unvollkommener Elastizität ist in den meisten Fällen geringfügig; außerdem verändern die Stähle ihre Dämpfung infolge der Wechselbeanspruchung. Metallische Baustoffdämpfung erhält wesentliche Bedeutung erst, wenn es gelingt, die Konstruktionswerkstoffe dämpfungsfähiger zu machen.

Die dämpfenden Kräfte im Motor werden in ihrer Wirkung unterstützt durch Steigerung der verhältnismäßigen Amplitude der Schwingung an den Dämpfungsstellen oder auch durch Hinzufügen von Schwingungsdämpfern. Bei den zusätzlichen eigentlichen Dämpfern wird Schwingungsenergie abgeführt und durch trockene Reibung oder Flüssigkeitswirbelung vernichtet. Erhebliche Dämpfungsleistungen bis zu 10% der Motorleistung können in Wärme umgesetzt werden. Ist der Dämpfer brauchbar, so sinkt durch Verringerung der Schwingungsausschläge der Verbrauch an Wellenenergie, der Motor gibt etwas größere Leistung ab; gelingt es ohne Dämpfer auszukommen, so meidet man eine Verlustquelle an Energie. Über zweckmäßige Dämpferformen geben Föppl [99] und Den Hartog [91] Auskunft.

16*

Wenn es irgend geht, wird man zum Mittel 3 greifen, nötigenfalls in Verbindung mit Mittel 1. Für uns handelt es sich nicht darum, das schwingungsfähige System abzuändern, sondern die Maßnahme günstiger Zündfolge, die selbstredend schon beim Entwurf des Motors zu beachten ist, zur Anwendung zu bringen; denn den Schwingungen vorzubeugen ist besser, als sie nachträglich beseitigen.

6. Zündfolgen zur Schaffung resonanzfreier Gebiete bei Reihenmotoren.

a) Regelmäßige Zündabstände.

α) Dieselmotor mit Generator. Vergaser- oder Dieselantrieb bei Fahr- und Flugzeugen.

Ist der Generator unmittelbar mit dem Dieselmotor gekuppelt, und zwar so, daß im Falle des Vorhandenseins eines Schwungrads dieses mit dem Dynamorotor starr verbunden ist und sozusagen eine Einheit bildet, so gilt die Massenverteilung und die Schwingungsform 1. Grades (Abb. 633); der Knoten liegt in der Nähe der großen Masse. Dieselbe oder eine ähnliche Schwingungsform ist übertragbar auf Flugmotoren in Reihe ohne Lader mit unmittelbar angetriebener Luftschraube, auf Kraftwagenmotoren mit Schwungrad an einem Motorende sowie auf Triebwagenmotoren. Geringfügige Unterschiede der verhältnismäßigen Ausschläge α haben auf die Resultierende $\Re$ unbedeutenden Einfluß.

Schwingungsformen mit 2 und mehr Knoten sind für die vorgenannten Anlagen ohne praktische Bedeutung; denn schon die Schwingung 2. Grades oder Zweiknotenfrequenz liegt in solchem Bereich, daß nur Harmonische hoher Ordnung und geringer Amplitude in die Nähe der Normaldrehzahl fallen; dabei ist die Dämpfung wesentlich erhöht, dank der hohen Frequenz der Schwingungen.

Auf diese Schwingungsform mit den Ausschlägen α_1 bis α_z ist das unter 3 b) beschriebene Verfahren für verschiedene Zündfolgen anzuwenden.

1. Einreihen-Motoren.

Die Aufzeichnung der Vielecke für die große Zahl von Kurbelbezifferungen, Zündfolgen und Harmonischen stellt eine recht umfangreiche Aufgabe dar. Sie braucht nicht eigens hier durchgeführt zu werden, denn das Ergebnis liegt schon fertig vor [76], in allgemein gültiger, gesetzmäßiger Gestalt.

Resonanzfreie Gebiete zwischen den Hauptharmonischen liefert für jede Zylinderzahl die Zündfolge mit nachstehender Reihe der Ziffern: die Ziffern steigen zuerst ungeradzahlig von *1* bis *z* auf, sodann fallen sie geradzahlig bis *2* ab. Beispiele: Fünfzylinder: *1 3 5 4 2*; Sechszylinder: *1 3 5 6 4 2*; Achtzylinder: *1 3 5 7 8 6 4 2* usw. Dies gilt sowohl für Viertakt einfachwirkend, wie für Zweitakt einfach- und doppeltwirkend. In Tafel 45 sind die Kurbeln so beziffert,

daß sie in den meisten Fällen auf den genannten Aufbau der Zündfolge führen.

Während die Hauptharmonischen $k = z$, $2z$, $3z$ usf. unabhängig von
der Kurbelbezifferung und von der Zündfolge sind, ergeben die Zündfolgen
nach obiger Regel für die Zwischenharmonischen ungefährliche Resonanz; die Notwendigkeit der Verlagerung der Eigenschwingungszahl durch
konstruktive Maßnahmen ist damit geringer als bei andern Zündfolgen.

Nun besteht aber ein grundsätzlicher Unterschied zwischen den
Wellen, die bei Viertakt und Zweitakt diese günstige Zündfolge bieten.
Der Kurbelstern der geradzahligen Viertaktmotoren hat die bekannte
symmetrische Gestalt mit Paarkurbeln, die ohne weiteres die Einhaltung
der genannten Zündfolge gewähren. Der Kurbelstern der ungeradzahligen Viertakter zeigt progressiv-symmetrische Bezifferung der Kurbeln
im Sinne von Abschnitt VI, C, S. 189, und als Folge davon kleinste
Massenmomente 1. Ordnung. Der Kurbelstern der Zweitaktmotoren
hat zwar symmetrische Bezifferung in bezug auf Kurbel $\frac{z + 1}{2}$, aber so,
daß die Ziffern der Paare $1, z$; $2, (z - 1)$; $3, (z - 2)$ . . . nicht mehr in
Richtung der Symmetriekurbel fortschreitend aufeinander folgen; Beispiel: Abb. 653 mit 7 Kurbeln und den verschieden gestrichelten Paaren.
In dieser Weise bezifferte Kurbeln haben recht ungünstiges Verhalten
hinsichtlich der Massenmomente 1. Ordnung, nämlich ähnlich wie jene
4. Ordnung der Viertaktmotoren mit ungeraden Zahlen; davon kann
man sich durch Zeichnen der Momentenvielecke überzeugen. Hält man
hingegen fest an der progressiven Bezifferung z. B. nach Abb. 654 für
7 Zylinder mit der Zündfolge $1\ 6\ 3\ 4\ 5\ 2\ 7$ und mit kleinen Momenten,
so findet man: Es weisen hierfür die Vektorpolygone der Schwingungsausschläge zwar dasselbe kleinste oder fast dasselbe resultierende $\Re$ wie
im Falle der Zündfolge geradzahlig steigend — ungeradzahlig fallend
$1.\ 3\ 5\ 7\ 6\ 4\ 2$ auf, jedoch wegen eines andern Verlaufs der Polygone
eine Zwischenharmonische (Abb. 655), die zusammen mit zuweilen starker Erregung erhebliche Ausschläge bewirken kann. Für zwei Zündfolgen
des Viertakt-Achtzylinders zeigt Abb. 656 den Verlauf der verhältnismäßigen Resonanzausschläge.

Abb. 653. Siebenkurbelwelle
ohne gefährliche Zwischenharmonische, aber mit großen
freien Massenmomenten.

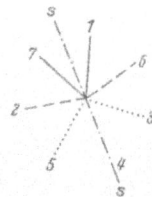

Abb. 654. Zweitakt-Sieben-
kurbelwelle mit anderer Bezifferung.

Infolge dieser zusätzlichen kritischen Zwischengebiete verbleiben bedeutend schmälere brauchbare Drehzahlbereiche. Nur in dem Bereich hoher Harmonischen, niedriger Motordrehzahlen und sehr kleiner Werte D_k wären die Zündfolgen mit Zwischenharmonischen anwendbar, vgl. Abb. 657 mit den Resonanzwerten $D_k \cdot R$ abhängig von der Drehzahl n und den kritischen Drehzahlen $\frac{n_e}{4}$, $\frac{n_e}{4^1/_2}$, $\frac{n_e}{5^1/_2}$, $\frac{n_e}{6^1/_2}$, $\frac{n_e}{8}$ usf.

Allgemein läßt sich aussprechen: Die Zündfolge ist von Einfluß auf die resultierenden Schwingungsausschläge: bei Viertakt erst von fünf Zylindern, bei Zweitakt schon von vier Zylindern aufwärts.

Neben der Einhaltung bester Zündfolge ist noch auf folgende Punkte zu achten: 1. Rotierende und oszillierende Massen so leicht wie möglich, was die Eigenfrequenz und die Wirksamkeit der Dämpfung erhöht, in

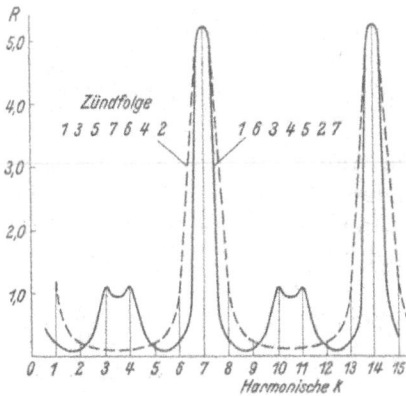

Abb. 655. Verhältnismäßige Resonanz-ausschläge für die Wellen nach Abb. 653 und 654.

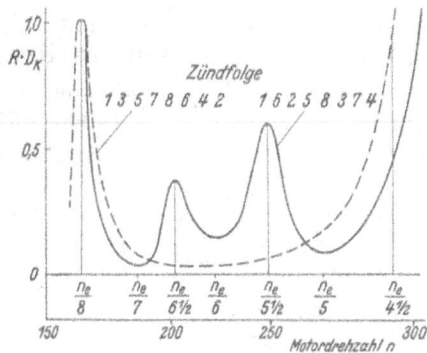

Abb. 657. Resonanzkurven eines ortsfesten Achtzylinder-Dieselmotors für die Schwingungsform 1. Grades.

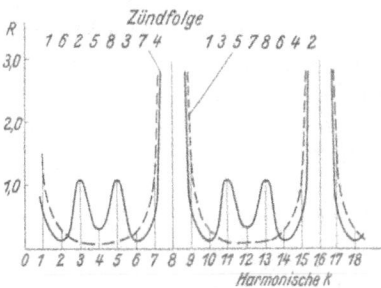

Abb. 656. Verhältnismäßige Resonanz-ausschläge für zwei Zündfolgen eines Viertakt-Achtzylinders.

einigen Fällen die erregenden Massendrehkräfte ermäßigt; 2. Ist ein Hilfsschwungrad nötig, wie etwa bei Generatorantrieb, so ist es mit den Rotormassen der Dynamo zu verbinden, damit der Knoten nahe an diese vereinigte Masse kommt.

2. Mehrreihen-Motoren (V-, W-, X-Anordnung).

Die Anwendungsgebiete dieser Bauarten finden sich auf S. 22. Angenommen sei, daß die Pleuelstangen der in einer »Ebene« liegenden Zylinder zentrisch am zugehörigen Kurbelzapfen angreifen (vgl. S. 72 und 168). Über die Bauweise mit Haupt- und Nebenstangen wird noch einiges zu sagen sein.

Zwei Wege sind bei der Aufsuchung der Resultierenden $\Re$ der spezifischen Erregungsarbeit von i Zylinderreihen gangbar:

α) Sind die Vektoren $\Re$ für die Harmonischen einer Einzelreihe bekannt, z. B. aus den vorangehenden Ergebnissen der Einreihenbauart, so sind für jede Harmonische i solcher Vektoren zu addieren. Der Versetzungswinkel ψ der Vektoren ist von der gewählten Zündfolge abhängig. Zu der k-ten Harmonischen gehört ein $\psi = \dfrac{k}{2} \cdot \gamma$, wenn γ der Drehwinkel der Kurbelwelle zwischen 2 aufeinanderfolgenden Zündungen von Zylinder *1* der Reihe *1* und Zylinder *1* der Reihe *2* oder der Reihe *3* bedeutet. In dieser Weise ist Brandt [85] vorgegangen.

β) Ohne sich auf anderweitige Überlegungen und Ableitungen zu stützen, kann man unmittelbar auf die Aufsuchung der Gesamtresultierenden $\Re$ für i Reihen lossteuern. Dieses Verfahren ist selbst dann anwendbar, wenn das 1. Verfahren umständlich wird, nämlich wenn die Reihenfolge der zündenden Zylinder in jeder Reihe nicht gleichheitlichen Aufbau aufweist.

Bestimmte Beispiele werden zum Verständnis dieser beiden Verfahren beitragen.

a) Die Resultierende $\Re$ für eine Reihe ist bekannt.

V-Motoren. Ausgehend von einer bestimmten Zylinderzahl gelangt man zu allgemeineren Schlüssen.

Es liege ein Viertaktmotor mit 2×4 Zylindern vor. Die Vektoren $\Re_1$ für eine Zündfolge der vierzylindrigen Reihe *1*, z. B. *1 3 4 2*, und für die verschiedenen Harmonischen seien bekannt. Überdies mögen die zwei Reihen dieselbe Zündfolge haben; damit erhalten die Vektoren $\Re_2$ der Reihe *2* dieselben Beträge wie für Reihe *1*. Nimmt man nach S. 111 als Gesamtzündfolge

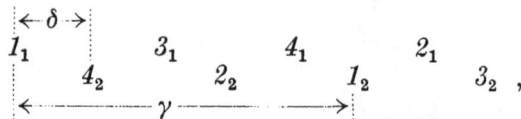

$$1_1 \qquad 3_1 \qquad 4_1 \qquad 2_1$$
$$4_2 \qquad 2_2 \qquad 1_2 \qquad 3_2 \, ,$$

so beträgt mit dem Zündabstand $\delta = 90^0$ der Winkelabstand zwischen Zylinder 1_1 und 1_2:

$$\gamma = 5 \cdot \delta = 450^0.$$

Der Versetzungswinkel ψ des Vektors $\Re_2$ gegen $\Re_1$ ist für die 1. Harmonische $\frac{1}{2} \cdot 450^0 = 225^0$ (Abb. 658), für die 2. Harmonische 450^0, für die 3. Harmonische $\frac{3}{2} \cdot 450^0 = 675^0$ usf. Die Resultierende der beiden Reihen ist $\Re$.

Mit Hilfe der zeichnerischen Darstellung läßt sich nun allgemein auf rechnerischem Weg die Bedingung·ableiten, für welche eine bestimmte Größe von $\Re$ erreicht wird, z. B. so, daß eine gewünschte Harmonische zu Null und damit einflußlos wird, während sie sonst kritische

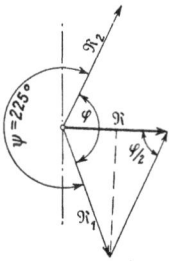

Abb. 658. Zusammensetzung der Vektoren $\Re_1$ und $\Re_2$ der zwei Reihen eines V-Motors für die 1. Harmonische zum Gesamtvektor $\Re$.

Schwingungen bei der zugehörigen Drehzahl $n = \dfrac{n_e}{k/2}$ erregt.

Aus Abb. 658, deren Maßstab für diese Betrachtungen ohne Belang ist, läßt sich der Betrag von $\Re$ ablesen zu:

$$R = 2 \cdot R_1 \cdot \cos \frac{\varphi}{2}$$

und mit Einführung der Harmonischen k und des Winkels γ:

$$R = 2 \cdot R_1 \cdot \cos \frac{\gamma}{2} \cdot \frac{k}{2} \;.$$

Nun ist bei der angeschriebenen Zündfolge und auch bei anderen der Winkelabstand γ ein Vielfaches des Zündabstandes δ und damit des Zylinderachswinkels δ_z, im obigen Fall 90^0, d. h.:

$$\gamma = 360^0 + \delta_z \;;$$

damit wird:

$$R = 2 \cdot R_1 \cdot \cos \frac{360^0 + \delta_z}{2} \cdot \frac{k}{2} \;. \tag{95}$$

Aus dieser Beziehung lassen sich die Werte δ_z des Gabelwinkels für bestimmte Größen von R errechnen.

R wird zu Null, wenn:

$$\cos \frac{360^0 + \delta_z}{2} \cdot \frac{k}{2} = 0$$

oder

$$\frac{360^0 + \delta_z}{2} \cdot \frac{k}{2} = m \cdot 00^0,$$

worin m jede ungerade Zahl von 1 aufwärts sein kann. Daraus wird:

$$\delta_z = 360^0 \cdot \left(\frac{m}{k} - 1 \right). \tag{96}$$

Dieser Ausdruck liefert positive Werte von δ_z für $m > k$. Die folgende Tafel 48 gibt eine Übersicht, die man beim Entwurf des Motors zu Rate ziehen kann. Sie gilt zunächst für jede Zylinderzahl; es muß nur für die Anwendung im Sonderfall die Ziffer der zu beseitigenden Harmonischen der einfachen Reihe bekannt sein. Die Winkel größer als 360° bringen, was die cos-Funktion anlangt, nur Wiederholungen der Winkel unterhalb 360°; die Winkel größer als 180° gelten für hängende Zylinder.

In Gl. (95) läßt sich weiterhin der Höchstwert von R errechnen. Er stellt sich ein, wenn der Kosinus $= 1$ wird; alsdann ist:

$$R = 2 R_1$$

und zwar für:

$$\frac{360^0 + \delta_z}{2} \cdot \frac{k}{2} = m \cdot 180^0$$

und

$$\delta_z = 360^0 \cdot \left(\frac{2\,m}{k} - 1 \right). \tag{97}$$

Die Auswertung ergibt Tafel 49.

Die Tafeln 48 und 49 lassen ferner sofort erkennen, was eintrifft bei Wahl eines anderen Winkels als des normalen. Hierüber wird am Schluß dieses Abschnitts VII unter: »Unregelmäßige Zündabstände und Drehschwingungen« (S. 264) einiges gesagt.

Diese Ableitungen, die in ähnlicher Weise von Schlaefke [102] durchgeführt wurden, gelten allein für gleichen Aufbau der Zündfolge an beiden Reihen, haben also beschränkten Wert. Ist die Zündfolge der Reihen verschieden und $\mathfrak{R}_1$ von anderer Größe als $\mathfrak{R}_2$, so geht die Einfachheit der Formel für R verloren. Es ist alsdann zu empfehlen, zeichnerisch vorzugehen, wozu sich das noch zu besprechende 2. Verfahren besonders eignet. Zuvor aber sei an einem Beispiel des W-Motors für gleiche Zündfolge jeder Reihe, also für gleiche Einzelvektoren, die zeichnerische Behandlung nach α) gezeigt.

W-Motoren. Der Viertaktmotor habe 3×6-Zylinder. Die Vektoren $\mathfrak{R}_1$, $\mathfrak{R}_2$ und $\mathfrak{R}_3$ für die einzelnen Harmonischen der sechszylindrigen Reihe mit der Zündfolge *1 3 5 6 4 2* sind nach Größe und Richtung in Abb. 659 bis 667 gegeben. Die zu prüfende Zündfolge der 18 Zylinder sei mit den Zeigern 1, 2, 3 der 3 Reihen aus Abb. 493, mul:

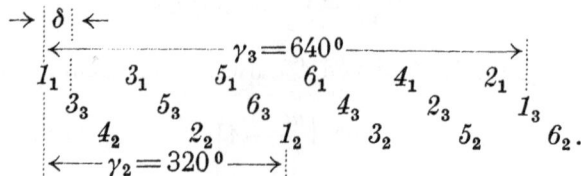

Tafel 48.

Gabelwinkel δ_z, für welche die Harmonischen k von der Ordnung $\frac{k}{2}$ eine Resultierende $R = 0$ liefern.

$k=$	2	3	4	5	6	7	8	9	10	11	12	13	14	15	16
$\frac{k}{2}=$	1	$1\frac12$	2	$2\frac12$	3	$3\frac12$	4	$4\frac12$	5	$5\frac12$	6	$6\frac12$	7	$7\frac12$	8
$m=3$	180°	0°	90°	0°	60°	0°	45°	0°	36°	0°	30°	0°	$25\frac{5}{7}$°	0°	$22\frac12$°
5	540°	360°	270°	144°	180°	$102\frac{6}{7}$°	135°	80°	108°	$65\frac{5}{11}$°	90°	$55\frac{5}{13}$°	$77\frac{1}{7}$°	48°	$67\frac12$°
7	usf.	720°	450°	288°	300°	$205\frac{5}{7}$°	225°	160°	180°	$130\frac{10}{11}$°	150°	$110\frac{10}{13}$°	$128\frac{4}{7}$°	96°	
9		usf.	usf.	432°	420°	$308\frac{4}{7}$°	315°	240°	252°	$196\frac{4}{11}$°	210°	$166\frac{2}{13}$°			
11				usf.	usf.	$411\frac{3}{7}$°	405°	320°	324°	$261\frac{9}{11}$°					
13						usf.	usf.	400°							
15								usf.							

Tafel 49.

Gabelwinkel δ_z, für welche die Harmonischen k von der Ordnung $\frac{k}{2}$ einen Höchstwert R liefern.

$k=$	2	3	4	5	6	7	8	9	10	11	12	13	14	15	16
$\frac{k}{2}=$	1	$1\frac12$	2	$2\frac12$	3	$3\frac12$	4	$4\frac12$	5	$5\frac12$	6	$6\frac12$	7	$7\frac12$	8
$m=3$	720°	360°	180°	72°	0°	$51\frac{3}{7}$°	0°	40°	0°	$32\frac{8}{11}$°	0°	$27\frac{9}{13}$°	0°	24°	0°
4	usf.	600°	360°	216°	120°	$154\frac{2}{7}$°	90°	120°	72°	$98\frac{2}{11}$°	60°	$82\frac{1}{13}$°	$51\frac{3}{7}$°	72°	45°
5		usf.	540°	360°	240°	$257\frac{1}{7}$°	180°	200°	144°	$163\frac{7}{11}$°	120°	$138\frac{6}{13}$°	$102\frac{6}{7}$°	120°	90°
6			usf.	504°	360°	360°	270°	280°	216°	$229\frac{1}{11}$°	180°	$193\frac{11}{13}$°	$154\frac{2}{7}$°	168°	135°
7				usf.	usf.	usf.	360°	360°	288°	$294\frac{6}{11}$°	240°	$249\frac{3}{13}$°	$205\frac{5}{7}$°	216°	180°
8							usf.	usf.	360°	360°	300°	$304\frac{8}{13}$°	$257\frac{1}{7}$°	264°	225°
9									usf.	usf.	360°	360°	$308\frac{4}{7}$°	312°	270°
10											usf.	usf.	360°	360°	315°
11													usf.	usf.	360°

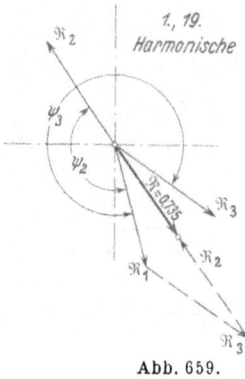

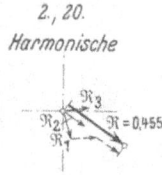

Abb. 660.

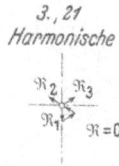

Abb. 661.

Abb. 662.

Abb. 659.

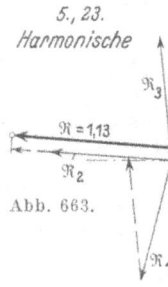

Abb. 663.

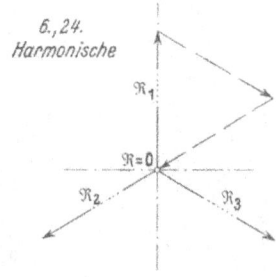

Abb. 664.

Abb. 659 bis 667. Vektoren $\Re_1$, $\Re_2$ und $\Re_3$ der drei Reihen eines W-Motors für die einzelnen Harmonischen und resultierender Vektor $\Re$.

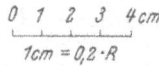

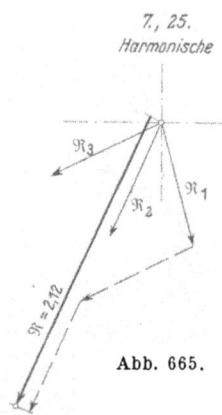

Abb. 665.

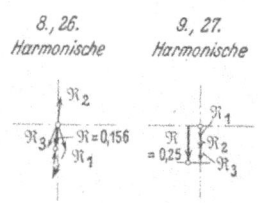

10. Harm. = 8. Harm.
11. Harm. = 7. Harm.
u.s.f.
spiegelbildlich zur Lotrechten.

Abb. 666, 667.

Der Winkel γ für Reihe 2 und Reihe 3 ist eingetragen; er beträgt, da der Zündabstand der Zylinder $\delta = 40^0$ ist: $\gamma_3 = 640^0$, $\gamma_2 = 320^0$. Die Versetzungswinkel ψ der Vektoren $\Re_2$ und $\Re_3$ gegen $\Re_1$ sind mit Angabe der Winkelgrößen, die über den vollen Kreis überschießen:

Tafel 50.

Harmonische	Reihe 2 $^{1/}2$	Reihe 3 $^{1/}3$
1	160^0	320^0
2	320^0	280^0
3	120^0	240^0
4	280^0	200^0
5	80^0	160^0
6	240^0	120^0
7	40^0	80^0
8	200^0	40^0
9	0^0	0^0
		usf.

Die geometrische Addition ist in den Abb. 659 bis 667 durchgeführt; die Resultierende heiße $\mathfrak{R}$.

Sollte irgendeine der Zündfolgen einer Zylinderreihe anderen Aufbau aufweisen, so müßte zuerst für diese abweichende Zündfolge der zugehörige Vektor $\mathfrak{R}$ ermittelt werden, was das Vorgehen langwieriger macht.

b) Unmittelbare Aufsuchung der Resultierenden $\mathfrak{R}$ für alle Reihen.

Man kann von einem Kunstgriff Gebrauch machen. Der Mehrreihenmotor wird auf einen Einreihenmotor zurückgeführt, was schon bei dem Verfahren zum Ablesen der möglichen Zündfolgen an solchen Bauarten vorgeführt wurde (s. Abschnitt V, B). Als Folge dieser Umformung erscheinen so viel Strahlen des Kurbelsterns wie insgesamt Zylinder vorhanden sind; bei Viertakt treten Doppelstrahlen auf. Jeder Kurbelstrahl erhält die Ziffer des Zylinders, dem er schon vor der Umwandlung des Systems zugehört hat. Es liegen bei dieser Betrachtungsweise i Strahlen, d. h. so viel Kurbeln wie Reihen, in einer Ebene, was bewegungsgeometrisch ein Unding, aber als Hilfsbild für die weiteren Ableitungen von großem Nutzen ist. Sodann werden daraus die Richtungssterne der Harmonischen und die Vektoren der Erregungsarbeiten abgeleitet, die Resultierenden aufgesucht und schließlich über der Drehzahl des Motors aufgetragen. Ein bestimmtes Beispiel gibt weiteren Aufschluß über dieses Verfahren im Falle der Einknotenschwingung.

Beispiel. Viertaktmotor mit 3×6 Zylindern (Abb. 492, Spiegelbild). Vorausgesetzt sei, daß, ähnlich wie beim einfachen Reihenmotor, das Ersatzmassensystem bekannt ist; hierauf hat man nun die Hilfsvorstellung von 3 Kurbeln in einer Ebene anzuwenden. Die reduzierten Massen und elastischen Längen der Ersatzwelle gelten für alle in derselben Ebene liegenden Kurbeln gleichzeitig (Abb. 668), oder: in jeder Ebene liegen 3 gleich große auf den Kurbelradius r bezogene Massen, die um einen bestimmten Winkel gegenseitig versetzt sind. Man ist deshalb berechtigt, in die Richtungsstrahlen die verhältnismäßigen Schwingungsausschläge α einzutragen, so daß die Vektoren mit gleicher Zylinderziffer, z. B. I_1, I_2 und I_3, gleiche Länge erhalten.

Es wird zunächst durch gedankliches Zerlegen jeder Kurbel des Gabelmotors in 3 gleichgerichtete Kurbeln und Drehen jeder Kurbel um den zugehörigen Gabelwinkel von 40° bis zur Deckung der Zylinderachsen der einfache Reihenmotor abgeleitet. Der entstehende Ersatzkurbelstern mit sich deckenden Kurbelpaaren (Abb. 670) ist zugleich der Stern der 2. Harmonischen. Die 1. Harmonische erhält man daraus durch Halbieren der Winkel (Abb. 669); in diesem Stern ergeben die Ziffern e. d. U. abgelesen die vollständige Zündfolge des Gabelmotors, die hier als eine der zahlreichen Variationen zu werten ist (s. S. 116). In diesem wie in anderen Fällen trägt die Unterscheidung der Zylinder der einzelnen Reihen durch einen Reihenzeiger merklich zur Übersichtlichkeit bei (vgl.

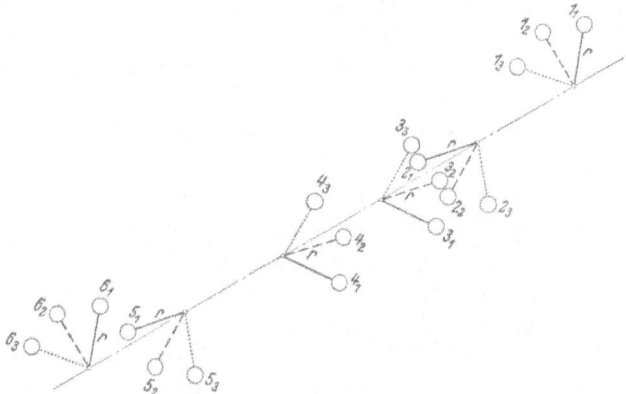

Abb. 668. Hilfsbild des Massensystems eines 3×6 W-Motors.

hierzu S. 47). Sodann werden die Sterne der weiteren Harmonischen gezeichnet, wobei die Gleichheit der Sterne für gewisse Harmonische nach Tafel 45 zu beachten ist; mit anderen Worten, die in dieser Tafel enthaltenen Sternbilder sind hier benützbar, wenn die 1. Spalte mit »abgeleiteter Kurbelstern« überschrieben und die Sternbezifferung sinngemäß geändert wird.

Die Polygone für die verschiedenen Harmonischen sind in Abb. 669 bis 677 gezeichnet; die resultierenden Vektoren $\Re$ stimmen nach Größe und Richtung mit jenen nach dem 1. Verfahren gefundenen überein.

Über den Harmonischen k aufgetragen, liefern die Werte R die Resonanzausschläge des 18-Zylinder-Motors (Abb. 678).

c) Günstige Zündfolgen der Gabelmotoren.

Verfasser hat eine größere Zahl von Zündfolgen der zwei-, drei- und vierreihigen Bauarten untersucht und gefunden, daß gewisse Folgen eher resonanzfreie Gebiete zwischen den Hauptharmonischen gewähren als andere, d. h. man kann durch richtige Wahl der Zündfolge gewisse kritische Drehzahlen meiden und solche Zündfolge als besonders brauchbar ansprechen.

Es gilt im allgemeinen: Der Aufbau der Zündfolge j e d e r e i n z e l n e n R e i h e muß so sein, wie beim Einreihenmotor, nämlich u n g e r a d z a h l i g s t e i g e n d, g e r a d z a h l i g f a l l e n d oder umgekehrt. Die Verkettung der Teilzündfolgen zur Gesamtzündfolge ist verschieden, wie die anschließenden Beispiele zeigen, die eine Auslese darstellen, und zwar für die im V i e r t a k t arbeitenden Motoren.

V - M o t o r e n.

a) $2 \times 3 = 6$ Z y l i n d e r, $\delta_z = 120^0$. Hauptharmonische $0, 6, 12$; R wird Null für die 3., 9., 15. Harmonische. Die Zündfolgen:

$$1_1 \ 1_2 \ 2_1 \ 2_2 \ 3_1 \ 3_2 \quad \text{und} \quad 1_1 \ 1_2 \ 3_1 \ 3_2 \ 2_1 \ 2_2 ,$$

ablesbar aus Abb. 468 und dem Spiegelbild Abb. 470, geben das Resonanzbild 679; die zweite Folge hat keinen Vorzug vor der ersten.

b) $2 \times 4 = 8$ Z y l i n d e r, $\delta_z = 90^0$ mit normaler Welle (Abb. 462 und 463). Hauptharmonische $0, 8, 16$; R wird Null für die 4., 12., 20. Harmonische; stark ausgeprägt sind die 3., 5., 7., 9. Harmonische.

R wird schon kleiner für diese Harmonischen bei der Zündfolge

$$1_1 \ 1_2 \ 3_1 \ 3_2 \ 4_1 \ 4_2 \ 2_1 \ 2_2$$

und am kleinsten bei der Zündfolge

$$1_1 \ 1_2 \ 2_1 \ 3_2 \ 4_1 \ 4_2 \ 3_1 \ 2_2 ,$$

wie der Verlauf der verhältnismäßigen Ausschläge in Abb. 680 zeigt.

Die Kreuzwelle (Abb. 471 und 472) führt auf andere Zündfolgen, wie bereits auf S. 113 gesagt wurde. Von den je 8 möglichen Zündfolgen, die keine hervorragenden Unterschiede aufweisen, seien die beiden folgenden hervorgehoben:

$$1_1 \ 2_1 \ 2_2 \ 3_1 \ 3_2 \ 1_2 \ 4_1 \ 4_2$$

und $\quad 1_1 \ 1_2 \ 2_2 \ 4_2 \ 3_2 \ 2_1 \ 4_1 \ 3_1 ;$

die Resonanzausschläge der ersteren sind in Abb. 681 dargestellt.

c) $2 \times 5 = 10$ Z y l i n d e r, $\delta_z = 72^0$. Hauptharmonische $0, 10, 20$; R wird Null für die 5., 15. Harmonische. Die Zündfolge aus Abb. 476

$$1_1 \ 4_1 \ 4_2 \ 2_1 \ 5_1 \ 5_2 \ 1_2 \ 3_1 \ 3_2 \ 2_2$$

ist weniger günstig als die Folge

$$1_1 \ 1_2 \ 3_1 \ 3_2 \ 5_1 \ 5_2 \ 4_1 \ 4_2 \ 2_1 \ 2_2 ,$$

(s. Abb. 682), weil die 3., 4., 6. und 7. Harmonische und ihre Vielfachen größere Beträge R haben.

0 1 2 3 4 cm

1 cm = 0,4 · R

Die Beträge der Vektoren sind die
verhältnismäßigen Resonanzausschläge
der einzelnen Massen oder Summen
von Ausschlägen.

1., 19.
Harmonische

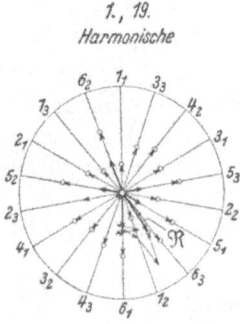

Abb. 669.

2., 20.
Harmonische

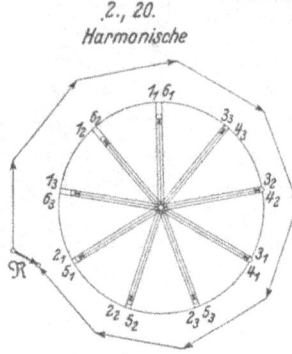

Abb. 670.

3., 21.
Harmonische

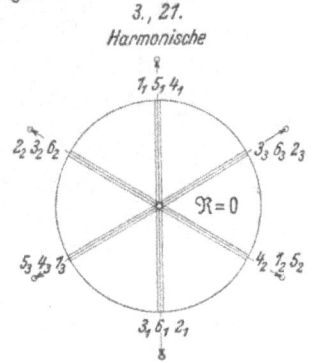

Abb. 671.

4., 22.
Harmonische

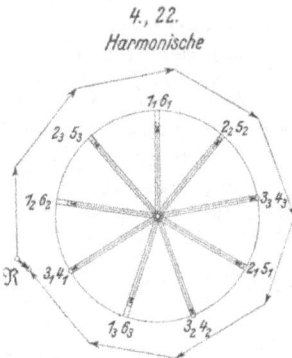

Abb. 672.

5., 23.
Harmonische

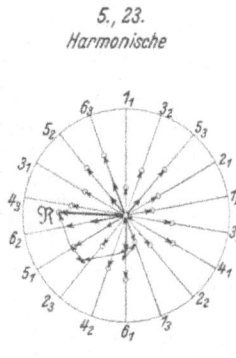

Abb. 673.

6., 24.
Harmonische

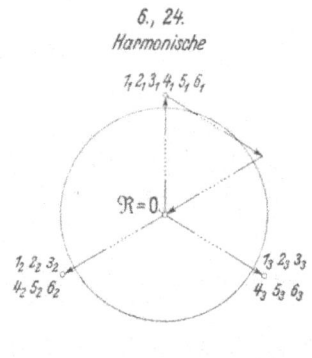

Abb. 674.

7., 25.
Harmonische

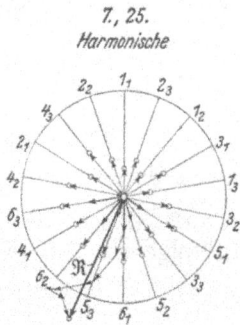

Abb. 675.

8., 26.
Harmonische

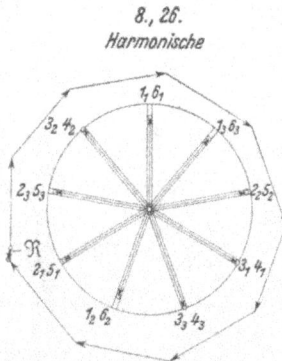

Abb. 676.

9., 27.
Harmonische

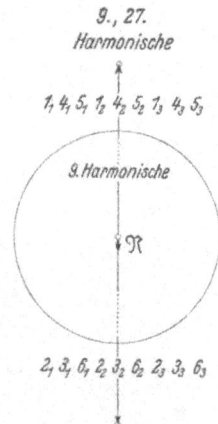

Abb. 677.

Abb. 671 bis 677. Ersatzkurbelsterne (Richtungssterne) und Polygone der verhältnismäßigen
Ausschläge für die verschiedenen Harmonischen.

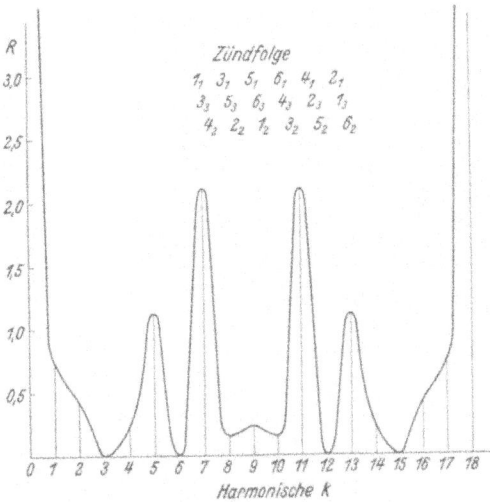

Abb. 678. Verhältnismäßige Resonanzausschläge des Achtzehnzylinder-W-Motors.

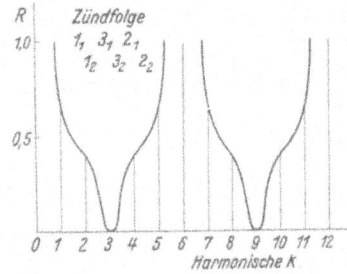

Abb. 679. Verhältnismäßige Resonanzausschläge des Sechszylinder-V-Motors.

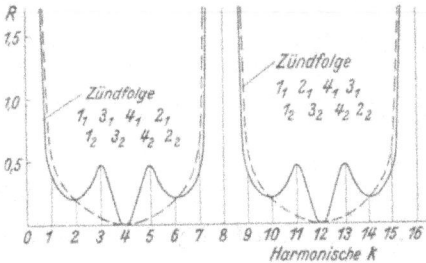

Abb. 680. Verhältnismäßige Resonanzausschläge für 2 Zündfolgen des Achtzylinder-V-Motors mit symmetrischer Welle.

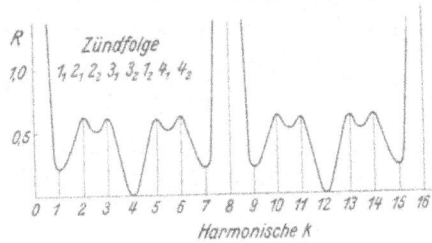

Abb. 681. Verhältnismäßige Resonanzausschläge für eine Zündfolge des Achtzylinder-V-Motors mit Kreuzwelle.

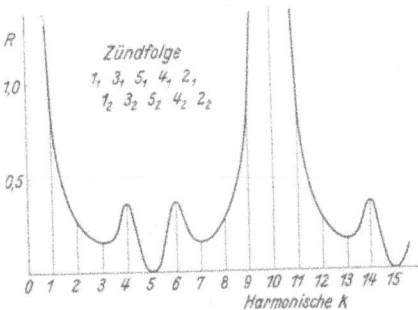

Abb. 682. Verhältnismäßige Resonanzausschläge für eine Zündfolge des Zehnzylinder-V-Motors.

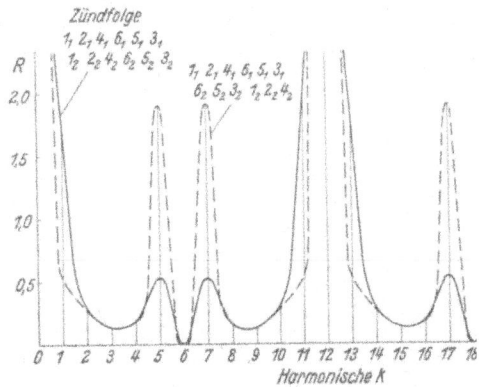

Abb. 683. Verhältnismäßige Resonanzausschläge für 2 Zündfolgen des Zwölfzylinder-V-Motors.

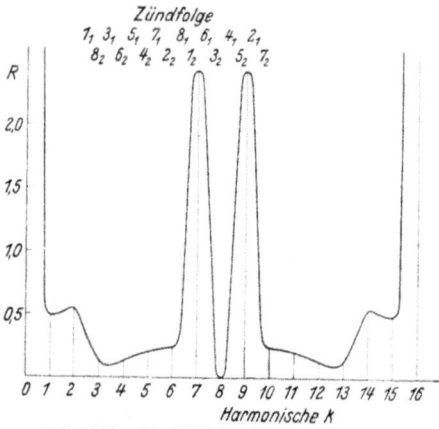

Abb. 684. Verhältnismäßige Resonanzausschläge für 2 Zündfolgen des
Sechzehnzylinder-V-Motors.

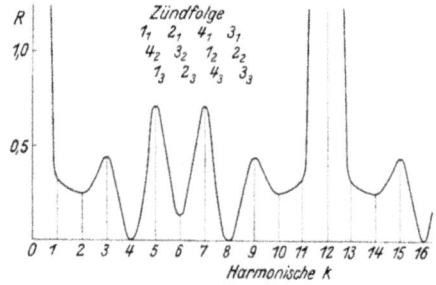

Abb. 685. Verhältnismäßige Resonanzausschläge für eine Zündfolge des
Zwölfzylinder-W-Motors.

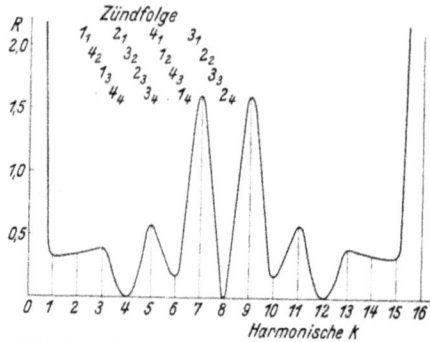

Abb. 686. Verhältnismäßige Resonanzausschläge für eine
Zündfolge des Sechzehnzylinder-X-Motors.

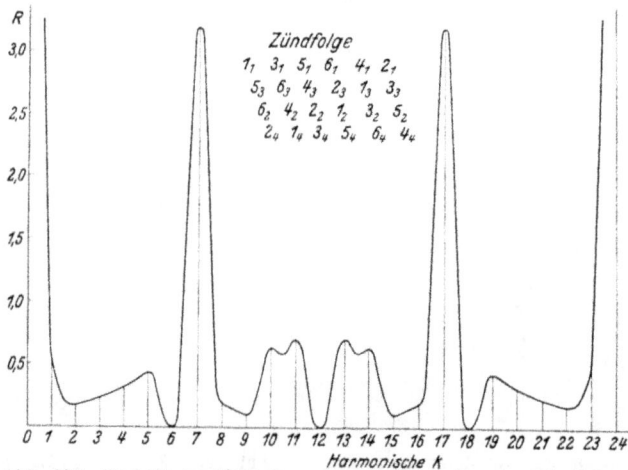

Abb. 687. Verhältnismäßige Resonanzausschläge für eine Zündfolge des
Vierundzwanzigzylinder-X-Motors.

Schrön, Zündfolge.

17

d) $2 \times 6 = 12$ **Zylinder**, $\delta_z = 60^0$. Hauptharmonische 0, 12, 24; R wird Null für die 6., 18. Harmonische. Es seien von den Zündfolgen, die sich u. a. aus Abb. 478 ablesen lassen, die zwei nachstehenden angeschrieben:

$$1_1 \; 1_2 \; 2_1 \; 2_2 \; 4_1 \; 4_2 \; 6_1 \; 6_2 \; 5_1 \; 5_2 \; 3_1 \; 3_2$$

und
$$1_1 \; 6_2 \; 2_1 \; 5_2 \; 4_1 \; 3_2 \; 6_1 \; 1_2 \; 5_1 \; 2_2 \; 3_1 \; 4_2$$

mit kleinen Beträgen R für die 3., 9., 15. . . . Harmonische. Die Zwischenharmonischen 5, 7, 17, 19 sind bei der 2. Folge stark ausgeprägt (Abb. 683).

Mit $\delta_z = 180^0$ werden die Drehzahlen $\dfrac{n_e}{4}$, $\dfrac{n_e}{4,5}$, $\dfrac{n_e}{5}$ resonanzfrei für die Zündfolge:

$$1_1 \; 3_2 \; 2_1 \; 1_2 \; 4_1 \; 2_2 \; 6_1 \; 4_2 \; 5_1 \; 6_2 \; 3_1 \; 5_2.$$

e) $2 \times 8 = 16$ **Zylinder**, $\delta_z = 45^0$. Hauptharmonische 0, 16, 32; R liefert den Wert Null für die 8., 24. Harmonische. Kritisch sind außer den Hauptharmonischen die 7., und 9., 23. und 25. Harmonische. Im Bereich der 2. bis 6. sowie der 10. bis 14. Harmonischen und der zugehörigen Wellendrehzahlen sind nicht ungünstig die Zündfolgen:

$$1_1 \; 8_2 \; 2_1 \; 7_2 \; 4_1 \; 5_2 \; 6_1 \; 3_2 \; 8_1 \; 1_2 \; 7_1 \; 2_2 \; 5_1 \; 4_2 \; 3_1 \; 6_2$$

und
$$1_1 \; 8_2 \; 3_1 \; 6_2 \; 5_1 \; 4_2 \; 7_1 \; 2_2 \; 8_1 \; 1_2 \; 6_1 \; 3_2 \; 4_1 \; 5_2 \; 2_1 \; 7_2;$$

die letztere läßt sich unter den zahlreichen Variationen aus Abb. 482 ablesen. Abb. 684 zeigt den Verlauf von R über den Harmonischen k.

W-Motoren.

$3 \times 3 = 9$ **·Zylinder** bieten keine besondere Auswahl.

$3 \times 4 = 12$ **Zylinder**, $\delta_z = 60^0$. Die Zündfolge

$$1_1 \; 4_2 \; 1_3 \; 2_1 \; 3_2 \; 2_3 \; 4_1 \; 1_2 \; 4_3 \; 3_1 \; 2_2 \; 3_3,$$

ablesbar aus Abb. 489, liefert den Verlauf, der in Abb. 685 dargestellt ist.

$3 \times 6 = 18$ **Zylinder**, $\delta_z = 40^0$. Hauptharmonische 0, 18, 36; R wird zu Null für die 6., 12. Harmonische und Vielfache davon; außerdem bei bestimmten Zündfolgen für weitere Harmonische, wie die 3., 15. bei den Zündfolgen, die man aus Abb. 493 und 494 ablesen kann:

$$1_1 \; 6_2 \; 1_3 \; 2_1 \; 5_2 \; 2_3 \; 4_1 \; 3_2 \; 4_3 \; 6_1 \; 1_2 \; 6_3 \; 5_1 \; 2_2 \; 5_3 \; 3_1 \; 4_2 \; 3_3$$

und
$$1_1 \; 6_2 \; 1_3 \; 3_1 \; 4_2 \; 3_3 \; 5_1 \; 2_2 \; 5_3 \; 6_1 \; 1_2 \; 6_3 \; 4_1 \; 3_2 \; 4_3 \; 2_1 \; 5_2 \; 2_3.$$

Die erstere liefert ein Resonanzbild, das sich deckt mit Abb. 678; die zweite zeigt fast gleichen Verlauf, insbesondere weil die ungefähre Gleichheit der Ausschläge $(\alpha_2 + \alpha_5) \cong (\alpha_3 + \alpha_4)$ in verschiedenen Polygonzügen der beiden Zündfolgen auf fast gleiche $\mathfrak{R}$ führt.

X-Motoren.

a) $4 \times 4 = 16$ **Zylinder**, $\delta_z = 45^0$. Hauptharmonische 0, 16, 32; R wird zu Null für die 4., 8., 12. Harmonische. Die Zündfolge

$$1_1 \; 4_2 \; 1_3 \; 4_4 \; 2_1 \; 3_2 \; 2_3 \; 3_4 \; 4_1 \; 1_2 \; 4_3 \; 1_4 \; 3_1 \; 2_2 \; 3_3 \; 2_4,$$

die man aus Abb. 500 ablesen kann, führt auf verhältnismäßige Ausschläge, wie sie Abb. 686 zeigt. Die 7. und 9. Harmonische treten kräftiger hervor.

b) $4 \times 6 = 24$ Zylinder, $\delta_z = 60^0, 90^0, 60^0$ (s. Abb. 503). Hauptharmonische $0, 24$ usf.; R liefert den Wert Null für die 6., 12., 18. Harmonische.

Die mit dem Kurbelspiegelbild entstehende Zündfolge:

$$1_1 \; 5_3 \; 6_2 \; 2_4 \; 3_1 \; 6_3 \; 4_2 \; 1_4 \; 5_1 \; 4_3 \; 2_2 \; 3_4 \; 6_1 \; 2_3 \; 1_2 \; 5_4 \; 4_1 \; 1_3 \; 3_2 \; 6_4 \; 2_1 \; 3_3 \; 5_2 \; 4_4,$$

ergibt den Verlauf der Beträge R von Abb. 687. Die 7. und 17. Harmonische erscheinen als Kritische, wenn auch die Werte $D_k \cdot R$ eine wesentliche relative Verkleinerung erfahren.

Überblickt man die Kurvenzüge der verhältnismäßigen Resonanzausschläge, so lassen die zwei- und mehrreihigen Motoren einige grundlegende Feststellungen zu:

1. Das Gebiet zwischen den Hauptharmonischen 0 und z, z und $2z$ enthält $(i-1)$ Harmonische mit dem resultierenden Betrag $R = 0$, wenn, wie bisher, i die Zahl der Reihen und z die Gesamtzylinderzahl bedeuten.

2. Die Ziffern dieser Harmonischen sind im Bereich $0-z$: bei 2 Reihen: $\frac{z}{2}$; bei 3 Reihen: $\frac{z}{3}$ und $\frac{2z}{3}$; bei 4 Reihen: $\frac{z}{4}$, $\frac{2z}{4}$ und $\frac{3z}{4}$.

3. Unmittelbar rechts und links von diesen Harmonischen erscheinen größere Beträge von R, und zwar bei 2 Reihen für die Harmonischen $\left(\frac{z}{2}+1\right)$ und $\left(\frac{z}{2}-1\right)$, bei 3 Reihen für $\left(\frac{z}{3}+1\right)$ und $\left(\frac{z}{3}-1\right)$, $\left(\frac{2z}{3}+1\right)$ und $\left(\frac{2z}{3}-1\right)$, bei 4 Reihen für $\left(\frac{z}{4}+1\right)$ und $\left(\frac{z}{4}-1\right)$, $\left(\frac{2z}{4}+1\right)$ und $\left(\frac{2z}{4}-1\right)$, $\left(\frac{3z}{4}+1\right)$ und $\left(\frac{3z}{4}-1\right)$; sie sind im allgemeinen als Kritische zu betrachten. Damit kommt der Betrag Null der zwischenliegenden Harmonischen nicht mehr voll zur Geltung; der brauchbare Arbeitsbereich des Motors ist eingeschränkt und enger als jener des einfachen Reihenmotors mit $\frac{z}{2}$, $\frac{z}{3}$ und $\frac{z}{4}$ Zylindern.

d) Kurbelgetriebe mit Nebenpleuelstangen.

Bisher waren für die einzelnen Zylinderreihen gleichwertige Kurbeltriebe und Pleuelstangen angenommen. Es ist wissenswert, in welcher Weise sich das Getriebe mit Nebenstange, das nur an nicht zu hoch belasteten Bauarten empfehlenswert ist, bezüglich der Drehschwingungen bemerklich macht.

17*

Auf S. 168 wurde darauf hingewiesen, daß an einem Kurbelgetriebe mit exzentrisch angelenkter Nebenstange der Nebenkolben ein etwas anderes Bewegungsgesetz als der Hauptkolben hat. Selbst wenn man in den Zylindern des Reihenmotors gleiche Verdichtungsverhältnisse erreicht, so fallen trotzdem die Phasen der harmonischen Drehkräfte anders aus als bei zentrischem Kurbeltrieb; vielfach erfahren die Kritischen eine Verlagerung. So kann bei einer bestimmten Harmonischen, bei der der zentrische Angriff die Resultierende $\mathfrak{R}$ mit dem Wert Null ergibt, im Falle der Nebenstange größere Ausschläge liefern, z. B. bei einem Zwölfzylinder-V-Motor erscheint eine Kritische 3. Ordnung, die sonst nicht auftritt.

Es ist anzunehmen, daß die Änderung der Zündzeitfolge bei Gabelmotoren mit Nebenstangen sich in gleichem Maße auswirkt wie bei Motoren mit symmetrischen Kurbeltrieben; es wird demnach die Eigentümlichkeit der Nebenstange gleichmäßig bestehen und die Güte der Zündfolgen, die für lauter gleiche Getriebe gefunden wurde, behält ihre Gültigkeit.

3. Zusammengesetztes System. Kraftfernleitung.

Im Fall eines gegabelten Systems gemäß Abb. 510 sind bei der Schwingungsform *1* die Ausschläge in den einzelnen Kröpfungen gleich groß (s. Abb. 645); da aber die Eigenfrequenz recht niedrig ist, wie auch bei der Schiffsanlage Abb. 640, wird im Drehzahlbereich des Motors keine gefährliche kritische Drehzahl zu erwarten sein. Dagegen sind die Frequenzen der andern Schwingungsformen von Bedeutung. Die Schwingungsform *2* hat große Ähnlichkeit mit jener 1. Grades eines einfachen Luftschraubenantriebs; für die Schwingungsform *3* sind die Polygone der verhältnismäßigen Ausschläge eigens zu zeichnen. Die Ausführungen im nachfolgenden Unterabschnitt β) sind für die Anlage zu beachten; die für jeden Einzelmotor als brauchbar befundene Zündfolge wird sich auch beim ganzen System als zweckmäßig erweisen.

Weiterhin wäre es möglich, einen Phasenwinkel der Zündungen und damit der Verkettung zwischen Motor 1 und 2 ausfindig zu machen, der für die Harmonischen im normalen Drehzahlbereich eine Summierung der Ausschläge an den Zahnrädern meidet; solche Untersuchung wird man von Fall zu Fall durchführen müssen.

Einen weiteren Fall bietet der Motor, bei dem 2 Wellen im gemeinsamen Kurbelgehäuse gelagert sind (vgl. Abb. 3 im I. Abschnitt) die zusammen über Zahnräder auf die Arbeitswelle wirken, eine Bauart, die man auch neben der einwelligen Gabelanordnung zum Einbau in Triebwagen verwendet hat. Das Gebiet der Drehschwingungen ist bei diesem Zweiwellenmotor etwas weitläufiger, weil besonders viele Möglichkeiten der Schwingungsformen des Triebwerks vorhanden sind, wie Gasterstädt [26] in bezug auf den Junkers-Motor hervorgehoben hat.

β) Anlage mit federndem Zwischenglied.

Zu den Anlagen mit elastischem Glied zwischen Motor und großer Masse gehören vornehmlich die Schiffsmaschine mit langer Schraubenwelle und die Luftschraubennabe mit Torsionsfeder.

Ausreichenden Aufschluß gibt hier die Betrachtung der Schiffsmaschine mit langer Schraubenwelle. Vorhanden ist ein gedrängt gruppiertes System auf der einen Seite, bestehend aus den bewegten Massen der Maschine und des Schwungrads, und eine einzige Masse, der Propeller, am Ende einer langen Welle auf der andern Seite (s. das Schema Abb. 639). Wegen der großen Elastizität der langen Welle ist die verhältnismäßige Amplitude der Schwingung an der Schraube sehr groß, so daß diese einen dämpfenden Einfluß ausübt, der die Größe der Drehbeanspruchung bei der Frequenz 1. Grades beschränkt. Überdies liegt der Knotenpunkt so weit von der Maschine ab, daß die Schwingungsamplitude praktisch für alle Zylinder gleich groß ist, was bei der Einreihenanordnung fast vollständiges Verschwinden der Resultierenden $\mathfrak{R}$ in den Vielecken der α_i bis auf die Hauptharmonischen zur Folge hat. Nun liegt diese Hauptharmonische mit der Ziffer gleich der Zylinderzahl z unter dem Manövrierdrehzahlbereich der Maschine; somit kann die Schwingung 1. Grades als unbedenklich gelten.

Anders ist es mit der Schwingungsform 2. Grades.

1. Fall. Der Knoten liegt dicht bei dem Maschinenmittel. Diese besondere Eigenschwingungsform (Abb. 643) wird begünstigt durch Verwendung von Gegengewichten an den Kurbelarmen, welche die inneren Wellenmomente der Drehmassen ausgleichen und einen Teil der Schwungradwirkung übernehmen. Diese Schwungmasse, die bei Viertakt nötig ist, um sicheres Anlassen mit Druckluft zu gewährleisten, erlaubt die Verringerung der Schwungradmasse an einem Maschinenende. Wilson[103] hat die Drehschwingungsverhältnisse für den Sechszylinder untersucht; nachstehend soll das Ergebnis einer vom Verfasser durchgeführten Arbeit über das Verhalten der verschiedenen Zylinderzahlen unter dem Einfluß der Zündfolge mitgeteilt werden.

Die Eigenschwingungsform innerhalb der Maschine ist angenähert eine gerade Linie oder ein antisymmetrischer Zug, etwa wie in Abb. 643. Sind also die an der ausgeführten Welle gleich weit von der Wellenmitte abstehenden Kurbeln gleichgerichtet, so sind sie es auch in den Sternbildern der Harmonischen und ergeben wegen des paarweise entgegengesetzten Vorzeichens der Ausschläge die Resultierende $\mathfrak{R}$ der verhältnismäßigen Ausschläge genau oder sehr annähernd gleich Null. Deshalb liefern bei gerader Zylinder- und Kurbelzahl alle geradzahligen Harmonischen, also die 2., 4., 6., 8...., ein $R = 0$; darunter befinden sich die bei der Schwingungsform 1. Grades als Hauptharmonische z, $2z$ usf. auftretenden Harmonischen.

Bei ungerader Zylinderzahl werden die z^{te}, $2z^{\text{te}}$ usf. Harmonische gefahrlos, weil sie ein $R = 0$ ergeben.

Es kommt nun darauf an, beiderseits dieser ausgezeichneten Harmonischen einen gewissen Bereich frei von »Kritischen« zu machen. Die zeichnerische Durchführung der Untersuchung für die vielfach zahlreichen Zündfolgen führt auf folgende Erkenntnisse:

Resonanzfreie Gebiete rechts und links der z^{ten} und $2z^{\text{ten}}$ Harmonischen liefert für ungerade Zylinderzahlen die Zündfolge, bei der mit *1* anfangend und jedesmal eine Ziffer überspringend die ungeraden Ziffern fortlaufend bis z steigen und die dazwischen liegenden geraden Ziffern von rückwärts her mit *2* beginnen und fortlaufend bis $(z-1)$ zunehmen. Beispiele: Fünfzylinder: *1 4 3 2 5*; Siebenzylinder: *1 6 3 4 5 2 7*; Neunzylinder: *1 8 3 6 5 4 7 2 9*; Elfzylinder: *1 10 3 8 5 6 7 4 9 2 11*; die Resonanzausschläge finden sich in Abb. 688 bis 692. Abb. 691 verdeutlicht die Einwirkung von D_k auf die kritischen Ausschläge und zwar mit D_k aus Tafel 43 ($D_4 = 1,09$, $D_5 = 1,91$).

Für gerade Zylinderzahlen ist eine solche Eindeutigkeit weniger stark ausgeprägt; jedenfalls gilt das für ungerade Zylinderzahlen gefundene Gesetz nicht. Es erweisen sich als günstig nachstehende Zündfolgen für den:

Vierzylinder: *1   3   4   2*

Sechszylinder: *1   5   3   6   2   4*

Achtzylinder: *1   7   4   3   8   2   5   6*

Zehnzylinder: *1   9   4   6   3   10   2   7   5   8*

oder *1   5   9   7   3   10   6   2   4   8*.

Die zugehörigen Resonanzkurven sind in Abb. 693 bis 696 dargestellt. Hinzuzufügen wäre: Geringe Abweichungen der Schwingungsform von der hier zugrunde gelegten Form haben gewissen Einfluß auf die Einzelbeträge der R, doch bleibt der kennzeichnende Verlauf der verhältnismäßigen Ausschläge über den Harmonischen insgesamt erhalten.

Die Zündfolgen aus der spiegelbildlichen Kurbelbezifferung, z. B. *1 2 4 3*, *1 4 2 6 3 5* usf. sind gleich gut. Die Zündfolge für den Sechszylinder ist die bislang am häufigsten anzutreffende, die sich aber für die Einknotenschwingung weniger empfiehlt.

Diese Angaben gelten für Viertakt und Zweitakt. Der zu den Zündfolgen gehörige Kurbelstern zeigt verschiedene Bezifferung und bei geraden Kurbelzahlen verschiedenen Kurbelstern für die beiden Arbeitsverfahren gemäß Übersichtstafel 51.

Die Massenmomente finden sich, soweit die Kurbelwellen nicht vollsymmetrisch und nicht voll ausgeglichen sind, in dem schon angeführten Buch [56]; sie haben mit Ausnahme des Zweitakt-Vierzylinders und des Viertakt-Fünfzylinders kleine bis mittlere Beträge.

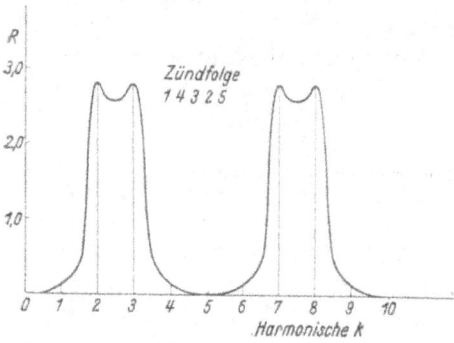

Abb. 688. Verhältnismäßige Resonanzausschläge für den Fünfzylinder bei der Schwingungsform 2. Grades.

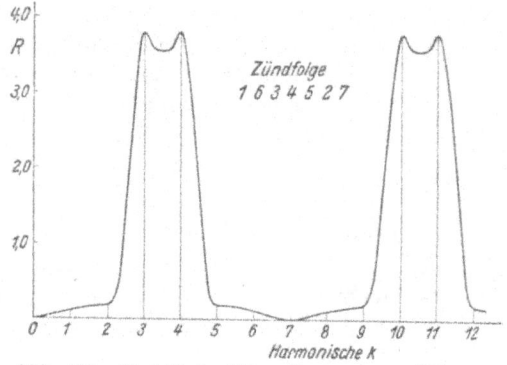

Abb. 689. Verhältnismäßige Resonanzausschläge für den Siebenzylinder bei der Schwingungsform 2. Grades.

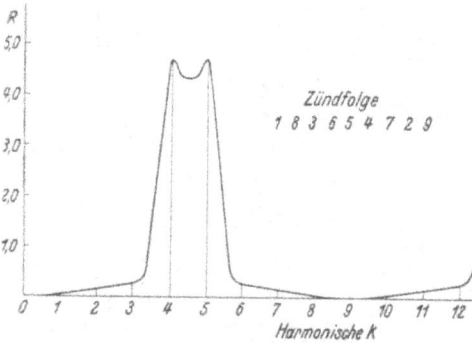

Abb. 690. Verhältnismäßige Resonanzausschläge für den Neunzylinder bei der Schwingungsform 2. Grades.

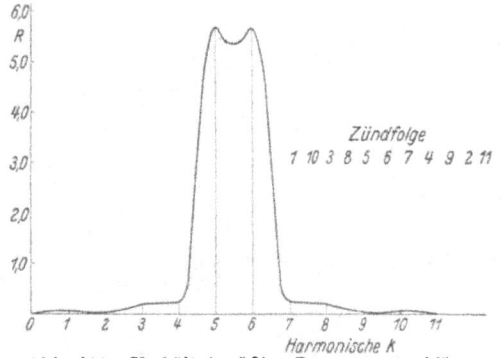

Abb. 692. Verhältnismäßige Resonanzausschläge für den Elfzylinder bei der Schwingungsform 2. Grades.

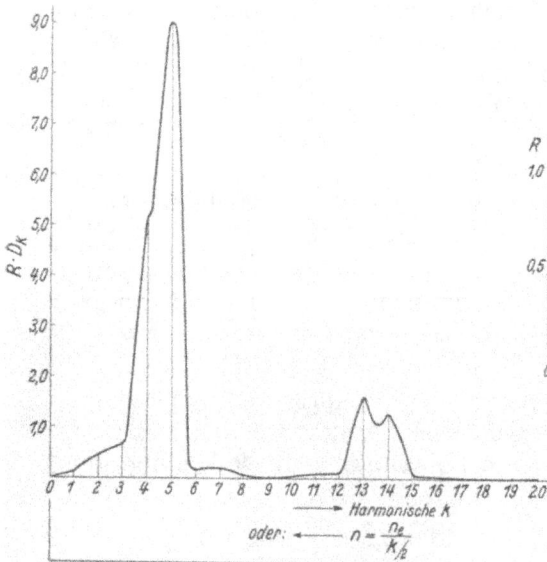

Abb. 691. Resonanzkurve des Neunzylinders.

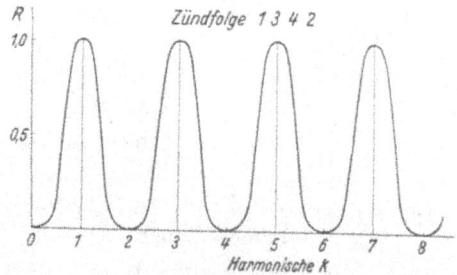

Abb. 693. Verhältnismäßige Resonanzausschläge für den Vierzylinder bei der Schwingungsform 2. Grades.

2. Fall. Der Knoten liegt an einem Wellenende, in der Nähe der Kupplung (Abb. 641). Hat die Schwingungsform diese Gestalt, so gelten für sie sinngemäß die Überlegungen und Folgerungen, wie für die Schwingung 1. Grades.

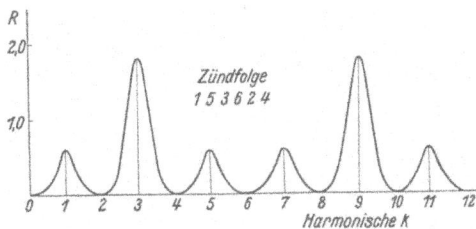

Abb. 694. Verhältnismäßige Resonanzausschläge für den Sechszylinder bei der Schwingungsform 2. Grades.

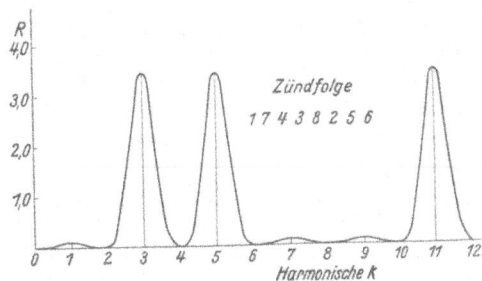

Abb. 695. Verhältnismäßige Resonanzausschläge für den Achtzylinder bei der Schwingungsform 2. Grades.

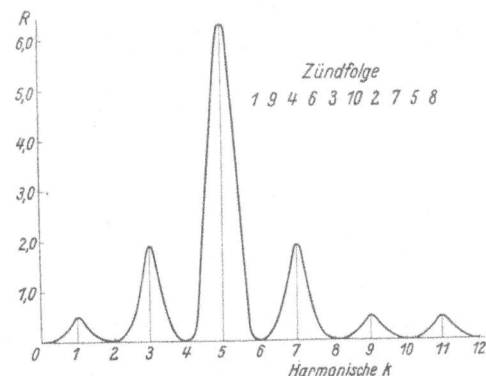

Abb. 696. Verhältnismäßige Resonanzausschläge für den Zehnzylinder bei der Schwingungsform 2. Grades.

Tafel 51.

Kurbelstern und Bezifferung für günstige Zündfolge bei der Schwingungsform 2. Grades.

Zylinder-zahl	Viertakt	Zweitakt
	einfachwirkend	
4		
5		
6		
7		
8		
9		
10		

b) Unregelmäßige Zündabstände und Drehschwingungen.

Auf S. 240 wurde gesagt, daß ein Mittel zur Bekämpfung von Dreh-schwingungen in der Phasenverschiebung der erregenden Kräfte durch unregelmäßige Zündfolge besteht, wobei das Opfer an Massenausgleich und Gleichförmigkeit des Motors in erträglichen Grenzen zu bleiben hat. So kann man die Welle des einfachwirkenden Zweitakt-Sechszylinders mit einem Kurbelstern, wie er in Tafel 14, S. 66, für den doppeltwirkenden Motor angegeben ist, ausstatten und erhält Zündabstände von 30° und 90° statt durchgehend von 60°, die der Kurbelstern aus Tafel 8, S. 54, geben würde.

Man darf aber nicht, wie es manchmal geschieht, aus dem resultierenden Tangentialkraft-Diagramm des ganzen Motors auf das Verhalten bei Drehschwingungen schließen. Eine einfachwirkende Zweitaktmaschine mit 6 Zylindern und teilsymmetrischer Welle aus Tafel 8, also mit regelmäßiger Kurbelversetzung von 60°, besitzt als Drehkraftverlauf nahezu eine Sinuslinie 6. Ordnung (Abb. 536); man vermutet, daß sie die Entstehung von Drehschwingungen in der Wellenleitung eher begünstigt als eine Maschine mit ungleichmäßiger Kurbelversetzung, deren Drehkraftlinie unregelmäßig verläuft und scheinbar das Auftreten von Schwingungen erschwert. Tatsächlich rufen die 6. Harmonische und ihre Vielfachen, also die z^{te}, $2z^{\text{te}}$, $3z^{\text{te}}$ Harmonische, besonders starke Schwingungen hervor. Man geht aber zu weit, wenn man verallgemeinernd eine Ungleichheit in den Zündabständen überhaupt als vorteilhaft ansieht; denn man hat zu bedenken:

Es mögen zwar im Drehkraftverlauf gewisse Harmonische, z. B. im angeführten Sonderfall die Harmonischen 1. bis 5. Ordnung der einzelnen Zylinder bei der Summenbildung verschwinden und eine bestimmte Harmonische, z. B. 6. Ordnung, bestehen bleiben und verstärkt in Erscheinung treten. Trotzdem haben die einzelnen Harmonischen ihre Eigenschaft als Schwingungserreger nicht verloren; denn nach S. 226 wirken sie an den verschiedenen Stellen des Systems mit verschiedener elastischer Länge und rufen ungleich starke Ausschläge hervor. Es können demnach gewisse Harmonische gefährliche Resonanz zur Folge haben, obwohl sie im Gesamtdrehkraftbild gar nicht erscheinen.

Es wurde im vorausgehenden gezeigt, daß bei vollsymmetrischem Kurbelstern und den zugehörigen, unter sich gleichen Zündabständen sich Zwischenharmonische kräftig bemerkbar machen; daß daneben die Hauptharmonischen $k = z$, $2z$, $3z$ usf. besonders hervortreten, ist selbstverständlich. Führt man die Untersuchung für den unregelmäßigen Kurbelstern des Einreihenmotors und die zugehörigen Zeitabstände der erregenden Kräfte durch, so zeigt es sich: Die »Hauptharmonischen« der andern Welle verlieren an Bedeutung und können ungefährlich werden, dagegen erscheinen die »Zwischenharmonischen«, d. s. bei Viertakt die Harmonischen ½ter Ordnung, als Kritische. Dies hat schon Wydler [88] an einem Sechszylinder-Viertaktmotor mit geänderter Welle gezeigt, allerdings nach einem angenäherten Verfahren durch Teilen des Motors in zwei Dreizylindergruppen und Versetzen der zweiten Gruppe gegen die erste, was die Harmonische 7½ter Ordnung ihrem Gleichtritt nahe bringt. Ferner hat Scheuermeyer [76] nachgewiesen, daß beim doppeltwirkenden Sechszylinder-Zweitakter die 3., 9., 15. Harmonische besonders hervortreten.

Eine Kurbelwelle mit ungleichen Versetzungen der Kurbeln kommt aber nur dann in Frage, wenn die normale Welle mit gleichmäßigen Zündabständen bei der verlangten Drehzahl gerade ein kritisches Gebiet der Hauptharmonischen aufweist und eine Verlegung der Eigenschwingungszahl nicht möglich ist.

Dies ist um so mehr zu betonen, als in den letzten Jahren eine Anzahl von einfachwirkenden Fahrzeug- und Flugmotoren in V-Form, die im Abschnitt IV benannt sind, mit einem kleineren Gabelwinkel als dem normalen zur Ausführung gelangten mit der Begründung, es würden durch die etwas ungleichen Zündabstände der Zylinder gefährliche Drehschwingungen vermieden. Nicht erwähnt wird dabei, daß diese Maßnahme für den speziellen Motor notwendig und nützlich ist, dafür aber ein schlechterer Gleichgang und bisweilen ein unvollständiger Massenausgleich in Kauf zu nehmen sind. Manchmal werden mit einem kleinen Gabelwinkel zugleich angestrebt: schmälerer Motor, Vereinfachung des Ventilantriebs, wie auf S. 105 gesagt wurde.

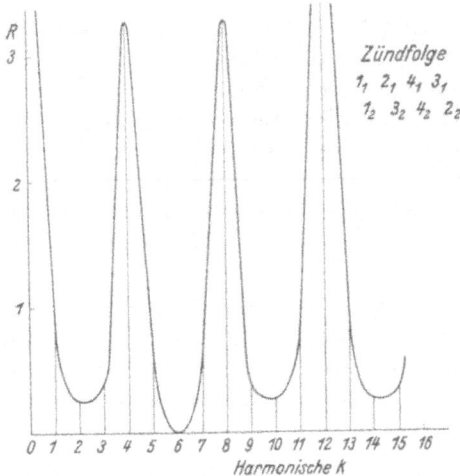

Abb. 697. Verhältnismäßige Resonanzausschläge für den Achtzylinder-V-Motor mit Gabelwinkel 60°.

Schon früh wurde der Gabelwinkel δ_z des Viertakt-Achtzylinder-V-Motors zu 60° statt 90° ausgeführt, mit Zündabständen 60° und 120° wechselnd. Behält man die Zündfolge bei, die mit regelmäßigen Abständen als gut befunden wurde, so findet man folgende Abweichungen, die aus Abb. 697 hervorgehen: Nicht mehr die 8., sondern die 12. Harmonische ist Hauptharmonische; an Stelle der 4. tritt die 6. Harmonische mit $R = 0$. Die 4. und 8. Harmonische, ebenso die 16. und 20. sind Zwischenharmonische mit höheren Beträgen R; die 8. und 16. Harmonische sind nur ungefährlich, wenn D_k klein ist; ihnen entspricht der Bereich der niederen Kurbelwellendrehzahlen.

Neuerdings hat Heldt [39] die Anwendung des Gabelwinkels von 20° bei einem versetztreihigen Motor mit 8 Zylindern vorgeschlagen (s. S. 106); neben gewissen baulichen Vorzügen gegenüber dem breit bauenden Achtzylindermotor mit $\delta_z = 90°$ wird die Verringerung der

Schwingungsausschläge bei der 4., 8., 12. Harmonischen hervorgehoben. Man sieht aber aus den Darlegungen Heldts, daß man zu dem Gabelwinkel eine Welle ausfindig machen muß, die im Verein mit dem Gabelwinkel und mit Gegengewichten einen befriedigenden Massenausgleich gewährt (vgl. auch S. 178).

Der Viertakt-Zwölfzylinder-V-Motor ist mit einem Gabelwinkel $\delta_z = 30^0$, 45^0, 75^0 statt 60^0 ausgestattet worden. Im Falle von $\delta_z = 45^0$ erscheint erst die 48. Harmonische als Hauptharmonische, doch bedingen andere Harmonische immer noch hohe Beträge der Ausschläge. So die 12. Harmonische, der bei einer Eigenschwingungszahl der Welle $n_e = 6000$ eine Drehzahl $n = \dfrac{6000}{12/2} = 1000$ entspricht. Hinzu kommen neue bedenkliche Harmonische, wie die 6., die früher Null ergab, und die 7. Harmonische, die stärker ausgeprägt ist als bei regelmäßiger Zündfolge; dafür geben die 8. und 24. Harmonische $R = 0$. Im übrigen sind die für gleiche Zündabstände als brauchbar gefundenen Zündfolgen ebenfalls für den geänderten Winkel δ_z verwendbar.

Heldt [104] hat untersucht, was der Zwölfzylinder mit einer bestimmten Zündfolge erreichen läßt, wenn der Gabelwinkel zu 50^0 verändert wird.

Der Daimler-Benz-Sechzehnzylinder-V-Luftschiffmotor hat ein $\delta_z = 50^0$ statt 45^0 mit Rücksicht auf Drehschwingungen der Kurbelwelle [105].

Die beiden Tafeln 48 und 49 (S. 250) bestätigen für den Achtzylinder- und Zwölfzylindermotor die angeführten Einzelergebnisse; wie sie ohne Kenntnis dieser Einzeluntersuchungen bei der Abänderung des Gabelwinkels zu Rate gezogen werden können, sei an Hand zweier Beispiele gezeigt.

a) 2×4-Zylinder-Motor. Bekannt ist aus der einfachen Vierzylinderreihe, daß gemäß Gl. (94) (S. 237) starke Resonanzausschläge zu erwarten sind bei den Motordrehzahlen $n = n_e/4$, $n_e/6$, $n_e/8$ für die Harmonischen $k = 8$, 12, 16. Will man nun beim V-Motor die Kritische 4. Ordnung beseitigen, so besagt Tafel 48, daß statt des üblichen Winkels von 90^0 ein $\delta_z = 45^0$ oder 135^0 zu nehmen ist. Die Kritische 6. Ordnung in der Spalte $k = 12$ verschwindet mit $\delta_z = 30^0$, 90^0 usf., die Kritische 8. Ordnung mit $\delta_z = 22\frac{1}{2}^0$, $67\frac{1}{2}^0$ usf. Gleichzeitig können die Resonanzen nicht beseitigt werden.

b) 2×6-Zylinder-Motor, z. B. mit der Zündfolge:

$$1_1 \quad 5_1 \quad 3_1 \quad 6_1 \quad 2_1 \quad 4_1$$
$$1_2 \quad 5_2 \quad 3_2 \quad 6_2 \quad 2_2 \quad 4_2.$$

Der einfache Sechszylinder hat Kritische 3., $4\frac{1}{2}$. und 6. Ordnung. Beim Zwölfzylinder wird die 3. Ordnung einflußlos mit Gabelwinkel $\delta_z = 60^0$, 180^0 usf., die 6. Ordnung mit $\delta_z = 30^0$, 90^0, 150^0 usf. Das Verschwinden der einen Kritischen hat das Anwachsen einer andern zur Folge. Bei welchem Gabelwinkel der Betrag $2R_1$ erreicht wird, geht aus Tafel 49 hervor. Mit der Änderung des ursprünglichen Gabelwinkels von 60° stellen sich ungleiche Zündabstände ein.

7. Verhältnisse bei Sternmotoren.

Wie auf S. 226 gesagt wurde, kommt für die Sternbauart die Gesamtdrehkraftkurve in Betracht, in der wegen der regelmäßigen Zündabstände die Hauptharmonische durch die Zündfrequenz zum Ausdruck gelangt. Die Massendrehkräfte haben von 5 Zylindern aufwärts recht geringen Einfluß (s. S. 151), so daß die Gasdrehkräfte allein maßgebend sind.

Die Zwischenharmonischen, die sich bei Reihenmotoren infolge der verschiedenen elastischen Längen für die Einzelmassen geltend machen, scheiden bei dem einfachen Schwingungssystem (s. S. 219) aus; es verbleiben die Hauptharmonischen z, $2z$ usf. Die Drehharmonische, die durch Nebenpleueleinwirkung eingeführt wird, ist von geringer Größe und niedriger Frequenz und deshalb für die Hauptdrehzahl des Motors ohne Belang.

Eine Auswahl in der Zündfolge bietet die übliche Zylinderverteilung nicht (s. S. 123); überdies wäre eine Änderung wegen des Ausscheidens der Zwischenharmonischen ohne Belang. Ein dynamischer Gegengewichtsdämpfer, wie er z. B. beim Wright-Cyclone-Motor verwendet wird, beseitigt die Wirkung der kritischen Hauptharmonischen, s. Taylor [90].

VIII. Gleitbahndruck, Zündfolge und Schwingung.

Die Zusammenhänge zwischen Führungsdruck N des Kolbens oder Kreuzkopfes und Schwingung des Motors sollen hier vom Gesichtspunkt der Zündfolge aus beleuchtet werden.

A. Pendelung des Motors um die Kurbelwelle.

1. Wirkung von N bei einem Zylinder. Setzt man einen einfachwirkenden Motor mit normalem Kurbeltrieb voraus, so ist der Kolben zugleich Geradführungskörper und der Zylinder die zugehörige Gleitbahn. Die Gesamtkolbenkraft P besteht, wie schon im Abschnitt VI dargelegt wurde, aus der Gaskraft P_G und der Massenkraft P_h der hin und her gehenden Teile. Die Kraft P_G (Abb. 698) wirkt sowohl auf den Zylinderkopf als auch auf den Kolben dergestalt, daß zwei gleich große, entgegengesetzt gerichtete Kräfte auftreten. Die eine Kraft P_G wird durch Zylinderwand, Schrauben und Kurbelgehäuse oder auch durch

Zuganker auf das Wellenlager übertragen, während die Kolbenkraft P über den Kolbenbolzen auf die schräg gerichtete Pleuelstange übergeht, wobei die Stangenkraft S und der Seitendruck N, auch Normal- oder Gleitbahndruck benannt, entstehen. Es ist:

$$N = P \cdot \operatorname{tg} \beta,$$

wenn β den Neigungswinkel der Stange gegen die Zylinderachse bedeutet. Die Kraft S bewirkt eine Drehung der Kurbel mit dem Moment:

$$M = S \cdot h;$$

sie läßt sich anderseits am Kurbelzapfen in zwei Teilkräfte P und N lotrecht und waagrecht zerlegen. Der Anteil P_G von P gleicht sich im Wellenlager mit dem dorthin übertragenen Zylinderkopfdruck P_G aus, wobei die anteilige Lagerpressung entsteht; die »freie« Massenkraft P_h ruft eine Gegenbewegung der sonst ruhenden Motorteile und eine Änderung der Lagerbelastung hervor. N gelangt über die Kurbel auf das Wellenlager; der Rückdruck N bildet mit dem Führungsdruck N ein Kräftepaar, dessen Moment $N \cdot s = - S \cdot h$ ist und das den Motor gegen den Drehsinn der Welle, die hier e. d. U. läuft, zu drehen, zu kippen sucht; mit anderen Worten: das Moment des Gleitbahndrucks ist dem an die Welle abgegebenen Moment als Rückwirkung gleich. Das Reaktions- oder Rückdrehmoment ist ein Kippmoment in einer Querebene.

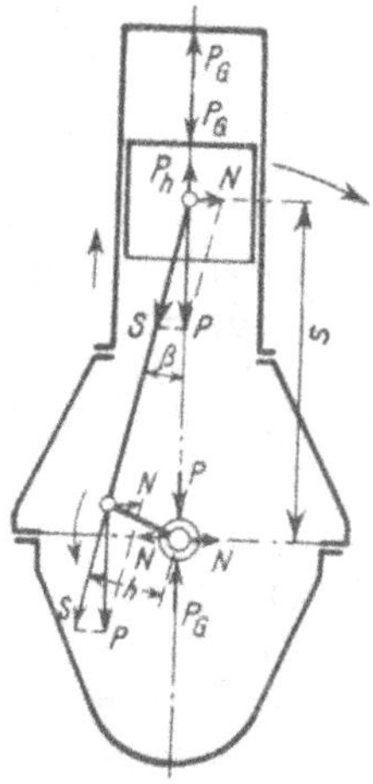

Abb. 698. Zerlegung der Kolbenkraft und Wirkung auf Kurbel und Zylinder.

Ist ein eigener Geradführungskörper, ein Kreuzkopf vorhanden, so übernimmt die Gleitbahn die Seitenkraft N; der Kolben ist entlastet.

Führt man die Umfangskraft oder Drehkraft am Kurbelkreis mit Halbmesser r ein, so gilt mit Hinweis auf Abb. 699:

$$T \cdot r = S \cdot h = - N \cdot s.$$

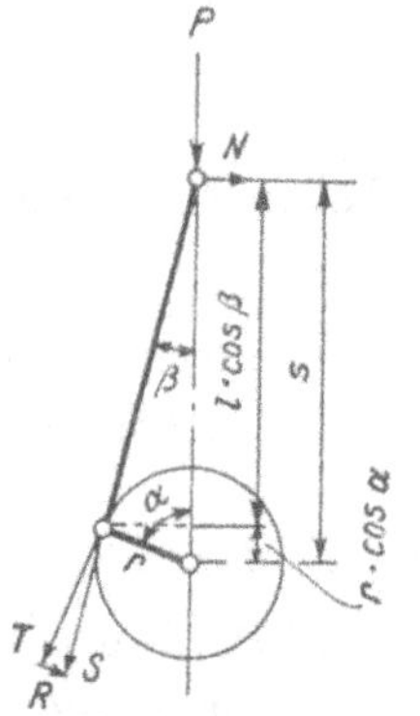

Während der Widerstand am Kurbelzapfen im Beharrungszustand meist als unveränderlich anzusehen ist, befolgt P und damit T ein durch das Indikatordiagramm gegebenes Gesetz. Die Drehkraft T setzt sich, wie bereits im Abschnitt VI ausführlich gezeigt wurde, aus der Gasdrehkraft T_G und der Massendrehkraft T_M zusammen, d. h.:

$$T = (T_G \mp T_M).$$

Abb. 699. Drehmoment aus Tangentialkraft und aus Normalkraft.

Ist T_G groß, wie z. B. im Arbeitstakt, so läßt sich T und sein Moment durch großes T_M, also durch Erhöhung der Umlaufzahl, verringern und dem Betrag des Mittelwertes näher bringen. Schnelläufer sind in diesem Sinne günstig.

Auf die harmonische Analyse der Tangentialkraft aus dem Gasdruck und auf die rechnerische Zerlegung der Drehkraft aus der Massenkraft wurde in den Abschnitten VI und VII hingewiesen. Geht man von der Größe der Seitenkraft der Massenkraft aus:

$$N_M = P_h \cdot \operatorname{tg} \beta$$
$$= m_h \cdot r \cdot \omega^2 \cdot (\cos \alpha + \lambda \cdot \cos 2\,\alpha) \cdot \operatorname{tg} \beta$$

und formt um mit

$$\operatorname{tg} \beta \cong \sin \beta = \lambda \cdot \sin \alpha,$$

so wird:

$$N_M = m_h \cdot r \cdot \omega^2 \cdot (\cos \alpha + \lambda \cdot \cos 2\,\alpha) \cdot \lambda \cdot \sin \alpha$$
$$= m_h \cdot r \cdot \omega^2 \cdot \left[\frac{\lambda}{2} \cdot \sin 2\,\alpha + \lambda^2 \cdot \sin \alpha \cdot (1 - 2 \sin^2 \alpha) \right].$$

Mit dem Wert:

$$\sin^3 \alpha = \frac{1}{4}\,(3 \sin \alpha - \sin 3\,\alpha)$$

wird:

$$N_M = m_h \cdot r \cdot \omega^2 \cdot \left[\frac{\lambda}{2} \cdot \sin 2\,\alpha + \lambda^2 \cdot \sin \alpha - \frac{\lambda^2}{2}\,(3 \sin \alpha - \sin 3\,\alpha) \right]$$

oder:

$$N_M = m_h \cdot r \cdot \omega^2 \cdot \frac{\lambda}{2} \cdot (-\lambda \cdot \sin \alpha + \sin 2\,\alpha + \lambda \cdot \sin 3\,\alpha). \qquad (98)$$

Die sinus-Funktionen, die in der Klammer fortgesetzt werden könnten, stimmen mit jenen der Massendrehkraft überein, vgl. Gl. (51), S. 128; die Beträge der harmonischen Kräfte sind verschieden. Bildet man:

$$N_M \cdot s = N_M \cdot \left(l - \frac{r\,\lambda}{4} + r \cdot \cos \alpha + \frac{r\,\lambda}{4} \cdot \cos 2\,\alpha \right),$$

so zeigt sich die Identität mit $T_M \cdot r$. Auch ohne Reihenentwicklung läßt sich die Gleichheit des Betrages von Drehmoment und Rückdrehmoment nachweisen. Es ist mit Bezug auf Abb. 699:

$$N_M \cdot s = P_h \cdot \operatorname{tg} \beta \cdot (l \cdot \cos \beta + r \cdot \cos \alpha)$$
$$= P_h \cdot l \cdot \sin \beta + \frac{P_h \cdot r \cdot \sin \beta \cdot \cos \alpha}{\cos \beta}$$

und mit:

$$l \cdot \sin \beta = r \cdot \sin \alpha$$
$$N_M \cdot s = r \cdot P_h \cdot (\sin \alpha \cdot \cos \beta + \cos \alpha \cdot \sin \beta) \cdot \frac{1}{\cos \beta}$$
$$= r \cdot P_h \cdot \frac{\sin (\alpha + \beta)}{\cos \beta}$$
$$= T_M \cdot r.$$

2. Wirkung von N bei mehreren Zylindern. Die Wirkung der Normaldrücke bei mehreren Zylindern oder Gleitbahnen in einer Reihe macht sich in Schwankbewegungen des Motors kenntlich. Als Parallele zu den Drehschwingungen der Welle (s. S. 211) lassen die Schwankbewegungen des Motorgestells drei Bestandteile unterscheiden:

1. Die durch die Ungleichförmigkeit der Wellendrehbewegung infolge der veränderlichen Arbeitskräfte bedingten Schwankungen oder **Pendelungen der Einzelzylinder oder bei geschlossener Bauart des Zylinderblocks und des Gestells die Pendelungen als Ganzes,** die an jeder Stelle des Blocks der Winkelgröße nach gleich sind. Diese Schwankungen erzeugen keine Beanspruchungen der Gestellteile bis auf die Fundamentschrauben; sie wären ebenso vorhanden bei vollkommener Starrheit des Aufbaus.

2. Die durch die wechselnden Seitendrücke hervorgerufene statische Verformung, und zwar Ausbiegung des Gestells; seine Formänderung entspricht in jedem Augenblick dem angreifenden Kräftesystem. Die entstehenden **Arbeitsschwingungen** würden an sich auftreten, wenn die Eigenschwingungszahl des Motoraufbaus höher als die Frequenz der höchsten Harmonischen der Normalkräfte liegt oder in außerkritischen Betriebszuständen. Die Beanspruchungen des Werkstoffs richten sich nach der äußeren Belastung.

3. Die eigentlichen **Resonanzschwingungen** im Bereich der kritischen Drehzahlen. Die erregenden Harmonischen der Bahndrücke bedingen dank der Elastizität des Aufbaus Biegungsschwingungen und zusätzliche dynamische Beanspruchungen, deren Größe erst bei Kenntnis der zugleich auftretenden Dämpfungskräfte angegeben werden könnte.

Die Erscheinungen 1. und 2. treten gleichzeitig auf, 3. kommt häufig hinzu. Weiterhin ist an das »Stoßen« der ortsbeweglichen Motoren als Folge der schwankenden Drehkräfte zu erinnern (s. S. 40).

Es ist zunächst die Frage zu beantworten, ob die Pendelungen des Motors um die Kurbelwelle der Reihenfolge der Zündungen in den einzelnen Zylindern unterstehen.

Zu irgendeinem Zeitpunkt sei der aus den Drücken der verschiedenen Zylinder entstehende resultierende Druck gleich N_R (Abb. 700). Sein wandernder Angriffspunkt längs des Motors läßt sich bestimmen, wie Winkler [41] und Huber [106] gezeigt haben, doch ist er von unter-

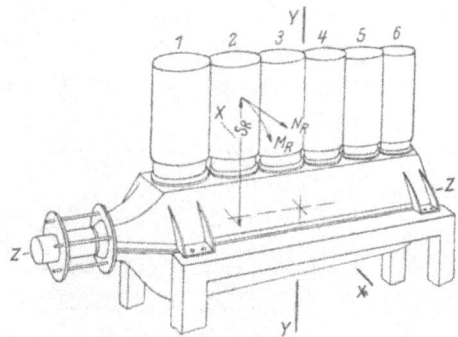

Abb. 700. Resultierender Gleitbahndruck für mehrere Zylinder und sein Moment.

geordneter Bedeutung. N_R ruft ein Drehmoment um die Wellenachse (z-Achse) hervor vom Betrage: $M_R = N_R \cdot s_R$. Der Verlauf des
Gesamtdrehmoments, z. B. während eines Viertaktspiels, wird bestimmt
durch die veränderliche Größe von M_R, die sich auch als algebraische
Summe der Einzelmomente ergibt, d. h. der Produkte aus den Seitendrücken der einzelnen Kolben und ihrem jeweiligen Abstand von der
Kurbelwellenachse, wobei die Summierung nach Maßgabe der Zündabstände vorzunehmen ist. Der Betrag ist offenbar derselbe, der sich
aus der Gesamtdrehkraft T_{ges} der Welle vervielfacht mit dem Kurbelradius r ergibt.

Diese Pendelung kommt am kräftigsten zum Vorschein an Motoren
mit nachgiebigem Fundament. So muß das Wagengestell bei Fahrzeugen
und der Rumpf bei Flugzeugen die Rückwirkung aufnehmen; ebenso der
Pendelrahmen am Motorprüfstand. Die Neigung des Rumpfes nebst
Flügeln am Flugzeug oder auch des Bremspendelrahmens am Prüfstand
richtet sich, wenn sonst keine Gegenmaßnahmen getroffen sind, nach dem
mittleren Drehmoment; die Pendelungen um diese Mittellage sind um
so geringer, der Motor verhält sich um so ruhiger, je gleichmäßiger die
Umfangskräfte an den Kurbeln sind. An einem Fahrzeug mit starren
Achsen neigt sich das Gestell seitwärts, bis das aufrichtende Moment
der Federn gleich dem Wellenmoment ist.

Die gleichmäßigen Zeitabstände der Zündungen spiegeln sich in
den Schwankungen um die mittlere Neigung des Motorblocks gegen
seine Ruhelage wider. Die Ruhe des Ganges ist um so größer, je kleiner
diese Pendelungen sind. Eine gewisse Beruhigung erzielt man durch
Lagerung des Motors in Gummiblöcken, was zugleich eine Milderung
der Auswirkung der freien Massenkräfte, z. B. beim Vierzylinder, mit
sich bringt (s. S. 167).

Diese Quermomente liefern keinerlei Fingerzeige für die Auswahl
unter mehreren Zündfolgen einer bestimmten Zylinderzahl; daher scheidet hier die eingehende Ermittlung der Rückwirkung des Drehmoments
bei beliebigen Zylinderzahlen und -anordnungen füglich aus.

Legt man sich die Frage vor, ob es gelingt, das Rückdrehmoment
am Motor unwirksam zu machen, so findet man, daß die Möglichkeiten
nicht im Bereich des einfachwirkenden, einwelligen Motors liegen. Es
sei auf die Heranziehung des Vorschlags von Lanchester mit dop-
peltem Kurbeltrieb (Abb. 565,) zur Bindung des Gleitbahndruckes hingewiesen. Ein Ausgleich der Rückdrehmomente am Flugzeug findet
statt, wenn an zwei symmetrisch angeordneten Flugmotoren die Wellen
gegensinnig laufen oder an ein und demselben V-Motor gegenläufige
Luftschrauben mit gemeinsamer Achse sitzen, eine Bauart, die von Fiat
stammt. Eine andere Lösung bieten symmetrisch gegenläufige Kurbeltriebe, d. i. Gegenkolben und getrennte Kurbelwellen im gemeinsamen
Motorblock (s. Abb. 701); denn die Momente der Normaldrücke N sind

in jedem Augenblick einander gleich und entgegengesetzt gerichtet. Die Voreilung des einen Kolbens zum Zweck des Vorauspuffs bei Schlitzsteuerung wird das Gleichgewicht etwas stören. Ein Beispiel des völligen Fehlens von Seitendrücken aus den Arbeitskräften ist der Junkers-Freikolbenkompressor, der schon auf S. 167 Erwähnung fand.

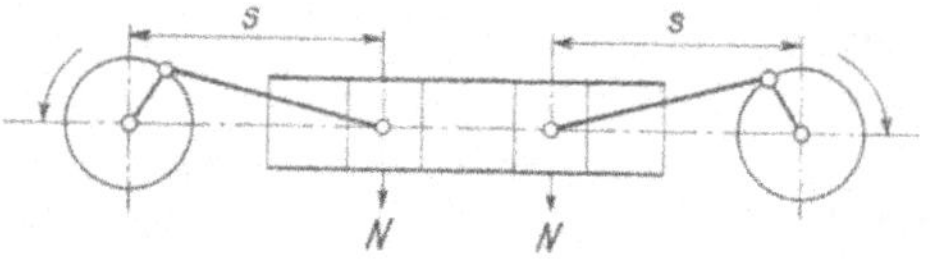

Hervorhebung verdient der Umstand, daß die endgültige Abweichung der Zylinderstellung im Betrieb von derjenigen im Ruhezustand nicht allein vom nutzbaren Gesamtdrehmoment bestimmt wird.

Abb. 701. Symmetrisch gegenläufige Kurbeltriebe.

Sie unterliegt einer merklichen Beeinflussung von seiten der Stoßrückwirkung der Abgase. Je nach der Anordnung der Öffnungen im Zylinderkopf, der Gestalt der Ausstoßleitung — einfache, gerade Stutzen oder Schalldämpfer mit axialer Abgasmündung — ist die Einwirkung eine andere. Liegen die Auslaßventile rechts von der Zylinderachse und verläuft die Ausströmrichtung senkrecht zu dieser, so vermindert sich für den Reihenmotor bei e. d. U. laufender Welle die rechtsweisende Neigung der Zylinder gegen die Lotrechte. Bei links befindlichen Ventilen erfährt die Neigung eine Verstärkung. Eine Milderung oder Beseitigung dieser Erscheinung wird erzielt durch Abführung der Gase parallel zur Kurbelwellenachse [107]. Diese Überlegungen gelten in sinngemäßer Weise auch für Sternmotoren mit ihren radial angeordneten Zylindern.

Dazu kommt im Flugbetrieb die Wirkung des Schraubenluftstrahls bei Zugpropellern; dieser sucht den Motor in seinem Drehsinn mitzudrehen, sobald er ihn unmittelbar zu erreichen vermag, wie am Prüfstand; am Flugzeug wird der Rumpf und die Tragflächen, sowie mit ihnen der Motor in Mitleidenschaft gezogen.

B. Querkräfte und Formänderung des Gestells.

Bei ortsfesten, stehenden Dieselmaschinen mit verhältnismäßig großen Seitendrücken und Hebelarmen tritt die Formänderung des Gestells durch die Querkräfte in den Vordergrund, insbesondere bei hochgebauten Ausführungen.

Je nach der Bauart der Maschine, ob mit einzeln stehenden Zylindern oder mit Ständern, ob in Block oder Kastenform, ist der Einfluß der Querkräfte N verschieden. Es fragt sich, ob unter dem verformenden Moment $N \cdot s$ von wechselnder Größe jeder Zylinder seinem eigenen Quermoment nachgibt und für sich ähnlich wie beim Einzylinder hin und her schwankt oder ob unter dem resultierenden Quermoment alle Zylinder und Ständer gemeinsame Schwankungen ausführen. Nach den Messungen von Baur [108] an ortsfesten einfach- und doppeltwirkenden

Maschinen dürfen Bauarten mit steifem Kastengestell so aufgefaßt werden, als ob an dem steifen Körper das resultierende Moment angriffe; bei Maschinen mit Einzelzylindern oder Ständern haben die äußersten Zylinder 1 und z größere Quermomente aufzunehmen als die inneren und schwanken in Verbindung mit der Steifigkeit des Rahmens und Fundaments stärker.

Eine Änderung der Zündfolge wird keine nennenswerte Einwirkung auf die Schwankbewegung und Formänderung auszuüben vermögen.

C. Querbiegungsschwingungen des Motoraufbaus.

Die wechselnden Gleitbahndrücke haben Horizontalschwingungen quer zur Maschinenachse im Gefolge, die von der Eigenschwingungszahl des aus Gesamtmasse des Motors und Elastizität der Ständer bestehenden Systems und von den erregenden Normalkräften abhängen. Bei den Leichtmotoren in Blockform, die bei geringem Gewicht und niedriger Bauhöhe sehr steifen Aufbau besitzen, liegt die Eigenfrequenz so hoch, daß nur in ganz seltenen Fällen Resonanzerscheinungen auftreten. Anders liegen die Verhältnisse bei einfachwirkenden Motoren mit einzelstehenden Zylindern und bei großen Kreuzkopfmaschinen. Becker [109] hat auf diese Schwingungen bei Großdieselmaschinen aufmerksam gemacht.

Bei Zweitaktmaschinen ist Resonanz mit den Normalkräften dann vorhanden, wenn die Grundperiode dieser harmonischen Kräfte, d. i. eine Umdrehung, in einem ganzzahligen Verhältnis zur Eigenschwingungszahl steht, also bei allen Drehzahlen

$$n = \frac{n_e}{k};$$

k bedeutet hierin die Ordnungszahl der Harmonischen. Wegen der geringen Schwingungsamplitude bedeuten die meisten von ihnen gefahrlose Resonanzen; kritisch sind bei z Zylindern nur die Hauptharmonischen $k = z$, $2z$, $3z$ usf., bei denen die Amplituden sich summieren.

Ist bei einer Zweitakt-Sechszylinderanlage der Kurbelversetzungswinkel $\delta_k = 60^0$ (s. Tafel 8, S. 54, und Tafel 14, S. 66), so besitzt der abgeleitete Kurbelstern 6. Ordnung lauter gleichgerichtete Strahlen (s. Tafel 45, S. 231), ganz gleichgültig, wie der Kurbelstern der Welle beziffert ist. Damit haben die erregenden Kräfte 6. Ordnung alle gleiche Richtung (Abb. 702) und erzwingen starke Schwingungen bei der kritischen Drehzahl $n = \frac{n_e}{6}$, die für die Querschwingungs-Eigenfrequenz $n_e = 600$ i. d. Min. wird: $n = \frac{600}{6} = 100$ i. d. Min.

Unter Umständen kann man einen Kurbelstern mit zugehöriger Zündfolge ausführen, der die Resonanz im Hauptdrehzahlbereich meidet.

Dies ist der Fall bei Vorhandensein einer Wahlmöglichkeit unter den Kurbelsternen. So hat man es in der Hand, die doppeltwirkende Zweitakt-Sechszylindermaschine nach Tafel 14 mit dem regelmäßigen Kurbelstern und mit Paarzündungen oder auch mit dem Kurbelstern mit ungleich großen Versetzungswinkeln 30⁰ und 90⁰ und regelmäßigen Einzelzündungen auszustatten. Die erste Lösung ist nur statthaft, wenn die 6. Harmonische nicht in den Regeldrehzahlbereich fällt, wie schon an dem vorangehenden Beispiel gezeigt wurde. Sonst wählt man die zweite Kurbelversetzung mit $\delta_k = 30^0$ und 90^0 abwechselnd und mit der Bezifferung *1, 6, 3, 4, 5, 2* m. d. U., Mit ihr sind die an den Gleitbahnen angreifenden Kräfte, welche die Biegungsschwingungen 6. Ordnung hervorrufen, so gerichtet, daß sie sich gegenseitig aufheben (Abb.

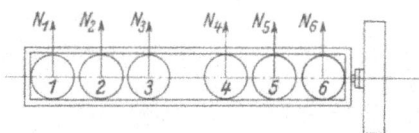

Abb. 702. Biegung des Motoraufbaus durch die Kräfte
6. Ordnung beim Zweitakt-Sechszylindermotor.

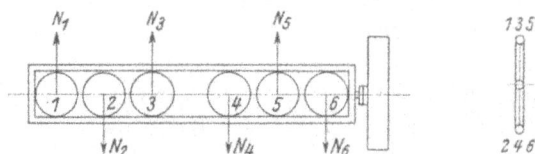

Abb. 703, 704. Kräfte 6. Ordnung und Kurbelstern 6. Ordnung
für andere Kurbelversetzung.

703); denn der Kurbelstern 6. Ordnung (Abb. 704) zeigt drei Strahlen nach oben und drei nach unten. Man wird ferner unter den Bezifferungen, die kleine Längskippmomente gewährleisten, s. Schrön [56], jene bevorzugen, die regelmäßigen Wechsel der Kraftrichtung haben, was bei der vorangehenden Bezifferung oder bei der Kurbelfolge *1, 2, 5, 4, 3, 6* zutrifft.

Für doppelreihige Motoren und Gabelmotoren wiederholen sich die Überlegungen an jeder Reihe.

Schließlich sei auf die Einwirkung von Drehschwingungen der Kurbelwelle auf die Normalkräfte hingewiesen. Bei den kritischen Drehzahlen rufen die Drehausschläge an den Kurbeln, insbesondere am freien Wellenende, zusätzliche Massenkräfte hervor, die nicht nur an den Lagerstellen, sondern auch an den Gleitbahnen erhöhte Drücke bedingen. Diese erhöhen die Reibungsarbeit und die Kräfte, die Biegungsschwingungen erregen.

IX. Zündfolge, Wellen- und Lagerbelastung.

In hoch beanspruchten Motoren liegt jede Kröpfung zwischen zwei Lagern; z. B. besitzt die sechsfach gekröpfte Welle in Abb. 705 die Lagerstellen I bis VII, allgemein $(z + 1)$ Lager bei z Zylindern. Eine Vielzahl von Lagern erhöht zwar den Herstellungspreis des Motors; dieser Umstand und der Einwand, man habe keine Gewähr, daß die Lager alle gleichmäßig tragen, kann ihrer Anwendung keinen Abbruch tun. Zur Verringerung der Motorlänge und zur Vereinfachung des Gesamtaufbaus pflegt man gewisse Zwischenlager einzusparen, so daß zwischen zwei Lagerstellen zwei Kröpfungen zu liegen kommen.

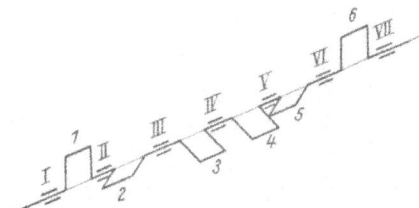

Abb. 705. Linienskizze der Sechskurbelwelle mit 7 Lagern.

Der Kurbelzapfen und zugleich das Pleuellager sind von seiten der Pleuelstange belastet und nehmen auf: Fliehkräfte des als umlaufend anzusehenden Teils der Stange, Kräfte aus den hin und her gehenden Massen und Gas-Kolbenkräfte. Da diese Kräfte bei Einreihenmotoren an jeder Kröpfung nur von einem Zylinder herrühren, haben Änderungen in der Zündfolge keinerlei Einfluß auf die Zapfenbelastung. Dagegen ist bei V-Motoren eine Auswirkung zu erwarten in all den Fällen, in denen zwei Stangen auf dieselbe Zapfenfläche arbeiten, also die Pleuelköpfe nicht nebeneinander auf dem Zapfen liegen.

Die Lager der Kurbelwelle oder Grundlager sind folgenden Kräften unterworfen: a) den treibenden Gaskräften, b) den Massenkräften der hin und her gehenden Teile (Kolben, Anteil der Stange), c) den Massenkräften (Fliehkräften) der umlaufenden Teile, nämlich Kurbelzapfen, Kurbelarme, Anteil der Stange, d) den Kräften aus etwaigen Biegungs- und Drehschwingungen. Kürzer kann man sagen: Die Belastung besteht aus den Kräften im Pleuellager und aus den Fliehkräften der umlaufenden Massen der Welle. Das Eigengewicht der Triebwerkteile kann bei Leichtmotoren, weil geringfügig, vernachlässigt werden.

Die Kräfte unter b) belasten Welle und Lager, auch wenn sie sich an einer mehrfach gekröpften Welle insgesamt aufheben und zu »inneren« Kräften werden, was nur bei vollkommen starrer Welle und unnachgiebigem Kurbelkasten eintrifft. Die Kräfte c) sind wirksam, wenn die umlaufenden Massen nicht durch passende Gegenmassen Ausgleich finden und somit innere Teilmomente benachbarter Kröpfungen vorhanden sind; die Anwendung von Ausgleichgewichten empfiehlt sich zur Schonung der Hauptlager.

Die Wechselbeziehungen zwischen Zündfolge, Biegungs- und Drehschwingungen sind im Abschnitt VII klar gelegt. Vermeidet man gefährliche Resonanz, so fällt die unter d) benannte, durch Biegung und Torsion bedingte zusätzliche Wellenanstrengung weg, ebenso die vermehrte Belastung des Pleuellagers aus Beschleunigung und Verzögerung der Massen am Kurbelzapfen.

Zur weiteren Siebung der Zündfolgen auf Grund der Wellen- und Lagerbelastung wird eine Welle vorausgesetzt, die für den gegebenen Motor geeigneten Werkstoff und richtige Querschnittsabmessungen besitzt und dank richtiger Anwendung der Elemente der Formgebung keine örtlichen Spannungsspitzen aufweist; hierüber vgl. Lehr [110]. Zugleich wird geringe Formänderung des Maschinenrahmens oder Kurbelgehäuses bei mäßiger Neigung der elastischen Linie der Welle Hand in Hand gehen.

Liegt eine eindeutige Zündfolge vor, wie bei Stern- und Fächermotoren, so muß man sich darauf beschränken, die Grenzen der zulässigen Beanspruchung durch richtige Lagerabmessungen einzuhalten. Was den Verlauf der Kräfte am Kurbelzapfen und in den Lagern von Sternmotoren betrifft, sei auf die Arbeit von Prescott-Poole [111] verwiesen.

Bieten sich dagegen mehrere Variationen gleichmäßiger Zündfolge, wie bei Ein- und Mehrreihenmotoren, so hat man die Aufgabe, jene Folge zu suchen, die keine zusätzliche Steigerung der Belastung verbunden mit Spitzen der Beanspruchung ergibt und in Verbindung mit passender Wahl des Lagermetalls oder des Wälzlagers und richtiger Durchbildung der Schmierung längere Lebensdauer der Lager gewährleistet. Zu diesem Zweck wäre für die mehrfach gekröpften und gelagerten Wellen, also für durchlaufende Träger verwickelter Gestalt, bei verschiedenen Zündfolgen die resultierende Lagerpressung zu ermitteln, eine Aufgabe, die schon für eine Wellengestalt und eine Zündfolge umfangreich genug ist, vgl. Gessner [112]. Auf die Durchprüfung der einzelnen Zündfolgen hinsichtlich der Lastverteilung im ganzen wird hier verzichtet; vielmehr soll die Welle als aus einzelnen, frei aufliegenden Teilen bestehend angesehen werden, die zulassen, jede Kröpfung losgelöst von den übrigen zu betrachten.

Damit vereinfacht sich die Ermittlung der Kräfte für das zwischen zwei Kröpfungen liegende Lager; denn es nimmt alsdann die Hälfte der Kräfte der links und rechts von ihm liegenden Kurbeltriebe auf, wobei diese Kräfte in den verschiedenen Kurbelstellungen im allgemeinen geometrisch zu addieren sind. Diese Art der Belastung ist für größere Lagerzahl, etwa von 5 aufwärts, annähernd zutreffend und kann an einer Mehrkurbelwelle wirklich auftreten, wenn infolge von Ausführungsmängeln oder von Kräften im Motor die Lager verschiedene Höhenlage einnehmen, also nicht genau fluchten. Überdies erfolgt die statische Verteilung der Auflagerdrücke nicht augenblicklich, sondern mit einigem Verzug und nach Auftreten von Schwingungen der Welle. Auf zuverlässigere Werte der Belastung bei Wellen mit wenig Lagern führt die Beachtung der Biegungsmomente, die entferntere Lager zusätzlich belasten; dazu verwendet man die Dreimomentengleichung eines durchgehenden Trägers, s. Taschenbuch »Hütte«, 26. Aufl., 1. Bd., S. 628, Kamm [65, S. 88], Wedemeyer [113].

Solche Art der rechnerisch-zeichnerischen Bestimmung der Lagerbelastung ist noch die gangbarste, solange die versuchsmäßige Aufnahme der Lagerdrücke am laufenden Motor in zuverlässiger Weise nicht möglich ist, z. B. mit einem der elektrischen Druckmesser, die auf der Grundlage des Piëzo-Quarzes, des Kohle-Druckelements, des Kondensators, des elektro-magnetischen oder magneto-elastischen Verfahrens beruhen.

A. Zeichnerische Ermittlung der wirkenden Kräfte.

Das Vorgehen sei an Hand einer bestimmten Zylinderzahl verdeutlicht. Die Ausdehnung der Untersuchung auf andere Zylinderzahlen wird sodann zeigen, ob irgendwelche Gesetzmäßigkeiten bestehen.

Im vollgelagerten Sechszylindermotor werden 5 von den 7 Lagern von 2 verschiedenen Kurbeln aus belastet, während die 2 Endlager (Außenlager) I und VII nur der halben Kraft der zugehörigen Endkurbeln unterstehen. Es wird zunächst diese Teilkraft ermittelt, sodann folgen die Belastungen der Zwischenlager II bis VI durch Zusammensetzung zweier Endlagerkräfte, die unter bestimmter Phase zueinander stehen. Soweit die Übersichtlichkeit es erfordert, werden Massenkräfte und Gaskräfte getrennt aufgeführt.

Es sei ein Viertakt-Vergaser-Fahrzeugmotor mit folgenden Daten als Zahlenbeispiel gewählt: Zylinderdurchmesser $d = 75$, Hub $s = 2\,r$ $= 112$ mm, $n = 3500$ U/min bei Volleistung, Stangenverhältnis $\lambda = \dfrac{1}{4}$.

Die Kräfte sollen sich auf 1 cm² Kolbenfläche beziehen; aus diesen spezifischen Größen lassen sich jederzeit die Gesamtbelastungen angeben.

1. Massenkräfte. a) Die rotierende Masse sei

$$m_r = \frac{0,020}{9,81} \; \frac{\text{kg} \cdot \text{sek}^2}{\text{m}} \cdot \frac{1}{\text{cm}^2} \,,$$

wovon ein Drittel von der Pleuelstange und die übrigen zwei Drittel von der Kröpfung herrühren. Die innerhalb einer Umdrehung unveränderliche Massenkraft ist mit ω als Winkelgeschwindigkeit der Welle:

$$P_r = m_r \cdot r \cdot \omega^2$$
$$= 15,3 \; \frac{\text{kg}}{\text{cm}^2} \;;$$

ihre Richtung weist stets vom Wellenmittel und Pol O nach außen.

b) Hin und her gehende Masse. Der Verlauf der Massenkraft je Zylinder ist nach Gl. (48), S. 127, bekannt, für den Drehwinkel α der Welle ist sie:

$$P_h = m_h \cdot r \cdot \omega^2 \cdot (\cos \alpha + \lambda \cdot \cos 2\,\alpha).$$

Die Masse m_h sei wie früher zu $\dfrac{0,020}{9,81}\ \dfrac{\text{kg} \cdot \text{sek}^2}{\text{m}} \cdot \dfrac{1}{\text{cm}^2}$; für sie gilt der Verlauf $z = 6$ Zylinder in Abb. 518.

Die in Richtung der Pleuelstange wirkende Kraft, kurz Stangenkraft genannt, hat die Größe:

$$S_h = \frac{P_h}{\cos \beta} \, ,$$

wenn β der Neigungswinkel der Stange gegen die Schubrichtung ist (Abb. 699). Der Unterschied gegen die Massenkraft am Kolben ist gering.

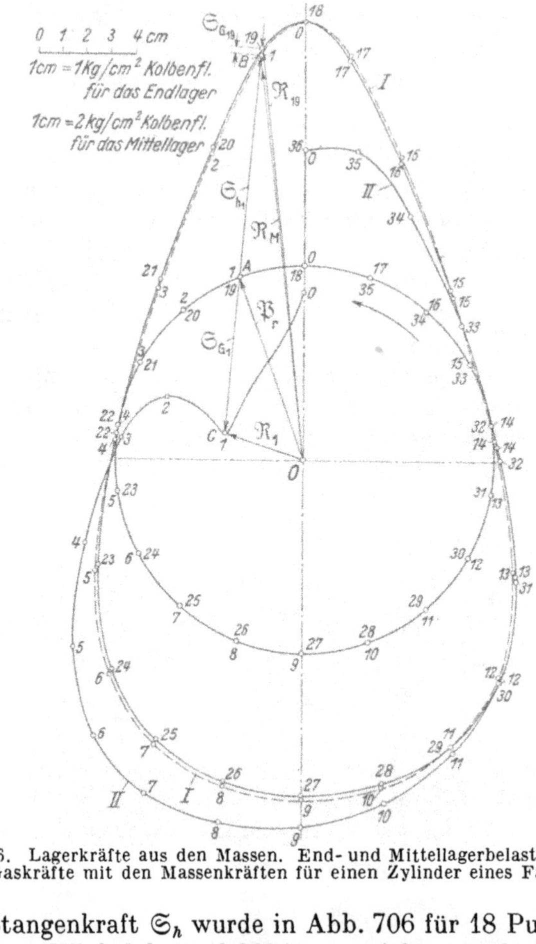

Abb. 706. Lagerkräfte aus den Massen. End- und Mittellagerbelastung. Vereinigung der Gaskräfte mit den Massenkräften für einen Zylinder eines Fahrzeugmotors.

Die Stangenkraft $\mathfrak{S}_h$ wurde in Abb. 706 für 18 Punkte des Kurbelkreises, deren Winkelabstand 20^0 ist, gezeichnet und wiederholt sich bei der 2. Umdrehung der Welle im Viertaktspiel. Der Punkt Null wird dem Beginn des Ausdehnungshubes zugeordnet. $\mathfrak{S}_h$ wird mit der Kraft $\mathfrak{P}_r$ der kreisenden Teile zur Gesamtmassenkraft $\mathfrak{R}_M$ geometrisch addiert, wie für die Stellung 1 der Kurbel der Linienzug OAB zeigt. Der Ort der Endpunkte der Kraftvektoren aus den Massen ist gestrichelt angegeben; der vom Pol O aus nach einem Punkt der birnenförmigen Kurve I gezogene Strahl gibt die Lagerkraft bei der gleichnamigen Kurbelstellung an.

2. Gaskräfte. Der Druckverlauf im Zylinder des einfachwirkenden Viertakt-Vergasermotors sei der früher in Abb. 518 verwendete. Bezeichnet man die Gaskolbenkraft mit P_G, so hat die Stangenkraft den Betrag:

$$S_G = \frac{P_G}{\cos \beta};$$

sie wird am raschesten auf dem Zeichenbrett hergeleitet. In voller Größe überträgt sie sich, ebenso wie S_h, über die Kurbelkröpfung auf die Lager. Der Verlauf von $\mathfrak{S}_G$ wurde nicht eigens eingetragen, sondern gleich in Verbindung mit den Massenkräften.

3. Vereinigung der Gaskräfte mit den Massenkräften. Die Kraft $\mathfrak{S}_G$ wird mit $\mathfrak{R}_M$ vektoriell zusammengefaßt. In Abb. 706 ist dies zweifach angedeutet; einmal für die Stellung 1 der Kurbel (am Anfang des Arbeitshubes), wobei die Gas-Stangenkraft im Punkte B ($= 1$) der Massen-Stangenkraft angetragen ist und bis C herabreicht, so daß $\overline{BC} = \mathfrak{S}_{G_1}$ und die Gesamtkraft $\overline{OC} = \mathfrak{R}_1$ wird; sodann ist für Punkt 19 bei Beginn Ansaugen, identisch mit Punkt 1 der Massenkraftkurve, an dieselbe Strecke $\mathfrak{R}_M$ eine kleine Strecke $\mathfrak{S}_{G19}$, die sich als Saugwiderstand zu der nach oben gerichteten Massen-Stangenkraft zuzählt, angetragen und durch den Außenpfeil hervorgehoben. Die nach oben gerichtete Gesamtlagerkraft $\mathfrak{R}_{19}$ ist also überwiegend auf Massenwirkungen zurückzuführen.

Der Gesamtverlauf der von einem Kurbeltrieb auf die Lagerstellen innerhalb zweier Wellenumdrehungen ausgeübten Kräfte ist in polarer Darstellung durch Abb. 706 gegeben; jeder von O nach einem Punkt der Kurve II gezogene Strahl gibt die augenblickliche Kraft an. Diese verteilt sich bei der Lageranordnung von Abb. 705 gleichmäßig auf zwei Lager; dieser Teilung trägt man Rechnung durch Änderung des Maßstabes der Zeichnung, der zuerst 1 cm = 2 kg/cm² Kolbenfläche war, auf: 1 cm = 1 kg/cm². Unter den gegebenen Verhältnissen überwiegt die Lagerbelastung durch die Massenkräfte.

Das gerade verlaufende Stück 0—0 der Kurve entsteht aus der angenommenen Gestalt des Druck-Volumen-Schaubildes Abb. 518 mit teilweise senkrechtem Anstieg des Verbrennungsdruckes in Kolbentotlage, was nicht genau zutrifft, wie aus dem Druck-Zeit-Schaubild hervorgeht. Diese Gerade eignet sich als auffallendes Merkmal für die Zurechtlegung des verwickelten Kurvenzuges, insbesondere bei V-Motoren (s. S. 290).

Die Resultierende aus Gaskraft und Kraft der hin und her gehenden Massen gibt die Belastung des Pleuellagers am Kurbelzapfen. Auf anderem Wege erhält man diese Belastung aus Abb. 706 durch Abzug der Massenkraft $\mathfrak{P}_r$ der umlaufenden Teile vom Kurvenzug I.

B. Lagerbelastung beim Einreihenmotor.

1. Lagerbelastung durch die Massen.

Man gewinnt eine bessere Übersicht, wenn man die Belastung durch die Massen allein vorweg prüft; dieser Fall stellt sich ein beim Auslauf des Motors und ähnlich beim Leerlauf. Die dabei auftretende Lagerpressung ist unabhängig von der Zündfolge als solche, wenn sie auch der gleichmäßigen Kurbelversetzung untersteht; sie verläuft für alle Kurbeltriebe gleichartig.

Die birnenförmige Kurve I in Abb. 707, die durch Halbieren der Kraftstrecken in Abb. 706 oder durch Maßstabsänderung entsteht, gibt den Verlauf der Kräfte an den Endlagern I und VII an.

Die Belastung eines Zwischenlagers läßt sich wie folgt ableiten: Liegt der Endpunkt des Vektors von Getriebe *1* in Stellung *0*, so gilt für ein Getriebe, dessen Kurbel um 120⁰ versetzt ist, die Stellung *12* (vgl. Abb. 707); der Gesamtvektor ist R_{IIo}. Die resultierende Bahn II ist eine zur Lotrechten symmetrische Kurve; sie wird bei jeder Wellendrehung einmal durchlaufen; die von ihr angezeigten Kräfte entfallen auf jedes der Zwischenlager II, III, V, VI.

Für das Mittellager IV behält die Ausgangskurve aus Abb. 706 ihre volle Größe oder es entsteht diese

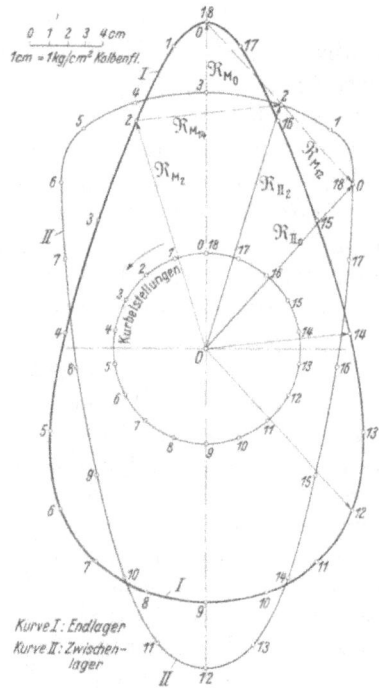

Abb. 707. Belastung von End- und Zwischenlager durch die Massenkräfte.

Kurve durch Verdoppeln der Strecken der Kurve I in Abb. 707, da die Kurbeln *3* und *4* gleiche Richtung besitzen.

2. Gesamtbelastung und Zündfolge.

1. Fall: $(z + 1)$ Lager. Die Belastung der Wellenlager läßt sich, ausgehend von dem Kurvenzug eines Getriebes in Abb. 706, bestimmen. Es liege ein Sechszylinder mit $z = 6$ vor.

Die Endlagerbelastung ist bereits durch diese Abbildung gegeben, und zwar mit dem Maßstab: 1 cm = 1 kg/cm² Kolbenfläche.

Die Zwischenlagerbelastung hängt von der Zündfolge ab, die den Phasenwinkel der Zündungen in den Zylindern festlegt. Die 8 Zündreihenfolgen, die auf S. 186 aufgeführt sind, enthalten folgende Phasen-

winkel: zwischen den Zylindern *1* und *2*, *2* und *3*, *4* und *5*, *5* und *6* die
Beträge 120°, 240°, 480° und 600° Kurbeldrehwinkel; zwischen den
Zylindern *3* und *4* dagegen stets 360°. Nun kann man statt 480° auch
240° setzen, denn es zündet Zylinder *1* nach Zylinder *2* in einem zeitlichen Abstand von (720° — 480°) = 240°; im Kurbeldrehsinn die Kräfte
zusammensetzend, erhält man insgesamt dasselbe Polardiagramm, wie
wenn man mit Zylinder *1* begonnen und die Vektoren von Zylinder *2*
mit Nacheilwinkel 480° angefügt hätte. In ähnlicher Weise liefert die
Phase von 600° dasselbe Gesamtbild wie die Phase 120° mit Umkehrung
der Zylinderfolge. Hat man das Kräftebild für die Phase 120° und 480°
gezeichnet, so hat man zugleich auch den Verlauf der Lagerkräfte für
die Phase 600° und 240° der Zündungen, was eine wesentliche Erleichterung der Untersuchung bedeutet.

Die weitere Phase von 360°, die sich aus der gleichen Richtung
der Kurbeln *3* und *4* ergibt, gestattet als Sonderfall eine vereinfachte
Prüfung des Lagers IV. Dieses Mittellager ist der Summe der gleichgerichteten Kräfte der rotierenden Massen ausgesetzt; hinzu kommen
die übrigen Kräfte mit der Versetzung von 360°, da sich bei der symmetrischen Welle die Kurbeln *3* und *4* im Abstand eines vollen Kreises in
der Zündung ablösen. Die Belastung des Mittellagers ist unabhängig
von der Zündfolge.

Es sei zunächst für die Zündfolge *1 5 3 6 2 4* der Verlauf der
Belastung zu prüfen. a) Für die Zwischenlager kommen allein Phasenabstände von 240° und 480° vor, die einander entsprechen. In Abb. 708
ist an den Vektor $\Re_3$ der Lage *3* von Zylinder *1* der Vektor $\Re_{15}$ der
Lage *15* von Zylinder *2*, der um 480° nacheilt, angefügt; die resultierende
Kraft $\Re'_3$ weist auf den Punkt *3* der resultierenden Bahn I der Lagerbelastung hin, die so fortfahrend mit dem in Abb. 708 angegebenen
Verlauf erhalten wird. b) Zur Bestimmung der Mittellagerkräfte werden
die Vektoren der Endlagerkurve, die um 360° Kurbeldrehwinkel voneinander abstehen, zusammengesetzt; so würden in Abb. 708 $\Re_{16}$ und
$\Re_{34}$ den Punkt *16* der resultierenden Kurve, welchem die Stellung *16*
der Kurbel zugehört, liefern.

Die Zündfolge *1 2 4 6 5 3* gibt die Winkelabstände 120°, 240°,
360° und 480°. Da nach dem oben Gesagten die Abstände 240° und 480°
denselben Verlauf der Kräfte liefern, ferner der Winkel 360° bei der
vorangehenden Zündfolge erledigt wurde, ist als neu allein der Abstand
von 120° zu prüfen. Abb. 708 zeigt die gestrichelte Wegkurve II der
Endpunkte der Vektoren, die durch Summierung von je 2 Vektoren
mit dem Phasenwinkel 120° entstehen, z. B. $\Re''_3$ aus $\Re_3$ und $\Re_{33}$.

Die übrigen 6 Zündfolgen von S. 186 bieten keine neuen Fälle der
Lagerbelastung.

Um den veränderlichen Einfluß der Drehzahl und der von ihr abhängigen Massenkräfte zu verfolgen, könnte man die vorbehandelten

Kurven für verschiedene Drehzahlen zeichnen. Um aber auch die Änderung von Hub und Kurbelhalbmesser mit hereinzuziehen, sei ein Flugmotor mit 6 Zylindern und mit Zylinderdurchmesser $d = 160$ mm,

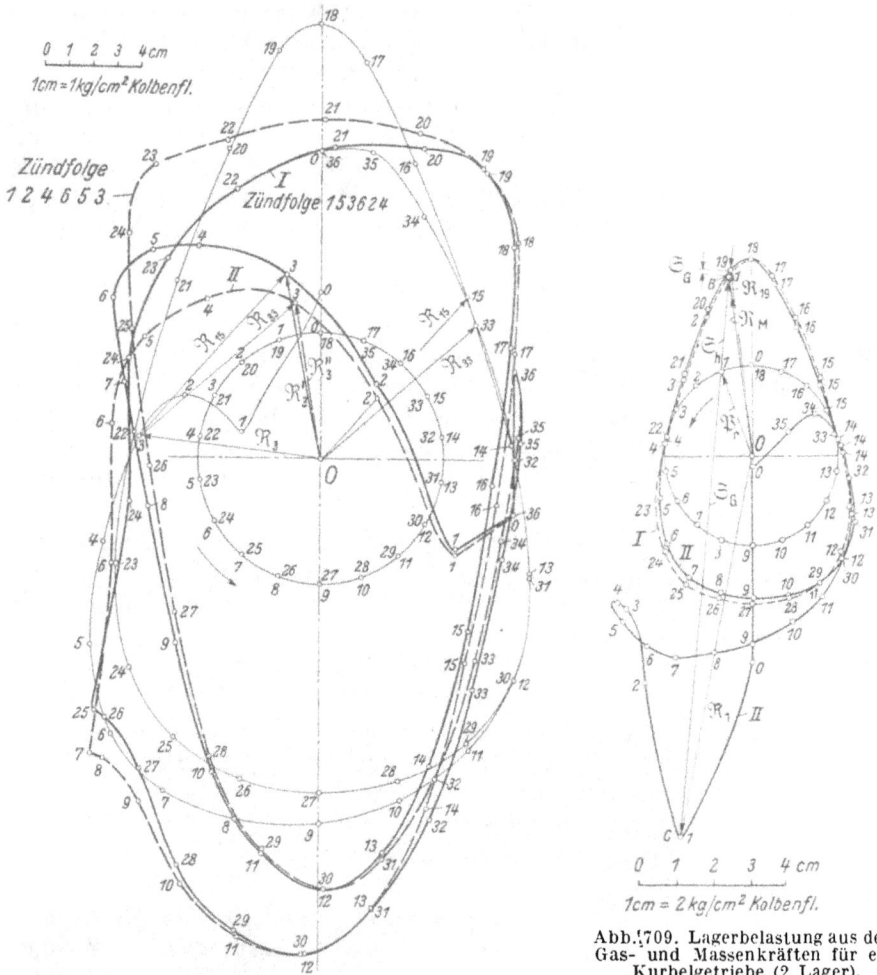

Abb. 708. Zwischenlagerbelastung aus Gas- und Massenkräften für die Zündfolgen 1 5 3 6 2 4 und 1 2 4 6 5 3.

Abb. 709. Lagerbelastung aus den Gas- und Massenkräften für ein Kurbelgetriebe (2 Lager). Flugmotor.

Hub $s = 2r = 190$ mm, Stangenverhältnis $\lambda = \dfrac{1}{3,6}$ betrachtet, der bei Vollast mit einer Drehzahl $n = 1500$ U/min läuft.

Die Masse des Leichtmetallkolbens zuzüglich der Ringe, des Kolbenbolzens und des Anteils der Pleuelstange, bezogen auf die Einheit der Kolbenfläche, sei dieselbe wie im Beispiel S. 279; sie kommt zustande aus der spezifischen Masse des Kolbenkörpers, die mit dem Durchmesser etwas steigt, und aus dem Zuschlag für Stahlbolzen und -stange.

Der Druckverlauf im Zylinder sei derselbe wie beim Viertakt-Fahrzeugmotor, was mittleren Verhältnissen entspricht. Wählt man ein Druckschaubild eines Hochleistungs-Flugmotors mit hoher Verdichtung bei Verarbeitung von Bleibenzin, mit hohem Zündungsdruck ($p_z = 60$ kg/cm² und mehr) und mit gesteigerter Drehzahl ($n = 2500$ bis 3000 U/min mit Getriebe), so ist nicht zu vergessen, daß von den hohen Gaskräften sich starke Massenkräfte abziehen und der Überschuß nicht sehr von jenem bei mittleren Verhältnissen abweicht.

Mit diesen Voraussetzungen bringt in Abb. 709 die Kurve I die Lagerbelastung aus den reinen Massenkräften, sodann die Kurve II die Lagerbelastung aus Gas- und Massenkräften für ein Getriebe; auf das Endlager entfällt die Hälfte. Den Verlauf der Kräfte an den Zwischenlagern II und VI für die Zündfolgen *1 5 3 6 2 4* und *1 2 4 6 5 3* entnimmt man aus Abb. 710.

Aus den Abb. 706 und 709, 707, 708 und 710 geht die Bedeutung der mit dem Quadrat der Winkelgeschwindigkeit und Drehzahl der Welle wachsenden Massenkräfte überaus deutlich hervor. Schnelläufer haben eine hohe, aber ausgeglichenere Lagerbelastung als Langsamläufer; letztere unterstehen gewissen Belastungsspitzen, die auf die Gasdrücke zurückzuführen sind. Das Anwachsen der Verdichtungs- und Zünddrücke beim Dieselmotor gegenüber den Massendrücken wirkt sich in ähnlicher Weise aus.

In manchen Fällen steht die Belastung seitens der Massen im Vordergrund, es sind z. B. beim Sturzflug mit unverstellbarem Propeller und erhöhter Wellendrehzahl die gesteigerten Massenkräfte allein wirksam.

Jedes Lager ließe sich durch Gegenmassen, welche die rotierenden Massen ganz oder teilweise, z. B. zu ⅔, ausgleichen, entlasten. Damit wird gleichzeitig das Kurbelgehäuse von diesem Betrag der dynamischen

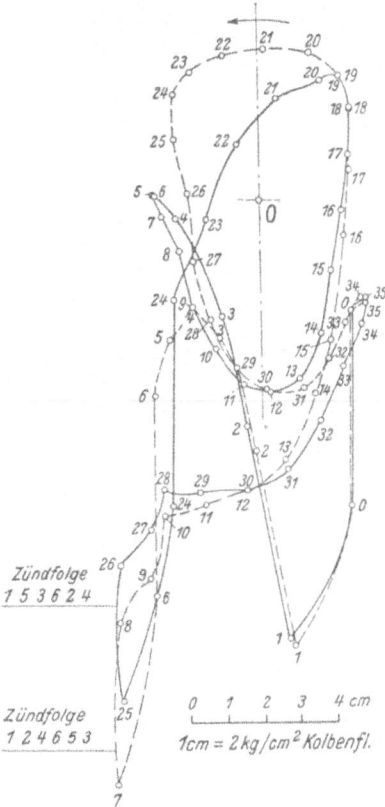

Abb. 710. Zwischenlagerbelastung für die Zündfolgen 1 5 3 6 2 4 und 1 2 4 6 5 3.

Kräfte und von ihrer Wirkung befreit. Die Verringerung der Biegung des Kurbelgehäuses und der Lagerträger hat zur Folge, daß die Lagerflächen mehr waagrecht bleiben, was die effektive Tragfläche vergrößert. Man scheut heute die Vergrößerung der Drehmassen von seiten der Gegengewichte weniger als früher, da man der durch sie verursachten Erniedrigung der Dreheigenschwingungszahl des Systems und der Resonanzdrehzahl von vornhein Rechnung tragen kann. Die Verteuerung der Kurbelwelle findet in der Verringerung der Lagerschwierigkeiten einen Ausgleich.

Was diese Schwierigkeiten anlangt, sei auf die besonders mißlichen Erfahrungen hingewiesen, die man mit Weißmetall bei Diesel-Fahrzeugmotoren gemacht hat; der Ausguß reißt und bröckelt vielfach aus. Diese Zermürbung ist auf die hohen Zünddrücke im Zylinder einerseits und auf die hohen Verdichtungsdrücke anderseits zurückzuführen (vgl. Stephan [114]); letztere haben bei allen Belastungen dieselbe Größe, da zur Erreichung der Entzündungstemperatur die Saugluft nicht gedrosselt wird.

An der Verbesserung des Werkstoffs für Motorlager und an der Anpassung von Heimstoffen wird unablässig gearbeitet; aus den zahlreichen Berichten hierüber seien die Arbeiten von Sparrow [115] und Heyer [116], Steudel [117] und v. Schwarz [118] herausgegriffen. Die Erprobung von Aluminium als Lagerstoff hat bei uns gute Fortschritte zu verzeichnen.

2. Fall: $\frac{z+2}{2}$ Lager bei z Zylindern. Bisher war eine siebenfach

gelagerte Welle des Sechszylinders zugrunde gelegt. Geht man zur vereinfachten Wellenabstützung mit 4 Lagern über, so daß je 2 Kröpfungen zwischen 2 Lager zu liegen kommen, so ist zu überlegen, inwieweit die nunmehrige Lagerbelastung sich von jener des 1. Falles mit $(z+1)$ Lagern unterscheidet, wenn man von den zusätzlichen Biegungsmomenten (s. S. 210) absieht.

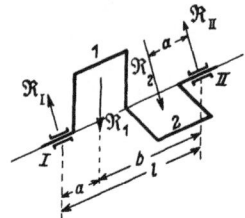

Mit Hinweis auf Abb. 711 seien die beiden Kröpfungen *1* und *2* als Teilstück der Sechskurbelwelle symmetrisch zu den Lagerstellen I, II angenommen; ferner bedeuten: $\Re_1$ und $\Re_2$ die Resultierenden der an der Kurbel *1* bzw. *2* in Mitte Kurbelzapfen angreifenden Kräfte; l die Stützweite des Wellenstücks; a und b das Teilungsverhältnis der Strecke l durch die Kräfte $\Re_1$ und $\Re_2$ vom Betrage R_1 und R_2.

Liegt die Welle frei auf, so sind die aus diesen Kräften auf Lager I entfallenden Anteile $\mathfrak{A}'$ und $\mathfrak{A}''$ vom Betrage A' und A'':

$$A' = \frac{R_1 \cdot b}{l} \qquad\qquad A'' = \frac{R_2 \cdot a}{l}.$$

Abb. 711. Teilstück einer Welle mit $\frac{z+2}{2}$ Lagern bei z Zylindern.

Sieht man die Kurbelwelle als in den Lagern eingespannt an, so sind die abgeänderten Formeln zu nehmen.

Die geometrische Summe von $\mathfrak{A}'$ und $\mathfrak{A}''$ gibt $\mathfrak{R}_I$ als Gesamtgegenkraft am Endlager I; ihre Größe und Richtung ändert sich innerhalb des Viertaktspiels. Man erkennt, daß $\mathfrak{R}_I$ im Gegensatz zur Endlagerkraft des 1. Falles von der Zündfolge abhängig ist, da in ihr der Einfluß von $\mathfrak{R}_2$ enthalten ist.

Während man für die beidseitig gestützte Kröpfung die Kräfte in Abb. 706 halbierte, hat man nunmehr die Vektoren im Kurvenzug II einmal im Verhältnis $\dfrac{b}{l}$, z. B. $= 0{,}7$, sodann im Verhältnis $\dfrac{a}{l}$, z. B. $= 0{,}3$, zu verkleinern, bevor man die Summierung je zweier Vektoren im Drehwinkelabstand von 480^0 für die eine Zündfolge und von 120^0 für die andere Zündfolge vornimmt. Den entsprechenden Verlauf der Lagerdrücke zeigen die Kurven in Abb. 712, die in bezug auf das Verhalten der nur teilweise gestützten Welle nichts wesentlich Neues bringen. Diese Umzeichnung der Grundfigur ist in gleicher Weise für die Kröpfungen 3 und 4 und die benachbarten Lager II und III nötig. Die Zündfolgeänderung wirkt sich in geringem Maß auf die Lagerbelastung aus.

Am Lager II wirkt die Kraft $\mathfrak{R}_{II}$, die sich zusammensetzt aus der Teilkraft $\mathfrak{B}'_{II}$, von links herrührend, und der Teilkraft $\mathfrak{C}'_{II}$, von den rechten Kurbeln 3 und 4 stammend. $\mathfrak{B}_{II}$ wiederum erhält man aus der Summierung von $\mathfrak{B}'$ und $\mathfrak{B}''$, deren Beträge sind:

$$B' = \frac{R_1 \cdot a}{l} \cdot \qquad\qquad B'' = \frac{R_2 \cdot b}{l} \cdot$$

Bei der zeichnerischen Darstellung greift man auf die Grundkurven der Abb. 712 zurück. Der innere, kleinere Kurvenzug liefert die Vektoren $\mathfrak{B}'$, der äußere die Vektoren $\mathfrak{B}''$. Die Summierung geht unter Beachtung der zeitlichen Abstände der Zündungen benachbarter Zylinder vor sich. Um $\mathfrak{C}'$ zu erhalten, wären die Vektoren der 2 Grundkurven in Abb. 712 unter Wahrung der Phase von 360^0 zu summieren.

Überblickt man den Verlauf der Lagerkräfte für die Zündfolgen des Sechszylinders, die gekennzeichnet sind durch die Winkelabstände von 240^0 oder 480^0 und 120^0 oder 600^0, so zeigt sich ein etwas geringerer Betrag der Hauptbelastungen bei den Zündfolgen, in denen der Winkelabstand von 120^0 nicht vorkommt. Es sind demnach jene Zündfolgen im Nachteil, welche die Ziffern benachbarter Zylinder unmittelbar nebeneinander enthalten, wie z. B. *1 2 4 6 3 5*. Es sind im ganzen nur 2 Zündfolgen vorhanden, welche die genannte Eigenschaft besitzen, nämlich *1 5 3 6 2 4* und *1 4 2 6 3 5*, letztere für spiegelbildliche Bezifferung des Kurbelsterns. Beim Motor mit $(z + 1)$ Lagern entscheiden die Zwischenlager, während die Endlager und das Mittellager nicht mitsprechen; das Mittellager symmetrischer Kurbelwellen hat allgemein verhältnismäßig gleichen Verlauf der Kräfte wegen der gleichgerichteten Kurbeln und des Zündabstandes von 360°.

Dehnt man die Untersuchung auf andere Zylinderzahlen des Einreihenmotors aus, so findet man die ungünstige Einwirkung des Ablösens

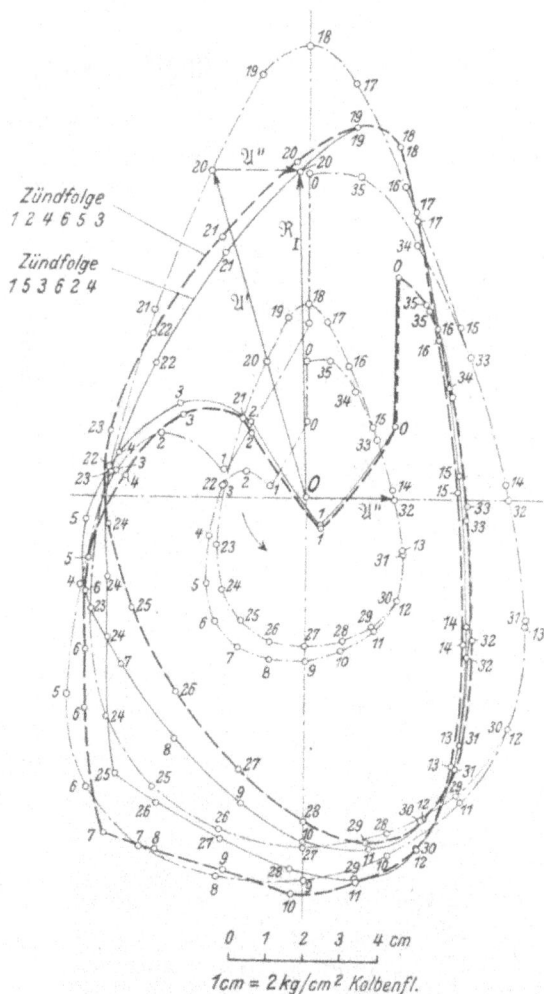

Abb. 712. Endlagerdrücke beim Wellenstück ohne Zwischenlager.

benachbarter Zylinder in der Zündung bestätigt. Um die Zeitdauer der Belastung durch die resultierende Kraft abzukürzen, sollen benachbarte Zylinder mit größtmöglichem Zeitabstand zünden und die zugehörigen Kurbeln nicht gleichgerichtet sein.

Das Paar richtungsgleicher Kurbeln in Wellenmitte ist mit der Symmetrie der geradzahligen Kröpfungen bei Viertaktmotoren unzertrennlich verbunden.

Vielfach taucht die Frage auf, wie man am besten aus einer Welle mit $(z + 1)$ Lagern eine Welle mit geringerer Lagerzahl ableiten kann. Als Beispiel diene die achtfach gekröpfte Welle.

Will man aus einer vollgelagerten Welle des Achtzylinder-Viertaktmotors eine solche mit $\dfrac{z + 2}{2}$ Lagern als Mindestzahl ableiten und zudem die Lager von den Fliehkräften der umlaufenden Massen, soweit es ohne Gegengewichte möglich ist, entlasten, so sind nicht alle Kröpfungsanordnungen gleichwertig, wie eine kurze Überprüfung lehrt. Besonders geeignet ist die vollgelagerte Ausgangsform Abb. 713, 714; denn bei ihr

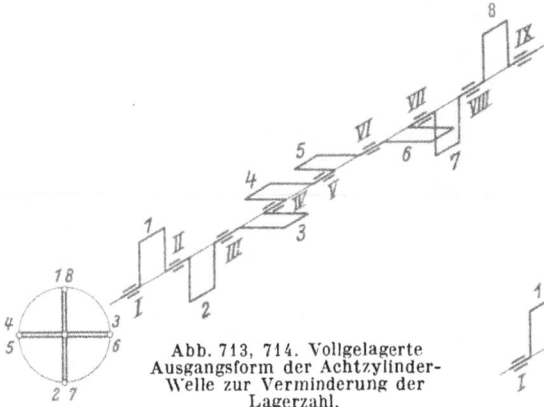

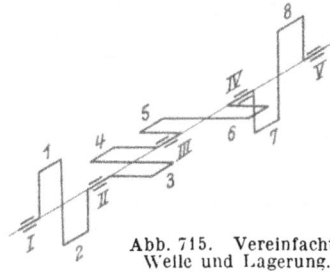

Abb. 713, 714. Vollgelagerte Ausgangsform der Achtzylinder-Welle zur Verminderung der Lagerzahl.

Abb. 715. Vereinfachte Welle und Lagerung.

sind die Lager II, IV, VI und VIII nur gering belastet, dank den unter 180° stehenden Kurbeln. Die Belastung ist am größten im Mittellager V wegen der gleichgerichteten Kurbeln; kleinere Belastung haben die Lager III und VII, weil die Kröpfungen im rechten Winkel zueinander stehen, somit die Resultierende kleiner wird. An der vereinfachten Welle bleiben die Lager I, III, V, VII und IX bestehen und werden umbezeichnet (Abb. 715). Die Zahl der Zündfolgen ist aus der Wellenform heraus von vornhinein eingeschränkt.

Es ist weiterhin zu prüfen, ob das für Einreihenmotoren Gefundene sich im wesentlichen für Gabelmotoren bestätigt.

C. Lagerbelastung beim V-Motor.

Der V-Motor unterscheidet sich vom Einreihenmotor fürs erste dadurch, daß in jeder Bewegungsebene zwei Getriebe an Stelle eines einzigen liegen, deren Schubrichtungen einen bestimmten Winkel einschließen von der Größe, wie sie im Abschnitt III abgeleitet wurde.

Für die nachfolgenden Betrachtungen sei der Gabelwinkel $\delta_z = 60^0$ als eine der Lösungen für den Zwölfzylinder-Viertaktmotor zugrunde gelegt, überdies ein Flugmotor mit den unter 2. (S. 283) angegebenen Grundgrößen und mit stehenden Zylindern.

Der Gesamtverlauf der von einem Kurbeltrieb auf die Lagerstellen während zweier Wellenumdrehungen ausgeübten Kräfte ist vom Einreihenmotor her (Abb. 709) in polarer Darstellung bekannt; diese verteilen sich auf 2 Lager gleichmäßig, sofern jede Kröpfung beiderseits gestützt ist.

Von einem Zylinder hat man nun auf zwei in einer Ebene liegende, zueinander geneigte Zylinder überzugehen, die ein Gabelelement bilden.

1. Lagerbelastung durch die Massen.

Wie beim Einreihenmotor sei vorab die Belastung durch die Massen allein untersucht, die unabhängig von der Zündfolge als solche ist, jedoch die Größe des Gabelwinkels und die Grundgestalt der Welle, somit die Gleichmäßigkeit der Zündabstände, mit einschließt.

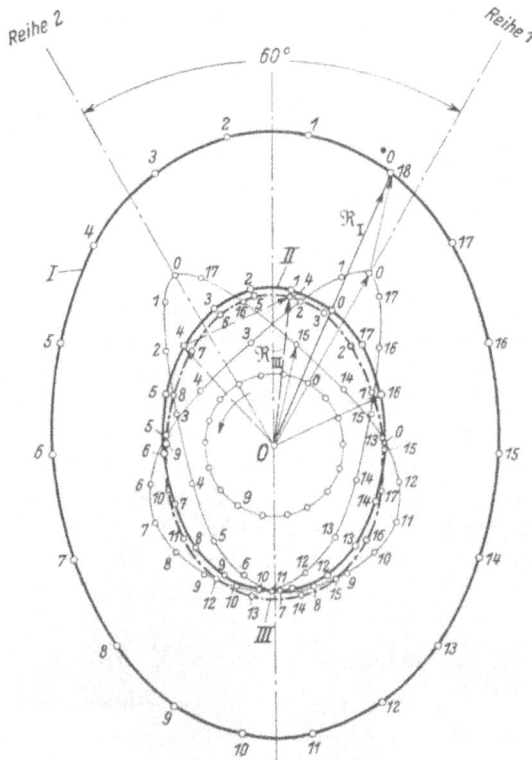

Abb. 716. Lagerbelastung eines Gabelelements des V-Motors durch die Massenkräfte allein.

Schrön, Zündfolge.   19

Für den Gabelwinkel 60⁰ sind die Vektoren der birnenförmigen Kurven, die symmetrisch zu den Zylinderachsen liegen (Abb. 716), so zu summieren, daß die Phase 60⁰ beträgt. Wenn also der Endpunkt des Vektors von Getriebe *1* in Stellung *0* liegt, so hat der Kurbeltrieb von Reihe *2* die Lage *15*, entsprechend 3 Teilabständen zu 20⁰ der Kurbel; der Gesamtvektor ist $\Re_I$. Die Bahn I der Endpunkte der $\Re$ ist zur Lotrechten symmetrisch und einfach geschlossen, so daß sie bei jeder Wellendrehung umfahren wird. Die Hälfte der Kräfte $\Re$ gelangt auf jedes **Endlager** I und VII in der von Bahnkurve II jeweils angezeigten Größe.

Für das **Mittellager** IV, das von den gleichgerichteten Kurbeln *3* und *4* aus belastet wird, gilt die Kurve I in unveränderter Gestalt. Jedes **Zwischenlager** empfängt Kräfte, die aus um 120⁰ Wellendrehwinkel versetzten Vektoren der Endlagerkurve II entstehen, denn die mittleren Kurbeln sind gleichgerichtet. Die Ableitung eines Vektors $\Re_{III}$ und des geometrischen Ortes der Endpunkte der Vektoren als Bahnkurve III gehen aus Abb. 716 hervor.

2. Gesamtbelastung und Zündfolge.

Es sei zuerst die **Wellenlager**belastung vorgenommen; von der Belastung des Pleuellagers und Kurbelzapfens, die den Wechsel der Zündfolge nur beschränkt zu spüren bekommen, soll anschließend die Rede sein.

Man geht vom Gabelelement mit dem Zwischenwinkel von 60⁰ aus und setzt den Kurvenzug der Gesamtkräfte aus Abb. 709 lagerecht zu Zylinder *1* der Reihe *1*, sodann denselben Zug lagerecht zu Zylinder *1* der Reihe *2* (Abb. 717); dabei bezieht sich die Zählung der Kurbelstellungen auf Zylinder *1* der Reihe *1*. Die Zusammenfassung der Vektoren ändert sich mit der Zündfolge und der Zeit, die zwischen den Zündungen der ein Paar bildenden Zylinder, z. B. 1_1 und 1_2, liegt. Es sind deshalb die möglichen Zündfolgen in dieser Hinsicht einer Sichtung zu unterziehen. Ist der Verlauf der Kräfte des Gabelelements ermittelt, so kann man sich der Zwischenlagerbelastung zuwenden.

α) **Endlagerbelastung.** Die Zündfolgen des Zwölfzylinders, die aus Abb. 478 und 480 (S. 114) ablesbar sind, ergeben für die Zündabstände der Zylinderpaare 1_1—1_2, 2_1—2_2, 3_1—3_2, 4_1—4_2, 5_1—5_2, 6_1—6_2 die Winkel 60⁰ oder 420⁰; meist findet man diese Winkel in einer Zündreihenfolge zugleich vor.

Zündabstand 1_1—1_2 = 60⁰. Zu Stellung *20* von Kurbeltrieb 1_1 (Abb. 717) gehört Stellung *17* von Getriebe 1_2; Zylinder 1_2 kommt 60⁰ später, gleich 3 Teilabständen zu 20⁰, zum Arbeiten. Der resultierende Vektor ist $\Re_{20}$. Die Endpunkte der verschiedenen $\Re$ geben die Gesamtkurve; jeder Strahl vom Pol *0* nach dem Kurvenumfang gibt die Gesamtkraft nach Größe und Richtung an, die sich auf 2 Lager links und rechts der Kröpfung verteilt. Damit ist die Belastung der Endlager I und VII die Hälfte des jeweiligen $\Re$, was man durch Änderung des Maßstabs der Zeichnung berücksichtigt. Das Kräftebild deckt sich zum Teil mit

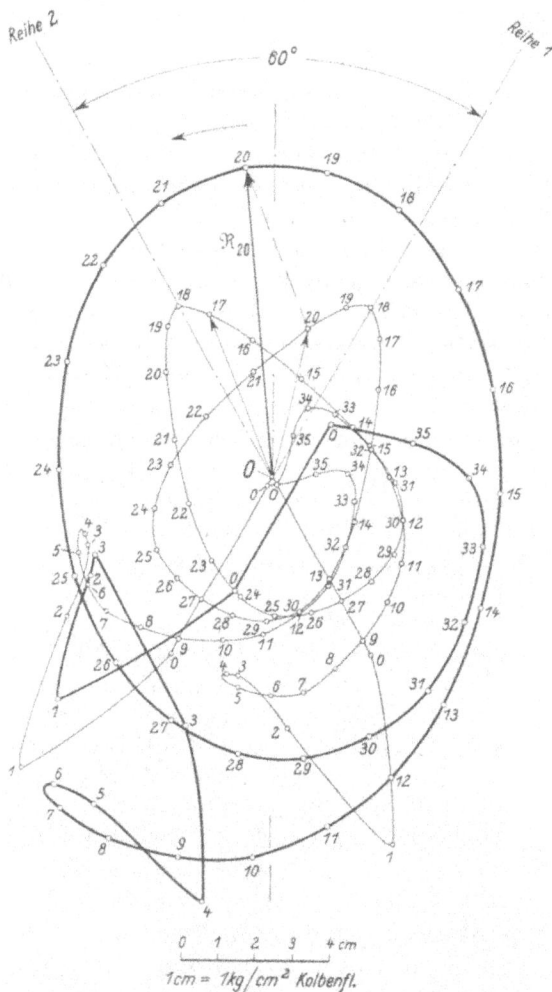

Abb. 717. Gesamtbelastung der Wellenlager eines Elements.
Zugleich Endlagerbelastung für Zündabstand $1_1 - 1_2 = 60°$.

der reinen Massenkraftkurve in Abb. 716; der größte Druck aus der Gaskraft stellt sich in der Lage 4 der Kurbel 1 ein, wie Abb. 717 zeigt.

Zündabstand $1_1 - 1_2 = 420°$. Zylinder 1_2 folgt Zylinder 1_1 um 420° Kurbeldrehwinkel nach. In Abb. 718 entsprechen die Stellung 4 von Zylinder 1_1 und 19 von Zylinder 1_2 einander; die Resultierende dazu ist $\mathfrak{R}_4$. Der punktweise ermittelte Gesamtverlauf läßt die geringere Einwirkung der Massenkräfte und das Fehlen von nach oben rechts gerichteten Kräften erkennen; die Höchstbelastung des Lagers I bzw. VII ist etwas kleiner als im Fall α) und die untere Lagerhälfte gleichmäßiger beansprucht.

β) Zwischenlagerbelastung. Der Phasenabstand der Zündungen an den Elementen, die mit der Zylinderziffer der Reihe *1* bezeichnet seien, ist verschieden je nach der Zündreihenfolge; man findet folgende Winkel: zwischen den Elementen *1* und *2*, *2* und *3*, *4* und *5*, *5* und *6* die Beträge 120°, 240°, 480°, 600°; zwischen den Elementen *3* und *4* jedoch stets 360°. Es sind dieselben Winkel, die schon beim Einreihen-Sechszylinder vorkamen. Schreibt man nunmehr »Element« statt »Zylinder«, so kann man hier wie dort 240° statt 480° und 120° statt 600° setzen und sich das Zeichnen der Kräftebilder für die an zweiter Stelle genannten Versetzungen ersparen.

Auf der einen Seite des Zwischenlagers deckt sich die Belastung mit jener eines Endlagers, die von einem einzigen Element stammt, die weitere vom Element auf der entgegengesetzten Lagerseite kommende Belastung ist phasenverschoben. Der Verlauf der Gesamtbelastung folgt aus der Vereinigung von 2 Endlager-Polardiagrammen, und zwar kommen zwei gleiche Kurven der Teilbelastung entweder beide nach Abb. 717 oder beide nach Abb. 718 oder auch verschiedene Kurven, die eine nach Abb. 717, die andere nach Abb. 718 in Frage, je nach der Versetzung der Zündungen im Element.

Die weitere Phase von 360°, die sich auf das ausgezeichnete Zwischenlager IV, das Mittellager, bezieht, ist ein Sonderfall wegen der gleichen Richtung der Kurbeln *3* und *4* bei symmetrischen Wellen.

Als Beispiel diene die Zündfolge 1_1 1_2 2_1 2_2 3_1 4_2 6_1 6_2 5_1 5_2 4_1 3_2. Da der Winkelabstand zweier benachbarter Ziffern 60° beträgt, läßt sich aus der Ziffernfolge ablesen: Die Zündungen im 1. Gabelelement mit Zylinder 1_1 und 1_2 erfolgen im Abstand 60°, im 2. Element mit Zylinder 2_1 und 2_2 im Abstand 60°, im 3. Element mit Zylinder 3_1 und 3_2 im Abstand 420° und weiterfahrend für die übrigen Elemente spiegelbildlich-symmetrisch. Die Drücke auf Lager II zwischen Element *1* und *2* und auf Lager VI zwischen Element *5* und *6* leiten sich aus zwei gleichen Polardiagrammen für 60° (Abb. 717) ab, die Drücke auf Lager IV zwischen Element *3* und *4* aus zwei gleichen Diagrammen für 420° (Abb. 718), dagegen die Drücke auf Lager III und V aus der Kombination einer Endlagerkurve für 60° und einer Kurve für 420°. Es fragt sich nun, unter welchem Phasenwinkel diese Polardiagramme zu vereinigen sind. Der Winkelabstand zwischen den Zündungen von Element *1* und *2* ist 120°, zwischen Element *2* und *3* = 120°, zwischen Element *4* und *5* = 600°, gleichwertig mit 120°, zwischen Element *5* und *6* = 600°, gleichwertig mit 120°. Im Verein mit dem vorangehend Gesagten bedeutet dies, daß Lager II und VI dasselbe Polardiagramm, ferner Lager III und V den gleichen Druckverlauf haben. Während für den Gesamtverlauf von Endlager I und VII Abb. 717 gilt, ändert sich die Belastung von Zwischenlager II und VI (Fall 60⁰— 60⁰, 120⁰) gemäß Abb. 719 und von Zwischenlager III und V (Fall 60⁰— 420⁰, 120⁰) gemäß Abb. 720.

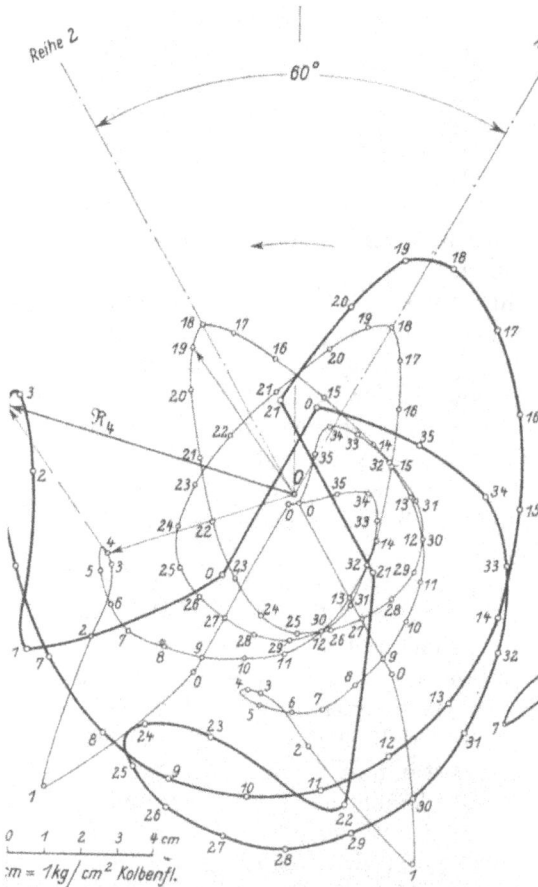

bb. 718. Endlagerbelastung für Zündabstand
$i_1 - i_2 = 420^0$.

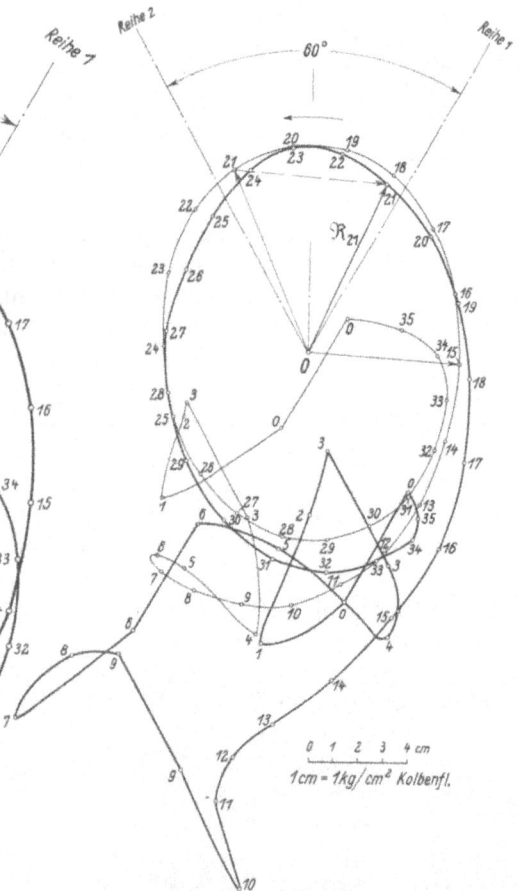

Abb. 719. Belastung der Zwischenlager II und VI,
Fall 60⁰ — 60⁰, 120⁰.

Um alle Möglichkeiten zu erschöpfen, wäre weiterhin der Zündabstand von 480⁰ zwischen den Elementen, der im vorangehenden Beispiel nicht vorkommt, mit dem Zündabstand von 60⁰ im Element (Fall 60⁰—60⁰, 480⁰) zu verketten, wie Abb. 721 zeigt, sodann die Fälle 420⁰—420⁰, 120⁰ und 420⁰—420⁰, 480⁰ zu behandeln (s. Abb. 722, 723).

Die Belastung des Mittellagers IV erhält man aus zwei Endlagerdiagrammen, die um 360⁰ gegenseitig versetzt sind. Die Summierung zweier zusammengehöriger Vektoren und die Gesamtbahn, die sich während des Viertaktspiels wiederholt, gehen aus Abb. 724 hervor. Die Massenkräfte spielen augenscheinlich eine wichtige Rolle, wie der Vergleich

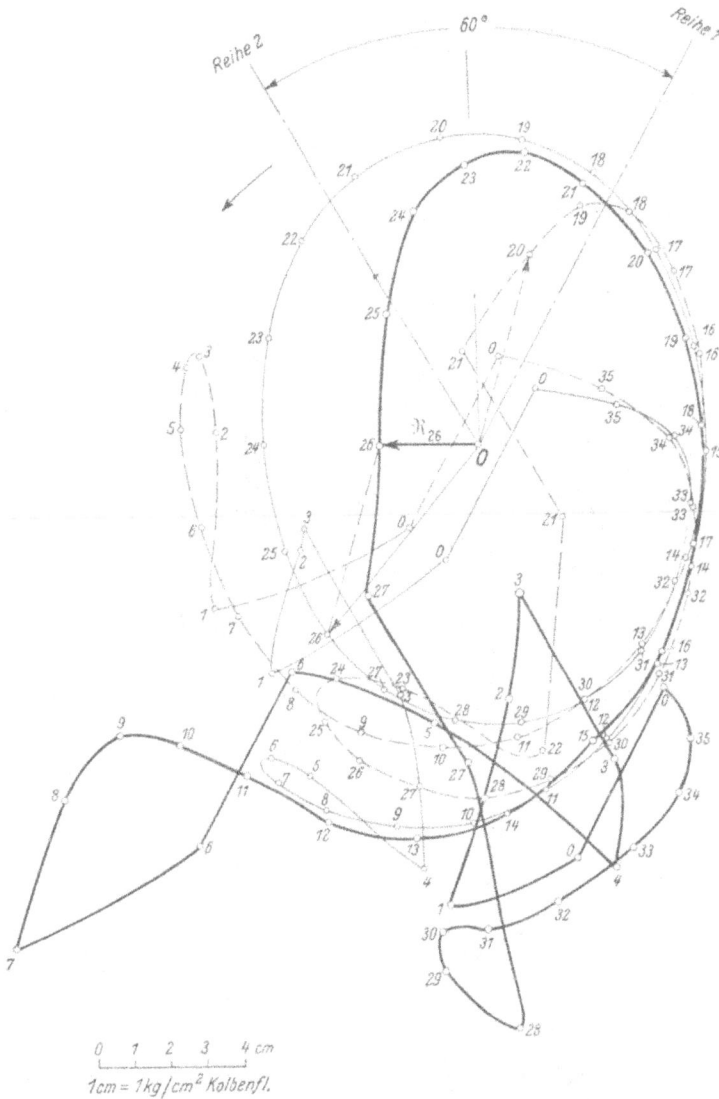

Abb. 720. Belastung der Zwischenlager III und V, Fall 60° — 420°, 120°.

mit Abb. 716 bestätigt. Wie beim Einreihenmotor hat eine Änderung der Reihenfolge der Zündungen keine Rückwirkung auf das Mittellager. Man hätte auch in anderer Weise vorgehen können, wie folgt: Aufsuchung des Lagerdrucks aus den Zylindern *3* und *4* einer der Reihen,

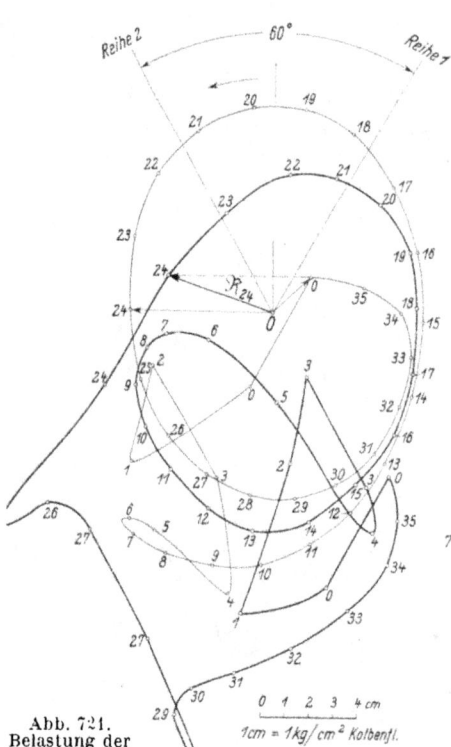

Abb. 721.
Belastung der
Zwischenlager,
ll 60°—60°, 480°.

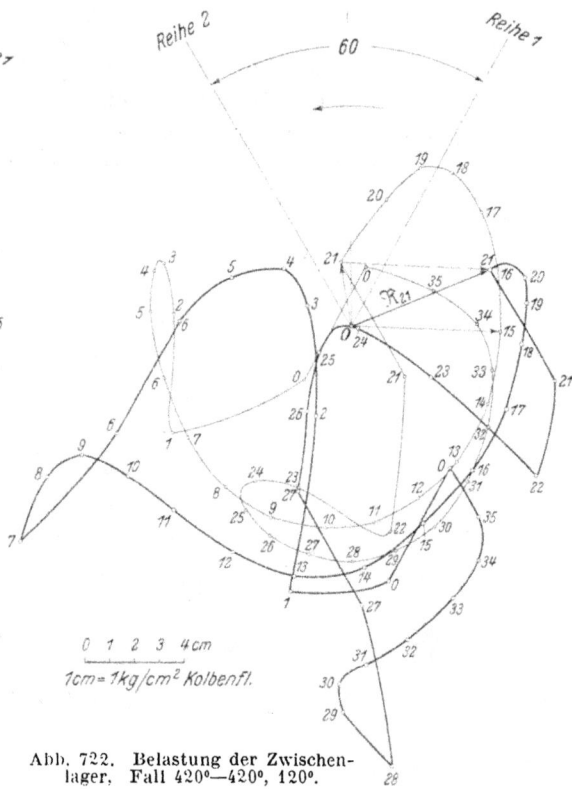

$0\ 1\ 2\ 3\ 4\,cm$
$1cm = 1kg/cm^2\ Kolbenfl.$

Abb. 722. Belastung der Zwischenlager, Fall 420°—420°, 120°.

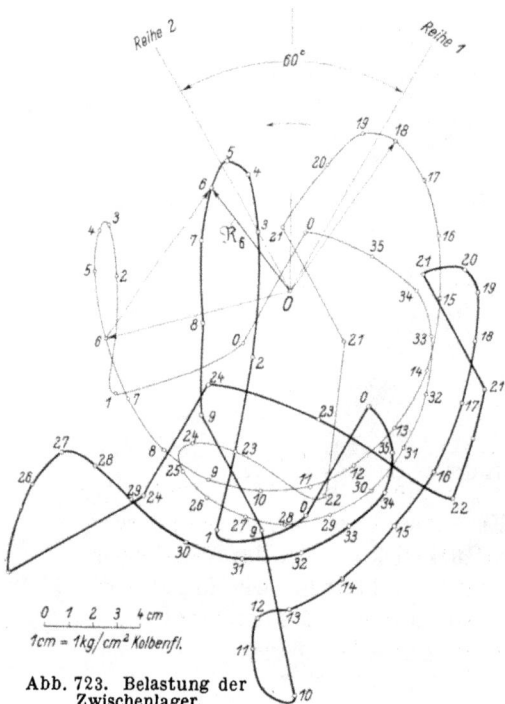

$0\ 1\ 2\ 3\ 4\,cm$
$1cm = 1kg/cm^2\ Kolbenfl.$

Abb. 723. Belastung der
Zwischenlager,
Fall 420° — 420°, 480°.

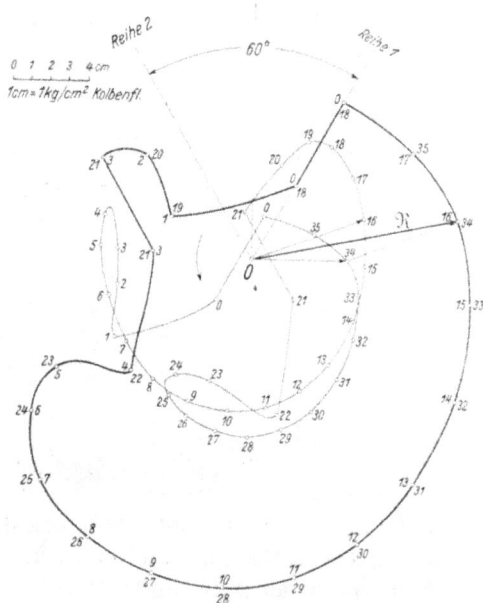

$0\ 1\ 2\ 3\ 4\,cm$
$1cm = 1kg/cm^2\ Kolbenfl.$

Abb. 724. Belastung des Mittellagers IV.

z. B. *1*, mit 360⁰ Zündabstand mit Hilfe der Grundkurve im Polardiagramm Abb. 709; Einzeichnung der beiden gleichen Kurvenzüge für Reihe *1* und Reihe *2* lagerecht zu den Zylinderachsen; Summierung der

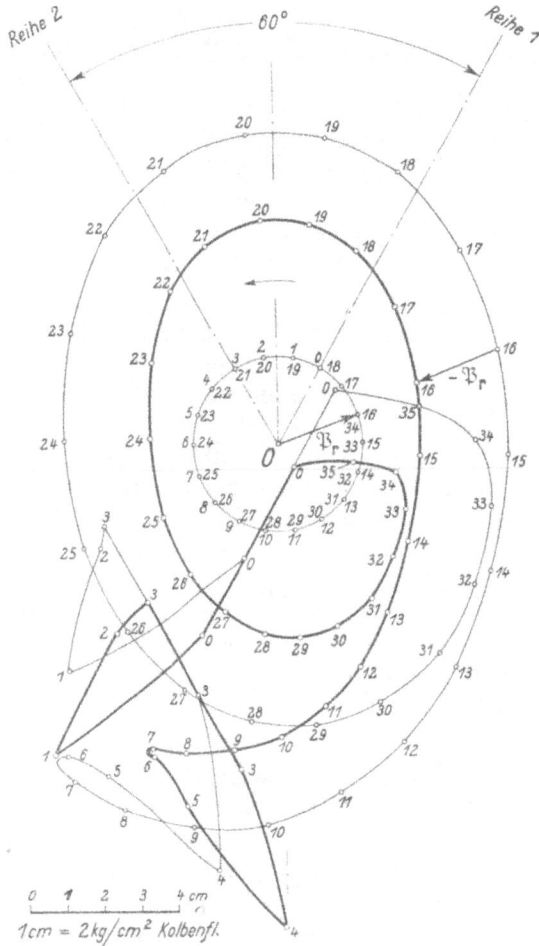

Abb. 725. Belastung des Pleuellagers des V-Motors.

Vektoren nach Maßgabe der Zündabstände von Zylinder *3* der Reihe *1* und Zylinder *3* der Reihe *2*, der in unserem Falle 420⁰ beträgt.

γ) Der Vergleich der Zündfolgen hinsichtlich der Belastung der Wellenlager läßt aussprechen: Das Auftreten von 60⁰ Zündabstand im Gabelelement und 120⁰ zwischen den Gabelelementen führt zu auffallenden Belastungsspitzen, die dicht aufeinander folgen und von der unteren Lagerhälfte aufzunehmen sind. Eine Milderung der Höhe und der Zeit nach tritt bei den mit $I_1 6_2$ beginnenden Zündfolgen und bei der Kombination von 420⁰ mit 120⁰ ein. Auf andere Zylinderzahlen verallgemeinernd, läßt sich sagen:

Es sind die Zündfolgen, die mit $I_1 I_2$ anfangen, lagertechnisch ungünstiger als die Folgen, die mit $I_1 \left(\dfrac{z}{2}\right)_2$ angehen.

δ) **Belastung des Pleuellagers am Kurbelzapfen.** Maßgebend hierfür ist allein der Zündungswechsel im zweizylindrigen Element, sofern die Pleuelköpfe in einer Ebene, also nicht nebeneinander liegen. Unter Verwertung der schon vorliegenden Belastungskurve für das Wellenendlager braucht man nur davon die Fliehkraft der Kröpfung abzuziehen, die $P_r = 4{,}77$ kg/cm² Kolbenfläche betragen soll und jeweils in Richtung der Kurbel wirksam ist. Das entstehende Polardiagramm ist auf die feststehende Wellenachse bezogen.

Es wird in Abb. 725 der Kurvenzug aus Abb. 717, in dem nunmehr 1 cm $=$ 2 kg/cm² Kolbenfläche ist, übernommen und für jede Stellung der Kurbel die Strecke $\mathfrak{P}_r$ von außen nach innen abgetragen, z. B. in der Stellung *16* die Strecke $\overline{16-16}$. Die Belastung des Pleuellagers und Kurbelzapfens durch die Gas- und Massenkräfte ist hoch; man bevorzugt deshalb solche Zündfolgen, bei denen die Zünddrücke unter möglichst großem Zeitabstand auf den Kurbelzapfen gelangen. Insofern sind alle jene Zündfolgen, die mit $I_1 I_2$ angehen, ungünstig, besser jene, die beim Zwölfzylinder mit $I_1 6_2$ und allgemein mit $I_1 \left(\dfrac{z}{2}\right)_2$ beginnen.

Soll bei keinem der 6 Pleuellager der Zündabstand von 60⁰ erscheinen, so scheiden die Ziffernpaare $I_1 - I_2$, $2_1 - 2_2$, $3_1 - 3_2$, $4_1 - 4_2$, $5_1 - 5_2$, $6_1 - 6_2$ aus und es bleiben von den 2×32 Zündfolgen des Zwölfzylinders nur 2×4 übrig.

Polardiagramme der Lagerbelastungen von Flugmotoren in V- und W-Form, jedoch nur für eine Zündfolge, bringt Angle [119].

Bezüglich des Einflusses der angelenkten **Nebenstange** auf die Lagerbelastung sei auf die Untersuchung von Prescott-Poole [109], die sich allerdings auf eine einzige Zündfolge eines Schnelläufers beschränkt, verwiesen. Die Änderung der Lastverteilung bei ungleichwertigen Stangen ist nicht beträchtlich.

Was die Lagerkräfte bei **Zweitaktmotoren** anlangt, so erhielte man ein ungefähres Bild des Verlaufs für einen Zylinder anknüpfend an den Viertaktmotor, wenn man z. B. in Abb. 706 den Kurventeil für Auspuff- und Saughub, der von den Massenkräften beherrscht wird, ausscheidet.

D. Vereinfachtes Verfahren der Auslese.

Aufbauend auf der Erkenntnis, daß benachbarte Zylinder in möglichst großen zeitlichen Abständen zünden sollen, um die Zeitdauer hoher Belastung abzukürzen und die Belastung insbesondere der Zwischenlager zu verringern, was zugleich größere räumliche Abstände der zündenden Zylinder längs der Welle mit sich bringt, wird man der bei der Sichtung der Zündfolgen zu lösenden Aufgabe die Fassung geben:

Es sind bei Einreihen- und Gabelmotoren jene Zündfolgen ausfindig zu machen, bei welchen die zündenden Zylinder in möglichst weiten, unter sich nicht allzu ungleichen räumlichen Abständen längs der Welle liegen.

Man wird das Augenmerk auf jene Zündfolgen richten, die bereits den Forderungen der Kippmomentenfreiheit, kleiner innerer Momente, resonanzfreier Gebiete bei Drehschwingungen Genüge leisten.

Das Intervall zwischen zwei in der Zündfolge einander ablösenden Zylindern, das durch den zahlenmäßigen Unterschied der Ziffern zum Ausdruck kommt, bildet ein Maß für die Erfüllung der aufgestellten Forderung. Nach Anschreiben der Zündfolge bildet man die Differenz der benachbarten Ziffern; die entstehenden Zahlenwerte, die man unter der Zündfolge in die Zwischenräume eintragen oder gedanklich einfügen kann, sind um so brauchbarer, je höher sie sind. Wenn irgendwie möglich, sollte man bei Einreihenmotoren die Zündfolge, in der die Differenzzahl *1* erscheint, meiden, was allein bei Vorhandensein einer Anzahl von Zündfolgen durchführbar ist; bei Gabelmotoren sind die Folgen mit einander ablösenden Zylindern in gleicher Ebene mit Rücksicht auf das Pleuellager auszuscheiden. In diesem Sinn wird die nachfolgende Sichtung durchgeführt. Die Hinweise auf die Massenkippmomente nehmen Bezug auf den Inhalt des Buches [56].

1. Einreihenmotoren.

a) Viertakt.

Der zweizylindrige Motor hat eindeutige Zündfolge.

Dreizylindermotor. Möglich ist allein:

$$1 \ _1 2 \ _1 3 \ _2 1 \ldots \text{ oder } 1 \ _2 3 \ _1 2 \ _1 1 \ldots$$

Die Zündfolgen sind gleichwertig.

Vierzylindermotor. Die aus Abb. 560 ablesbaren Folgen

$$1 \ _1 2 \ _2 4 \ _1 3 \ _2 1 \ldots \qquad 1 \ _2 3 \ _1 4 \ _2 2 \ _1 1 \ldots$$

stehen auf gleicher Stufe.

Fünfzylindermotor. Es kommen in Betracht aus Abb. 726, 727, 728:

$$1 \ _2 3 \ _2 5 \ _1 4 \ _2 2 \ _1 1 \ldots \qquad 1 \ _2 3 \ _2 5 \ _3 2 \ _2 4 \ _3 1 \ldots$$
$$1 \ _3 4 \ _1 5 \ _2 3 \ _1 2 \ _1 1 \ldots$$

Am besten wäre *1 3 5 2 4*; ihrer Verwendung steht ungünstiges Kipp-moment im Wege. Danach folgt *1 3 5 4 2*, zugleich mit kleinstem Moment und günstigen Drehschwingungsverhältnissen; schlechter ist *1 4 5 3 2*. Die Zündfolgen aus spiegelbildlicher Bezifferung des Sterns führen auf gleiches Ergebnis.

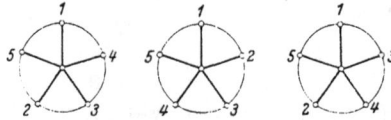

Abb. 726, 727, 728. Kurbelbezifferung des Viertakt-Fünfzylinders.

Sechszylindermotor. Abb. 567 und 569 führen auf die Zünd-folgen, die sich bereits auf S. 186 finden:

$$1\,_1\,2\,_1\,3\,_3\,6\,_1\,5\,_1\,4\,_3\,1\ldots \qquad 1\,_3\,4\,_1\,5\,_1\,6\,_3\,3\,_1\,2\,_1\,1\ldots$$
$$1\,_1\,2\,_2\,4\,_2\,6\,_1\,5\,_2\,3\,_2\,1\ldots \qquad 1\,_2\,3\,_2\,5\,_1\,6\,_2\,4\,_2\,2\,_1\,1\ldots$$
$$1\,_4\,5\,_2\,3\,_3\,6\,_4\,2\,_2\,4\,_3\,1\ldots \qquad 1\,_3\,4\,_2\,2\,_4\,6\,_3\,3\,_2\,5\,_4\,1\ldots$$
$$1\,_4\,5\,_1\,4\,_2\,6\,_4\,2\,_1\,3\,_2\,1\ldots \qquad 1\,_2\,3\,_1\,2\,_4\,6\,_2\,4\,_1\,5\,_4\,1\ldots$$

Wie ersichtlich, wiederholen sich die Intervallziffern in jeder Folge; ihre eine Hälfte kennzeichnet bereits die Zündfolge. Es scheiden alle Folgen mit dem Zwischenraum *1*, bei denen zuerst die Zylinder der einen Motorhälfte, sodann jene der zweiten zünden, aus und es bleibt übrig:

$$1\ 5\ 3\ 6\ 2\ 4 \qquad 1\ 4\ 2\ 6\ 3\ 5;$$

sie sind gleichwertig. Die zweite entsteht bei gleichem Drehsinn der Welle, wenn in Abb. 567 die Kurbelpaare *2, 5* und *3, 4* vertauscht werden und Abb. 569 entsteht oder in Abb. 567 der Wellendrehsinn sich um-kehrt. Das etwas verschiedene Verhalten der beiden Folgen bei der Gemischverteilung wird im Abschnitt X besprochen. In bezug auf das Verhalten bei Drehschwingungen wäre *1 3 5 6 4 2* am geeignetsten, wie im Abschnitt VII gezeigt wurde.

Siebenzylindermotor. Abb. 729, 730 und 731 liefern:

$$1\,_6\,7\,_4\,3\,_3\,6\,_2\,4\,_2\,2\,_3\,5\,_4\,1\ldots$$
$$1\,_2\,3\,_2\,5\,_2\,7\,_1\,6\,_2\,4\,_2\,2\,_1\,1\ldots$$
$$1\,_3\,4\,_2\,6\,_1\,5\,_2\,7\,_5\,2\,_1\,3\,_2\,1\ldots$$

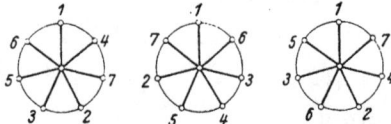

Abb. 729, 730, 731. Kurbelbezifferung des Viertakt-Siebenzylinders.

Die erste Folge als die günstigste hat zugleich kleinstes Kippmoment 1. Ordnung und kleine innere Momente; danach käme die zweite Folge. Auf gleicher Stufe stehen: *1 5 2 4 6 3 7* und *1 2 4 6 7 5 3*.

Achtzylindermotor. Die aus Abb. 570 bis 575 ablesbaren Zündfolgen sind auf S. 186 aufgezählt. Von ihnen sollen nun jene mit brauchbaren Zwischenabständen zusammengestellt werden, nämlich:

$$1\ _3\ 4\ _2\ 6\ _4\ 2\ _6\ 8\ _3\ 5\ _2\ 3\ _4\ 7\ _6\ 1\ldots$$
$$1\ _2\ 3\ _2\ 5\ _3\ 2\ _6\ 8\ _2\ 6\ _2\ 4\ _3\ 7\ _6\ 1\ldots$$
$$1\ _5\ 6\ _2\ 4\ _2\ 2\ _6\ 8\ _5\ 3\ _2\ 5\ _2\ 7\ _6\ 1\ldots$$
$$1\ _2\ 3\ _4\ 7\ _3\ 4\ _4\ 8\ _2\ 6\ _4\ 2\ _3\ 5\ _4\ 1\ldots$$
$$1\ _2\ 3\ _4\ 7\ _2\ 5\ _3\ 8\ _2\ 6\ _4\ 2\ _2\ 4\ _3\ 1\ldots$$
$$1\ _5\ 6\ _4\ 2\ _2\ 4\ _4\ 8\ _5\ 3\ _4\ 7\ _2\ 5\ _4\ 1\ldots$$
$$1\ _5\ 6\ _4\ 2\ _3\ 5\ _3\ 8\ _5\ 3\ _4\ 7\ _3\ 4\ _3\ 1\ldots$$

Die Zündfolgen der spiegelbildlichen Form und Bezifferung des Kurbelsterns, die sich aus den vorangehenden Zündfolgen durch Ablesen von rechts nach links ergeben, sind:

$$1\ _6\ 7\ _4\ 3\ _2\ 5\ _3\ 8\ _6\ 2\ _4\ 6\ _2\ 4\ _3\ 1\ldots$$
$$1\ _6\ 7\ _3\ 4\ _2\ 6\ _2\ 8\ _6\ 2\ _3\ 5\ _2\ 3\ _2\ 1\ldots$$
$$1\ _6\ 7\ _2\ 5\ _2\ 3\ _5\ 8\ _6\ 2\ _2\ 4\ _2\ 6\ _5\ 1\ldots$$
$$1\ _4\ 5\ _3\ 2\ _4\ 6\ _2\ 8\ _4\ 4\ _3\ 7\ _4\ 3\ _2\ 1\ldots$$
$$1\ _3\ 4\ _2\ 2\ _4\ 6\ _2\ 8\ _3\ 5\ _2\ 7\ _4\ 3\ _2\ 1\ldots$$
$$1\ _4\ 5\ _2\ 7\ _4\ 3\ _5\ 8\ _4\ 2\ _2\ 4\ _6\ 5\ _1\ 1\ldots$$
$$1\ _3\ 4\ _3\ 7\ _4\ 3\ _5\ 8\ _3\ 5\ _3\ 2\ _4\ 6\ _5\ 1\ldots$$

Als Prüfstein für die engere Auswahl dienen die inneren Momente der Wellenhälften (s. Abschnitt VI, C, 2, d), und die Eigenheiten der Gemischverteilung (s. Abschnitt X). Die 2 letzten Folgen der vorstehenden Gruppen sind im Vorteil:

$$1\ 6\ 2\ 4\ 8\ 3\ 7\ 5 \qquad 1\ 5\ 7\ 3\ 8\ 4\ 2\ 6$$
$$1\ 6\ 2\ 5\ 8\ 3\ 7\ 4 \qquad 1\ 4\ 7\ 3\ 8\ 5\ 2\ 6.$$

Was die resonanzfreien Gebiete bei Drehschwingungen anlangt, stehen dagegen die Zündfolgen *1 3 5 7 8 6 4 2* und *1 2 4 6 8 7 5 3* an der Spitze.

Man könnte die Forderung gleichmäßigen Wechsels der Lagerbelastung aus den Zünddrücken weitertreiben und verlangen: Der Zwischenraum zwischen einem Zylinder und dem dritten in der Zündung folgenden Zylinder soll möglichst groß sein, jedenfalls > 1. Dann würden unter den 14 Zündfolgen die nachstehenden den Vorzug verdienen:

$$\overset{2}{\frown}\ \overset{3}{\frown}\ \overset{2}{\frown}\ \overset{3}{\frown}$$
$$1\ 4\ 6\ 2\ 8\ 5\ 3\ 7\ \ 1\ 4\ldots \qquad 1\ 7\ 3\ 5\ 8\ 2\ 6\ 4\ \ 1\ 7\ldots$$
$$\underset{5}{\smile}\ \underset{2}{\smile}\ \underset{5}{\smile}\ \underset{2}{\smile} \qquad\qquad \underset{2}{\smile}\ \underset{5}{\smile}\ \underset{2}{\smile}\ \underset{5}{\smile}$$

Die Intervalle sind eingetragen.

Neunzylindermotor. Von den Zündfolgen mit kleinem Gesamtmoment 1. Ordnung und mit den angeschriebenen relativen Lagerabständen:

$$1 \;_2 3 \;_2 5 \;_2 7 \;_2 9 \;_1 8 \;_2 6 \;_2 4 \;_2 2 \;_1 1 \ldots$$
$$1 \;_6 7 \;_2 5 \;_2 3 \;_6 9 \;_3 6 \;_4 2 \;_6 8 \;_4 4 \;_3 1 \ldots$$
$$1 \;_8 9 \;_3 6 \;_1 7 \;_1 8 \;_3 5 \;_3 2 \;_1 3 \;_1 4 \;_3 1 \ldots,$$

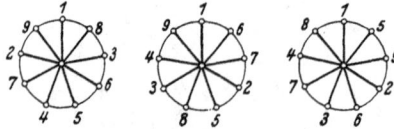

Abb. 732, 733, 734. Kurbelbezifferung des Viertakt-Neunzylinders.

die sich aus den Kurbelsternen Abb. 732, 733 und 734 ablesen lassen, weist die mittlere die größeren Abstände auf, sodann kommt die erste Folge. Die inneren Momente der Teilwellen sind für die erste Welle am größten, für die letzte am kleinsten. Gleiches gilt von den Zündfolgen für spiegelbildliche Bezifferung der Kurbelsterne; sie erscheinen als die umgekehrten Reihenfolgen der oben angeschriebenen Ziffernreihen.

Zehnzylindermotor. Legt man die Bezifferung Abb. 735 zugrunde, so lauten die zugehörigen 16 Zündfolgen:

$$1 \quad 4 \;_1 3 \quad 2 \quad 5 \quad 10 \quad 7 \quad 8 \quad 9 \quad 6 \quad 1\ldots$$
$$1 \quad 4 \;_1 3 \quad 2 \quad 6 \quad 10 \quad 7 \quad 8 \quad 9 \quad 5 \quad 1\ldots$$
$$1 \quad 4 \;_1 3 \quad 9 \quad 5 \quad 10 \quad 7 \quad 8 \quad 2 \quad 6 \quad 1\ldots$$
$$1 \quad 4 \;_1 3 \quad 9 \quad 6 \quad 10 \quad 7 \quad 8 \quad 2 \quad 5 \quad 1\ldots$$
$$1 \;_3 4 \;_4 8 \;_6 2 \;_3 5 \;_5 10 \;_3 7 \;_4 3 \;_6 9 \;_3 6 \;_5 1\ldots$$
$$1 \;_3 4 \;_4 8 \;_6 2 \;_4 6 \;_4 10 \;_3 7 \;_4 3 \;_6 9 \;_4 5 \;_4 1\ldots$$
$$1 \quad 4 \quad 8 \;_1 9 \quad 5 \quad 10 \quad 7 \quad 3 \quad 2 \quad 6 \quad 1\ldots$$
$$1 \quad 4 \quad 8 \;_1 9 \quad 6 \quad 10 \quad 7 \quad 3 \quad 2 \quad 5 \quad 1\ldots$$
$$1 \quad 7 \quad 3 \;_1 2 \quad 5 \quad 10 \quad 4 \quad 8 \quad 9 \quad 6 \quad 1\ldots$$
$$1 \quad 7 \quad 3 \;_1 2 \quad 6 \quad 10 \quad 4 \quad 8 \quad 9 \quad 5 \quad 1\ldots$$
$$1 \;_6 7 \;_4 3 \;_6 9 \;_4 5 \;_5 10 \;_6 4 \;_4 8 \;_6 2 \;_4 6 \;_5 1\ldots$$
$$1 \;_6 7 \;_4 3 \;_6 9 \;_3 6 \;_4 10 \;_6 4 \;_4 8 \;_6 2 \;_3 5 \;_4 1\ldots$$
$$1 \quad 7 \;_1 8 \quad 2 \quad 5 \quad 10 \quad 4 \quad 3 \quad 9 \quad 6 \quad 1\ldots$$
$$1 \quad 7 \;_1 8 \quad 2 \quad 6 \quad 10 \quad 4 \quad 3 \quad 9 \quad 5 \quad 1\ldots$$
$$1 \quad 7 \;_1 8 \quad 9 \quad 5 \quad 10 \quad 4 \quad 3 \quad 2 \quad 6 \quad 1\ldots$$
$$1 \quad 7 \;_1 8 \quad 9 \quad 6 \quad 10 \quad 4 \quad 3 \quad 2 \quad 5 \quad 1\ldots$$

Abb. 735. Kurbelbezifferung des Viertakt-Einreihen-Zehnzylinders.

Nach Ausschaltung der Zündfolgen mit dem Zwischenraum *1* verbleiben 4 Folgen mit gleich großen inneren Momenten; sie sind unterstrichen. Hinzu kommen die 4 Zündfolgen aus spiegelbildlicher Bezifferung des Sterns.

In ähnlicher Weise ließen sich der Elfzylinder- und der Zwölfzylindermotor durchprüfen.

b) Zweitakt.

Die Zündfolgen weichen von jenen für Viertakt ab, selbst in den Fällen mit ungeraden Zylinderzahlen, in denen der Kurbelstern unverändert bleibt und gleich beziffert ist; denn der Zündabstand δ ist halb so groß wie bei Viertakt.

Der Zweizylindermotor hat eindeutige Zündfolge.

Dreizylindermotor. Die Folgen $1_2 3_1 2_1 1 \ldots$ und $1_1 2_1 3_2 1 \ldots$ sind gleichwertig.

Vierzylindermotor. Die Zündfolgen

$$1_1 2_2 4_1 3_2 1 \ldots$$
$$1_2 3_1 4_2 2_1 1 \ldots,$$

aus Abb. 590 und 589 ablesbar, stehen auf gleicher Stufe.

Fünfzylindermotor. Behält man die Bezifferung für kleinstes Kippmoment M_I bei (Abb. 726), so lautet die Zündfolge:

$$1_3 4_1 3_1 2_3 5_4 1 \ldots;$$

sie ist hinsichtlich der Drehschwingungen nicht günstig. Nimmt man die Zündfolge in Abb. 736:

$$1_2 3_2 5_1 4_2 2_1 1 \ldots$$

mit den beigefügten Zwischenabständen und mit resonanzfreien Drehzahlgebieten, so ist die Welle mit starken Kippmomenten behaftet.

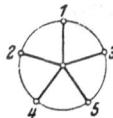

Abb. 736. Kurbelbezifferung des Zweitakt-Fünfzylinders.

Sechszylindermotor. Der Sternbezifferung in Abb. 595 mit Gesamtmoment $M_I = 0$ (s. S. 196) entspricht die Zündfolge:

$$1_4 5_2 3_1 4_2 2_4 6_5 1 \ldots$$

Abb. 596 gibt:

$$1_3 4_1 5_3 2_1 3_3 6_5 1 \ldots$$

Erstere dürfte für die Lagerbelastung etwas günstiger sein. Auf gleicher Stufe stehen die spiegelbildlichen Bezifferungen und Zündfolgen.

Siebenzylindermotor. Die Sternbezifferung für kleinstes Gesamtmoment 1. Ordnung M_I in Abb. 729 hat die Zündfolge:

$$1_3 4_3 7_5 2_1 3_2 5_1 6_5 1 \ldots;$$

ferner Abb. 730:

$$1_5 6_3 3_1 4_1 5_3 2_5 7_6 1 \ldots$$

Letztere ist keineswegs geeigneter als erstere. Die Spiegelbilder haben gleiche Lagerbelastung.

Achtzylindermotor. Zu Abb. 737 gehört die Zündfolge:

$$1\ _6\ 7\ _4\ 3\ _2\ 5\ _1\ 4\ _2\ 6\ _4\ 2\ _6\ 8\ _7\ 1 \ldots$$

und zu Abb. 738:

$$1\ _2\ 3\ _4\ 7\ _2\ 5\ _1\ 4\ _2\ 2\ _4\ 6\ _2\ 8\ _7\ 1 \ldots$$

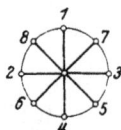

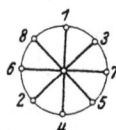

Abb. 737, 738. Kurbelbezifferung des Zweitakt-Achtzylinders.

Die erste wäre zu bevorzugen. Hinzu kommen die spiegelbildlichen Sterne mit derselben Belastungsverteilung.

Neunzylindermotor. Zu Abb. 732 gehört:

$$1\ _7\ 8\ _5\ 3\ _3\ 6\ _1\ 5\ _1\ 4\ _3\ 7\ _5\ 2\ _7\ 9\ _8\ 1 \ldots,$$

zu Abb. 733:

$$1\ _5\ 6\ _1\ 7\ _5\ 2\ _3\ 5\ _3\ 8\ _5\ 3\ _1\ 4\ _5\ 9\ _8\ 1 \ldots$$

und zu Abb. 734:

$$1\ _4\ 5\ _4\ 9\ _7\ 2\ _4\ 6\ _3\ 3\ _4\ 7\ _3\ 4\ _4\ 8\ _7\ 1 \ldots$$

Letztere gewährt größere Intervalle.

Zehnzylindermotor. Abb. 739 gibt:

$$1\ _6\ 7\ _3\ 4\ _6\ 10\ _7\ 3\ _3\ 6\ _4\ 2\ _7\ 9\ _4\ 5\ _3\ 8\ _7\ 1 \ldots$$

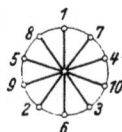

Abb. 739. Kurbelbezifferung des Zweitakt-Einreihen-Zehnzylinders.

Diese Folge belastet die Lagerstellen gleichmäßiger als die nachstehenden Folgen:

$$1\ _6\ 7\ _4\ 3\ _6\ 9\ _4\ 5\ _1\ 6\ _4\ 2\ _6\ 8\ _4\ 4\ _6\ 10\ _9\ 1 \ldots$$
$$1\ _3\ 4\ _2\ 6\ _3\ 9\ _6\ 3\ _5\ 8\ _6\ 2\ _3\ 5\ _2\ 7\ _3\ 10\ _9\ 1 \ldots$$

Dasselbe gilt hinsichtlich der Zündfolgen aus spiegelbildlicher Bezifferung.

Der Zwölfzylindermotor gibt mit Abb. 740, für welche $M_\mathrm{I} = 0$ und $M_i = 0$ sind, die Zündfolge:

$$1\ _6\ 7\ _2\ 5\ _6\ 11\ _8\ 3\ _6\ 9\ _5\ 4\ _6\ 10\ _8\ 2\ _6\ 8\ _2\ 6\ _6\ 12\ _{11}\ 1 \ldots$$

mit brauchbarer Lastverteilung auf die Lager.

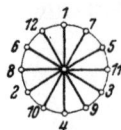

Abb. 740. Kurbelbezifferung des Zweitakt-Einreihen-Zwölfzylinders.

2. V-Motoren.

a) **Viertakt.** Der im Unterabschnitt C aufgestellten Forderung, daß zwei in derselben Ebene senkrecht zur Kurbelwelle liegende Zylinder nicht nacheinander zünden sollen, ist besondere Beachtung zu schenken. Während sie sich bei symmetrischen Wellen im allgemeinen erfüllen läßt, ist diese unerwünschte Belastungsart bei teilsymmetrischen Wellen nicht zu umgehen. Man wird dann solchen Zündfolgen den Vorzug geben, in denen keine Wiederholung der »Zündung im Element« stattfindet, um das mehrfache Auftreten paarweiser Kraftstöße zu meiden. Die Bezifferung der Kurbelsterne und die Gabelwinkel finden sich in den Abb. 462 bis 482. Auf Anschreibung der verhältnismäßigen Zündabstände wird verzichtet; die Zeiger an den Ziffern geben die Zylinderreihen an. Über Zündfolge, Kurbelstern und Wellendrehsinn geben S. 112 uf. Auskunft.

2×2 **Zylinder.** Die zwei Zündfolgen aus Abb. 466:

$$1_1 \ 1_2 \ 2_1 \ 2_2 \quad \text{und} \quad 1_1 \ 2_2 \ 2_1 \ 1_2$$

sind gleichwertig.

2×3 **Zylinder.** Abb. 468 gibt:

Welle edul	Welle mul
$1_1 \ 1_2 \ 2_1 \ 2_2 \ 3_1 \ 3_2$	$1_1 \ 3_2 \ 3_1 \ 2_2 \ 2_1 \ 1_2$
$1_1 \ 1_2 \ 3_2 \ 2_2 \ 3_1 \ 2_1$	$1_1 \ 2_1 \ 3_1 \ 2_2 \ 3_2 \ 1_2$
$1_1 \ 3_1 \ 2_1 \ 2_2 \ 1_2 \ 3_2$	$1_1 \ 3_2 \ 1_2 \ 2_2 \ 2_1 \ 3_1$
$1_1 \ 3_1 \ 3_2 \ 2_2 \ 1_2 \ 2_1$	$1_1 \ 2_1 \ 1_2 \ 2_2 \ 3_2 \ 3_1$.

Die dritte und vierte Folge in beiden Gruppen sind den andern vorzuziehen.

Spiegelbildliche Bezifferung der Kurbeln nach Abb. 469 führt auf Abb. 470 und auf Zündfolgegruppen, aus denen die nachfolgenden zwei noch angehen:

$$1_1 \ 2_1 \ 2_2 \ 3_2 \ 1_2 \ 3_1 \qquad 1_1 \ 3_1 \ 1_2 \ 3_2 \ 2_2 \ 2_1.$$

2×4 **Zylinder. 1. Symmetrische Welle.** Von den aus Abb. 463 hervorgehenden und auf S. 111 aufgezählten 8 Möglichkeiten bleiben nach Ausscheidung der Folgen mit Paaren gleicher Zylinderziffern die beiden:

Welle edul	Welle mul
$1_1 \ 4_2 \ 3_1 \ 2_2 \ 4_1 \ 1_2 \ 2_1 \ 3_2$	$1_1 \ 3_2 \ 2_1 \ 1_2 \ 4_1 \ 2_2 \ 3_1 \ 4_2$
$1_1 \ 4_2 \ 2_1 \ 3_2 \ 4_1 \ 1_2 \ 3_1 \ 2_2$	$1_1 \ 2_2 \ 3_1 \ 1_2 \ 4_1 \ 3_2 \ 2_1 \ 4_2$.

2. Teilsymmetrische Kreuzwelle. Es wurde im Abschnitt VI, C, 2 gefunden, daß die Bezifferung der Vierkurbelwelle so lautet, wie sie vorausgreifend schon in Abb. 471 und 473 eingetragen ist. Die daraus entspringenden Zündfolgen für Welle edul sind nachstehend ausführlich angeschrieben:

$$* \ 1_1 \ 1_2 \ 2_2 \ 4_2 \ 3_2 \ 2_1 \ 4_1 \ 3_1$$
$$1_1 \ 1_2 \ 2_2 \ 3_1 \ 3_2 \ 2_1 \ 4_1 \ 4_2$$
$$1_1 \ 1_2 \ 4_1 \ 4_2 \ 3_2 \ 2_1 \ 2_2 \ 3_1$$
$$1_1 \ 1_2 \ 4_1 \ 3_1 \ 3_2 \ 2_1 \ 2_2 \ 4_2$$
$$* \ 1_1 \ 2_1 \ 2_2 \ 4_2 \ 3_2 \ 1_2 \ 4_1 \ 3_1$$
$$1_1 \ 2_1 \ 2_2 \ 3_1 \ 3_2 \ 1_2 \ 4_1 \ 4_2$$
$$* \ 1_1 \ 2_1 \ 4_1 \ 4_2 \ 3_2 \ 1_2 \ 2_2 \ 3_1$$
$$* \ 1_1 \ 2_1 \ 4_1 \ 3_1 \ 3_2 \ 1_2 \ 2_2 \ 4_2.$$

Ferner:

$$* \ 1_1 \ 1_2 \ 3_2 \ 4_2 \ 2_2 \ 3_1 \ 4_1 \ 2_1$$
$$1_1 \ 1_2 \ 3_2 \ 2_1 \ 2_2 \ 3_1 \ 4_1 \ 4_2$$
$$1_1 \ 1_2 \ 4_1 \ 4_2 \ 2_2 \ 3_1 \ 3_2 \ 2_1$$
$$1_1 \ 1_2 \ 4_1 \ 2_1 \ 2_2 \ 3_1 \ 3_2 \ 4_2$$
$$* \ 1_1 \ 3_1 \ 3_2 \ 4_2 \ 2_2 \ 1_2 \ 4_1 \ 2_1$$
$$1_1 \ 3_1 \ 3_2 \ 2_1 \ 2_2 \ 1_2 \ 4_1 \ 4_2$$
$$* \ 1_1 \ 3_1 \ 4_1 \ 4_2 \ 2_2 \ 1_2 \ 3_2 \ 2_1$$
$$* \ 1_1 \ 3_1 \ 4_1 \ 2_1 \ 2_2 \ 1_2 \ 3_2 \ 4_2.$$

Ist der Wellendrehsinn m. d. U., so braucht man nur die vorstehenden Zündfolgen von der rechten Seite nach links zu lesen.

Das Zünden zweier Zylinder in einer Ebene dicht hintereinander ist unvermeidlich; die Folgen, in denen dies nur einmal vorkommt, sind mit einem »*« hervorgehoben.

2×5 Zylinder. Es scheiden von den 16 Zündfolgen aus Abb. 476, die mit $1_1 \ 1_2$ und mit $1_1 \ 4_1$ beginnen, eine größere Zahl aus und es bleiben:

$$1_1 \ 1_2 \ 4_2 \ 3_2 \ 2_2 \ 5_2 \ 4_1 \ 3_1 \ 2_1 \ 5_1$$
$$1_1 \ 4_1 \ 4_2 \ 3_2 \ 2_2 \ 5_2 \ 1_2 \ 3_1 \ 2_1 \ 5_1$$
$$1_1 \ 4_1 \ 3_1 \ 2_1 \ 5_1 \ 5_2 \ 1_2 \ 4_2 \ 3_2 \ 2_2$$
$$1_1 \ 4_1 \ 3_1 \ 3_2 \ 2_2 \ 5_2 \ 1_2 \ 4_2 \ 2_1 \ 5_1$$
$$1_1 \ 4_1 \ 3_1 \ 2_1 \ 5_1 \ 5_2 \ 1_2 \ 4_2 \ 3_2 \ 2_2.$$

Hinzu treten die spiegelbildlichen Zündfolgen.

2×6 Zylinder. Von den 32 Zündfolgen, die sowohl Abb. 477 mit $\delta_z = 60^0$ als auch Abb. 478 bieten, seien allein jene angeschrieben, die größere Entfernung der zündenden Zylinder, zum mindesten aber keine zwei gleichen Zylinderziffern hintereinander aufweisen.

Welle edul

$$1_1 \ 6_2 \ 2_1 \ 5_2 \ 3_1 \ 4_2 \ 6_1 \ 1_2 \ 5_1 \ 2_2 \ 4_1 \ 3_2$$
$$1_1 \ 6_2 \ 2_1 \ 5_2 \ 4_1 \ 3_2 \ 6_1 \ 1_2 \ 5_1 \ 2_2 \ 3_1 \ 4_2$$
$$1_1 \ 6_2 \ 5_1 \ 2_2 \ 3_1 \ 4_2 \ 6_1 \ 1_2 \ 2_1 \ 5_2 \ 4_1 \ 3_2$$
$$1_1 \ 6_2 \ 5_1 \ 2_2 \ 4_1 \ 3_2 \ 6_1 \ 1_2 \ 2_1 \ 5_2 \ 3_1 \ 4_2.$$

Die Folgen für die Welle mul erscheinen, wenn man den Stern m. d. U. umfährt oder die vorstehenden Zeilen von rechts herein gehend anschreibt.

Für die Grundform der Welle aus Abb. 479 ist Abb. 480 maßgebend; aus ihr entnimmt man die brauchbaren Zündfolgen:

Welle edul

$$1_1 \; 6_2 \; 3_1 \; 4_2 \; 2_1 \; 5_2 \; 6_1 \; 1_2 \; 4_1 \; 3_2 \; 5_1 \; 2_2$$
$$1_1 \; 6_2 \; 3_1 \; 4_2 \; 5_1 \; 2_2 \; 6_1 \; 1_2 \; 4_1 \; 3_2 \; 2_1 \; 5_2$$
$$1_1 \; 6_2 \; 4_1 \; 3_2 \; 2_1 \; 5_2 \; 6_1 \; 1_2 \; 3_1 \; 4_2 \; 5_1 \; 2_2$$
$$1_1 \; 6_2 \; 4_1 \; 3_2 \; 5_1 \; 2_2 \; 6_1 \; 1_2 \; 3_1 \; 4_2 \; 2_1 \; 5_2.$$

Von rechts herein gelesen, entstehen die Zündfolgen für Wellendrehsinn m. d. U.

Legt man die andere Größe $\delta_z = 180^0$ des Gabelwinkels zugrunde, so wird der Aufbau der Zündfolgen ein anderer; Beispiele:

$$1_1 \; 3_2 \; 5_1 \; 6_2 \; 3_1 \; 2_2 \; 6_1 \; 4_2 \; 2_1 \; 1_2 \; 4_1 \; 5_2$$
$$1_1 \; 4_2 \; 5_1 \; 1_2 \; 3_1 \; 5_2 \; 6_1 \; 3_2 \; 2_1 \; 6_2 \; 4_1 \; 2_2.$$

Auf die Betrachtung der Zündfolgen für die teilsymmetrische Sechskurbelwelle sei hier verzichtet.

2×8 Zylinder. Als Auslese der 128 Zündfolgen seien mit Bezug auf Abb. 482 und für Drehsinn der Welle e. d. U. die folgenden gebracht:

$$1_1 \; 8_2 \; 3_1 \; 6_2 \; 4_1 \; 5_2 \; 2_1 \; 7_2 \; 8_1 \; 1_2 \; 6_1 \; 3_2 \; 5_1 \; 4_2 \; 7_1 \; 2_2$$
$$1_1 \; 8_2 \; 3_1 \; 6_2 \; 5_1 \; 4_2 \; 2_1 \; 7_2 \; 8_1 \; 1_2 \; 6_1 \; 3_2 \; 4_1 \; 5_2 \; 7_1 \; 2_2$$
$$1_1 \; 8_2 \; 3_1 \; 6_2 \; 4_1 \; 5_2 \; 7_1 \; 2_2 \; 8_1 \; 1_2 \; 6_1 \; 3_2 \; 5_1 \; 4_2 \; 2_1 \; 7_2$$
$$1_1 \; 8_2 \; 3_1 \; 6_2 \; 5_1 \; 4_2 \; 7_1 \; 2_2 \; 8_1 \; 1_2 \; 6_1 \; 3_2 \; 4_1 \; 5_2 \; 2_1 \; 7_2$$
$$1_1 \; 8_2 \; 6_1 \; 3_2 \; 4_1 \; 5_2 \; 2_1 \; 7_2 \; 8_1 \; 1_2 \; 3_1 \; 6_2 \; 5_1 \; 4_2 \; 7_1 \; 2_2$$
$$1_1 \; 8_2 \; 6_1 \; 3_2 \; 5_1 \; 4_2 \; 2_1 \; 7_2 \; 8_1 \; 1_2 \; 3_1 \; 6_2 \; 4_1 \; 5_2 \; 7_1 \; 2_2$$
$$1_1 \; 8_2 \; 6_1 \; 3_2 \; 4_1 \; 5_2 \; 7_1 \; 2_2 \; 8_1 \; 1_2 \; 3_1 \; 6_2 \; 5_1 \; 4_2 \; 2_1 \; 7_2$$
$$1_1 \; 8_2 \; 6_1 \; 3_2 \; 5_1 \; 4_2 \; 7_1 \; 2_2 \; 8_1 \; 1_2 \; 3_1 \; 6_2 \; 4_1 \; 5_2 \; 2_1 \; 7_2.$$

b) Die im Zweitakt arbeitenden V-Motoren ließen sich in ähnlicher Weise behandeln.

Bisher waren die Zündabstände, bedingt durch Wellengestalt und Gabelwinkel, regelmäßig. Als Beispiel unregelmäßiger Zündungen diene der Viertaktmotor mit schmalem Winkel, Abb. 449 mit der Welle Abb. 450 und 451. Die Zündfolge mit den Abständen 70^0, 90^0, 110^0, 90^0 lautet:

$$1_1 \; 2_1 \; 1_2 \; 2_2 \; 4_1 \; 3_1 \; 4_2 \; 3_2$$

oder:

$$1_1 \; 3_1 \; 4_2 \; 2_2 \; 4_1 \; 2_1 \; 1_2 \; 3_2;$$

die zweite hat verhältnismäßig größere Entfernungen der zündenden Zylinder längs der Welle.

3. W-Motoren.

Viertakt. 3×2 Zylinder. Welle edul; Abb. 484 und 485 liefern 4 Zündfolgen:

$$1_1 \; 1_2 \; 1_3 \; 2_1 \; 2_2 \; 2_3$$
$$1_1 \; 1_2 \; 2_3 \; 2_1 \; 2_2 \; 1_3$$
$$1_1 \; 2_2 \; 1_3 \; 2_1 \; 1_2 \; 2_3$$
$$1_1 \; 2_2 \; 2_3 \; 2_1 \; 1_2 \; 1_3.$$

Die vorletzte Folge ist den andern vorzuziehen.

3×3 Zylinder. Die einzige Zündfolge ergibt sich aus Abb. 487 durch Ablesen der Ziffern im Winkelabstand $\delta = 80^0$:

$$\text{Welle edul} \quad 1_1\ 1_2\ 1_3\ 2_1\ 2_2\ 2_3\ 3_1\ 3_2\ 3_3$$
$$\text{Welle mul} \quad 1_1\ 3_3\ 3_2\ 3_1\ 2_3\ 2_2\ 2_1\ 1_3\ 1_2.$$

Werden im Kurbelstern die Kurbeln *2* und *3* vertauscht, so erhält man für jeden Drehsinn eine neue Folge.

3×4 Zylinder. Unter Weglassung der Zündfolgen mit Aneinanderreihung von 2 oder 3 gleichen Zylinderziffern des Gabelelements läßt Abb. 489 unmittelbar entnehmen:

$$1_1\ 4_2\ 1_3\ 3_1\ 2_2\ 3_3\ 4_1\ 1_2\ 4_3\ 2_1\ 3_2\ 2_3$$
$$1_1\ 4_2\ 1_3\ 2_1\ 3_2\ 2_3\ 4_1\ 1_2\ 4_3\ 3_1\ 2_2\ 3_3.$$

3×5 Zylinder. Durch Aneinanderfügung der Ziffern, deren Abstand in Abb. 491 $\delta = 48^0$ beträgt, entsteht für Welle edul die Zündfolge:

$$1_1\ 1_2\ 1_3\ 3_1\ 3_2\ 3_3\ 5_1\ 5_2\ 5_3\ 4_1\ 4_2\ 4_3\ 2_1\ 2_2\ 2_3.$$

Für Welle mul wird:

$$1_1\ 2_3\ 2_2\ 2_1\ 4_3\ 4_2\ 4_1\ 5_3\ 5_2\ 5_1\ 3_3\ 3_2\ 3_1\ 1_3\ 1_2.$$

Ähnlich wäre jede andere Bezifferung im Grundkurbelstern zu behandeln.

3×6 Zylinder. Abb. 493 bietet eine Anzahl brauchbarer Zündfolgen unter den 256 möglichen, beispielsweise:

$$1_1\ 6_2\ 1_3\ 2_1\ 5_2\ 2_3\ 4_1\ 3_2\ 4_3\ 6_1\ 1_2\ 6_3\ 5_1\ 2_2\ 5_3\ 3_1\ 4_2\ 3_3$$
$$1_1\ 6_2\ 1_3\ 2_1\ 5_2\ 2_3\ 3_1\ 4_2\ 3_3\ 6_1\ 1_2\ 6_3\ 5_1\ 2_2\ 5_3\ 4_1\ 3_2\ 4_3$$
$$1_1\ 6_2\ 1_3\ 5_1\ 2_2\ 5_3\ 4_1\ 3_2\ 4_3\ 6_1\ 1_2\ 6_3\ 2_1\ 5_2\ 2_3\ 3_1\ 4_2\ 3_3$$
$$1_1\ 6_2\ 1_3\ 5_1\ 2_2\ 5_3\ 3_1\ 4_2\ 3_3\ 6_1\ 1_2\ 6_3\ 2_1\ 5_2\ 2_3\ 4_1\ 3_2\ 4_3.$$

Die letzte Zündfolge stellt eine Verkettung der Folge *1 5 3 6 2 4* der drei Reihen; die erste ungeradzahlig steigend, geradzahlig fallend, wie man aus der Umkehrung der Reihenfolge der zündenden Zylinder ersieht.

Wird der Kurbelstern im Gabelmotor anders beziffert durch Vertauschung des Kurbelpaares *2, 5* gegen *3, 4*, so läßt sich Abb. 494 ableiten, die andere Zündfolgen gewährt, z. B.:

$$1_1\ 6_2\ 1_3\ 3_1\ 4_2\ 3_3\ 5_1\ 2_2\ 5_3\ 6_1\ 1_2\ 6_3\ 4_1\ 3_2\ 4_3\ 2_1\ 5_2\ 2_3.$$

4. X-Motoren.

Viertakt. 4×2 Zylinder. Von den 8 Zündfolgen aus Abb. 496 sei für Drehsinn e. d. U. als eine der Folgen angeführt:

$$1_1\ 2_2\ 1_3\ 2_4\ 2_1\ 1_2\ 2_3\ 1_4.$$

Änderung des Wellendrehsinns ergibt:

$$1_1\ 1_4\ 2_3\ 1_2\ 2_1\ 2_4\ 1_3\ 2_2.$$

4 × 3 Zylinder. Von den 32 Zündfolgen aus Abb. 498 bleibt als Auslese für Welle edul:

$$1_1 \; 2_4 \; 1_3 \; 3_2 \; 2_1 \; 3_4 \; 2_3 \; 1_2 \; 3_1 \; 1_4 \; 3_3 \; 2_2;$$

für Welle mul:

$$1_1 \; 2_2 \; 3_3 \; 1_4 \; 3_1 \; 1_2 \; 2_3 \; 3_4 \; 2_1 \; 3_2 \; 1_3 \; 2_4.$$

4 × 4 Zylinder. Die 128 Zündfolgen schrumpfen stark zusammen; vom Rest seien zwei angängige Folgen angeführt, und zwar aus Abb. 500:

$$1_1 \; 4_2 \; 1_3 \; 4_4 \; 2_1 \; 3_2 \; 2_3 \; 3_4 \; 4_1 \; 1_2 \; 4_3 \; 1_4 \; 3_1 \; 2_2 \; 3_3 \; 2_4$$
$$1_1 \; 4_2 \; 1_3 \; 4_4 \; 3_1 \; 2_2 \; 3_3 \; 2_4 \; 4_1 \; 1_2 \; 4_3 \; 1_4 \; 2_1 \; 3_2 \; 2_3 \; 3_4.$$

4 × 5 Zylinder. Der größte Teil der 512 Zündfolgen ist ungeeignet; von den verbleibenden Ziffernreihen dienen als Beispiele (Abb. 502):

$$1_1 \; 5_4 \; 1_3 \; 4_2 \; 3_1 \; 4_4 \; 3_3 \; 2_2 \; 5_1 \; 2_4 \; 5_3 \; 1_2 \; 4_1 \; 1_4 \; 4_3 \; 3_2 \; 2_1 \; 3_4 \; 2_3 \; 5_2$$
$$1_1 \; 5_4 \; 1_3 \; 4_2 \; 3_1 \; 4_4 \; 2_1 \; 3_4 \; 5_1 \; 2_4 \; 5_3 \; 1_2 \; 4_1 \; 1_4 \; 4_3 \; 3_2 \; 3_3 \; 2_2 \; 2_3 \; 5_2.$$

Der Unterschied der 2. Folge von der 1. ist nicht wesentlich.

4 × 6 Zylinder. Es sei auf die Zylinderanordnung mit ungleichen Achswinkeln zurückgegriffen. (Abb. 503) Der abgeleitete Kurbelstern des Einreihenmotors (Abb. 504) läßt unter den unzähligen ablesbaren Zifferkombinationen die nachstehenden zwei als Beispiele anschreiben:

$$1_1 \; 3_3 \; 6_2 \; 3_4 \; 5_1 \; 1_3 \; 5_2 \; 1_4 \; 4_1 \; 2_3 \; 4_2 \; 2_4 \; 6_1 \; 4_3 \; 1_2 \; 4_4 \; 2_1 \; 6_3 \; 2_2 \; 6_4 \; 3_1 \; 5_3 \; 3_2 \; 5_4$$
$$1_1 \; 4_3 \; 6_2 \; 4_4 \; 2_1 \; 6_3 \; 2_2 \; 6_4 \; 3_1 \; 5_3 \; 3_2 \; 5_4 \; 6_1 \; 3_3 \; 1_2 \; 3_4 \; 5_1 \; 1_3 \; 5_2 \; 1_4 \; 4_1 \; 2_3 \; 4_2 \; 2_4.$$

Die gegenreihigen Motoren mit gleichmäßiger Zündfolge kann man als Sonderfall der zweireihigen Gabelmotoren mit dem Zylinderachswinkel $\delta_z = 180^0$ ansehen und sind genau wie diese zu behandeln. Ein Beispiel wurde schon mit dem 2 × 6-Zylinder-Viertaktmotor gebracht.

5. Doppeltreihige oder Zweiwellen-Motoren.

Die Zündfolge jeder Einzelreihe lautet so, wie sie beim einfachen Motor in den vorangehenden Abschnitten als zweckmäßig befunden wurde. Außerdem gilt nach S. 101 und 120, daß auf einen Zylinder der rechten Reihe *1*, ein solcher der linken Reihe *2* in der Zündung folgt, wobei für Viertakt der Winkelabstand $\delta' = \dfrac{4\,\pi}{2\,k}$ ist. Die Verkettungen der beidseitigen Zündfolgen haben sich hiernach zu richten. Man wird versuchen, die Zahl der Verkettungen durch naheliegende Anforderungen wirksam zu vermindern. Die zwei Kurbelwellen laufen zwar in getrennten Lagern, doch bilden die Lagerkörper einen Bestandteil des gemeinsamen Kurbelkastens. Im Hinblick hierauf erscheint es begründet, die aufeinanderfolgende Auslösung der Gaskräfte in zwei in einer Ebene befindlichen Zylindern zu meiden; denn sie würde einer zeitlichen Verstärkung der hervorgerufenen Formänderung an der betreffenden Stelle des Gehäuses gleichkommen. Man wird deshalb die Verkettungen mit gleichziffrigen Zylinderpaaren ausschalten, sofern sich eine Auswahl bietet.

Im ganzen ist man merklich freier als beim Gabelmotor, weil die Bindung durch den Zylinderachswinkel wegfällt.

2×2 Zylinder. Die allein vorhandenen Zündfolgen $1_1\ 1_2\ 2_1\ 2_2$ und $1_1\ 2_2\ 2_1\ 1_2$ stehen auf gleicher Stufe.

2×3 Zylinder. Die Verkettungen sind bereits auf S. 121 angegeben; die Zahl der Zündfolgen beträgt 12. Nach Streichung der Folgen mit den Paaren $1_1\ 1_2$, $2_1\ 2_2$, $3_1\ 3_2$ bleiben übrig:

$$1_1\ 3_2\ 2_1\ 1_2\ 3_1\ 2_2 \quad \text{und} \quad 1_1\ 2_2\ 3_1\ 1_2\ 2_1\ 3_2.$$

Sie sind gleichwertig.

2×4 Zylinder. Jede der Zündfolgen der rechten Kurbeln

$$1_1\ 2_1\ 4_1\ 3_1 \qquad 1_1\ 3_1\ 4_1\ 2_1$$

ist zu verketten mit den Folgegruppen der linken Kurbeln:

$$
\begin{array}{ll}
1_2\ 2_2\ 4_2\ 3_2 & \quad 1_2\ 3_2\ 4_2\ 2_2 \\
2_2\ 4_2\ 3_2\ 1_2 & \quad 3_2\ 4_2\ 2_2\ 1_2 \\
4_2\ 3_2\ 1_2\ 2_2 & \quad 4_2\ 2_2\ 1_2\ 3_2 \\
3_2\ 1_2\ 2_2\ 4_2 & \quad 2_2\ 1_2\ 3_2\ 4_2.
\end{array}
$$

Bei der Bildung von Kombinationen zeigt es sich, daß die meisten Folgen die Paare $1_1\ 1_2$, $2_1\ 2_2$, $3_1\ 3_2$ aufweisen; frei von solchen sind die vier:

$$
\begin{array}{ll}
1_1\ 4_2\ 2_1\ 3_2\ 4_1\ 1_2\ 3_1\ 2_2 & \quad 1_1\ 4_2\ 3_1\ 2_2\ 4_1\ 1_2\ 2_1\ 3_2 \\
1_1\ 3_2\ 2_1\ 1_2\ 4_1\ 2_2\ 3_1\ 4_2 & \quad 1_1\ 2_2\ 3_1\ 1_2\ 4_1\ 3_2\ 2_1\ 4_2.
\end{array}
$$

2×5 Zylinder. Die Zündfolgen der rechten Reihe:

$$1_1\ 3_1\ 5_1\ 4_1\ 2_1 \qquad 1_1\ 2_1\ 4_1\ 5_1\ 3_1$$

sind zu verketten mit den Folgegruppen:

$$
\begin{array}{ll}
1_2\ 3_2\ 5_2\ 4_2\ 2_2 & \quad 1_2\ 2_2\ 4_2\ 5_2\ 3_2 \\
3_2\ 5_2\ 4_2\ 2_2\ 1_2 & \quad 2_2\ 4_2\ 5_2\ 3_2\ 1_2 \\
5_2\ 4_2\ 2_2\ 1_2\ 3_2 & \quad 4_2\ 5_2\ 3_2\ 1_2\ 2_2 \\
4_2\ 2_2\ 1_2\ 3_2\ 5_2 & \quad 5_2\ 3_2\ 1_2\ 2_2\ 4_2 \\
2_2\ 1_2\ 3_2\ 5_2\ 4_2 & \quad 3_2\ 1_2\ 2_2\ 4_2\ 5_2.
\end{array}
$$

Nach Wegfall von je 2 Folgen bleiben je 3:

$$
\begin{array}{ll}
1_1\ 5_2\ 3_1\ 4_2\ 5_1\ 2_2\ 4_1\ 1_2\ 2_1\ 3_2 & \quad 1_1\ 4_2\ 2_1\ 5_2\ 4_1\ 3_2\ 5_1\ 1_2\ 3_1\ 2_2 \\
1_1\ 4_2\ 3_1\ 2_2\ 5_1\ 1_2\ 4_1\ 3_2\ 2_1\ 5_2 & \quad 1_1\ 5_2\ 2_1\ 3_2\ 4_1\ 1_2\ 5_1\ 2_2\ 3_1\ 4_2 \\
1_1\ 2_2\ 3_1\ 1_2\ 5_1\ 3_2\ 4_1\ 5_2\ 2_1\ 4_2 & \quad 1_1\ 3_2\ 2_1\ 1_2\ 4_1\ 2_2\ 5_1\ 4_2\ 3_1\ 5_2.
\end{array}
$$

2×6 Zylinder. Die zu verkettenden Ziffern sind bereits auf S. 121 angegeben, da dort brauchbare Kurbelbezifferung zugrunde gelegt wurde. Von den Folgen mit *1 5 3 6 2 4* sind je 4 zu gebrauchen:

$$1_1\ 3_2\ 5_1\ 6_2\ 3_1\ 2_2\ 6_1\ 4_2\ 2_1\ 1_2\ 4_1\ 5_2$$
$$1_1\ 6_2\ 5_1\ 2_2\ 3_1\ 4_2\ 6_1\ 1_2\ 2_1\ 5_2\ 4_1\ 3_2$$
$$1_1\ 2_2\ 5_1\ 4_2\ 3_1\ 1_2\ 6_1\ 5_2\ 2_1\ 3_2\ 4_1\ 6_2$$
$$1_1\ 4_2\ 5_1\ 1_2\ 3_1\ 5_2\ 6_1\ 3_2\ 2_1\ 6_2\ 4_1\ 2_2$$

und:

$$1_1\ 2_2\ 4_1\ 6_2\ 2_1\ 3_2\ 6_1\ 5_2\ 3_1\ 1_2\ 5_1\ 4_2$$
$$1_1\ 6_2\ 4_1\ 3_2\ 2_1\ 5_2\ 6_1\ 1_2\ 3_1\ 4_2\ 5_1\ 2_2$$
$$1_1\ 3_2\ 4_1\ 5_2\ 2_1\ 1_2\ 6_1\ 4_2\ 3_1\ 2_2\ 5_1\ 6_2$$
$$1_1\ 5_2\ 4_1\ 1_2\ 2_1\ 4_2\ 6_1\ 2_2\ 3_1\ 6_2\ 5_1\ 3_2.$$

2 × 7 Zylinder. Aus der Vereinigung von

$$1_1\ 3_1\ 5_1\ 7_1\ 6_1\ 4_1\ 2_1 \qquad 1_1\ 2_1\ 4_1\ 6_1\ 7_1\ 5_1\ 3_1$$

mit:

$$1_2\ 3_2\ 5_2\ 7_2\ 6_2\ 4_2\ 2_2 \qquad 1_2\ 2_2\ 4_2\ 6_2\ 7_2\ 5_2\ 3_2$$
$$3_2\ 5_2\ 7_2\ 6_2\ 4_2\ 2_2\ 1_2 \qquad 2_2\ 4_2\ 6_2\ 7_2\ 5_2\ 3_2\ 1_2$$
$$5_2\ 7_2\ 6_2\ 4_2\ 2_2\ 1_2\ 3_2 \qquad 4_2\ 6_2\ 7_2\ 5_2\ 3_2\ 1_2\ 2_2$$
$$7_2\ 6_2\ 4_2\ 2_2\ 1_2\ 3_2\ 5_2 \qquad 6_2\ 7_2\ 5_2\ 3_2\ 1_2\ 2_2\ 4_2$$
$$6_2\ 4_2\ 2_2\ 1_2\ 3_2\ 5_2\ 7_2 \qquad 7_2\ 5_2\ 3_2\ 1_2\ 2_2\ 4_2\ 6_2$$
$$4_2\ 2_2\ 1_2\ 3_2\ 5_2\ 7_2\ 6_2 \qquad 5_2\ 3_2\ 1_2\ 2_2\ 4_2\ 6_2\ 7_2$$
$$2_2\ 1_2\ 3_2\ 5_2\ 7_2\ 6_2\ 4_2 \qquad 3_2\ 1_2\ 2_2\ 4_2\ 6_2\ 7_2\ 5_2$$

ergeben sich die restlichen Zündfolgen:

$$1_1\ 5_2\ 3_1\ 7_2\ 5_1\ 6_2\ 7_1\ 4_2\ 6_1\ 2_2\ 4_1\ 1_2\ 2_1\ 3_2$$
$$1_1\ 7_2\ 3_1\ 6_2\ 5_1\ 4_2\ 7_1\ 2_2\ 6_1\ 1_2\ 4_1\ 3_2\ 2_1\ 5_2$$
$$1_1\ 6_2\ 3_1\ 4_2\ 5_1\ 2_2\ 7_1\ 1_2\ 6_1\ 3_2\ 4_1\ 5_2\ 2_1\ 7_2$$
$$1_1\ 4_2\ 3_1\ 2_2\ 5_1\ 1_2\ 7_1\ 3_2\ 6_1\ 5_2\ 4_1\ 7_2\ 2_1\ 6_2$$
$$1_1\ 2_2\ 3_1\ 1_2\ 5_1\ 3_2\ 7_1\ 5_2\ 6_1\ 7_2\ 4_1\ 6_2\ 2_1\ 4_2$$

und

$$1_1\ 4_2\ 2_1\ 6_2\ 4_1\ 7_2\ 6_1\ 5_2\ 7_1\ 3_2\ 5_1\ 1_2\ 3_1\ 2_2$$
$$1_1\ 6_2\ 2_1\ 7_2\ 4_1\ 5_2\ 6_1\ 3_2\ 7_1\ 1_2\ 5_1\ 2_2\ 3_1\ 4_2$$
$$1_1\ 7_2\ 2_1\ 5_2\ 4_1\ 3_2\ 6_1\ 1_2\ 7_1\ 2_2\ 5_1\ 4_2\ 3_1\ 6_2$$
$$1_1\ 5_2\ 2_1\ 3_2\ 4_1\ 1_2\ 6_1\ 2_2\ 7_1\ 4_2\ 5_1\ 6_2\ 3_1\ 7_2$$
$$1_1\ 3_2\ 2_1\ 1_2\ 4_1\ 2_2\ 6_1\ 4_2\ 7_1\ 6_2\ 5_1\ 7_2\ 3_1\ 5_2.$$

2 × 8 Zylinder. Die Verkettung von

$$1_1\ 6_1\ 2_1\ 5_1\ 8_1\ 3_1\ 7_1\ 4_1 \qquad 1_1\ 4_1\ 7_1\ 3_1\ 8_1\ 5_1\ 2_1\ 6_1$$

mit:

$$1_2\ 6_2\ 2_2\ 5_2\ 8_2\ 3_2\ 7_2\ 4_2 \qquad 1_2\ 4_2\ 7_2\ 3_2\ 8_2\ 5_2\ 2_2\ 6_2$$
$$6_2\ 2_2\ 5_2\ 8_2\ 3_2\ 7_2\ 4_2\ 1_2 \qquad 4_2\ 7_2\ 3_2\ 8_2\ 5_2\ 2_2\ 6_2\ 1_2$$
$$2_2\ 5_2\ 8_2\ 3_2\ 7_2\ 4_2\ 1_2\ 6_2 \qquad 7_2\ 3_2\ 8_2\ 5_2\ 2_2\ 6_2\ 1_2\ 4_2$$
$$5_2\ 8_2\ 3_2\ 7_2\ 4_2\ 1_2\ 6_2\ 2_2 \qquad 3_2\ 8_2\ 5_2\ 2_2\ 6_2\ 1_2\ 4_2\ 7_2$$
$$8_2\ 3_2\ 7_2\ 4_2\ 1_2\ 6_2\ 2_2\ 5_2 \qquad 8_2\ 5_2\ 2_2\ 6_2\ 1_2\ 4_2\ 7_2\ 3_2$$
$$3_2\ 7_2\ 4_2\ 1_2\ 6_2\ 2_2\ 5_2\ 8_2 \qquad 5_2\ 2_2\ 6_2\ 1_2\ 4_2\ 7_2\ 3_2\ 8_2$$
$$7_2\ 4_2\ 1_2\ 6_2\ 2_2\ 5_2\ 8_2\ 3_2 \qquad 2_2\ 6_2\ 1_2\ 4_2\ 7_2\ 3_2\ 8_2\ 5_2$$
$$4_2\ 1_2\ 6_2\ 2_2\ 5_2\ 8_2\ 3_2\ 7_2 \qquad 6_2\ 1_2\ 4_2\ 7_2\ 3_2\ 8_2\ 5_2\ 2_2$$

liefert nach Ausscheidung einiger Zündfolgen:

$$1_1 \; 2_2 \; 6_1 \; 5_2 \; 2_1 \; 8_2 \; 5_1 \; 3_2 \; 8_1 \; 7_2 \; 3_1 \; 4_2 \; 7_1 \; 1_2 \; 4_1 \; 6_2$$
$$1_1 \; 5_2 \; 6_1 \; 8_2 \; 2_1 \; 3_2 \; 5_1 \; 7_2 \; 8_1 \; 4_2 \; 3_1 \; 1_2 \; 7_1 \; 6_2 \; 4_1 \; 2_2$$
$$1_1 \; 8_2 \; 6_1 \; 3_2 \; 2_1 \; 7_2 \; 5_1 \; 4_2 \; 8_1 \; 1_2 \; 3_1 \; 6_2 \; 7_1 \; 2_2 \; 4_1 \; 5_2$$
$$1_1 \; 3_2 \; 6_1 \; 7_2 \; 2_1 \; 4_2 \; 5_1 \; 1_2 \; 8_1 \; 6_2 \; 3_1 \; 2_2 \; 7_1 \; 5_2 \; 4_1 \; 8_2$$
$$1_1 \; 7_2 \; 6_1 \; 4_2 \; 2_1 \; 1_2 \; 5_1 \; 6_2 \; 8_1 \; 2_2 \; 3_1 \; 5_2 \; 7_1 \; 8_2 \; 4_1 \; 3_2$$
$$1_1 \; 4_2 \; 6_1 \; 1_2 \; 2_1 \; 6_2 \; 5_1 \; 2_2 \; 8_1 \; 5_2 \; 3_1 \; 8_2 \; 7_1 \; 3_2 \; 4_1 \; 7_2$$

und:

$$1_1 \; 7_2 \; 4_1 \; 3_2 \; 7_1 \; 8_2 \; 3_1 \; 5_2 \; 8_1 \; 2_2 \; 5_1 \; 6_2 \; 2_1 \; 1_2 \; 6_1 \; 4_2$$
$$1_1 \; 3_2 \; 4_1 \; 8_2 \; 7_1 \; 5_2 \; 3_1 \; 2_2 \; 8_1 \; 6_2 \; 5_1 \; 1_2 \; 2_1 \; 4_2 \; 6_1 \; 7_2$$
$$1_1 \; 8_2 \; 4_1 \; 5_2 \; 7_1 \; 2_2 \; 3_1 \; 6_2 \; 8_1 \; 1_2 \; 5_1 \; 4_2 \; 2_1 \; 7_2 \; 6_1 \; 3_2$$
$$1_1 \; 5_2 \; 4_1 \; 2_2 \; 7_1 \; 6_2 \; 3_1 \; 1_2 \; 8_1 \; 4_2 \; 5_1 \; 7_2 \; 2_1 \; 3_2 \; 6_1 \; 8_2$$
$$1_1 \; 2_2 \; 4_1 \; 6_2 \; 7_1 \; 1_2 \; 3_1 \; 4_2 \; 8_1 \; 7_2 \; 5_1 \; 3_2 \; 2_1 \; 8_2 \; 6_1 \; 5_2$$
$$1_1 \; 6_2 \; 4_1 \; 1_2 \; 7_1 \; 4_2 \; 3_1 \; 7_2 \; 8_1 \; 3_2 \; 5_1 \; 8_2 \; 2_1 \; 5_2 \; 6_1 \; 2_2.$$

Als Sonderfall der Doppelreihen-Motoren kann man die Gegenkolben-Zweitaktmotoren mit 2 Wellen ansehen. Die beiden Wellen sind gleich gestaltet und erhalten die Kraftstöße gleichzeitig. Hinsichtlich der Lagerbelastung ist jede teilsymmetrische Einzelwelle selbständig; die Zündfolge unterliegt den gleichen Forderungen wie beim Einreihenmotor (vgl. S. 67).

Die einkränzigen Sternmotoren mit ihrer eindeutigen Zündfolge lassen keine Auswahl in der Lagerbelastung zu.

X. Zündfolge, Zylinder-Ladung und -Entladung.

Die Zündreihenfolge der Zylinder legt ihre Steuerfolge und ihren Ladungswechsel fest. Es fragt sich, ob eine gewählte Zündfolge keine ungünstigen Folgeerscheinungen hinsichtlich des Ein- und Auslasses, des Füll- und Spülvorgangs mit sich bringt und inwieweit Fehler vermeidbar sind. Hierbei handelt es sich im allgemeinen um eine Nachauslese unter den Zündfolgen, die in den vorangehenden Abschnitten ausgesucht wurden; nur in Ausnahmefällen stellt man die Forderung gleicher Füllung aller Zylinder an die Spitze.

A. Zylinderfüllung.

Es sind zunächst bei der Ladung der Zylinder die Mängel aufzusuchen, die der Arbeitsfolge zur Last fallen.

Den Umfang der Aufgabe kann man erkennen, wenn man sich die Eigenheiten der Motorgattungen vor Augen führt.

1. Vergleich der Motorgattungen.

a) Einspritzmotoren mit Eigenzündung, Dieselmotoren. Die Zylinder der Viertaktmaschinen pflegen in vielen Fällen die Ladeluft unbeeinflußt voneinander durch selbständige Stutzen anzusaugen. Allerdings ist man vielfach dazu übergegangen, an Fahrzeugmotoren zur Dämpfung des Sauggeräusches, des Schlürfens und Brummens wie auch zur Reinigung der Luft ein Element vorzuschalten, das eine dieser Aufgaben oder beide erfüllen soll und daher an der die Zylinder verbindenden Leitung sitzt. Ferner ist der Anschluß der Zylinder an eine gemeinsame Leitung nötig, wenn an Dieselmotoren eine Drosselklappe zur Anwendung kommt, z. B. zur Steuerung einer federbelasteten Membrane, die ihrerseits über die Regelstange einer Bosch-Einspritzpumpe die Brennstoffmenge einstellt.

In diesen Fällen tritt bei richtiger Bemessung der Durchgangsquerschnitte für die Luft und bei offener Drossel keine übermäßige Erhöhung des Ansaugwiderstandes im Vergleich zu Einzelstutzen ein. Man wird die verzweigte Leitung allein nach dem Gesichtspunkt geringsten Durchflußwiderstands formen, denn ein Ausfall anders gearteter Bestandteile, wie sie in einer Gemischleitung vorkommen, ist nicht zu befürchten. Die Saugleitung des Dieselmotors hat höheren volumetrischen Wirkungsgrad oder besser Liefergrad als jene des Vergasermotors nicht allein durch den Wegfall des Widerstands des Vergasers, sondern auch durch die größere Freiheit in der Form und Länge der Zweige. Gleichmäßige Ladung der Zylinder ist bei bestimmter Zünd- und Saugfolge eher zu erreichen als beim Vergasermotor und, da die Brennstoffpumpe gleiche Dosierung gibt, auch gleiches Gemischgewicht in allen Zylindern, insbesondere wenn die Länge der von der Pumpe ausgehenden Leitungen zu den Zylindern nicht zu verschieden ist.

Zu den Erscheinungen, die eine Verbesserung der Motorleistung, vornehmlich bei Zweitakt, zu zeitigen vermögen, gehört die Erhöhung des Liefergrades durch ein Ansaugrohr von angemessener Länge für eine bestimmte Drehzahl des Motors, worauf früher Voissel [120] durch Versuch und Rechnung an Gasmaschinen, später Klüsener [121, 122] an drei- und vierzylindrigen Dieselmotoren, Stier [123] an Vergasermotoren, Maier-Lutz [124] an Dieselmotoren und an einer Versuchseinrichtung hingewiesen haben. Pischinger [125] hat versucht, den Ansaugvorgang und die Begleiterscheinungen durch ein einfaches rechnerisches Verfahren zu erfassen.

In den Rohrleitungen finden Vorgänge von zweierlei Beschaffenheit statt: solche, bei denen die Luft- oder Gassäule als Ganzes schwingt und durch ihre Masse wirkt und solche, die sich in der Luftsäule selbst abspielen und verschiedene Bewegungs- und Druckzustände an verschiedenen Stellen im Saugrohr bedingen. Man kann im ersten Fall von einer

Trägheitswirkung der beschleunigten Säule, die bei allen Zylinderzahlen gleichmäßig auftritt, im zweiten Fall von »elastischen« Schwingungen reden, die bei Eintreten von Resonanz auffallend stark werden und bei den einzelnen Zylinderzahlen von verschiedener Bedeutung sind.

Da die Kolbengeschwindigkeit in jedem Hub von Null bis zu einem Höchstwert ansteigt, um dann wieder zu fallen und die Luft über das offene Einlaßventil dem Kolben im Zylinder folgen muß, werden in der Zuführungsleitung Druckschwingungen erregt. Es bilden sich durch das Saugen der verschiedenen Zylinder stehende Wellen, und zwar die Grundschwingungsform und die Oberschwingungen, die in Abb. 741, 742, 743 über der gestreckten Leitungslänge eingetragen sind. Von

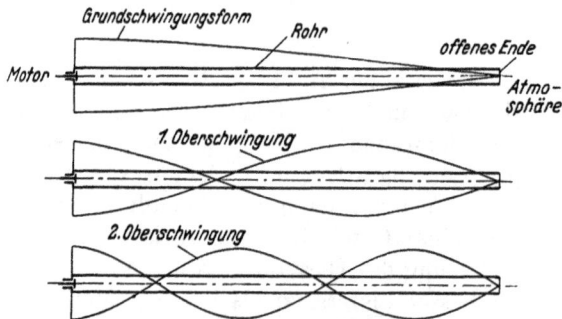

Abb. 741, 742, 743. Grundschwingung und zwei Oberschwingungen im einfachen Saugrohr.

Wichtigkeit ist, unter welchen Umständen mit dem Ende des Saughubes Über- oder Unterdruck zusammenfällt, weil damit eine Erhöhung oder eine Verringerung des Liefergrades und eine Überladung oder Unterladung der Zylinder verbunden ist; außerdem wann besondere Verstärkung durch Resonanz der Eigenschwingung der Luftsäule und der erregenden Kraft eintritt, wobei die einzelnen Harmonischen, in die man die Saugschwingung zerlegen kann, sich verschieden auswirken. So bedingt die Grundschwingung beim Einzylinder einen Unterdruck während des ganzen Ansaugvorgangs, beim Vierzylinder eine Überladung vor Schließung des Einlaßventils.

Unter Vernachlässigung gewisser Nebeneinflüsse, wie der Dämpfung, lassen sich für eine gegebene Rohrlänge die kritischen Umlaufzahlen des Motors oder für eine gegebene Umlaufzahl die kritische Rohrlänge berechnen. Es bezeichne:

a die Schallgeschwindigkeit in m/sek (zwischen 330 und 350),
k die Ziffer der erregenden Harmonischen,
k' die Ordnungszahl der Harmonischen, zugleich die Schwingungszahl bei einer Wellenumdrehung,
l die Rohrleitungslänge in m,

m die Ordnungszahl der Oberschwingung (Grundschwingung $m=0$),
n die minutliche Umlaufzahl des Motors,
n_{err} die sekundliche Schwingungszahl der erregenden Harmonischen,
n_e die sekundliche Eigenschwingungszahl der Luftsäule,
z die minutliche Impulszahl.

Setzt man einen einfachwirkenden Viertaktmotor voraus, der innerhalb zweier Kurbelumdrehungen je Zylinder einmal saugt, so ist ähnlich wie im Abschnitt VII bezüglich der Drehkräfte gesagt wurde, die Ordnungszahl der k^{ten} Harmonischen:

$$k' = \frac{k}{2}$$

und die Zahl der Vollschwingungen in der Sekunde:

$$n_{\mathrm{err}} = \frac{k}{2} \cdot \frac{n}{60}.$$

Das Saugrohr verhält sich annähernd wie eine gedeckte, d. h. auf der einen Seite offene, auf der andern Seite durch eine Platte geschlossene Pfeife; die an der Zylinderseite angeregte Schwingung erfährt am offenen Ende an der Außenluft eine Reflexion, so daß die hinlaufende und die rücklaufende Welle sich überlagern.

Die Eigenschwingungszahl der Luft im Rohr ist nach Sommerfeld-Debye:

$$n_e = (2\,m + 1) \cdot \frac{a}{4\,l}.$$

Druckresonanz tritt ein, sobald $n_{\mathrm{err}} = n_e$, also für Viertakt:

$$\frac{k}{2} \cdot \frac{n}{60} = (2\,m + 1) \cdot \frac{a}{4\,l};$$

hieraus erhält man die kritische Drehzahl n des Motors:

$$n = (2\,m + 1) \cdot \frac{30 \cdot a}{k \cdot l}.$$

Die zugehörige Impulszahl ist:

$$z = (2\,m + 1) \cdot \frac{15 \cdot a}{k \cdot l}.$$

Für einfachwirkenden Zweitakt ist: $k' = k$; $n = z$.

Die Ausnutzung dieser Zustände zur Verbesserung der Füllung hat keinerlei Erfolg bei den üblichen Rohrlängen der Leichtmotoren; denn mit diesen Längen ist Resonanz der Grundschwingung, bei der die Saugfrequenz gleich der Rohrfrequenz wäre, selbst mit den heutigen hohen Wellendrehzahlen, nicht zu erwarten. Um so weniger kommt es zu Resonanzen der Rohroberschwingungen.

Man hat ferner vorgeschlagen, die Leitung durch Verkürzen und Verlängern im Betrieb der Drehzahl anzupassen, und zwar in dem Maße zu verkürzen, wie die Drehzahl steigt. Diese Veränderung der wirksamen Rohrlänge stößt bei Fahrzeugmotoren auf erhebliche Schwierigkeiten und ist im Fahrbetrieb nicht durchführbar. Man könnte auch ein längeres Rohr mit Öffnungen versehen, die abhängig von der Drehzahl geöffnet oder geschlossen werden.

Im Ausland hat man sich ebenfalls mit diesen Fragen beschäftigt, s. Capetti [126]; weitere Versuche erwähnt Joachim [127].

Die Versuche von Klüsener weisen darauf hin, daß wohl der zeitliche und gleichmäßige Abstand der Saugimpulse für die Auswirkung der Rohrlänge von Bedeutung ist, nicht aber eine Änderung der Saugfolge; denn es kommt auf die Gesamtbeeinflussung der Luftsäule im langen Zuführungsrohr und nicht in der kurzen Verteilerleitung an. Letztere verringert den Gewinn an Liefergrad gegenüber der Anordnung mit Einzelzuführung der Luft in die Zylinder.

Ist die Rohrlänge, wie üblich, verhältnismäßig kurz und unveränderlich, so fällt das Verteilerrohr mit seinen Verzweigungen ins Gewicht. Der Klärung des Zusammenhangs zwischen Zündfolge und Füllung der einzelnen Zylinder stellt sich manche Schwierigkeit entgegen. Wenn auch Viertakt-Einspritzmotoren weit weniger empfindlich als Vergaserbauarten sind, so wird man doch für sie manche der später aufgeführten Gesichtspunkte beachten.

Zweitakt-Dieselmotoren sind günstiger daran; denn der Überdruck der Spül- und Ladeluft gewährt gleichmäßige Füllung der Zylinder, unabhängig von der Spülfolge; hierin ähneln sie den Viertaktmotoren mit Aufladung, deren Einteilung sich im Abschnitt I findet. Es kann trotzdem das ganze Spülsystem, bestehend aus Spülluftleitung, Zylindern und Ausströmleitung, kritische Zustände aufweisen als Folge von Schwingungen, die durch das periodische Öffnen und Schließen der Einlaß- und Auslaßschlitze angeregt werden.

b) Einspritzmotoren mit Fremdzündung, Otto-Einspritzmotoren. Die Motoren mit Einspritzung des Brennstoffs in den Zylinder und mit Kerzenzündung haben eine bemerkenswerte Entwicklung durchgemacht, s. Heller [128], Dillstrom [129], Pope [130], Kaufmann 131], Düll [132], Langer [133], Zahren [134] und Ricardo [135]. Es wird heute vielerorts die Einspritzpumpe als Ersatz für den Vergaser erprobt, ohne daß die Erfahrungen zur Veröffentlichung gelangen. Fördernd wirkte einerseits die Vertrautheit mit der Dosierung und Einbringung kleiner Mengen von den Diesel-Schnelläufern her, anderseits die Notwendigkeit der Aufladung bei Flugmotoren. Die Pumpe kann eine mechanische oder elektromagnetische Betätigung besitzen; die erste blickt auf eine längere Entwicklungszeit zurück, die letzte hat nach einem Bericht von Bertolini [136] bemerkenswerte Fortschritte zu verzeichnen.

Die Vorzüge der Einspritzung gegenüber der Vernebelung sind:

α) Ausspülung des Zylinders vereinigt mit Kühlung des Kolbens ohne Brennstoffverlust;

β) Verarbeitung der Mittel- und Leichtöle, ferner der hydrierten Kraftstoffe von hohem Klopfwert, die für den Vergaser nicht geeignet sind;

γ) Ausscheiden der Verteilungsschwierigkeiten an Vielzylindermotoren bei Abstimmung der einzelnen Brennstoffleitungen; daher gleichmäßige Zylinderleistung;

δ) Wegfall der Vereisung des Vergasers;

ε) Nennenswerte Ersparnis an Brennstoff lassen die Zweitaktmotoren, die bisher mit Gemischspülung arbeiten, erwarten, da Frischgasverluste entfallen.

ζ) Behebung der Brandgefahr bei Flammenrückschlägen;

η) Wegfall der Schwierigkeiten für Einhaltung unveränderten Brennstoffspiegels im Flugbetrieb.

Mäßiger Druck der Pumpe reicht zur befriedigenden Einbringung des Brennstoffs in die Zylinder aus. Der Einspritzbeginn schwankt, im Gegensatz zu den Dieselmotoren, in weiten Grenzen je nach der Beschaffenheit des Verbrennungsraumes, der Durchwirbelung und des Treibstoffs. Hinsichtlich der Luftfüllung der Zylinder in Abhängigkeit von der Zündfolge und von den Schwingungen in der Leitung gelten ähnliche Überlegungen wie unter a).

Der Brennstoff kann ferner in die Ventilkammer oder in den Saugstutzen oder in den Lader eingeführt werden; die Flüssigkeit gelangt in der Regel durch eine Pumpe zur Verteilung und man spricht von einer Druckdosierung; es ist aber auch versucht worden, eine Verteilung durch die einzelnen Saughübe selbst als Saugdosierung zu erreichen; man hat diese Gattung mit »Verteilermotoren« als Gegenstück zu den Vergasermotoren bezeichnet. Die Gemischbildung findet erst dicht vor den Ventilen unter Mithilfe der Eigentemperaturen des umgebenden Raums statt; besondere Heizung der Saugleitung ist entbehrlich, daher die Bezeichnung »kalte Vergasung«, s. Whittington [137], Kindl [138], Taylor-Williams [139], Campbell [140].

Einen Versuch der Einteilung der Brennstoffe nach ihrer Geeignetheit für Einspritzung in den Zylinder oder ins Saugrohr oder in den Lader hat Mock [141] unternommen.

c) Vergasermotoren. Diese Motoren mit Verarbeitung von Leichtkraftstoffen, mit Saugdosierung und Gemischbildung im Vergaser nebst Saugleitung haben die längste Entwicklung durchgemacht und sind im Verkehrswesen weitgehend im Gebrauch. Sie beherrschten lange Jahre im Fahr- und Flugwesen das Feld; zur Zeit haben sie teilweise den Einspritzmotoren weichen müssen. Sie beziehen, sofern sie im Viertakt arbeiten, insgesamt oder gruppenweise das vorbereitete Gemisch von einem Zentralpunkt, dem Zerstäub- und Mischorgan, das mit einem Geräuschdämpfer versehen sein kann; Almen und Wilson [142] haben auf diesem Gebiet der Sauggeräuschdämpfung aufschlußreiche Versuche durchgeführt. Infolge dieser Zentralspeisung stehen die Zylinder in gewisser Abhängigkeit voneinander, während bei den Zweitaktern mit Kurbelkastenpumpe die Verbindung mit dem Vergaser nur mittelbar besteht.

Lader-Viertaktmotoren und Zweitaktmaschinen mit Spülpumpe sind von der Füllungsfolge weniger beeinflußt. Eine Übersicht über das Aufladen von Zweitaktmotoren für Fahrzwecke mit Kolbenpumpen oder Kreiselradgebläse gibt Venediger [48].

Es hat nicht an Bemühungen gefehlt, brauchbare Schweröl-Vergaser zu entwickeln, veranlaßt zum Teil durch den niedrigeren Preis des Gasöls gegenüber Benzin oder Benzol, zum Teil durch das Streben nach Verringerung der Brandgefahr am Motor und nach Meidung der teueren und früher nicht einwandfrei liefernden Einspritzpumpe; doch ist es nicht gelungen, die auftretenden Schwierigkeiten völlig zu meistern. Es sei als ein Beispiel auf die Arbeit von Dutcher [143] hingewiesen.

Bei der Abwägung der Eigenheiten der Vergasermotoren und der Einspritzmotoren hat man schon die Einfachheit und Störungsfreiheit der Anlage in den Vordergrund gerückt und geäußert: Wäre die Einspritzung das normale Verfahren und die Pumpe die Regelausrüstung der Motoren, so würde man die Einführung des Vergasers als eine recht einfache, zuverlässige Lösung der Speisung begrüßen

α) wegen der Empfindlichkeit des Einspritzsystems, die gleiche Leitungslängen von der Pumpe zu den einzelnen Zylindern und die Einregelung der Pumpenstempel erfordert und zwar letztere am laufenden Motor, also unter Berücksichtigung der statischen Kurbelwellenverdrehung und der Drehschwingungsausschläge an den einzelnen Kurbeln und der durch sie bedingten Verstellung der Steuerzeiten.

β) wegen des Fehlens dauernd bewegter Teile am Vergaser;

γ) wegen der Billigkeit des Vergasers im Verhältnis zur mehrstempeligen Pumpe.

Die Heranziehung klopffester Kraftstoffe mit hohen Oktanzahlen, z. B. des Bleibenzins, und hoher Verdichtungszahlen im Flugwesen hat den spezifischen Verbrauch bis auf etwa 190 g/PS$_e$-h herabgesetzt, so daß die mengenmäßige Ersparnis selbst durch das Dieselverfahren nicht mehr wesentlich ist. In manchen Ländern gesellt sich zu dem Überfluß an Leichtkraftstoff der niedrige Preis hinzu, weswegen die wirtschaftlichen Vorteile des Dieselmotors erst im Langstreckenflug hervortreten. Anders in den Ländern, die nicht über natürliche Ölquellen verfügen; hier können Kraftfahrwesen und Flugverkehr den Dieselmotor nicht mehr entbehren. Es ist daher eine Notwendigkeit, daß Deutschland mit Nachdruck den Bau des Hochdruck-Einspritzmotors fördert, der .in sparsamer Weise die billigeren natürlichen Schweröle und die synthetischen Treibstoffe verarbeitet.

d) Gasmotoren. Bei Motoren, die mit gasförmigen Kraftstoffen, wie mit Generatorgas oder mit Flaschengas, betrieben werden, erfolgt die Gemischbildung außerhalb des Zylinders, doch sind hier die Verteilungsunregelmäßigkeiten weit geringer als bei Vergaserbetrieb.

Die vielzylindrigen Viertakt-Vergasermotoren bieten unter allen Motorgattungen in der Gemischverteilung die weitaus verschiedenartigsten Verflechtungen und verdienen deshalb eine eingehende Würdigung.

2. Viertakt-Vergasermotoren.

Wie auch die Saugfolge sei, ist geordneter Betrieb und Wirtschaftlichkeit des Motors, somit gleiche Leistung der Zylinder anzustreben, was neben guter Zündung und Verbrennung des Kraftstoff-Luftgemisches möglichst gleiches Landungsgewicht der Zylinder mit gleich guter Zusammensetzung des Gemischs voraussetzt. Ungleichheit der Füllungen wird man als Fehler bezeichnen; denn ungleiche Verteilung oder Stärke des Gemisches verursacht ungleiche Verdichtungs- und Verbrennungsdrücke in den Zylindern und mittelbar Motorvibrationen, selbst ohne das Aussetzen eines Zylinders oder einer Kerze, wegen der Änderung des Drehmoments, s. S. 131, seiner Rückwirkung auf den Rahmen, s. S. 268, und wegen zusätzlicher Erregung von Drehschwingungen, s. S. 242. Damit wird der zur Erzielung großer Ruhe des Ganges sorgfältig durchgeführte Massenausgleich seines Wertes beraubt.

Ungleiche Gemischverteilung ist beim Anlassen für leichtes Anspringen des Motors vielfach erwünscht, s. Ostwald [144]; dies ist im entsprechenden Bereich unabhängig von der Normalverteilung durch Sondermittel erzielbar.

Das Saugrohrsystem, das vom Gemisch durchflossen wird, besteht aus zwei Hauptteilen: a) aus dem an den Vergaser anschließenden Rohr, dem vertikalen »Steigrohr« bei unten liegendem Vergaser und aufsteigendem Gemisch oder dem »Fallrohr« bei abwärts strömendem Gemisch, b) aus dem waagrechten Verteilerrohr mit den Anschlußstutzen zu den Zylinderöffnungen, kurz den Saugstutzen. Bei Horizontalvergasern liegt das Verbindungsrohr zum Verteiler waagrecht.

Die Formgebung dieser Leistung von verzweigtem Aufbau hat auf richtige Führung und Verteilung des Gemisches unter der wechselvollen Einwirkung der Saug- und Zündfolge Bedacht zu nehmen.

Es könnte zunächst scheinen, als ob der Zusammenhang zwischen der Saugfolge und der Zylinderfüllung sich mit Angabe weniger Richtlinien festlegen ließe; dem ist aber leider nicht so. Obwohl im Verhalten der Saugleitung mehrzylindriger Motoren wenig vorkommt, was unerklärlich erschiene, so ist es heute doch kaum möglich, das Atmungssystem des Motors so zu entwerfen, daß es für eine bestimmte Saugfolge bis ins letzte befriedigt, weil einer Anzahl gleichzeitiger Vorgänge Rechnung zu tragen ist.

a) Schwierigkeiten bei der Gemischverteilung.

α) *Beschaffenheit des Gemisches.*

Die Beschaffenheit des Brennstoff-Luftgemisches wechselt je nach den dem Motor auferlegten Betriebsbedingungen. Die Saugfolge der Zylinder hätte auf die Gemischverhältnisse, wie sie einerseits der geschmeidige Fahrzeugmotor mit beträchtlicher Leistungsreserve, anderseits der Flugmotor mit überwiegend unveränderlicher Belastung aufweist, Rücksicht zu nehmen. Beim Flugmotor sind die Einwirkungen der Luftdichte auf die Gemischzusammensetzung, soweit sie nicht ein Höhenvergaser oder ein selbsttätiger Regler überwacht, zu beachten; eine kurze Übersicht über solche Vorrichtungen hat Preuß [145] gebracht. Beim Wagenmotor hat man es zu tun mit der Verteilung oft mageren, trockenen Gemisches, zeitweilig nassen Gemenges, dazwischen reichen, nassen Gemisches. Es ist deshalb die gleichmäßige quantitative und qualitative Verteilung in den verschiedenen Belastungszuständen zeitgemäßer Motoren, die auf der einen Seite recht niedrige Geschwindigkeiten, auf der andern hohe Spitzenleistungen zu erreichen haben, eine schwierige Angelegenheit.

Man muß sich deshalb mit der Zugrundelegung mittlerer Verhältnisse begnügen und insbesondere das Auftreten nassen Gemisches beachten, in dem die Brennstoffteilchen nebelähnlich oder in Form von Bläschen und Tropfen verteilt sind und sich infolge der Massenträgheit und der Schwere leicht absondern. Dies gestaltet die Aufgabe guter Verteilung auf die Zylinder grundsätzlich schwierig. Es ist dabei zu beachten, daß der Brennstoff im Luftstrom schwebend bleibt bei Geschwindigkeiten oberhalb 12 m/sek in einem Vertikalrohr und oberhalb 23 m/sek nach einem Krümmer oder T-Stück, wie Mock [146] dargelegt hat. Dies gilt für unveränderliche Strömung; Rohre, die nach der Verzweigung nicht enger werden, sondern den Durchmesser beibehalten, weisen schon aus diesem Grunde Kondensate auf.

Die Saugimpulse bedingen durch das Anwachsen und Fallen der Gemischgeschwindigkeit erschwerende Umstände: der vergaste Teil des Brennstoffs beschleunigt und verzögert sich rascher als der flüssig schwebende Teil. Es kann so dieser Anteil des Gemisches beim Saughub die Öffnung am Zylinder nicht zu richtiger Zeit erreichen, bleibt in einer Tasche oder an einer Krümmung liegen und wird später eingeführt oder gelangt in einen andern Zylinder; bei Umkehr des Gasflusses kann ebenfalls ein Ausscheiden eintreten. Damit ist die Gleichheit des Kraftstoff-Luftgemisches gestört. Ferner unterliegt die mit Brennstoff gesättigte Luft fortwährenden Druckschwankungen; die jeweilige Druckabnahme begünstigt die Rückkondensation des Brennstoffs. Hinzu kommt, daß viele der üblichen aliphatischen Kohlenwasserstoffe eine Zusammensetzung aus mehr oder weniger schwer verdampfbaren Bestandteilen aufweisen, die an sich ein uneinheitliches Verhalten im Vorgang der Fortleitung bedingen.

Das nasse Gemisch macht den Gleichgang des Motors bei tiefen Außentemperaturen, insonderheit bei Drossellauf, empfindlich; der Motor neigt zu Schwebungen infolge der nicht homogenen, z. T. brennstoffarmen Ladungen der einzelnen Zylinder, wie Becker [147] gefunden hat.

β) Form der Saugleitung und Gemischfluß bei Reihenmotoren.
Grundsätzliche Gesichtspunkte für die Formgebung.

Da eine Saugleitung, die allen Anforderungen genügt, nicht möglich ist, wird man zunächst darnach trachten, die erfahrungsgemäß vermeidbaren Fehler in der Formgebung des Rohrsystems und in der Fortleitung des Gemenges von Luft und Tröpfchen zu beseitigen.

Länge der Leitung. Sie hat ebenso wie bei Dieselmotoren eine beachtliche Einwirkung auf den Liefergrad. Die durch die Saugimpulse hervorgerufenen Schwingungen haben das Bestreben, die Zylinder bei gewissen Drehzahlen zu überladen und bei anderen Drehzahlen zu drosseln, außerdem bei allen Belastungen das Rückströmen von Gemisch durch die Saugleitung und den Vergaser nach Schluß des Einlaßventils zu verstärken. Besonders stark wären diese Erscheinungen bei Resonanz zwischen der Eigenschwingungszahl der Gemischsäule und den Saugimpulsen bei einer praktisch nicht unterzubringenden Rohrlänge, wie schon bei den Einspritzmotoren gesagt wurde. Selbst der Vorschlag, man solle diese Länge so wählen, daß man in einem bestimmten Bereich der Drehzahl vorteilhaft arbeitet, wird mit Rücksicht auf Brennstoffausscheidung nicht zu verwirklichen sein.

Verzweigung der Leitung. Ursprünglich war es üblich, die für den Richtungswechsel und die Verteilung des Gemischstromes zwischen Brennstoffdüse und Einlaßventilöffnung nötigen Verzweigungen nach den Grundsätzen der Dynamik homogener Flüssigkeiten und Gase zu gestalten, nämlich: Vermeidung von scharfen Biegungen und Kanten zugunsten wirbelfreier Strömung, geringen Strömungswiderstands und hohen Liefergrads; ferner betonte man etwas einseitig die Einhaltung gleicher Wegstrecken vom Vergaser zu den einzelnen Zylindern zugunsten gleicher Verluste. Beide Bestrebungen führten zu Saugleitungen nach Abb. 744 bis 749, teilweise unter Zugeständnissen; dazwischen tauchen nach dem zweiten Gesichtspunkt entworfene Systeme mit Y- oder

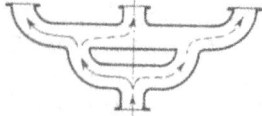

Abb. 744.

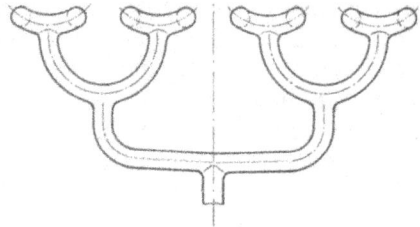

Abb. 745.

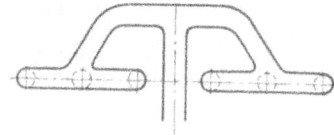

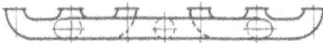

Abb. 747, 748.

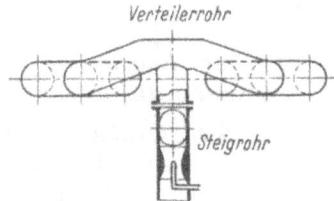

Abb. 746.

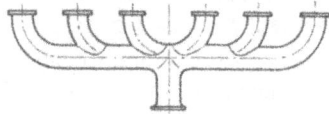

Abb. 749.

Abb. 744 bis 749. Saugleitungen, nach dem Gesichtspunkt geringen Widerstandes und gleicher Weglängen geformt.   Abb. 749. Vorgänger der reinen Rechenform.

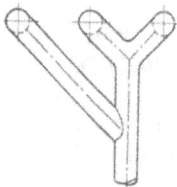

Abb. 750.

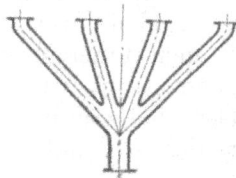

Abb. 751.

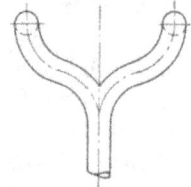

Abb. 752.

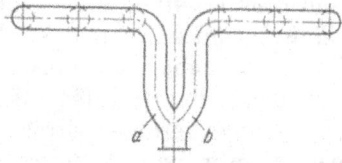

Abb. 753, 754.

Abb. 750 bis 754. Saugleitungen mit Verästelung.

Hosenrohr-Verzweigung und Rohrbüschel auf (Abb. 750 bis 754). Selbst Formen, die weder die eine noch die andere Forderung erfüllen, wie in Abb. 755, 756, sind zu finden. Dabei verwendete man eine am Zylinderblock angeschraubte Außenleitung (Abb. 744 bis 756) oder einen wesentlich im Gußkörper verlaufenden Kanal als Innenleitung (Abb. 757). Zu jener Zeit kannte man nicht die Wirkung örtlicher Erweiterung und Umlenkung, nicht die Wirkung der umkehrenden Strömung auf den Brennstoffausfall; die Leitung galt sozusagen als eine Einbahnstrecke ohne Kreuzungen und ohne Gegenwind.

Manche dieser Formen entsprächen, wenn ein wirkliches Gas fortzuleiten und zu verteilen wäre, wie z. B. die bloße Luft in Dieselmotoren oder ein inniges Gemisch gut verdampften Brennstoffes mit Luft, und wenn der Motor mit einigermaßen unveränderlicher Drehzahl liefe. Dies trifft aber für Vergaserbetrieb mit den heutigen Marktbrennstoffen nicht im entferntesten zu; die Folgen solcher Gestaltung der Saugleitung sind wohl allgemein bekannt: Entmischung des Brennstoffes, Ansammlung von Flüssigkeit in Bögen und Taschen, Verarmung des Brennstoffnebels insbesondere bei Vollgas und niederen Drehzahlen. Versuche mit Glasleitungen oder mit Glasfenstern haben viel zur Klärung der Vorgänge beigetragen; es seien die Arbeiten von Fischer [148], Sauter [149], Mock [146], Mantell [150] genannt. Während in geraden Rohren die Ablagerung aus den Randschichten und zwar gleichmäßig erfolgt, zeigt sich in Rohrkrümmern und Kniestücken der Ausfall in verstärktem Maße an der bogeninneren Wand (Abb. 758) infolge der scharfen Stromumlenkung, der Ablösung der Strömung und der Wirbelbildung. Die wirkliche Strömung verläuft aber nicht »eben«, sondern unterliegt einer kräftigen Änderung durch sich kreuzende Teilchenbahnen; diese Sekundärströmungen bedingen räumliche Wirbeldurchsetzung. Hat nun der Strom eine bestimmmte Richtung, so behalten die trägen Brennstofftropfen diese Richtung bei; wenn beim Saugen eines andern Zylinders der Strom umgekehrt wird, erhalten die Zylinder in der geraden Richtung mehr Kraftstoff. Je gleichmäßiger und ungestörter in seiner Richtung der Strom, desto unveränderter bleiben die Flüssigkeitsansammlungen; dabei fließt bei Aufstromvergasern mit ihrer Lage unterhalb der Verteilerleitung eine gewisse Menge in die lotrechte Vergasersteigleitung zurück. Im Bestreben, eine Strömung im Sinne der zündenden Zylinder zu erhalten, schuf man die Form nach Abb. 759, eine Ringleitung nach Abb. 760, eine Achterform nach Abb. 761; diese Maßnahmen hätten einen Zweck bei Motoren mit einer ausgesprochenen Gebrauchsdrehzahl.

Mit der Entmischung des Brennstoffs sind schwerwiegende Unzuträglichkeiten in der Verteilung verbunden; man wird deshalb verwerfen: lange Bogenwege, etwa nach Abb. 745 und schiefwinklige Abzweigungen nach Abb. 750 bis 752; selbst die Form in Abb. 753 ist in mancher Hinsicht nachteilig: die obere Wandungsspitze der Gabelung kann unsymmetrisch sitzen und die Durchgänge *a* und *b* fallen ungleich aus, überdies bildet die Verzweigungsstelle eine erweiterte Kammer. Ferner ist eine im Zylinderblock verlaufende Leitung durchaus unzweckmäßig; sie ist meistens ungenau gegossen und rauh, überdies durch das Mantelwasser der Zylinder ungenügend geheizt, wenn schwerflüchtige Brennstoffe verarbeitet werden, was zu Anlaßschwierigkeiten führt.

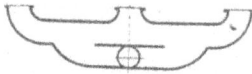

Abb. 755.

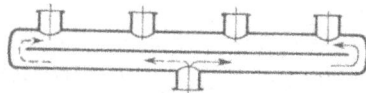

Abb. 756.

Abb. 755, 756. Formgebung nach gemischten Gesichtspunkten.

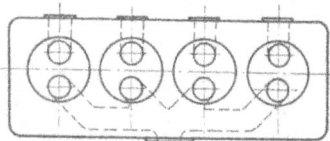

Abb. 757. Saugleitung im Zylinderblock.

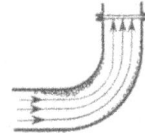

Abb. 758. Brennstoffausfall im Rohrkrümmer.

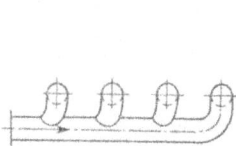

Abb. 759.

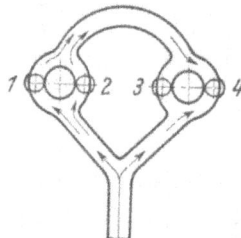

Abb. 760.

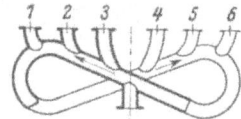

Abb. 761.

Abb. 759, 760, 761. Strömung im Sinne der zündenden Zylinder.

Günstiger sind dagegen, wenn man »kalte« Verteilung des Brennstoffs, d. h. ohne Abgasheizung, voraussetzt: einfache Form des Systems, rechtwinklige Rohrverzweigungen, Kniestücke mit scharfen Innenkanten, glatte Wandungen, kurze Rohrlängen. Folgende Anordnung mit selbständiger, äußerer Leitung ist zweckmäßig: vom »Aufstrom«-Vergaser aus geht das Steigrohr lotrecht nach oben (Abb. 762 bis 765) vom »Fallstrom«-Vergaser (Abb. 766) lotrecht nach unten; daran schließt sich rechtwinklig das waagrechte Verteilerrohr mit den einzelnen Anschlußstutzen zu den Zylindern an. Das System in Abb. 767 hat einen Vergaser der Horizontalbauart an jedem Leitungsende.

Was sind nun die Eigenschaften einer solchen Anordnung? Bearbeitung ist größtenteils möglich; daher glatte Wand. An jedem rechtwinkligen T-Stück zeigt sich ein gewisser Brennstoffausfall, und zwar

21*

an den Umlenkstellen C (Abb. 768) jenseits der Kanten in der Strö-
mungsrichtung. Dieses Kondensat wird aber immer wieder aufgenommen,
sei es durch die Luftwirbel an der Kante, sei es durch Abstreifen bei
Strömungsumkehr und durch die zerblasende Wirkung der Luft auf die
Tröpfchen, was nicht eintritt bei stark abgerundeten Kanten. Der Um-
lenkverlust als Folge der Wirbel muß in Kauf genommen werden.

Vom Vergaser über A kommend, gehen die schweren Anteile der
Ladung durch ihre Trägheit geradeaus und treffen die Decke des Verteilers in B, wo nachfolgende Ablagerungen hinzukommen; bei Langsamlauf kann durch Massenwirkung eine Zerstreuung eintreten, bei Rasch-
lauf dagegen nicht, vgl. Mantell [150], Hayes [151]. Wo durch Auf-
prallen des Stromes dieser »Brennstoffkegel« oder bei Umlenkungen und
Stromablösung der »Hügel« unvermeidlich ist, wendet man örtliche
Heizung, die sog. »Punktheizung« durch Auspuffgase an, die den explo-
siven Zerfall der Tropfen bewirkt. Diese Heizung ist außerdem bei tiefen
Außentemperaturen zur Vermeidung von Vereisung nötig. Der Wärme-
übergang erfolgt durch metallische Berührung der Saugleitung mit der
Abgasleitung oder durch Umströmen der fraglichen Stellen von seiten
der Abgase (Abb. 769). Besonders bei Flugmotoren verursacht das Ver-
eisen des Vergasers ernsthafte Schwierigkeiten. Der Mantel mit Abgasheizung hat beschränkten Umfang und reicht deshalb nicht aus. Meist
wird Vorwärmung der Luft vorgezogen, die aber nicht fehlerfrei ist, da
sie den Liefergrad herabsetzt und Verdichtungszündungen begünstigt.
Wirksam ist die zusätzliche Einspritzung von Alkohol in den Vergaser;
er löst das Eis vom Metall. Die Eisgefahr wird beseitigt durch die
Einführung des Kraftstoffs in den Zylinder, wie auf S. 316 gesagt
wurde.

Das Steigrohr und das Verteilerrohr zusammen mit den ebenfalls
scharfkantigen Saugstutzen ergibt die »gerade Rechenform« der Leitung
mit so viel Stutzen wie Zylinder vorliegen (Abb. 762). Obwohl diese Form
größere Strömungsverluste, unterschiedliche Weglängen und erhöhte
Widerstände der Zweige bis zu den Einlaßventilen, daher verringerten
Liefergrad im Vergleich zu anders gestalteten Systemen aufweist, hat
sie sich doch als erfolgreiche Lösung für brauchbare Führung und einigermaßen gleiche Verteilung des Brennstoffs auf die Zylinder und für
Homogenisierung der Ladungen bewährt. Schon dank den bearbeiteten
Rohrinnenflächen bleibt der Kraftstoff weniger hängen, zudem erfährt
der Liefergrad eine gewisse Verbesserung; der größere Widerstand zu den
äußersten Zylindern kann z. T. durch Ausnutzung der Trägheit der
Gemischsäule wettgemacht werden. Eine solche Leitung gewährleistet
ein regelmäßiges Arbeiten des Motors in weiterem Drehzahlbereich ohne
Höchstleistung zu erreichen; denn sie erleichtert die qualitative Verteilung des Gemisches, ohne jedoch den quantitativen Bestwert zu
geben. Man hat schon den Gütegrad der Saugleitung eines Vierzylinder-

motors aus der Verteilung von Luft und Brennstoff bestimmt, aber nur für eine einzige Zündfolge, vgl. Tait [152].

Die reine Rechenform, ausgezeichnet in der Verteilung, aber volumetrisch ungenügend, hat gute Dienste geleistet. Sie ist heute bei fortschrittlichen Motoren teilweise wieder verlassen; die scharfen Kanten haben vielfach Abrundungen Platz gemacht (Abb. 770). Die Hitzeanwendung hat neue Möglichkeiten eröffnet; der »Heißpunkt« ist ersetzt

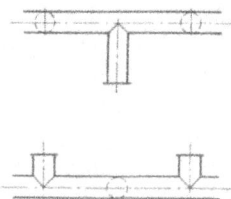
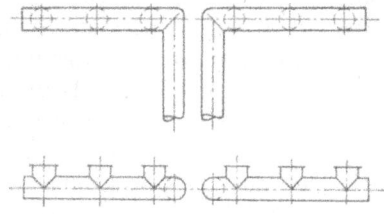

Abb. 762, 763.   Abb. 764, 765.

Abb. 762 bis 765.   Kurze Steigleitung, rechtwinklige Stutzen am geraden Verteilerrohr; sog. Rechenform.

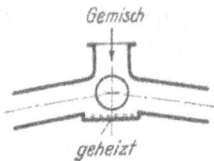
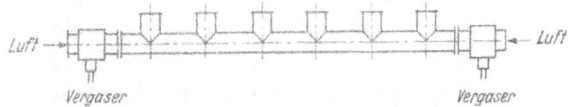

Abb. 766. Fallrohr und Verteiler.   Abb. 767. System mit Endvergasern.

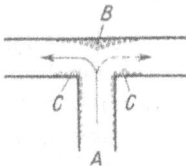
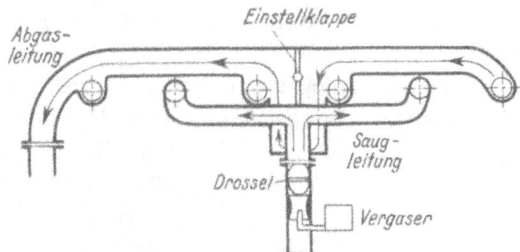

Abb. 768. Übergang des Gemisches vom Steigrohr in den Verteiler. Stellen der Brennstoffablagerung.

Abb. 769. Heizung mit Abgasen.

durch »Heißboden« oder durch eine Heizkammer mit Kontrollventil oder Einstellklappe (Abb. 769) zur Regelung der Temperatur. Wenn diese Maßnahme mitunter ein gewisses Opfer an Spitzenleistung bedeutet, so bietet sie doch einen Weg, um die Forderung der Hochleistung, die große Durchgangsquerschnitte vorschreibt, mit der Forderung der Elastizität und Weichheit des Motors, die kleinere Querschnitte verlangen, in Einklang zu bringen. Die Heizung mit Abgasen legt die Verlegung von Saugsystem und Auspuffsystem auf eine Seite des Motors nahe, was meist zu konstruktiver Knappheit an Raum führt.

Gelingt es, durch die Saugfolge den Brennstoff einigermaßen gleich in die Zylinder hineinzusteuern, so erspart man sich die Zutat ausgeklügelter Heizungspläne.

Die aufgeführten Gesichtspunkte gelten zugleich für den Fallstromvergaser, d. i. den Vergaser oberhalb des Verteilerrohres. Die bekannten Vorzüge dieser Vergaseranordnung erfahren eine fühlbare Beeinträchtigung durch die Ablagerung von viel Brennstoff im Saugrohr, zum Teil infolge von Perkolation. Da nun dieses Rohr, dank seiner Lage zu den Zylindern, bei warmem Motor meist so heiß wird, daß der Brennstoff verdampft ehe er abfließen kann, füllt sich der Verteilerstrang mit Dampf oder Gas (Dampfsackbildung). Gelangt dieser Dampf beim Anwerfen des Motors statt eines zündfähigen Gemisches in die Zylinder, so entstehen Anlaßschwierigkeiten, deren Bekämpfung man sich angelegen sein läßt.

Zu bedenken ist, daß die Saugleitungsform von der Beschaffenheit, zumal von der Verdampfbarkeit des Brennstoffs stark beeinflußt wird. Gute Formen sind nur so lange von Bestand als der Brennstoff unverändert bleibt; da sie auf ihn zugeschnitten sind, müßten sie sich mit ihm ändern.

Von zusätzlicher Bedeutung ist, wie die bezüglich der Motorenden innersten Einlaßventile zum Steigrohr liegen. Sitzt ein Saugstutzen in gleicher Ebene mit diesem Rohr, z. B. bei der Leitung mit drei Anschlüssen, kurz bei der »Dreilochleitung« des Sechszylinders (Abb. 771), so ist zu erwarten, daß dank dem Rückprall die Ventile E an dieser Öffnung bevorzugt werden, was vielleicht für eine bestimmte Saugfolge erwünscht erscheint. Anderseits wird eine gewisse Erhöhung der Prellwand über den Umriß des mittleren Zweigs (Abb. 772) dem längeren Seitenzweig etwas mehr Brennstoff zubringen; die Kreuzungsstelle, die mit scharfer Innenkante versehen ist, kann nach dem Vorschlag von Taub [153] zur Kalibrierung verwendet werden. Bei der »Vierlochleitung« derselben Zylinderzahl (Abb. 773) wird der flüssige Brennstoff nicht der dem Steigrohr zunächstliegenden Öffnung zugute kommen, sondern mit dem Gemischstrom an das Rohrende gelangen. Wird an diesem Ende das rechtwinklige Knie durch einen Krümmer ersetzt (Abb. 774), so verschwindet die scharfe Kante an der Innenseite und zugleich die Prellwand außen.

In manchen Fällen empfiehlt es sich, für einen gewissen Ausgleich der Weglängen vom Vergaser zu den Ventilen mit einfachen Mitteln zu sorgen. Hierüber ist unter b ε) bei 6 und 8 Zylindern das Nähere gesagt.

Die widerstreitenden Forderungen von Brennstoffverteilung und Liefergrad möge das folgende Beispiel, das Taub [153] nach Meßergebnissen bringt, beleuchten: Eine Verteilerleitung mit drei Anschlüssen zum Zylinderblock hat von Mitte aus eine gestreckte Länge von 310 mm der langen Zweige und eine Länge von 90 mm des mittleren, kurzen

Armes bei einer gleichmäßigen lichten Weite von 28 mm der Rohr-
stücke. Der Durchflußwiderstand des langen Teils ist merklich größer
als jener des kurzen Zweigs; erst eine Verengung dieses Teils auf 23 mm
l. W. gibt denselben Widerstand des langen Teils von 28 mm l. W.

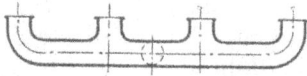

Abb. 770. Abgeänderte Rechenform.

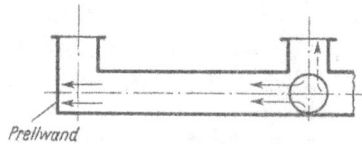

Abb. 771. Dreilochleitung des Sechszylinders
(zur Hälfte gezeichnet).

Abb. 772. Abgeänderte Kreuzungsstelle.

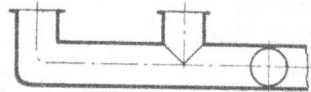

Abb. 773. Hälfte der Vierlochleitung.

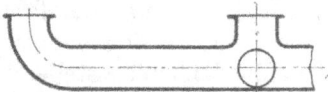

Abb. 774. Krümmer statt Knie
am Verteilerende.

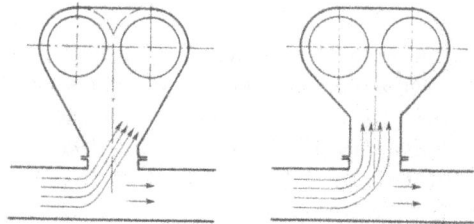

Abb. 775, 776. Zwillingsventilkammer mit verschiedenen
Umrissen.

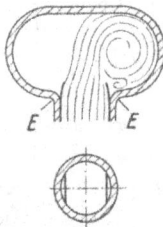

Abb. 777, 778. Einbau von Leitblechen.

Ausreichende Verminderung der Weite des Mittelzweigs zum Ausgleich
ist wegen des Liefergrades kaum möglich; das Gegenteil, die verhältnismäßige Weitung des langen Armes ist bedenklich, da die Abnahme der
Gemischgeschwindigkeit zu Ausscheidungen Anlaß geben wird.

Der Vorschlag, verschiedene Durchströmlängen der Saugrohre und Widerstände durch verschiedene Einstellung der Saugzeiten und verschiedenes Ventilspiel zu berücksichtigen, führt zu keinem praktisch brauchbaren Ergebnis.

Der lichte Querschnitt der Saugrohre ist kreisrund oder rechteckig. Beide Umrisse sind gut, wenn die Heizung folgerichtig durchgeführt ist, obwohl Kreisform vom Standpunkt des Liefergrades besser ist. Anderseits gewährt die eckige Form, insbesondere wenn die lange Seite waagrecht ist, dem durchströmenden Gemisch die größte Oberfläche, was die Aufsaugung etwaigen Niederschlags erleichtert. Nach Versuchen von Tice [154] an einem Sechszylindermotor mit verschiedenen Saugleitungen ist die Querschnittsform weniger von Bedeutung als der Mittellinienverlauf oder die Axialform der Leitung.

Nicht zu vergessen ist, daß die Drehachse der Gemischdrossel im Steigrohr parallel zur Verteilerleitung verläuft (Abb. 769), mit Rücksicht auf die Spaltung des Gemischstromes und auf gleichmäßige Speisung der beiden Verteilerzweige.

Ähnliche Überlegungen wie für die Saugleitung gelten für die Ventiltaschen. Schräge Spaltung des Gemisches ist zu meiden; diesen Mangel kann die gegabelte Einlaßkammer oder Zwillingskammer im Zylinderkopf aufweisen. Öffnungsumrisse nach Abb. 775 mit dem Ziel guter Füllung zeitigen einseitige Gemischführung zu den Ventilen; dagegen unterstützt ein kurzes, gerades Stück vor der Kammer nach Abb. 776 den zentralen Fluß und verhindert Überspeisung einer solchen Tasche, besonders wenn sie am Ende des Verteilerrohres liegt. Die Umlenkung des Kanals, der in vertikaler Richtung zwischen Anschlußöffnung und Ventilsitz verläuft, kommt in der Draufsicht nicht zum Ausdruck. Die Ecken E in Abb. 777 sind selten so scharf, daß der Brennstoff nicht um sie herum fließt; deshalb hat man rechts und links ein Leitblech eingelegt, das den Kraftstoff in Richtung des Luftstromes führt, ohne den Durchgang merklich zu verengen (Abb. 778). Die flache Wand in der Zwillingskammer, als Gegensatz zu der Spitze in Abb. 775, dient als Prellwand und weist die Wirbel zum offenen Ventil ab.

Um bei Verwendung eines Fallrohres für das Gemisch am Fallstrom-Vergaser oder an anders gebauten Zerstäubern das Rinnen des niedergeschlagenen Brennstoffs in die Ventilkammern zu unterbinden, empfiehlt sich die Anbringung einer Sammeltasche, die geheizt wird (Abb. 766).

Wie dieser Kampf zwischen Liefergrad und Verteilung erkennen läßt, ist es unmöglich, zur Aufstellung von Gesetzmäßigkeiten rechnungsmäßig vorzugehen; man kann aber beim Entwurf des Saugsystems die Fingerzeige aus mancherlei Erfahrungen verwerten.

b) Saugfolge und Zylinderfüllung.

α) *Einfluß des Arbeitsverfahrens.*

Ladermotoren. Sie wurden früher als Gebläsemotoren bezeichnet. Das gewöhnliche Viertaktverfahren verwendet Unterdruck in den Zylindern und dessen Verlauf bestimmt das Nachströmen im Einlaßsystem. Anders steht es beim Mitarbeiten eines Gemischbläsers oder Vorverdichters als einfachen Auflader, s. Abschnitt I; dieser Lader baut eine Druckspitze auf, so daß der Zylinderunterdruck nicht mehr den Ausschlag in der Arbeitsweise des Einlaßsystems gibt. Der Vergaser untersteht damit einer mehr oder weniger gleichmäßigen Strömung an Stelle einer Reihe von Pulsionen. Dieser Umstand im Verein mit der Turbulenz bei der unmittelbaren mechanischen Mischung der Ladung ergibt eine homogene Zusammensetzung für alle Zylinder. Da der Überdruck unveränderlich in der ganzen Saugleitung und vor den Ventilen bleibt, hat der Saughub des Kolbens nicht mehr die Trägheit der Gemischsäule zu überwinden, so daß ihre Nacheilung verschwindet und alle Zylinder volle Füllung erhalten; gute Gemischverteilung und ausgeglichener Lauf gehen Hand in Hand. Man nähert sich damit den Verhältnissen der Zweitakt-Dieselmaschinen mit ihrem dem Motor vorgelagerten Vorrat an Spül- und Ladeluft.

Motoren mit Ansaugung. Da der Vorverdichter eine Verwicklung der Anlage bedeutet und nicht vermag, für alle Drehzahlen und Belastungsstufen gleich gut zu liefern, so greift man bei Verkehrsmotoren nur in den Fällen zu ihm, in denen eine ausgesprochene Notwendigkeit vorliegt; in der Regel begnügt man sich mit der einfachen Saugwirkung und mit der Lieferung des als Pumpe arbeitenden Motors.

β) *Druckschwankungen in der Saugleitung bei Motoren mit Ansaugung.*

Die Ursache der Druckschwankungen ist in der Gemischströmung zu suchen, die durch die Kolbenbewegung über das offene Einlaßventil erzwungen wird; einiges über diesen Vorgang ist unter A, 1, a) zu finden. Versucht man auf rechnerischem Weg unter mannigfachen Vereinfachungen, wie Vernachlässigung des Einflusses des Saugorgans, Gleichsetzung der Einlaßdauer mit einem Kolbenhub, Außerachtlassung der Dämpfung durch Reibung und Massenträgheit, Annahme unveränderlicher Gemischtemperatur, auf die periodischen Geschwindigkeits- und Druckschwankungen in der Verteilerleitung zu kommen, so erhält man Werte, die wesentlich von den wirklichen abweichen. Dies hat schon Voissel [120] bei seinen durch Versuche ergänzten Ableitungen festgestellt; ferner betont Drucker [155] die Schwierigkeit der Berechnung des Druckes am Ende des Saughubes bei Schnelläufern. Die rechnerischen Ansätze von Pischinger [125], die beim Einzylindermotor eine Übereinstimmung mit den Messungen zeigen, sind auf Mehrzylindermotoren schwerlich anwendbar. Schon das Vorhandensein eines nicht homogenen Mittels und die daraus folgenden Erscheinungen ermöglichen es nicht, die Vorgänge einer genauen Vorausberechnung zugänglich zu machen, wie sie Lutz [124] an Diesel-Zweitaktmotoren mit ihren einfacheren Verhältnissen anstrebt.

Mit bewußter Vereinfachung beschränkt man sich auf die Folgen der Trägheitswirkung der beschleunigten Gassäule, die an sich wegen der gekoppelten Leitungsstränge nicht einfach sind, und setzt in erster Annäherung den Gesamtdruck gleich dem mittleren Saugdruck zuzüglich des dynamischen Zusatzdruckes.

Um die verschiedenen Saugfolgen gegeneinander abzuwägen, soll hier die zeichnerische Darstellung der Gasgeschwindigkeiten in Abhängigkeit vom Ventilerhebungsgesetz nicht den Ausgangspunkt der Betrachtung bilden; über die Strömungsverhältnisse, die auf diese Weise ermittelt wurden, berichtet Kegerreis [156]. Vielmehr sollen andere Gesichtspunkte in Abhängigkeit von der Saugfolge, ausgehend von einem Zylinder, zur Besprechung kommen.

Während der Kolben nach abwärts geht, ist das Einlaßventil geöffnet; sein Erhebungsgesetz wird vom Einlaßnocken bekannter Gestalt bestimmt. Der Steuerwinkel für die Einlaßdauer α_E in Abb. 779, der sich von Einlaß öffnet (E. ö.) bis Einlaß schließt (E. s.) erstreckt, wird nach Erfahrungsdaten gewählt oder auch an einem Versuchsmotor am Prüfstand ermittelt; er beträgt, bezogen auf Kurbeldrehwinkel, 220° bis 240° je nach Höhe der Normaldrehzahl, seltener mehr. Er ist ein Bestwert nur für eine Drehzahl des Motors und ein Mittelwert für die einzelnen Zylinder zu einer bestimmten Form der Saugleitung; er ist üblicherweise unveränderlich, denn eine Verstellung von Beginn und Ende Einlaß abhängig von der Belastung und Umlaufzahl hat bei Verkehrsmotoren keinen Eingang gefunden. Voraussetzung für brauchbare Verteilung ist richtige Bemessung der Ventile und Hübe und passende Dauer des Einlaßtaktes.

Die auftretenden Drücke im Zylinder und in der Leitung zeigt die Abb. 780 zugleich mit der Ventilerhebungskurve, abhängig vom Kurbeldrehwinkel bei Vollgas, und zwar für einen Zylinder eines Dreizylindermotors, bei dem noch keine Überdeckungen der Zylinder eintreten (Abb. 781). Was die Trägheitswirkung der Gemischsäule anlangt, kann die Energie des Flusses im ersten Teil des Ventilhubes als pontentiell, im letzten Teil des Hubes als kinetisch bezeichnet werden; es bleibt im ersten Teil des Einlassens die Geschwindigkeit in der Saugleitung unterhalb jener, die dem Unterdruck an der Einlaßventilöffnung entspricht, während beim Schließen der Fluß aus der Trägheitswirkung größer ist als aus dem Unterdruck an der Einlaßöffnung folgen würde. Dieser Staudruck am Ende des Saugtaktes vor dem schließenden Ventil und der Nachladeeffekt im Zylinder ist von wesentlicher Bedeutung für den

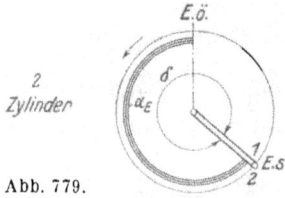

2
Zylinder

Abb. 779.

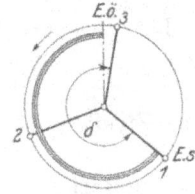

3
Zylinder

Abb. 781.

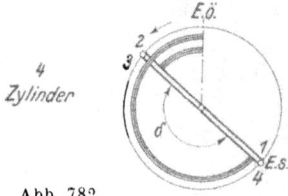

4
Zylinder

Abb. 782.

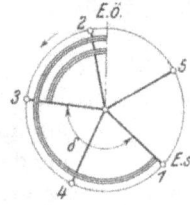

5
Zylinder

Abb. 783.

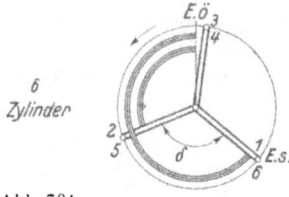

6
Zylinder

Abb. 784.

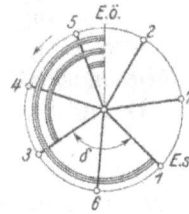

7
Zylinder

Abb. 785.

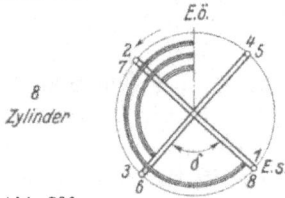

8
Zylinder

Abb. 786.

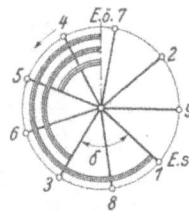

9
Zylinder

Abb. 787.

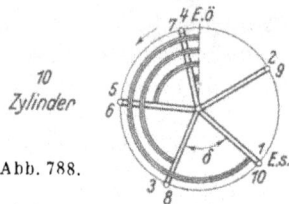

10
Zylinder

Abb. 788.

Abb. 779 und 781 bis 788. Überdeckung der Saugtakte bei verschiedenen Kurbel- und Zylinderzahlen mit
dem Drehwinkel α_E an der Kurbelwelle für Einlaßdauer und Viertakt
aus Abb. 779.

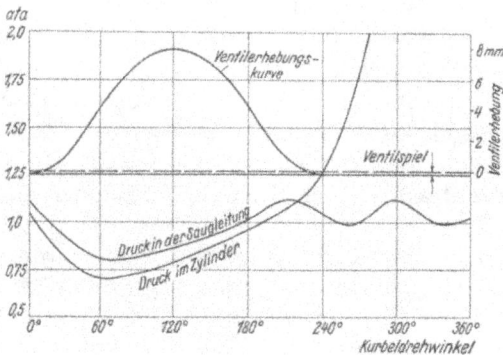

Abb. 780.
Druckverlauf im
Zylinder und in
der Saugleitung.

Liefergrad; unter Umständen kann der Druckanstieg in der Leitung einen Füllungsrückstoß, eine rücklaufende Druckwelle, verursachen. Die Zeit bis zum Erreichen der Druckspitze ist unveränderlich; es wechselt demnach die Lage des Höchstpunktes abhängig vom Kurbeldrehwinkel mit der Drehzahl der Welle. Für feste Steuerzeit von normalem Betrag liegt nur ein eng begrenzter Bereich der Drehzahlen für den Ladeeffekt günstig.

Um die größte Kolbenkraft zu erhalten, schließt man das Einlaßventil zur Zeit, da die Trägheitswelle ein Maximum hat oder kurz davor und bei wieder aufwärts gehendem Kolben atmosphärischer Druck im Zylinder herrscht. Unter dieser Drehzahl tritt ein Rückblasen ein, weil der Kolben das Gemisch in die Leitung zurückzudrängen vermag; der Ventilschluß liegt hierfür zu spät. Bei Drehzahlen oberhalb des günstigen Punktes geht Kraft verloren; denn das Einlaßventil schließt, bevor der Nachladeeffekt den Höchstwert erreicht hat. Verlegt man den wesentlichen Arbeitsbereich des Motors in das Gebiet hoher Drehzahlen, so kann man späten Schluß zulassen, dafür aber nimmt man im Langsamlauf das Rückblasen in Kauf mit seinen schädlichen Folgen. Schließt man das Ventil frühzeitig, so wird mit steigender Drehzahl das Drehmoment bald abfallen. Manches Motorfahrzeug erweckt den Eindruck der Mittelmäßigkeit, weil die volle Ladung nicht bei der am meisten gebrauchten Drehzahl zustande kommt.

Bisher war ein Zylinder oder deren wenige angenommen. Sind mehrere Zylinder an einem Vergaser angeschlossen, so kann folgendes eintreten: ein Zylinder möge saugen und in der Leitung einen gewissen Unterdruck erzeugen, während ein anderer vor Einlaßende steht; es wird dann die Amplitude des Drucks nicht erreicht; die Energie bleibt in potentieller Form, der Liefergrad und die Kraft des betreffenden Zylinders werden durch diese Überlagerung, also durch das Zusammenwirken verschiedener Wellenbewegungen im schwingenden Mittel, erniedrigt.

Die verwickelten Vorgänge bei mehreren Zylindern sind großenteils auf gekoppelte Schwingungen zurückzuführen. Man kann aber schon aus den Überdeckungen der Öffnungszeiten der Ventile gewisse Schlüsse ziehen, wie nunmehr gezeigt wird.

γ) *Steuerzeiten und Verteilung.*

Überlappungsdiagramme. Wegen der langen Öffnungszeit jeden Einlaßventils ist an Viertakt-Mehrzylindermotoren eine Überlappung (Überdeckung oder Überschneidung) der Saugtakte nicht zu umgehen, solange sämtliche Zylinder aus einem Vergaser gespeist werden. Wieviel Zylinder gleichzeitig saugen, zeigt der Einlaßsteuerwinkel an der Kurbelwelle im Verein mit dem jeweiligen Kurbelstern an. Von diesem Steuerwinkel war unter β) die Rede; die Kurbelsterne selbst mit den Winkeln δ_k der Kurbeln sind aus dem Abschnitt III bekannt.

Man zeichnet den Einlaßwinkel am einfachsten mit Einlaßöffnung (E. ö.) auf der Lotrechten, sodann legt man, wie die Abb. 779 und 781 bis 788 dartun, den Kurbelstern mit den unter Winkel δ_k stehenden und im Winkelabstand δ der Zündungen den Saugtakt beginnenden Kurbeln gleichmittig auf den Einlaßbogen α_E, und zwar mit Kurbel *1* auf E. s. Der Winkel α_E ist allen Zylindern gemeinsam und beträgt nach früherer Angabe durchschnittlich 220° bis 240°. Man ersieht aus der Stellung der Kurbeln, wie weit sich jede im Bereich des Einlasses gedreht hat und welche Zylinder im Saugtakt stehen. Es sind dies

$$k_E = \left(\frac{\alpha_E}{\delta} + 1 \right)$$

Kurbeln, wobei in dem Bruchwert die ganze Zahl zu nehmen ist. Die Überdeckungen sind in den Abbildungen mit dreifachen Kreisbögen hervorgehoben. Im einzelnen gilt die nachstehende Übersicht, die einen einzigen Vergaser voraussetzt.

Tafel 52.

Zylinder- und Kurbelzahl	2	3	4	5	6	7	8	9	10
δ	360°	240°	180°	144°	120°	$102^6/_7$°	90°	80°	72°
Zahl der Zylinder im Saugtakt	1	1	2	2	2	3	3	3	4

9 und 10 Zylinder haben Bedeutung für die Gabelform.

Durch diese Überdeckung der Öffnungszeiten und den kurzen Abstand der Ventilbetätigung tritt ein Fortsaugen des Gemisches der Zylinder untereinander ein.

Verwendet man von 6 Zylindern aufwärts z w e i Vergaser oder einen Vergaser mit 2 Steigrohren, so entfällt auf einen die halbe Kurbel- und Zylinderzahl. Ließe man zuerst die Zylinder der einen Motorhälfte zünden, sodann jene der andern Hälfte unter passender Formgebung der Welle und Bezifferung der Kurbeln, so käme man auf dieselbe Anzahl gleichzeitig offener Ventile wie im Falle e i n e s Vergasers. Solche Zünd- und Steuerfolge ist aber aus andern Rücksichten, die vorbehandelt sind, nicht angängig. Für andere, sonst günstige Zündfolgen, wird die Zahl der Zylinder, die gleichzeitig im Saugtakt stehen, verschieden hoch, bei ungeraden Zylinderzahlen schon deshalb, weil dem einen Vergaser ein Zylinder mehr zuzuteilen ist als dem andern. Im allgemeinen sind bei Verwendung zweier Vergaser je Saugsystem weniger Ventile in Tätigkeit als beim Einzelvergaser.

Die Überschneidungen haben die bereits erwähnte Interferenz der Saugimpulse zur Folge; dies geht aus der Betrachtung des Verlaufs der

Ventilerhebungen und der Ventil-Eröffnungsquerschnitte, die an brauchbaren Konstruktionen den Wegen proportional sind, hervor. In Abb. 789
bis 795 sind die Ventilerhebungskurven abhängig von der Zeit oder dem
Kurbeldrehwinkel für verschiedene Zylinderzahlen 2 bis 8 nach der
Steuerfolge so aufgetragen, daß die gleichzeitig offenen Querschnitte
deutlich hervortreten. Zwei und drei Zylinder sind frei von Überdeckung.

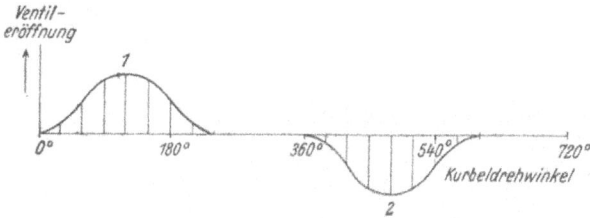

Abb. 789. 2 Zylinder.
Steuerfolge 1 — 2.

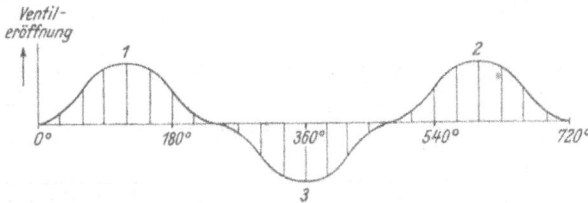

Abb. 790. 3 Zylinder.
Steuerfolge 1 3 2.

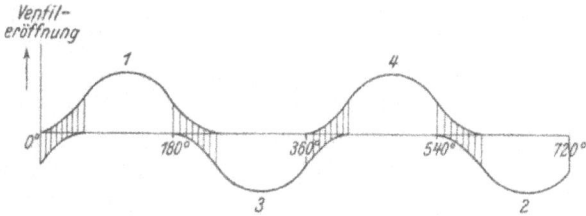

Abb. 791. 4 Zylinder.
Steuerfolge 1 3 4 2.

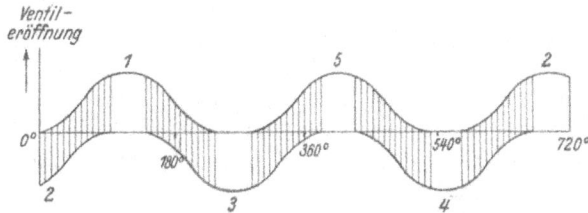

Abb. 792. 5 Zylinder.
Steuerfolge 1 3 5 4 2.

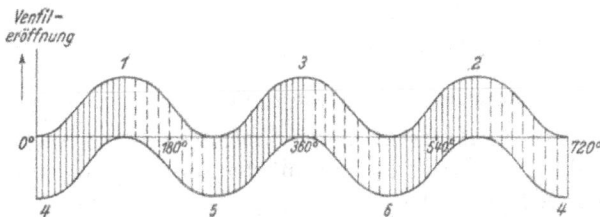

Abb. 793. 6 Zylinder.
Steuerfolge 1 5 3 6 2 4.

Abb. 789 bis 793. Überlappungen der Saugtakte bei verschiedenen Zylinderzahlen.

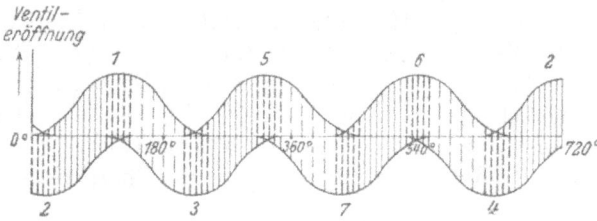

Abb. 794. 7 Zylinder.
Steuerfolge 1 3 5 7 6 4 2.

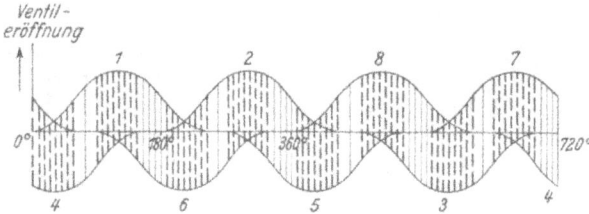

Abb. 795. 8 Zylinder.
Steuerfolge 1 6 2 5 8 3 7 4.

Abb. 794, 795. Überlappungen der Saugtakte bei verschiedenen Zylinderzahlen.

Die Interferenz ist klein bei 4, größer bei 6, beträchtlich bei 8 Zylindern. Daraus lassen sich gewisse Schlüsse über die gegenseitige Beeinflussung der einzelnen Strömungen und der Wellenbewegungen im schwingenden Mittel ziehen.

Befindet sich an einem Sechs- oder Achtzylindermotor ein Vergaser, so können die Steuerzeiten ausgedehnter sein als beim Vierzylindermotor, ohne Einbuße an Schmiegsamkeit. Wegen der größeren Überdeckung der Saugimpulse am Sechs- und Achtzylinder ist bei diesen irgendein Ventil in Bereitschaft, den von einem schließenden Nachbarn verursachten Rückfluß aufzusaugen. Mit einem Doppelvergaser verhält sich jede Hälfte wie ein Motor mit halber Zylinderzahl, daher muß der Einlaßschluß beträchtlich geändert, und zwar für mittelstarke Personenwagenmotoren um 5⁰ bis 8⁰ verkleinert werden, soll unzulässiger Rückstoß und eine Störung vermieden werden, s. Hayes [151]. Legt man beim Vergleich der Leistung des Einzel- und des Doppelvergasers dieselbe Nockenwelle zugrunde, so nimmt man dem Motor mit Doppelvergaser die Möglichkeit bester Leistung. Umgekehrt bedeutet die Prüfung eines Einzelvergasers mit der Steuerung, die zum Doppelvergaser paßt, Verzicht auf verbesserte Füllung durch die Trägheitswirkung der Gemischsäule bei spätem Ventilschluß. Insofern hat die Zylinderzahl und Zündfolge eine gewisse Einwirkung auf den Entwurf der Steuerung, insbesondere auf die Formgebung der Einlaßnocken.

δ) Zündzeitpunkt und Gemischverteilung.

Die Zündgeschwindigkeit untersteht dem Einfluß der Ladedichte im Augenblick der Zündung und ändert sich mit der Zusammensetzung des Gemisches. Danach richtet sich der günstigste Zündzeitpunkt. Ist die Stärke des Gemisches für jeden Zylinder verschieden und die Zündung so eingestellt, daß ein oder mehrere Zylinder beste Leistung geben, so ist für die übrigen Zylinder der Zündzeitpunkt zu früh oder zu spät. Im ersten Fall kann Klopfen eintreten, im letzteren wird die Leistung herabgesetzt; Ungleichartigkeit des Gemisches und Unterschiede in der Gemischverteilung bedingen im ganzen eine Verringerung der Höchstleistung.

ε) *Zylinderzahl, Saugfolge und Gemischverteilung.*

Über den Gütegrad der Saugleitung, abhängig von der Einlaßfolge, der Dauer der Saugimpulse, der Häufigkeit der Stromumkehr im Verteilerrohr, lassen sich keine allgemeinen Regeln aufstellen. Jede Zylinderzahl mit der ihr eigentümlichen Saugfolge bietet abweichende Verhältnisse. Änderungen in der Einlaßfolge haben keine fühlbare Rückwirkung auf die Gemischbildung im Vergaser, können aber die Gemischfortleitung und -verteilung verbessern oder verschlechtern. Gleichmäßige Verteilung mildert die Nachteile ungenügender Vernebelung des Brennstoffs und baulicher Mängel am Verbrennungsraum. Dagegen setzt unpassende Saugfolge den Wirkungsgrad einer vorteilhaften Gestalt des Verdichtungsraumes bei einzelnen Zylindern herunter.

1. Einreihenmotoren.

Einige Einsicht in die Verteilungsvorgänge abhängig von der Saugfolge erlangt man am besten ausgehend von den niedrigen Zylinderzahlen, wobei das Arbeiten mit voller Drosselöffnung und fürs erste ein Aufstromvergaser vorausgesetzt wird.

2 Zylinder mit 360° Kurbelversetzung. Da jeweils nur ein Ventil offen ist, befindet sich das Gemisch im Steigrohr während etwa 230° Kurbelwinkel in Bewegung, dann folgt ein Stillstand von rd. 140°, wobei der im Restgemisch schwebende Brennstoff zur Ablagerung gelangen kann. Da aber das Absaugen für jeden Zylinder in gleicher Weise erfolgt, entsteht keine Ungleichheit der Güte und Menge der Ladungen.

Ist die Kurbelversetzung 180° mit ungleichen Zündabständen, so beginnt der zweite Zylinder zu saugen, ehe der erste fertig ist, da die Einlaßventile länger als 180° offen sind; insgesamt befindet sich das Gas im Steigrohr in Bewegung über mehr als 360° Kurbeldrehwinkel. Während des größeren Teils der folgenden Drehung stockt das Gas, und der schwebende Brennstoff neigt zur Ablagerung. Ist die Leitung symmetrisch, so erhält Zylinder *1* ein reicheres Gemisch, da seine Ladung in der ganzen Leitung flüssige Teile auflesen kann, wogegen Zylinder *2* nur über den in seinem Leitungszweig abgesetzten Brennstoff verfügt. Dem kann durch eine Abzweigung abgeholfen werden, die nicht unmittelbar mit Zylinder *1* in Verbindung steht.

Den Bildern zu den nachfolgenden Zylinderzahlen sind überwiegend seitlich liegende, stehende Ventile zugrunde gelegt, also von unten gesteuerte Anordnung und Blockbauart der Zylinder. Die Skizzen lassen sich unschwer auf hängende Ventile im Zylinderkopf umzeichnen, wie aus dem Vergleich mit den Beispielen der andern Art hervorgeht.

3 Zylinder (Abb. 796). Da hier das eine Ventil schon geschlossen hat, bevor das andere in Tätigkeit tritt, ist eine Wechselwirkung nicht gegeben. Der zweite Saughub erfolgt aber fast unmittelbar auf den ersten, ebenso der dritte auf den zweiten. Die zwei möglichen Saugfolgen weisen keinen Unterschied in der Verteilung auf. Die Anordnung Abb. 797 mit 2 Anschlüssen ist nicht günstiger.

4 Zylinder. Bei der Zündfolge *1 3 4 2* wird die Füllung von Zylinder *4*, der auf *3* folgt, und von Zylinder *1*, der *2* ablöst, reicher an Brennstoff ausfallen als bei den andern Zylindern, weil sie die unmittelbar vorher in der Zwillings-Ventilkammer abgelagerte Flüssigkeit aufnehmen können. In der Anordnung Abb. 798 sind die Zylinder an den Enden des Motorblocks bevorzugt; deshalb ist die Leitung mit 3 Anschlüssen am Platz (Abb. 799), bei der jeder folgende Impuls durch einen andern Rohrzweig geleitet wird. Die Heizung durch Abgase soll dabei nicht die Zylinder *2* und *3* begünstigen. Zwei Leitungen und zwei Vergaser, der eine für die zwei äußeren, der andere für die zwei inneren Zylinder, sind zu kostspielig.

Die Zündfolge *1 2 4 3* steht auf gleicher Stufe. Es findet Strömungsumkehr im Verteilungsrohr einmal je Umdrehung der Welle statt. Luftschwingungen können dazu beitragen, daß die äußeren Zylinder größere und reichere Ladung als die mittleren Zylinder erhalten, dank der größeren Wirklänge der Leitung. Innenkanäle nach Abb. 757 und 800 sind nicht zu empfehlen, selbst bei Durchleitung von Luft allein, noch weniger nach Abb. 801 und 802.

Im ganzen zeigt der Vierzylinder einen hohen Grad von Unempfindlichkeit gegen fehlerhafte Leitungsformen. Anders verhalten sich der Sechs- und Achtzylinder, die empfindlich und »schwierig« sind.

5 Zylinder. Gegen Schluß eines Ventils öffnet ein zweites; da aber das erste schon aufsitzt, ehe die Saugwirkung des andern Zylinders den Höchstwert erreicht hat, ist das Wegsaugen nicht erheblich. Mit der Zündfolge *1 3 5 4 2* und der Form des Verteilers nach Abb. 803 findet Stromumkehr von *1* nach *3*, dann von *5* nach *4* statt. Durch Trennung der Ventile *1* und *2* sowie *4* und *5*, die einander im Saugen ablösen (Abb. 804), ist ein überreiches Gemisch in Zylinder *1* und *4* gemieden.

6 Zylinder mit einem Vergaser, der mit dem Steigrohr in der Mitte sitzt. Das Überlappungsdiagramm verrät eine gegenseitige Beeinflussung der Zylinder, die im Saugen aufeinander folgen. Da aber mit der üblichen Zündfolge *1 5 3 6 2 4* der räumliche Abstand der arbeitenden Ventile und Saugstutzen beim Wechsel von der linken zur rechten Seite der Verteilerleitung groß ist, verringert sich die gegenseitige Abhängigkeit.

Der Sechszylinder ist jedenfalls ungünstiger daran als der Vierzylinder. Bei diesem wird auf jeder Seite des Verteilers zweimal innerhalb einer Wellenumdrehung gesaugt; es findet einmal eine Umkehr der Impulse mit einer Pumpenenergie von nahezu der Hälfte des Zylindervolumens statt. Anders steht es mit dem Sechszylinder. An jeder Seite

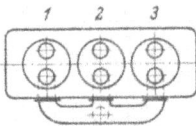

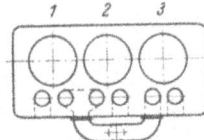

Abb. 796, 797. Saugleitung des Dreizylinders mit 3 und mit 2 Anschlüssen.

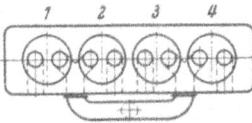

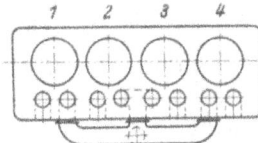

Abb. 798, 799. Saugleitung des Vierzylinders mit 2 und mit 3 Anschlüssen.

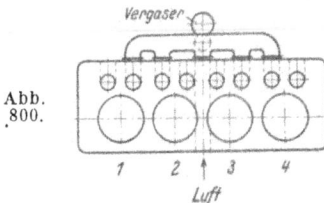

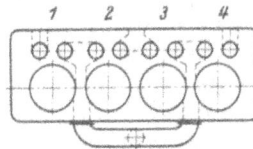

Abb. 800.

Abb. 801.

Abb. 802.

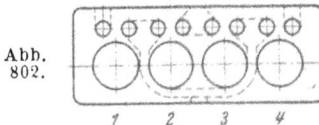

Abb. 800, 801, 802.
Innenleitungen beim Vierzylinder,
nicht empfehlenswert.

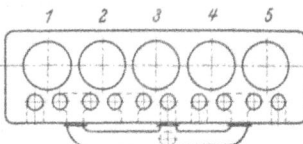

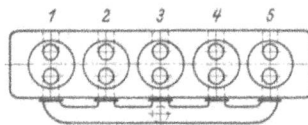

Abb. 803, 804. Saugleitung des Fünfzylinders mit 3 und mit 5 Anschlüssen.

des Vergasers ist eine Gruppe von 3 Zylindern; mit der Zündfolge *1 5 3 6 2 4* oder *1 4 2 6 3 5* saugt jede Seite nur einmal und es findet im Verteiler je Umdrehung dreimal Umkehr statt. Jede Schwenkung vollzieht sich mit einer Energie, die etwa dem Sechstel des Hubraums entspricht; der Höchstbetrag oder die Amplitude beträgt daher nur ein Drittel von jener des Vierzylinders, wie sich auch aus dem Verlauf der

Unterdrücke in Abb. 780 für die verschiedenen Kurbelstellungen schließen läßt.

Die Wirkung der hohen Frequenz und geringen Amplitude auf den schwebenden Brennstoff zeigt sich darin, daß der gegenüber der Einmündung des Steigrohres in das Verteilerrohr aufgebaute Flüssigkeitskegel (s. Abb. 768) vor dem Abbau geschützt bleibt; seine Bewegung ist nur eine Schwingung. Bricht er einmal auseinander, so gelangt viel Brennstoff auf einmal in den Verbrennungsraum; Fehlzündungen und Kraftverluste sind die Folge. Manche Eigenheiten und Schwierigkeiten der Verteilung beim Sechszylinder sind hierauf zurückzuführen. Die Verteilung der Saugstutzen und Ventile ist aus Abb. 805 bis 812 ersichtlich. Die Verteilerleitung in Abb. 806 ist kürzer als jene in Abb. 805; das setzt voraus, daß die äußersten Ventile für Auslaß dienen. Innenleitungen im Gußkörper (Abb. 811 und 812) sind nach den Ausführungen unter 2 a β) dieses Abschnitts zu meiden.

Vergleich der Zündfolgen *1 5 3 6 2 4* und *1 4 2 6 3 5*. Sie gehören für gleichen Wellendrehsinn zwei verschieden gestalteten Kurbelwellen an, wie schon früher im Abschnitt VI, C gesagt wurde. Die erste Folge ist aus verschiedenen Gründen als günstig anzusprechen. Die Saughübe verteilen sich in ziemlich gleichen Abständen längs des Saugrohres und ein Zylinder der linken Hälfte wechselt regelmäßig mit einem Zylinder der rechten Hälfte; folglich speichert keiner der beiden Zweige rechts und links der Mitte eine übermäßige Brennstoffmenge auf. Zeichnet man die Saugfolge, wie früher die Zündfolge, mit Bogen und Pfeil in das Leitungsbild ein (Abb. 813) oder auch einen Linienzug zwischen den Saugöffnungen (Abb. 814), so ersieht man, daß das Gemisch hin und her pendelt. Anders stünde es mit einer andern der insgesamt 8 Zündfolgen (s. S. 186), z. B. *1 2 3 6 5 4*; hier saugen zuerst die Zylinder der einen Hälfte, sodann die der zweiten. In jedem der beiden Zweige des Verteilerrohres herrscht Ruhe während $4 \cdot 120^0 = 480^0$ Drehwinkel der Welle. Obwohl diese Folge, wie Abb. 815, 816 zeigen, einen »geschlossenen« Gasstromkreis aufweist, der zum Teil die verschieden lange Zuführungswege ausgleicht und für ein vollkommenes Gas gewisse Vorzüge böte, kann sie wegen der Brennstoffablagerung nicht als gut bezeichnet werden. Außerdem tritt dank der Überlappung der Steuerzeiten bei benachbarten, in gemeinsamer Kammer sitzenden Ventilen ein Wegstehlen von Gemisch ein und beim Auspuffen stören sich die Zylinder gegenseitig, was durch Trennen der Kammern gemildert wird. Von der kinetischen Energie läßt sich nur wenig ausnutzen.

Im übrigen erleichtert eine gedankliche Trennung der beiden Verteilerhälften die Verfolgung der Vorgänge. In der Folge *1 5 3 6 2 4* sind die Impulse der vorderen 3 Zylinder in der Reihe *321—3* unter Zwischenräumen von 240^0 verteilt, die hinteren 3 Zylinder saugen nach dem Schema *456—4*. Vollendet Zylinder *1* den Saughub, so vergeht

22*

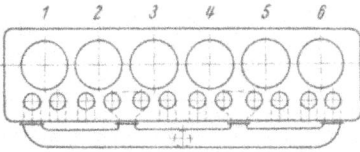

Abb. 805.

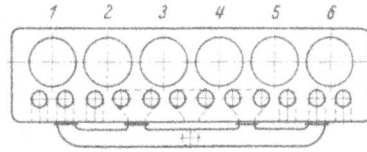

Abb. 806.

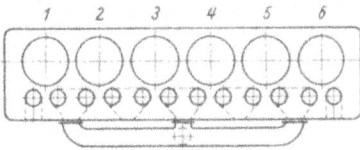

Abb. 807.

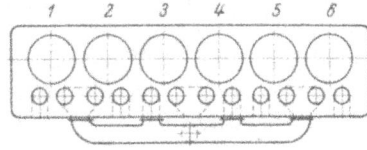

Abb. 808.

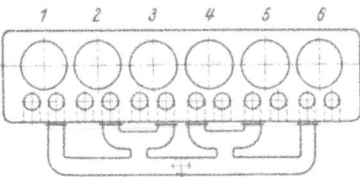

Abb. 809.

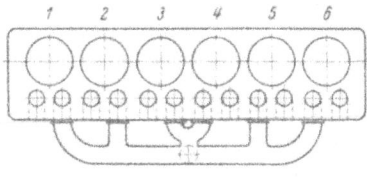

Abb. 810.

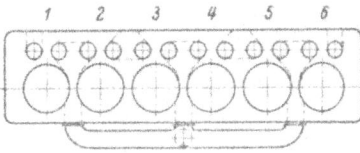

Abb. 811.

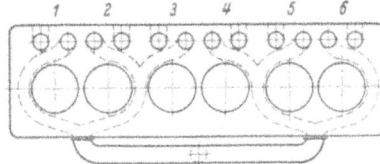

Abb. 812.

Abb. 805 bis 812. Verteilung der Saugstutzen und Ventile beim Sechszylinder.

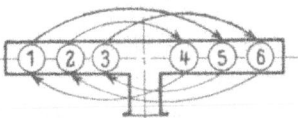

Abb. 813, 814. Zwei Darstellungen der
Saugfolge des Sechszylinders
1 5 3 6 2 4.

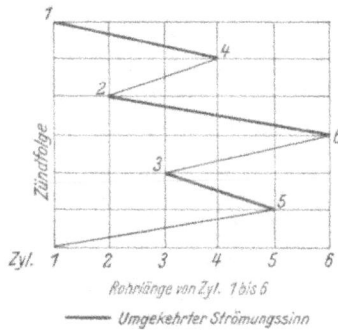

Rohrlänge von Zyl. 1 bis 6

——— Umgekehrter Strömungssinn

ganz kurze Zeit bis Zylinder *3* seine Ladung einzulassen beginnt, etwa 15° bei 225° Einlaßdauer; der Strom nimmt den Brennstoff auf, der zwischen seiner Öffnung und dem Steigrohr kondensiert hat. Die Ladung, die sodann in Zylinder *2* gelangt, hat Gelegenheit eine verhältnismäßig große Menge flüssigen Treibstoffs aufzunehmen, der sich in der Zeit zwischen Schluß von Ventil *1* und Öffnen von Ventil *2* im Verteiler niedergeschlagen hat, entsprechend etwa 255° Kurbeldrehung. Zylinder *1* dagegen, der Zylinder *2* ablöst, verfügt allein über den abgelagerten Brennstoff von 15° Drehwinkel zwischen Schluß von *2* und Öffnen von *1*. Sodann folgt Umkehr der Gemischsäule und Saugen von *3*. Das Verhalten des hinteren Teils der Leitung mit der Folge *456* ist ähnlich. Daher besteht die Neigung, daß Zylinder *2* und *5* reicheres Gemisch als die übrigen Zylinder aufnehmen. Dabei ist von gewisser Bedeutung die Anwendung von Einzelkammern oder von Paarkammern für die Ventile. Sechs getrennte Öffnungen sind als durchschnittlich beste Lösung anzusehen.

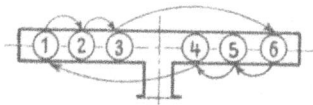

Abb. 815, 816. »Geschlossener Gasstromkreis der Saug- und Zündfolge
1 2 3 6 5 4.

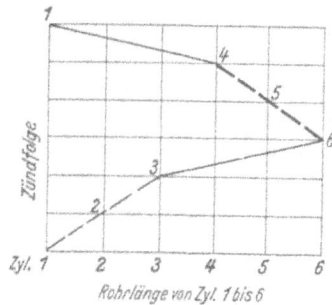

- - - - - - Zylinder derselben Motorhälfte
- - - - - Umgekehrter Strömungssinn

Abb. 816.

Die Zündfolge *1 4 2 6 3 5* ist ungünstiger daran. Die vorderen 3 Zylinder saugen in der Reihenfolge *123—1*; die Umkehr ist bei *3*, d. h. mehr in der Mitte des Verteilerrohres. *123—1* gibt offenbar mehr gleichgerichtete Strömung als *321—3*, doch ist die Neigung zu Kraftstoffablagerung größer.

Die Saugfolge *1 5 3 6 2 4* gibt das recht erwünschte »Nach-auswärts-saugen-und-zünden« und eine Umkehr von *1* zu *3* und von *6* zu *4* soweit wie möglich vom Vergaser entfernt. Gerade Rechenform ist dabei noch am besten; Ablagerungsstellen sind kräftig zu heizen.

Die hinsichtlich der Drehschwingungen der Welle günstige Zündfolge *1 3 5 6 4 2* nimmt eine Stellung zwischen *1 2 3 6 5 4* und *1 5 3 6 2 4* ein.

Die vorhin gedanklich vorgenommene Trennung des Verteilers in zwei symmetrische Hälften kommt manchmal zur Ausführung. Die gegabelte Form der Leitung (Abb. 753) mit knappem Steigrohr wird besonders bei Einheiten mit großem Hubraum verwendet und befriedigt vom Standpunkt der Leistung aus. Jede Hälfte des Systems ist selbstdämpfend, so daß hinsichtlich des Schwalls kritische Betriebszustände nicht vorkommen.

Man hat auch andere Lösungen versucht. Einmal die Verlegung des Vergasers an das eine Ende des Verteilerrohres, wobei die Steigleitung in Wegfall kommt (Abb. 759); es ist damit die eine Richtung des Flusses stärker betont und das geradlinige Saugrohr übt eine gewisse Speicherwirkung aus. Ferner ging man an die Teilung des Systems in der Mitte und an die Anwendung von zwei Vergasern oder eines Doppelvergasers heran (Abb. 817, 818, 819, 820).

6 Zylinder mit zwei Einzelvergasern oder einem Doppelvergaser; dieser entsteht aus der Vereinigung zweier Vergaser zu einem Körper, der eine Schwimmerkammer mit zwei Hauptdüsen, zwei Lufttrichter und Drosseln enthält. Man greift zu diesen Lösungen in den Fällen, in denen höchster Betrag des Drehmoments und hohe minutliche Drehzahl mit geringem Abfall der Leistungskurve verlangt wird; der Gewinn beträgt etwa 5% bis 7%, da der Doppelvergaser niedrigere Gemischgeschwindigkeiten und somit eine Verbesserung der Zylinderfüllung zuläßt. Als unerwünscht zeigt sich bisweilen eine Neigung zum Rückblasen des Gemisches aus der Vergasermündung bei niedrigeren Drehzahlen; an Flugmotoren wurde dem begegnet durch Drehen der Vergaseröffnung gegen den Schraubenluftstrahl. Ferner ist auf gute Synchronisierung im Leerlauf Bedacht zu nehmen. Billige Fahrzeuge werden kaum die Preiserhöhung durch die umfangreichere Vergasereinrichtung tragen können.

Der vorhin begründete Unterschied der Zündfolgen *1 5 3 6 2 4* und *1 4 2 6 3 5* tritt hier besonders kräftig hervor. Die erste Folge liefert im vorderen System die Umkehr von *1* zu *3*, im hinteren System von *6* zu *4* weit weg vom Vergaser; bei der zweiten Folge findet die Umkehr von *3* zu *1* bzw. von *4* zu *6* statt, also dicht am zugehörigen Steigrohr; damit ist die Wahrscheinlichkeit verknüpft, daß eine verstärkte Störung des Gemischflusses sich bis in dieses Rohr hinein erstreckt, ja es kann eine »leere« Leitung die Folge sein und weiterhin eine wechselnde Beschleunigung des Motors und eine Leistungskennlinie mit unstetem Verlauf.

Es sind Sechszylindermotoren mit 3 Vergasern bekannt geworden, als Sonderfälle, in denen die Leistung im Bereich hoher Drehzahlen im Vordergrund steht.

Zwei Formen der Saugleitung für 7 Zylinder, die z. Z. für Fahrzwecke nicht üblich sind, bringen Abb. 821 und 822.

8 Zylinder. Vom Einzelvergaser ausgehend, sind eine Anzahl von Leitungsformen in Abb. 823 bis 826 gegeben, von denen 824 und 825

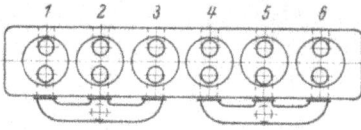

Abb. 817.

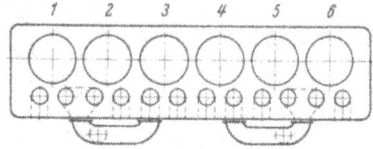

Abb. 818.

Abb. 817, 818, 819. Sechszylinder mit zwei Vergasern.

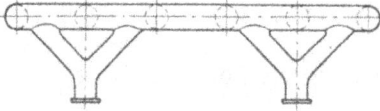

Abb. 819.

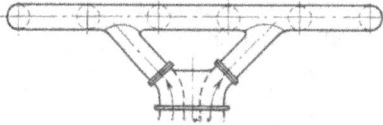

Abb. 820.

Abb. 820. Sechszylinder mit Doppelvergaser.

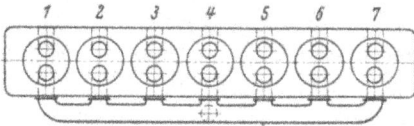

Abb. 821.

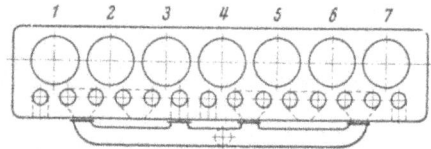

Abb. 822.

Abb. 821, 822. Zwei Formen der Leitung für sieben Zylinder.

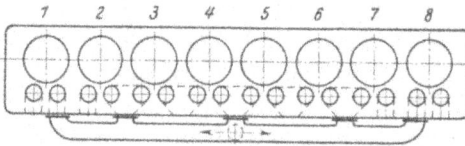

Abb. 823.

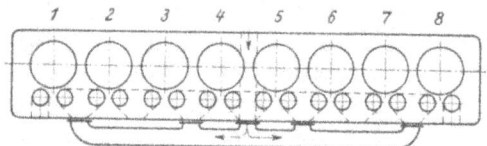

Abb. 824.

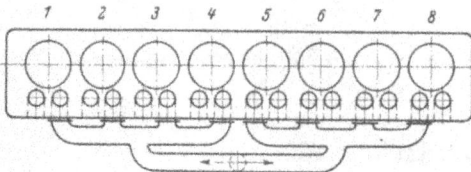

Abb. 825.

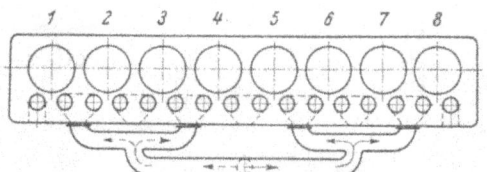

Abb. 826.

Abb. 823 bis 826. Saugleitungen mit Einzelvergaser beim Achtzylinder.

weniger zu empfehlen sind. Es sei die übliche Zündfolge *1 6 2 5 8 3 7 4*
zugrunde gelegt. Abb. 827 gibt die Richtungen des Gemischstromes
in der Leitung von Abb. 823 an; es läßt sich nicht vermeiden, auch bei
anderen Zündfolgen, daß einmal 2 Zylinder der gleichen Motorhälfte
nacheinander saugen, nämlich in der gegebenen Zifferfolge *4 1* links
und *5 8* rechts. Bei den andern Paaren löst ein Zylinder der einen
Hälfte einen Zylinder der zweiten Hälfte ab. Aus dem Steuerwinkel-
bild (Abb. 786) erkennt man, daß gleichzeitig 3 Einlaßventile offen
sind; dabei saugen *4* und *1* der linken Seite und *5* und *8* der rechten
Seite mit nur 90° Abstand, was geringen Unterdruck und mangelhafte
Füllung erwarten läßt.

Bei anderen Zündfolgen, wie z. B. *1 3 2 4 8 6 7 5* (vgl. S. 186),
arbeiten zuerst alle Zylinder der einen Motorhälfte, sodann die Zylinder
der anderen Hälfte, gleichbedeutend mit gewissen Überdeckungen der
Öffnungszeiten benachbarter Zylinder (vgl. die Folge auf S. 345).

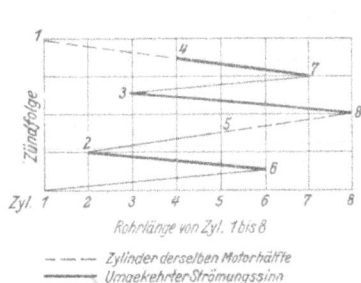

Abb. 827. Gemischfluß für die Saugfolge
und Zündfolge *1 6 2 5 8 3 7 4*.

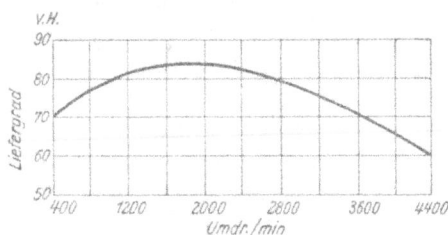

Abb. 828. Liefergrad der Saugleitung.

Die normale Zündfolge bedingt innerhalb einer Wellenumdrehung
drei Umschwenkungen des Gasstromes, also wie bei einem Sechszylinder;
in Abb. 827 sind sie mit ausgezogenen Linien angegeben. Ihnen gesellen
sich zusätzliche Bewegungen zu, die in Abb. 827 gestrichelt sind; nämlich
zwei aufeinander folgende Zündungen und doppelter Impuls rechts und
links des Steigrohres. So werden die gleichmäßigen Schwingungen
über das Steigrohr hinweg unterbrochen, wenn Zylinder *5* gesaugt hat
und Zylinder *8* folgt, ebenso wenn *1* nach *4* kommt. Es öffnet Ventil *8*
zur Zeit, da durch den Saugzug die Gemischgeschwindigkeit durch die
Öffnung von Ventil *5* den Höchstwert hat; daher erhält *5*, infolge der
Einwirkung von *8*, kleinere Ladung; ähnlich ist es mit *1*. Die Verhältnisse sind nicht besonders günstig, obwohl der Motor annehmbar arbeitet,
ohne Höchstleistung zu geben.

Bei unveränderlicher Drehzahl und Belastung des Motors, mithin
bei wenig schwankender Luftgeschwindigkeit im Steigrohr, tritt ein
besonders schwacher Unterdruck im linken und rechten Teil des Verteilers nicht bei der Ladung der Zylinder *1* und *8* auf, sondern nach

der doppelten Ladung in jeder Hälfte; somit sind *3* und *6* die schwachen Zylinder. Ein Ausgleich ist nicht möglich; man stellt den Vergaser so fett ein, daß *3* und *6* brauchbares Gemisch erhalten, was aber für die andern Zylinder zu große Anreicherung bedeutet.

Das Streben nach Vergrößerung der Durchgangsquerschnitte genügt nicht allein zur Steigerung der Füllung; es sind vielmehr Steuerzeiten und Leitungsweite aufeinander abzustimmen, um den Nachladeeffekt aus den Pulsionen voll auszunutzen. An einem Motor mit einer Höchstdrehzahl von 4000 i. d. Min. wird bis etwa 2800 Umdrehungen der Verdichtungsenddruck höher mit Vergaser und Leitung als ohne solche, so daß in diesem Bereich der Nachladeeffekt die Drosselung mehr als wett macht. Der Liefergrad der Saugleitung ist aus Abb. 828 [157] ersichtlich.

Die Trägheit der Gassäule erleichtert die richtige quantitative Verteilung, wenn die Zündfolge so aufgebaut ist, daß ein abgelegener Zylinder unmittelbar nach einem näherliegenden zündet, doch auf gleicher Seite des Vergasers, und vorher eine Gemischumkehr von der einen Motorhälfte zur andern stattfindet. Es liege die Zündfolge *1 3 2 5 8 6 7 4* vor. Wenn *5* nach *2* saugt, wird das Gemisch umgelenkt; *8* findet eine schon bewegte Gassäule vor, Zylinder *6*, der folgt, verhindert eine Überspeisung von *8*. Der nachsaugende Zylinder *7* erhält unter dem Einfluß des nun öffnenden Nr. *4* nicht mehr als seinen Anteil. Nach der völligen Umkehr wiederholen sich die Vorgänge im vorderen Teil der Leitung. Die zu erwartende Kondensation wird durch Heizung zu bekämpfen sein (vgl. Sisman [158]).

Überblickt man die zahlreichen andern Zündfolgen auf S. 186, so findet man keine, die, wie etwa beim Sechszylinder, das »Nach-auswärtszünden« jeder Motorhälfte bietet.

Eine Leitung mit Ausbildung nach Art der Widderhörner mit einem fallenden Übergang zu den getrennten Verteilerhälften, wie sie schon ausgeführt und für 4 Zylinder in Abb. 746 gebracht wurde, untersteht dem Einfluß der Zündreihenfolge weniger als der durchgehende gerade Verteiler, dank der Ausnutzung der Schwerewirkung.

Einzelvergaser und Doppelleitung. Oberhalb der Drossel, deren Drehachse parallel zur Kurbelwellenachse liegt, gabelt sich das Steigrohr und bildet ein Y-Stück (Abb. 829 und 830); der innere Teil speist die 4 zentralen Zylinder, der äußere die entfernteren Paare, ähnlich wie nachstehend beim Doppelvergaser. Diese Anordnung ist mit den erwähnten Nachteilen der spitzwinkligen Gabelung behaftet.

8 Zylinder mit Doppelvergaser. Die Trennung in zwei symmetrische Hälften (Abb. 831, 832) empfiehlt sich oft weniger als die Gruppierung nach Abb. 833, 834. Das eine System speist die Zylinder *1, 2, 7* und *8*, das andere die Zylinder *3, 4, 5* und *6*. Der Vorzug dieser Lösung besteht gegenüber dem Einvergasersystem in

einem Kraftgewinn im mittleren Drehzahlbereich, der sich aus dem Wegfall der Überschneidungen der einzelnen Saughübe und der Verwendung größerer Gaseintrittsöffnungen unter Verringerung der Pumpverluste erklärt; der Motor läuft außerordentlich weich. Allerdings ist

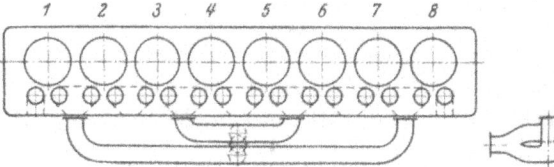

Abb. 829, 830.

Abb. 829, 830. Einzelvergaser und Doppelleitung beim Achtzylinder.

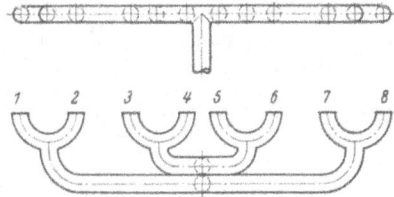

Abb. 833, 834.

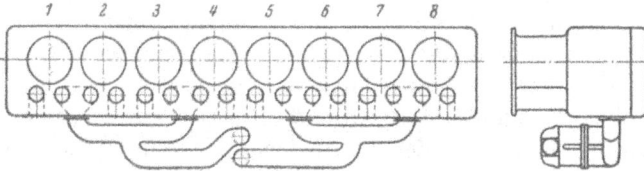

Abb. 831, 832.

Abb. 831 bis 834. Saugsysteme beim Achtzylinder mit Doppelvergaser.

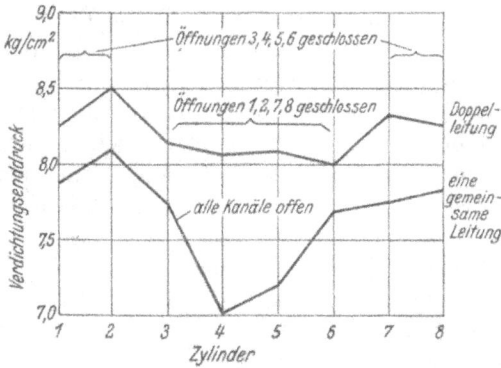

Abb. 835. Verlauf der Drücke in der Saugleitung eines Achtzylinders mit einem Vergaser, mit einfacher Leitung und mit Doppelleitung bei $n = 3200$ Umdr. i. d. Min.

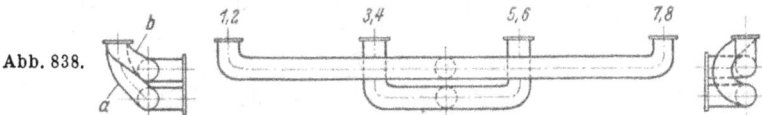

Abb. 836, 837.

Abb. 838.

Abb. 836, 837. Ausgleich der Länge der Verteilerzüge.
Abb. 838. Verbesserung der Formgebung in Abb. 837.

damit keine Brennstoffersparnis verbunden, wie Versuche am Achtzylinder in Reihe und in V-Form ergaben [145]. Die Wahl mäßiger Einströmgeschwindigkeiten gewährleistet sehr einheitliche Gasluftmischungen, unter Voraussetzung guter konstruktiver Abstimmung der

Leitungen und mit Ausnahme des Bereichs recht niedriger Drehzahlen. Die Minderung der Impulsumkehrungen durch Spalten eines langen Rohres mit großem Fassungsraum in zwei Teile verbessert die Beschleunigung bei niedriger Motorgeschwindigkeit, die sonst unter der geschilderten ungünstigen Ventilschlußzeit leidet.

Die Vorgänge, die sich bei der Zylinderfüllung abspielen, insbesondere die Wirkung der Wellen der Luftsäule auf den Liefergrad, können für einen Drehzahlbereich günstig, für einen benachbarten ungünstig sein. So mag der Versuch ergeben, daß die vom Motor entwickelte Kraft bei 2000 Umdrehungen i. d. Min. mit dem Zwillingsvergaser höher ist als mit dem einfachen Vergaser, daß aber bei 3000 Umdrehungen das Umgekehrte der Fall ist.

Der Vergleich einer ungeteilten Leitung mit einer zweifachen Sauganlage für die Zündfolge *1 6 2 5 8 3 7 4* (s. S. 186) soll an Hand der erzielten Verdichtungsenddrücke erfolgen. Ausgehend von der einfachen Leitung erhält man die Wirkung der doppelten Steigleitung am laufenden Motor durch Schließen der Öffnungen an den Zylindern *1, 2, 7* und *8*, wenn die Drücke in den Zylindern *3, 4, 5* und *6* gemessen werden; sodann durch Abdecken der Kanäle in der Zentralgruppe beim Messen der Drücke in den Endzylindern. Die Zylinder *4* und *5* gewinnen durch die Doppelleitung am meisten an Füllung; sie leiden beim einfachen System am stärksten, da sie allein unmittelbar von einem Zylinder auf gleicher Seite des Steigrohres abgelöst werden. Abb. 835 zeigt den Verlauf der Drücke für beide Fälle nach Angaben von Sparrow [157].

Wie ungleich der flüssige Brennstoff auf die Zylinder verteilt wird, darüber lassen die Ergebnisse eines Versuchs, der zur Feststellung der Zylinderabnutzung durchgeführt wurde, Schlüsse ziehen. Um den Verschleiß zu beschleunigen, wurde Sand in die Saugleitung des Motors gegeben, dessen Einlaßventile paarweise in gemeinsamen Kammern sitzen (s. Abb. 826); der Abrieb der Kolbenringe in den Zylindern *2, 4, 5* und *7* war doppelt so groß wie jener der Ringe der übrigen Kolben. Größte Abnutzung stellt sich ein in dem Zylinder, der mit dem Saugen beginnt, wenn der Mitzylinder den Saughub beendet. Flüssigkeit ist wie Sand schwerer als Luft; die den meisten flüssigen Brennstoff empfangenden Zylinder sind jene, die den meisten Sand aufnahmen und den stärksten Verschleiß zeigten (vgl. [157]).

Eine gewisse Gruppierung der Zylinder bei der Unterteilung der Leitung wird schon durch die Form der Kurbelwelle nahegelegt.

Wellen der 2—4—2-Bauart kann man ansehen als bestehend aus einem mittleren Teil als normale Vierkurbelwelle und je zwei Kurbeln an den Enden, die zusammen wieder eine gewöhnliche Welle liefern; es ist deshalb berechtigt, den mittleren Block mit einem Vergaser zu versehen und die äußeren Zylinder an eine eigene Leitung nebst Vergaser anzuschließen. Die Zylinder der einen Hälfte saugen dann mit Intervallen von 180°. Die zwei Leitungssysteme für solche Welle ersieht man aus Abb. 829. Die ungleichen Längen der Verteilerrohre und Stutzen bedingen eine gewisse Unbalanz in der Vergasung. Die Trägheitswirkung ist größer im langen Zweig; die vier äußeren Zylinder vermögen mehr zu leisten als die inneren; zudem wird das innere Steigrohr heißer wegen der unmittelbaren Nachbarschaft der Auspuffleitung und des Zylinderblocks.

Um einen Ausgleich der Längen und Rauminhalte zu schaffen, zieht man den innen liegenden Verteilerzug für die Zylinder *3, 4, 5* und *6* etwas heraus (Abb. 836). Im Seitenriß (Abb. 837) sieht man, wie die Rohrstutzen unter dem Verteiler des andern Systems durchgehen und länger als in Abb. 830 sind. Man hätte auch statt der »Unterführung« eine» Überführung« nehmen können. Doch geben diese Krümmer bei kleinen Motorgeschwindigkeiten Anlaß zu Brennstoffablagerungen, die zu gelegentlichem Schlucken reichen Gemisches führen. Daher empfiehlt Hayes [151] die Formgebung von Abb. 838; etwaige Niederschläge in den schräg aufsteigenden Krümmern *a* und *b* fließen in die Steigrohre zurück, wo sie vom aufsteigenden Gemischstrom aufgefangen werden.

Zwei Vergaser am Achtzylinder bilden heute die Regel.

Es sei nun die Zündfolge *1 3 5 7 8 6 4 2*, die resonanzfreie Gebiete zwischen den Hauptharmonischen bei Drehschwingungen der Welle gewährt (s. S. 244), näher betrachtet, und zwar bei Vorhandensein zweier Vergaser. Man wird wegen der Überdeckungen der Steuerzeiten benachbarter Ventile und der ungleichmäßigen Aufnahme niedergeschlagenen Brennstoffs auf eine Trennung des Verteilerrohrs in zwei Hälften in Mitte Motor, wie Abb. 839, 840 zeigen, verzichten. Vielmehr wird man die Ventile zusammenfassen, deren zugehörige Kurbeln eine «ebene» Vierzylinderwelle, wenn auch mit ungleichen Zwischenabständen, bilden, nämlich *1, 4, 5, 8* und *2, 3, 6, 7* (vgl. das Wellenschema in Abb. 616), so daß zwei Rohrsysteme wie in Abb. 841 entstehen.

Die ersten Achtzylindermotoren besaßen eine Welle vom 4—4-Muster. Man stößt heute noch des öfteren auf den Vorschlag einer solchen Welle, weil die Saugleitung dann in zwei Stücke für je vier Zylinder, wie in Abb. 798 zerfällt und gute Leistung bei geringem Verbrauch gewährt. Die zwei Leitungen angeschlossen an einem Doppelvergaser sind einfacher zu synchronisieren als in Verbindung mit zwei selbständigen Vergasern, die in Mitte der Teilleitungen sitzen. Aber diese Welle, die u. a. die hinsichtlich der Drehschwingungen günstige Zündfolge *1 6 3 5 4 7 2 8* bietet, hat einen merklichen Mangel an Massenausgleich und verdient deswegen keine Empfehlung.

Ferner kommen zwei Parallelvergaser mit gewöhnlichem, ungeteilten Verteilerrohr in Betracht; eine feine Abstimmung der beiden ist nicht nötig. Die durchgehende Leitung kann in bezug auf das Rückströmen verbessernd wirken. Ähnlich verhält sich ein Druckausgleichrohr, das man schon zwischen die getrennten Verteiler eingeschaltet hat, (Abb. 842), zugleich zur Behebung der Schwierigkeiten in der Abstimmung der zwei Vergaser für niedrige Drehzahlen.

Mit gutem Erfolg hat man bei Rennmotoren eine einzige gerade Leitung mit einem Vergaser an jedem Ende verwendet, ähnlich wie in Abb. 767; trotz der Stromumkehrungen ist die Verteilung recht gleichmäßig, nur wächst durch den Vergaseranbau die Länge des Motors in unerwünschter Weise. Macht man deshalb eine Ringleitung mit einem

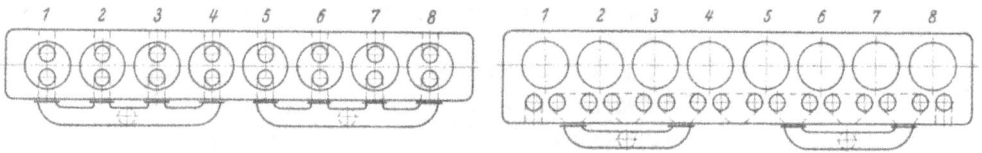

Abb. 839, 840. Symmetrische Teilung des Verteilerrohres.

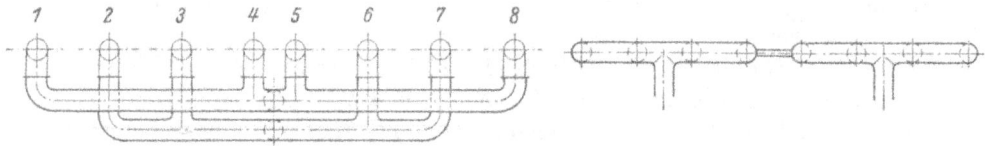

Abb. 841. Andere Zusammenfassung der Ventile.   Abb. 842. Getrennte Verteiler mit Druckausgleichrohr.

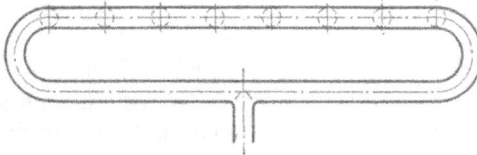

Abb. 843. Ringleitung mit einem Vergaser.

einzigen Vergaser (Abb. 843), so gibt die große vom Gemisch bestrichene Länge zu Niederschlägen Anlaß; außerdem ist das Anspringen des Motors erschwert.

Die Anordnung von je einem Vergaser an jedem Zylinder bei Rennmotoren zur Erreichung von Spitzenleistungen unter Verzicht auf Wirtschaftlichkeit meidet jegliche gegenseitige Beeinflussung der Zylinder; die Zündfolge spielt keine Rolle mehr.

Da mehr als acht Zylinder in einer Reihe bei Vergaserbetrieb nicht üblich sind, sollen weitere Zylinderzahlen nicht durchgeprüft werden.

Leerlauf- und Teillast-Verhalten. Die Auswirkung der Zündfolge auf die Zylinderfüllung soll zunächst nicht ungünstig sein im Bereich von Vollgas. Man muß sich damit abfinden, daß die solcherart als brauchbar befundene Zündfolge nicht bei allen Belastungsverhältnissen gleichmäßig gut bleibt, und sich vor Augen halten, was bei Leerlauf und Teillast zu erwarten ist. Für eine Leerlaufdrehzahl ohne Aussetzer hat nicht der Vergaser zu sorgen, denn er liefert das Gemisch in der verlangten Zusammensetzung, vielmehr die Verteilung des Gemischs. Bei Anwendung von zwei Vergasern hat der Motor weicheren Leerlauf und ist weniger empfindlich bei Teillaständerungen als der Motor mit Einzelvergaser; dagegen ist die Abstimmung der beiden Gemischerzeuger nicht immer einfach.

2. Gabelmotoren.

V-Motoren, die mit einer symmetrischen Kurbelwelle ausgerüstet sind und gleichmäßige Zünd- und Saugabstände aufweisen, erhalten einen Vergaser für jede Zylinderreihe; zur Unterbringung eignet sich meist der Gabelraum. Die Folgerungen hinsichtlich der Einreihenmotoren sind ohne weiteres auf jede Reihe mit 2 bis 8 Zylindern übertragbar. Die achtzylindrige Reihe erhält am besten einen Doppelvergaser mit passender Leitungsgestalt. Unsymmetrische Kurbelwellen und die zugehörige Zündfolge sind weniger einfach zu behandeln.

Achtzylindermotor mit Kreuzwelle, die mit Gegengewichten versehen ist und guten Massenausgleich besitzt (vgl. S. 197). Überblickt man die möglichen Zündfolgen, die auf S. 305 aufgeführt sind, so findet man, daß in manchen Fällen zwei benachbarte Zylinder einer Reihe im Abstand 90^0 zünden, in anderen Fällen zwei Zylinder der einen Reihe, sodann zwei Zylinder der andern Reihe, schließlich vier benachbarte Zylinder der einen Reihe nacheinander saugen. Daß die Saugintervalle für jede Reihe ungleich ausfallen, ist an diesem Motor unvermeidlich. Dies führt zu den bekannten Schwierigkeiten in der Verteilung des Brennstoffs, insbesondere wenn zwei Ventile in gemeinsamer Kammer sitzen. Man wird das Verteilersystem mit in getrennten Kammern liegenden Ventilen, also mit Einzelöffnungen im Zylinderblock ausbilden oder mit Zusammenfassung der Ventile 2_1, 3_1 und 2_2, 3_2 ähnlich wie beim Vierzylinder in Abb. 799. Mock [146] hat gekreuzte Verteilerrohre mit zwei Zwillingskammern je Block vorgeschlagen (Abb. 844, 845), und zwar für eine der Wellen aus Tafel 37.

Andere Formen von Saugsystemen sind die von Ford (Abb. 846), in der Verteilerleitung I die Zylinder 1_1 2_2 3_1 4_2 und Verteilerleitung II die Zylinder 1_2 2_1 3_2 4_1 versorgt, und die von Tatra (Abb. 847), in der Leitung I die Zylinder 1_1 2_2 3_2 4_1 und Leitung II die Zylinder 1_2 2_1 3_1 4_2 speist; man spricht von »Über-Kreuz-Systemen«.

W-Motoren erhalten ein dreifaches Vergaser- und Saugrohrsystem oder einen Einzelvergaser und einen Doppelvergaser (Abb. 848), wie seinerzeit der Napier-Lion-Motor.

Bauarten mit liegenden Zylindern, Flachmotoren, als Grenzfall der V-Motoren sind ungünstiger daran als die mit mehr oder weniger spitzem Winkel gegen die Lotrechte versehene Gabelform. Die Schwierigkeiten in der Gemischverteilung sind auf das verwickelte Rohrsystem zurückzuführen. Ein Aufstrom-Vergaser kommt mit seinem Steig-

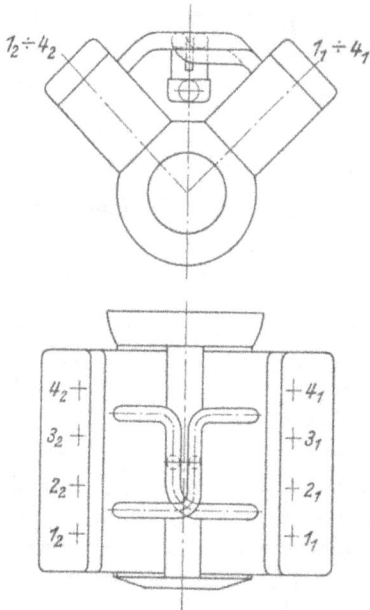

Abb. 844, 845. Gekreuzte Verteilerrohre beim Achtzylinder-V-Motor.

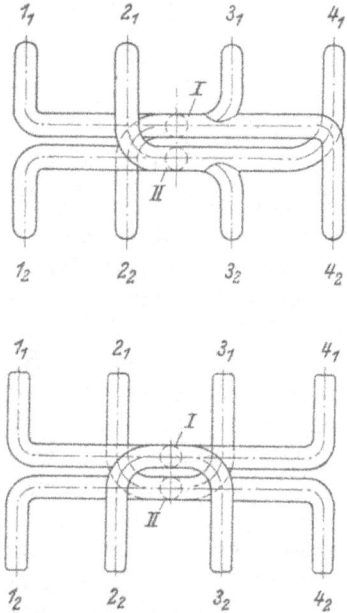

Abb. 846, 847. Zwei Leitungen des V-Motors mit kreuzweiser Versorgung der Reihe 1 und der Reihe 2. Runder und rechteckiger Querschnitt.

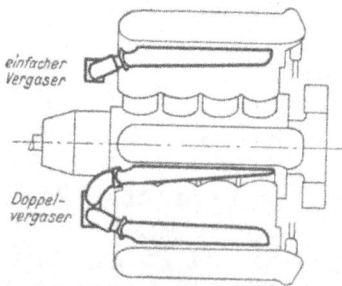

Abb. 848. Saugsystem beim W-Motor.

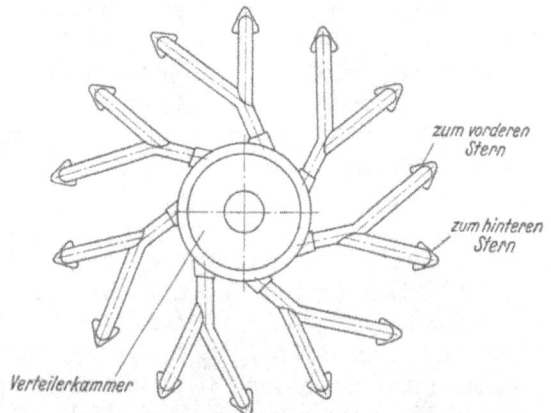

Abb. 849. Saugsystem beim Doppelsternmotor.

rohr höher zu liegen als die Anschlußöffnungen der Zylinder; dieses Rohr erhält einen Knick nach links und rechts und erstreckt sich bis zu den tiefer liegenden Verteilern. Bei einem Doppelvergaser ist jedes

Einzelsystem ähnlich gestaltet. Greift man bei getrennten Einrichtungen zum Fallrohr, sei es beim »umgekehrten« Vergaser, sei es beim eigentlichen Fallstromvergaser (s. Shepard [159], Fisher [160]), so erreicht man die Einfachheit, welche die Anlage mit stehenden Zylindern auszeichnet. Wählt man der Gemischverteilung zuliebe eine Kurbelwellenform, die unregelmäßige Zündfolge gibt, so erscheint das Opfer nicht immer gerechtfertigt.

3. Versetztreihige Motoren.

Die Überlegungen sind ähnlich wie bei den »normalen« Gabelmotoren und brauchen nicht wiederholt zu werden. Die meisten Bauarten besitzen unsymmetrische Wellen, manche von ihnen symmetrische Wellen, die im Abschnitt III, B, 1 (S. 96) zur Ableitung kamen.

4. Motoren mit hängenden Zylindern.

In den vorangehenden Ausführungen waren sowohl die einreihigen als die mehrreihigen Bauarten mit stehenden Zylindern zugrunde gelegt. Geht man zu den im Flugwesen häufig anzutreffenden Motoren mit hängenden Zylindern über, so liegt der Vergaser meistens über den Einlaßöffnungen und hat gewisse Fallstromwirkung. Die allgemeinen Richtlinien von a) und b) sind zu beachten.

5. Sternmotoren.

Für sie ist die Zündfolge eindeutig; es kann deshalb an der Saugfolge nichts geändert werden. Die strahlenförmige Anordnung der Zylinder zwingt zu gleichmäßiger Verteilung der Saugrohre. Zunächst erscheint die Sternform besser zu Rohrverzweigungen geeignet als Reihenverzweigung; denn der Vergaser sitzt im Mittelpunkt und von einer Verteilerkammer verlaufen die Saugrohre strahlenförmig zu den Zylindern. Doch ist die Verteilung eines nassen Gemisches bei Sternmotoren nicht leichter als bei Reihenform; die gleichen Rohrlängen vermögen nicht die Verteilung gleichheitlich zu gestalten, da die Lage der Einzelrohre im Raum verschieden ist: die einen gehen aufwärts, die andern abwärts. Erfahrungsgemäß erhalten die unteren Zylinder ein nasseres Gemisch als die oberen. Abgasheizung kommt zur Anwendung.

Größere Sternmotoren besitzen ein Verteilergehäuse, in dem ein umlaufender Verteiler für gleichmäßige Speisung der Rohre und Zylinder sorgen soll; es liegt daher nahe, zur Aufladung der Zylinder überzugehen.

Größeres Hubvolumen bei höheren Zylinderzahlen zwingt zur Vermehrung der Vergaserzahl, z. B. auf drei Stück bei neun Zylindern.

An Doppelsternmotoren, die heute Leistungen über 1400 PSe erreichen, gestaltet sich die Gemischverteilung schwieriger; die Leitungen vom Verteilergehäuse zu den beiden Sternen fallen verschieden lang aus. Eine Gabelung jeden Rohres zeigt Abb. 849.

ζ) Zündfolge, Zahl der Vergaser und der Anschlüsse;
Gruppierung der Ventile.

Wie aus dem Vorstehenden hervorgeht, bestimmt die Zündfolge
nebst der Zylinderzahl als Ausgangsgröße auf Grund der Forderung
guter Gemischverteilung die Anzahl der Vergaser, die Teilung und Verzweigung des Verteilerrohres.

Auffallend ist die hohe Zylinderleistung von nicht aufgeladenen
Ein- und Zweizylindermotoren mit gerader, einfacher Leitung. Ähnlich
wäre bei Mehrzylinderbauarten das naheliegende Mittel, um für die
normale Saugfüllung gleiche Verteilung zu sichern, jedem Zylinder
einen eigenen Vergaser zu geben, wie schon erwähnt wurde. Begnügt
man sich mit einem Vergaser für je zwei Zylinder, so verringert sich die
Vergaserzahl auf die Hälfte. Trotz guter Ergebnisse für Sonderzwecke
scheidet solche Anordnung aus wegen der Verwicklung der Anlage, der
erhöhten Kosten und wegen der Schwierigkeit der Synchronisierung,
d. h. der Erreichung gleichen Brennstoffausflusses aus den Düsen bei
wechselnder Belastung in gleicher Stellung der verschiedenen Drosseln
und gleich guten Leerlaufs; dieser Mangel macht sich in einer Beeinträchtigung der Motorschmiegsamkeit kenntlich. Nur an Flugmotoren
mit großer Bohrung greift man vereinzelt zu Paarspeisung.

Von Fahrzeugmotoren wird verlangt: leichtes Anspringen, Einfachheit und annehmbare Anschaffungskosten, was bedeutet, daß nicht
mehr als zwei Vergaser bis zur längsten Zylinderreihe, nämlich mit acht
Zylindern, zulässig sind, wenn auch mit wachsender Zahl der auf einen
Vergaser entfallenden Zylinder die Störungsmöglichkeiten in der Verteilung zunehmen. Man nimmt an Reihenmotoren, wie durch die Beispiele unter ε) erhärtet wurde, in der Regel:

zu 2, 3, 4, 5 Zylindern	1 Vergaser			
» 6 »	1 »	an Fahrzeugmotoren		
	2 »	» Flugmotoren		
» 7, 8 »	2 selbständige Vergaser oder			
	1 Doppelvergaser.			

Von einem Vergaser bei 8 Zylindern ist man wegen der unbefriedigenden
Verteilung abgekommen, wie unter ε), 1 dargetan wurde.

2×3, 2×4, 2×5, 2×6, 2×7, 2×8 Zylinder in V-Form
benötigen die doppelte Anzahl, dreireihige Motoren die dreifache Anzahl
von Zerstäubern.

Sternmotoren mit kleiner Literzahl und Leistung begnügen sich
mit einem Vergaser, bis zu 7, seltener bis zu 9 Zylindern; Motoren
mit großem Hubraum teilen nicht über 3 Zylinder einem Vergaser zu.

Die Zündfolge entscheidet darüber, ob zwei benachbarte Einlaßventile in gemeinsamer Kammer untergebracht werden dürfen; in
zweiter Linie kommt die Vereinfachung des Gußblocks oder die Senkung

der Herstellungskosten. Während an Flugmotoren mit einem Einlaßventil an jedem Zylinder der Einzelanschluß der Ventilkammern an die
Saugleitung die Regel bildet, weil die einzelstehenden Zylinder es nicht
anders zulassen, findet an Großraumzylindern mit zwei Einlaßventilen
die Doppelkammer mit gemeinsamer Öffnung Anwendung, an Sternmotoren bisweilen zwei Einzelöffnungen mit gegabeltem Zuführungsrohr.

Fahrzeugmotoren besitzen entweder Einzelkammern, wobei die
gesamte Verzweigung am Verteilungsrohr zum Ausdruck kommt, oder
Zwillingskammern durch Vereinigung der beiden Ventilräume und
Zuteilung zweier Ventile an eine Öffnung; es sind so die Endglieder der
Verzweigungen in den Grauguß- oder Leichtmetallblock verlegt und
die Anzahl der Anschlußflansche auf einen Bruchteil verringert, wie
Abb. 807 zeigt. Es wurde schon begründet, weshalb die Anwendung
von Einzelkammern anzustreben sei. Lauter Doppelkammern bei Zündfolgen mit Überdeckung der Ventilzeiten und mangelhafter Brennstoffverteilung sind unzulässig; aber selbst bei Zündfolgen mit größeren
räumlichen Abständen der saugenden Zylinder verhalten sich Zwillings-
taschen ungünstig. So ist beim Sechszylinder das Dreilochmuster
(Abb. 807) dem Vierlochmuster (Abb. 805 und 806) oder gar dem Sechs-
lochmuster in Abb. 809 unterlegen. Die Anordnung in Abb. 806 ist dem
Vierlochmuster in Abb. 808 vorzuziehen, was durch Versuche erhärtet
wird (s. Bourgeois [161]).

Unzulässig ist zur Erzielung glatter äußerer Formen und kleinster
Zahl der Öffnungen, die ganze Saugleitung ins Innere des Zylinderblocks
zu verlegen, weil die Verteilung des Brennstoffs verschlechtert wird, wie
schon dargetan wurde, und weil der Gußkörper eine zusätzliche Verwicklung erfährt.

Der Einfluß der Saug- und Zündfolge läßt sich wie folgt umreißen:
Die Zündfolge wirkt mittelbar auf die Gruppeneinteilung der Zylinder
und auf ihre Zuordnung zu einem Vergaser von 6 Zylindern aufwärts
und auf die Anzahl der Anschlüsse des Verteilers am Zylinderblock.
Hinzufügen muß man: Je nach der Zahl der Anschlüsse, und der Ventilkammern und nach der Art der Zusammenfassung der Ventile zeigt
ein und dieselbe Zündfolge verschiedenes Verhalten hinsichtlich der
Brennstoffverteilung.

η) Zündfolge und geräuschloses Saugen.

Das Brummen des Motors ist ein Geräusch, das innerhalb des
Motorblocks auch ohne Saugleitung entsteht und erregt wird durch
den Gemischstrom beim Vorbeistreichen an den öffnenden Ventilen.
Es fällt in einem bestimmten Drehzahlbereich bei Resonanz zwischen
Saugfrequenz und Eigenfrequenz unangenehm auf [137]. Das hinzu-
kommende Schlürfen beim Saugen, der Saugschall, läßt sich durch

Dämpfer mildern (s. S. 317). Die Zünd- und Saugfolge ist ohne Einfluß auf diese Vorgänge.

ϑ) *Folgerungen hinsichtlich Zündfolge und Gemischverteilung.*

Aus den geschilderten Vorgängen lassen sich die Gesichtspunkte herausschälen, die bei der Wahl der Zündfolge bei Viertaktmotoren in Reihe zu beachten sind.

1. Gegenseitiges Wegnehmen des Gemisches ist die Folge der Überlappungen der Steuerzeiten, insbesondere benachbarter Ventile; daher ist die Zusammenfassung solcher Ventile in Zwillingskammern zu meiden, besser liegen ablösende Zylinder abwechselnd in verschiedenen Hälften des Motors. Hiervon wird die Formgebung des Zylinderblocks und des Verteilers beeinflußt.

2. Umkehr des Saugens und des Gemischstroms soll soweit als möglich vom Vergaser entfernt stattfinden, also wenn der Vergaser in der Mitte des Systems sitzt, an den Enden der Verteilerleitung; dies ist nicht bei allen Zylinderzahlen durchführbar.

3. Die Verminderung der Impulsumkehrungen im Verteilerrohr erreicht man durch Spalten des langen Rohres in zwei Stücke, wodurch die Beschleunigung des Motors verbessert und die Pumpverluste verringert werden.

4. Die dabei eintretende Verdopplung der Saugintervalle mit relativer Ruhe der Gemischsäule kann zu Brennstoffablagerungen Veranlassung geben.

5. Der Nachladeeffekt und das Aufstauen hinter dem schließenden Ventil sind am größten beim Ventil, das vom Steigrohr am weitesten entfernt ist, dank der Trägheitswirkung der Gemischsäule. Längsschwingungen der Säule mit etwaiger Resonanz werden dabei als von untergeordneter Bedeutung angesehen.

6. Beim Sechs- und Achtzylindermotor mit einem Vergaser sind stets zwei Ventile offen, so daß ein Aufsaugen des Rückflusses, der vom schließenden Ventil verursacht wird, eintritt;

7. da der Rückstoß in den Vergasertrichter entfällt, kann man längere Einlaßzeit zur Ladung der Zylinder zulassen als beim Vierzylinder oder bei der Anordnung mit zwei Vergasern.

8. Die verschiedenen Zündfolgen haben abweichende Ablagerungsstellen des Brennstoffs und damit anders gearteten Heizplan der Leitungsanlage zur Folge.

3. Zweitakt-Vergasermotoren.

Gemischgespülte Zweitaktmotoren mit Kurbelkastenpumpe, die je nach der Drehzahl Spülgemisch von verschiedenem Druck liefert, haben vielfach unvollständige Füllung. Eine selbständige Spülpumpe bringt eine Verbesserung; ein Aufnehmer vor den Zylindern, ähnlich wie bei Dieselmotoren, verbietet sich wegen der Gefahr angesammelter größerer Gemischmengen. Die Ladung mehrerer Zylinder mit gleichmäßigem Gemisch ist für Zweitakter leichter möglich als für Viertakter; demnach ist die Zündfolge von nebensächlicher Bedeutung.

Ähnlich wie die Viertaktmotoren lassen die Zweitaktmotoren den Einfluß der Leitungslänge auf die Zylinderfüllung erkennen; es sei auf die Versuche von Stier [123] mit zwei Zylinderpaaren von U-Zylindern hingewiesen, bei denen aber die Frage der Zündfolge nicht hereinspielt.

B. Auspuff und Spülung.

Die Zündfolge legt die zeitlichen und räumlichen Abstände der Auspuff- und Ausschubvorgänge der Zylinder fest. Es ist die Frage zu beantworten, inwieweit diese Vorgänge sich gegenseitig beeinflussen und schädliche Erscheinungen vermeidbar sind. Einspritz und Vergasermotoren lassen sich gemeinsam behandeln.

Viertakt-Reihenmotoren. Wegen der Überschneidung der Auslaßzeiten zweier und dreier Zylinder bei Vielzylindermaschinen besteht die Möglichkeit, daß der letzte Teil des Gasausschubes in einem Zylinder durch den Auspuffbeginn eines andern Zylinders behindert wird, sofern die zugehörigen Ventile über das Abgasrohr in unmittelbarer Verbindung miteinander stehen. Es bleiben dann im ersten Zylinder mehr Gase zurück als wenn jeder Zylinder einen unabhängigen Abgasweg besäße, ja es kann durch den statischen Überdruck ein Hinausdrängen von eintretendem Frischgemisch erfolgen. Die unvollständige Spülung bedeutet eine Verschlechterung der Frischladung durch die vermehrten Restgase und einen Leistungsverlust. Nicht allein aus diesem Grunde ist die Vereinigung zweier Ventilkammern zu verwerfen, sondern zugleich wegen der gesteigerten Wärmebeanspruchung der Ventile und Sitze und der Gefahr der Rißbildung in den Wandungen des Gußkörpers. Einzelrohre oder Teilung des Auspuffsammelrohres in zwei Stränge, die sich in einiger Entfernung vereinigen, vermindern diese Neigung; werden die Stutzen außerdem so gekrümmt, daß sie den Gasen eine Richtung nach hinten erteilen, so entsteht eine Ejektorwirkung, welche die Störungen aus dem Überblasen größtenteils beseitigt, nicht aber zum Absaugen von Restgasen ausreicht.

Die Öffnungszeit des Auslaßventils beträgt 230° bis 250°; die Überlappungsdiagramme für Einlaß (Abb. 779 bis 788) sind sinngemäß übertragbar.

Vierzylinder. Keine der beiden Folgen *1 2 4 3* und *1 3 4 2* hat hat einen nennenswerten Vorzug vor der anderen.

Sechszylinder. Es sind stets zwei Ventile zu gleicher Zeit offen; die Überlappung ist ziemlich groß, deshalb ist ein Übertritt des Auspuffs zwischen zwei benachbarten Zylindern zu befürchten, insbesondere, wenn sie vereinigte Auslaßkammern besitzen. Man muß auf diese Vereinigung verzichten oder es dürfen zwei solche Ventile nicht nacheinander arbeiten, was bei sechs Zylindern leicht zu erreichen ist mit den Folgen *1 5 3 6 2 4*, *1 4 2 6 3 5* und *1 3 2 6 4 5*. In den beiden ersten, die auch für die Gemischtverteilung brauchbar sind (s. S. 339), puffen niemals zwei Zylinder der gleichen Motorhälfte nacheinander aus. Zur Vermeidung jeglicher Interferenz ist es am besten zwei Sammelrohre anzubringen, das eine für die drei vorderen, das andere für die drei hinteren Zylinder; die übliche Art

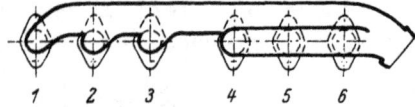

Abb. 850. Abgasleitung des Sechszylindermotors.

der Vereinigung zeigt Abb. 850. Besser ist es, bei einer Anlage für Fahrzeuge, sie weiter nach rückwärts zu verlängern und kurz vor dem Schalldämpfer zusammen zu führen.

Achtzylinder. Die Überdeckung der Auslaßtakte ist stärker als beim Sechszylinder. Es sind drei Ventile gleichzeitig offen, davon *1, 2 — 3, 4* und *4, 1* der linken, *6, 5 — 5, 8* und *8, 7* der rechten Motorhälfte in der Zündfolge *1 6 2 5 8 3 7 4*. Zwillingskammern sind nicht zu empfehlen; es kommen im allgemeinen zwei getrennte Rohre zur Anwendung.

Bei Motoren mit Aufladung ist die Einwirkung der Überdeckungen weniger stark.

V-Motoren bieten keine besonderen Schwierigkeiten, da zwei Rohre, die in einiger Entfernung von den gabelförmigen Zylindern zusammentreffen, angeordnet werden.

Schwingungen der Gasmassen im gesamten Auspuffsystem als schwingungsfähiges Gebilde können den Ausschubwiderstand vergrößern; bestimmte Schwingungszustände müssen verwirklicht werden, wenn kein Leistungsabfall des Motors eintreten soll. Ferner erzeugt das Abgasrohrsystem, als Gegenstück zum Saugsystem, den Auspuffschall, ein Gemisch von Geräuschen, die im Falle der Resonanz besonders stark sind. Man muß sie durch andere Mittel als etwa durch Änderung der Zündfolge bekämpfen; es ist deshalb hier nicht der Ort, sie zu besprechen. Das Schrifttum auf diesem Gebiet ist in den letzten Jahren stark angewachsen; es sei auf die Arbeiten in der Automobiltechnischen Zeitschrift (ATZ) z. B. von Martin [162], und in der VDI-Zeitschrift verwiesen. Eine kurze Übersicht bringt Kamm [65, S. 188].

Zweitakt-Reihenmotoren. In der Abgasleitung und im Sammler kommen stehende Wellen zur Ausbildung, die durch die Frequenz und den zeitlichen Verlauf der Auspuffvorgänge der einzelnen Zylinder erzwungen werden. Besonders wichtig ist der Resonanzzustand, wie schon bei den Einlaßvorgängen (vgl. S. 313), und damit die Leitungslänge, bei der sich solche ausgezeichnete Schwingungszustände einstellen; sie können sich je nach ihrer Phase zu den Kolbenstellungen in den verschiedenen Zylindern im guten oder schlechten Sinn auswirken (s. Oppitz [163], Immich [164], Maier-Lutz [124], Schmidt [165]); denn die Spülung erfährt vielfach eine erhebliche Beeinträchtigung. Treffen die fortschreitenden Verdichtungswellen, die sich zu Verdichtungsstößen steigern können, bei irgend einem Zylinder im Spülabschnitt ein, so wird nicht bloß die Spülung dieses Zylinders verschlechtert, sondern die Druckwelle gelangt durch die Spülschlitze hindurch in die Spülluftleitung, die den Zylindern der größeren Zweitakter vorgelagert ist. Die Endwirkung auf die einzelnen Zylinder hängt ab von den Zylinderabständen, der Leitungslänge, der Drehzahl und Belastung des Motors. Inwieweit eine Änderung unter den brauchbaren Zündfolgen (s. S. 189, 244, 302) und damit unter den Auspuff- und Spülfolgen eine Verbesserung oder Verschlechterung bedeutet, ist nicht bekannt. Jedenfalls führt man an doppeltwirkenden Maschinen für Ober- und Unterseite der Zylinder getrennte Auspuffleitungen aus.

Nunmehr versucht man nach dem Vorschlag von Kadenacy und nach dem erfolgreichen Vorgehen von Petter und Davies aus dem Auspuffvorgang einen Teil abzusondern und nutzbringend zu verwerten, nämlich den nach dem Öffnen des Auslaßorgans entstehenden Unterdruck und die anschließenden Schwingungen in der Saugleitung, die im gewöhnlichen Druck-Volumen-Schaubild (Abb. 534) nicht in Erscheinung treten. Diese Schwingungen im System Abgasleitung-Auspufftopf dienen bei Zweitakt-Dieselmotoren zur Einbringung der Spül- und Ladeluft in den Zylinder ohne eine eigene Pumpe. Froede [166] hat über den Stand dieser Entwicklung berichtet. Unabhängigkeit der Auslaßvorgänge ist Voraussetzung, also Meidung einer gemeinsamen Abgasleitung für mehrere Zylinder; bestenfalls können zwei um 180° versetzte Zylinder mit gemeinschaftlicher Leitung zusammen arbeiten. Eine Abhängigkeit der Vorgänge von der Zündfolge liegt demnach nicht vor.

XI. Zündfolge und Raumbedarf des Motors.

Man hat zu unterscheiden zwischen Raumbedarf zur Unterbringung des Motors als Ganzes, der in den Einbaumaßen zum Ausdruck kommt, und dem Raumbedarf der Einzelteile am Motor selbst, die zweckmäßig unterzubringen sind. Hier stehen die Mehrreihen-Motoren im Vordergrund. So bestimmt bei V-Motoren die Größe des Gabelwinkels vornehmlich die Breite des Motors in der Stirnansicht und die Güte der Einbaumöglichkeit in das Fahrzeug oder noch mehr in das Flugzeug. Anderseits bestimmt der Platzbedarf des Zylinderflansches am Kurbelkasten die Grenze der Verkleinerung des Zylinderachswinkels, der überdies Rücksicht auf die Unterbringung verschiedenen Zubehörs zu nehmen hat. Bei Vorhandensein mehrerer Lösungen des Gabelwinkels wird man den zum Einbau geeignetsten wählen. Versetztreihige Motoren sind in manchen Fällen hinsichtlich schmaler Form den Normal-Motoren überlegen (vgl. S. 96).

XII. Zündfolge und Steuerungsaufbau.

Ist die Zündfolge festgelegt, so gehört ihr eine ganz bestimmte Steuerfolge der Ventile zu, somit eine Nockenwelle mit kennzeichnender Versetzung der Nocken oder Daumen. Umgekehrt ist mit einer gegebenen Nockenwelle eine eindeutige Steuerfolge für Ein- und Auslaß verbunden. Eine Änderung der Zündfolge bei Viertakt, z. B. beim Entwurf, erfordert eine andere Nockenanordnung längs der Welle, ebenso ,eine Änderung des Drehsinns der Kurbelwelle (s. a. S. 335).

Ähnliches gilt vom Aufbau und Antrieb anderer Steuerorgane, wie von drehenden oder hin und her gehenden Schiebern mit ihren Schlitzen und steuernden Kanten.

Die Gleichheit der Zündabstände zeigt sich an Ventilsteuerungen in einem regelmäßigen Nockenstern; eine Ungleichheit z. B. bei V-Motoren, die auf S. 105, 264 gestreift wurde, kommt bei Vorhandensein einer einzigen Nockenwelle mit Ventilbetätigung durch Stoßstangen oder Hebel eben an der Welle zum Ausdruck, bei zwei Nockenwellen mit unmittelbarer Ventilbetätigung richtet sich die gegenseitige Versetzung der Wellen nach dem Gabelwinkel.

Bei Zweitakt mit Schlitzsteuerung durch den Arbeitskolben bedingt die Änderung des Kurbelwellendrehsinns bei bestimmtem Kurbelstern eine andere Zündfolge. Im Falle der Spülung durch Ventile muß sich der Ventilantrieb nach der gewählten Zündfolge richten.

Eine Vereinfachung des Steuerungssystems durch Wahl einer andern Zünd- und Steuerfolge unter den sich bietenden Variationen ist im allgemeinen nicht zu erreichen, da zur Überwachung des Einlaß- und Auslaßorgans jeder Zylinder eine bestimmte Anzahl von Teilen erfordert.

Vereinfachung der Nockenwelle der Viertakt-V-Motoren. Die bei Verwendung einer einzigen Welle naheliegende Lösung mit einem eigenen Nocken für jedes Ventil der linken und rechten Reihe ergibt eine verwickelte und teurere Steuerwelle. In manchen Fällen ist dank der Mithilfe des Gabelwinkels eine Vereinfachung möglich: gleichnamige Ventile der in gleicher Ebene liegenden Zylinder des Gabelelements lassen sich durch einen gemeinsamen Nocken betätigen; die Zahl der verwendbaren Zündfolgen ist allerdings eng begrenzt. Beispiel: In einem Achtzylinder-V-Motor mit Gabelwinkel $\delta_z = 90^0$ muß jeder Zylinder der linken Reihe entweder 90^0 oder 450^0 nach dem zugehörigen Zylinder der rechten Reihe zünden. Dies entspricht 45^0 und 225^0 der

Nockenwelle. Nun ist es kaum möglich die Stößel mit oder ohne Rollen auf dem Nocken so dicht zusammenzulegen, daß ein Ventil 45° nach dem andern zu öffnen beginnt (s. Abb. 851), denn $\angle\,\alpha$ ist meist größer als 45°; daher kann das linke Ventil erst 225° nach dem rechten Ventil in Tätigkeit treten. Weil nun die Zündungen alle 45° der Nockenwellendrehung erfolgen, arbeitet das linke Ventil eines bestimmten Zylinderpaares als fünftes nach dem rechten Ventil, so daß $5 \times 45° = 225°$. Dieser Winkelabstand gibt mit den beiden möglichen Zündfolgen jeder Reihe die Gesamtfolgen

$$1_1\;4_2\;2_1\;3_2\;4_1\;1_2\;3_1\;2_2 \quad \text{und} \quad 1_1\;4_2\;3_1\;2_2\;4_1\;1_2\;2_1\;3_2;$$

von den 8 Folgen auf S. 111 bleiben demnach nur 2 übrig. Die Anordnung der Rollen geht aus Abb. 852 hervor.

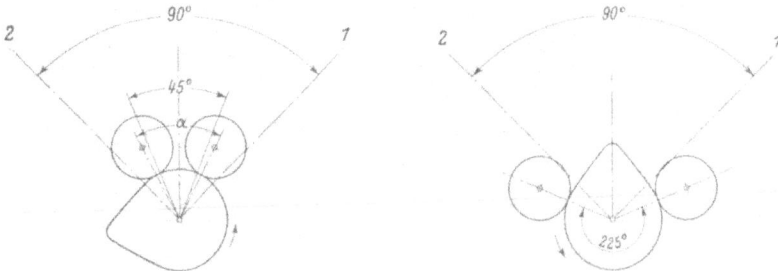

Abb. 851, 852. Zur Vereinfachung der Nockenwelle im Sonderfall des V-Motors.

Auf eine in gewissen Fällen unbequeme Abhängigkeit der Steuerwelle von der Kurbelwelle sei hier hingewiesen: das Mitschwingen der Nockenwelle und das Schwanken der Ventilzeiten unter den Drehschwingungen der Kurbelwelle, wenn der Steuerungsantrieb am freien, ungedämpften Wellenende abgenommen wird; bei gewissen Zündfolgen und ausgezeichneten Drehzahlen ist die Schwingung besonders heftig (vgl. Abschnitt VII); der Winkelausschlag beträgt 1° bis 3°. Besser wäre der Antrieb vom Wellenende am Schwungrad, da hier die Schwingungsknoten der Grundschwingung liegt, was aber vielfach nicht durchführbar ist.

XIII. Zündfolge und Zündanlage oder Einspritzsystem.

Überblickt man den Zusammenhang zwischen Zündverteiler und Zündkerzen bei Batteriezündung oder zwischen Zündmagnet und Zündkerzen bei Magnetzündung, die in Abb. 853 für einen V-Motor schematisch dargestellt ist, so erkennt man unschwer, daß gleichmäßige Zündabstände dazu beitragen, Einfachheit in der Stromwandlung und Stromabgabe, so im Unterbrecher und im Verteiler, zu erhalten.

Der Übergang auf eine andere Zündfolge unter Belassung der gleichen Zündabstände ist verteilungsmäßig zulässig; er wirkt sich ebenso wie die Änderung des Drehsinns der Welle auf die Reihenfolge der Kabelverbindungen aus.

Erfolgt der Antrieb durch das freie Kurbelwellenende, an dem der Schwingungsausschlag aus den Drehschwingungen besonders groß ist, wie schon unter Abschnitt XII gesagt wurde, so ist der Ankerschwungmasse des Magneten eine weiche Kupplung vorzuschalten oder solche Bauart des Läufers zu nehmen, die besonders kleines Trägheitsmoment besitzt.

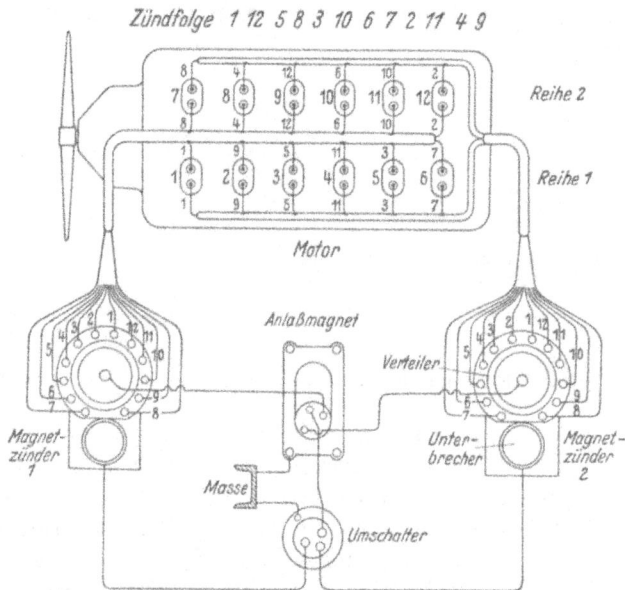

Abb. 853. Zündanlage mit Magnetzündern für einen 12 Zylinder-V-Flugmotor.

Ähnliche Überlegungen gelten für den Antrieb der Einspritzpumpen von Brennermotoren.

Die unter sich gleichen Zündabstände, die durch die Kurbelversetzung grundsätzlich festgelegt sind, hängen letzten Endes von der genauen Einhaltung des Zündzeitpunkts bei jedem Zylinder ab. Liegt Fremdzündung und zwar Batteriezündung mit zweifachem Unterbrecher am Zündverteiler vor, wie er z. B. an Achtzylinder-Motoren Verwendung findet, so ist die genaue Einstellung auf gleiche Zündzeit, die sog. Synchronisierung der Zündung, zu beachten, sonst läuft der Motor unregelmäßig, oft sogar ruckend. Vorausgesetzt ist zuverlässiges Arbeiten der Zündkerzen oder der Einspritzdüsen; Aussetzer bedeuten einen Ausnahmezustand.

XIV. Zündfolge und Werkarbeit.

Der Zusammenhang zwischen Zündfolge und Minderung der Herstellungsarbeiten am Motor ist schon in den vorangehenden Abschnitten III, IV, V, VI, VII, IX, X und XII enthalten. Eine zu weit gehende Rücksicht auf Vereinfachung und Verbilligung der Fertigung jener Teile, die irgendwie mit der Zündfolge in Verbindung stehen, ist unzulässig, weil sie gegen eine Anzahl der besprochenen wichtigen Forderungen verstößt.

Im Vordergrund stehen dabei nicht die verschiedenartigen Herstellungs- und Bearbeitungsverfahren der Teile, sondern lediglich die Abweichung von der Formgebung, die den besten Wirkungsgrad der Zündfolge gewährleistet, und die daraus entspringenden Ersparnisse an Werkarbeit und Werkstoff. Es seien einige Beispiele der Vereinfachung herausgegriffen: Änderung der Gestalt der gekröpften Welle in bezug auf die Zahl der Wellenzapfen, Verzicht auf Anbringung von Gegengewichten an den Kurbelarmen, Verminderung der Lagerzahl im Kurbelkasten, irgendeine Kompromißlösung der Wellenform, die sich ungünstig auf die Drehschwingungen auswirkt, Verringerung der Zahl der Vergaser und der Anschlüsse des Gemischverteilers an den Zylindern sowie der Abgasstutzen zur Vereinfachung des Gußblocks, Verminderung der Zahl der Glieder für den Ventilantrieb bei V-Motoren.

Solche Maßnahmen zugunsten einer wirtschaftlichen Fertigung bedürfen einer reiflichen Überlegung, wenn der Motor nicht Schaden leiden soll. Aus den einzelnen Kapiteln geht hervor, welche Opfer zu bringen sind, wenn von der baulichen Lösung zur Erfüllung der jeweiligen Forderung abgewichen wird; Minderung der Erzeugungskosten und Gesamtwirtschaftlichkeit des Motors sind in Einklang zu bringen.

XV. Schlußbemerkung.

Die Darlegungen über die grundsätzlichen Fragen bei der Festlegung der Zündfolge haben gezeigt, daß es vielseitiger Überlegungen bedarf, um insbesondere bei den vielgestaltigen Fahr- und Flugmotoren eine »günstige« Zündfolge herauszuschälen. Allen Anforderungen zugleich vermag wohl keine Zündfolge zu entsprechen; sie ist so auszuwählen, daß sie trotz gewisser Unvollkommenheiten unter den möglichen Folgen einen Bestwert an Betriebssicherheit bietet. Die in den einzelnen Abschnitten aufgestellten Richtlinien von allgemeiner Gültigkeit erleichtern merklich die Arbeit; auf die wechselseitigen Beziehungen zwischen den verschiedenen Forderungen wurde jeweils hingewiesen. Damit ist die Festlegung der Zündfolge aus dem Bereich des Erfühlens gerückt und in eine zielsichere Wahl umgewandelt.

Notwendig ist zuverlässiges Eintreten der Zündung. Nun kann das Aussetzen einer Zündkerze oder einer Einspritzdüse ungleichmäßiges Arbeiten der Zylinder und unruhigen Gang des Motors im Gefolge haben und die peinlichste Ermittlung über den Haufen werfen. Es liegt hierbei ein vermeidbarer Ausnahmezustand vor, aber kein Grund, auf sorgfältige Wahl der Zündfolge für den Regelbetrieb als ein wichtiges Glied in der Kette der Verbesserungen am Motor zu verzichten.

Manche der Ergebnisse über die Folgeerscheinungen der Zündreihenfolge können ohne besondere Mühe auf Kolbenarbeitsmaschinen anderer Art, z. B. auf Kolbenkompressoren, übertragen werden, sofern die sonstigen Voraussetzungen zutreffen; man braucht nur »Arbeitsfolge« an Stelle von »Zündfolge« zu setzen. So gelten die Folgerungen etwa über die Massenkräfte oder die Drehschwingungen, wenn Zylinderanordnung, Wellengestalt und Massenverteilung ähnlich sind wie beim Verbrennungsmotor.

Als Ergebnis der verschiedenen Forderungen ist mit der Zündfolge die Linienskizze der Kurbelwelle festgelegt. Im weiteren Ausbau dieses Gerippes erfolgt die konstruktive Formgebung der Welle und ihrer Lagerstellen nach den Regeln der Gestaltungs- und Festigkeitslehre unter peinlicher Rücksichtnahme auf die Eigenschaften des gewählten, hochwertigen Werkstoffs; daran reiht sich der Entwurf der zusammengehörigen Teile des Kurbelgetriebes an.

Über die Gestaltung und Tragfähigkeit der besonders hoch belasteten Kurbelwellen der Flugmotoren hat Lürenbaum [167] wertvolle Winke gegeben.

Während auf diesen Gebieten die Stichworte »Gestaltung« und »Werkstoff« im Vordergrund stehen, gelten für die in diesem Werk durchgeführten Untersuchungen die Leitworte: »Gestaltung und Kräftefluß« und für die Vergasermotoren insbesondere: »Gestaltung und Gemischfluß«.

Schrifttum.

I. Vorbetrachtungen (Bauarten der Motoren) 1—18.

1. ●Dechamps, H. und Kutzbach, K.: Prüfung, Wertung und Weiterentwicklung von Flugmotoren. Berlin: R. Schmidt & Co. 1921.
2. Kutzbach, K.: Der Leichtmotor als Lehrmeister des Maschinenbaus. VDI-Sonderheft: 71. Hauptversammlung 1933, S. 83.
3. Baumann, A.: Richtlinien des Leichtmaschinenbaues. Z. Flugtechn. Motorluftsch. Jg. 15 (1924) S. 17.
4. Everling, E.: Luftfahrt und Technik. Z. VDI Bd. 68 (1924) S. 491.
5. ●Madelung, G.: Beitrag zur Theorie der Treibschrauben. Jb. dtsch. Versuchsanst. Luftf. 1926 S. 36.
6. ●List, H.: Die Verbrennungskraftmaschine, Heft 7. Wien: J. Springer 1938. Vier Abschnitte bearbeitet von H. Schrön.
7. Kutzbach, K.: Zur Systematik der Motoren. Automobiltechn. Z. Jg. 33 (1930) S. 412. Ferner: Abschnitt »Verbrennungsmotor« in der Hütte, Des Ingenieurs Taschenbuch, 26. Aufl. (1931) S. 517. Berlin: W. Ernst & Sohn.
8. Oestrich, H.: Begriffsbestimmungen für Flugmotoren unter besonderer Berücksichtigung der Höhenmotoren. Z. Flugtechn. Motorluftsch. Jg. 24 (1933) S. 393.
9. Grantz, S., Rieppel, P.: Das Fremdverdichtungsverfahren zum Antrieb von Diesel-Lokomotiven und Triebwagen. Z. VDI Bd. 78 (1934) S. 436.
10. Vieler, H. J.: Die Hochdruck-Gasmaschine. Diss. München 1934.
11. Goßlau, F.: Flugmotoren auf der neunten Pariser Luftfahrtausstellung. Z. VDI Bd. 69 (1925, 2) S. 1325.
12. ●Cormac, P.: A treatise on engine balance using exponentials. London: Chapman 1923 S. 49.
13. Hall, E. S.: Engine having the cylinders parallel to the shaft. J. Soc. automot. Engr. Bd. 27 (1930, 2) S. 409.
14. ●Angle, D. G.: Airplane engine encyclopedia. Dayton: The Otterbein Press 1921.
15. Bristol-Neunzylinder-Taumelscheibenmotor (ohne Autor). Automobiltechn. Z. Jg. 38 (1935) S. 600.
16. Kirsten, H. J.: Untersuchung des Getriebes von Verbrennungsmaschinen, deren Arbeitskolben normal zur Antriebswelle stehen und durch Kurvenscheiben gesteuert werden. Diss. München 1928.
17. Kurtz, O.: Forschungsaufgaben und Gestaltungsfragen bei Steigerung der Triebwerksleistung. Luftwissen Bd. 4 (1937) S. 116.
18. Schrön, H.: Einteilung und Benennung der vielzylindrigen Leichtmotoren. Motorwagen Jg. 25 (1922) S. 589.

II. Gesichtspunkte für die Festlegung der Zündfolge 19, 20.

19. Shannon, M.: Some aspects of Diesel engine design. Engineering Bd. 93 (1912, 1) S. 605.
20. ●Körner, K.: Der Bau des Dieselmotors, 2. Aufl. Berlin: Springer 1927 S. 151, 468.

III. Regelmäßige Zündabstände 21—33.

21. Bock, G.: Über die Einheit von Triebwerk und Flugwerk. Jb. wiss. Ges. Luftf. 1928 S. 66, 69.
22. ●Offermann, E.: Riesenflugzeuge. Berlin: R. Schmidt & Co. 1927.
23. ●Taris-Berthier: Les moteurs d'aviation. Paris: Librairie aéronautique, 1910. Auch Z. Flugtechn. Motorluftsch. Jg. 1 (1910) S. 11.
24. A double acting engine. Automob. Engr. Bd. 19 (1929) S. 164. Auszug in Automobiltechn. Z. Bd. 32 (1929) S. 529.
25. Mader, O.: Weiterentwicklung des Junkers-Doppelkolbenmotors in den Junkerswerken Dessau. Z. VDI Bd. 69 (1925) S. 1369.
26. Gasterstädt, J.: Die Entwicklung der Junkers-Flugmotoren. Automobiltechn. Z. Jg. 33 (1930) S. 2.
27. Fullagar, II. F.: Über den Ausgleich bei Verbrennungsmaschinen. Der Ölmotor Jg. 3 (1914—15) S. 428.
28. Schrön, II.: Gabelwinkel für gleichmäßige Zündfolge bei mehrreihigen Verkehrsmotoren. Motorwagen Jg. 25 (1922) S. 307.
29. Ausstellungsberichte im Motorwagen Jg. 21 (1918) S. 56, 23 (1920) S. 27, 24 (1921) S. 779.
30. Schrön, II.: Gleichgang und Massenausgleich bei Achtzylinder-V-Motoren mit symmetrischer und unsymmetrischer Kurbelwelle. Motorwagen Jg. 27 (1924) S. 612, 28 (1925) S. 35.
31. ●Sharp, A.: Balancing of engines. London: Longmans 1907, S. 117.
32 Klose, A.: DRP. 235174.
33. Ricardo, II.: Britisches Patent 404272.

IV. Unregelmäßige Zündabstände 34—39.

34. Walker, II.: Development of a heavy-duty V-12 engine. J. Soc. automot. Engr. Bd. 30 (1932, 1) S. 215.
35. Denham, A. F.: Vacuum operated selective rear axle gear ratio on new Auburn 8's and 12's. Automot. Ind. Bd. 66 (1932) S. 42.
36. Packard plays for high-low markets (ohne Autor). Automot. Ind. Bd. 66 (1932) S. 54.
37. Lincoln continues the eight (ohne Autor). Automot. Ind. Bd. 66 (1932) S. 85.
38. Wolf, A. M.: Automobile engineering progress. J. Soc. automot. Engr. Bd. 30 (1932, 1) S. 1.
39. Heldt, M. P.: Narrow-angle V-eight in dynamic balance. Automot. Ind. Bd. 69 (1933) S. 664; ferner: Engine development moves forward. Automot. Ind. Bd. 76 (1937) S. 256.

V. Zahl der möglichen Zündfolgen 40.

40. Schrön, H.: Verfahren zum Ablesen der Zündfolge bei mehrreihigen Viertakt-Verbrennungsmaschinen. Motorwagen Jg. 31 (1928) S. 331.

VI. Zündfolge und Kräftefluß 41—61.

41 ●Winkler, O.: Entwerfen von leichten Verbrennungsmotoren, 3. Aufl. Berlin: R. Schmidt & Co. 1922, S. 78.
42. Schrön, H.: Die Eigenschaften der Fünfzylinder-Reihenverbrennungsmaschine. Motorwagen Jg. 31 (1928) S. 663.
43. ●Magg, J.: Dieselmaschinen. Berlin: VDI-Verlag 1928 S. 74.
44. Kosney, Fr. W.: Einfluß des Arbeitsverfahrens und der Getriebeteile auf die Gleichförmigkeit mehrzylindriger Verbrennungsmotoren. Diss. München 1931. — Auszug in Z. VDI Bd. 76 S. 380.

45. Marquard, E.: Zylinderzahl, Schwungradgröße und Beschleunigungsvermögen von Viertaktmotoren für Personenwagen. Automobiltechn. Z. Jg. 37 (1934) S. 491.

46. Schmidt, Fr.: Über die Größe von Schwungrädern für Großdieselmotoren. Techn. Mech. Thermodyn. Bd. 1 (1930) S. 22.

47. Morris, J.: Balancing the firing stroke. Automob. Engr. Bd. 26 (1926) S. 504.

48. Venediger, H.: Planung und Aufbau schnellaufender Zweitaktmotoren. Automobiltechn. Z. Jg. 37 (1934) S. 495.

49. Neumann, K.: Junkers-Freikolbenverdichter. Z. VDI Bd. 79 (1935) S. 155.

50. Siemens, H.: Der Junkers-Freikolben-Verdichter. Sonderdruck. München: Oldenbourg 1936.

51. Riekert, P.: Beitrag zur Theorie des Massenausgleichs von Sternform-Motoren mit nicht-zyklischsymmetrischen Gleitbahnen. Ing.-Arch. Bd. 1 (1930) S. 245.

52. Bernharth, A.: Untersuchungen über die Anlenkungsverhältnisse der Nebenpleuelstangen bei Gabel- und Sternmotoren. Diss. München 1931.

53. Schlaefke, K.: Bewegungsverhältnisse von Kurbelgetrieben mit Nebenpleuelstangen. Z. VDI Bd. 78 (1934) S. 831.

54. Wilmanns, F.: Totpunktverschiebungen und Hubänderungen beim Sternmotor. Z. VDI Bd. 80 (1936) S. 1321.

55. ●Kölsch, O.: Gleichgang und Massenausgleich bei Fahr- und Flugzeugmaschinen. Berlin: Springer 1911.

56. ●Schrön, H.: Kurbelwellen mit kleinsten Massenmomenten für Reihenmotoren. Berlin: Springer 1932.

57. Kraemer, O.: Hilfsmittel für den Massenausgleich von Verbrennungsmotoren. Z. VDI Bd. 81 (1937) S. 1476.

58. Mayr, F.: Sonderanforderungen an den Schiffsdieselmotor. Z. VDI Bd. 81 (1937) S. 1219.

59. Schrön, H.: Unsymmetrische Kurbelwellen für Gabelmotoren mit verbessertem Massenausgleich. Motorwagen Jg. 32 (1929) S. 311.

60. Steigenberger, O. (Argus-Motoren G.m.b.H.): DRP. 574111.

61. Schauer, P.: DRP. 612584.

VII. Zündfolge und Kurbelwellenschwingungen 62—105.

62. Klüsener, O.: Biegungsschwingungen zweimal gelagerter Kurbelwellen. Automobiltechn. Z. Jg. 36 (1933) S. 53.

63. Benz, W.: Biegungsschwingungen von Kurbelwellen, insbesondere bei schweren Schwungrädern. Automobiltechn. Z. Jg. 38 (1935) S. 405.

64. Wedemeyer, A.: Harmonische Resonanzen von Biegungsschwingungen. Automobiltechn. Z. Jg. 38 (1935) S. 429.

65. ●Kamm, W.: Das Kraftfahrzeug. Berlin: Springer 1936.

66. ●Holba, J.: Berechnungsverfahren zur Bestimmung der kritischen Drehzahlen von geraden Wellen. Wien: Springer 1936.

67. Riede, W.: Messung der Biegungsschwingungen einer zweimal gelagerten Kurbelwelle in einem Vierzylindermotor während des Laufs. Automobiltechn. Z. Jg. 37 (1934) S. 366.

68. Riekert, P., Ernst, H.: Messung von Biegeschwingungen an einem Fahrzeug-Dieselmotor. Kraftfahrtechn. Forsch.-Arb. H. 5 S. 1. VDI-Verl. Berlin 1937.

69. Stieglitz, A.: Drehschwingungen in Reihenmotoren. Luftf.-Forschg. Bd. 4 (1929) S. 133.

70. Heidebroek, E.: Die Berechnung von mehrfach gekröpften schnellaufenden Wellen. Masch.-Bau-Gestltg. Bd. 2 (1922/23) S. 31.

71. Lürenbaum, K.: Das Triebwerk als Schwingungserreger. Luftf.-Forschg. Bd. 11 (1934) S. 200.

72. Lürenbaum, K.: Schwingungen des Systems Kurbelwelle-Luftschraube. Luftf.-Forschg. Bd. 13 (1936) S. 346.
73. Neugebauer, F.: Schwingungsdämpfung bei endlicher Dämpferträgheit mit Anwendung auf die Drehschwingungen von Kurbelwellen. Diss. Dresden 1929 S. 21.
74. ●Trefftz, E.: Zur Berechnung der Drehschwingungen von Kurbelwellen. Aachener Vorträge aus dem Gebiet der Aerodynamik. Berlin 1930.
75. Kluge, F.: Kritische Drehzahlen von Kurbelwellen. Automobiltechn. Z. Bd. 34 (1931) S. 547.
76. Scheuermeyer, M.: Einfluß der Zündfolge auf die Drehschwingungen von Reihenmotoren. Diss. München 1932.
77. Grammel, R.: Die Schüttelschwingungen der Brennkraftmaschinen. Ing.-Arch. Bd. 6 (1935) S. 59.
78. Biber, W.: Praktisches Verfahren zur Berechnung von Torsionsschwingungen. Diss. München 1932.
79. Kettenacker, L.: Untersuchung mechanischer Schwingungsgebilde mittelst elektrischer Ersatzschaltungen. Forsch.-Arb. Ing.-Wes. Bd. 5 (1934) S. 67.
80. Lürenbaum, K.: Praktische Drehschwingungs-Untersuchung von Luftfahrzeug-Triebwerken. Jber. 1932 der Mot.-Abt. der DVL, IV S. 13.
81. Süß, G.: Längsschwingungen an Kraftfahrzeugen. Automobiltechn. Z. Bd. 37 (1934) S. 389.
82. Grammel, R.: Die Drehschwingungen der Blockmotoren. Ing.-Arch. Bd. 5 (1934) S. 84.
83. Mansa, L.: Die Bestimmung der Dämpfung von Drehschwingungen einer Flugmotorkurbelwelle.' Diss. Karlsruhe 1932.
84. Kamm, W. und Stieglitz, A.: Schwingungsuntersuchungen an der Maschinenanlage des Luftschiffs »Graf Zeppelin«. Z. Flugtechn. Motorluftsch. Bd. 20 (1929) S. 465.
85. Brandt, R.: Untersuchung über die Erregung von Drehschwingungen in Reihenmotoren. Jber. 1931 Mot.-Abt. DVL S. 343.
86. Plünzke, J.: Drehschwingungen des Automobilmotors. Motorwagen Bd. 29 (1926) S. 115.
87. Ormondroyd, J.: Problem of torsional vibration increases with engine power. Machine Design, Juni 1934. S. 32.
88. ●Wydler, H.: Drehschwingungen in Kolbenmaschinenanlagen und das Gesetz ihres Ausgleichs. Berlin: Springer 1922.
89. Schröder, A.: Zusammenhang der Indikator- und Drehkraftdiagramme von Verbrennungskraftmaschinen mit den Drehschwingungen ihrer Wellen. Motorwagen Bd. 30 (1927) S. 449.
90. Taylor, E.: Crankshaft torsional vibration in radial aircraft engines. J. Soc. automot. Engr. Bd. 38 (1936, 1) S. 81.
91. ●Den Hartog, J. P.: Mechanische Schwingungen. Berlin: Springer 1936.
92. Süß, G.: Harmonische Drehkräfte für Viertakt- und Zweitakt-Vergasermotoren. Automobiltechn. Z. Bd. 39 (1936) S. 399.
93. Geiger, J.: Dämpfung bei Drehschwingungen von Motoren. Z. VDI Bd. 78 (1934) S. 1353.
94. Morris, J.: Crankshaft vibration. An investigation of the influence of firing sequence. Automob. Engr. Bd. 35 (1935) S. 60.
95. Holzer, H.: Gefahrlose Resonanz. Masch. Bau Bd. 2 (1922/23) S. 1004.
96. Schmidt, F.: Eine Untersuchung der gefahrlosen Resonanz und ihrer praktischen Anwendung. Diss. München 1925 S. 77/78.
97. Söchting, F.: Erzwungene gedämpfte Schwingungen von Mehrmassensystemen. Sitzungsberichte der Ak. d. Wiss. in Wien, Math.-naturw. Kl. 9 u. 10. Heft. Wien 1935.

98. Lundquist, G.: Torsional vibration of aircraft engine crankshafts. Trans. Amer. Soc. mech. Engr. Bd. 55 (1933) AER 55 S. 133.

99. ●Föppl, O.: Aufschaukelung und Dämpfung von Schwingungen. Berlin: Springer 1936.

100. Pielstick, G.: Schwingungsdämpfende Hülsenfedern. Mitt. Forsch.-Anst. Gutehoffnungshütte. Bd. 4 (1936) S. 123. — Auszug in Z. VDI Bd. 80 (1936) S. 1281.

101. Altmann, F.: Drehfedernde Kupplungen. Z. VDI Bd. 80 (1936) S. 245; ferner: Kraftfahrtechn. Forsch.-Arb. H. 6 S. 27 VDI-Verlag Berlin 1937.

102. Schlaefke, K.: Der Einfluß des V-Winkels auf die Kurbelwellen-Drehschwingungen von V-Motoren. Z. VDI Bd. 80 (1936) S. 1253.

103. Wilson, K.: Torsional vibration characteristics of six-cylinder four-stroke single acting heavy-oil engines. Gas and Oil Power 1932, 4. Aug. u. 6. Okt. Sonderdruck.

104. Heldt, P. M.: Torsional vibration exciting forces in V-engines are less with unusual angles between cylinder blocks. Automot. Ind. Bd. 65 (1931, 2) S. 118.

105. Berger, A.: Die Entwicklung der Vorkammer-Viertakt-Dieselmotoren als Luftschiffs-, Schnellboots- und Flugmotoren. Gesammelte Vorträge von der Hauptversammlung 1937 der Lilienthal-Gesellschaft für Luftfahrtforschung, Berlin 1938.

VIII. Gleitbahndruck, Zündfolge und Schwingung 106—109.

106. ●Huber, F.: Erschütterungen schwerer Fahrzeugmotoren. München: Oldenbourg 1920. S. 45.

107. Steinitz, O.: Pendelrahmen zur Prüfung von Flugmotoren. Druckschrift; auch Z. Flugtechn. Motorluftsch. Jg. 8 (1917) S. 4.

108. Baur, F.: Zur Standfestigkeit von stehenden Großdieselmaschinen. Diss. Stuttgart 1926.

109. Becker, H.: Die doppeltwirkende Zweitakt-MAN-Dieselmaschine für Schiffsantrieb. Schiffbau Bd. 30 (1929) S. 361.

IX. Zündfolge, Wellen- und Lagerbelastung 110—119.

110. ●Lehr, E.: Spannungsverteilung in Konstruktionselementen. Berlin: VDI-Verlag 1934. S. 35.

111. Prescott, F. L. und Poole, R. B.: Bearing-load analysis and permissible loads as affected by lubrication in aircraft-engines. J. Soc. automot. Engr. Bd. 29 (1931) S. 296.

112. ●Gessner, A.: Mehrfach gelagerte, abgesetzte und gekröpfte Kurbelwellen. Berlin: Springer 1926.

113. Wedemeyer, A.: Berechnung von mehrfach gelagerten Wellen. Automobiltechn. Z. Bd. 39 (1936) S. 387.

114. Stephan, J.: Die Lagerbeanspruchungen bei den Fahrzeug-Dieselmotoren, insbesondere beim Henschel-Lanova-Motor. Automobiltechn. Z. Bd. 37 (1934) S. 425.

115. Sparrow, W.: Recent developments in main and connecting-rod bearings. J. Soc. automot. Engr. Bd. 35 (1934, 2) S. 229.

116. Heyer, H.: Beiträge zur Gleitlagerfrage in schnellaufenden Verbrennungsmaschinen. Automobiltechn. Z. Bd. 39 (1936) S. 256. — Ferner: Prüfung der Laufeigenschaften von Lagermetallen unter dynamischer Belastung. Automobiltechn. Z. Bd. 40 (1937) S. 551.

117. Steudel, H.: Entwicklung von Leichtmetallagern. Luftf.-Forschg. Bd. 13 (1936) S. 61.

118. v. Schwarz, M.: Laufeigenschaften von Aluminium-Lagermetallen. Z. Metallkde. Bd. 28 (1936) S. 272.
119. ●Angle, D. G.: Engine dynamics and crankshaft design. Detroit: Airplane Engine Encyclopedia Co. 1925.

X. Zündfolge, Zylinder-Ladung und -Entladung 120—166.

120. Voissel, P.: Resonanzerscheinungen in der Saugleitung von Kompressoren und Gasmotoren. Forsch.-Arb. Ing.-Wes. Bd. 106, Berlin 1911.
121. Klüsener, O.: Saugrohr und Liefergrad. Sonderheft: Dieselmaschinen V. Berlin: VDI-Verlag 1932. S. 107.
122. Klüsener, O.: Versuche über den Einfluß von Saug- und Auspuffrohrlänge auf den Liefergrad. Automobiltechn. Z. Bd. 35 (1932) S. 299.
123. Stier, E.: Spülung und Aufladung bei Zweitaktmotoren. Z. VDI Bd. 73 (1929) S. 1389.
124. Maier, A. und Lutz, O.: Resonanzerscheinungen in den Rohrleitungen von Verbrennungsmaschinen. Ber. Lab. Verbr.-Masch. T. H. Stuttgart, Bd. 3 Stuttgart: K. Wittwer 1934.
125. Pischinger, A.: Der Ansaugvorgang bei Ein- und Mehrzylinder-Viertaktmaschinen. Automobiltechn. Z. Bd. 39 (1936) S. 234.
126. Capetti, A.: Einfluß der Saugleitungslänge bei Verbrennungsmotoren. Z.VDI Bd. 73 (1929) S. 650, Auszug aus Ann. R. Scuola Ing. Padova.
127. Joachim, F.: Forschungen über Schwerölmotoren in den Ver. Staaten. Sonderheft: Dieselmaschinen V. Berlin: VDI-Verl. 1932 S. 75.
128. Heller, A.: Neuer Ölmotor für Kraftfahrzeuge. Z. VDI Bd. 74 (1930) S. 970.
129. Dillstrom, T.: A high-power spark ignition fuel-injection engine. J. Soc. automot. Engr. Bd. 35 (1934, 2) S. 431.
130. Pope, W. Jr.: The Hesselmann low-compression Diesel-fuel burning engine. J. Soc. automot. Engr. Bd. 35 (1934, 2) S. 383.
131. Kaufmann, G.: Versuche an einem niedrig verdichtenden Schweröl-Einspritzmotor mit Fremdzündung. Diss. Braunschweig 1933.
132. Düll, R.: Übersicht über den heutigen Stand niedrig verdichtender Einspritzmotoren. Automobiltechn. Z. Bd. 38 (1935) S. 158.
133. Langer, P.: Versuche mit Benzineinspritzung und Kerzenzündung an einem Diesel-Fahrzeugmotor. Automobiltechn. Z. Bd. 38 (1935) S. 47.
134. Zahren, F.: Entwicklung eines Mitteldruck-Zweitakt-Einspritzmotors. Diss. Braunschweig 1936.
135. Ricardo, H.: Some problems of aircraft engine design. Gesammelte Vorträge von der Hauptversammlung 1937 der Lilienthal-Ges. für Luftfahrtforschung, Berlin 1938.
136. Bertolini, F.: L'iniezione del combustibile nei motori ad esplosione. Auto-Moto-Avio Bd. 26 (1937) Nr. 20, 30. Okt.
137. Whittington, G.: Engine fuel-supply methods and probable future development. J. Soc. automot. Engr. Bd. 23 (1928, 2) S. 602.
138. Kindl, H.: Cold carburetion. J. Soc. automot. Engr. Bd. 26 (1930, 1) S. 159, 608.
139. Taylor, C. F., Taylor, E. S., Williams, G.: Fuel injection with spark ignition in an Otto-cycle engine. J. Soc. automot. Engr. Bd. 28 (1931, 1) S. 345.
140. Campbell, J.: Fuel injection as applied to aircraft engines. J. Soc. automot. Engr. Bd. 36 (1935, 2) S. 257.
141. Mock, F.: Engine types and requirements for preparation of fuels. J. Soc. automot. Engr. Bd. 39 (1936, 2) S. 257.
142. Almen, O., Wilson, E.: Various methods of analyzing intake-silencer problems. J. Soc. automot. Engr. Bd. 34 (1934, 1) S. 179.

143. Dutcher, F.: Low-compression spark-ignition oil-burning engine analysis. J. Soc. automot. Engr. Bd. 35 (1934, 2) S. 257.

144. Ostwald, W.: Ungleiche Gemischverteilung und leichtes Anspringen. Automobiltechn. Z. Bd. 33 (1930) S. 88.

145. Preuß, M.: Entwicklungsrichtungen im Vergaserbau. Z. VDI Bd. 80 (1936) S. 175.

146. Mock, F.: Dual carburetion and manifold design. J. Soc. automot. Engr. Bd. 24 (1929, 1) S. 593.

147. ●Becker, G.: Gemischvorwärmung bei Kraftfahrzeugmotoren. Berlin: M. Krayn 1929 S. 7 u. 15.

148. Bericht über die Versuche von Fischer in Deutschland ohne Angabe des Verfassers. Automob. Engr. Bd. 11 (1921) S. 150.

149. Sauter, J.: Untersuchung der von Spritzvergasern gelieferten Zerstäubung. Forsch.-Arb. Ing. Wes. H. 312, 1928.

150. Mantell, L.: Induction currents. Automob. Engr. Bd. 17 (1927) S. 178.

151. Hayes, O.: The induction system. Automob. Engr. Bd. 22 (1932) S. 222.

152. Tait, H.: Mixture distribution in multi-cylinder petrol engines. Automob. Engr. Bd. 18 (1928) S. 266.

153. Taub, A.: Mixture distribution. J. Soc. automot. Engr. Bd. 26 (1930, 1) S. 454.

154. Tice, P.: Good manifold design based on specific natures of flows. Automot. Ind. Bd. 71 (1934, 2) S. 416.

155. Drucker, E.: Der Liefergrad schnellaufender Viertakt-Vergasermotoren. Automobiltechn. Z. Bd. 37 (1934) S. 359.

156. Kegerreis, C.: Automobile induction systems and aircleaners. J. Soc. automot. Engr. Bd. 23 (1928, 2) S. 612.

157. Sparrow, W.: Problems in the development of a high-speed engine. J. Soc. automot. Engr. Bd. 36 (1935, 1) S. 58.

158. Sisman, W.: The straight-eight engine. Automob. Engr. Bd. 17 (1927) S. 268.

159. Shepard, H.: Downdraft carburetion. J. Soc. automot. Engr. Bd. 26 (1930, 1) S. 153.

160. Fisher, C.: Down-draught carburation. Automob. Engr. Bd. 23 (1933) S. 180.

161. Bourgeois, M.: Inlet-port arrangements of six cylinder engines. Bericht über den Vortrag in der Société des ingénieurs de l'automobile. Automot. Ind. Bd. 69 (1933) S. 220.

162. Martin, H.: Schalldämpfung ohne Leistungsverlust am Viertaktmotor. Automobiltechn. Z. Jg. 40 (1937) S. 383.

163. Oppitz, A.: Schwingungserscheinungen in Auspuffleitungen der Dieselmotoren. Z. VDI. Bd. 37 (1930, 1) S. 216.

164. Immich, W.: Die Probleme des doppeltwirkenden Schiffsdieselmotors und ihre bedeutsamen Lösungen. Jb. schiffbautechn. Ges. Bd. 34 (1933) S. 166.

165. Schmidt, Th.: Schwingungen in Auspuffleitungen von Verbrennungsmotoren. Z. VDI Bd. 79 (1935) S. 27.

166. Froede, W.: Zweitaktmotoren ohne Spülgebläse. Z. VDI Bd. 82 (1938) S. 119.

XV. Schlußbemerkung 167.

167. Lürenbaum, K.: Belastung und Tragfähigkeit von Flugmotoren-Kurbelwellen. Gesammelte Vorträge von der Hauptversammlung 1937 der Lilienthal-Gesellschaft für Luftfahrtforschung, Berlin 1938. — Ferner: Einfluß von Formgebung und Werkstoff auf die Gestaltfestigkeit geschmiedeter und gegossener Flugmotoren-Kurbelwellen. Jb. 1937 Dtsch. Luftf.-Forschg. Bd. 2, Triebwerk S. 128.

Sachverzeichnis.

Der Schiffsmaschinenbau.

Von Prof. Dr. phil. Dr.-Ing. E. h. G. **Bauer.**

Bd. I: Die Theorie des Dampfmaschinenprozesses. Die Konstruktion der Kolbendampfmaschine. Theorie und Konstruktion der Schiffsschraube. Theoret. Anhang. 766 S., 793 Abb., 70 Tabellen. Lex.-8°. 1923. RM. 29.70, Lw. RM. 35.—

Bd. II: Theorie und Konstruktion der Dampfturbinen. Anhang ausgew. Kapitel. 644 S., 491 Abb., 1 i-s-Diagr., 72 Tab. Lex.-8°. 1927. RM. 48.60, Lw. RM. 52.90

Die Dampfturbinenreglung.

Ausmittlung, Ausführung, Betrieb. Von Obering. P. **Daninger.** 242 S., 171 Abb. Gr.-8°. 1934. Lw. RM. 15.—

Experimentelle Untersuchungen an schnellaufenden Kleinmotoren

unter bes. Berücksichtigung des Ausspülverlustes bei Zweitakt-Gemischmaschinen. Von Dr.-Ing. Albert **Geißler.** 69 S., 19 Abb., 8 Zahlentafeln. Gr.-8°. 1930. RM. 4.50.

Die Grundlagen der Dampfmessung nach dem Differenzdruckprinzip.

Von Obering. W. E. **Germer.** 58 S., 29 Abb., 1 Taf. 8°. 1927. Kart. RM. 1.80

Raschlaufende Ölmaschinen.

Untersuchungen an Glühkopf-, Diesel- u. Vergasermasch. Von Dr.-Ing. O. **Kehrer.** 117 S., 81 Abb., 12 Taf. Lex.-8°. 1927. RM. 9.—, Lw. RM. 10.80

Feuerungstechnische Rechentafel.

Zum praktischen Gebrauch für Dampfkesselbesitzer, Ingenieure, Betriebsleiter, Techniker usw. Von Dipl.-Ing. Rud. **Michel.** 5. Aufl. 8 S. mit 1 Tafel. 4°. 1925. RM. 2.20

Wärmetechnische Berechnung der Feuerungs- und Dampfkesselanlagen.

Von Ing. Fr. **Nuber.** 7. Aufl. 165 S., 20 Abb. Kl.-8°. 1937. Kart. RM. 3.80

Rechentafeln für den Dampfkesselbetrieb.

19 Seiten Text, 40 Rechentafeln mit dreisprachigen (Deutsch, Englisch, Französisch) Erläuterungen. DIN-A 5. 1935. Kart. RM. 6.—

Gasmaschinen und Kompressoren mit Wasserkolben.

Entwicklungsgedanken und Erfahrungen. Von Prof. Dr.-Ing. Georg **Stauber.** Mit einem Anhang „Die Flüssigkeitsbewegung in Wasserkolbenmaschinen'' von Dr.-Ing. Fried. Engel. 137 S., 86 Abb., Gr.-8°. 1937. RM. 9.80.

Diesel- und Treibgasmotoren.

Taschenbuch für Techniker und Monteure. Von Ing. Franz **Weber.** 274 S., 161 Abb. 8°. 1937. Kart. RM. 9.60

www.ingramcontent.com/pod-product-compliance
Lighting Source LLC
Chambersburg PA
CBHW081525190326
4145 8CB0001 5B/5463